"十三五"职业教育国家规划教材

Office 2010 办公高级应用

慕课版

钟滔 冷德伟 主编
张燕玲 童设坤 于众 副主编

OFFICE 2010

人民邮电出版社
北京

图书在版编目（CIP）数据

Office 2010办公高级应用 ：慕课版 / 钟滔，冷德伟主编. -- 北京 ：人民邮电出版社，2017.8（2023.7重印）
ISBN 978-7-115-45797-4

Ⅰ. ①O… Ⅱ. ①钟… ②冷… Ⅲ. ①办公自动化一应用软件 Ⅳ. ①TP317.1

中国版本图书馆CIP数据核字(2017)第117961号

内容提要

本书以案例的形式全面地介绍使用 Office 2010 办公软件中的 Word、Excel 及 PowerPoint 3 个组件创建和编辑各种文档的方法与技巧。全书分为 10 章，主要介绍了文档的创建和编辑、文档的美化操作、文档的高级排版、编辑 Excel 表格数据、计算 Excel 表格数据、管理 Excel 表格数据、分析 Excel 表格数据、创建和编辑演示文稿、设计和美化演示文稿以及展示演示文稿。通过学习 Office 组件的相关案例，读者可以全面、深入、透彻地理解 Office 3 个组件的使用方法和技巧，提高工作中制作各种文档的效率。

本书可以作为高等院校、高职高专、培训班 Office 办公高级应用课程的教材，也可供具有 Office 办公基础知识的广大使用人员学习参考。

◆ 主　　编　钟　滔　冷德伟
　副 主 编　张燕玲　童设坤　于　众
　责任编辑　桑　珊
　责任印制　焦志炜

◆ 人民邮电出版社出版发行　　北京市丰台区成寿寺路 11 号
　邮编　100164　　电子邮件　315@ptpress.com.cn
　网址　https://www.ptpress.com.cn
　涿州市京南印刷厂印刷

◆ 开本：787×1092　1/16
　印张：17.75　　　　　2017 年 8 月第 1 版
　字数：475 千字　　　　2023 年 7 月河北第 15 次印刷

定价：49.80 元

读者服务热线：(010)81055256　印装质量热线：(010)81055316
反盗版热线：(010)81055315
广告经营许可证：京东市监广登字 20170147 号

前 言

为了让读者能够快速且牢固地掌握Office 2010办公高级应用，人民邮电出版社充分发挥在线教育方面的技术优势、内容优势、人才优势，潜心研究，为读者提供一种“纸质图书+在线课程”相配套，全方位学习Office 2010办公高级应用的解决方案。读者可根据个人需求，利用图书和“人邮学院”平台上的在线课程进行系统化、移动化的学习，以便快速全面地掌握Office 2010办公高级应用。

一、如何学习慕课版课程

本课程依托人民邮电出版社自主开发的在线教育慕课平台——人邮学院（www.rymooc.com），该平台为学习者提供优质、海量的课程，课程结构严谨，用户可以根据自身的学习程度，自主安排学习进度，并且平台具有完备的在线“学习、笔记、讨论、测验”功能。人邮学院为每一位学习者，提供完善的一站式学习服务（见图1）。

图1 人邮学院首页

为了使读者更好地完成慕课的学习，现将本课程的使用方法介绍如下。

1. 用户购买本书后，找到粘贴在书封底上的刮刮卡，刮开，获得激活码（见图2）。

2. 登录人邮学院网站（www.rymooc.com），或扫描封面上的二维码，使用手机号码完成网站注册（见图3）。

图2 激活码

图3 注册人邮学院网站

3. 注册完成后，返回网站首页，单击页面右上角的“学习卡”选项（见图4），进入“学习卡”页面（见图5），输入激活码，即可获得该慕课课程的学习权限。

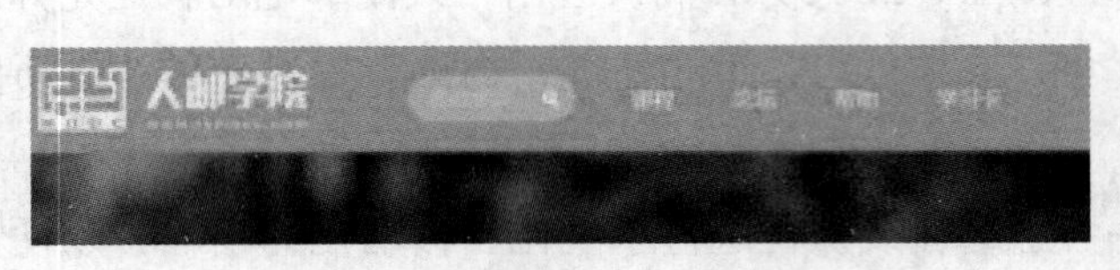

人邮学院

图4　单击“学习卡”选项

学习卡
卡号包含9位字母，字母间无空格

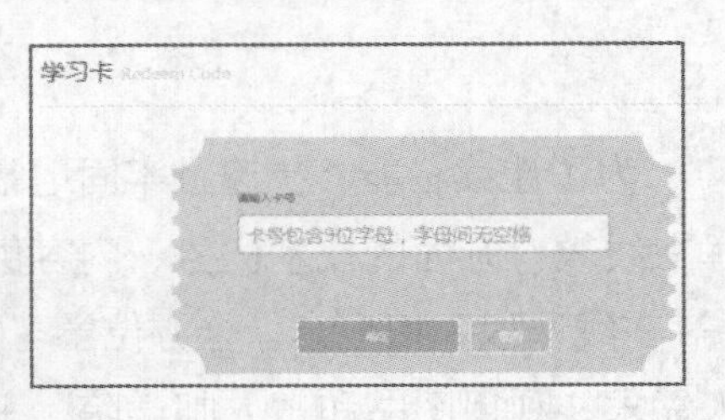

图5　在“学习卡”页面输入激活码

4. 输入激活码后，即可获得该课程的学习权限。可随时随地使用计算机、平板电脑、手机学习本课程的任意章节，根据自身情况自主安排学习进度（见图6）。

5. 在学习慕课课程的同时，阅读本书中相关章节的内容，巩固所学知识。本书既可与慕课课程配合使用，也可单独使用，书中主要章节均放置了二维码，用户扫描二维码即可在手机上观看相应章节的视频讲解。

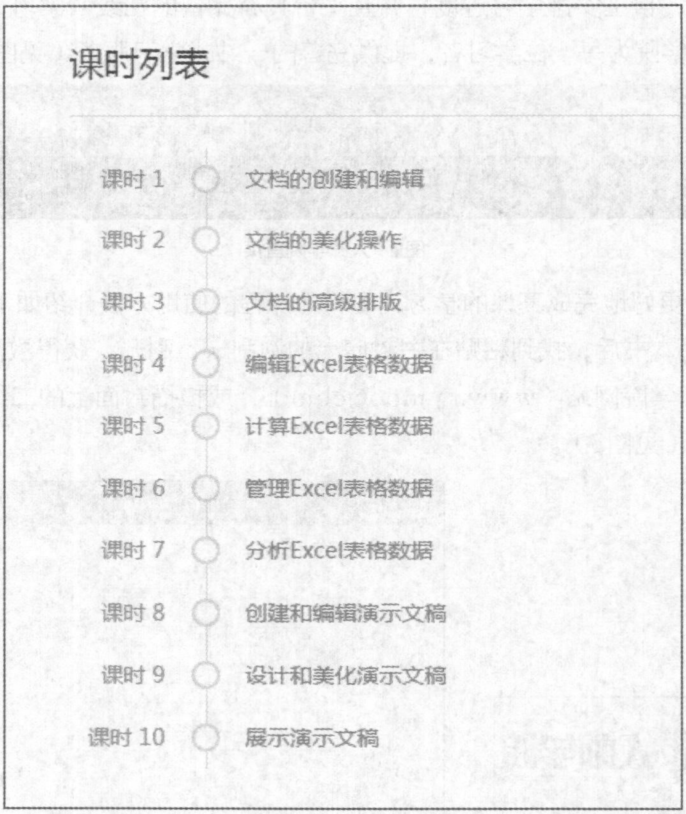

课时列表
课时 1 文档的创建和编辑
课时 2 文档的美化操作
课时 3 文档的高级排版
课时 4 编辑Excel表格数据
课时 5 计算Excel表格数据
课时 6 管理Excel表格数据
课时 7 分析Excel表格数据
课时 8 创建和编辑演示文稿
课时 9 设计和美化演示文稿
课时 10 展示演示文稿

图6　课时列表

关于人邮学院平台使用的任何疑问，可登录人邮学院咨询在线客服，或致电：010-

81055236。

二、本书特点

随着无纸化办公的发展，Office在人们工作和生活中的应用范围越来越广。当今无纸化办公在信息社会中的应用是全方位的，对各行业的影响十分深远。因此，运用Office进行办公文件处理已成为每位大学生必备的基本能力。

Office 2010办公高级应用作为普通高校计算机专业学生的一门必修课程，其用途和意义重大。从目前大多数学校对这门课程的学习和应用调查情况来看，Office 2010办公高级应用课程可操作性强，专业能力要求高。本书在写作时综合考虑了目前专业课程教育的实际情况和在实际工作中的实践应用，采用案例式的讲解方式，以案例形式来带动知识点的学习，从而激发学生的学习兴趣，帮助其掌握相关知识点在实际工作中的应用。

本书的内容

本书内容紧跟当下的主流技术，讲解了以下3个部分的内容。

- Word文档编辑（第1~3章）：该部分主要通过制作和打印通知、制作聘用劳动合同、制作会议日程安排表、制作员工通讯录等案例，讲解文档的创建和编辑操作；通过制作公司简介、制作招聘流程的文档、制作工作计划、制作工作简报等案例，讲解文档的美化操作；通过制作公司规章制度、制作客户邀请函、制作市场调查报告等案例，讲解文档高级排版的知识。
- Excel电子表格制作（第4~7章）：该部分主要通过制作来访登记表、制作办公用品申领单、制作营销计划流程等案例，讲解编辑Excel表格数据的相关知识；通过制作绩效考核表和制作销售统计表，讲解计算Excel表格数据的操作；通过制作文书档案管理表、制作产品库存明细表、制作商品配送信息表，讲解管理Excel表格数据的操作；通过制作客服管理表、制作材料采购表、制作投资计划表，讲解分析Excel表格数据的相关知识。
- PowerPoint演示文稿制作（第8~10章）：该部分主要通过制作岗前培训演示文稿、制作中层管理人员培训演示文稿、制作薪酬管理制度演示文稿，讲解创建和编辑演示文稿的相关操作；通过制作饮料广告策划案、制作企业电子宣传册、制作市场营销策划案，讲解设计和美化演示文稿的相关操作；通过制作竞聘报告等案例，讲解展示演示文稿的相关知识。

本书的特色

本书具有以下特色。

（1）结构鲜明，内容翔实。以小节单独作为一个案例，来带动知识点的学习，将知识点应用在实际操作中，让学生了解实际工作需求并明确学习目的。此外，每章均给出了应用实训，便于学生巩固所学知识，并在最后安排了拓展练习。

（2）讲解深入浅出，实用性强。本书重点突出了实用性及可操作性，对重点概念和操作技能进行详细讲解，语言流畅，内容丰富，深入浅出，符合Office软件教学的规律，并满足社会对人才培养的要求。在讲解过程中，还通过各种"提示"和"技巧"为学生提供了更多解决问题的方法和掌握更全面知识的途径，并引导读者尝试如何更好、更快地掌握所学知识。

（3）配有133个二维码，扫描即可观看视频。本书重点和难点操作讲解内容均已录制成视频，并上传至"人邮学院"，读者可扫描书中提供的二维码，随扫随看，移动化学习，轻松掌握相关知识，也可登录"人邮学院"平台，利用在线课程进行系统化学习。

编者

2017年5月

目录

CONTENTS

第1章 文档的创建和编辑

1.1 制作和打印通知

通知是日常事务中被广泛运用的知照性公文，主要用来发布法规和规章；转发上级机关、同级机关和不相隶属机关的公文；批转下级机关的公文，以及要求下级机关办理某项事务等。

图1.1所示为将要制作的通知文档排版前后的对比效果。合理的段落格式设置可以使通知更易于阅读，主要包括设置段落对齐方式、段落缩进、项目符号和编号等。通知文档不仅要简单明了，还要做到格式规范、段落层次清晰，通知的对象、时间和内容要明确。

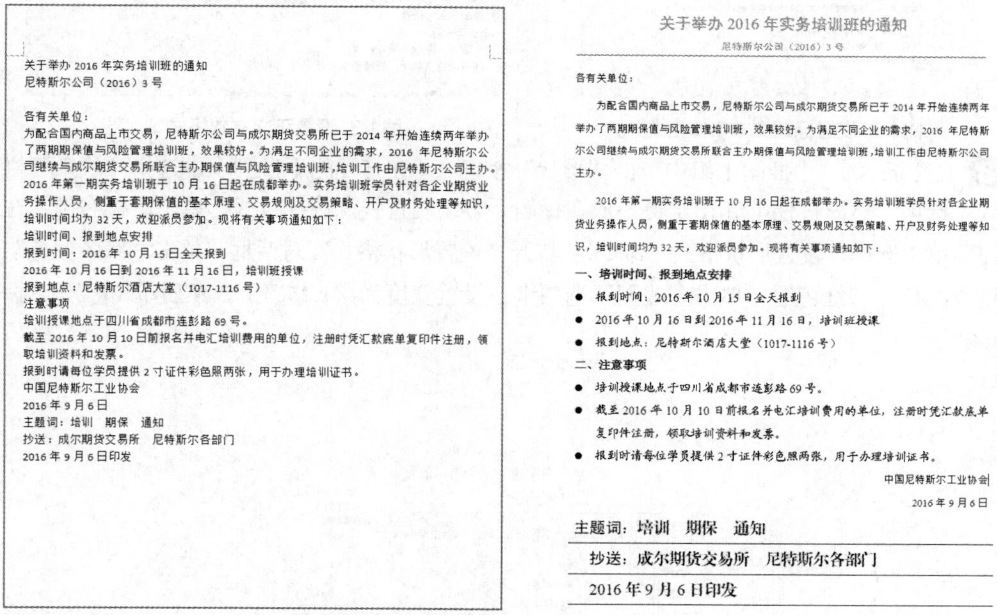

关于举办 2016 年实务培训班的通知
尼特斯尔公司（2016）3 号

各有关单位：
为配合国内商品上市交易，尼特斯尔公司与成尔期货交易所已于 2014 年开始连续两年举办了两期期保值与风险管理培训班，效果较好。为满足不同企业的需求，2016 年尼特斯尔公司继续与成尔期货交易所联合主办期保值与风险管理培训班，培训工作由尼特斯尔公司主办。
2016 年第一期实务培训班于 10 月 16 日起在成都举办。实务培训班学员针对各企业期货业务操作人员，侧重于套期保值的基本原理、交易规则及交易策略、开户及财务处理等知识，培训时间均为 32 天，欢迎派员参加。现将有关事项通知如下：
培训时间、报到地点安排
报到时间：2016 年 10 月 15 日全天报到
2016 年 10 月 16 日到 2016 年 11 月 16 日，培训班授课
报到地点：尼特斯尔酒店大堂（1017-1116 号）
注意事项
培训授课地点于四川省成都市连彭路 69 号。
截至 2016 年 10 月 10 日前报名并电汇培训费用的单位，注册时凭汇款底单复印件注册，领取培训资料和发票。
报到时请每位学员提供 2 寸证件彩色照两张，用于办理培训证书。
中国尼特斯尔工业协会
2016 年 9 月 6 日
主题词：培训　期保　通知
抄送：成尔期货交易所　尼特斯尔各部门
2016 年 9 月 6 日印发

关于举办 2016 年实务培训班的通知

尼特斯尔公司（2016）3 号

各有关单位：

为配合国内商品上市交易，尼特斯尔公司与成尔期货交易所已于 2014 年开始连续两年举办了两期期保值与风险管理培训班，效果较好。为满足不同企业的需求，2016 年尼特斯尔公司继续与成尔期货交易所联合主办期保值与风险管理培训班，培训工作由尼特斯尔公司主办。

2016 年第一期实务培训班于 10 月 16 日起在成都举办。实务培训班学员针对各企业期货业务操作人员，侧重于套期保值的基本原理、交易规则及交易策略、开户及财务处理等知识，培训时间均为 32 天，欢迎派员参加。现将有关事项通知如下：

一、培训时间、报到地点安排

- 报到时间：2016 年 10 月 15 日全天报到
- 2016 年 10 月 16 日到 2016 年 11 月 16 日，培训班授课
- 报到地点：尼特斯尔酒店大堂（1017-1116 号）

二、注意事项

- 培训授课地点于四川省成都市连彭路 69 号。
- 截至 2016 年 10 月 10 日前报名并电汇培训费用的单位，注册时凭汇款底单复印件注册，领取培训资料和发票。
- 报到时请每位学员提供 2 寸证件彩色照两张，用于办理培训证书。

中国尼特斯尔工业协会

2016 年 9 月 6 日

主题词：培训　期保　通知

抄送：成尔期货交易所　尼特斯尔各部门

2016 年 9 月 6 日印发

图1.1 通知文档排版前后效果

下载资源

素材文件：第1章\公司通知.docx

效果文件：第1章\公司通知.docx

1.1.1 设置字符格式

打开“公司通知.docx”文档，由于整篇文档没有进行格式设置，不便于阅读，因此首先需要对字体格式进行设置，其具体操作如下。

1 打开“公司通知.docx”文档，选择文档中的标题文本与副标题文本，设置字体为“黑体”，设置标题字号为“三号”，设置副标题字号为“五号”，设置标题和副标题的字体颜色为红色，如图1.2所示。

2 按住【Ctrl】键选择第11、12、13行与第15、16、17、18行文本，通过“字体”组设置字体为“楷体_GB2312”，字号为“小四”，如图1.3所示。

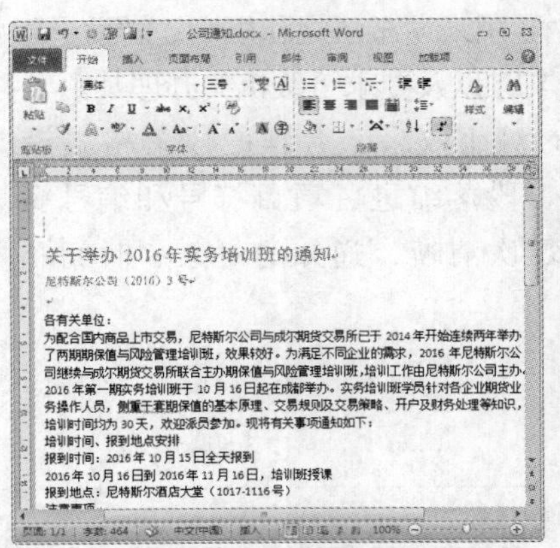

图1.2 设置标题文本字体格式

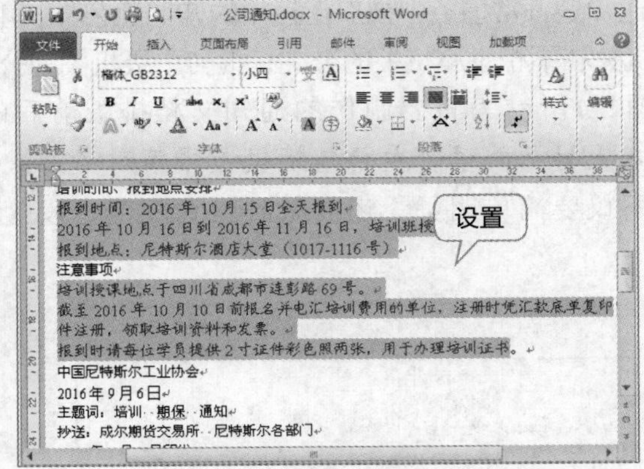

图1.3 设置正文文本格式

3 在【插入】/【插图】组中单击“形状”按钮，在打开的下拉列表中选择“线条”栏中的“直线”选项，然后按住【Shift】键不放在标题下方绘制直线。选择直线，单击鼠标右键，在弹出的快捷菜单中选择“设置形状格式”命令，打开“设置形状格式”对话框，单击“线条颜色”选项卡，设置颜色为“红色”，单击“线型”选项卡，设置宽度为“1.25磅”，然后单击 关闭 按钮，如图1.4所示。

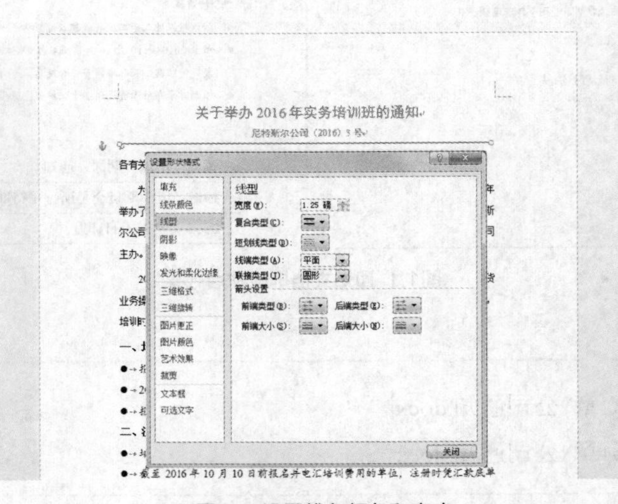

图1.4 设置线条颜色和宽度

1.1.2 设置段落格式

通知文档的标题应居中对齐，正文使用默认的两端对齐，落款为右对齐，文档中正文设为首行缩进2字符，并根据内容的多少和用途设置行距及段间距，其具体操作如下。

1 选择标题与副标题文本，单击“段落”组中的“居中”按钮，使标题文本居中对齐，如图1.5所示。

2 选择文档末尾的落款文本，在“段落”组中设置文本为右对齐，如图1.6所示。

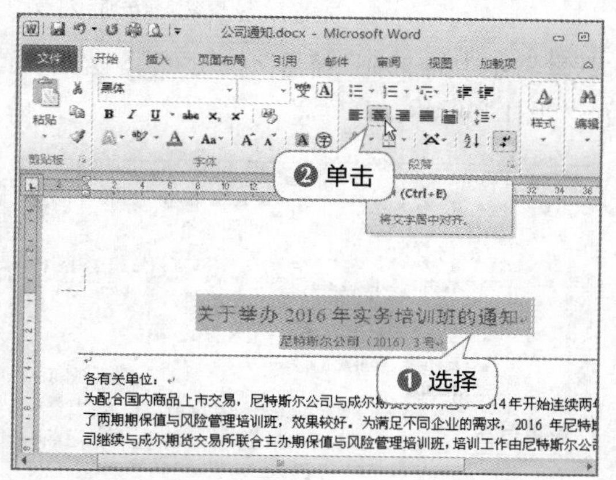

图1.5 设置居中对齐

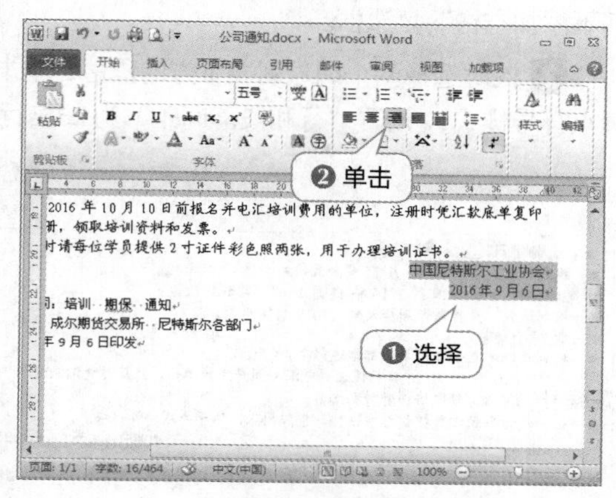

图1.6 设置右对齐

3 选择正文部分的第1段和第2段，在【开始】/【段落】组中单击“对话框启动器”按钮，打开“段落”对话框，在“缩进”栏中设置特殊格式为“首行缩进”，磅值为“2 字符”，设置段前和段后间距为“0.3 行”，完成后单击确定按钮，如图1.7所示。

4 保持文本的选择状态，单击“段落”组中的“行和段落间距”按钮，在打开的下拉列表中选择“1.5”选项，将行距由默认的1倍调整为1.5倍，如图1.8所示。

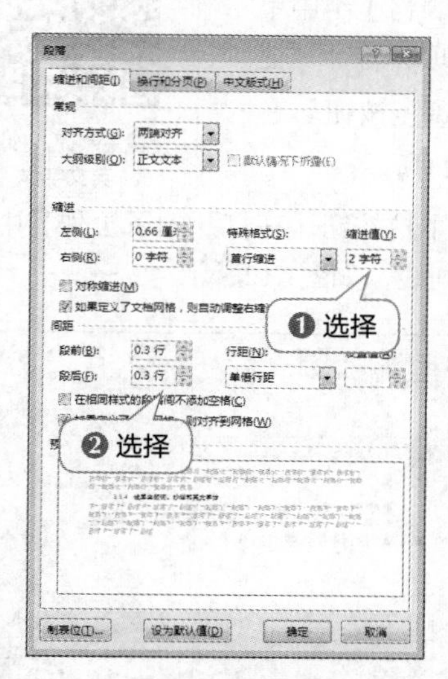

图1.7 设置首行缩进和行距

各有关单位：

为配合国内商品上市交易，尼特斯尔公司与成尔期货交易所已于2014年开始连续两年举办了两期期保值与风险管理培训班，效果较好。为满足不同企业的需求，2016年尼特斯尔公司继续与成尔期货交易所联合主办期保值与风险管理培训班，培训工作由尼特斯尔公司主办。

2016年第一期实务培训班于10月16日起在成都举办。实务培训班学员针对各企业期货业务操作人员，侧重于套期保值的基本原理、交易规则及交易策略、开户及财务处理等知识，培训时间均为32天，欢迎派员参加。现将有关事项通知如下：

图1.8 设置段落行间距

1.1.3 设置编号与项目符号

通知中的部分文字，可利用项目符号与编号将其进行排列，并以列表形式显示，从而使文档结构更加合理。下面为“公司通知.docx”文档中的指定段落添加编号与项目符号，其具体操作如下。

1 选择需要设置编号的文本段落，单击“字体”组中的“加粗”按钮B，设置字体加粗。设置编号样式为“一、二、……”样式，如图1.9所示，打开“段落”对话框，取消选中“间距”栏中的“在相同样式的段落间不添加空格”复选框。

2 同时选择两个编号列表下方的段落，单击“段落”组中的“项目符号”按钮，为其设置圆点符号样式，设置“行和段落间距”为1.5倍行距，如图1.10所示。

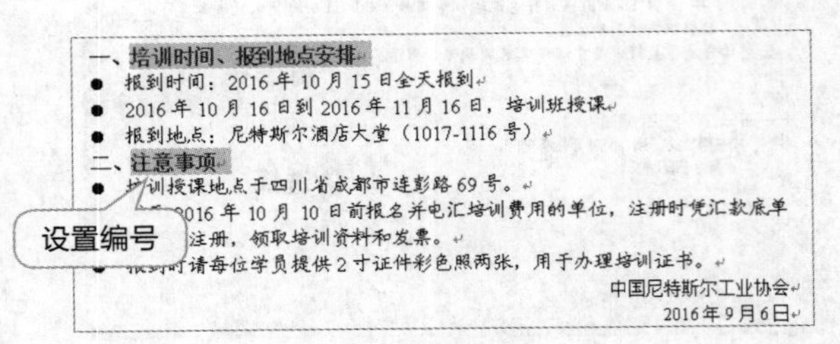

图1.9 设置编号

图1.10 设置项目符号

1.1.4 设置主题词、抄送和英文字体

对于正式的公文，可标1～5个主题词，但最多不超过5个，主题词词目之间不用标点分隔，而是彼此间隔一个字的距离。主题词和抄送格式应通过表格来制作，下面将设置主题词、抄送字体格式，其具体操作如下。

1 将鼠标光标移到落款文本下面的空行，在【插入】/【表格】组中单击“表格”按钮，在打开的下拉列表中选择“插入表格”选项，打开“插入表格”对话框，在“列数”数值框中输入“1”，单击确定按钮。在“行数”数值框中输入“3”，插入一个3行1列的表格，如图1.11所示。

2 在【设计】/【表格样式】组中单击边框按钮右侧的下拉按钮，在打开的下拉列表中依次选择“上框线”“左框线”和“右框线”去除框线，只保留下划线，如图1.12所示。

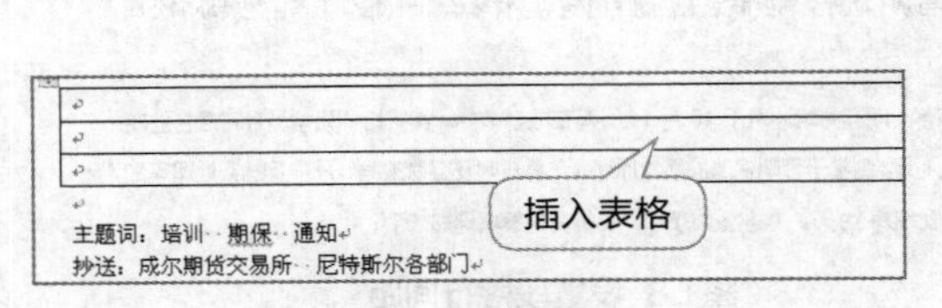

图1.11 插入表格

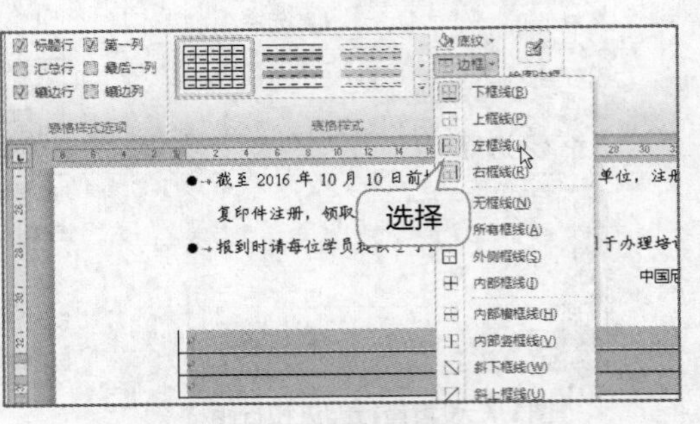

图1.12 隐藏边框线

3 选择主题词行的文本，按【Ctrl+X】键剪切文本，将文本插入点定位到表格第1行，按【Ctrl+V】键，将文本移动至表格中，使用相同的方法，将抄送行的文本移动至表格第2行，将最后一行文本移动至表格的第3行，将冒号及冒号前的字体设置为“三号、黑体”，冒号后的字体设置为“三号、方正小标宋简体”，如图1.13所示。

4 将表格中最后两行的文字利用空格键向右侧移动一个字符的距离。按【Ctrl+A】键全选文档内容，将字体设置为“Times New Roman”，即可设置所有的英文字体和数字字体，中文字体将保持不变，如图1.14所示。

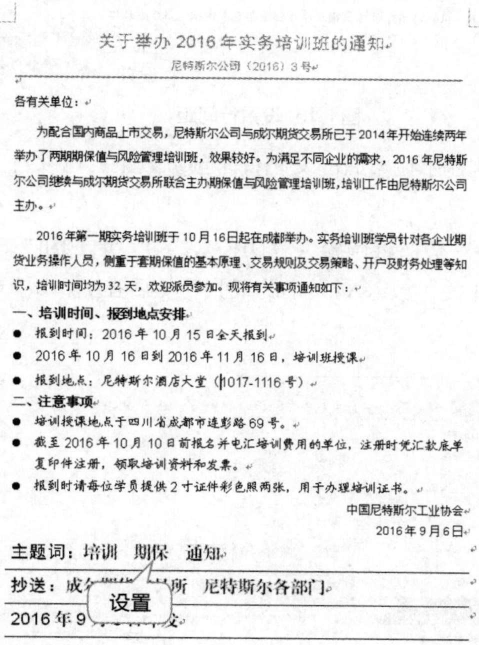

图1.13 设置字体格式

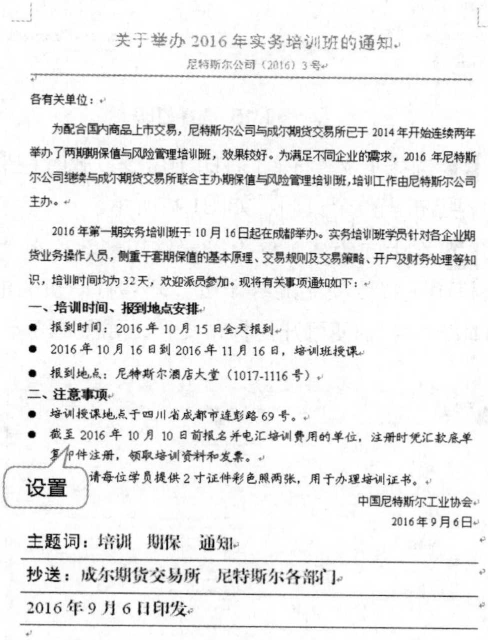

图1.14 设置英文字体和数字字体

> 注意：根据文档性质的不同，英文字体设置也不同，一般都设置为“Times New Roman”。

1.1.5 预览和打印文档

编辑完通知文档的内容后可对其进行打印预览，并根据预览效果设置文档中字号的大小和行距等。下面对文档进行预览和打印，其具体操作如下。

1 选择【文件】/【打印】命令，此时将在右侧中间列表框中显示页面的大小和打印设置等，在最右侧显示文档的预览效果，如图1.15所示。

2 按【Esc】键返回文档编辑区，由于页面下方空白较多，选择二级标题，设置其“行和段落间距”为1.5，并为主题词上方的落款应用相同的间距，如图1.16所示。

公司通知.docx - Microsoft Word
文件
开始
插入
页面布局
引用
邮件
审阅
视图
保存
另存为
打开
关闭
信息
最近所用文件
新建
打印
保存并发送
帮助
选项
退出
打印
份数：
打印机
Lenovo M7650DNF ...
就绪
打印机属性
设置
打印所有页
打印整个文档
页数：
单面打印
只打印一侧的页面
选择

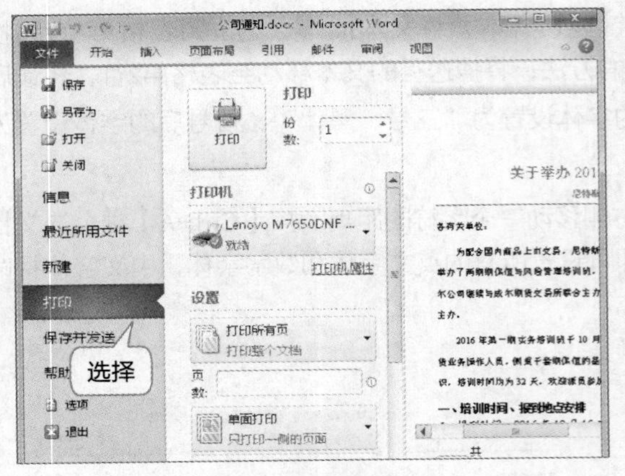

图1.15 选择打印

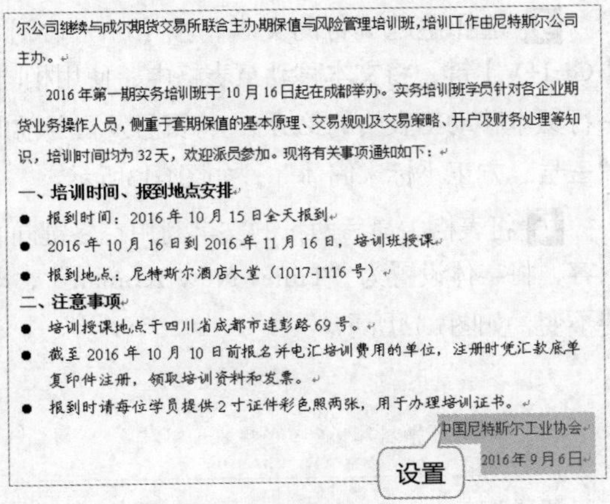

尔公司继续与成尔期货交易所联合主办期保值与风险管理培训班，培训工作由尼特斯尔公司主办。
2016 年第一期实务培训班于 10 月 16 日起在成都举办。实务培训班学员针对各企业期货业务操作人员，侧重于套期保值的基本原理、交易规则及交易策略、开户及财务处理等知识，培训时间均为 32 天，欢迎派员参加。现将有关事项通知如下：
一、培训时间、报到地点安排
报到时间：2016 年 10 月 15 日全天报到
2016 年 10 月 16 日到 2016 年 11 月 16 日，培训班授课
报到地点：尼特斯尔酒店大堂（1017-1116 号）
二、注意事项
培训授课地点于四川省成都市连彭路 69 号。
截至 2016 年 10 月 10 日前报名并电汇培训费用的单位，注册时凭汇款底单复印件注册，领取培训资料和发票。
报到时请每位学员提供 2 寸证件彩色照两张，用于办理培训证书。
中国尼特斯尔工业协会
2016 年 9 月 6 日
设置

图1.16 设置行间距

3 选择【文件】/【打印】命令，此时在最右侧显示调整后的文档打印预览效果，可以看出文档内容已布满整个页面，如图1.17所示。

4 在中间的列表框中设置打印参数，在“份数”数值框中输入打印份数。在“打印机”下拉列表框中选择要使用的打印机。开启打印机的电源开关，放入A4大小的纸张，然后在Word中单击“打印”按钮便可开始打印文档，如图1.18所示。

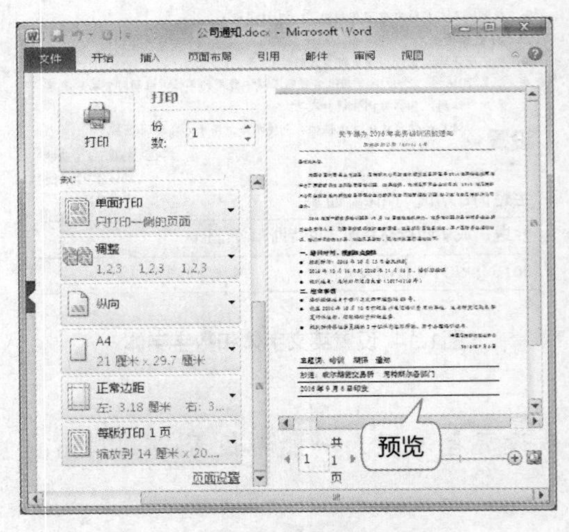

公司通知.docx - Microsoft Word
文件
开始
插入
页面布局
引用
邮件
审阅
视图
打印
份数：
单面打印
只打印一侧的页面
调整
1,2,3 1,2,3 1,2,3
纵向
A4
21 厘米 x 29.7 厘米
正常边距
左: 3.18 厘米 右: 3...
每版打印 1 页
缩放到 14 厘米 x 20...
页面设置
预览

图1.17 预览文档效果

公司通知.docx - M
文件
开始
插入
页面布局
引用
邮件
审阅
视图
加载项
保存
另存为
打开
关闭
信息
最近所用文件
新建
打印
保存并发送
帮助
选项
退出
打印
份数：2
打印机
HP LaserJet P2015 Series PCL 6
就绪
Microsoft Office Document Image Writer
Microsoft XPS Document Writer
SnagIt 8
发送至 OneNote 2010
在 HXY-3AE8ED781B4 上自动 Microsoft XPS Document Writer
添加打印机...
打印到文件
打印机状态
状态：就绪
类型：HP LaserJet P2015 Series PCL 6
位置：USB001
注释：
选择

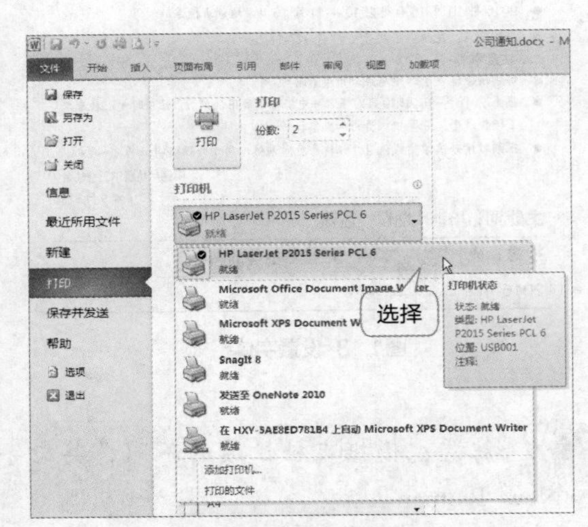

图1.18 选择打印机

1.2 制作聘用劳动合同

《中华人民共和国合同法》第二条规定：合同是平等主体的自然人、法人、其他组织之间设立、变更、终止民事权利义务关系的协议。即签订合同的双方在某个事项上依据双方的共同利益、权利和义务协商的最终结果，合同一经签订，即受法律的保护，因此在工作中为了达成工作关系，也需要签订劳动合同。图1.19所示为劳动合同排版前后的文档效果对比。制作劳动合同时，在文档的不同地方可设置字符格式、段落缩进和下划线等。

劳动合同
甲方：
乙方：
甲、乙双方根据《中华人民共和国劳动合同法》和有关法律、法规规定，在平等自愿、公平公正、协商一致、诚实信用的基础上，签订本合同。
一、劳动合同期限
（一）甲乙双方约定按下列 种方式确定“劳动合同期限”：
a. 有固定期限的劳动合同：自 年 月 日起至 年 月 日止，其中试用期自 年 月 日起至 年 月 日止。
b. 无固定期限的劳动合同：自 年 月 日起，其中试用期自 年 月 日起至 年 月 日止。
c. 以完成 工作任务为劳动合同期限，自 年 月 日起至完成本项工作任务之日即为劳动合同终止日。
（二）乙方与用工单位所签订的劳务派遣协议约定的派遣期限先于本条约定的合同期限届满的，则劳务派遣协议约定的派遣期届满之日本合同终止。
二、工作内容及工作地点
（一）乙方根据甲方要求，经过协商，从事 工作。甲方可根据工作需要和对乙方业绩的考核结果，按照合理诚信原则，变动乙方的工作岗位，乙方服从甲方的安排。
（二）甲方安排乙方所从事的工作内容及要求，应当符合甲方依法制订的并已公示的规章制度。乙方应当按照甲方安排的工作内容及要求履行劳动义务，按时完成规定的工作数量，达到规定的质量要求。
（三）甲乙双方约定劳动合同履行地为。
（四） 。
三、工作时间和休息休假
（一）甲乙双方在工作时间和休息方面协商一致选择确定 条款，平均每周工作四十小时：
a. 甲方实行每天 小时工作制。具体作息时间，甲方安排如下：每周周 至周 工作，上午 ，下午 ；每周周 为休息日。
b. 甲方实行三班制，安排乙方实行 班 运转工作制。
c. 甲方安排乙方的 工作岗位，属于不定时工作制，双方依法执行不定时工作制规定。
d. 甲方安排乙方的 工作岗位，属于综合计算工时制，双方依法执行综合计算工时工作制规定。
（二）甲方严格遵守法定的工作时间，控制加班加点，保证乙方的休息与身心健康，甲方因工作需要必须安排乙方加班加点的，应与工会和乙方协商同意，依法给予乙方补休或支付加班加点工资。
（三）甲方为乙方安排带薪年休假： 。
四、劳动保护和劳动条件
（一）甲方对可能产生职业病危害的岗位，应当向乙方履行如实告知的义务，并对乙方进行劳动安全卫生教育，防止劳动过程中的事故，减少职业危害。
（二）甲方必须为乙方提供符合国家规定的劳动安全卫生条件和必要的劳动防护用品，安排乙方从事有职业危害作业的，应定期为乙方进行健康检查。
（三）乙方在劳动过程中必须严格遵守安全操作规程。乙方对甲方管理人员违章指挥、强令冒险作业，有权拒绝执行。
（四）甲方按照国家关于女职工、未成年工的特殊保护规定，对乙方提供保护。
（五）乙方患病或非因工负伤的，甲方应当执行国家关于医疗期的规定。
五、劳动报酬
甲方应当每月至少一次以货币形式支付乙方工资，不得克扣或者无故拖欠乙方的工资。乙方在法定工作时间内提供了正常劳动，甲方向乙方支付的工资不得低于当地最低工资标准。

劳动合同

甲方：____________

乙方：____________

甲、乙双方根据《中华人民共和国劳动合同法》和有关法律、法规规定，在平等自愿、公平公正、协商一致、诚实信用的基础上，签订本合同。

一、劳动合同期限

（一）甲乙双方约定按下列____________种方式确定“劳动合同期限”：

a. 有固定期限的劳动合同：自______年______月______日起至______年______月______日止，其中试用期自______年______月______日起至______年______月______日止。

b. 无固定期限的劳动合同：自______年______月______日起，其中试用期自______年______月______日起至______年______月______日止。

c. 以完成工作任务为劳动合同期限，自______年______月______日起至完成本项工作任务之日即为劳动合同终止日。

（二）乙方与用工单位所签订的劳务派遣协议约定的派遣期限先于本条约定的合同期限届满的，则劳务派遣协议约定的派遣期届满之日本合同终止。

二、工作内容及工作地点

（一）乙方根据甲方要求，经过协商，从事____________工作。甲方可根据工作需要和对乙方业绩的考核结果，按照合理诚信原则，变动乙方的工作岗位，乙方服从甲方的安排。

（二）甲方安排乙方所从事的工作内容及要求，应当符合甲方依法制订的并已公示的规章制度。乙方应当按照甲方安排的工作内容及要求履行劳动义务，按时完成规定的工作数量，达到规定的质量要求。

（三）甲乙双方约定劳动合同履行地为：____________。

（四）____________。

三、工作时间和休息休假

图1.19 劳动合同排版前后效果

下载资源

效果文件：第1章\劳动合同.docx

1.2.1 输入和编辑文本

输入和编辑文本

下面新建一个空白文档，输入劳动合同的主要内容，其具体操作如下。

1 新建“劳动合同.docx”文档。在【页面布局】/【页面设置】组中单击“对话框启动器”按钮，打开“页面设置”对话框。在“页边距”栏设置所有页边距为“2厘米”，确认并返回文档，如图1.20所示。

2 在空白文档中输入劳动合同的内容，由于劳动合同中的一些内容要手工填写，因此在需要手工填写的地方输入空格代替。选择文档全部内容，设置字号为“小四”，设置合同标题的字符格式为一号、加粗，并居中显示；设置二级标题格式加粗显示，如图1.21所示。

提示：在合同中签订合同的双方被称为甲方和乙方，一般情况下，将制定合同的一方称为甲方，签约的一方称为乙方，即在劳动合同中单位为甲方，劳动者为乙方；在买卖合同中买家为甲方，卖家为乙方。

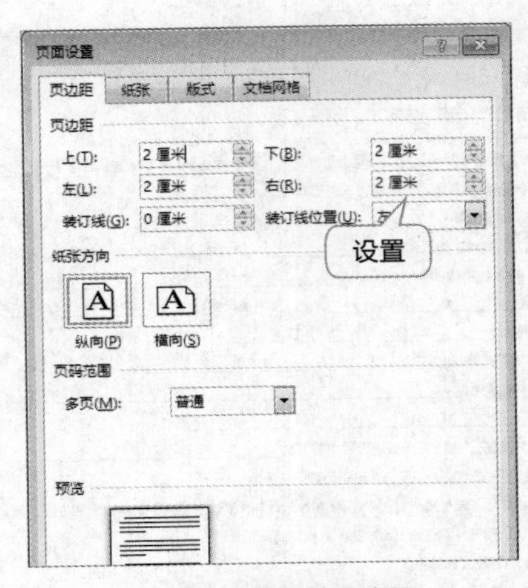

图1.20 设置文档页边距

劳动合同

甲方：

乙方：

甲、乙双方根据《中华人民共和国劳动合同法》和有关法律、法规规定，在平等自愿、公平公正、协商一致、诚实信用的基础上，签订本合同。

一、劳动合同期限

（一）甲乙双方约定按下列 种方式确定"劳动合同期限"：

a. 有固定期限的劳动合同，自 年 月 日起至 年 月 日止，其中试用期自 年 月 日起至 年 月 日止。

b. 无固定期限的劳动合同，自 年 月 日起，其中试用期自 年 月 日起至 年 月 日止。

c. 以完成 工作任务为劳动合同期限，自 年 月 日起至完成本项工作任务之日即为劳动合同终止日。

（二）乙方与用工单位所签订的劳务派遣协议约定的派遣期限先于本条约定的合同期限届满的，则劳务派遣协议约定的派遣期届满之日本合同终止。

二、工作内容及工作地点

（一）乙方根据甲方要求，经过协商，从事 工作。甲方可根据工作需要和对乙方业绩的考核结果，按照合理诚信原则，变动乙方的工作岗位，乙方服从甲方的安排。

（二）甲方安排乙方所……及要求，应当符合甲方依法制订的并已公示的规章制度。乙方应当按照甲方安排……要求履行劳动义务，按时完成规定的工作数量，达到规定的质量要求。

（三）甲乙双方约定劳动合同履行地为：

（四）

三、工作时间和休息休假

（一）甲乙双方在工作时间和休息方面协商一致选择确定 条款，平均每周工作四十小时：

a. 甲方实行每天 小时工作制。具体作息时间，甲方安排如下：每周周 至周 工作，上午，下午，每周周 为休息日。

输入

图1.21 输入和设置文档文本

1.2.2 添加下划线

添加下划线

因为劳动者职位的不同，签订的合同有需要手动填写的地方，因此通常在需要留空白的位置添加下划线，其具体操作如下。

1 在【开始】/【编辑】组中单击 替换 按钮，打开"查找和替换"对话框，在"替换"选项卡中的"查找内容"文本框中输入空格，如图1.22所示。

2 定位光标插入点到"替换为"文本框，单击 更多(M) >> 按钮，打开隐藏选项，单击 格式(O) 按钮，在打开的下拉列表中选择"字体"选项，打开"替换字体"对话框，如图1.23所示。

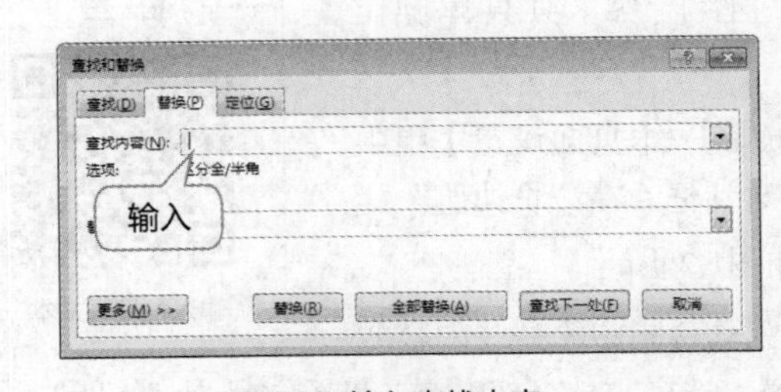

图1.22 输入查找内容

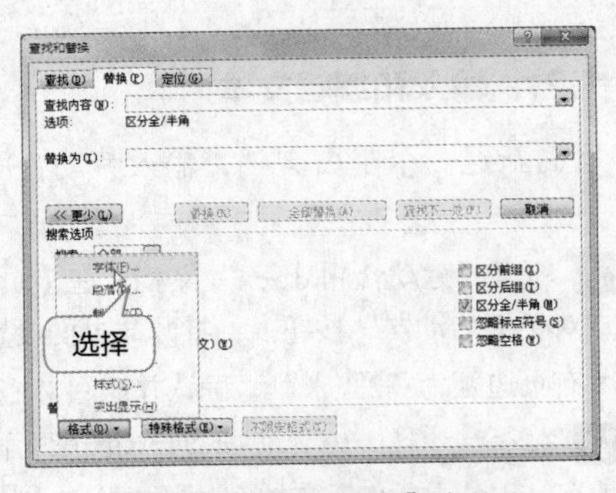

图1.23 选择"字体"选项

3 在"下划线线型"下拉列表中选择下划线的类型，单击 确定 按钮确认设置，返回"查找和替换"对话框，在"替换为"文本框下出现"下划线"文本，如图1.24所示。

4 在"替换为"文本框中输入20个空格（根据实际情况而定），单击 查找下一处(F) 按钮，系统自动检测文档中第1个空格符号，单击 替换(R) 按钮，将文档中的第一个空格符号替换为设置的样式，依次查找文档中所有空格并将其替换为下划线格式。替换完成后，提示对话框会提示已完成文档所有空格的替换，单击 确定 按钮即可，如图1.25所示。

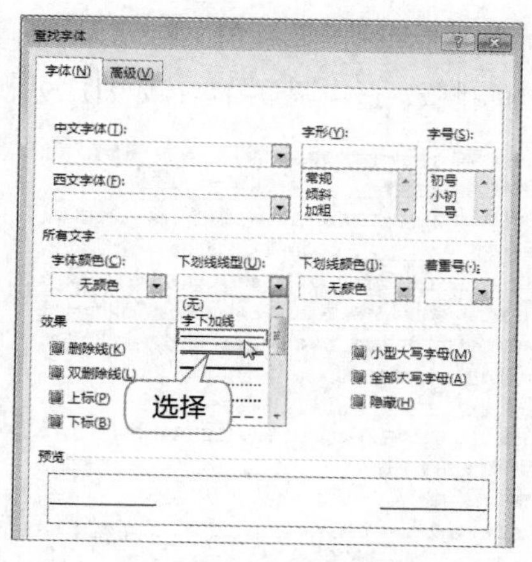

图1.24 选择替换类型

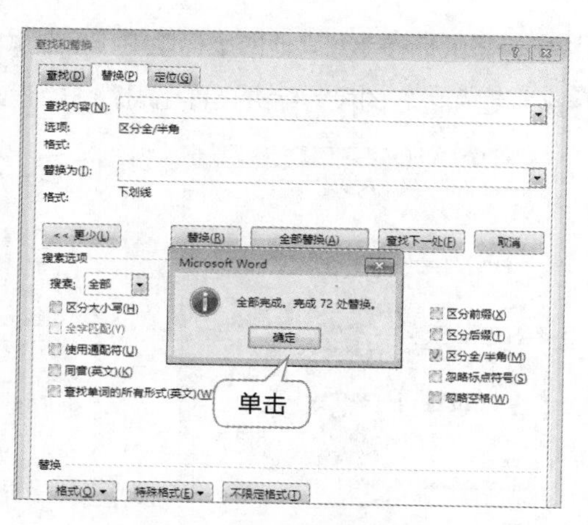

图1.25 完成替换

1.2.3 设置段落缩进

统一合同的格式，首先需要设置统一的段落缩进，如正文和各级编号的段落缩进格式等，可通过格式刷来进行统一，其具体操作如下。

1 按【Ctrl+A】键全选文档，在【开始】/【段落】组中单击"对话框启动器"按钮，打开"段落"对话框。在"缩进"栏设置特殊格式为"首行缩进"，缩进值为"2字符"，设置行距为"1.5倍行距"，如图1.26所示。

2 将光标插入点定位到三级标题，打开"段落"对话框，在"缩进"栏中设置左侧为"3字符"，特殊格式为"首行缩进"，缩进值为"3字符"，单击 确定 按钮，如图1.27所示。在【开始】/【剪贴板】组中双击 格式刷 按钮，将鼠标移动到其他三级标题中，鼠标指针变为形状，单击鼠标，为其他三级标题应用设置的段落格式。

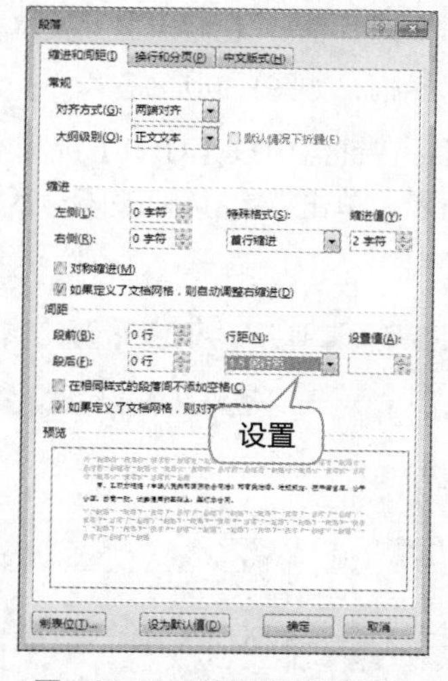

图1.26 设置首行缩进和行距

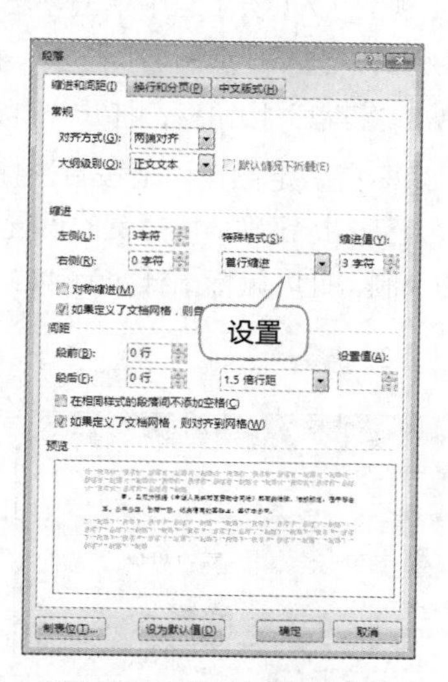

图1.27 设置左缩进和特殊格式

3 将光标插入点定位到四级标题中，打开"段落"对话框，在"缩进"栏中设置左侧为"5字符"，特殊格式为"首行缩进"，缩进值为"1字符"，单击 确定 按钮，如图1.28所示。双击格式刷按钮，将鼠标移动到其他四级标题中，单击鼠标，为其他四级标题应用设置的段落格式。

4 各标题和内容的段落缩进设置完成后，检查文档的排版，适当调整内容，如图1.29所示。

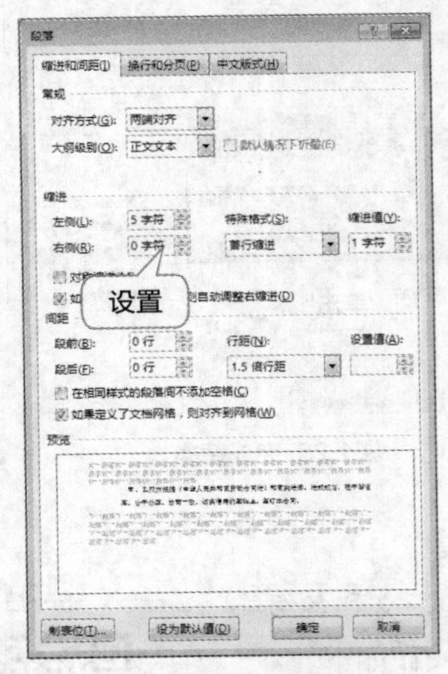

图1.28 设置段落缩进

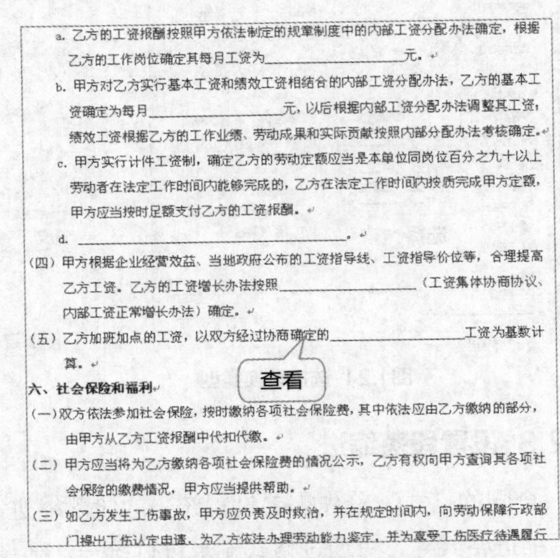

a. 乙方的工资报酬按照甲方依法制定的规章制度中的内部工资分配办法确定，根据乙方的工作岗位确定其每月工资为__________元。

b. 甲方对乙方实行基本工资和绩效工资相结合的内部工资分配办法，乙方的基本工资确定为每月__________元，以后根据内部工资分配办法调整其工资，绩效工资根据乙方的工作业绩、劳动成果和实际贡献按照内部分配办法考核确定。

c. 甲方实行计件工资制，确定乙方的劳动定额应当是本单位同岗位百分之九十以上劳动者在法定工作时间内能够完成的，乙方在法定工作时间内按质完成甲方定额，甲方应当按时足额支付乙方的工资报酬。

d. __________。

（四）甲方根据企业经营效益、当地政府公布的工资指导线、工资指导价位等，合理提高乙方工资。乙方的工资增长办法按照__________（工资集体协商协议、内部工资正常增长办法）确定。

（五）乙方加班加点的工资，以双方经过协商确定的__________工资为基数计算。

六、社会保险和福利

（一）双方依法参加社会保险，按时缴纳各项社会保险费，其中依法应由乙方缴纳的部分，由甲方从乙方工资报酬中代扣代缴。

（二）甲方应当将为乙方缴纳各项社会保险费的情况公示，乙方有权向甲方查询其各项社会保险的缴费情况，甲方应当提供帮助。

（三）如乙方发生工伤事故，甲方应负责及时救治，并在规定时间内，向劳动保障行政部门提出工伤认定申请，为乙方依法办理劳动能力鉴定，并为享受工伤医疗待遇履行

图1.29 查看文档设置效果

1.2.4 录制和使用宏

落款的制作需要用到“宏”功能，制作好的宏都将保存在“宏”对话框中，为其设置快捷键后，可快速应用宏，下面将刻录和使用宏，其具体操作如下。

扫一扫

录制和使用宏

1 将光标插入点定位到文档最后，设置“缩进”栏的特殊段落格式为“无”。在【视图】/【宏】组中单击“宏”按钮下方的下拉按钮，在打开的下拉列表中选择“录制宏”选项，打开“录制宏”对话框。在“宏名”文本框中输入“落款”文本，单击“键盘”按钮，打开“自定义键盘”对话框，如图1.30所示。

2 鼠标光标自动定位在“请按新快捷键”文本框，在键盘中按【Ctrl】键和小键盘区中的【0】键，单击指定(A)按钮确认快捷键的设置，如图1.31所示。单击关闭按钮关闭对话框，系统自动启动“宏”的录制，此时鼠标指针变为“磁带”形状。

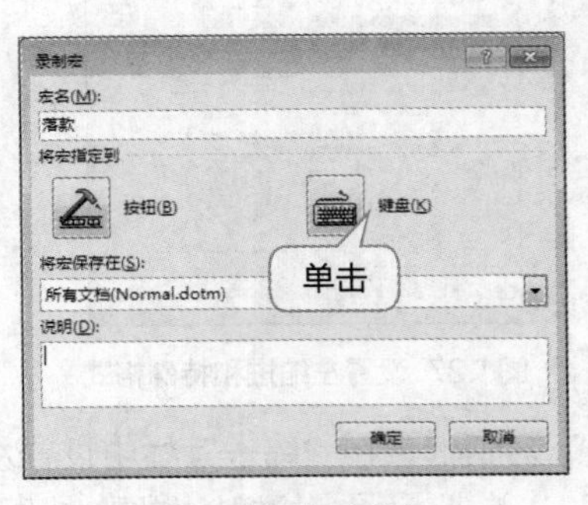

图1.30 创建宏

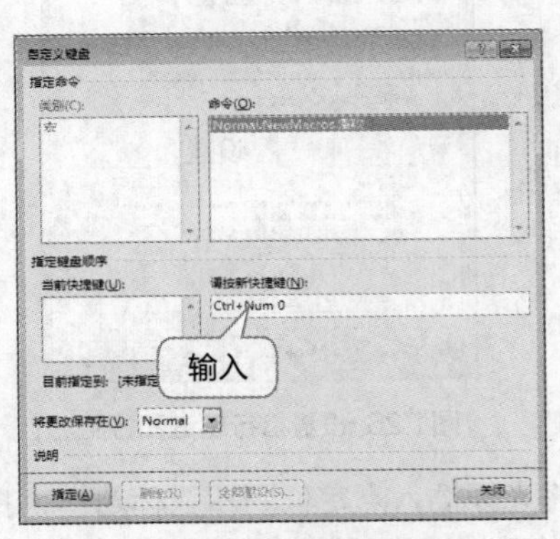

图1.31 设置快捷键

3 在【开始】/【字体】组中单击“加粗”按钮**B**，然后直接在文档中输入落款的文本，输入完成后，再次单击“加粗”按钮**B**，取消加粗格式。单击“宏”按钮下方的下拉按钮，在打开的下拉列表中选择“停止录制”选项，如图1.32所示。

4 单击“宏”按钮下方的下拉按钮，在打开的下拉列表中选择“查看宏”选项，打开“宏”对话框，在此对话框中可查看录制的“落款”。返回文档，按【Ctrl+0】键可快速地在文本中插入制作好的加粗格式的落款，如图1.33所示。

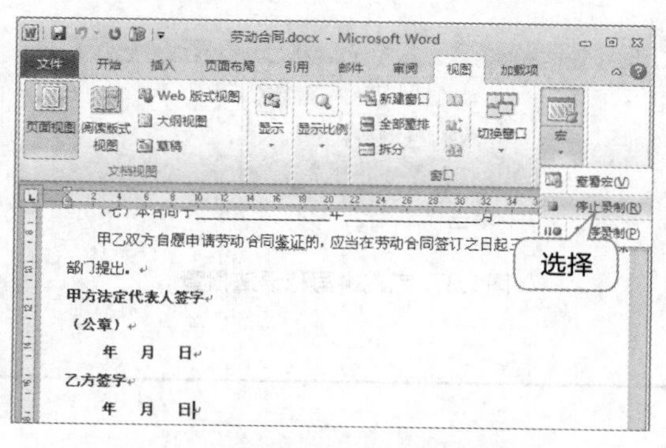

图1.32 停止录制宏

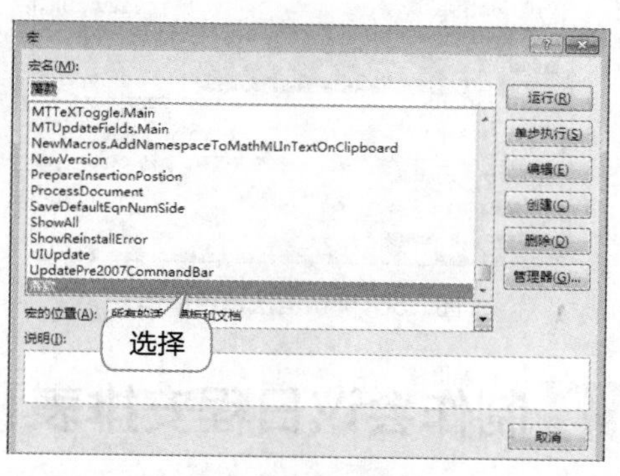

图1.33 查看宏

1.2.5 使用拼写和语法检查

Word 2010会自动检测文档中输入错误的文字或出现的语法问题，并在有上述问题的文本下显示红色或蓝色的波浪线，提示出现错误，这就是拼写和语法检查，下面将检查“劳动合同.docx”文档中的拼写和语法错误，其具体操作如下。

1 选择【文件】/【保存】命令，在打开的对话框中设置保存位置和名称，单击保存按钮，保存文档后，在【审阅】/【校对】组中单击“拼写和语法”按钮，如图1.34所示。

2 打开“拼写和语法：中文（中国）”对话框，在对话框中“易错词”列表框中检查红色文字，发现词语错误，单击更改按钮更改为系统建议的文本“签证”，如图1.35所示。

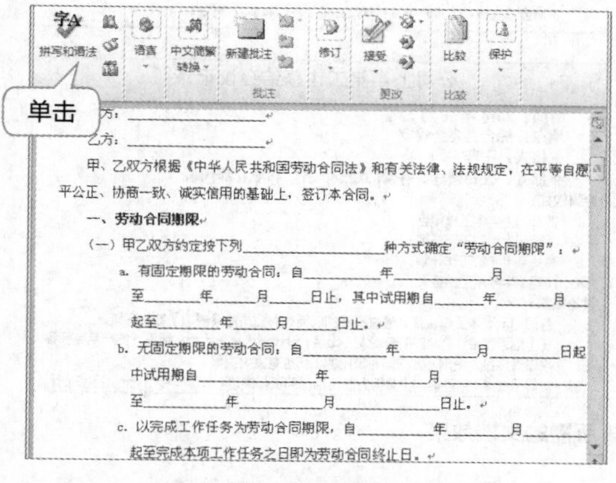

图1.34 单击“拼写和语法”按钮

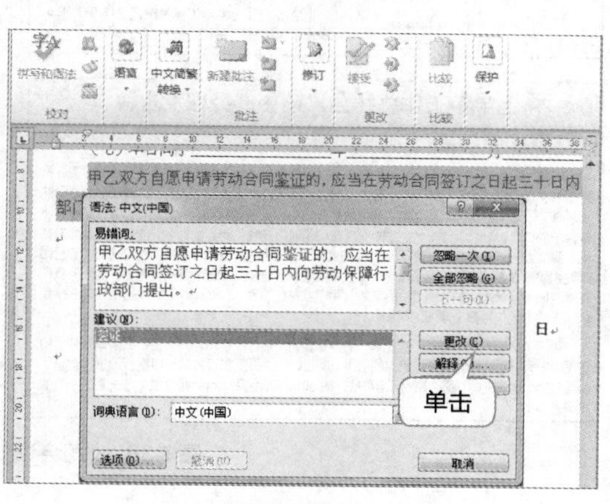

图1.35 更改文本

3 进行更改操作后，系统自动打开下一个可能出现错误的句子，绿色文字是指可能出现语法错误的字词，若无错误，直接单击 下一句(X) 按钮，如图1.36所示。

4 依次检查修改所有可能有误的句子，完成后打开提示对话框，提示拼写和语法检查已完成，单击 确定 按钮即可，如图1.37所示。

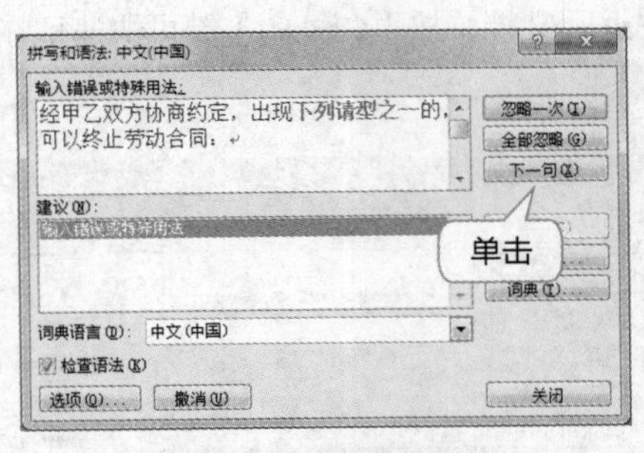

图1.36 确认语法是否错误

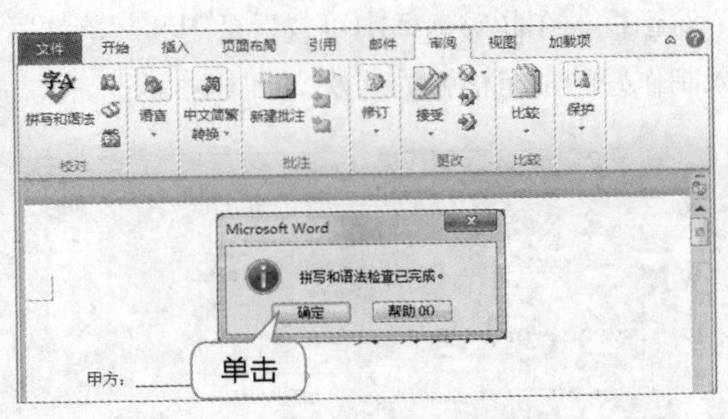

图1.37 完成拼写和语法检查

1.3 制作会议日程安排表

要安排好公司会议，必须了解会议的基本流程、会议发言稿的撰写和会议记录的编写等，这样才能高效合理地安排好会议。图1.38所示为安排公司会议所涉及的4个文档效果预览图，其中每个文档都需在编写内容后设置其字符格式和段落格式，主要包括字体、字号、颜色和对齐方式等，以及段落对齐方式、段落缩进、项目符号和编号等段落格式。

会议日程安排表

经公司工作部署，为分析总结公司上半年工作并对下半年工作做出安排计划，特召开公司总结性工作会议。相关事宜通知如下：

会议时间	2016 年 6 月 22 日 14：00 至 17：00	
会议地点	综合办公会议室	
会议议程	14：00-14：15	与会人员签到入席
	14：15-14：30	开场/主持人介绍会议及目的
	14：30-14：45	董事长发言
	15：15-16：45	各部门就上半年工作做陈词总结及下半年工作计划和目标

关于公司上半年工作总结会议的通知

各部门经理：

经公司工作部署，为对公司上半年工作做出分析总结，明确、落实下半年工作计划、预计效益和实现目标，特召开公司总结性工作会议。各部门需做好会议前的相关工作准备。

会议时间：2016 年 06 月 22 日

会议地点：综合办公会议室

会议主要内容

1. 董事长发言；
2. 各部门经理对上半年工作做总结性报告；
3. 各部门经理提出下半年经营管理方案、营销计划和实现目标；
4. 董事长就各部门发言做总结评论；

参加会议人员：公司领导、各部门经理、各厂和事业部代表

上半年工作总结会议销售部经理发言稿

各位领导，各位同事：

在集团公司领导的亲切关怀下，在集团公司各单位、部门的大力支持、积极配合下，销售部的全体干部、员工克服了市场需求接近饱和所带来的重重困难，用心血和汗水为公司的发展写下了浓重的一笔。鲜花和荣誉的背后是我们广大基层领导、一线工人、各级管理人员所付出的极大的牺牲。当新世纪的阳光真真切切地照在我们身上的时候，也许很多人并没有意识到，今天升起的太阳同昨天落下去的太阳有什么两样。在 2016 年，我们以灵活的营销策略和保质保量的供货赢得了市场上的主动，遏制了竞争对手的发展，但是，只要今天我们在激烈的市场竞争中稍有懈怠，给竞争对手以喘息的机会，那么，对手的疯狂反扑势必给我们明天的市场前景蒙上厚厚的阴影。

今天这么好的市场形势，是我们一直以来坚持“设计围绕市场转，生产围绕销售转，销售围绕市场转”这一经营指导思想的结果；是我们广大员工在过去的一年里苦苦拼搏保证了质量稳定、供货及时，最终赢得了用户的信任和认可的结果，我们要倍加珍惜这来之不易的市场形势。

公司上半年工作总结会议记录

时间：2016 年 06 月 22 日
地点：综合办公会议室
主持人：王薇
参加人：公司领导、各部门经理、各厂和事业部代表

会议议题：

1. 各部门上半年工作报告；
2. 各部门上半年工作总结；
3. 有关下半年的工作计划；
4. 预期下半年所达目标。

讨论结果：

1. 各部门上半年工作认真，通过不断的创新，为公司业绩创造了新的突破。
2. 在上期工作中，企划部的表现尤为出色；设计部也推陈出新，新设计的产品商标很快申请并投入使用；客户部等部门的工作也有重大突破。
3. 取得了成绩，但各部门仍需努力坚持自己的工作岗位，为公司和自己创造很多的利

图1.38 公司会议安排所需的文档效果

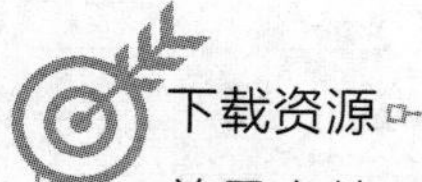

下载资源

效果文件：第1章\日程表.docx、发言稿.docx、会议通知.docx、会议记录.docx

1.3.1 创建和编辑表格

会议日程安排表以表格的形式制作可以更直观地表达各时间段的安排。首先新建“日程表.docx”文档，输入引导语后插入表格，并对表格进行文本编辑及边框和底纹的设置，其具体操作如下。

1 新建“日程表.docx”文档，输入“会议日程安排表”文本，设置其格式为“黑体、小二、居中”，如图1.39所示。

2 输入引导语内容，设置段落格式为“首行缩进、2字符”。按两次【Enter】键空出一行后，插入一个9行3列的表格，如图1.40所示。

图1.39 输入文档标题文本

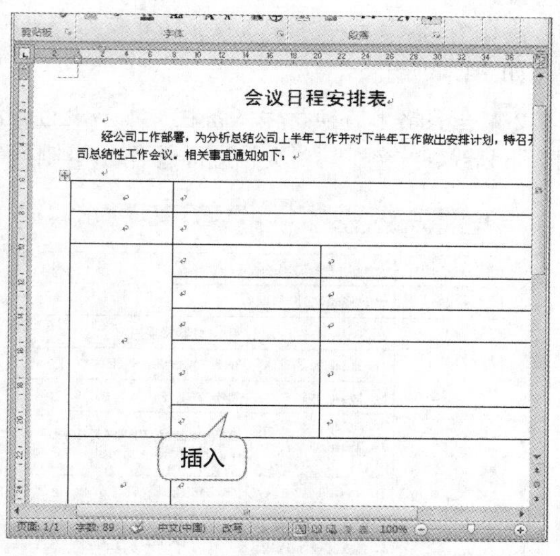

图1.40 插入表格

3 输入表格内容，选择第一列单元格，单击鼠标右键，在弹出的快捷菜单中选择“表格属性”命令，打开“表格属性”对话框。在“表格”和“单元格”选项卡中设置水平和垂直对齐方式均为“居中”，如图1.41所示。

4 设置时间、地点和有关要求等重要部分的文字为加粗格式。选择整个表格，在【开始】/【段落】组中单击按钮右侧的下拉按钮，在打开的下拉列表中选择“边框和底纹”选项，打开“边框和底纹”对话框，如图1.42所示。

提示：在为表格设置边框和底纹时，应对表格底纹颜色与表格数据颜色进行对比，一般来说，深色底纹用浅色文本，浅色底纹用深色文本。

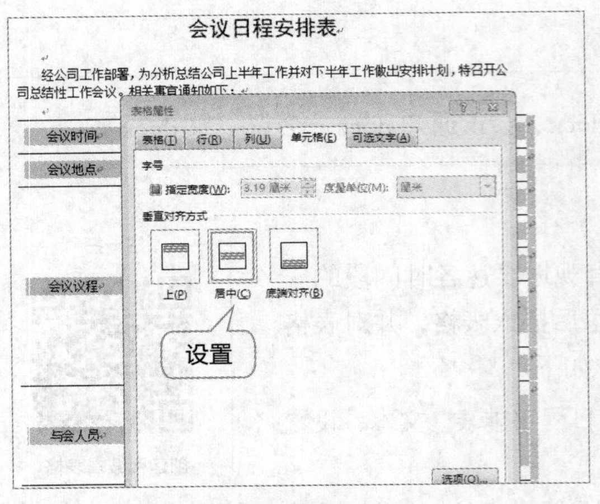

图1.41 设置单元格对齐方式

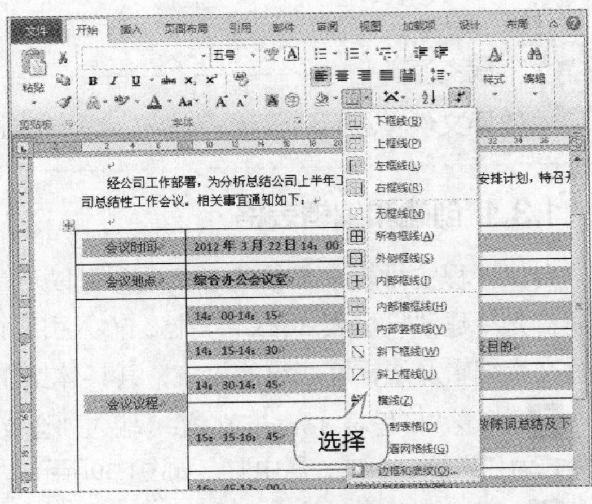

图1.42 选择“底纹和边框”选项

5 在“边框”选项卡中单击和按钮取消表格左右两侧的边框，并将边框宽度设置为“0.75磅”。在“底纹”选项卡中设置表格底纹为“白色，背景1，深色5%”，单击 确定 按钮，应用设置，如图1.43所示。

6 在表格下方换行输入备注文本。设置备注文本的字符格式为“宋体、五号、左对齐、加粗、下划线、红色”。对文档进行适当的调整后保存文档，如图1.44所示。

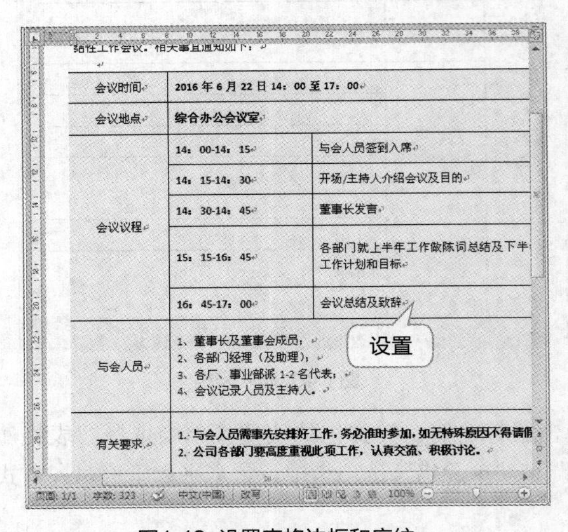

图1.43 设置表格边框和底纹

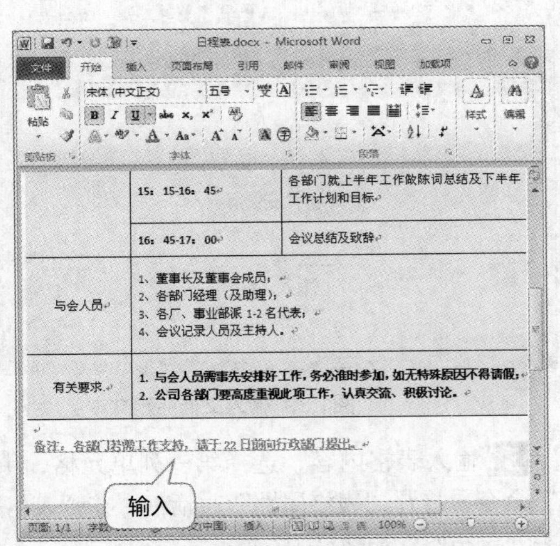

图1.44 输入和设置备注文本

1.3.2 设置字符和段落格式

会议发言稿的格式和语言风格都必须简洁明快，可以将自己的观点、经验收获以及体会融入其中。一般情况下，会议发言稿是部门发言人对工作的总结性报告。会议记录文档是通过整理在会议过程中的各种资料而形成的记录式文档。除了包含会议的基本信息外，还应包含本次会议的最终结果。下面讲解会议发言稿和会议记录的编写、设置方法，其具体操作如下。

扫一扫

设置字符和段落格式

1 新建“发言稿.docx”文档，然后编写发言稿称谓。换行编写发言稿正文。在发言稿最后对本次发言进行总结，完成发言稿的编写操作，如图1.45所示。

2 将会议发言稿标题格式设置为方正小标宋简体、小二、居中，称谓部分的字符格式设置为小四、加粗，并将内容中的条例部分加粗显示，如图1.46所示。

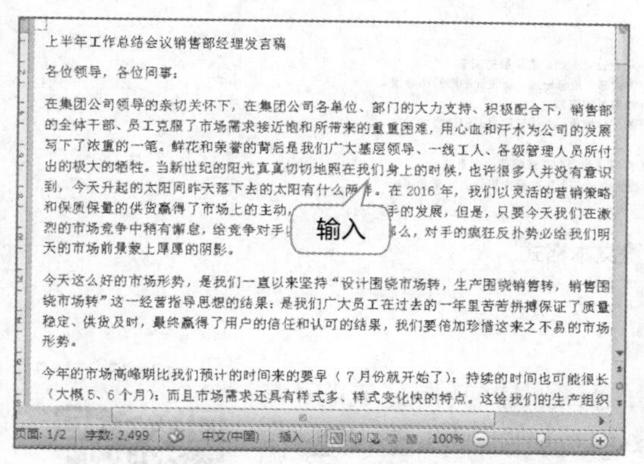

图1.45 新建文档并输入文本

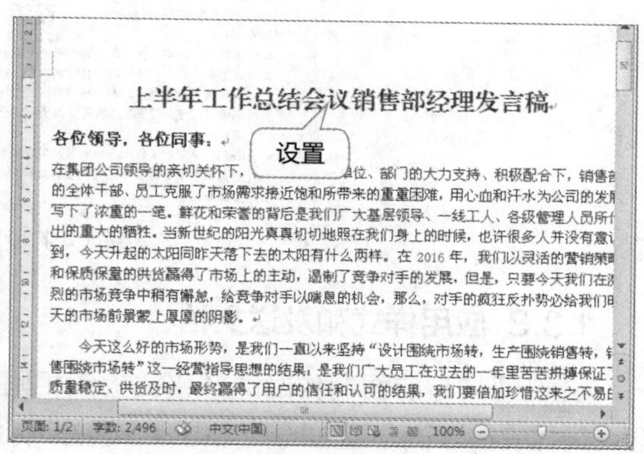

图1.46 设置标题文本字体格式

3 选择内容部分，在【开始】/【段落】组中单击对话框启动器按钮，打开“段落”对话框。设置行距为“1.5倍行距”，特殊格式为“首行缩进、2字符”，单击确定按钮，如图1.47所示。

4 新建“会议记录.docx”的文档。根据资料编写会议记录的内容，如图1.48所示。

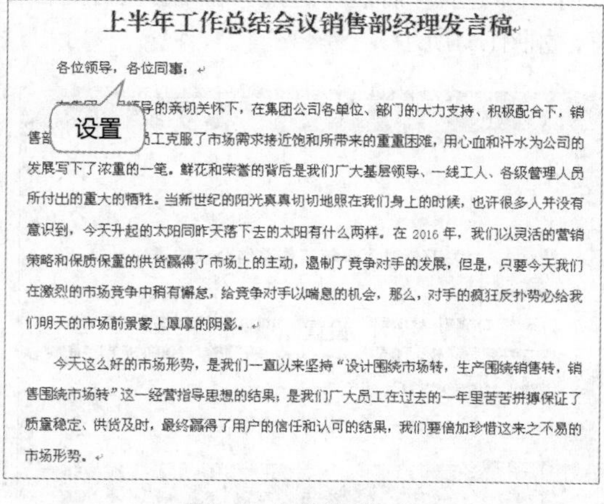

图1.47 设置段落格式

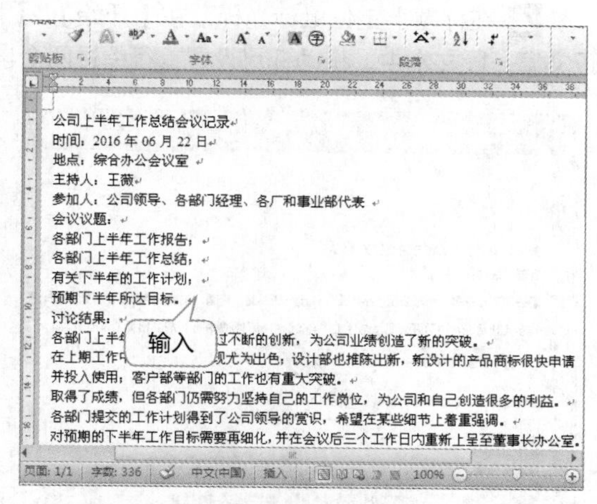

图1.48 新建文档并输入文本

5 为第一段文字应用“标题”样式。选择文档中的“时间”“地点”等文字，并设置其字符格式为小四、加粗。为“会议议题”和“讨论结果”下的内容分别应用编号样式。设置落款和日期的字符样式为小四、加粗，并使其文本右对齐，如图1.49所示。

提示：一些公司习惯将会议记录制作成表格式的文档。表格式的文档与文字性文档相比更为直观，但内容大致相同，都包含会议的基本内容和最终结果等。一些公司在表格式的会议记录文档的最后还有会议记录人员的签章等，以表示会议记录的真实性。

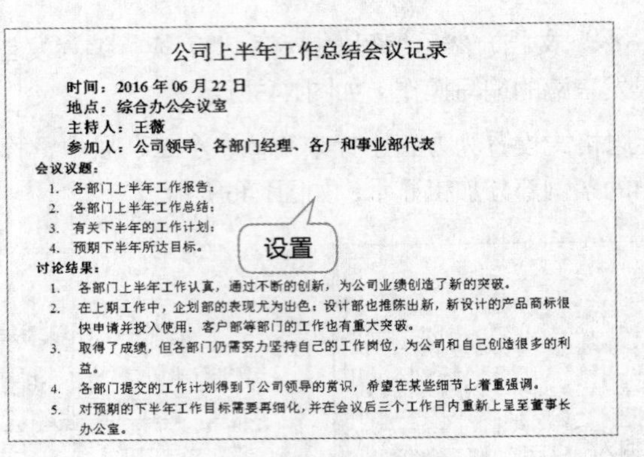

公司上半年工作总结会议记录

时间：2016 年 06 月 22 日
地点：综合办公会议室
主持人：王薇
参加人：公司领导、各部门经理、各厂和事业部代表

会议议题：

1. 各部门上半年工作报告；
2. 各部门上半年工作总结；
3. 有关下半年的工作计划；
4. 预期下半年所达目标。

讨论结果：

1. 各部门上半年工作认真，通过不断的创新，为公司业绩创造了新的突破。
2. 在上期工作中，企划部的表现尤为出色；设计部也推陈出新，新设计的产品商标很快申请并投入使用；客户部等部门的工作也有重大突破。
3. 取得了成绩，但各部门仍需努力坚持自己的工作岗位，为公司和自己创造很多的利益。
4. 各部门提交的工作计划得到了公司领导的赏识，希望在某些细节上着重强调。
5. 对预期的下半年工作目标需要再细化，并在会议后三个工作日内重新上呈至董事长办公室。

图1.49 设置文本格式

1.3.3 应用样式和发送文档

会议通知与前面制作的通知格式大致相同，但需根据制作完成的会议日程安排表确定通知的具体内容，通知内容包括会议时间、会议地点、与会人员、会议议程和注意事项等内容。下面通过编辑“会议通知.docx”文档来了解样式的设置和文档的发送方法，其具体操作如下。

1 新建“会议通知.docx”的文档。根据通知格式编写通知的内容，如图1.50所示。

2 在标题上定位鼠标光标，在【开始】/【样式】组中选择“标题”选项。将鼠标光标定位在正文第一段文本中，拖动标尺设置首行缩进两个字符，如图1.51所示。

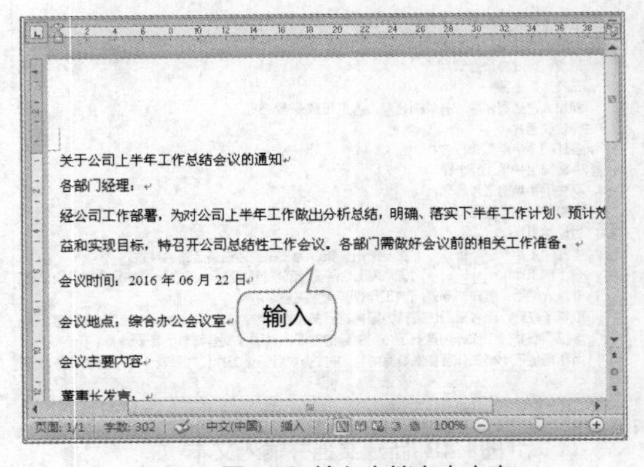

图1.50 输入文档文本内容

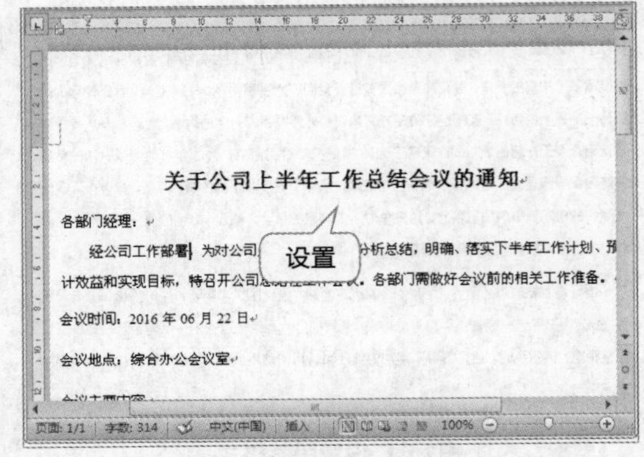

图1.51 设置文本样式

3 设置“会议时间”“会议地点”等重点部分格式为小四、加粗。选择“会议主要内容”下的4段文本，在【开始】/【段落】组中单击“编号”按钮右侧的下拉按钮，在打开的列表框中选择一个编号样式，如图1.52所示。

4 选择“有关要求”的内容，在“段落”组中单击“项目符号”按钮右侧的下拉按钮，在打开的列表框中选择一种项目符号样式。设置落款和日期的字符格式为小四、加粗，段落格式为文本右对齐，如图1.53所示。

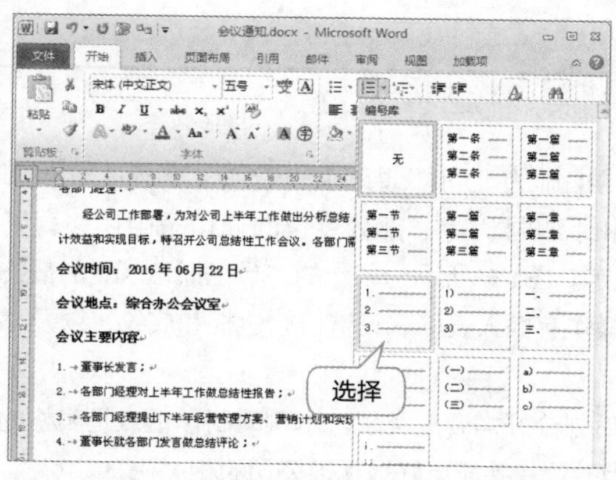

图1.52 设置段落编号

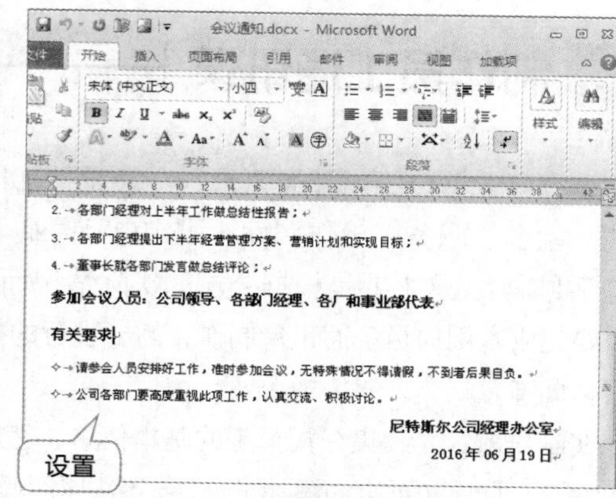

图1.53 设置段落项目符号

5 文档格式设置完成后，单击“保存”按钮保存文档。在【文件】/【保存并发送】命令下选择“使用电子邮件发送”中的“作为附件发送”选项，如图1.54所示。

6 打开发送邮件的界面，会议通知文档将自动上传至附件，单击 收件人... 按钮，如图1.55所示。

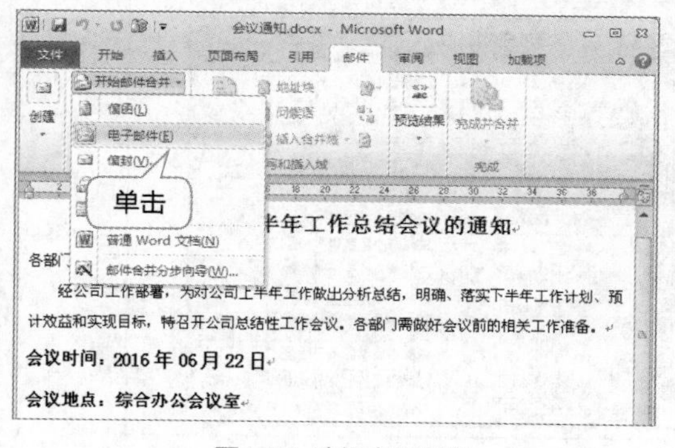

图1.54 选择电子邮件

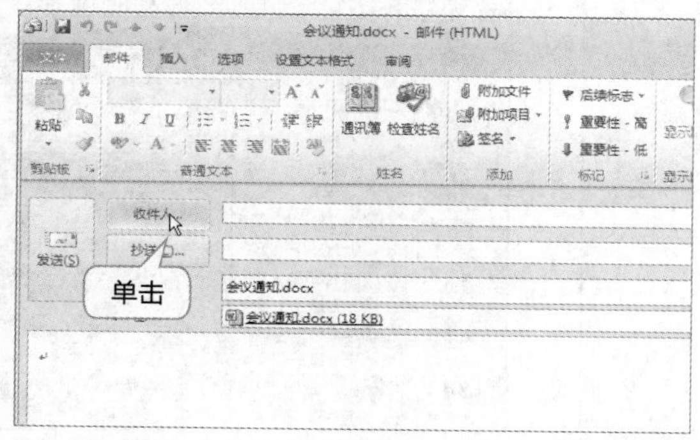

图1.55 单击“收件人”按钮

7 选择列表框中的联系人，单击 收件人(O) -> 按钮将联系人添加到文本框中，单击 确定 按钮，如图1.56所示。

8 返回Word界面，单击 发送(S) 按钮即可发送邮件，如图1.57所示。

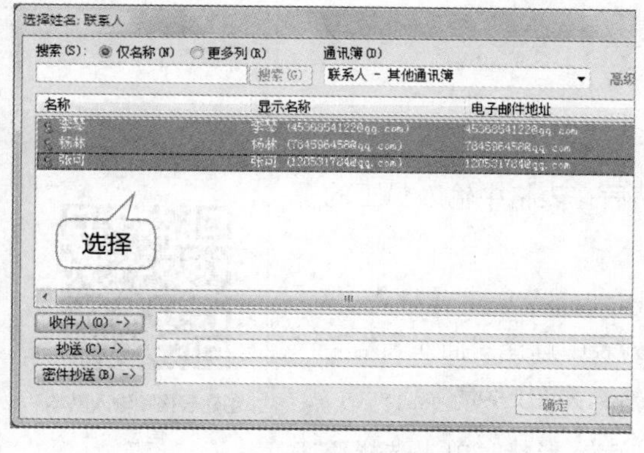

图1.56 选择收件人

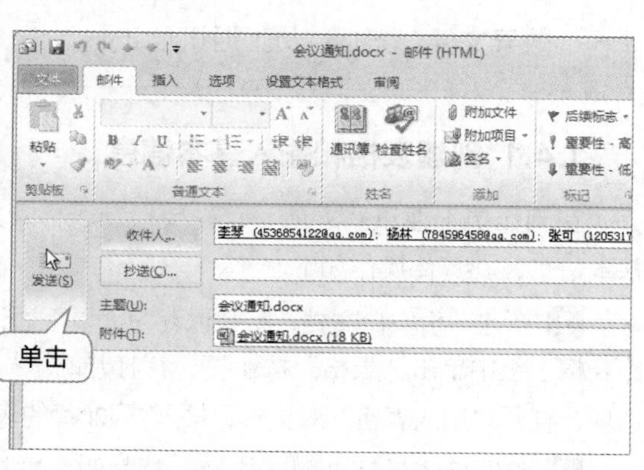

图1.57 发送邮件

1.4 制作员工通讯录

企、事业单位的内部通讯录，一般是按部门编排的。内部通讯录一般包含下列内容：部门归属、姓名、职务、工作属性、固定电话号码和手机号码等。部分单位的通讯录中还包含了家庭电话号码，这主要是根据公司的实际情况而定。图1.58所示为制作的“员工通讯录”的最终效果。要完成本例的员工通讯录制作，需要进行的操作有插入表格、设置表格边框和底纹，以及添加页眉和页脚等。

在制作前，先收集公司员工的基本信息，然后划分好需要的类别。本例的制作重点是表格的插入和编辑，页眉和页脚的添加可以使表格显得更为专业，并能更好地体现公司的相关信息。

尼特斯尔公司 www.ntse.com.cn

公司员工通讯录

公司电话：	028-8888888	传真：	028-62225030	公司 E-mail：	utsr@abc.cn	
姓名	所属部门	家庭电话	手机	QQ	E-mail	家庭住址
钟语	总经理办公室	028-8745***	1396247****	123456**	yu***@126.com	成都市青羊区立新时代花园
陈辰	总经理办公室	028-8745***	1396247****	547869**	chch**@126.com	成都市武侯区少成路
曲小程	总经理办公室	028-8745***	1396247****	256874**	quxiao**126.com	成都市青羊区大路
江小岗	信息部	028-8745***	1597909****	1589635**	jiang**126.com	成都市锦江区锦华路
姚玉	信息部	028-8745***	1390754****	574896**	yu**126.com	成都市锦江区青华路
方秀娴	信息部	028-8234***	1390987****	695836**	fang**126.com	成都市青羊区侯门大街
施雷峰	信息部	028-8876***	1876543****	4789634**	feng**126.com	成都市成华区龙门大桥
孟晓羽	信息部	028-7653***	1591234****	9658658**	meng**126.com	成都市金华路景观小区
孙大维	信息部	028-8098***	1590879****	478965**	wei**126.com	成都市龙泉大道花园路
张新	信息部	028-8004***	1380098****	120484**	zhangxin**126.com	成都市成龙区金苑小区
孙承月	信息部	028-8765***	1391246****	3201456**	chengyue**126.com	成都市新城区龙华大道
王华成	行政部	028-8212***	1850864****	9636500**	cheng**126.com	成都市青羊区城守后区
廖月月	行政部	028-8125***	1879643****	1569845**	yueyue**126.com	成都市江城区首辰大街
熊成秦	行政部	028-8432***	1390124****	458963**	qin**126.com	成都市锦江区嘉年路

图1.58 员工通讯录效果

下载资源

素材文件：第1章\公司图片.jpg

效果文件：第1章\员工通讯录.docx

1.4.1 创建表格和输入基本信息

创建表格和输入基本信息

在制作员工通讯录之前，首先要绘制表格，然后在表格中输入员工的基本信息，其具体操作如下。

1 新建一份空白文档，将其保存为“员工通讯录.docx”。在【插入】/【表格】组中单击“表格”按钮，在打开的下拉列表中选择“插入表格”选项，打开“插入表格”对话框，插入7列20行的表格，如图1.59所示。

2 将鼠标指针移动到表格第一行左侧，当其变为形状时单击选择整行单元格。单击鼠标右键，在弹出的快捷菜单中选择“合并单元格”命令，合并该行单元格，如图

1.60所示。

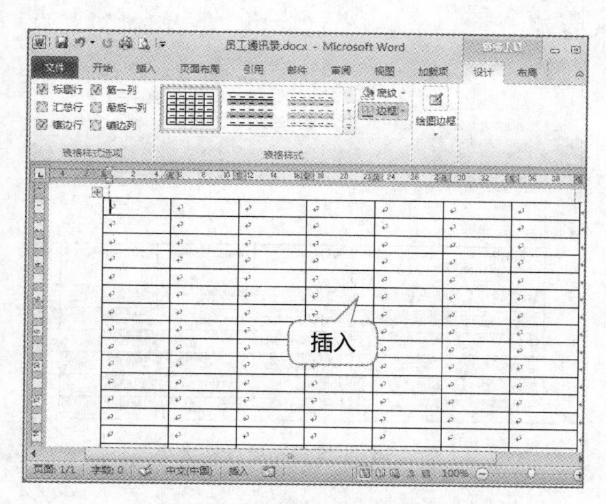

图1.59 新建文档并插入表格

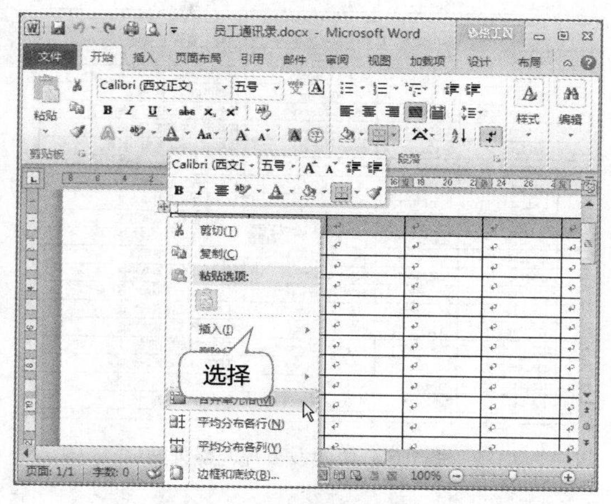

图1.60 合并单元格

3 分别在各个单元格中输入相应的员工基本信息，如图1.61所示。

4 由于之前创建的表格不能将全部员工的信息填写完整，此时需要添加表格。选择表格中的多行单元格区域，单击鼠标右键，在弹出的快捷菜单中选择“插入”命令，在弹出的子菜单中选择“在下方插入行”命令。继续在表格中输入相关的数据信息，如图1.62所示。

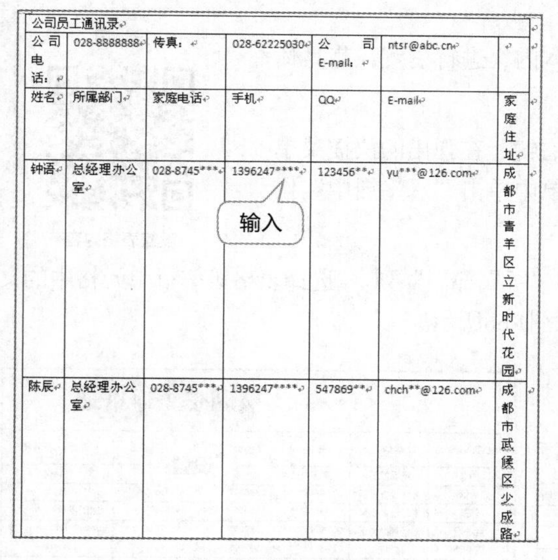

图1.61 输入表格文本

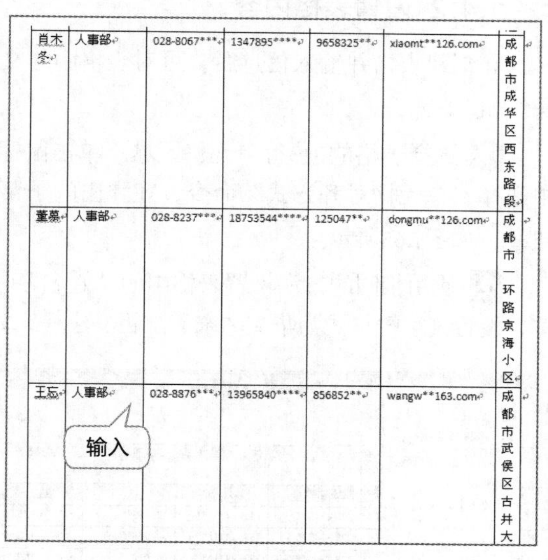

图1.62 插入行并输入文本

5 在【页面布局】/【页面设置】组中单击“纸张方向”按钮，在打开的下拉列表中选择“横向”选项，将页面纸张方向设置为“横向”。返回到文档首页，将鼠标光标移到表格中手动调整表格列宽（注意不要超过页面的版心），如图1.63所示。

6 拖曳鼠标选择除“家庭住址”列外的所有列，单击【布局】/【单元格大小】组中的“分布列”按钮，平均分布各列。选择除第一行和第二行单元格区域，单击“单元格大小”组中的“分布行”按钮，平均分布各行，如图1.64所示。

	028-62225030	公司 E-mail:	ntsr@abc.cn	
	手机	QQ	E-mail	家庭住址
*	1396247****	123456**	yu***@126.com	成都市青羊区立新时代花园
*	1396247****	547869**	chch**@126.com	成都市武侯区少成路
*	1396247****	256874**	quxiao**126.com	成都市青羊区大路
*	1597909****	1589635**	jiang**126.com	成都市锦江区锦华路
*	1390754****	574896**	yu**126.com	成都市锦江区青华路
*	1390987****	695836**	fang**126.com	成都市青羊区侯门大街
*	1876543****	4789634**	feng**126.com	成都市成华区龙门大桥
*	1591234****	9658658**	meng**126.com	成都市金华路景观小区
*	1590879****	478965**	wei**126.com	成都市龙泉大道花园路
*	1380098****	120484**	zhangxin**126.com	成都市成龙区金苑小区
*	1391246****	3201456**	chengyue**126.com	成都市新城区龙华大道
*	1850864****	9636500**	cheng**12	都市青羊区城守后区
*	1879643****	1569845**	yueyue**1	都市江城区首辰大街
*	1390124****	458963**	qin**126.co	成都市锦江区嘉年路
*	1354789****	1235784**	luqin**126.com	成都去成华区青华小道
*	1325478****	69354**	jie**126.com	成都市金牛区城南小区
*	1336578****	658954**	yao**126.com	成都市锦江区枫叶大道
*	1367848****	1204572**	nini**136.com	成都市锦江区东方大道
*	1376354****	36547895**	xiaoch**126.com	成都市青羊区西路大街
*	1396485****	2450148**	yimo**126.com	成都市二环路红叶大道
*	1303145****	487511**	llll**163.com	成都市成华区枫叶大道
*	1865453****	3658981**	xiaoxiao**126.com	成都市锦江区东华街

设置

图1.63 页面设置并调整列宽

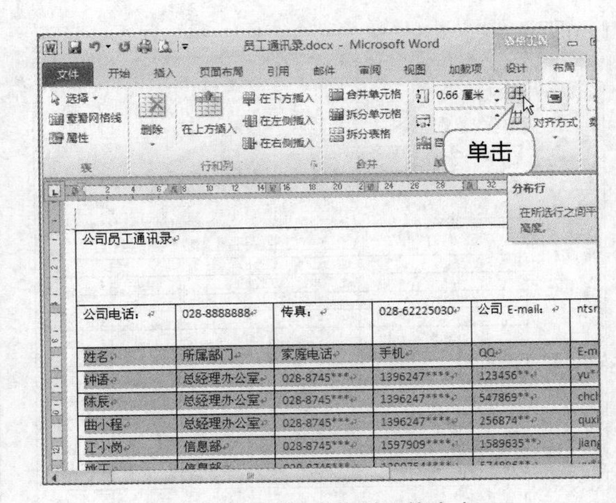

图1.64 平均分布单元格大小

提示：在Word 2010中，添加多行单元格区域主要有以下两种方法：一是复制并选择“以新行的形式插入”的粘贴选项，然后按【F4】键；二是选择一行表格，在【布局】/【合并】组中单击“拆分单元格”按钮，在打开的对话框中设置列和行即可。

1.4.2 设置表格内容

在创建表格并输入信息后，可对表格中的文本内容进行设置，其具体操作如下。

1 选择表格的前3行单元格区域。单击鼠标右键，在弹出的快捷菜单中选择“单元格对齐方式”命令，在弹出的子菜单中单击“水平居中”按钮，如图1.65所示。

2 使用相同的方法设置表格中的“姓名”和“所属部门”列。选择表格第一行单元格中的文本，设置其字符格式为华文中宋、加粗、小一，如图1.66所示。

剪切(T)
复制(C)
粘贴选项:
插入(I)
删除行(D)
选择(C)
合并单元格(M)
平均分布各行(N)
平均分布各列(Y)
边框和底纹(B)...
文字方向(X)...
单元格对齐方式(G)
自动调整(A)
表格属性(R)...

传真:	028-62225030	公司 E-mail:	ntsr@abc.cn
家庭电话	手机	QQ	E-mail
028-8745***	1396247****	123456**	yu***@126.com
028-8745***	1396247****	547869**	chch**@126.com
028-8745***	1396247****	256874**	quxiao**126.com
028-8745***	1597909****	1589635**	jiang**126.com
028-8745***	1390754****	574896**	yu**126.com
028-8234***	1390987****	695836**	fang**126.com
3876***	1876543****	4789634**	feng**126.com
7653***	1591234****	9658658**	meng**126.com
098***	1590879****	478965**	wei**126.com
8-8004***	1380098****	120484**	zhangxin**126.com

选择

图1.65 设置单元格对齐方式

公司员工通讯录

公司电话:	028-8888888	传真:	028-62	mail:	ntsr@abc.cn
姓名	所属部门	家庭电话	手	Q	E-mail
钟语	总经理办公室	028-8745***	1396247****	123456**	yu***@126.com
陈辰	总经理办公室	028-8745***	1396247****	547869**	chch**@126.com
曲小程	总经理办公室	028-8745***	1396247****	256874**	quxiao**126.com
江小岗	信息部	028-8745***	1597909****	1589635**	jiang**126.com
姚玉	信息部	028-8745***	1390754****	574896**	yu**126.com
方秀娴	信息部	028-8234***	1390987****	695836**	fang**126.com
施雷峰	信息部	028-8876***	1876543****	4789634**	feng**126.com
孟晓羽	信息部	028-7653***	1591234****	9658658**	meng**126.com
孙大维	信息部	028-8098***	1590879****	478965**	wei**126.com
张新	信息部	028-8004***	1380098****	120484**	zhangxin**126.com
孙承月	信息部	028-8765***	1391246****	3201456**	chengyue**126.com
王华成	行政部	028-8212***	1850864****	9636500**	cheng**126.com
廖月月	行政部	028-8125***	1879643****	1569845**	yueyue**126.com

设置

图1.66 设置单元格文本格式

3 选择表格A2:G3单元格区域，设置其文本的字符格式为“加粗”。选择整个表格，设置英文字体为“Times New Roman”，如图1.67所示。

公司员工通讯录

公司电话：	028-8888888	传真：	028-62225030	公司 E-mail：	ntsr@abc.cn	
姓名	**所属部门**	**家庭电话**	**手机**	**QQ**	**E-mail**	**家庭住址**
钟语	总经理办公室	028-8745***	1396247****	123456**	yu***@126.com	成都市青羊区立新时代花园
陈辰	总经理办公室	028-8745***	1396247****	547869**	chch**@126.com	成都市武侯区少成路
曲小程	总经理办公室	028-8745***	1396247****	256874**	quxiao**126.com	成都市青羊区大路
江小岗	信息部	028-8745***	1597909****	1589635**	jiang**126.com	成都市锦江区锦华路
姚玉	信息部	028-8745***	1390754****	574896**	yu**126.com	成都市锦江区青华路
方秀娴	信息部	028-8234***	1390987****	695836**	fang**126.com	成都市青羊区侯门大街
施雷峰	信息部	028-8876***	1876543****	4789634**	feng**126.com	成都市成华区龙门大桥
孟晓羽	信息部	028-7653***	1591234****	9658658**	meng**126.com	成都市金华路景观小区
孙大维	信息部	028-8098***	1590879****	478965**	wei**126.com	成都市龙泉大道花园路
张新	信息部	028-8004***	1380098****	120484**	zhangxin**126.com	成都市成龙区金苑小区
孙承月	信息部	028-8765***	1391246****	3201456**	chengyue**126.com	成都市新城区龙华大道
王华成	行政部	028-8212***	1850864****	9636500**	cheng**126.com	成都市青羊区城守后区
廖月月	行政部	028-8125***	1879643****	1569845**	yueyue**126.com	成都市江城区首辰大街
熊成秦	行政部	028-8432***	1390124****	458963**	qin**126.com	成都市锦江区嘉年路
秦路	行政部	028-8764***	1354789****	1235784**	luqin**126.com	成都去成华区青华小道

图1.67 设置加粗和英文字体格式

1.4.3 设置边框和底纹及页眉页脚

完成表格的内容设置后，可对表格的边框和底纹及页眉、页脚进行设置，下面将为表格设置边框和底纹及页眉、页脚，其具体操作如下。

设置边框和底纹及页眉页脚

1 在【设计】/【绘图边框】组中单击“擦除”按钮，此时鼠标指针变为形状。将鼠标指针移到要擦除的表格线上单击，将表格第2行中的竖排表格线擦除，完成后单击“擦除”按钮，退出表格的擦除状态，如图1.68所示。

2 在【设计】/【绘图边框】组中单击“绘制表格”按钮，此时鼠标指针变为形状。将鼠标指针移到表格中，按住鼠标左键不放绘制表格线，绘制时显示的表格线为虚线，如图1.69所示。

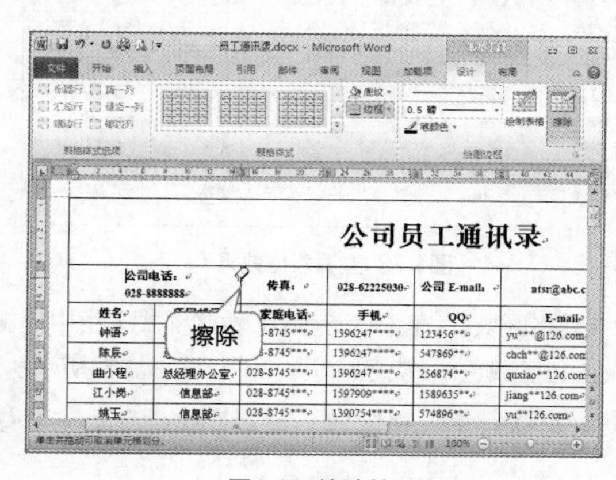

图1.68 擦除单元格

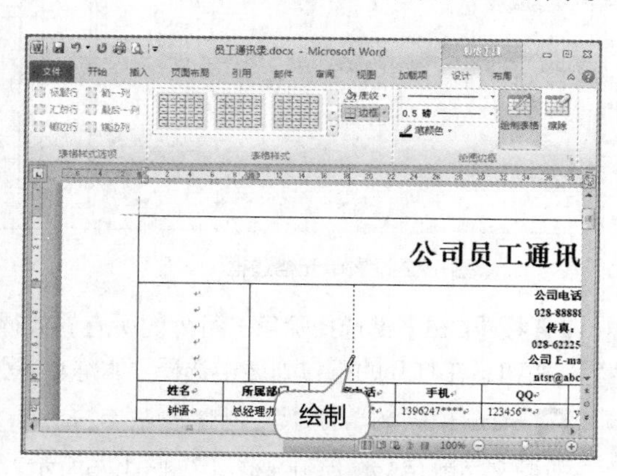

图1.69 绘制表格

3 完成绘制后，单击“绘制表格”按钮，退出表格的绘制状态。然后将文本剪切到所需的单元格中，并选择该行单元格区域，最后平均分布各列，如图1.70所示。

4 选择表格的第一行，在【设计】/【表格样式】组中取消显示表格的上框线、左框线和右框线，如图1.71所示。

公司员工通讯录

公司电话：	028-8888888	传真：	028-62225030	公

姓名	所属部门	家庭电话	手机	QQ	E-mail
钟语	总经理办公室	028-8745***	1396247****	123456**	yu***@126.com
陈辰	总经理办公室	028-8745***	1396247****	547869**	chch**@126.com
曲小程	总经理办公室	028 745***	1396247****	256874**	quxiao**126.com
江小岗	信息部	**	1597909****	1589635**	jiang**126.com
姚玉	信息部	**	1390754****	574896**	yu**126.com
方秀娴	信息部	028-8234***	1390987****	695836**	fang**126.com
施雷峰	信息部	028-8876***	1876543****	4789634**	feng**126.com
孟晓羽	信息部	028-7653***	1591234****	9658658**	meng**126.com
孙大维	信息部	028-8098***	1590879****	478965**	wei**126.com
张新	信息部	028-8004***	1380098****	120484**	zhangxin**126.com
孙承月	信息部	028-8765***	1391246****	3201456**	chengyue**126.com
王华成	行政部	028-8212***	1850864****	9636500**	cheng**126.com

输入

图1.70 添加文本

公司员工通讯录

公司电话：	028-8888888	传真：	028-62225030

姓名	所属部门	家庭电话	手机	QQ	E-m
钟语	总经理办公室	028-8745***	1396247****	123456**	yu***@126
陈辰	总经理办公室	028-8745***	1396247****	547869**	chch**@12
曲小程	总经理办公室	028-8745***	1396247****	256874**	quxiao**12
江小岗	信息部	028-8745***	1597909****	1589635**	jiang**126.
姚玉	信息部	028-8745***	1390754****	574896**	yu**126.co
方秀娴	信息部	028-8234***	1390987****	695836**	fang**126.
施雷峰	信息部	028-8876***	1876543****	4789634**	feng**126.
孟晓羽		-7653***	1591234****	9658658**	meng**126
孙大维		-8098***	1590879****	478965**	wei**126.c
张新	信息部	028-8004***	1380098****	120484**	zhangxin**

设置

图1.71 设置边框效果

5 选择除第一行外的所有单元格区域，单击鼠标右键，在弹出的快捷菜单中选择“边框和底纹”命令，打开“边框和底纹”对话框。在“设置”栏中选择“自定义”选项，设置颜色为“水绿色，强调文字颜色5，深色25%”，宽度为“2.25磅”，在“预览”栏中单击相应的按钮设置要显示的边框。单击 确定 按钮，如图1.72所示。

6 返回文档中可以查看到表格的具体效果，如图1.73所示。

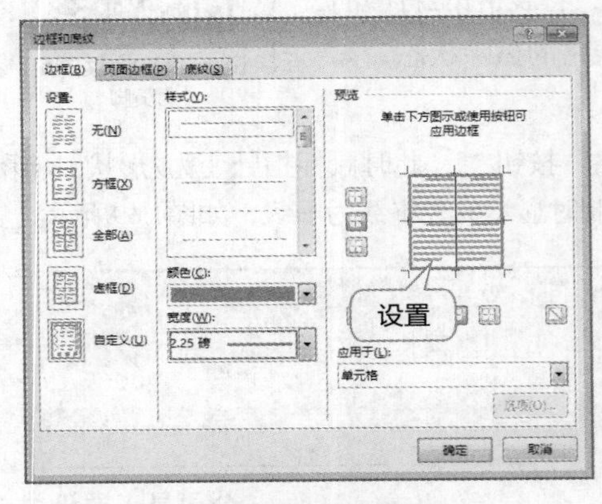

图1.72 设置单元格边框

公司电话：	028-8888888	传真：	028-62225030	公

姓名	所属部门	家庭电话	手机	QQ	E-mail
钟语	总经理办公室	028-8745***	1396247****	123456**	yu***@126.com
陈辰	总经理办公室	028-8745***	1396247****	547869**	chch**@126.com
曲小程	总经理办公室	028-8745***	1396247****	256874**	quxiao**126.com
江小岗	信息部	028-8745***	1597909****	1589635**	jiang**126.com
姚玉	信息部	028-8745***	1390754****	574896**	yu**126.com
方秀娴	信息部	028-8234***	1390987****	695836**	fang**126.com
施雷峰	信息部	028-8876***	1876543****	4789634**	feng**126.com
孟晓羽	信息部	028-7653***	1591234****	9658658**	meng**126.com
孙大维	信息部	028-8098***	1590879****	478965**	wei**126.com
张新	信息部	028-8004***	1380098****	120484**	zhangxin**126.com
孙承月	信息部	028-8765***	1391246****	3201456**	chengyue**126.com
王华成	行政部	028-8212***	1850864****	9636500**	cheng**126.com
廖月月	行政部	028-8125***	1879643****	1569845**	yueyue**126.com
熊成秦	行政部	028-8432***	1390124****	458963**	qin**126.com

图1.73 查看表格效果

7 按【Crtl】键选择除第一行外的所有偶数行单元格区域。在【设计】/【表格样式】组中单击 底纹 按钮，在打开的下拉列表中选择“水绿色，强调文字颜色5，淡色40%”颜色，如图1.74所示。

8 根据相同的方法继续选择除第一行外的其余奇数行单元格区域，设置底纹颜色为“水绿色，强调文字颜色5，淡色80%”，如图1.75所示。

技巧：将文本转换为表格。首先要为转换为表格的文本添加段落标记和分隔符，其方法如下（建议文本最好以逗号隔开，并且是英文状态下的半角逗号）。选择文本，在【插入】/【表格】组中单击“表格”按钮，在打开的下拉列表中选择“文本转换成表格”选项，将打开“将文字转换成表格”对话框，在其中可设置列数，若列数为1（实际为多列），表明分隔符使用不正确。

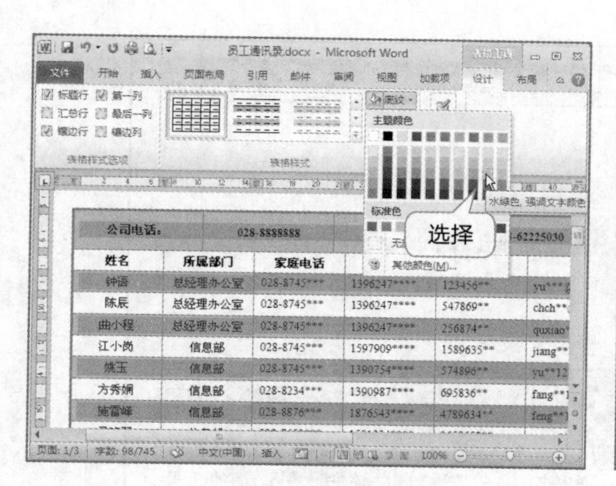

图1.74 设置单元格底纹

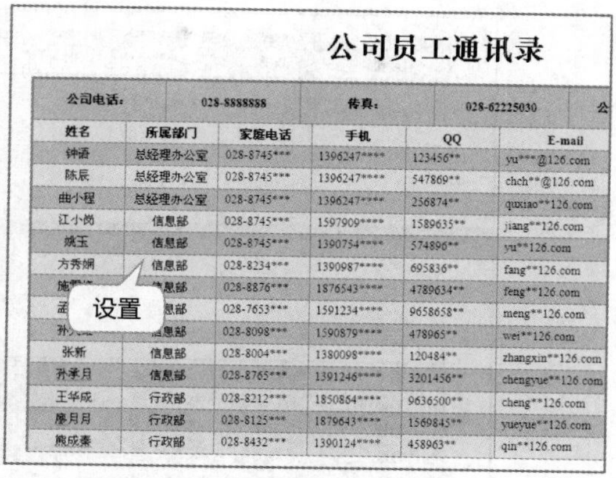

图1.75 设置其他单元格底纹

9 由于表格被分为3个页面，因此需要在下页的表格上方添加表头。在首页选择第3行单元格区域，单击鼠标右键，在弹出的快捷菜单中选择“复制”命令，然后分别选择第2页和第3页的首行单元格区域，单击鼠标右键，在弹出的快捷菜单中单击“粘贴”命令，在弹出的菜单中单击“以新行的形式插入”按钮粘贴行，如图1.76所示。

10 选择每页最后一行单元格区域，设置其下边框的边框线与表格的外边框线相同，如图1.77所示。

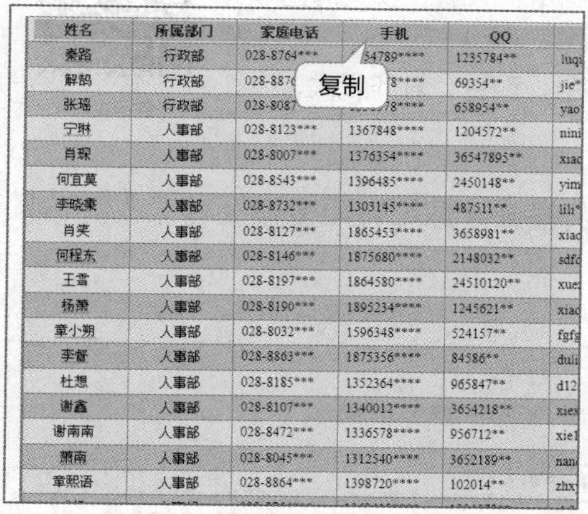

图1.76 复制行单元格

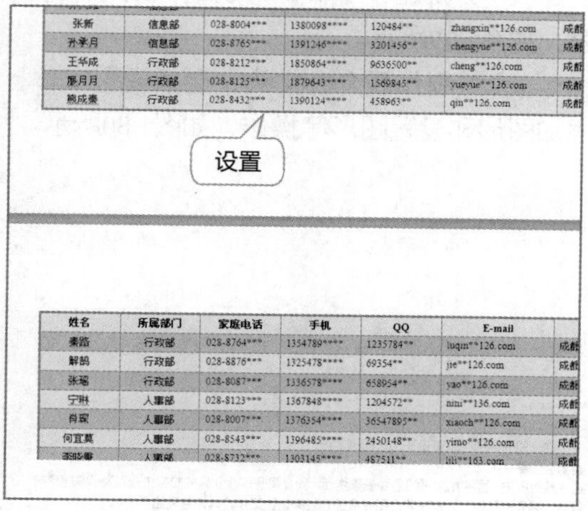

图1.77 设置边框线

11 进入页眉编辑状态，在其中插入“公司图片.jpg”图片，然后输入公司名称，设置格式为宋简体、五号、左对齐。在页面底端插入页码，样式为“普通数字1”，然后退出页脚编辑状态，如图1.78所示。

> 提示：步骤10中在设置页面最下方一行单元格区域的下边框线后，由于表格是相连的，因此下一页中首行单元格区域的上边框也会应用相同的设置。

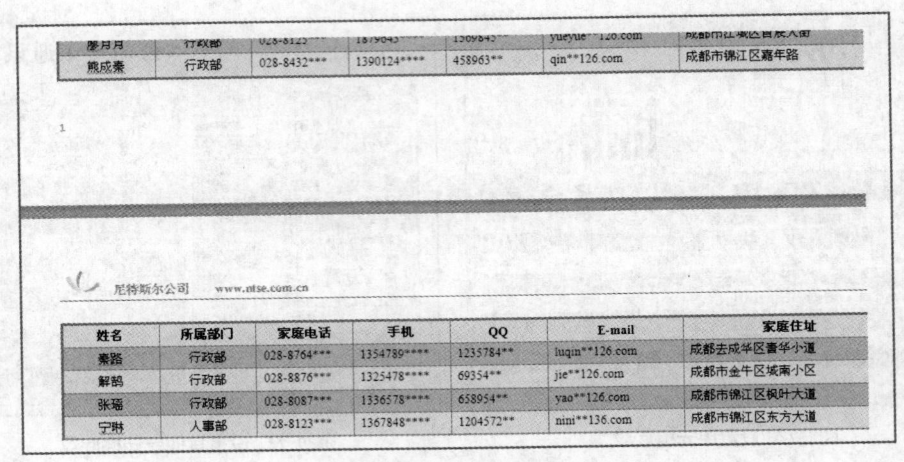

廖月月	行政部	028-8125***	1879645****	1369845**	yueyue**126.com	成都市江城区西岷大街
熊成素	行政部	028-8432***	1390124****	458963**	qin**126.com	成都市锦江区嘉年路

1

尼特斯尔公司　www.ntse.com.cn

姓名	所属部门	家庭电话	手机	QQ	E-mail	家庭住址
秦路	行政部	028-8764***	1354789****	1235784**	luqin**126.com	成都去成华区香华小道
解鹊	行政部	028-8876***	1325478****	69354**	jie**126.com	成都市金牛区城南小区
张瑶	行政部	028-8087***	1336578****	658954**	yao**126.com	成都市锦江区枫叶大道
宁琳	人事部	028-8123***	1367848****	1204572**	nini**136.com	成都市锦江区东方大道

图1.78 设置页眉和页脚

1.5 应用实训

下面结合本章前面所学知识，制作一个“联合公文.docx”文档（效果文件\第1章\联合公文.docx）。文档的制作思路如下。

（1）新建一个Word文档，根据需要在文档中输入联合公文的内容，如图1.79所示。

（2）制作联合公文头，包括设置字体、字号、颜色、对齐方式，添加图形和设置图形等操作，如图1.80所示。

关于在公司开展绿色创新设计工作的请示

董事会领导：

近一段时间来，国家相关部门倡导低碳生活，我公司是灯饰业界的知名企业，为了响应政府号召，提升产品性能，拟在我公司开展绿色创新设计工作。具体意见如下：

一、各设计部门要将绿色与创新思想纳入设计理念中。

二、生产部门需严格监督质量。

三、宣传部门应加强对创意产品进行宣传。

以上意见已经各部门领导同意，如无不妥，请批转各部门执行。

长樱德兰秘书部

二〇一七年一月五日

图1.79 输入文本

长樱德兰灯饰有限责任公司 设计部 生产部 文件

长樱德兰发〔2017〕1号

关于在公司开展绿色创新设计工作的请示

董事会领导：

近一段时间来，国家相关部门倡导低碳生活，我公司是灯饰业界的知名企业，为了响应政府号召，提升产品性能，拟在我公司开展绿色创新设计工作。具体意见如下：

一、各设计部门要将绿色与创新思想纳入设计理念中。

二、生产部门需严格监督质量，尤其是原材料。

三、宣传部门应加强对创意产品进行宣传。

以上意见已经各部门领导同意，如无不妥，请批转各部门执行。

长樱德兰秘书部

二〇一二年一月五日

图1.80 设置文本格式

（3）根据要求设置主体部分的字体格式，然后利用表格制作主题词和抄送文本，如图1.81所示。

（4）制作完成并确认无误后，可预览并打印公文。

长樱德兰灯饰有限责任公司 设计部 生产部 文件

长樱德兰发〔2017〕1号

关于在公司开展绿色创新设计工作的请示

董事会领导：

近一段时间来，国家相关部门倡导低碳生活，我公司是灯饰业界的知名企业，为了响应政府号召，提升产品性能，拟在我公司开展绿色创新设计工作。具体意见如下：

一、各设计部门要将绿色与创新思想纳入设计理念中。

二、生产部门需严格监督质量，尤其是原材料。

三、宣传部门应加强对创意产品进行宣传。

以上意见已经各部门领导同意，如无不妥，请批转各部门执行。

长樱德兰秘书部

二〇一七年一月五日

图1.81 设置文本效果

1.6 拓展练习

1.6.1 制作征订启事

时尚动漫杂志社决定着手准备2017年读者对杂志的征订，请代表该杂志社拟定一份征订启事，如图1.82所示（效果\第1章\启事.docx）。

2017 年《时尚动漫》杂志征订启事

各位亲爱的读者朋友，2017 年《时尚动漫》杂志征订开始了，详情介绍如下：

1. 在邮局订阅的读者请抓紧时间到当地邮局订阅。
2. 在编辑部订阅的读者只需汇款 80.00 元（免邮寄费）即可得到 2017 年的 12 本杂志和 12 张光盘。
3. 订阅的前 50 名将成为《时尚动漫》杂志的读者俱乐部会员，在以后的活动中将享受会员优惠。在邮局订阅的读者，请把订阅收据复印件寄回，也有机会成为会员。
4. 前 20 名订阅的读者可获赠精美礼品一份。

注：征订时间为 2016 年 11 月 1 日至 2016 年 12 月 31 日

汇款地址：成都市西城街美年广场 A 座 2015 室

收款人：《时尚动漫》杂志社

邮政编码：610214

图1.82 征订启事效果

提示：启事是指将自己的要求向公众说明事实或希望协办的一种文档，通常张贴在公共场所或刊登在报纸或刊物上。机关、团体、企事业单位和个人都可以使用（注意报纸上的应该是“启事”，而非“启示”）。写明启事的名称，要向读者说明具体情况，然后写清启事的落款和日期。

1.6.2 制作员工档案表

公司需要更新员工档案，请根据前面所学知识制作一份公司员工档案表，可以不填写其中的内容信息，如图1.83所示（效果文件\第1章\档案表.docx）。

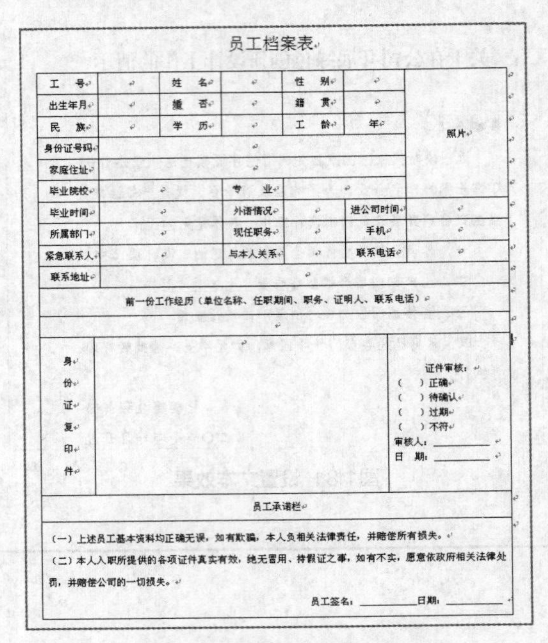

员工档案表

工　号		姓　名		性　别		照片
出生年月		婚　否		籍　贯		
民　族		学　历		工　龄	年	
身份证号码						
家庭住址						
毕业院校		专　业				
毕业时间		外语情况		进公司时间		
所属部门		现任职务		手机		
紧急联系人		与本人关系		联系电话		
联系地址						
前一份工作经历（单位名称、任职期间、职务、证明人、联系电话）						
身份证复印件				证件审核： （　）正确 （　）待确认 （　）过期 （　）不符 审核人：________ 日　期：________		
员工承诺栏						

（一）上述员工基本资料均正确无误，如有欺骗，本人负相关法律责任，并赔偿所有损失。

（二）本人入职所提供的各项证件真实有效，绝无冒用、持假证之事，如有不实，愿意依政府相关法律处罚，并赔偿公司的一切损失。

员工签名：________日期：________

图1.83 员工档案表效果

提示：公司员工档案表的信息一般都较为详细，同时还需粘贴照片。员工档案表会作为公司职工个人的初始档案进行记载，进入个人人事档案，并附带个人身份证、学历证书、资格证书、计划生育证明（已婚）、公立医院出具的健康证（体检表）、暂住证和离职证明复印件各一份。

第2章 文档的美化操作

2.1 制作公司简介

企业在进行宣传时，常会涉及制作公司简介的文档。公司简介的内容一般比较简单，只需在文字信息中添加一定数量的公司图片，然后通过对文字和图片的格式设置，达到美化文档的效果。文档中也可以包含公司组织结构图，它形象地反映了组织内各机构、岗位之间的关系，它是公司组织结构最直观的反映，也是对组织功能的一种侧面诠释。图2.1所示为公司简介文档的效果。

XXX 有限责任公司 致力打造全国优秀绿色健康粮油品牌

➔ 公司简介

公司规模

XXX 有限责任公司是一家集食品再加工、食品包装、食品销售于一体的现代化大型食品加工企业。公司自 1989 年创建之初起投资 1.2 亿元，兴建了园林化工厂，占地 67 亩，建筑面积达 11 万平方米，在职员工 578 人。厂区采用欧洲统一标准设计建成无死角、每 2 小时通风一次的生产车间，并从日本进口了先进的不锈钢加工设备。公司以“管理规范化、生产程序化、现场标准化”为原则，建立了 ISO9001:2000 质量体系，通过了 QS、HACCP 体系认证，先后荣获“四川省著名商标”、“四川省农业产业化市级龙头企业”等数十项荣誉，获得了良好的市场口碑和经济效益。

公司理念

公司秉承“卫生为先、质量为本、绿色健康、顾客满意”的经营理念，大胆开拓、锐意进取，开创了纯天然植物油系列、非转基因植物油系列、劲道面粉和粒粒香大米系列等产品，是四川省最大的食品再加工企业之一。

公司与山东、陕西、河北、河南、新疆和内蒙古等顶级农产品生产基地有长期合作关系，以优秀农产品为原料，结合二十余年辉煌的食品加工经验，对原料进行加工生产、再加工再生产，最终形成独树一帜的产品特色。

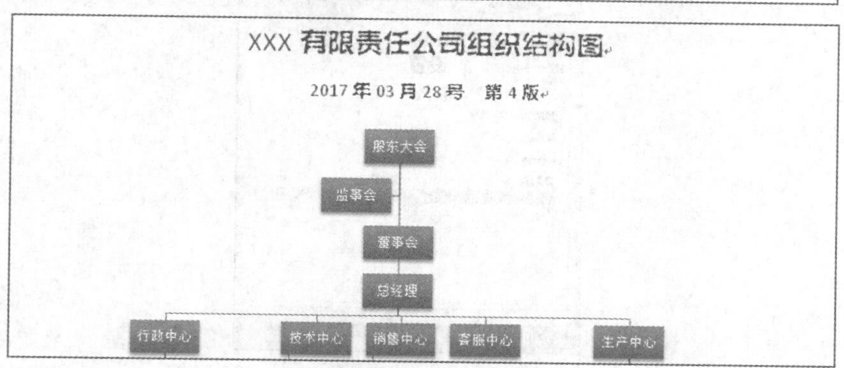

图2.1 公司简介文档效果

下载资源

素材文件：第2章\1.jpg、2.jpg 、3.jpg、4.jpg、5.jpg、6.jpg

效果文件：第2章\公司简介.docx、组织结构图.docx

2.1.1 输入文本并设置字符格式

扫一扫

输入文本并设置字符格式

新建“公司简介.docx”文档，设置页眉后，打开“页面设置”对话框设置页面，其具体操作如下。

1 新建“公司简介.docx”文档。双击文档顶部，进入页眉编辑状态，输入页眉内容。双击文档空白部分，退出编辑。单击“关闭页眉和页脚”按钮，如图2.2所示。

2 在【页面布局】/【页面设置】组中单击对话框启动器按钮，打开“页面设置”对话框，在“页边距”栏中将上、下页边距设置为“3厘米”，左、右页边距设置为“2.5厘米”，如图2.3所示。

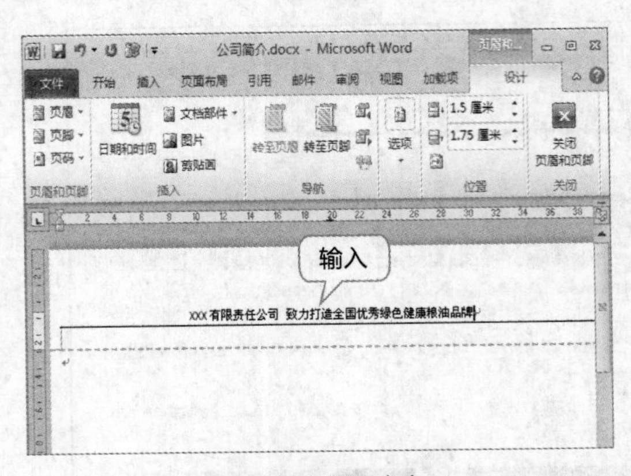

图2.2 输入页眉内容

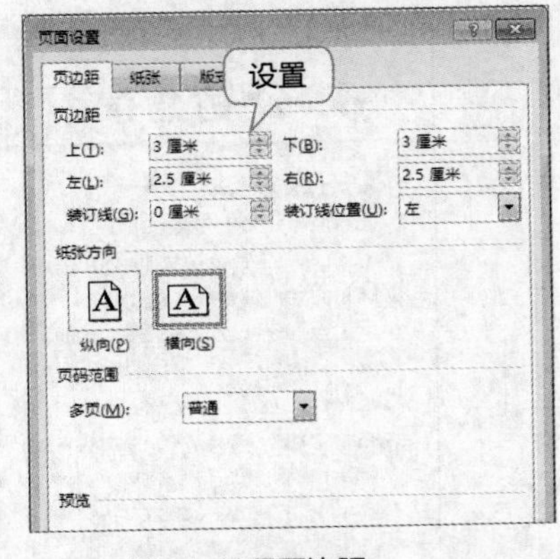

图2.3 设置页边距

3 单击“纸张”选项卡，在“纸张大小”栏中设置宽度为“30厘米”，高度为“20厘米”，单击 确定 按钮确认设置，如图2.4所示。

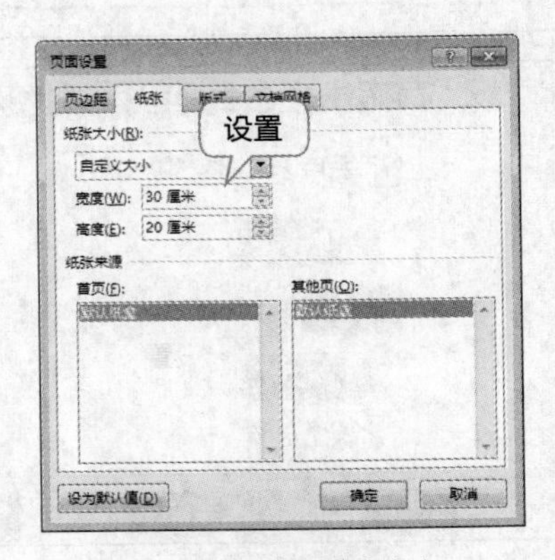

图2.4 设置纸张大小

2.1.2 插入形状和图片

公司简介的编排可根据公司风格来进行具体设置，其中要突出显示“公司名称”和“公司简介”字样，文档的整体风格要一致，颜色设置也不宜太过复杂。编排公司简介的具体操作如下。

1 输入“公司简介”文本和公司简介的主要内容。设置“公司”文本格式为“汉仪雁翎体简、小初”，设置“简介”文本格式为“汉仪哈哈体简、一号”，字体颜色都为“蓝色，强调文字颜色1，深色25%”，如图2.5所示。

2 将鼠标光标定位到标题前面，在“段落”组中单击“项目符号”按钮右侧的下拉按钮，在打开的列表框中选择项目符号。为正文中的各小节标题应用与标题不同的项目符号，如图2.6所示。

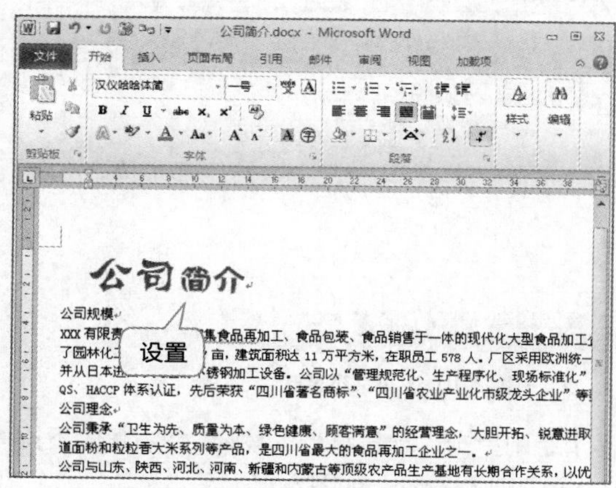

图2.5 设置文档标题文本格式

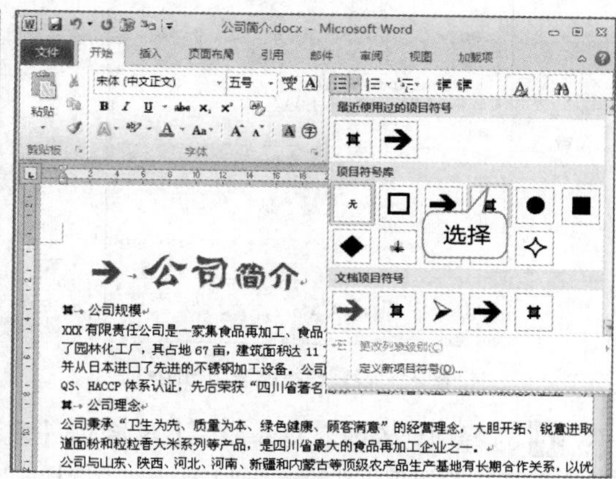

图2.6 设置文本项目符号

3 在正文前插入一个空行，在【插入】/【插图】组中单击“形状”按钮，在打开的下拉列表中的“线条”栏中选择“直线”选项。按住【Shift】键不放拖曳鼠标绘制横线，在【格式】/【形状样式】组中选择直线样式，如图2.7所示。

4 将正文中小标题的字符格式设置为方正中倩简体、加粗。定位鼠标插入点到已设置格式的小标题段落，在【开始】/【剪贴板】组中单击“格式刷”按钮，通过格式刷复制格式到其他小标题，如图2.8所示。

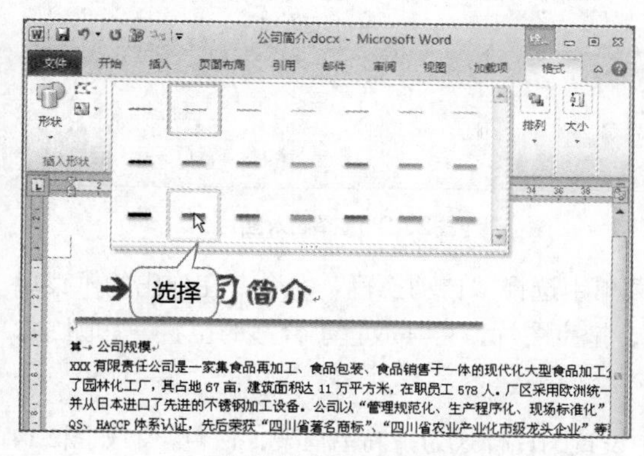

图2.7 绘制和设置直线

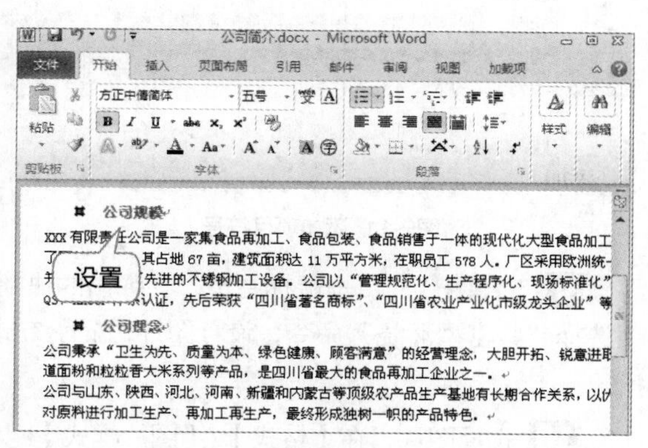

图2.8 设置标题文本格式

5 选择正文部分，设置段落格式为“首行缩进，2字符”，设置文档的行距为“1.5倍行距”。单击 确定 按钮，如图2.9所示。

6 将文档最后的标语字体设置为“汉仪雁翎体简、四号”，如图2.10所示。

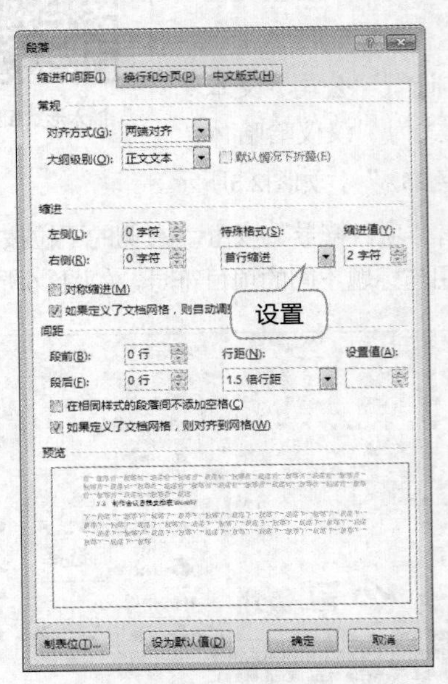

图2.9 设置首行缩进和行距

图2.10 设置文本格式

7 选择地址等内容文本，在【开始】/【段落】组中单击“项目符号”按钮右侧的下拉按钮，在打开的列表框中选择项目符号，为选择的文本添加项目符号，如图2.11所示。

8 在【插入】/【插图】组中单击“图片”按钮，打开“插入图片”对话框，选择要插入的图片，单击 插入(S) 按钮，然后适当调整图片大小即可，如图2.12所示。

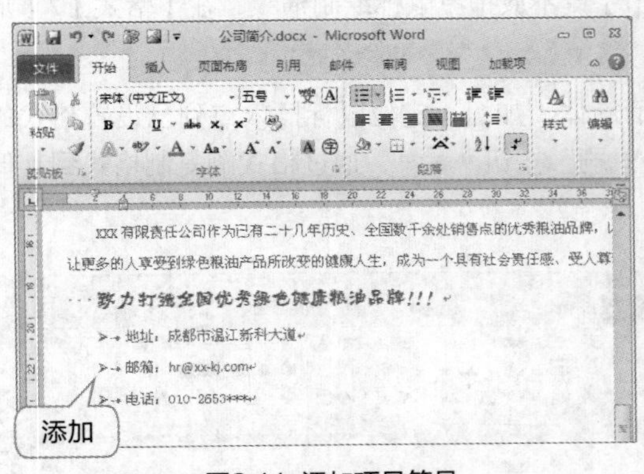

图2.11 添加项目符号

图2.12 选择插入图片

9 选择图片，单击鼠标右键，在弹出的快捷菜单中选择“自动换行”命令，在弹出的子菜单中选择“紧密型环绕”命令，设置图片的显示方式，拖曳图片，将其放置于合适的位置，如图2.13所示。

10 选择图片，在【格式】/【图片样式】组中设置图片样式为“简单框架，白色”，如图2.14所示。

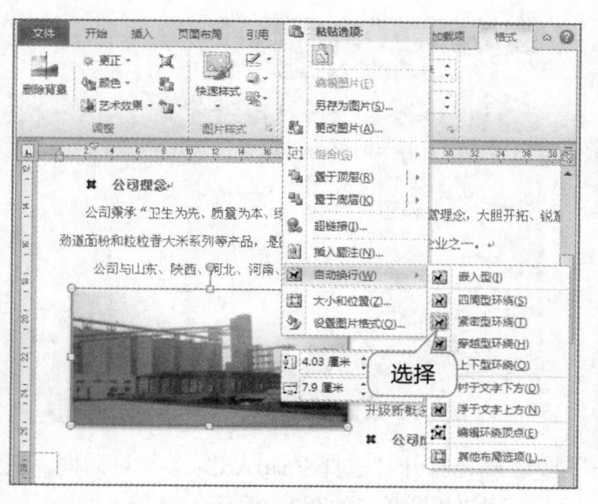

图2.13 选择图片排列方式

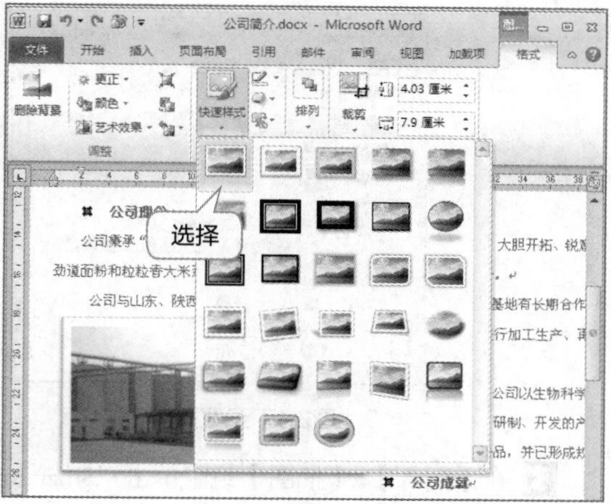

图2.14 选择图片显示效果

11 继续在文档中插入图片，设置与前面图片相同的自动换行格式和图片样式，调整图片的位置，使其位于文档第1页的最下方，如图2.15所示。

12 在文档的第2页添加3张图片，设置自动换行格式和图片样式，然后将其移动至页面的最上方，整体调整板式后，保存文档，如图2.16所示。

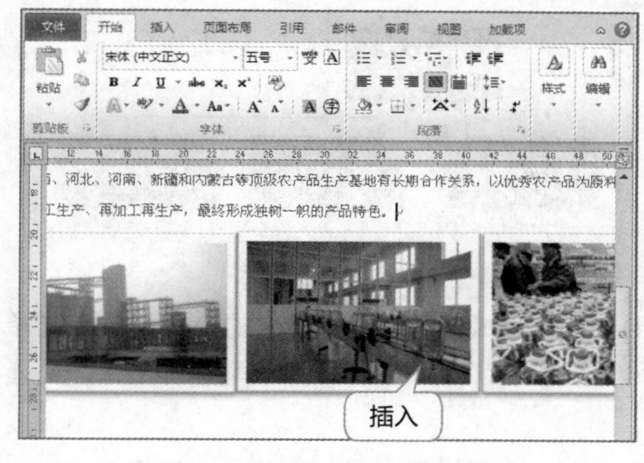

图2.15 插入其他图片

图2.16 设置和调整图片

2.1.3 添加组织结构图

公司组织结构图可以客观地反映出公司的结构，使用SmartArt图形可以快速制作组织结构图，对图形进行适当编辑即可满足需要，其具体操作如下。

扫一扫

添加组织结构图

1 新建“组织结构图.docx”文档，设置纸张高度为“30厘米”，宽度为“25厘米”，如图2.17所示。双击文档顶部，进入页眉和页脚的编辑状态，为文档制作页眉。

2 输入文档文字内容，将标题、版式和内容设置为与公司简介相同的字符格式，再将版本字号设置为“二号”，如图2.18所示。

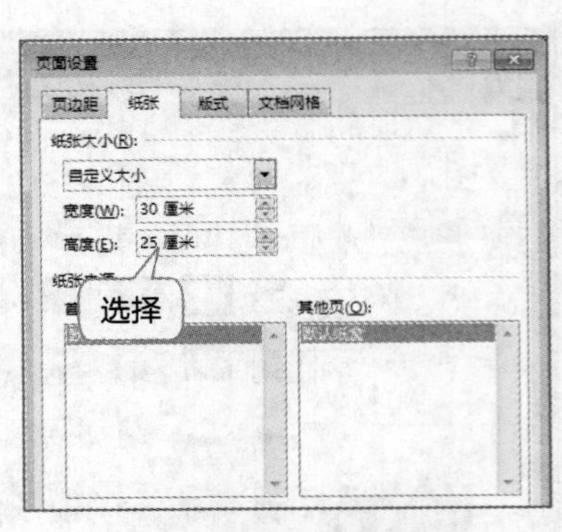

图2.17 设置页面纸张

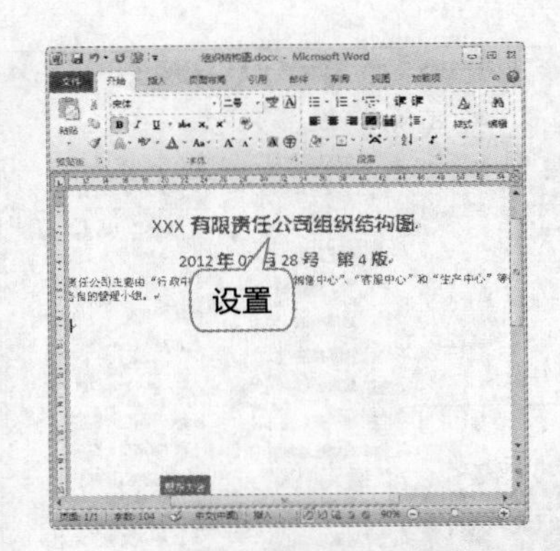

图2.18 设置文本格式

3 在【插入】/【插图】组中单击“SmartArt”按钮，打开“选择SmartArt图形”对话框，在“层次结构栏”中选择“组织结构图”选项。单击 确定 按钮即可，如图2.19所示。

4 在组织结构图的形状中直接输入文本内容，选择多余形状，按【Delete】键将其删除，如图2.20所示。

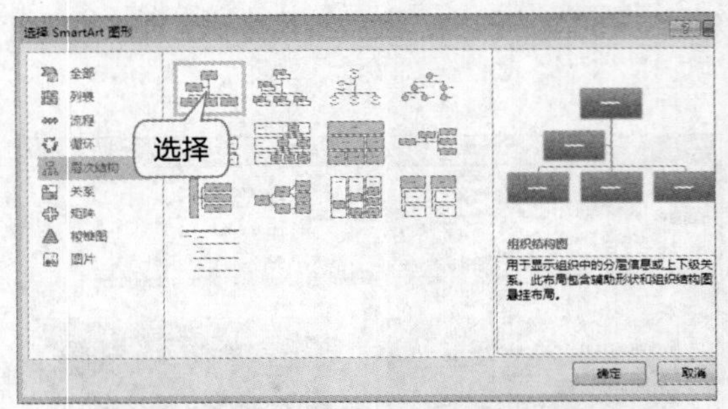

图2.19 选择图形

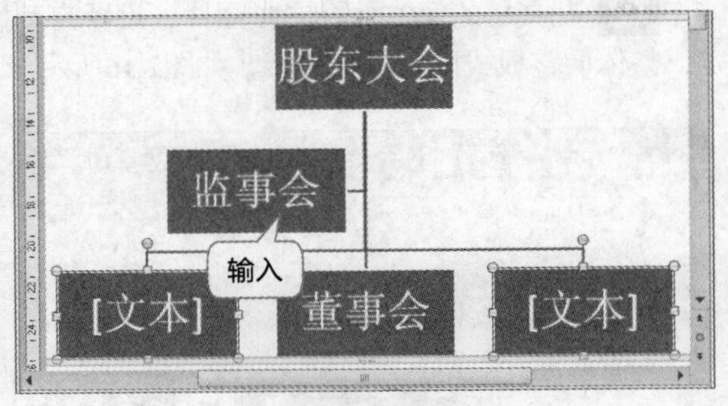

图2.20 输入文本

5 选择组织结构图中最下层的“董事会”形状，单击鼠标右键，在弹出的快捷菜单中选择“添加形状”命令，在弹出的子菜单中选择“在下方添加形状”命令，系统会自动添加形状并呈选择状态，如图2.21所示。

6 连续执行两次“在下方添加形状”命令，选择中间空白形状，执行“在后面添加形状”命令。继续执行两种命令，制作组织结构图的主框架，如图2.22所示。

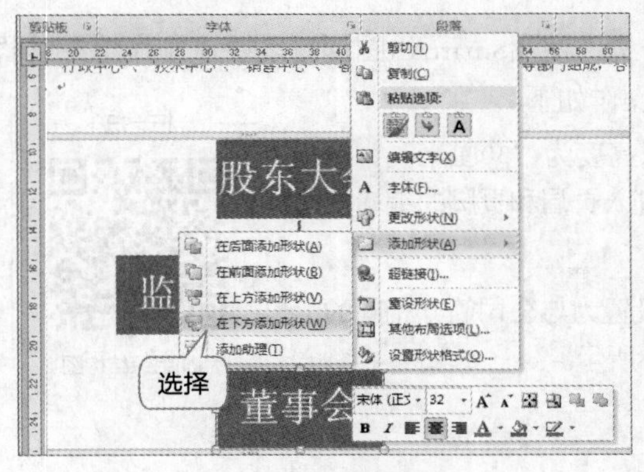

图2.21 添加形状

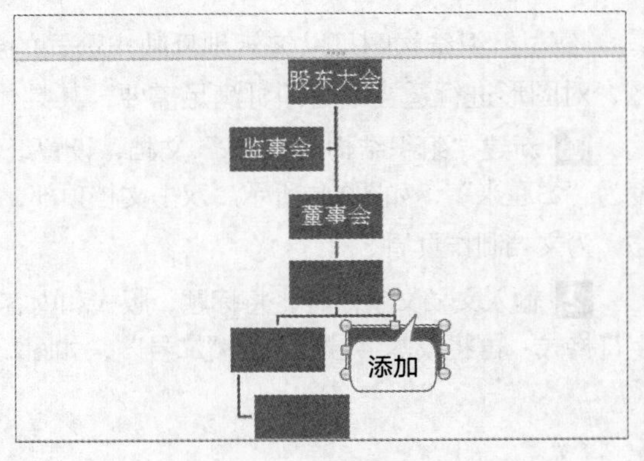

图2.22 添加形状

7 形状添加完成后，根据制作的草稿文档，在每个形状中添加部门名称。选择组织结构图，设置“自动换行”格式为“四周型环绕”，调整组织结构图在文档中的位置，如图2.23所示。

8 选择组织结构图中的所有形状，设置颜色为“彩色填充，强调文字颜色5”，设置SmartArt样式为“中等效果”，最后进行适当调整并保存文档，如图2.24所示。

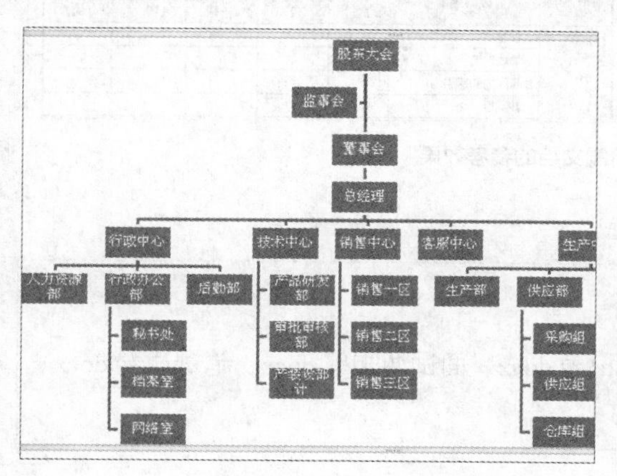

图2.23 输入部门名称

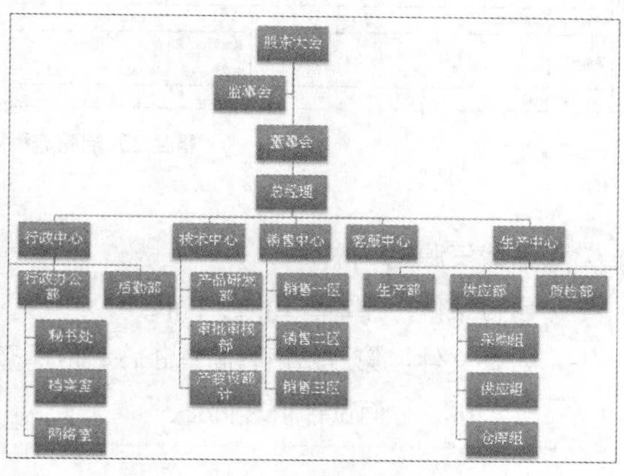

图2.24 设置组织结构图样式

2.2 制作招聘流程的文档

制作招聘流程是招聘工作的前提，只有把具体的事宜都安排妥当，才能有序而高效地完成招聘工作。招聘工作中涉及很多文档的制作，如招聘简章、应聘登记表、面试通知单、笔试试卷和面试评价表等。图2.25所示为招聘流程中所需文档的参考效果。

xxx 有限责任公司 致力打造全国优秀绿色、健康粮油品牌

诚 聘

招聘简章

xxx（成都）有限责任公司是以食品加工为主，集生物研究、粮油生产、自主研发为一体的高科技粮油公司。公司集中了一大批高素质的、专业性强的人才，立足于粮油生产加工产业，提供绿色、健康的粮油供应，优秀基因粮油研究，致力打造全国优秀绿色、健康粮油品牌。

在当今食品工业高速发展的时机下，公司正虚席以待，诚聘天下英才。公司将为员工提供极具竞争力的薪酬福利，并为个人提供广阔的发展空间。

销售总监

工作性质：全职　　学历：大学本科及以上
工作地点：成都　　工作经验：4 年
发布日期：2016-05-05　　外语要求：英语四级
截止日期：2016-07-05　　薪水：面议
招聘人数：1 人　　有效期：2 个月

职位描述

➔ 任职条件

1. 计算机或营销相关专业本科以上学历；
2. 四年以上国内外 IT、市场综合营销和管理经验；
3. 熟悉电子商务，具有良好的粮油行业资源背景；
4. 具有大中型粮油类项目开发、策划、推进、销售的完整运作管理经验；
5. 具有敏感的市场意识和商业素质；
6. 极强的市场开拓能力、沟通和协调能力强，敬业，有良好的职业操守；

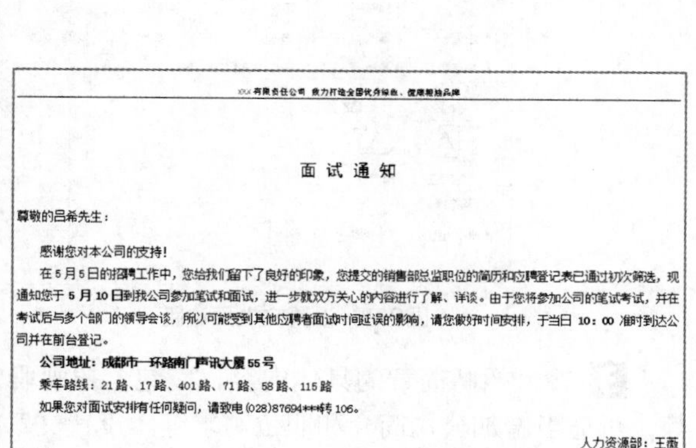

xxx 有限责任公司 致力打造全国优秀绿色、健康粮油品牌

面 试 通 知

尊敬的吕希先生：

感谢您对本公司的支持！

在 5 月 5 日的招聘工作中，您给我们留下了良好的印象，您提交的销售部总监职位的简历和应聘登记表已通过初次筛选，现通知您于 **5 月 10 日**到我公司参加笔试和面试，进一步就双方关心的内容进行了解、详谈。由于您将参加公司的笔试考试，并在考试后与多个部门的领导会谈，所以可能受到其他应聘者面试时间延误的影响，请您做好时间安排，于当日 10：00 准时到达公司并在前台登记。

公司地址：成都市一环路南门声讯大厦 55 号

乘车路线：21 路、17 路、401 路、71 路、58 路、115 路

如果您对面试安排有任何疑问，请致电 (028)87694***转 106。

人力资源部：王薇

xxx有限责任公司 致力打造全国优秀绿色、健康粮油品牌

应聘登记表

姓名			性别		出生日期		
政治面貌		民族		籍贯		婚姻状况	□未婚
				户口所在地			□已婚
国籍			应聘岗位			期望月薪	
联系方式	家庭电话：			手机：		E-mail：	
通信地址					紧急联络人及电话		
个人专长/爱好					座右铭		

xxx有限责任公司 致力打造全国优秀绿色、健康粮油品牌

面试评价表

评价人姓名：　　　　面试时间：

姓名		性别		年龄		编号	
应聘职位		原单位					
评价方向	评价要素		评价等级				
			1（差）	2（较差）	3（一般）	4（较优）	5（优秀）
	1.仪容						
	2.表达能力						
	3.亲和力和感染力						
	4.诚实度						

图2.25 招聘流程所需文档的参考效果

下载资源

素材文件：第2章\1.jpg、3.jpg

效果文件：第2章\招聘简章.docx、应聘登记表.docx、面试通知单.docx、笔试试卷.docx、面试评价表.docx

2.2.1 创建和美化文档

招聘简章中必须包含一定的公司信息，让应聘者对公司有大致的了解。通知单文档主要用于通知面试者。笔试试卷是测试面试者能力的文档。招聘简章和笔试试卷可以根据前面的公司简介文档来制作，其具体操作如下。

1 新建“招聘简章.docx”文档，打开“页面设置”对话框，将“页边距”栏中的“左”数值框设置为“7厘米”，如图2.26所示。

2 单击“纸张”选项卡，设置纸张宽度为“21厘米”，高度为“25厘米”，单击 确定 按钮，并确认设置，如图2.27所示。

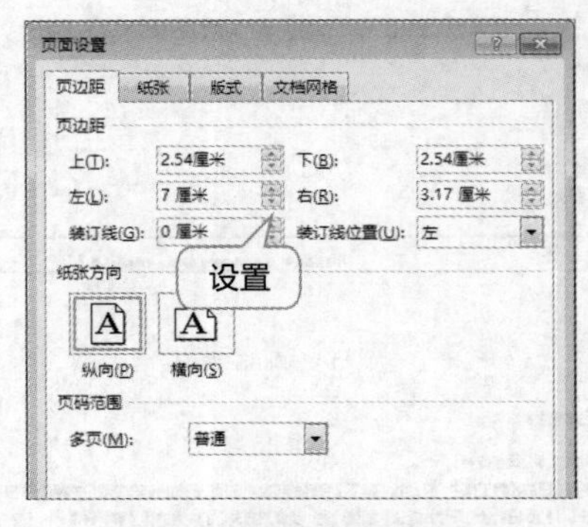

图2.26 设置文档页边距

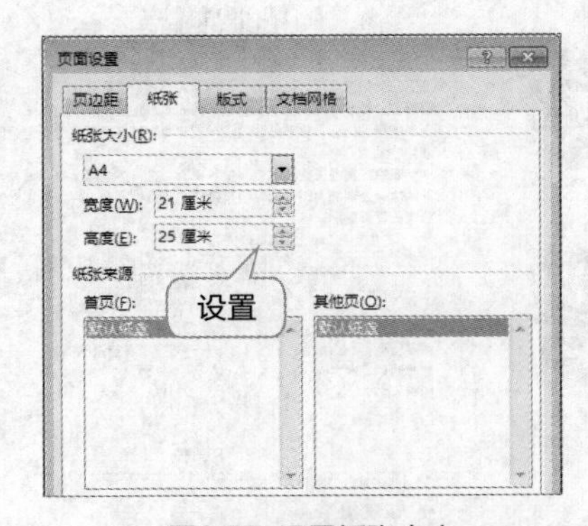

图2.27 设置纸张大小

3 输入招聘简章的具体内容，应包含招聘职位、招聘数量、任职条件和描述岗位工作内容等，可适当增加公司简介和职位需求等。设置文章标题的字符格式为“方正中倩简体，一号，加粗”，并居中显示；添加页眉，为页眉设置颜色为“蓝色，强调文字颜色1，深色25%”，如图2.28所示。

4 设置公司简介的段落格式为“首行缩进，2字符”，为应聘职务文本应用字符样式“汉仪丫丫体简，二号，加粗”，并居中显示。选择职务文本（注意文本后的段落标记要一起选择），单击“下框线” 边框 右侧的下拉按钮，在打开的下拉列表中选择“边框和底纹”选项。在打开的“边框和底纹”对话框的“底纹”选项卡中设置底纹颜色，如图2.29所示。

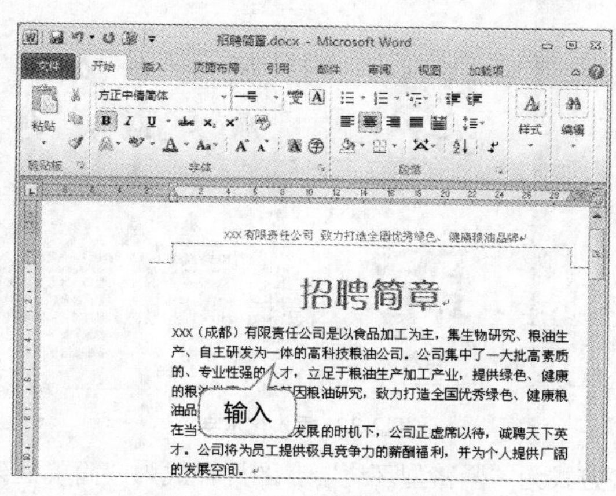

图2.28 输入并设置文本格式

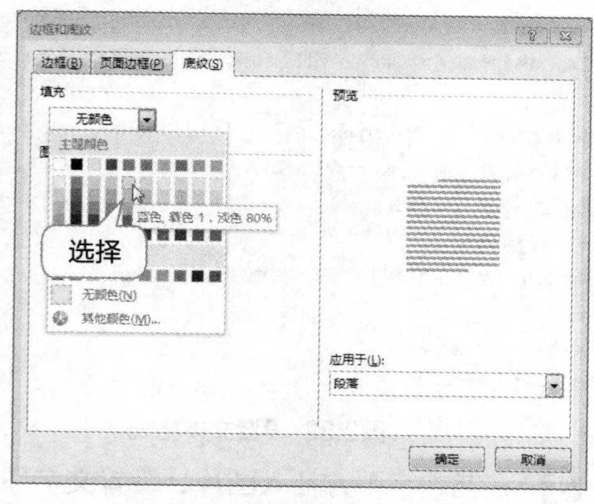

图2.29 设置页面底纹

5 选择职位要求文本，在【页面布局】/【页面设置】组中单击 分栏 按钮，在打开的下拉列表中选择“两栏”选项。为“职位描述”文本设置字符样式为“汉仪丫丫体简、小三、加粗”，并居中显示。插入线条形状“直线”，然后复制“直线”形状，调整为双横线样式，设置形状颜色为“蓝色，强调文字颜色1，深色25%”，如图2.30所示。

6 为“任职条件”和“岗位工作”文本设置字符格式为“四号、加粗”，添加右箭头项目符号，并设置与前面相同的颜色。为其下的内容应用编号样式，如图2.31所示。

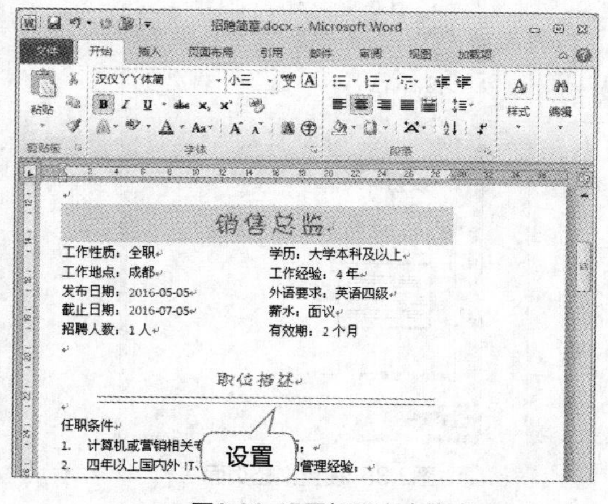

图2.30 设置标题文本格式

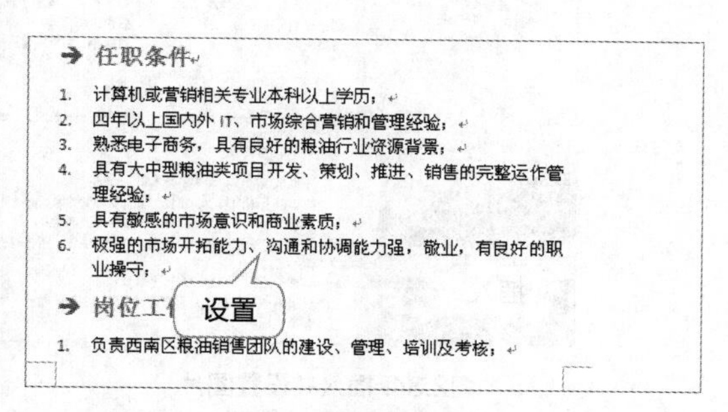

图2.31 设置文本格式

7 继续设置后面的字符格式，使用相同的方法设置“应聘方式”栏。为所有正文内容设置“蓝色，强调文字颜色1，深色25%”颜色，如图2.32所示。

8 在文档首页左侧空白处插入艺术字“诚聘”，设置字符格式为汉仪丫丫体简、100、加粗，并居中显示。为艺术字快速应用样式“填充，蓝色，强调文字颜色1，金属棱台，映像”，如图2.33所示。

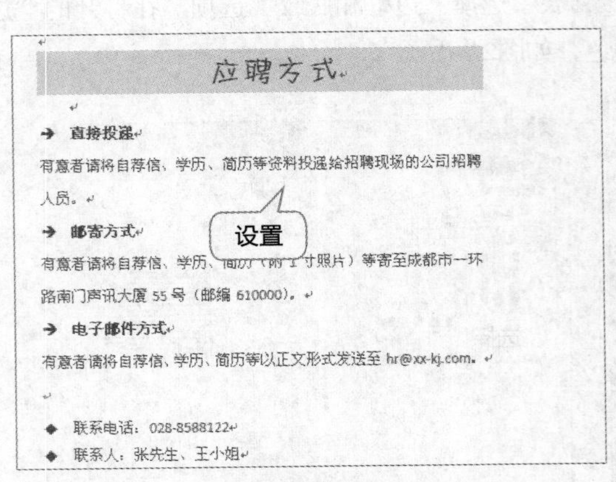

图2.32 设置文本格式

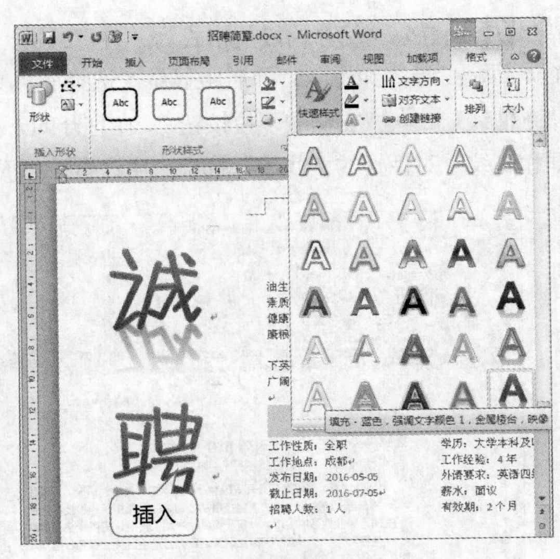

图2.33 插入艺术字

9 在艺术字下方插入图片，设置文字环绕方式为“紧密型环绕”，图片样式为“简单框架，白色”，并调整图片所在位置。复制艺术字和图片到文档的后面几页，适当调整位置，使其与首页相同，如图2.34所示。

10 新建“面试通知单.docx”文档。设置上页边距为“4厘米”，下页边距为“2.5厘米”，左右页边距为“3厘米”，页面方向为“横向”，并设置页眉，如图2.35所示。

图2.34 插入并设置图片

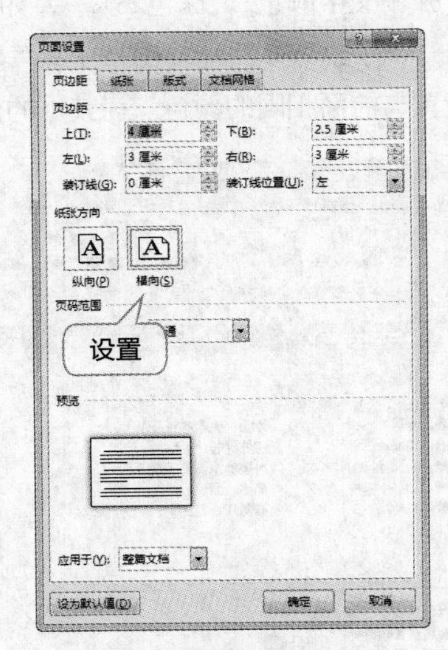

图2.35 设置文档页面

11 输入文档标题，设置字符格式为黑体、小二，并居中显示。输入称谓，换行输入通知的正文、落款和日期，设置除标题外所有文字字号为“小四”，设置正文的段落格式为“首行缩进、2字符”，行距为“1.5倍行距”，落款和日期“右对齐”。设置公司地址、应聘日期和时间等重要信息并加粗显示，如图2.36所示。

12 新建“笔试试卷.docx”的文档，添加页眉。输入试卷的标题和内容，标题设置字符格式为黑体、三号，并居中显示；设置内容的字符格式为宋体、11.5，如图2.37所示。

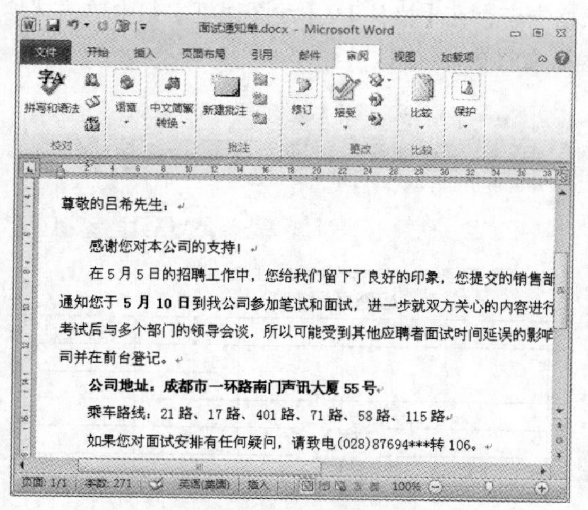

图2.36 输入文本内容

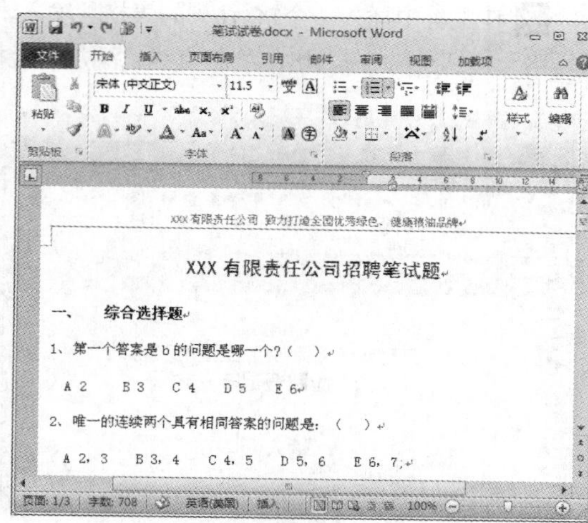

图2.37 输入和设置文本

13 为大标题添加“一、”编号样式，如图2.38所示。

14 为正文中的所有题目添加“1.”编号样式，注意不同题目类型需重新编号，如图2.39所示。

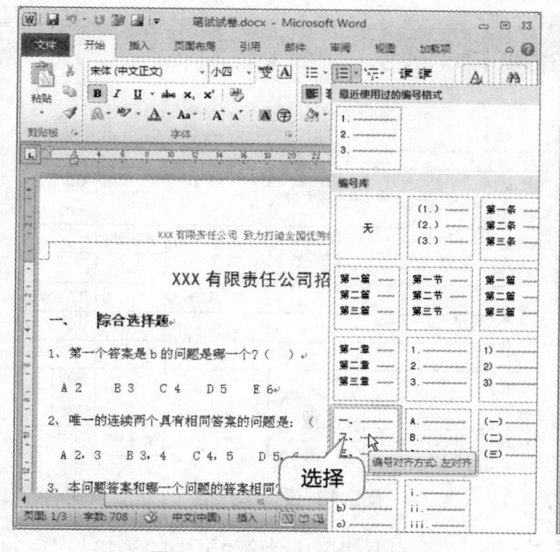

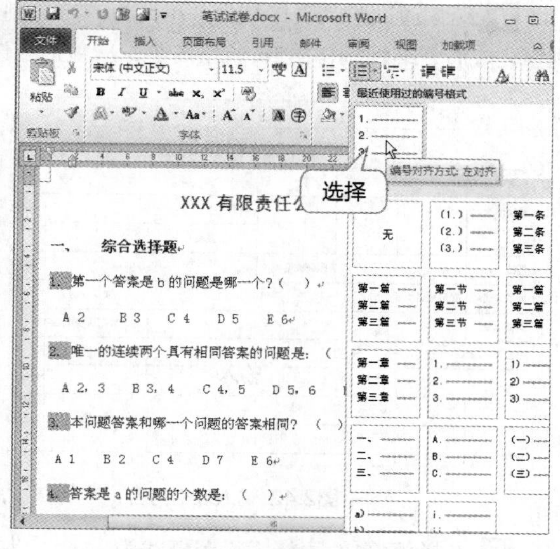

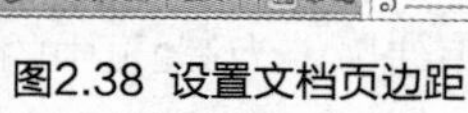

图2.38 设置文档页边距

图2.39 输入和设置文档文本

2.2.2 创建表格文档

应聘登记表用于应聘者填写相关信息。评价表主要对应聘者进行综合评定。两个文档根据公司要求的不同，可添加不同的内容，其具体操作如下。

1 新建“应聘登记表.docx”文档。设置上、下页边距为“2厘米”，左、右页边距为“1.5厘米”；添加页眉；在文档中输入标题，设置字符格式为方正中倩简体、小二、加粗，并居中显示，效果如图2.40所示。

2 在文档中插入一个14行6列的表格。输入表格内容，在【设计】/【绘图边框】组中单击“绘制表格”按钮，在表格中绘制直线，添加单元格，如图2.41所示。

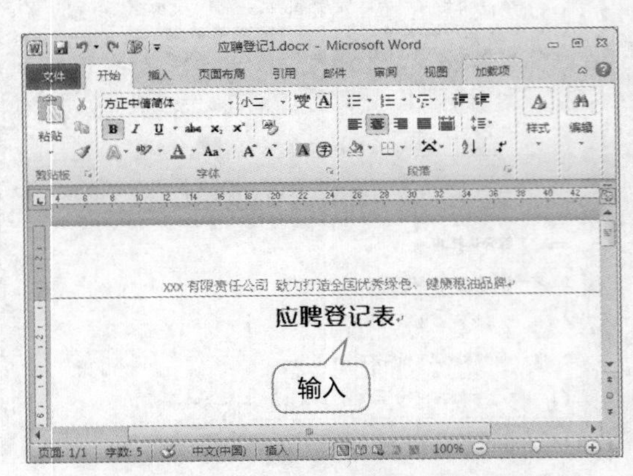

图2.40 输入文档标题文本

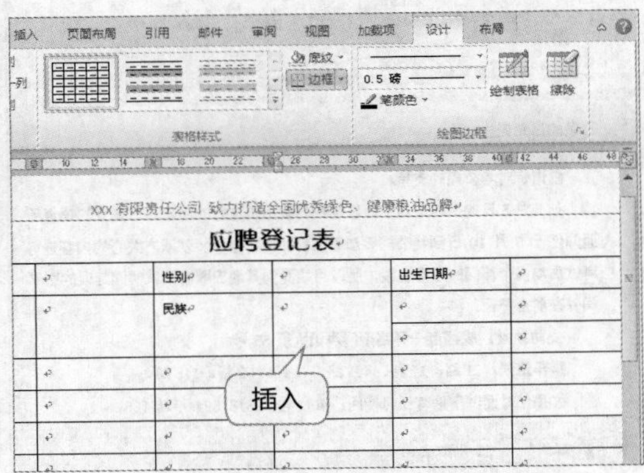

图2.41 插入表格

3 继续输入表格内容，选择联系方式栏后的单元格，单击鼠标右键，在弹出的快捷菜单中选择“合并单元格”命令。继续输入表格内容，在需要合并单元格的地方执行相应的命令即可，如图2.42所示。

4 继续通过绘制表格和合并单元格的方法制作应聘登记表，并输入表格主要内容。表格第1页制作完成后，继续制作第2页表格内容，应包括工作履历和承诺书，如图2.43所示。

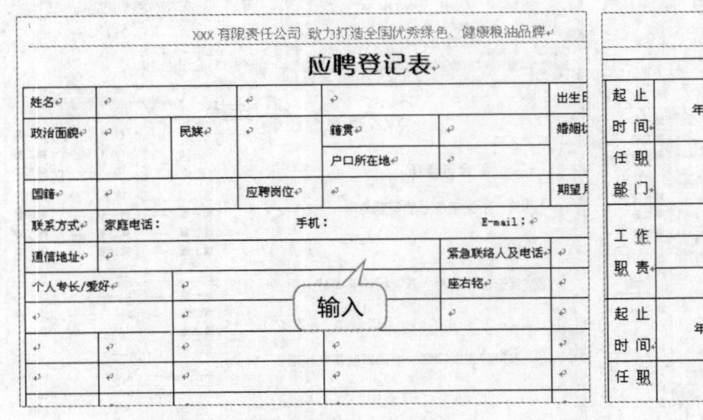

图2.42 输入表格内容

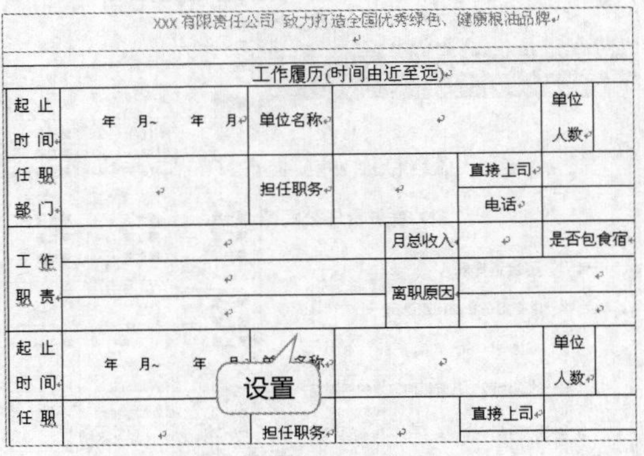

图2.43 设置单元格

5 选择第1页的表格，设置框线为1.5磅，为其添加“外侧框线”。为第2页中的表格设置一样的外侧框线，分别选择所有单元格，为其添加“下框线”，选择首行“工作履历”单元格，为其添加底纹“白色，背景1，深色15%”，如图2.44所示。

6 设置表格内容文字的字号为“五号”，为第2页中“工作履历”和“承诺书”文本设置字符格式为四号、加粗，并居中显示。选择表格，单击鼠标右键，在弹出的快捷菜单中选择“表格属性”命令，打开“表格属性”对话框，在“单元格”选项卡中的“垂直对齐方式”栏中选择“居中”选项，单击 确定 按钮确认操作，保存文档，如图2.45所示。

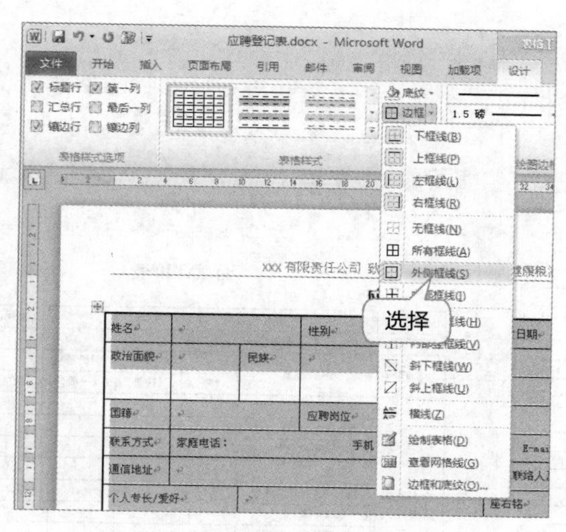

图2.44 设置表格边框

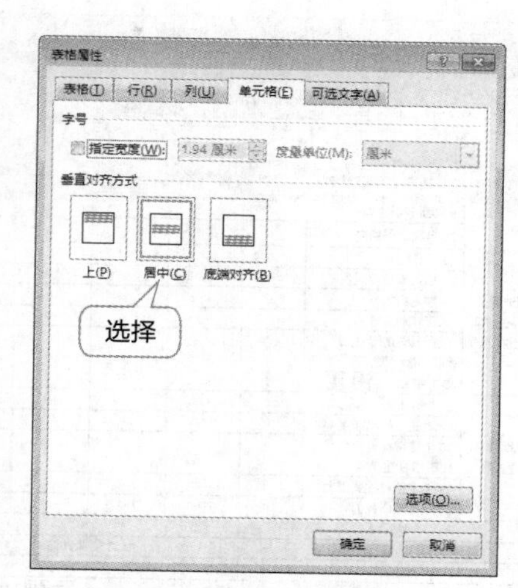

图2.45 设置对齐方式

7 新建“面试评价表.docx”文档，设置左、右页边距为“3厘米”，并添加页眉。输入表格标题，应用字符格式为方正小标宋简体、小二，居中显示。输入“评价人姓名：”文本，换行继续输入“面试时间：”文本，应用字符格式为汉仪细圆简、五号，然后选择两段落，设置页面分栏为“两栏”，如图2.46所示。

8 插入一个12行8列的表格。选择表格，设置表格居中显示。打开“表格属性”对话框，单击“单元格”选项卡，设置表格内容的垂直对齐方式为“居中”。单击“行”选项卡，在“尺寸”栏中单击选中“指定高度”复选框，在其后的数值框中输入“0.65厘米”，单击 确定 按钮确认设置，如图2.47所示。

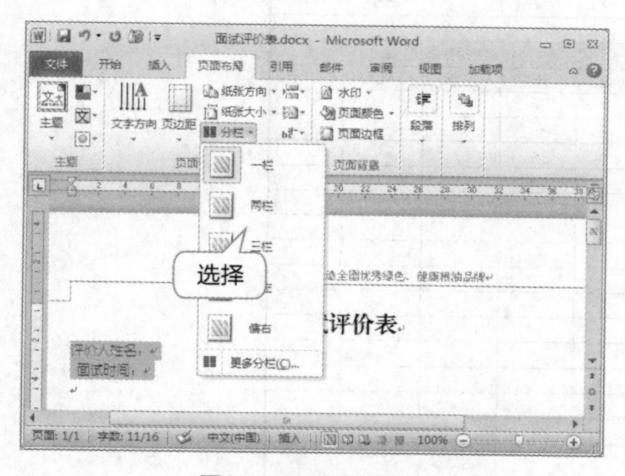

图2.46 设置文档分栏

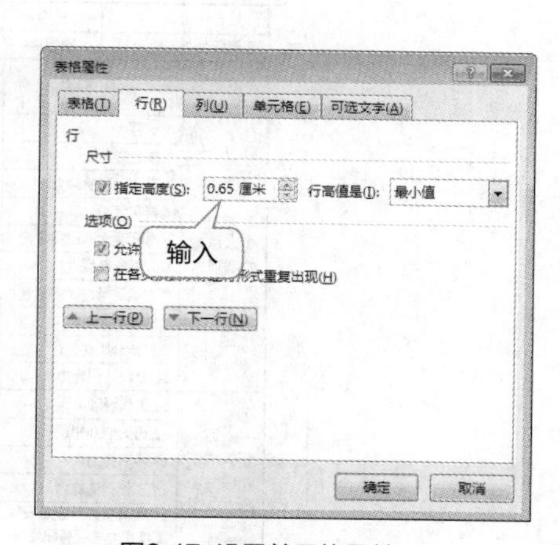

图2.47 设置单元格属性

9 合并第2行的后5个单元格，在第3行的后5个单元格中绘制一行表格，从表格第3行开始，合并第2列和第3列，然后输入表格内容。继续通过绘制表格和擦除表格的方式制作表格，输入表格内容，如图2.48所示。

10 为表格中评价方向、要素、等级和人才优势评估等文字应用字符格式为汉仪细圆简、五号、加粗，并居中显示，如图2.49所示。

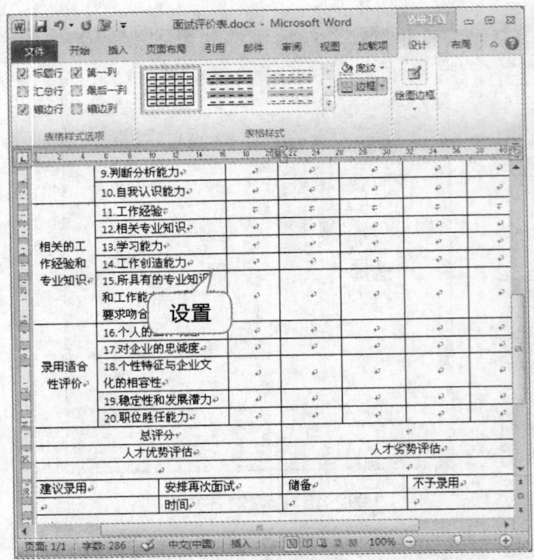

图2.48 输入表格内容并设置单元格

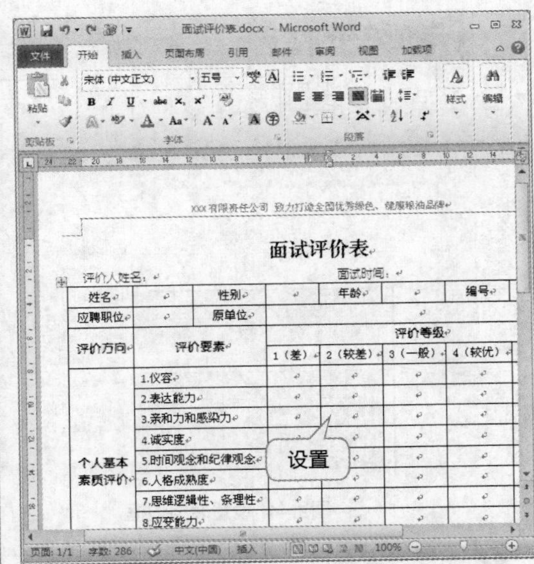

图2.49 输入和设置表格文本

11 选择整个表格，在【设计】/【绘图边框】组中设置边框线为“1.5磅”，然后为表格添加“外侧框线”。选择表格的表头部分，打开“边框和底纹”对话框，在“底纹”选项卡中设置“填充”颜色为“白色，背景1，深色15%”，如图2.50所示。

XXX有限责任公司 致力打造全国优秀绿色、健康粮油品牌

面试评价表

评价人姓名：　　面试时间：

姓名		性别		年龄		编号
应聘职位		原单位				
评价方向	评价要素	评价等级				
		1（差）	2（较差）	3（一般）	4（较优）	5（优秀）
个人基本素质评价	1.仪容					
	2.表达能力					
	3.亲和力和感染力					
	4.诚实度					
	5.时间观念和纪律观念					
	6.人格成熟度					
	7.思维逻辑性、条理性					
	8.应变能力					
	9.判断分析能力					
	10.自我认识能力					
相关的工作经验和专业知识	11.工作经验					
	12.相关专业知识					
	13.学习能力					
	14.工作创造能力					
	15.所具有的专业知识和工作能力与应聘职位要求吻合度					
录用适合性评价	16.个人的工作观念					
	17.对企业的忠诚度					
	18.个性特征与企业文化的相容性					
	19.稳定性和发展潜力					

设置

图2.50 设置表格边框和底纹

2.3 制作工作计划

工作计划是指为完成某一时间段内的工作任务而事先对工作目标、措施和实施过程作出简要部署的事务文书。工作计划具有目的性、针对性、预见性、可行性和指导性等特点，在机关、团体、企事业单位的各级机构中都较为常用。图2.51所示为“工作计划”文档的参考效果。

关于 2017 年销售工作计划

（草稿）

随着西北区市场逐渐发展成熟，竞争日益激烈，机遇与考验并存。2016 年，销售工作仍将是我公司的工作重点，面对先期投入，正视现有市场，着眼公司当前，兼顾未来发展。在销售工作中仍要坚持做到：突出重点维护现有市场，把握时机开发潜在客户，注重销售细节，强化优质服务，稳固和提高市场占有率，积极争取圆满完成销售任务。

一、销量指标

至 2016 年 12 月 31 日，西北区销售任务 45 560 万元，销售目标 45 700 万元。

二、计划拟定

- ◆ 年初拟定《年度销售总体计划》；
- ◆ 年终拟定《年度销售总结》；
- ◆ 月初拟定《月销售计划表》和《月访客户计划表》；
- ◆ 月末拟定《月销售统计表》和《月访客户统计表》。

三、客户分类

根据 2011 年度销售额度，对市场进行细分化，将现有客户分为 VIP 用户、一级用户、二级用户和其他用户四大类，并对各级用户进行全面分析。

四、实施措施

1. 技术交流
- ◆ 本年度针对 VIP 客户的技术部、售后服务部开展一次技术交流研讨会；
- ◆ 参加相关行业展会两次，其中展会期间安排一场大型联谊座谈会。

2. 客户回访

目前在国内市场上流通的相似品牌有七八种之多，与我司品牌相当的有三四种，技术方面不相上下，竞争愈来愈激烈，已构成市场威胁。为稳固和拓展市场，务必加强与客户的交流，协调与客户、直接用户之间的关系。

为与客户加强信息交流，增近感情，对 VIP 客户每月拜访一次；对一级客户每两个月拜访一次；对于二级客户根据实际情况另行安排拜访时间。

适应把握形势，销售工作已不仅仅是销货到我们的客户方即为结束，还要帮助客户出货，帮助客户做直接用户的工作，这项工作列入我 2017 年工作重点。

3. 网络检索

充分发挥我公司网站及网络资源，通过信息检索掌握销售信息。

4. 售后协调

目前情况下，我公司仍然以贸易为主，“卖产品不如卖服务”，在下一步工作中，我们要增强责任感，不断强化优质服务。

用户使用我们的产品如同享受我们提供的服务，从稳固市场、长远合作的角度，我们务必强化为客户负责的意识，把握每一次与用户接触的机会，提供热情详细周到的售后服务，给公司增加一个制胜的筹码。

为了进一步了解我公司来年的工作计划，先将上一年的产品销售额进行一个统计。

2016 年产品销售统计表

型号	第一季度	第二季度	第三季度	第四季度	平均销量	总销量
001-2	2500	2680	3460	2540	2795	11180
002-45	2450	2580	2478	2359	2466.75	9867
0026	2789	2790	2800	2690	2767.25	11095
0145	2489	2640	2870	2456	2613.75	10600
00-457	2650	3010	2900	2840	2850	11400
00-23	2480	2564	2389	2487	2480	9920
01-785	2479	2580	2486	2654	2549.75	10199
00330	2589	2470	2890	2398	2586.75	10677
00124	2879	2800	2090	2405	2543.5	10298
0012-456	2690	2500	2457	2078	2431.25	9725
合计	25995	26614	26820	24907	26356	104336

图2.51 “工作计划”文档的参考效果

下载资源

素材文件：第2章\工作计划.docx

效果文件：第2章\工作计划.docx

2.3.1 设置文档格式

打开素材文档后（实际工作中需要自行制作计划的内容），由于整篇文档没有进行格式设置，不便于阅读，下面先对文档的格式进行设置，其具体操作如下。

1 打开“工作计划.docx”素材文档，设置文档标题的字体格式为“黑体、小二、居中对齐”，如图2.52所示，落款文本为“右对齐”。

2 选择文档正文中的几个大标题，在“样式”组中为其应用“标题

2”样式，设置为二级标题。使用同样的方法将二级标题下面的子标题设置为三级标题，并为其下的段落文本应用“要点”样式，如图2.53所示。

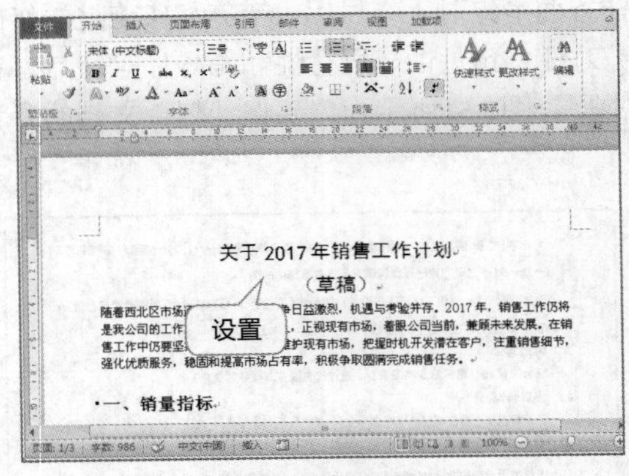

图2.52 输入文档文本

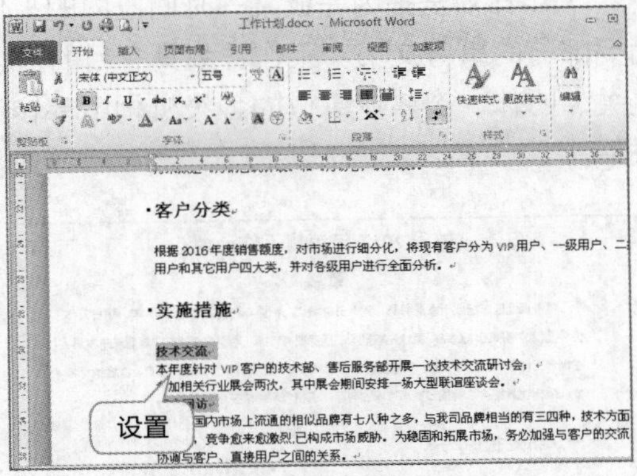

图2.53 设置文档标题文本

3 选择二级标题所在的段落，单击“段落”组中“编号”按钮右侧的下拉按钮，在打开的列表框中选择“一、二、三”编号样式，如图2.54所示。

4 选择二级标题前的任意编号，单击鼠标右键，在弹出的快捷菜单中选择“调整列表缩进”命令，在打开的对话框中的“编号之后”下拉列表中选择“空格”选项，单击确定按钮，如图2.55所示。

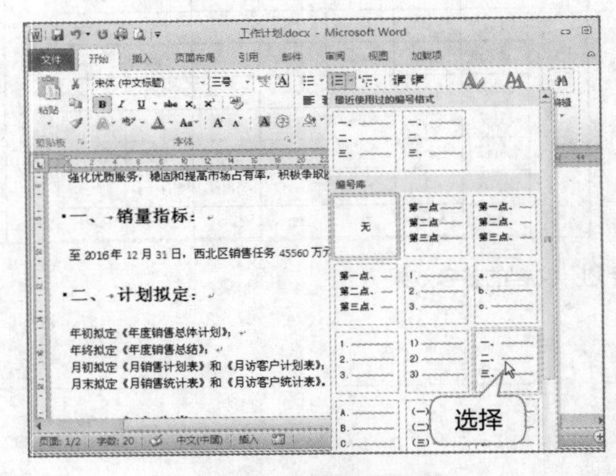

图2.54 设置段落编号

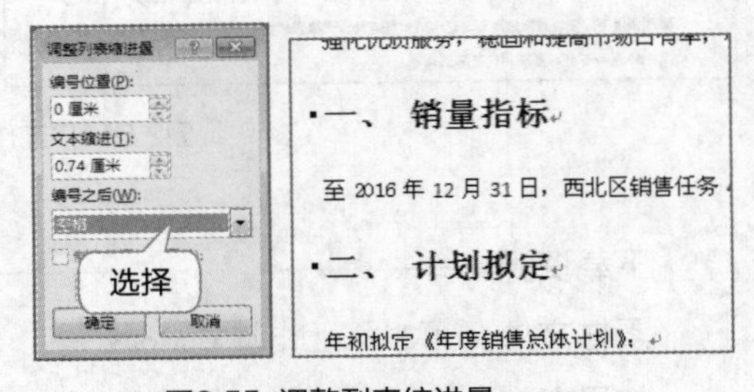

图2.55 调整列表缩进量

5 使用相同的方法为三级标题设置“1. 2. 3”的编号样式，如图2.56所示。

6 选择正文，设置为首行缩进两个字符，“行和段落间距”为1.5倍。为“要点”样式的段落设置项目符号，然后设置整个文档的英文字体为“Times New Roman”，如图2.57所示。

提示：取消Word 2010中的自动编号功能的方法为选择【文件】/【选项】命令，在打开的对话框左侧选择“校对”选项，单击自动更正选项(A)...按钮，在打开的对话框中单击“键入时自动套用格式”选项卡，在“键入时自动应用”栏中撤销选中“自动编号列表”复选框，取消Word 2010中的自动编号功能。

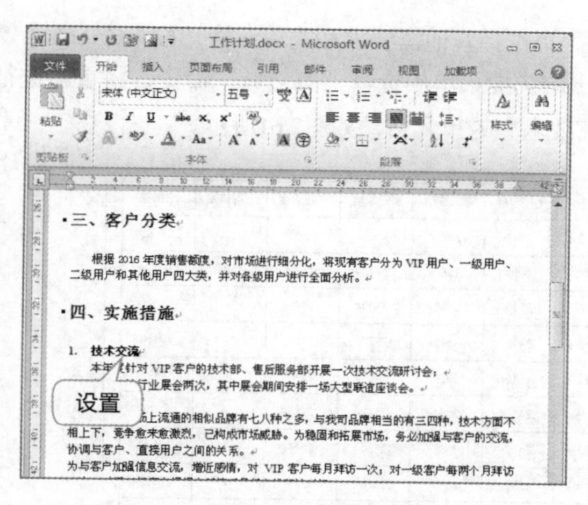

图2.56 设置段落编号

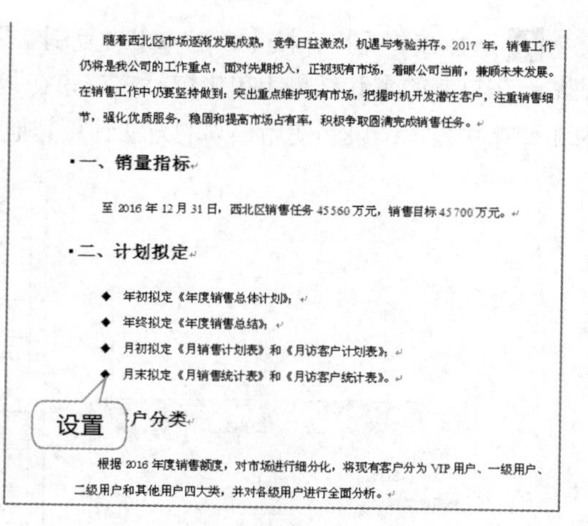

图2.57 设置项目符号

2.3.2 创建表格

完成“工作计划.docx”文档的设置后，有时还需要将上一年的销售额进行统计，以便明确下一年的销售目标。下面将使用表格制作一个销售统计表（销售统计表用来记录和统计公司的产品在某一段时间内的销售情况），其具体操作如下。

扫一扫

创建表格

1 在文档落款文本上方输入表格标题“2016年产品销售统计表”，设置字符格式为黑体、小三、居中。按【Enter】键换行，在【插入】/【表格】组中单击“表格”按钮，在打开的下拉列表中选择“插入表格”选项，打开“插入表格”对话框，在其中进行设置，插入12行7列的表格，并输入相关文本，如图2.58所示。

2 调整表格的宽度和高度，使其充满该页面。选择整个表格，单击鼠标右键，在弹出的快捷菜单中选择“单元格对齐方式”命令，在弹出的子菜单中选择“水平居中”命令，使单元格中的数据在水平和垂直方向都居中对齐，如图2.59所示。

为了进一步了解我公司来年的工作计划，先将上一年的产品销售额进行一个统计：

2016 年产品销售统计表

型号	第一季度	第二季度	第三季度	第四季度	平均销量	总销量
001-2	2500	2680	3460	2540		
002-45	2450	2580	2478	2359		
0026	2789	2790	2800	2690		
0145	2489	2640	2870	2456		
00-457	2650	3010	2900	2840		
00-23	2480	2564	2389	2487		
01-785	2479	2580	2486	2654		
00330	[illegible]	[illegible]	2890	2398		
00124	[illegible]	[illegible]	2090	2405		
0012-456	[illegible]	[illegible]	2457	2078		
合计						

图2.58 输入文本和插入表格

2016 年产品销售统计表

型号	第一季度	第二季度	第三季度	第四季度	平均销量	总销量
001-2	2500	2680	3460	2540		
002-45	2450	2580	2478	2359		
0026	2789	2790	2800	2690		
0145	2489	[illegible]	[illegible]	2456		
00-457	2650	[illegible]	[illegible]	2840		
00-23	2480	2564	2389	2487		

图2.59 设置表格宽度、高度、对齐方式

3 将文本插入点定位到要求和的单元格中。单击【表格工具 布局】/【数据】组中的 公式 按钮，打开“公式”对话框，系统默认在“公式”文本框中输入了求和函数，直接单击 确定 按钮完成求和操作，如图2.60所示。

4 选择该单元格，按【Ctrl+C】键复制结果，再选择其他需要求和的单元格，按【Ctrl+V】键粘贴。在复制的求和结果上单击鼠标右键，在弹出的快捷菜单中选择“更新域”命令，将重新进行求和计算并显示结果。使用相同的方法计算其他需要求和的单元格，如图2.61所示。

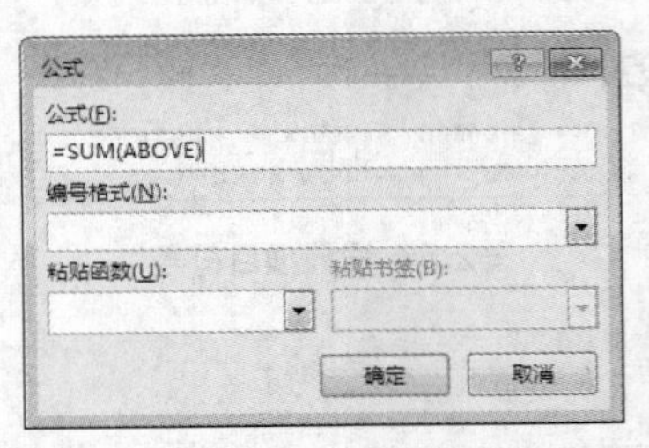

图2.60 设置公式

型号	第一季度	第二季度	第三季度	第四季度	平均销量	总销量
001-2	2500	2680	3460	2540		11180
002-45	2450	2580	2478	2359		9867
0026	2789	2790	2800	2690		11095
0145	2489	2640	2870	2456		10600
00-457	2650	3010	2900	2840		11400
00-23	2480	2564	2389	2487		9920
01-785	2479	2580	2486	2654		10199
00330	2589	2470	2890	2398		10677
00124	2879	2800	2090	2405		10298
0012-456	2690	2500	2457	2078		9725
合计	25995	26614	26820	24907		104336

图2.61 计算表格数据

5 打开“公式”对话框，将“公式”文本框中默认的公式删除，在“粘贴函数”下拉列表框中选择“AVERAGE”选项。在“AVERAGE”的括号中输入参数“LEFT”，表示对4个季度所对应的销量数据求平均值，单击【确定】按钮，如图2.62所示。

6 使用相同的方法计算其他要计算平均值的单元格，如图2.63所示。

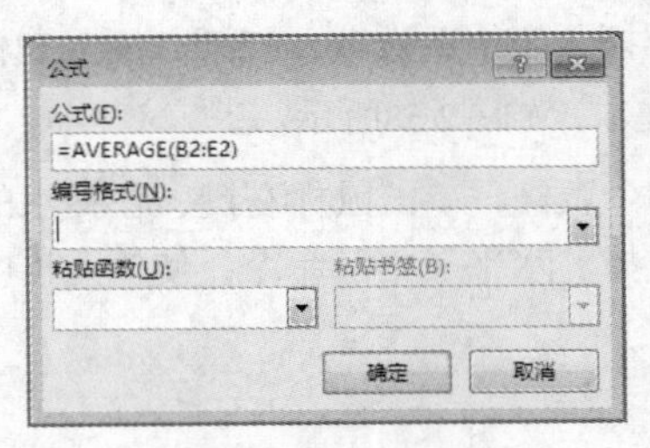

图2.62 输入函数参数

型号	第一季度	第二季度	第三季度	第四季度	平均销量	总销量
001-2	2500	2680	3460	2540	2795	11180
002-45	2450	2580	2478	2359	2466.75	9867
0026	2789	2790	2800	2690	2767.25	11095
0145	2489	2640	2870	2456	2613.75	10600
00-457	2650	3010	2900	2840	2850	11400
00-23	2480	2564	2389	2487	2480	9920

图2.63 计算平均值

2.3.3 添加SmartArt图形

为了便于对工作计划进行补充说明，常常需要提供一个备注区，下面利用SmartArt图形来快速制作备注区，其具体操作如下。

扫一扫

添加SmartArt图形

1 在【插入】/【插图】组中单击“SmartArt”按钮，打开“选择SmartArt图形”对话框，在左侧单击“列表”选项卡。在中间的列表框中选择需要插入的图形。单击【确定】按钮关闭对话框，如图2.64所示。

2 单击图形左侧的按钮，打开“在此处键入文字”窗格，在其中输入文本，文档中的列表图会同步显示相同的内容。输入完成后单击⊠按钮关闭窗格，如图2.65所示。

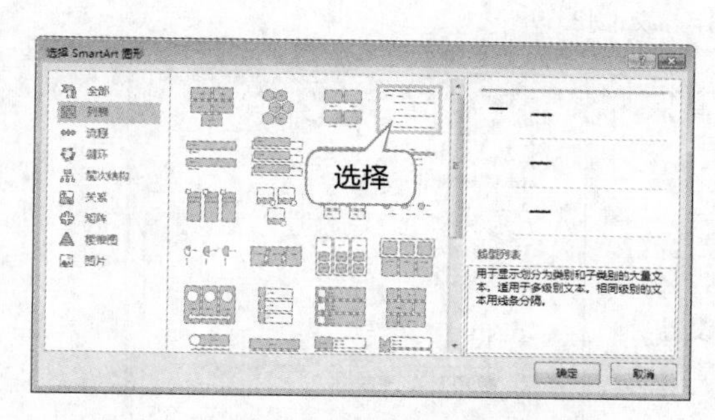

图2.64 选择插入的图形类型

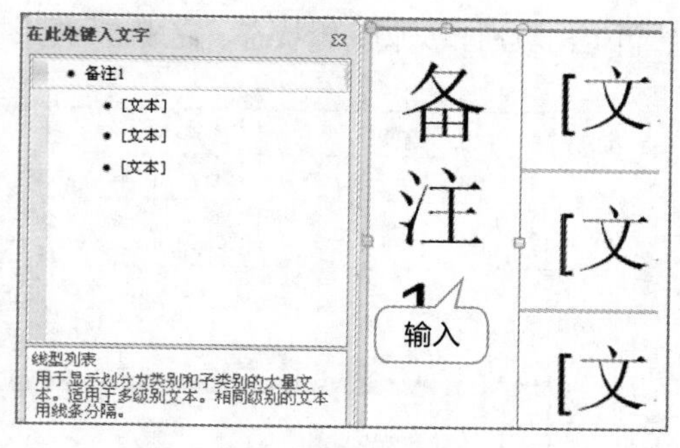

图2.65 输入文本

3 将鼠标指针移至图形周围的边框处，当鼠标指针变为双向箭头时拖曳改变图形的大小，并设置其字号为“24”。将鼠标移动到某个形状的边框上双击，在【设计】/【SmartArt样式】组中单击“更改颜色”按钮，在打开的列表框中选择需要的颜色，如图2.66所示。

4 选择整个图形，按【Ctrl+C】键复制图形，再按【Ctrl+V】键粘贴图形，粘贴3次，然后在粘贴的图形中将左侧的文本分别改为“备注2”“备注3”和“备注4”，如图2.67所示。

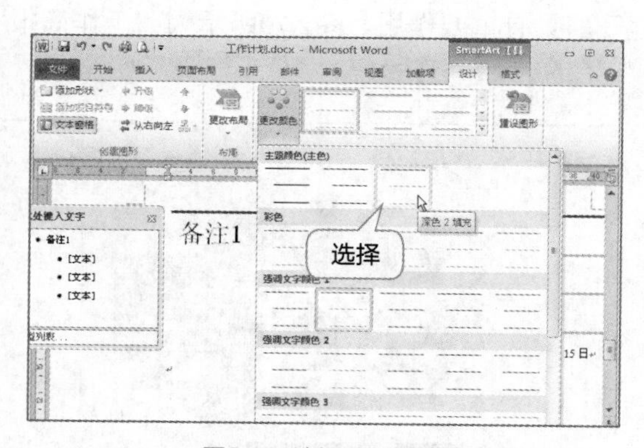

图2.66 选择图形样式

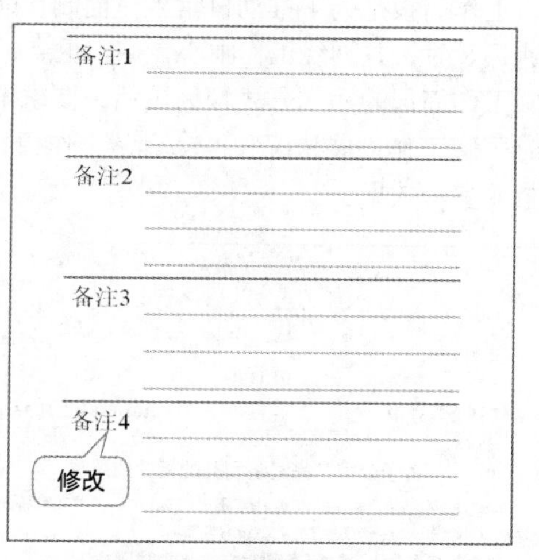

图2.67 复制并修改文本

2.3.4 设置页面版式

本例制作的“工作计划”文档不止一页，为了便于查看，可以为文档设置页眉和页脚，其具体操作如下。

1 进入页眉的编辑状态，在页眉处输入相关的文本，并设置字符格式为宋体、小五（注意整个文档的英文字体都为“Times New Roman”。在【插入】/【页眉和页脚】组中单击页码按钮，在打开的下拉列表中选择“页面底端”选项，在打开的列表框中选择“加粗显示的数字2”选项，然后在其后输入日期文本，字号都为“小四”且居中对齐，如图2.68所示。

2 在【页面布局】/【页面设置】组中单击“对话框启动器”按钮，打开“页面设置”对话框，单击“版式”选项卡。在“页眉和页脚”栏中单击选中“首页不同”复选框，单击确定按钮，再退出页眉和页脚编辑状态，完成本例的制作，如图2.69所示。

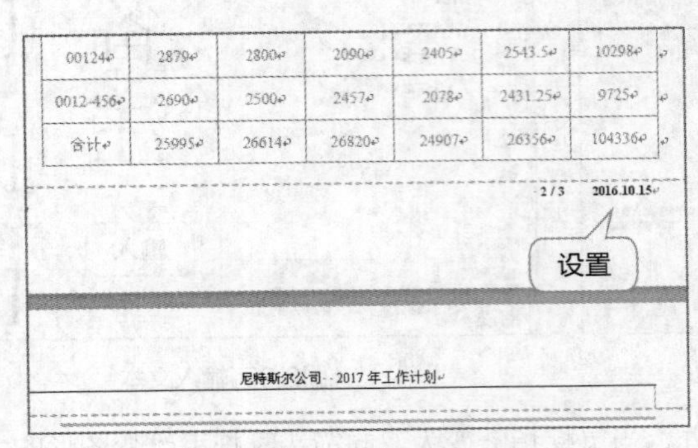

00124	2879	2800	2090	2405	2543.5	10298
0012-456	2690	2500	2457	2078	2431.25	9725
合计	25995	26614	26820	24907	26356	104336

图2.68 输入日期

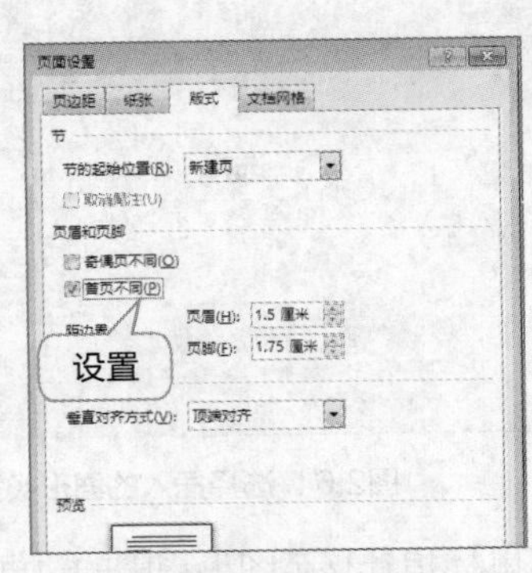

图2.69 设置页眉页脚

2.4 制作工作简报

工作简报是为了推动日常工作而制作的简报，主要作用是及时反映工作情况。在编写时要迅速、及时，并围绕工作中心，突出重点，抓好典型。

工作简报的写作方式较为灵活，要求语言简洁，内容集中，简明扼要。写好工作简报对于及时了解工作进展状况和推动日常工作更好地开展具有重要作用。图2.70所示为“工作简报”文档的参考效果。

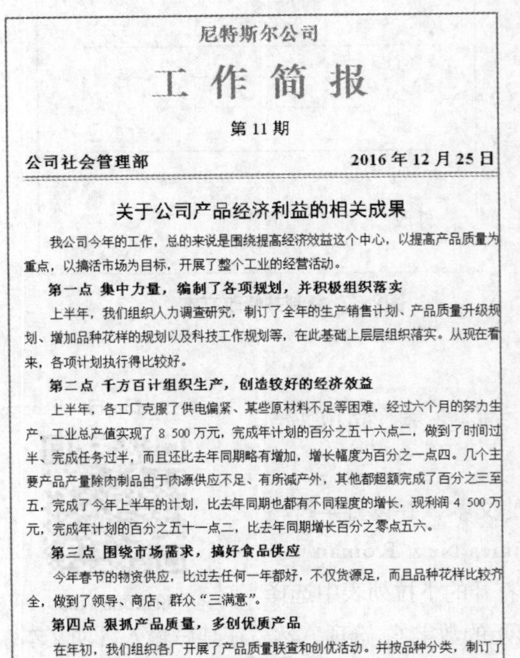

尼特斯尔公司

工 作 简 报

第 11 期

公司社会管理部　　2016 年 12 月 25 日

关于公司产品经济利益的相关成果

我公司今年的工作，总的来说是围绕提高经济效益这个中心，以提高产品质量为重点，以搞活市场为目标，开展了整个工业的经营活动。

第一点 集中力量，编制了各项规划，并积极组织落实

上半年，我们组织人力调查研究，制订了全年的生产销售计划、产品质量升级规划、增加品种花样的规划以及科技工作规划等，在此基础上层层组织落实。从现在看来，各项计划执行得比较好。

第二点 千方百计组织生产，创造较好的经济效益

上半年，各工厂克服了供电偏紧、某些原材料不足等困难，经过六个月的努力生产，工业总产值实现了 8 500 万元，完成年计划的百分之五十六点二，做到了时间过半、完成任务过半，而且还比去年同期略有增加，增长幅度为百分之一点四。几个主要产品产量除肉制品由于肉源供应不足、有所减产外，其他都超额完成了百分之三至五，完成了今年上半年的计划，比去年同期也都有不同程度的增长，现利润 4 500 万元，完成年计划的百分之五十一点二，比去年同期增长百分之零点五六。

第三点 围绕市场需求，搞好食品供应

今年春节的物资供应，比过去任何一年都好，不仅货源足，而且品种花样比较齐全，做到了领导、商店、群众“三满意”。

第四点 狠抓产品质量，多创优质产品

在年初，我们组织各厂开展了产品质量联查和创优活动。并按品种分类，制订了

1

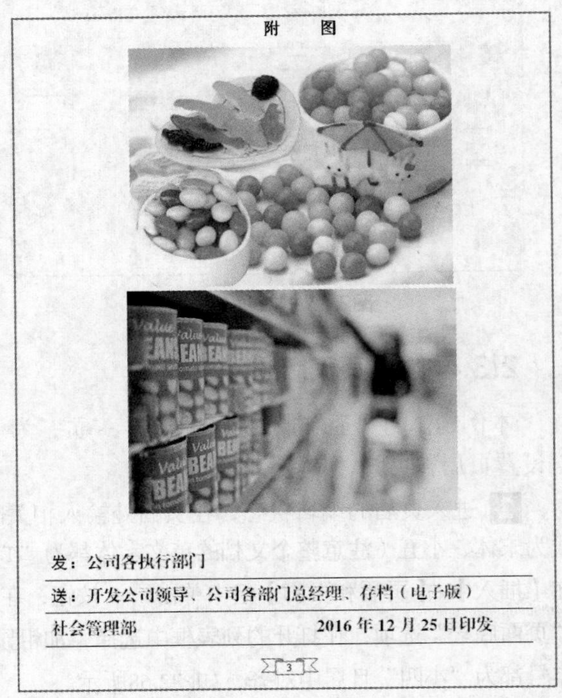

附　　图

发：公司各执行部门

送：开发公司领导、公司各部门总经理、存档（电子版）

社会管理部　　2016 年 12 月 25 日印发

3

图2.70 “工作简报”文档的参考效果

下载资源

素材文件：第2章\工作简报.docx、图片1.jpg、图片2.jpg

效果文件：第2章\工作简报.docx

2.4.1 设置页面大小和页边距

设置页面大小和页边距

由于有些工作简报的文档页面大小并不是Word中默认的页面大小，因此需要根据情况设置文档的页面。其具体操作如下。

1 打开“工作简报.docx”素材文档。单击【页面布局】/【页面设置】组中的“纸张大小”按钮，在打开的列表框中选择“16K 195×270mm”选项，更改页面大小，如图2.71所示。

2 单击【页面布局】/【页面设置】组中的“页边距”按钮，在打开的下拉列表中选择“适中”选项，更改页面的边距，如图2.72所示。

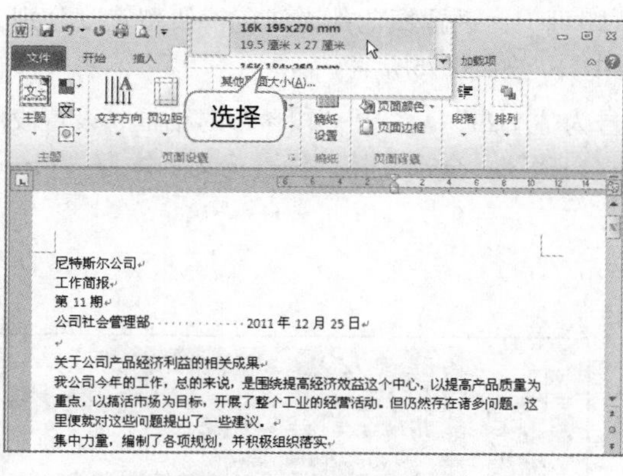

图2.71 选择纸张大小

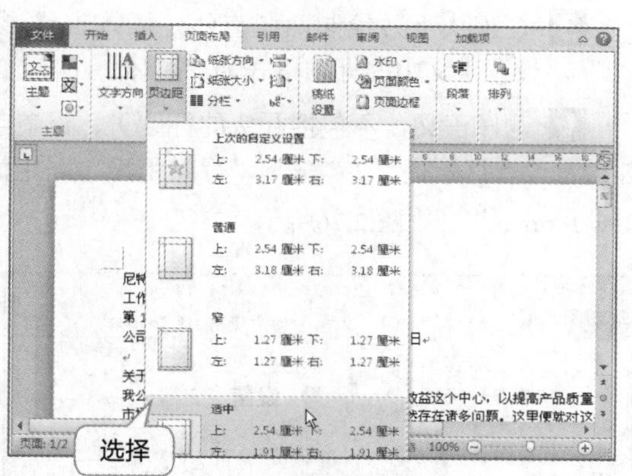

图2.72 选择页边距

提示：用对话框设置页面大小和页边距。在“页面设置”组中单击“对话框启动器”按钮，打开“页面设置”对话框，在其中单击“页边距”和“纸张”选项卡，可对页边距和纸张大小（即页面大小）的具体数值进行设置。

2.4.2 美化文档

美化文档

在设置好需要的页面后，即可对工作简报文档进行美化，包括设置字符格式和段落格式等，其具体操作如下。

1 将报头设置为居中对齐，然后设置标题文本的字符格式为“华文中宋、加粗、红色”。设置上方的标题字号为“小二”，下方标题字号为“小初”，如图2.73所示。

2 设置简报期数的字符格式为“黑体、三号”，部门和日期格式为“宋体、加粗、三号”

（注意空格和换行），效果如图2.74所示。

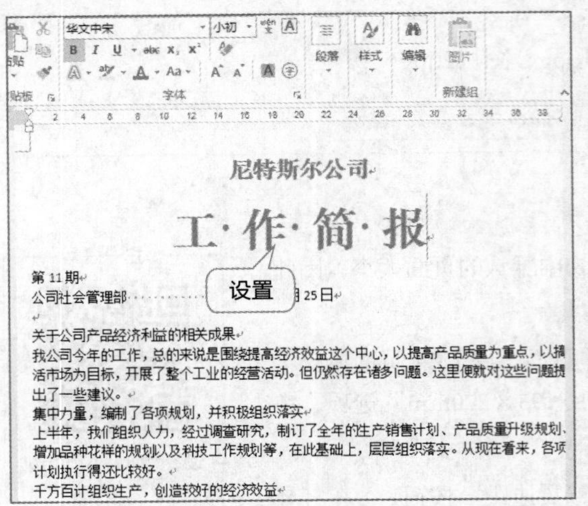

图2.73 设置文本格式

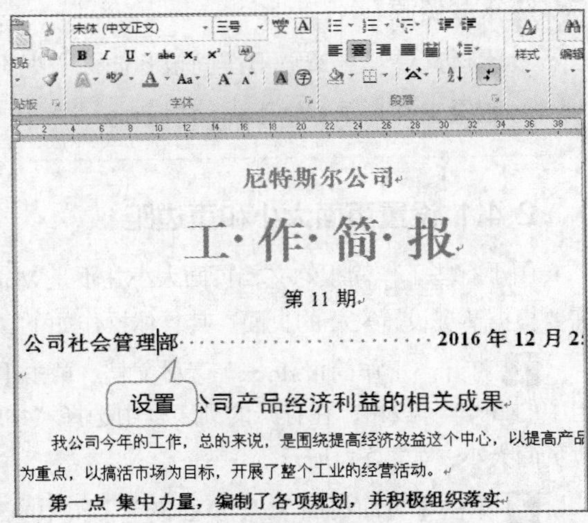

图2.74 设置文本格式

3 在报头下方绘制两条直线（插入直线形状即可），设置颜色都为红色，线型宽度分别为“3”。设置正文中的标题格式为“黑体、小二、居中”，如图2.75所示。

4 选择正文（不包括开头的标题），设置字号为“小四”。打开“段落”对话框，设置段落格式为“首行缩进、2字符”，行间距为“固定值、23磅”。全选文档，设置英文字体为“Times New Roman”，如图2.76所示。

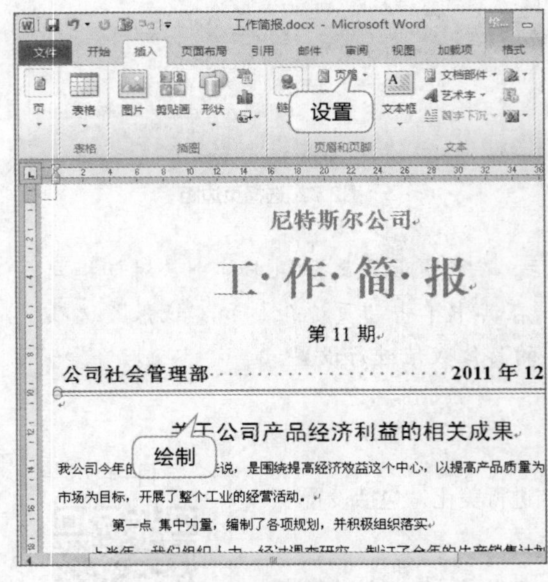

图2.75 绘制直线

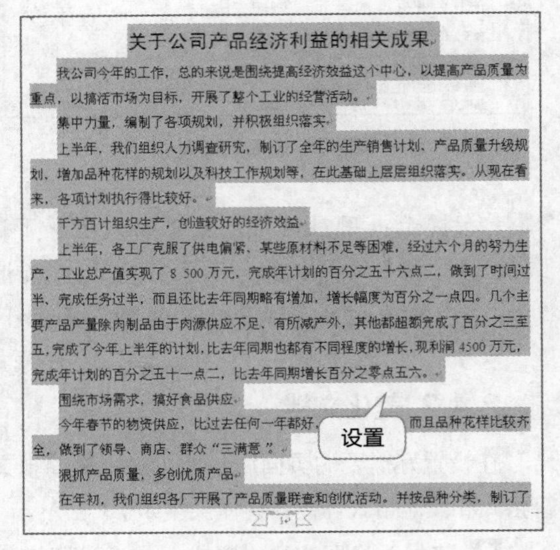

图2.76 设置段落格式

5 按照前面章节介绍的方法设置抄送格式。添加表格并只显示表格的下线，然后将文本移到表格中，如图2.77所示。

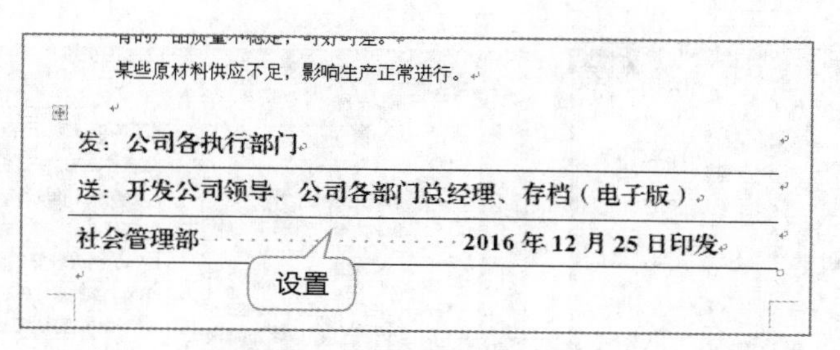

图2.77 插入表格并移动文本

2.4.3 自定义项目编号格式

经过美化文档后，其效果已经初具雏形，而文档中的一些小标题需要添加编号样式。下面将为文档中的标题设置自定义编号格式，其具体操作如下。

扫一扫

自定义项目编号格式

1 按住【Ctrl】键不放，在文档左侧选择区中选择文档中的所有小标题。设置字符格式为“宋体、加粗、四号”，如图2.78所示。

2 保持文本为选择状态，在【开始】/【段落】组中单击“编号”按钮右侧的下拉按钮，在打开的下拉列表中选择“定义新编号格式”选项，打开“定义新编号格式”对话框，如图2.79所示。

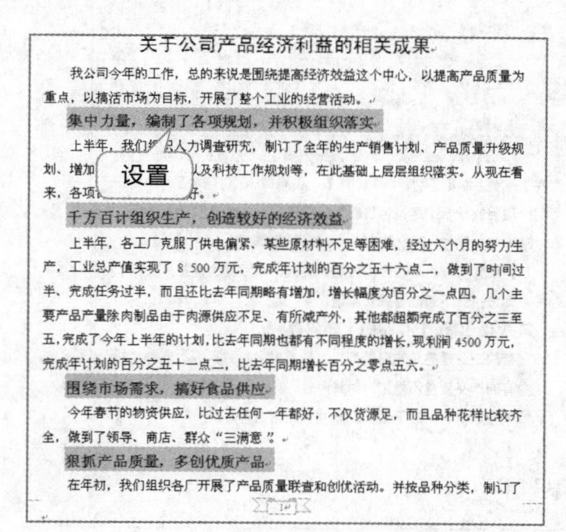

图2.78 设置标题文本

图2.79 设置标题编号

3 在“编号样式”列表框中选择“一，二，三（简）…”选项。在“编号格式”文本框中将编号格式修改为“第一点”（注意不要删除原来的“一”），单击确定按钮，如图2.80所示。

4 单击“编号”按钮右侧的下拉按钮，在打开的列表框中选择刚定义的编号样式即可。选择任意一个编号，单击鼠标右键，在弹出的快捷菜单中选择“调整列表缩进”命令，如图2.81所示。

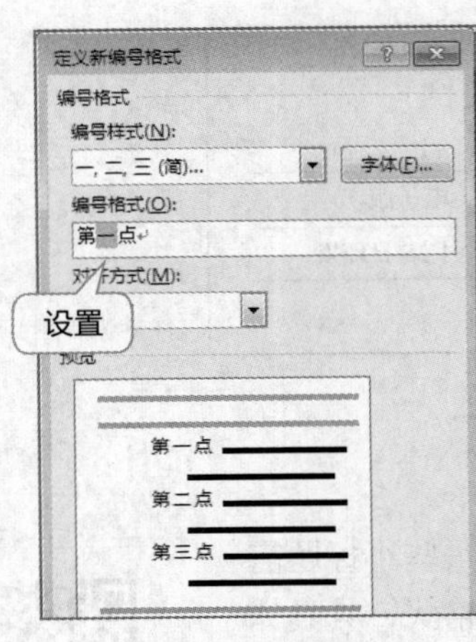

图2.80 设置编号样式

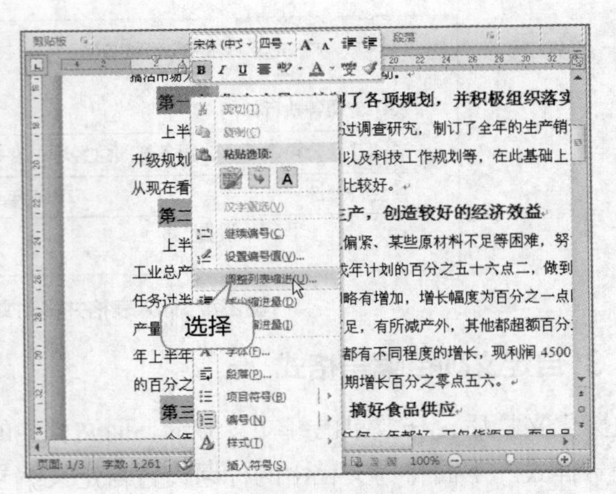

图2.81 选择选项

5 在打开的“调整列表缩进量”对话框的“编号之后”下拉列表中选择“空格”选项。单击按钮即可为所有添加编号样式的段落设置缩进，如图2.82所示。

6 选择“第八点”下方的文本，设置其编号为“1.2.3.……”的样式，然后使用相同的方法将编号之后的“制表符”设置为“空格”，如图2.83所示。

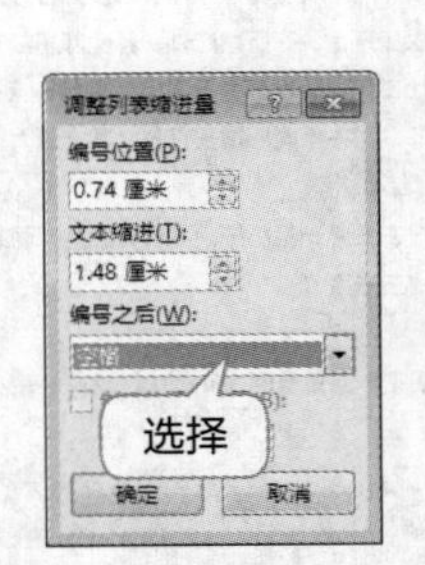

图2.82 设置缩进量

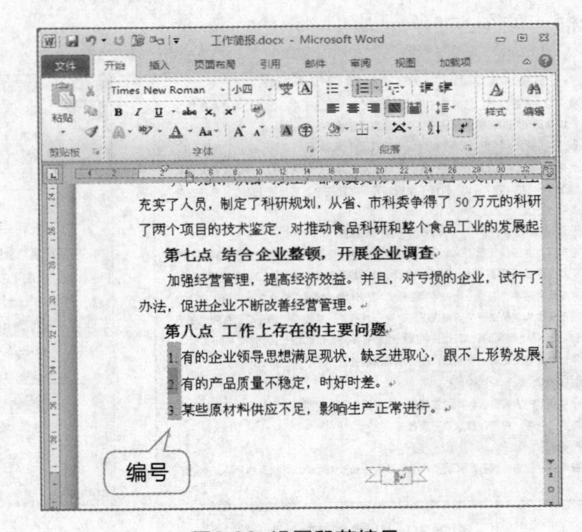

图2.83 设置段落编号

2.4.4 设计小栏目

在文档中，有时需要对一个问题进行说明，若使用文本的样式进行说明会显得不够醒目，这时可使用文本框绘制小栏目进行说明，其具体操作如下。

扫一扫

设计小栏目

1 在【插入】/【文本】组中单击“文本框”按钮，在打开的列表框中选择“年刊型引述”选项，如图2.84所示。

2 系统自动在文档当前页面插入该文本框，选择并将其拖曳至页面的右侧，如图2.85所示。

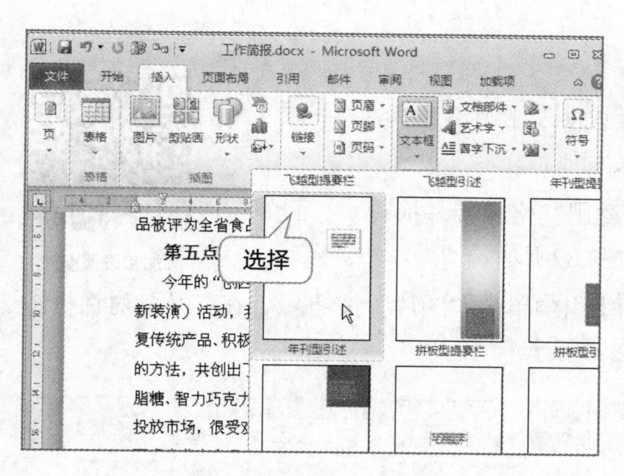

图2.84 插入文本框

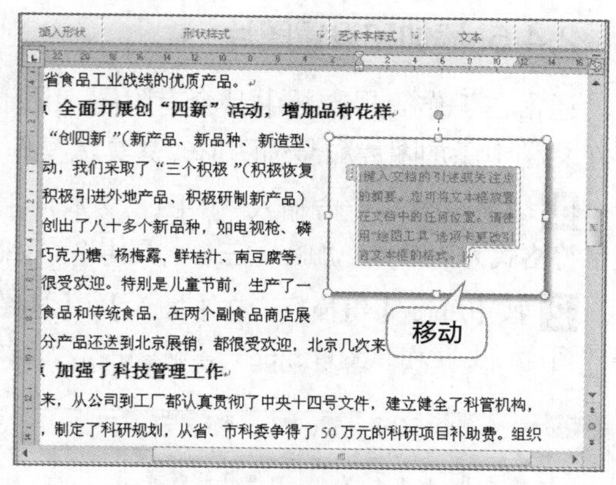

图2.85 移动文本框

3 在文本框中直接输入需要说明的文本，并设置字体为“华文细黑”，字号为“五号”。选择文本框，在【格式】/【形状样式】组中单击“形状轮廓”按钮，设置形状轮廓颜色为“蓝色，强调文字颜色1，深色50%”，如图2.86所示。

4 在“形状样式”组中单击形状填充按钮，在打开的下拉列表中选择“白色，背景1，深色5%”选项，如图2.87所示。

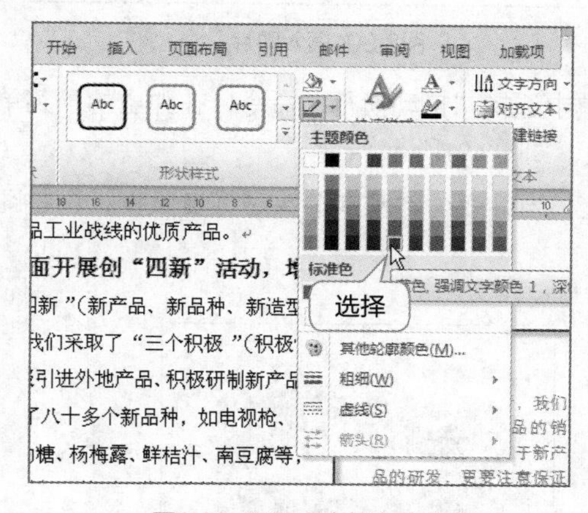

图2.86 设置文本框文本格式

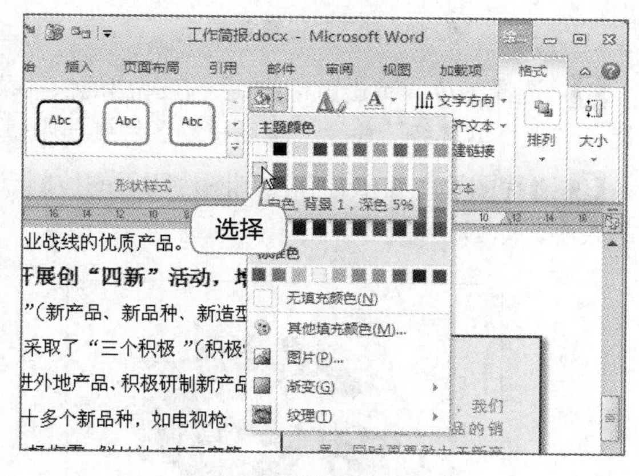

图2.87 设置文本框样式

5 在“插入形状”组中单击编辑形状按钮，在打开的下拉列表中选择“更改形状”选项，在打开的列表框中的“基本形状”栏中选择“折角形”选项。若文本被遮挡，拖曳文本框上的控制点即可调整，如图2.88所示。

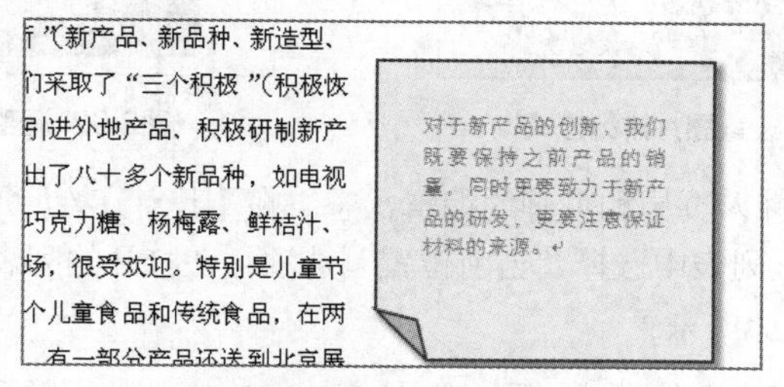

图2.88 设置文本框形状

2.4.5 添加和设置图片

通常在工作简报文档中都会有附图，用于说明文档中的内容。下面将在文档中添加图片和装饰图形，其具体操作如下。

1 在抄送文本上方输入“附图”文本（注意用空格隔开并换行），设置字符格式为“宋体、加粗、三号、居中”，如图2.89所示。

2 按【Enter】键换行。在【插入】/【插图】组中单击“图片”按钮，在打开的对话框中选择“图片1.jpg”和“图片2.jpg”素材图片，如图2.90所示。

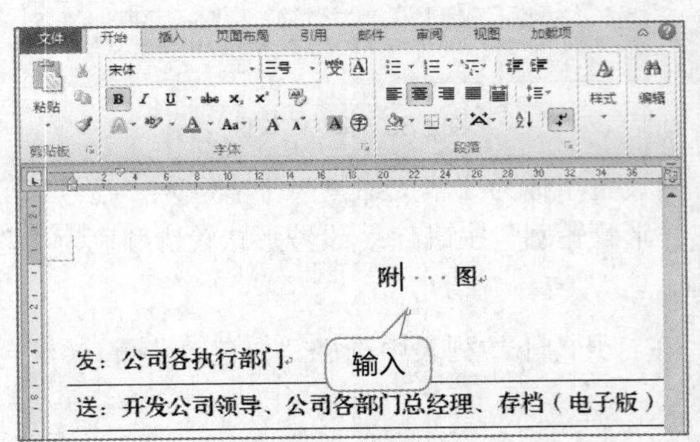

图2.89 输入和设置文本

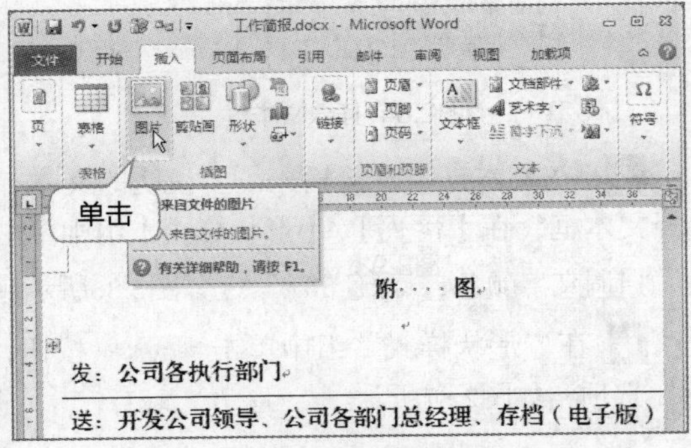

图2.90 插入图片

3 选择图片，单击鼠标右键，在弹出的快捷菜单中选择“自动换行”命令，在弹出的子菜单中选择“上下型环绕”命令，然后移动图片到居中位置，如图2.91所示。

4 选择图片，将鼠标移动到图片四周的控制点上，当其变为斜双向箭头时拖曳鼠标，调整图片的大小，如图2.92所示。

图2.91 设置图片排列方式

图2.92 调整图片大小

5 双击页面底部，进入页眉和页脚的编辑状态。在【设计】/【页眉和页脚】组中单击“页码”按钮，在打开的下拉列表中选择“当前位置”选项，在打开的列表框中选择页码格式，并将其设置为居中显示，如图2.93所示。

6 在【插入】/【插图】组中单击“形状”按钮，在打开的下拉列表中的“星与旗帜”栏中选择“前凸带形”选项。按住【Shift】键不放拖曳鼠标绘制形状，系统会自动为形状添加背景，如

图2.94所示。

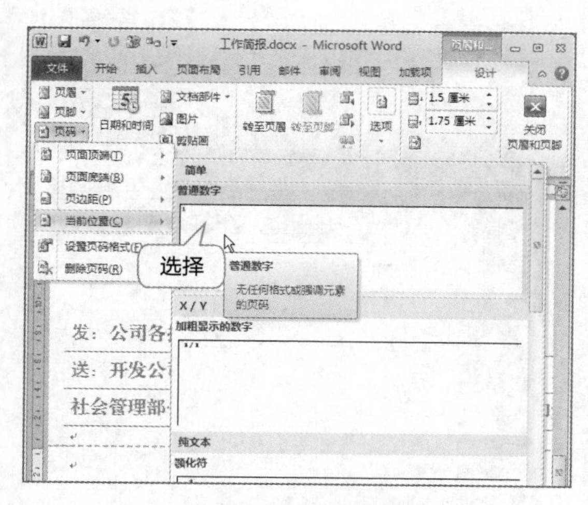

图2.93 设置文档页码

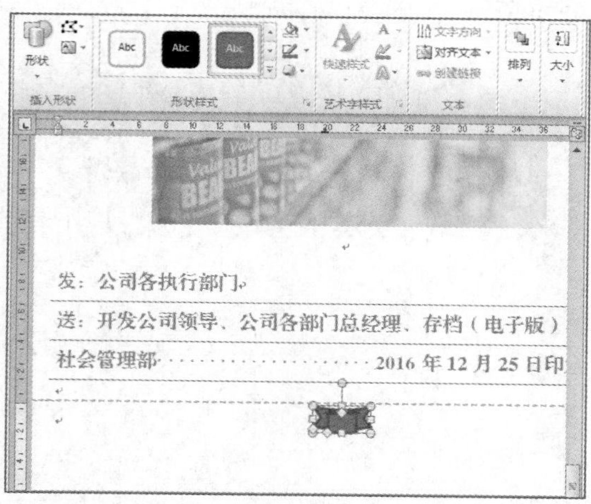

图2.94 绘制形状图形

7 在【格式】/【形状样式】组中设置形状填充为“无”，形状轮廓颜色为“深蓝，文字2”，线型宽度为“1磅”，如图2.95所示。

8 选择形状，拖曳调整其位置，使页码显示在形状的中间空白区，退出页眉和页脚编辑状态即可，如图2.96所示。

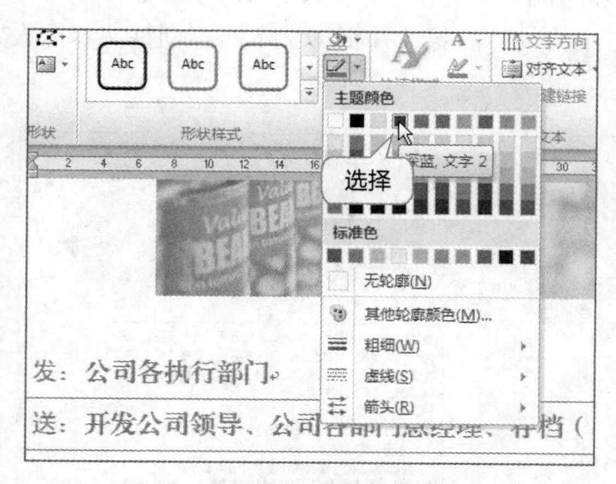

图2.95 设置形状样式

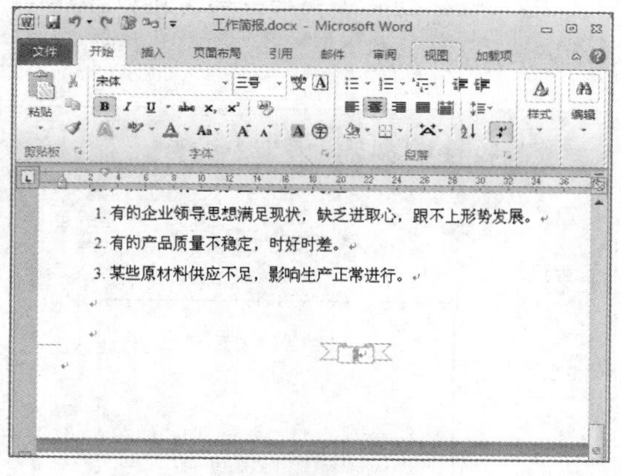

图2.96 调整形状位置

2.5 应用实训

下面结合本章前面所学知识，制作一个“员工生日会活动方案”文档（效果文件\第2章\活动方案.docx）。文档的制作思路如下。

（1）新建一个Word文档，保存为“活动方案.docx”，在文档中插入背景图片和装饰图片（素材文件\第2章\背景图片.jpg、装修图片.jpg），并调整图片大小和位置，如图2.97所示。

（2）插入艺术字，修改艺术字文本为“员工生日会活动方案”，并设置艺术字样式，如图2.98所示。

图2.97 输入图片

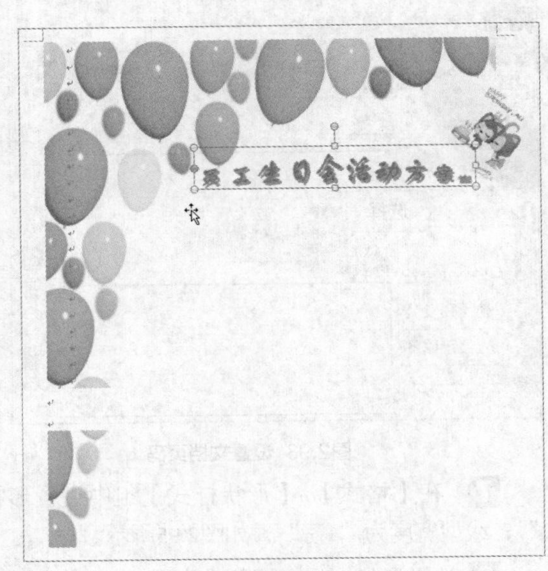

图2.98 插入艺术字

（3）根据要求绘制一个文本框，并调整文本框的大小和位置，如图2.99所示。

（4）在绘制的文本框中输入生日会活动方案的具体内容，并根据文本内容调整文本框大小，如图2.100所示。

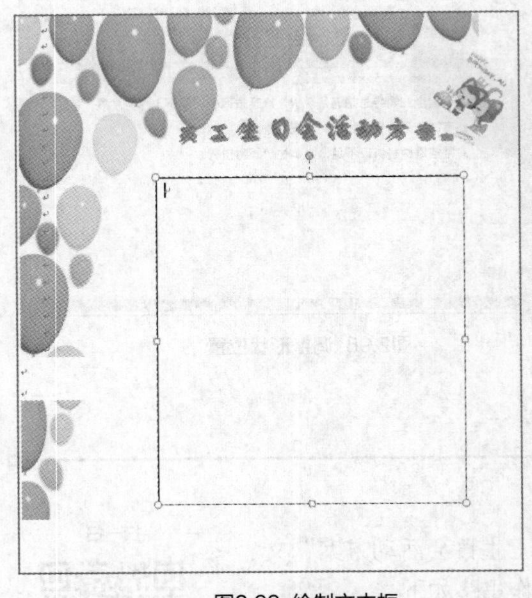

图2.99 绘制文本框

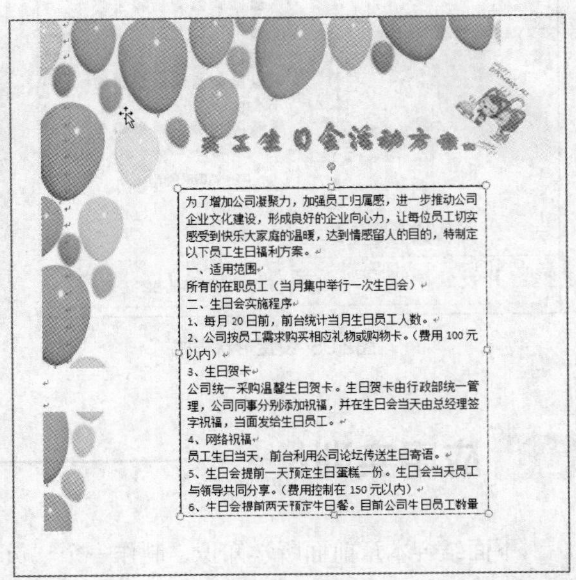

图2.100 输入文本

（5）对文本框中的文本格式进行设置，如图2.101所示。

（6）选择文本框，设置文本框的形状填充、形状轮廓和形状效果，完成文档的制作，如图2.102所示。

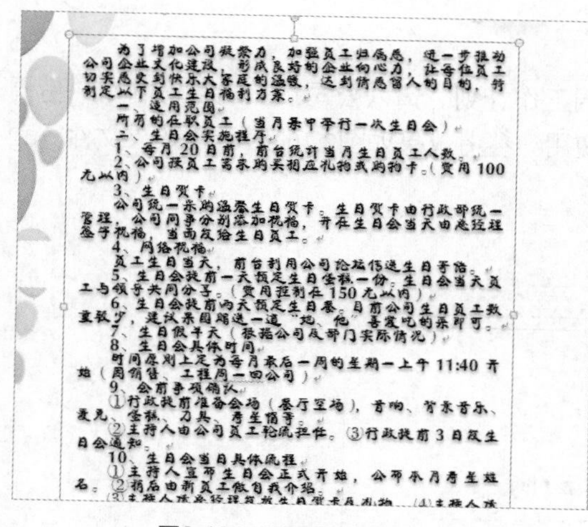

为了增加公司凝聚力，加强员工归属感，进一步推动公司企业文化建设，形成良好的企业向心力，让每位员工切实感受到快乐大家庭的温暖，达到情感留人的目的，特制定以下员工生日福利方案。
一、适用范围
所有的在职员工（当月集中举行一次生日会）
二、生日会实施程序
1、每月20日前，前台统计当月生日员工人数。
2、公司按员工需求购买相应礼物或购物卡。（费用100元以内）
3、生日贺卡
公司统一采购温馨生日贺卡。生日贺卡由行政部统一管理，公司同事分别添加祝福，并在生日会当天由总经理签字祝福，当面发给生日员工。
4、网络祝福
员工生日当天，前台利用公司论坛传送生日寄语。
5、生日会提前一天预定生日蛋糕一份。生日会当天员工与领导共同分享。（费用控制在150元以内）
6、生日会提前两天预定生日餐。目前公司生日员工数量较少，建议采用踊选一道"她、他"喜爱吃的菜即可。
7、生日假半天（根据公司及部门实际情况）
8、生日会具体时间
时间原则上定为每月最后一周的星期一上午11:40开始（周销售、工程周一回公司）
9、会前事项确认
①行政提前准备会场（餐厅空场），音响、背景音乐、麦克、蛋糕、刀具、寿星桶等。②主持人由公司员工轮流担任。③行政提前3日发生日会通知。
10、生日会当日具体流程
①主持人宣布生日会正式开始，公布本月寿星姓名。②稍后由新员工做自我介绍。

图2.101 设置文本格式

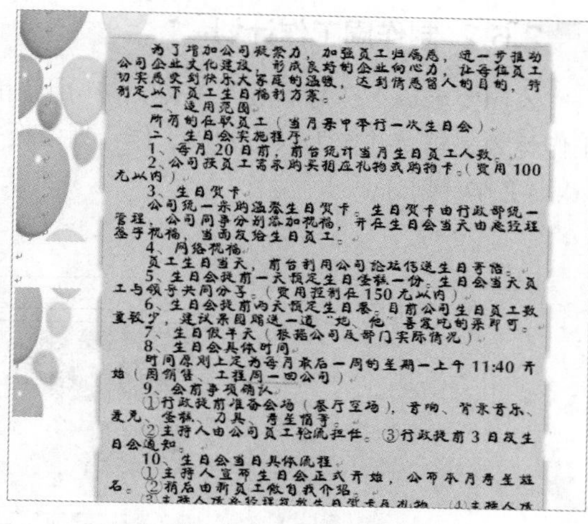

为了增加公司凝聚力，加强员工归属感，进一步推动公司企业文化建设，形成良好的企业向心力，让每位员工切实感受到快乐大家庭的温暖，达到情感留人的目的，特制定以下员工生日福利方案。
一、适用范围
所有的在职员工（当月集中举行一次生日会）
二、生日会实施程序
1、每月20日前，前台统计当月生日员工人数。
2、公司按员工需求购买相应礼物或购物卡。（费用100元以内）
3、生日贺卡
公司统一采购温馨生日贺卡。生日贺卡由行政部统一管理，公司同事分别添加祝福，并在生日会当天由总经理签字祝福，当面发给生日员工。
4、网络祝福
员工生日当天，前台利用公司论坛传送生日寄语。
5、生日会提前一天预定生日蛋糕一份。生日会当天员工与领导共同分享。（费用控制在150元以内）
6、生日会提前两天预定生日餐。目前公司生日员工数量较少，建议采用踊选一道"她、他"喜爱吃的菜即可。
7、生日假半天（根据公司及部门实际情况）
8、生日会具体时间
时间原则上定为每月最后一周的星期一上午11:40开始（周销售、工程周一回公司）
9、会前事项确认
①行政提前准备会场（餐厅空场），音响、背景音乐、麦克、蛋糕、刀具、寿星桶等。②主持人由公司员工轮流担任。③行政提前3日发生日会通知。
10、生日会当日具体流程
①主持人宣布生日会正式开始，公布本月寿星姓名。②稍后由新员工做自我介绍。

图2.102 设置文本框格式

2.6 拓展练习

2.6.1 制作楼盘介绍文档

公司开发了名为“云淡风轻”的项目，根据项目的特点和项目周围的环境制作一个楼盘介绍文档，要求制作的文档能给人带来清新自然的感觉。参考效果如图2.103所示（效果文件\第2章\楼盘介绍.docx）。

云淡风轻

✧ 做陶渊明的邻居

云淡风轻◇丽园，坐落于依山傍水的响水滩外，北面是4万平方米的响水湖，可随时观望湖中的北塔；东、南面毗邻东艺公园、南羽公园，西面为响水中学、响水商学院等院校基地。云淡风轻◇丽园占地40.56亩，总建筑面积约10万平方米，容积率3.3，绿化率达40%，截止目前，项目工程进度框架已完成2/3。

云淡风轻◇丽园以其独特的地形外貌、新古典主义风格的园林景观，使社区与自然环境浑然一体；其时尚的建筑外观、高雅静谧的社区环境及呈现大家气派的三房二厅的户型设计，更是为一群同样有品味、有格调同时会享受生活的城市精英贴身打造；丽园提出的融自然、文化、科技和现代商业于一体的现代优越人居环境，满足人们高品质的生活需求，同时让人们尽享健康、舒适、绿色和快乐的素质人居概念，它代表了未来人群的共同居住需求。

图2.103 “楼盘介绍”参考效果

提示：楼盘介绍的格式没有固定要求，但内容一般要包括楼盘的面积、方位及特色，以及楼盘附近的商业区、教育区、生活休闲区等，全方位满足购房者对“家”和“生活”的想象。

2.6.2 制作周工作计划

公司要求员工在每周五下午提交一份下周的周工作计划。请以公司员工的身份制作一份周工作计划文档，并作为以后的周工作计划模板来使用。参考效果如图2.104所示（效果文件\第2章\周工作计划.docx）。

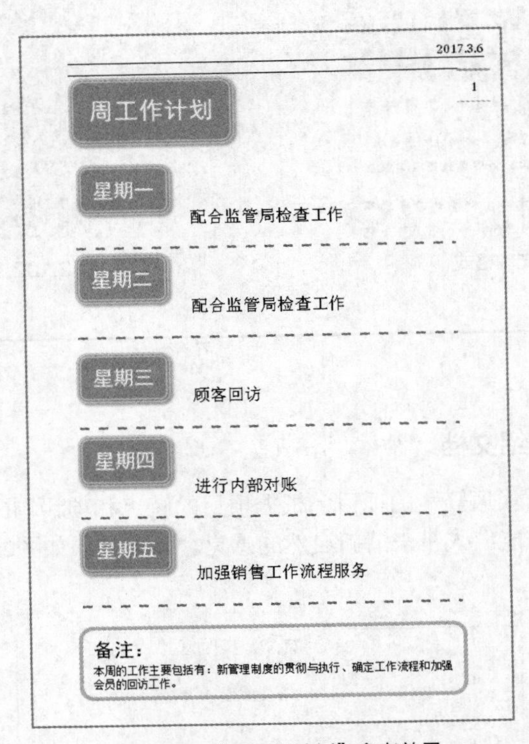

图2.104 “周工作计划”参考效果

提示：本练习主要是运用形状功能来绘制图形部分，然后设置形状的轮廓和颜色等，最后添加文字。为文档添加页眉，使其体现出日期信息。

第3章 文档的高级排版

3.1 制作公司规章制度

日常工作中，经常涉及各类长文档的制作，文档的编写对于文字功底较好的人来说并不困难，而文档的排版对一部分人来说却具有一定的难度。部分人认为长文档的排版工作非常繁杂，如设置多级标题的编号格式、文档字符样式、页眉页脚的制作、文档目录的提取及检阅长文档正确性等操作。图3.1所示为公司规章制度排版前后的对比效果。

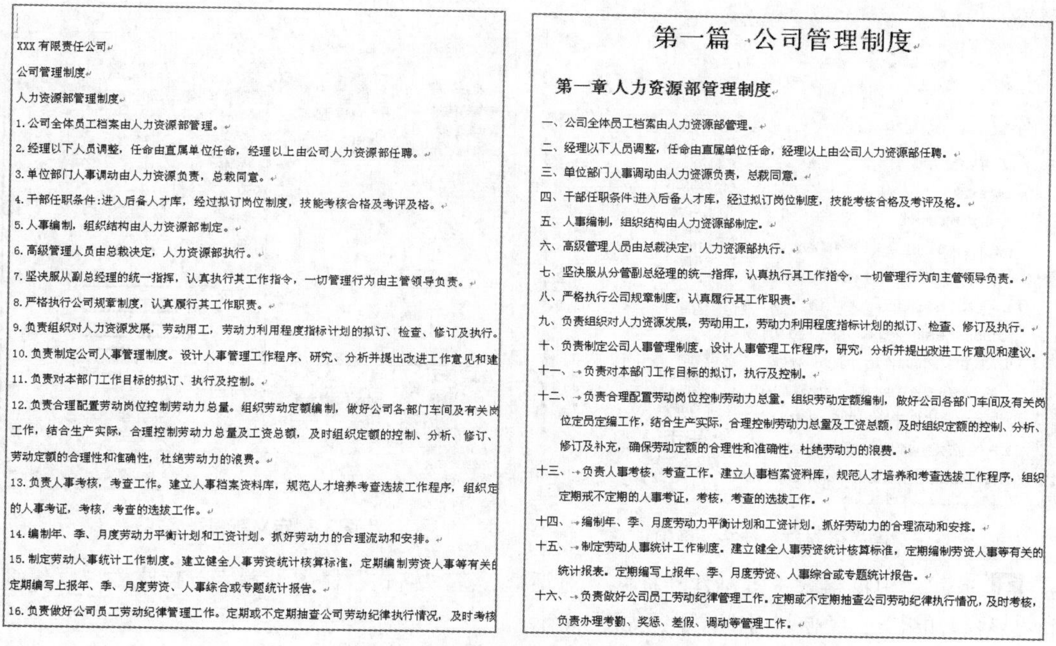

XXX 有限责任公司

公司管理制度

人力资源部管理制度

1. 公司全体员工档案由人力资源部管理。

2. 经理以下人员调整，任命由直属单位任命，经理以上由公司人力资源部任聘。

3. 单位部门人事调动由人力资源负责，总裁同意。

4. 干部任职条件:进入后备人才库，经过拟订岗位制度，技能考核合格及考评及格。

5. 人事编制，组织结构由人力资源部制定。

6. 高级管理人员由总裁决定，人力资源部执行。

7. 坚决服从副总经理的统一指挥，认真执行其工作指令，一切管理行为由主管领导负责。

8. 严格执行公司规章制度，认真履行其工作职责。

9. 负责组织对人力资源发展，劳动用工，劳动力利用程度指标计划的拟订、检查、修订及执行。

10. 负责制定公司人事管理制度。设计人事管理工作程序、研究、分析并提出改进工作意见和建

11. 负责对本部门工作目标的拟订、执行及控制。

12. 负责合理配置劳动岗位控制劳动力总量。组织劳动定额编制，做好公司各部门车间及有关岗
工作，结合生产实际，合理控制劳动力总量及工资总额，及时组织定额的控制、分析、修订、
劳动定额的合理性和准确性，杜绝劳动力的浪费。

13. 负责人事考核，考查工作。建立人事档案资料库，规范人才培养考查选拔工作程序，组织定
的人事考证，考核，考查的选拔工作。

14. 编制年、季、月度劳动力平衡计划和工资计划。抓好劳动力的合理流动和安排。

15. 制定劳动人事统计工作制度。建立健全人事劳资统计核算标准，定期编制劳资人事等有关的
定期编写上报年、季、月度劳资、人事综合或专题统计报告。

16. 负责做好公司员工劳动纪律管理工作。定期或不定期抽查公司劳动纪律执行情况，及时考核

第一篇 公司管理制度

第一章人力资源部管理制度

一、公司全体员工档案由人力资源部管理。

二、经理以下人员调整，任命由直属单位任命，经理以上由公司人力资源部任聘。

三、单位部门人事调动由人力资源负责，总裁同意。

四、干部任职条件进入后备人才库，经过拟订岗位制度，技能考核合格及考评及格。

五、人事编制，组织结构由人力资源部制定。

六、高级管理人员由总裁决定，人力资源部执行。

七、坚决服从分管副总经理的统一指挥，认真执行其工作指令，一切管理行为向主管领导负责。

八、严格执行公司规章制度，认真履行其工作职责。

九、负责组织对人力资源发展，劳动用工，劳动力利用程度指标计划的拟订、检查、修订及执行。

十、负责制定公司人事管理制度。设计人事管理工作程序，研究，分析并提出改进工作意见和建议。

十一、负责对本部门工作目标的拟订，执行及控制。

十二、负责合理配置劳动岗位控制劳动力总量。组织劳动定额编制，做好公司各部门车间及有关岗位定员定编工作，结合生产实际，合理控制劳动力总量及工资总额，及时组织定额的控制、分析、修订及补充，确保劳动定额的合理性和准确性，杜绝劳动力的浪费。

十三、负责人事考核，考查工作。建立人事档案资料库，规范人才培养和考查选拔工作程序，组织定期戒不定期的人事考证，考核，考查的选拔工作。

十四、编制年、季、月度劳动力平衡计划和工资计划。抓好劳动力的合理流动和安排。

十五、制定劳动人事统计工作制度。建立健全人事劳资统计核算标准，定期编制劳资人事等有关的统计报表。定期编写上报年、季、月度劳资、人事综合或专题统计报告。

十六、负责做好公司员工劳动纪律管理工作。定期或不定期抽查公司劳动纪律执行情况，及时考核，负责办理考勤、奖惩、差假、调动等管理工作。

图3.1 公司规章制度排版前后的对比效果

下载资源

素材文件：第3章\公司规章制度.docx、插入.jpg、标志.jpg

效果文件：第3章\公司规章制度.docx

3.1.1 新建和修改样式

新建的文档一般包含系统自带的多个样式，如常见的“标题”样式、“副标题”样式和“正文”样式等，这些样式的格式是系统默认的，在“样式”窗格中可以修改其格式。下面将打开“公司规章制度.docx”文档，然后修改其样式，其具体操作如下。

1 打开“公司规章制度.docx”素材文档。在【开始】/【样式】组中单击对话框“对话框启动器”按钮，打开“样式”窗格。在“样式”窗格下方单击“新建样式”按钮，打开“根据格式设置创建新样式”对话框，如图3.2所示。

2 单击 格式(O) 按钮，在打开的下拉列表中选择“编号”选项，打开“编号和项目符号”对话框。单击 定义新编号格式... 按钮，打开“定义新编号格式”对话框，在“编号样式”下拉列表框中选择“一，二，三（简）…”选项，在“编号格式”文本框的“一”文本前后输入“第”和“篇”文本，在“对齐方式”下拉列表中选择“居中”选项。依次单击 确定 按钮关闭“定义新编号格式”对话框和“编号和项目符号”对话框，如图3.3所示。

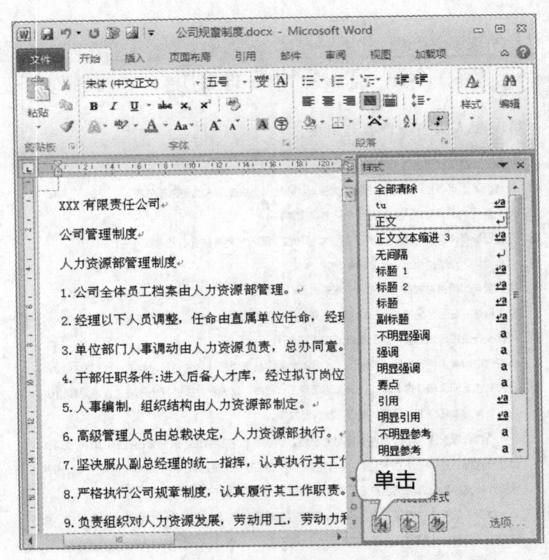

图3.2 打开“样式”窗格

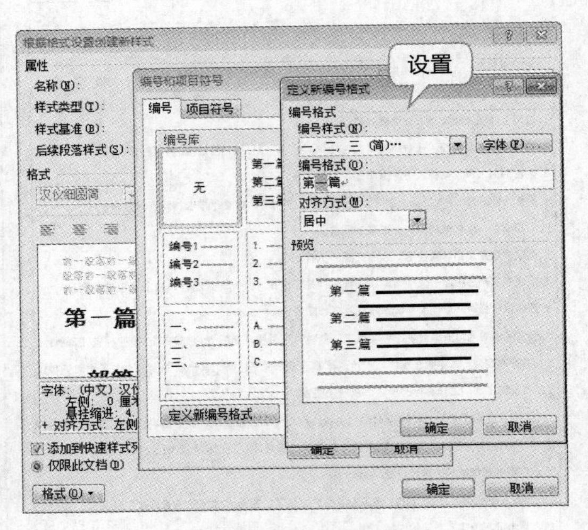

图3.3 定义新编号格式

3 返回“根据格式设置创建新样式”对话框，在“格式”栏中设置字符样式为“汉仪细圆简、二号、加粗”，并使其居中显示，如图3.4所示。

4 单击 格式(O) 按钮，在打开的下拉列表中选择“段落”选项，打开“段落”对话框，在“间距”栏中设置段前和段后均为“0.2行”，行距为“1.5倍行距”，设置完成后单击 确定 按钮关闭对话框，如图3.5所示。

提示：在“样式”窗格中单击选中“显示预览”复选框，则“样式”窗格的列表框中将会显示样式的具体效果。

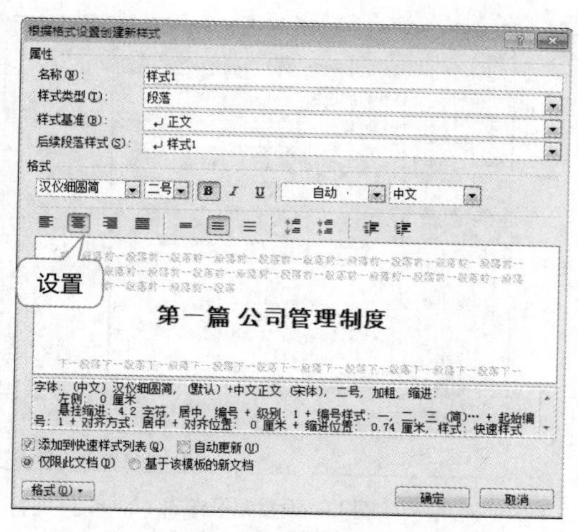

图3.4 设置样式字体格式

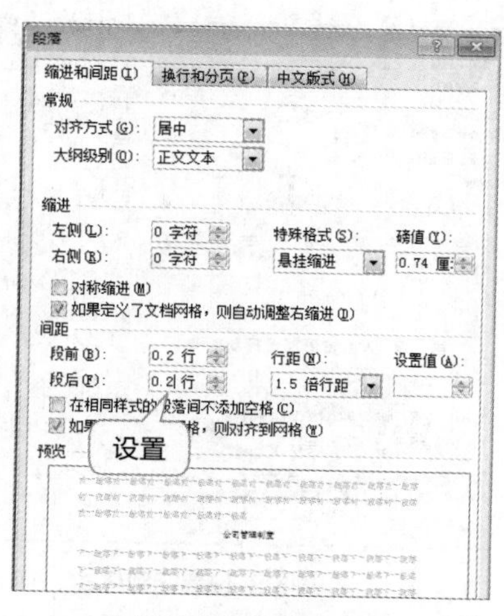

图3.5 设置段落格式

5 单击格式(O)按钮，在打开的下拉列表中选择“快捷键”选项，打开“自定义键盘”对话框，在键盘上按【Ctrl】键和小键盘中的【1】键，键名将自动输入到“请按新快捷键”文本框中，如图3.6所示，单击指定(A)按钮将设置的快捷键添加到“当前快捷键”列表框中，依次单击关闭和确定按钮，关闭所有对话框，完成设置。

6 打开“样式”窗格，在“样式1”选项上单击鼠标右键，在弹出的快捷菜单中选择“修改”命令，打开“修改样式”对话框，如图3.7所示。

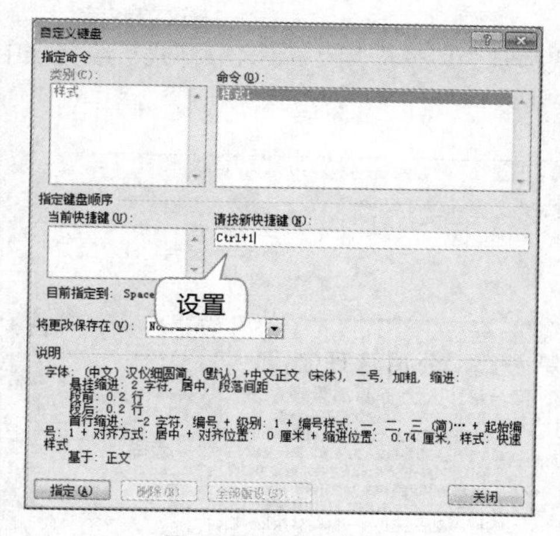

图3.6 自定义快捷键

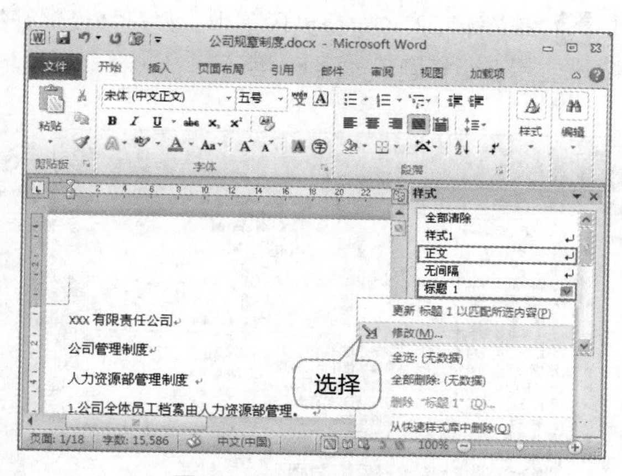

图3.7 设置正文文本格式

7 单击格式(O)按钮，在打开的下拉列表中选择“编号”选项，打开“编号和项目符号”对话框，在对话框中设置样式的编号格式。返回“修改样式”对话框，修改样式的名称，并设置字符格式为“宋体、三号、加粗”，默认对齐方式。设置该样式的快捷键为【Ctrl+2】键，如图3.8所示。

8 修改“样式2”“样式3”和“正文”的格式，应用相应的编号，并为每个样式设置快捷键。浏览文档，根据文档实际情况，修改其他类型的样式，如图3.9所示。

图3.8 设置标题样式

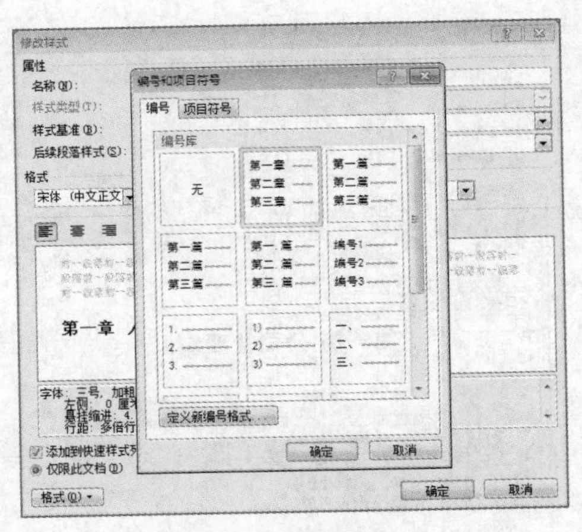

图3.9 设置编号样式

3.1.2 在大纲视图中查阅和修改文档内容

在大纲视图中查阅和修改文档内容是指用缩进文档标题的形式代表标题在文档结构中的级别，以便对文档各标题级别进行处理。为文档应用各种样式后，即可在大纲视图中对文档进行查阅和修改，其具体操作如下。

1 打开“样式”窗格，在【视图】/【文档视图】组中单击“大纲视图”按钮，进入大纲视图模式，如图3.10所示。

2 将光标插入点定位到段落中，通过按设置好的快捷键为段落应用“标题1”样式，给文档中的文本应用多级标题，如图3.11所示。

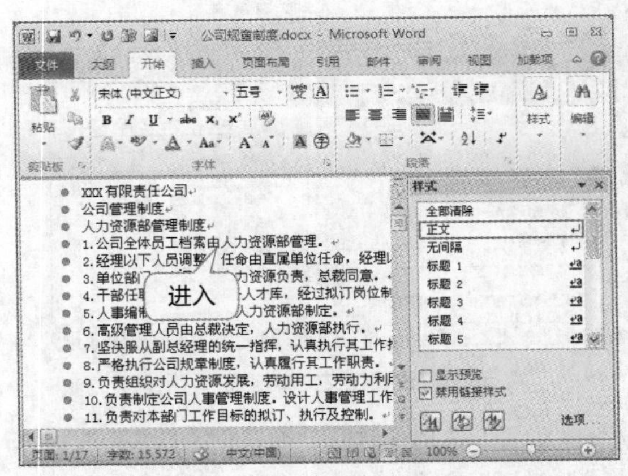

图3.10 进入大纲视图模式

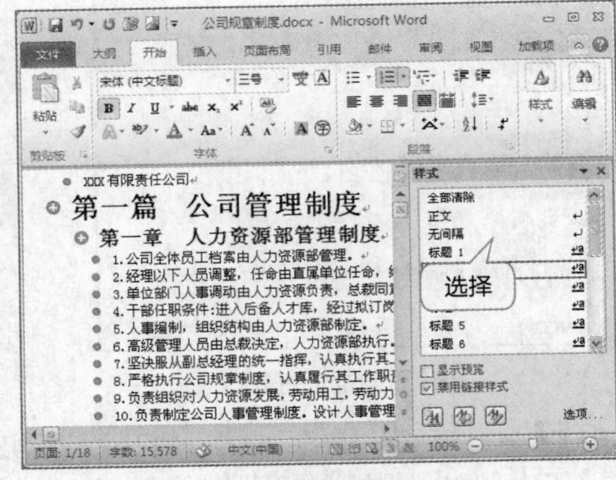

图3.11 选择段落样式

3 为文档中同级别的内容应用“标题1”样式，定位光标插入点到上一个标题段落，单击“折叠子文档”按钮，将该标题级别下的所有内容折叠，如图3.12所示。

4 一级标题样式应用完成后，单击“展开”按钮依次展开每个一级标题，为一级标题下的内容应用二级标题样式“标题2”，如图3.13所示。

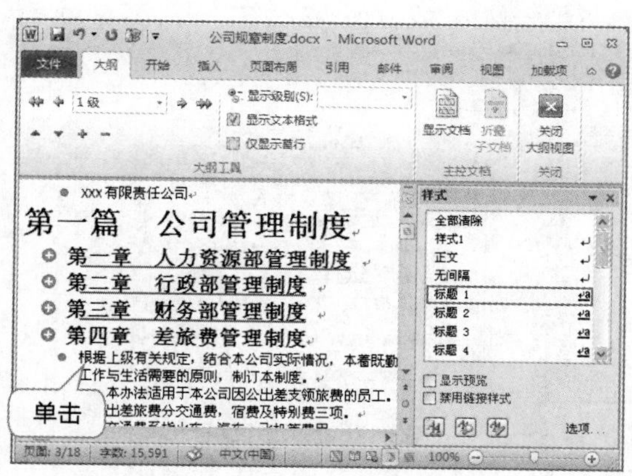

图3.12 折叠文档内容

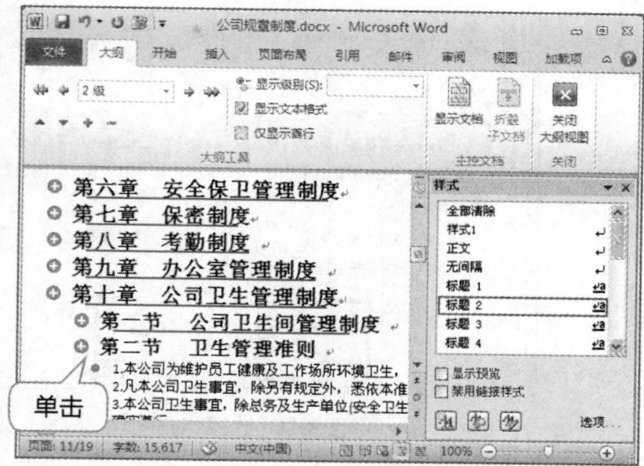

图3.13 展开文档内容

5 为下一个一级标题下的内容设置二级标题样式，系统自动连续编号，在编号上单击鼠标右键，在弹出的快捷菜单中选择“重新开始于一”命令，即可重新开始编号，如图3.14所示。

6 为文档应用多级标题样式和正文样式，完成后撤销选中“仅显示首行”复选框，使文档内容完全展示在大纲视图中。展开所有级别标题，浏览文档，依次检查样式和文档内容是否正确，并进行修改。单击“关闭大纲视图”按钮，退出大纲视图模式，如图3.15所示。

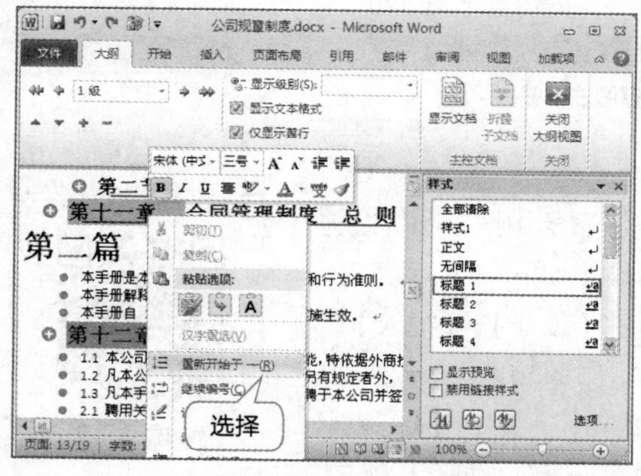

图3.14 重新开始编号

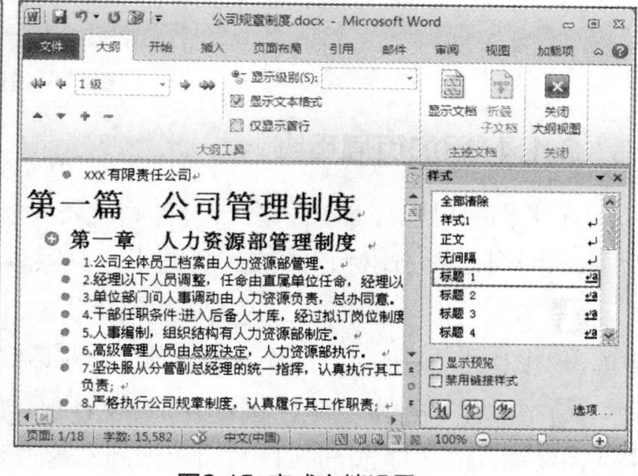

图3.15 完成文档设置

3.1.3 添加题注

公司规章制度中通常包含一些事项流程图和公司活动图片等，为了便于阅读，往往会给这些图片添加题注。如果一个文档中图片数量较多，对图片进行修改或删除时，就必须手动更改图号，工作量非常大，这时可用Word 2010中的添加题注功能解决，其具体操作如下。

扫一扫

添加题注

1 插入“插入.jpg”图片，选择图片，在【引用】/【题注】栏中单击“插入题注”按钮；或单击鼠标右键，在弹出的快捷菜单中选择“插入题注”命令，打开“题注”对话框，如图3.16所示。

2 单击 编号(U)... 按钮，打开“题注编号”对话框。在“格式”下拉列表框中选择“1，2，3，…”选项。单击 确定 按钮确认操作，如图3.17所示。

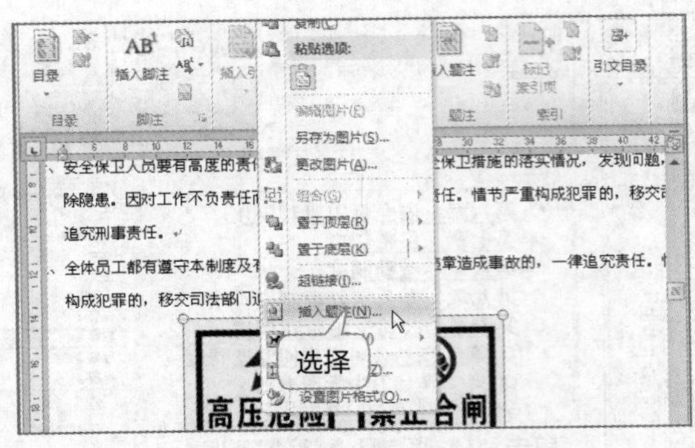

图3.16 选择打开题注

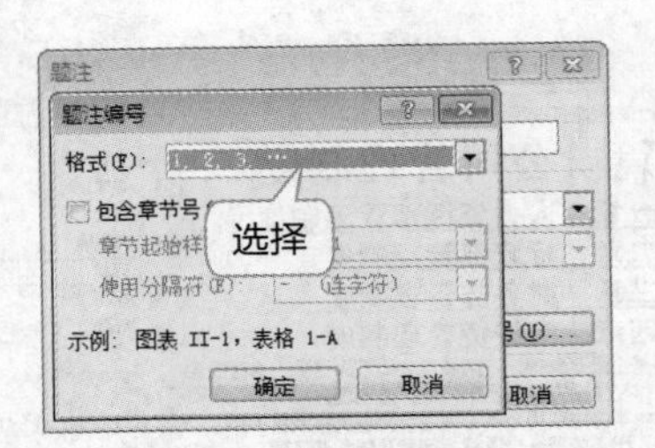

图3.17 设置题注编号

3 返回“题注”对话框，单击新建标签(N)...按钮，打开“新建标签”对话框。在“标签”文本框中输入图注的样式，这里输入“图”文本，依次单击确定按钮确认设置，如图3.18所示。

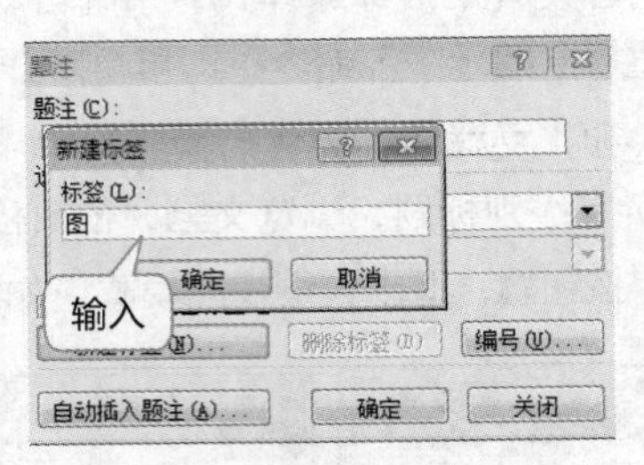

图3.18 设置题注标签

3.1.4 添加页眉页脚

在文档中可以添加文字格式的页眉，还可以在页眉中插入图片或剪贴画，也可以将公司标识添加到页眉中，其具体操作如下。

1 双击文档页面顶部，进入页眉编辑状态。在【设计】/【插入】组中单击“图片”按钮，打开“插入图片”对话框，如图3.19所示。

2 在“查找范围”下拉列表中选择文件保存的路径，在中间的列表框中选择要插入的“标志.jpg”图片，单击插入(S)按钮确认插入，如图3.20所示。

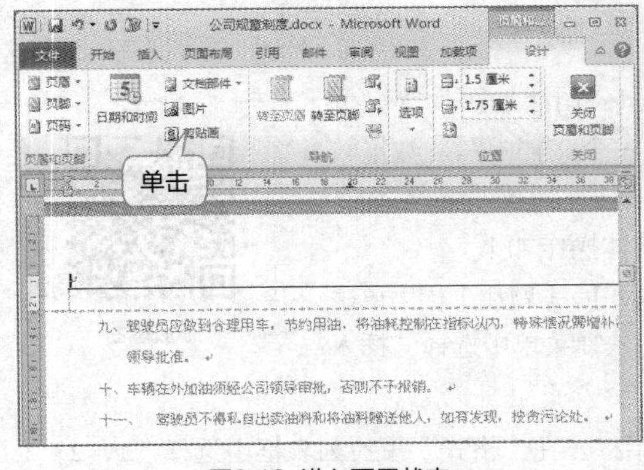

图3.19 进入页眉状态

图3.20 选择插入的图片

3 图片插入页眉后，系统会自动生成“图片工具–格式”选项卡，拖曳图片四周的控制点调整图片的大小。单击“关闭页眉和页脚”按钮退出编辑模式，如图3.21所示。

4 双击文档页面底部，进入页脚编辑状态。在【插入】/【页眉和页脚】组中单击“页码”按钮，在打开的下拉列表中选择“设置页码格式”选项，打开“页码格式”对话框，如图3.22所示。

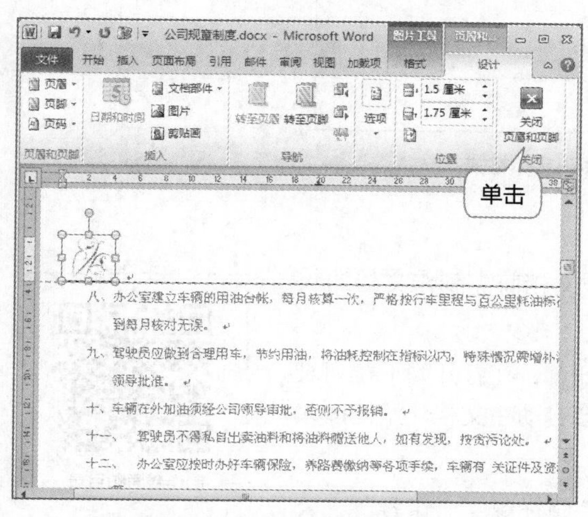

图3.21 退出页眉编辑状态

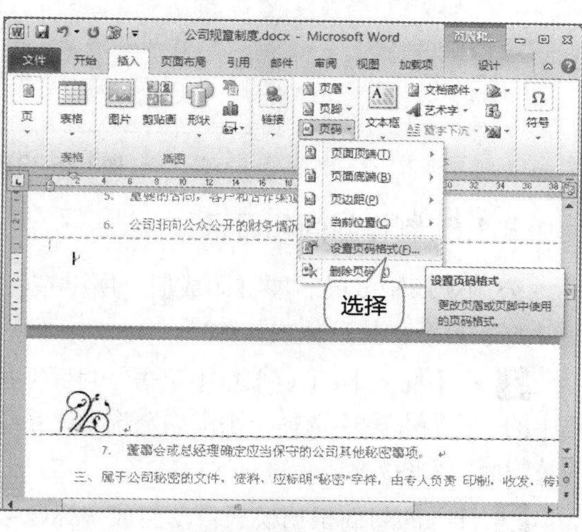

图3.22 选择设置页码格式

5 在“编号格式”下拉列表框中选择需要的选项，在“页码编号”栏中单击选中“续前节”单选项，单击 确定 按钮确认设置，如图3.23所示。

6 再次单击“页码”按钮，在打开的下拉列表中选择“当前位置”选项，在打开的列表框中选择“普通数字”选项，页码便可插入页脚中，如图3.24所示。

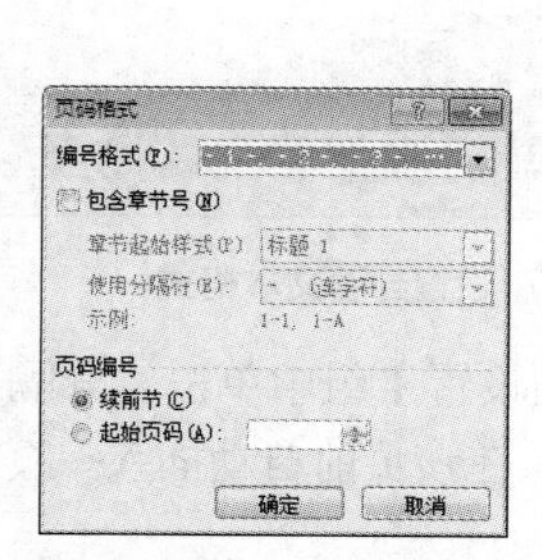

图3.23 选择编号

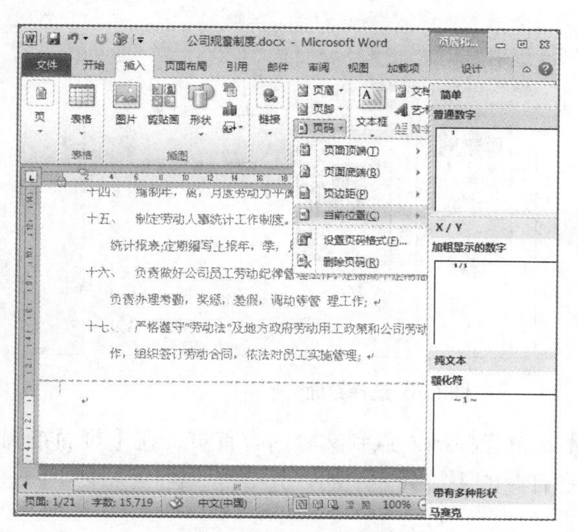

图3.24 设置页码位置

7 选择页码文本，在【开始】/【字体】组中设置字符格式为“五号、加粗”，并居中显示。最后退出页眉和页脚编辑模式，如图3.25所示。

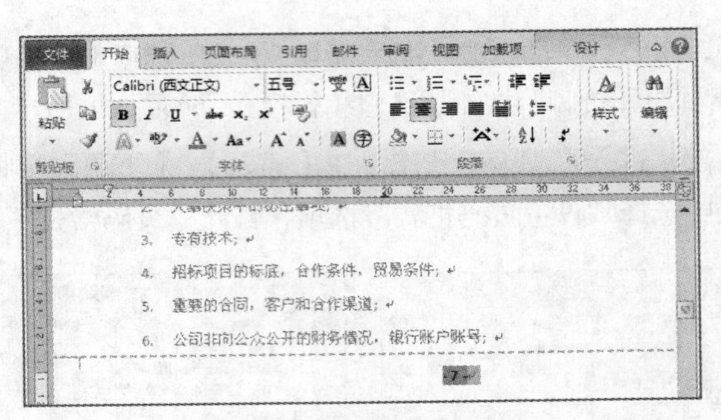

图3.25 设置页码字体格式

3.1.5 制作封面和目录

公司规章制度最后要打印成册，所以在打印文档前需制作文档的封面并提取目录，其具体操作如下。

1 在【插入】/【页】组中单击“封面”按钮，在打开的下拉列表框中的“内置”栏中选择“小室型”选项，系统会自动在文档开始处插入一页封面，如图3.26所示。

2 插入的封面根据模板自动生成“标题”“副标题”“作者”“公司”和“年份”文本框，在各文本框中输入相应的文本。默认文本字号，设置字体为“方正中倩简体”，使“作者”和“标题”文本框居中显示，如图3.27所示。

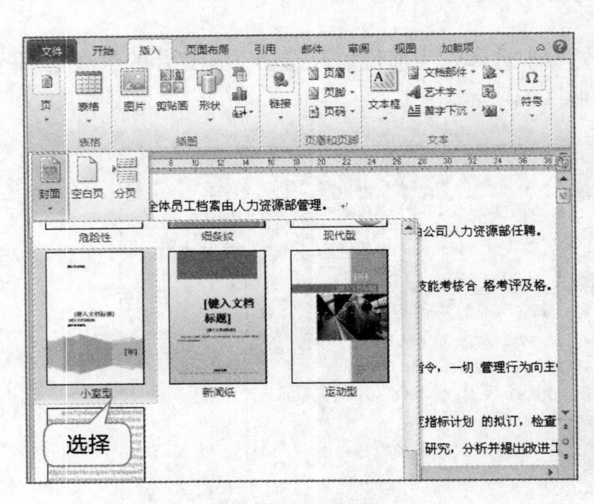

图3.26 选择封面

图3.27 设置封面文本格式

3 定位光标插入点到文档内容首页，在【页面布局】/【页面设置】组中单击“分隔符”按钮。在打开的下拉列表中的“分节符”栏中选择“下一页”选项，在该页前自动插入一页，如图3.28所示。

4 定位光标插入点到新插入的空白页，在【引用】/【目录】组中单击“目录”按钮，在打开的下拉列表中选择“插入目录”选项，打开“目录”对话框。单击选中“显示页码”和“页码右对齐”复选框，在“常规”栏中设置格式为“正式”，显示级别为“2”，在列表框中预览目录效果，单击 确定 按钮完成设置，如图3.29所示。

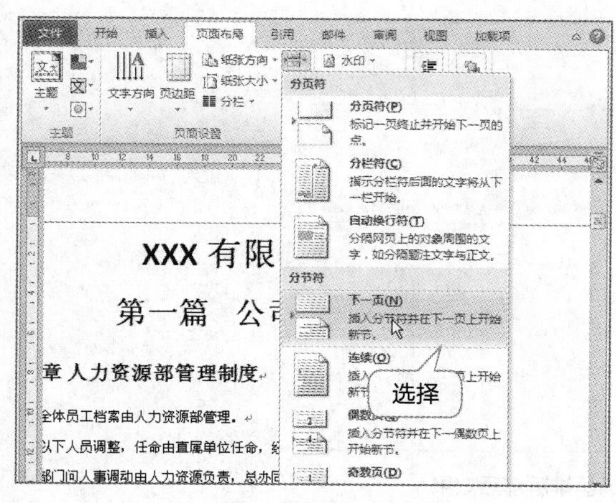

图3.28 选择分页符

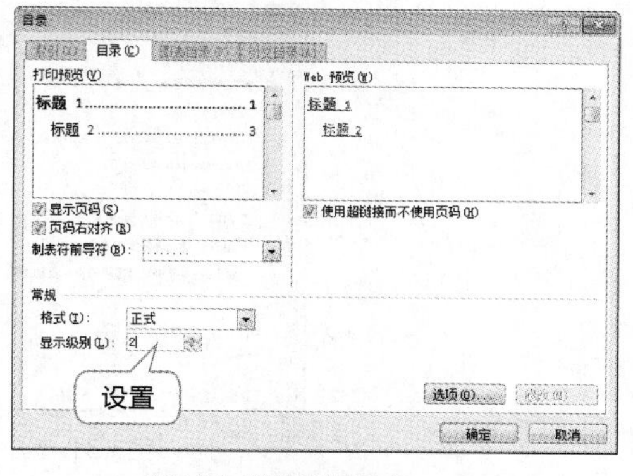

图3.29 设置目录样式

5 插入的目录第1项格式与其他不同，利用格式刷将其格式设置为与其他目录格式相同，如图3.30所示。选择全部目录，设置其字符格式为“汉仪细圆简、五号、加粗”，行距为“1.5倍行距”。

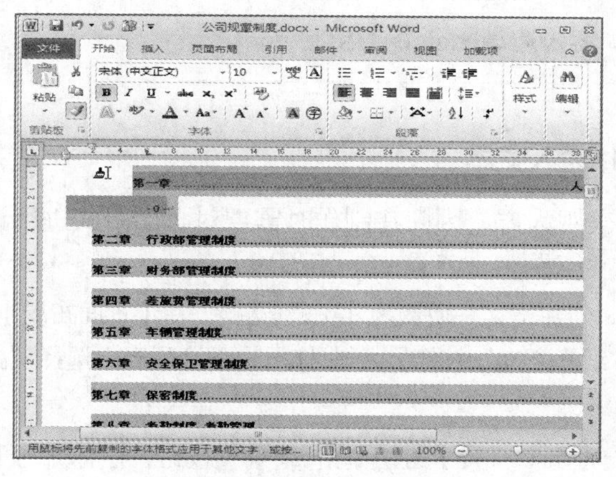

图3.30 设置目录字体格式

提示：由于插入了分页符，所以正文第1页的页码可能会变为“0”，此时只需在正文第1页的页脚处双击，打开“页码格式”对话框，在“页码编号”栏中单击选中“起始页码”单选项，并在后面的数值框中输入“1”即可。页码更改后，在【引用】/【目录】组中单击“更新目录”按钮，打开“更新目录”对话框，根据实际情况进行设置，单击确定按钮即可。

3.2 制作客户邀请函

邀请分为正式和非正式两种，非正式的邀请主要是指口头邀请，而用于办公场合的邀请一般为正式邀请，即邮寄邀请函。邀请函是为了体现商务礼仪以及为客户备忘而制作的。图3.31所示为制作的客户邀请函排版前后的对比效果。

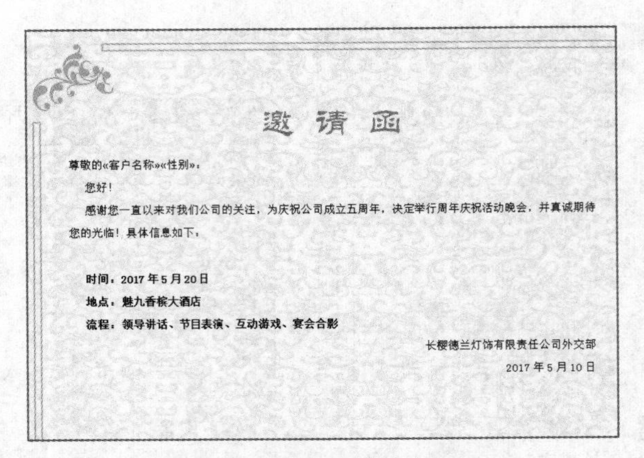
邀请函
尊敬的«客户名称»«性别»：
您好！
感谢您一直以来对我们公司的关注，为庆祝公司成立五周年，决定举行周年庆祝活动晚会，并真诚期待您的光临！具体信息如下：
时间：2017年5月20日
地点：魅九香槟大酒店
流程：领导讲话、节目表演、互动游戏、宴会合影
长樱德兰灯饰有限责任公司外交部
2017年5月10日

图3.31 客户邀请函排版前后效果

下载资源

素材文件：第3章\客户信息数据表.xlsx、客户数据表.xlsx、背景.jpg

效果文件：第3章\客户邀请函.docx、信封.docx

3.2.1 设置版式并输入文本

邀请函在形式上要美观大方，因此在制作时需要对页面版式进行设置，其具体操作如下。

1 启动Word 2010，新建“客户邀请函.docx”文档。在【页面布局】/【页面设置】组中单击“纸张方向”按钮，在打开的下拉列表中选择“横向”选项，如图3.32所示。

2 在【页面布局】/【页面背景】组中单击页面颜色按钮，在打开的下拉列表中选择“填充效果”选项，如图3.33所示。

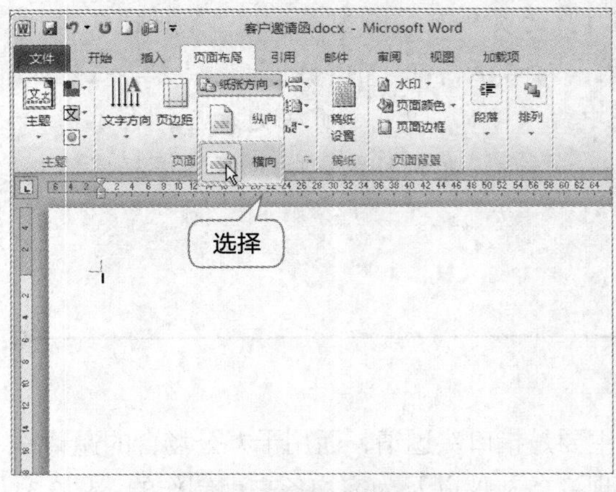

图3.32 设置文档页面方向

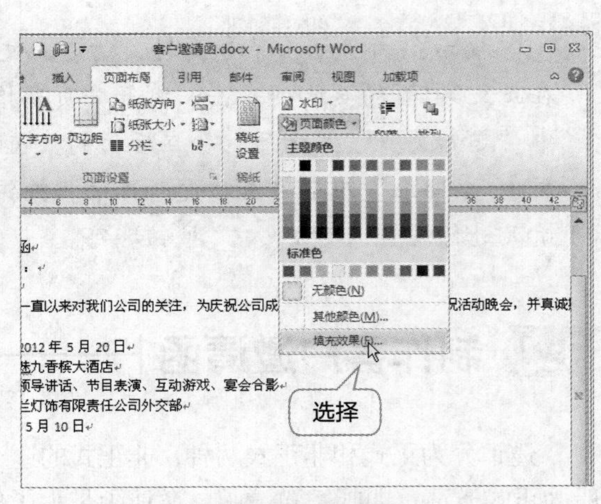

图3.33 设置文档页面背景

3 在打开的“填充效果”对话框中单击“图片”选项卡。单击选择图片(L)...按钮，在打开的“选择图片”对话框中选择需要的“背景.jpg”图片，然后单击插入(S)按钮返回“填充效果”对话框，如图3.34所示。

4 单击确定按钮返回文档，此时即可看到添加背景后的效果，如图3.35所示。

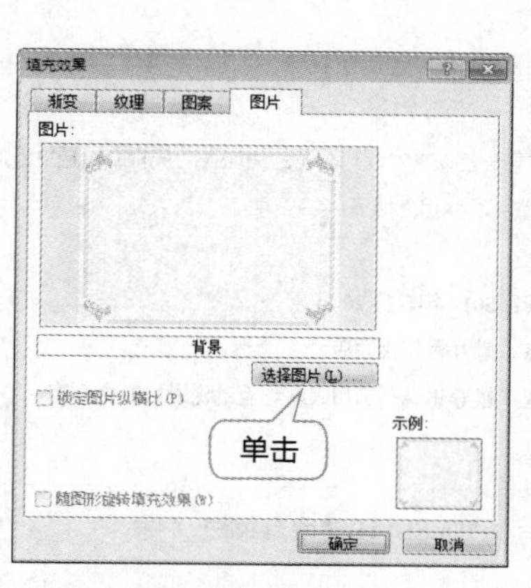

图3.34 选择背景图片

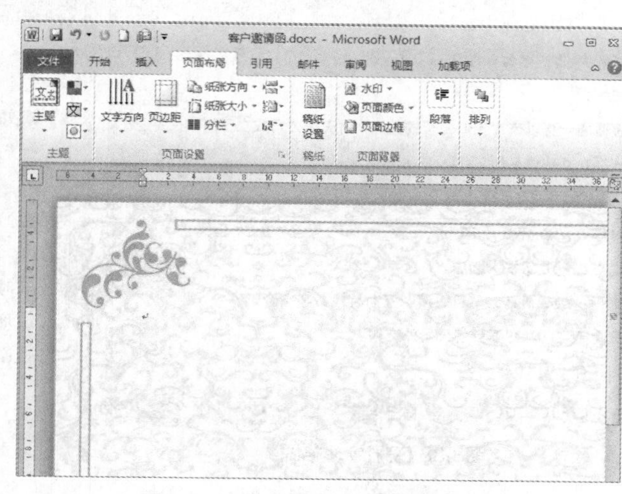

图3.35 查看背景效果

5 将光标插入点定位到文档中，然后输入文本，如图3.36所示。

6 选择第一行文本，设置其字符格式为“华文隶书、48号”，文本颜色为“红色”。设置对齐方式为居中对齐，如图3.37所示。

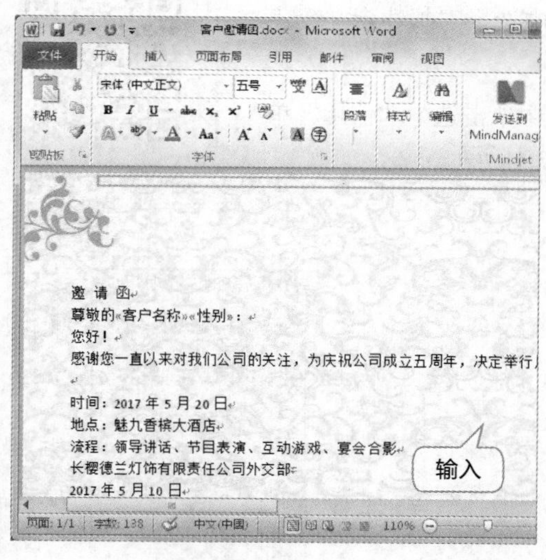

图3.36 输入文本内容

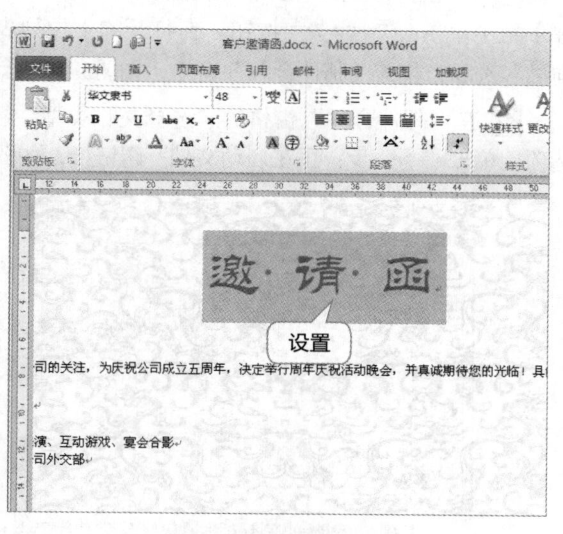

图3.37 设置标题文本格式

7 选择正文文本，然后设置字符格式为“宋体、15号”。选择正文部分的第5至7段文本，然后在【开始】/【字体】组中单击“加粗”按钮B，如图3.38所示。

8 拖曳鼠标选择除第一段外的正文部分，然后向右拖曳标尺上的首行缩进按钮，设置首行缩进为两个字符，如图3.39所示。选择最后两段文本，设置对齐方式为右对齐。

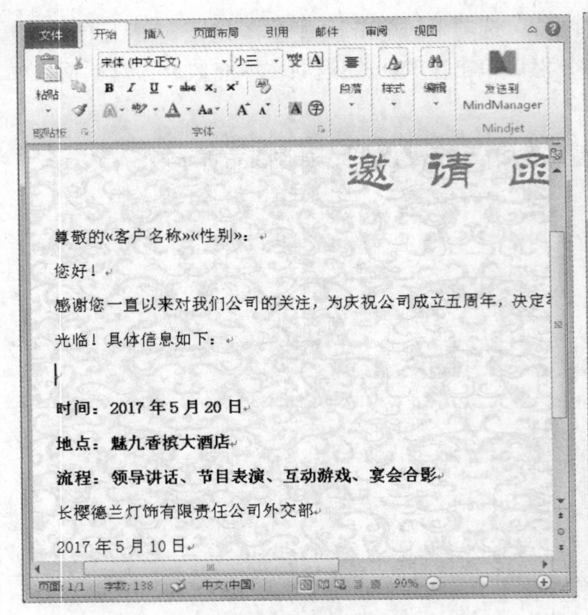

图3.38 设置字体格式

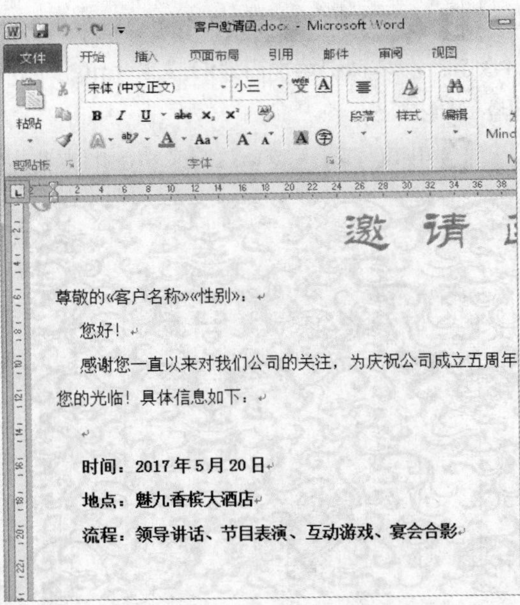

图3.39 设置段落缩进

3.2.2 使用邮件合并功能

在Word中还可以使用邮件合并功能来合并数据，快速地批量制作出需要的文档，其具体操作如下。

1 将光标插入点定位到“尊敬的”文本后。在【邮件】/【开始邮件合并】组中单击“开始邮件合并”按钮，在打开的下拉列表中选择“邮件合并分步向导”选项，打开“邮件合并”窗格，如图3.40所示。

2 在“邮件合并”窗格的“选择文档类型”栏中单击选中“信函”单选项。单击“下一步：正在启动文档”超链接，如图3.41所示。

图3.40 打开“邮件合并”窗格

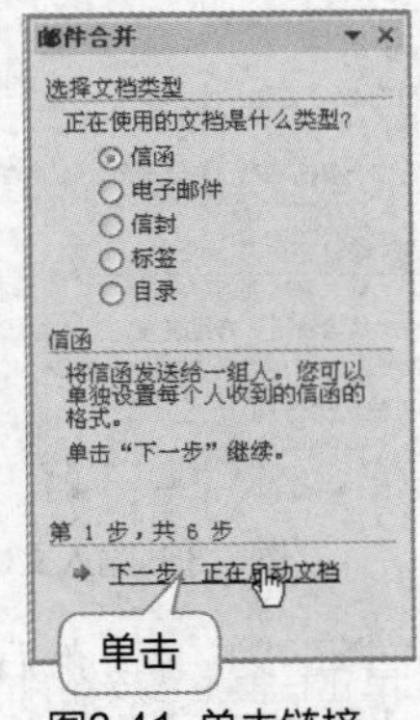

图3.41 单击链接

3 在“选择开始文档”栏中单击选中“使用当前文档”单选项。单击“下一步：选取收件人”超链接，如图3.42所示。

4 在“选择收件人”栏中单击选中“使用现有列表”单选项。在“使用现有列表”栏中单击“浏览”超链接。在打开的“选取数据源”对话框中选择“客户信息数据表.xlsx”Excel工作簿文件，如图3.43所示。

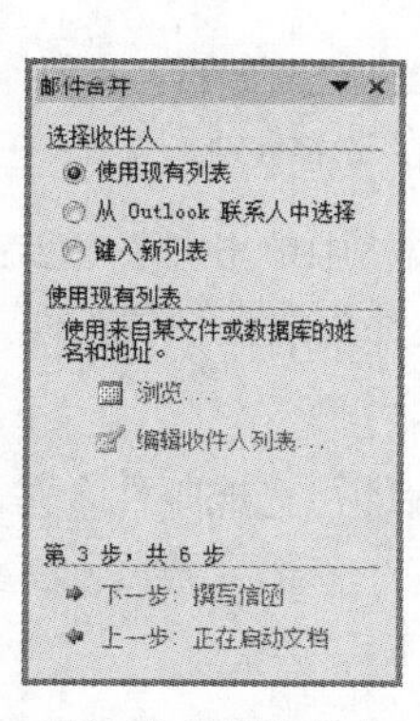

图3.42 选择收件人

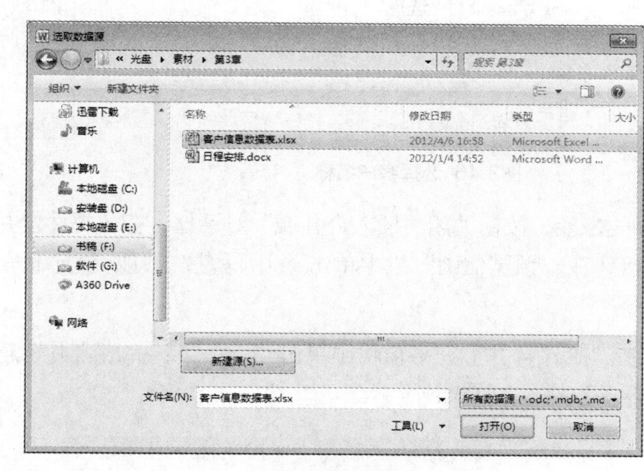

图3.43 选择数据源

5 单击 打开(O) 按钮，打开“选择表格”对话框，在其中选择“Sheet1 $”选项，如图3.44所示。

6 单击 确定 按钮打开“邮件合并收件人”对话框，直接单击 确定 按钮返回“邮件合并”窗格，如图3.45所示。

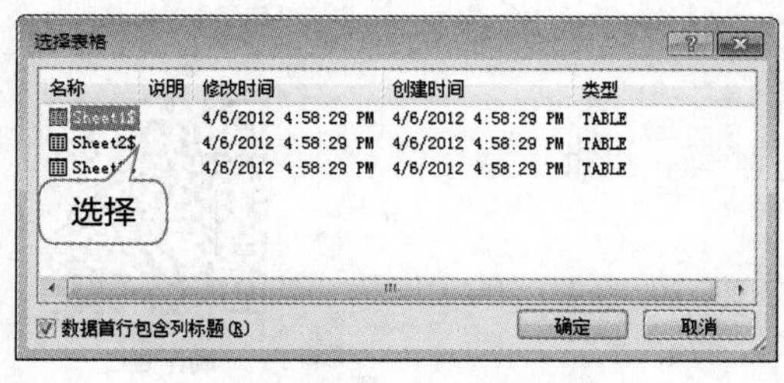

图3.44 选择表格

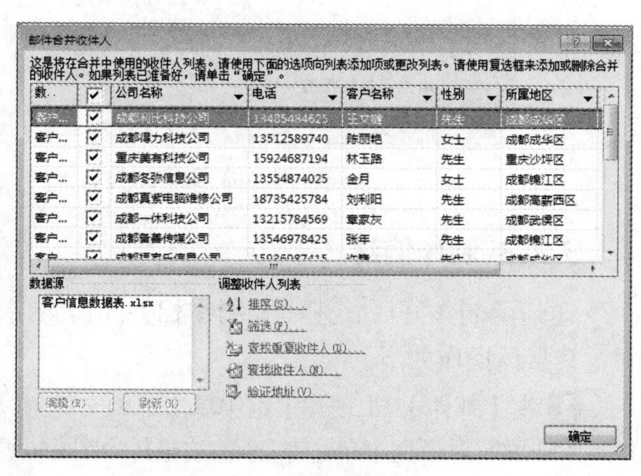

图3.45 查看收件人

7 单击“下一步：撰写信函”超链接。在“撰写信函”栏中单击“其他项目”超链接，打开“插入合并域”对话框。系统默认在“插入”栏中单击选中“数据库域”单选项，在“域”列表框中选择“客户名称”选项，如图3.46所示。

8 单击 插入(I) 按钮即可将客户名称插入文档中的光标插入点处。选择“性别”选项，然后单击 插入(I) 按钮，如图3.47所示。

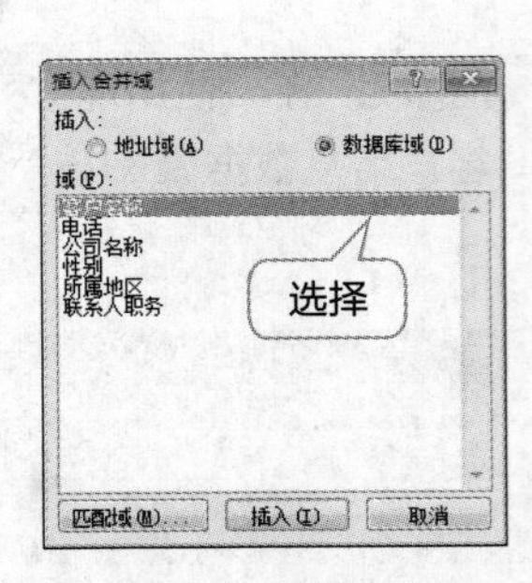

图3.46 选择客户名称

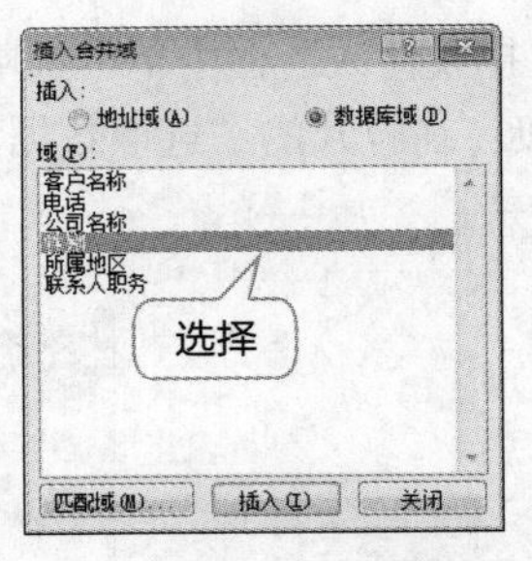

图3.47 选择性别

9 单击关闭按钮关闭“插入合并域”对话框。在“邮件合并”窗格中单击“下一步：预览信件”超链接，在“预览信函”栏中单击>>和<<按钮可以预览下一位收件人或上一位收件人，如图3.48所示。

10 在“邮件合并”任务窗格中单击“下一步：完成合并”超链接即可完成邮件合并。单击×按钮关闭任务窗格，如图3.49所示。

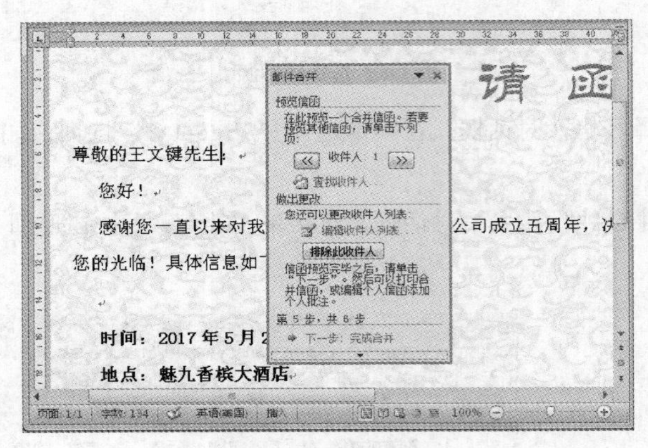

图3.48 预览收件人

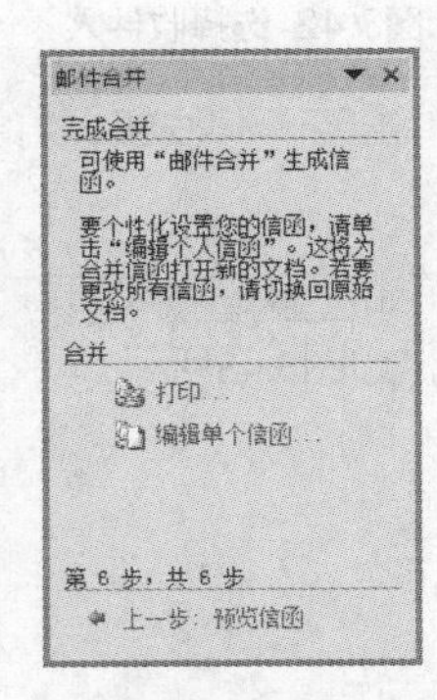

图3.49 完成邮件合并

3.2.3 制作信封

邀请函制作好后，还需要制作相关的信封用于邮寄，可批量制作信封，其具体操作如下。

1 在【邮件】/【创建】组中单击“中文信封”按钮。在打开的“信封制作向导”对话框中单击下一步(N)>按钮，如图3.50所示。

2 在“信封样式”下拉列表中选择一种信封样式，然后单击下一步(N)>按钮，如图3.51所示。

提示：在【邮件】/【创建】组中提供了“中文信封”“信封”“标签”3个选项，“中文信封”可以直接通过向导对话框进行创建和设置，“信封”和“标签”则可以通过相应的对话框进行更详细的设置，如收件人地址、发件人地址等。

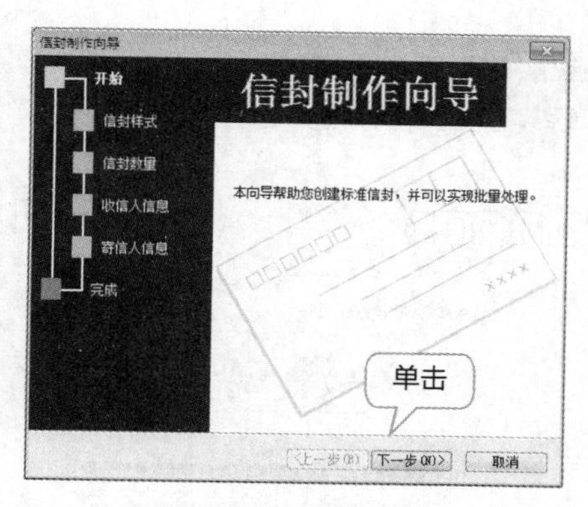

图3.50 打开信封向导

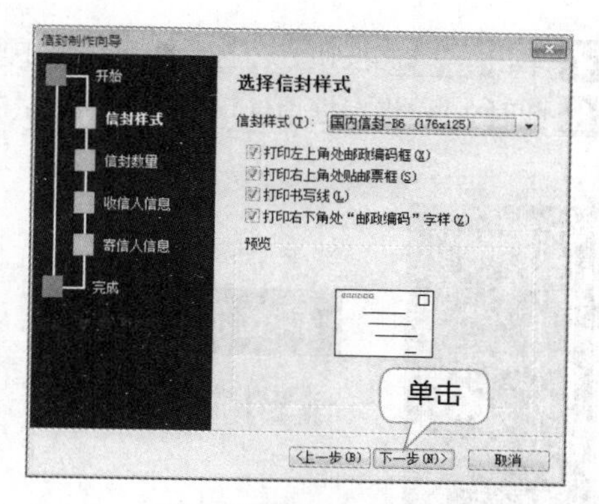

图3.51 选择信封样式

3 在对话框中单击选中“基于地址簿文件，生成批量信封”单选项，如图3.52所示。

4 单击下一步(N)>按钮，在打开的对话框中单击选择地址簿(F)按钮。在打开的对话框的“文件类型”下拉列表中选择“Excel”选项，在中间列表框中选择“客户数据表.xlsx”选项，如图3.53所示。

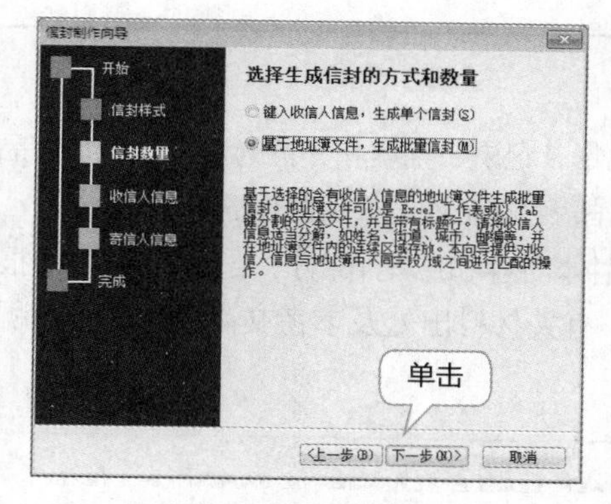

图3.52 选择生成方式

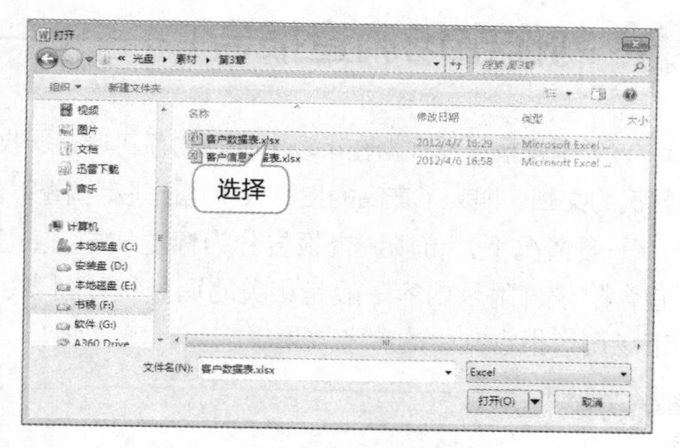

图3.53 选择地址簿

5 单击打开(O)按钮返回对话框。在“匹配收信人信息”栏的相应下拉列表中选择对应的选项，如图3.54所示。

6 单击下一步(N)>按钮。在打开的“输入寄信人信息”对话框的相应文本框中输入数据，如图3.55所示。

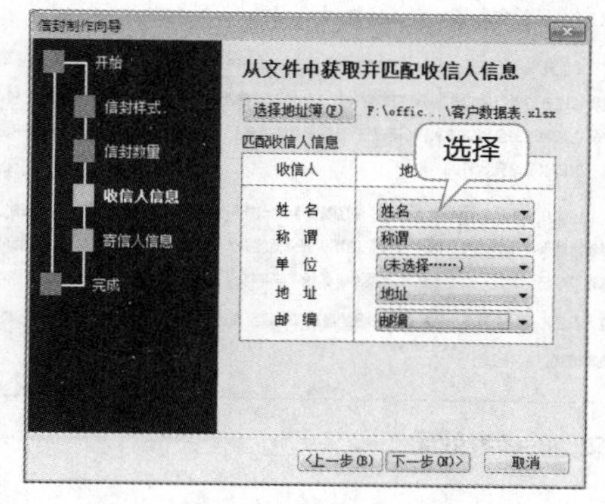

图3.54 选择收件人信息

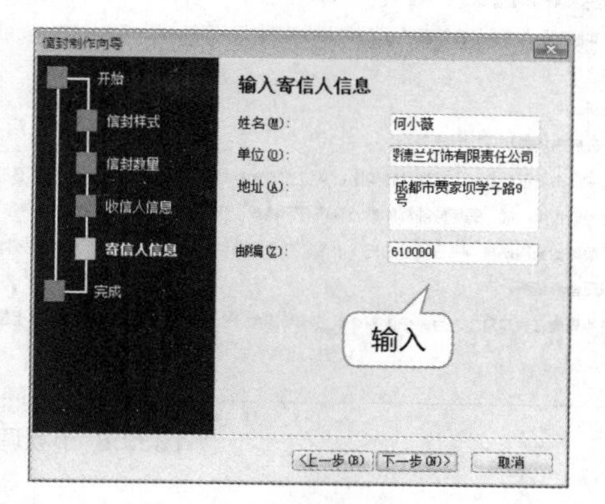

图3.55 输入寄件人信息

7 单击 下一步(N)> 按钮，在打开的对话框中单击 完成(F) 按钮，如图3.56所示。

8 此时Word将根据地址簿中的数据批量制作出信封，如图3.57所示。

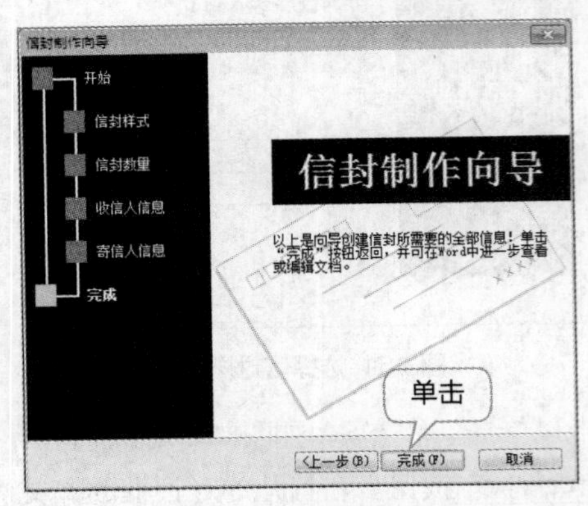

图3.56 完成向导制作

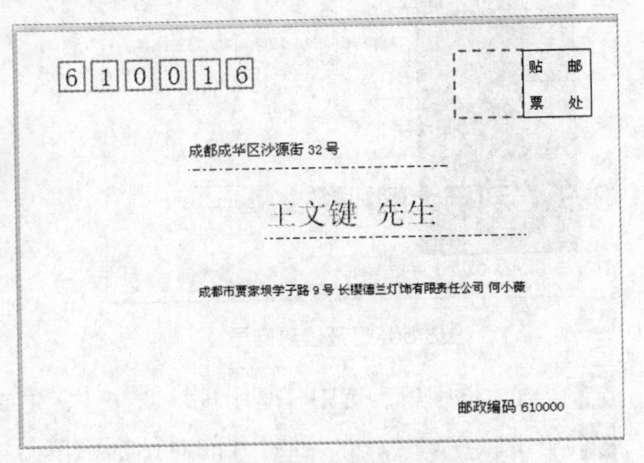

图3.57 查看信封效果

3.3 制作市场调查报告

市场调查报告是根据在市场中进行的项目调查、收集、记录、整理和分析的资料来确定商品需求状况的文档。即为了产品的发布或销售而进行调查工作，并在工作结束后制作的报告文档。

一般情况下，市场调查报告分为标题、导言、主体内容和结尾4部分，部分市场调查报告还包含附录，附录内容一般是相关的调查统计图表、有关材料出处及参考文献等。图3.58所示为市场调查报告文档的参考效果。

市场调查报告

前　言

随着我国城镇居民食品结构日趋丰富，营养、合理、科学的乳制品已开始成为家庭消费中的重要组成部分，进入各年龄消费层次。乳制品行业已经成为食品行业中最被看好的领域之一。时局的不断变迁导致乳业市场已进入市场细分阶段，面对产品同质化和消费者需求的差异化，应制定不同的新产品策略，研制不同功能的奶制品，以适应市场的需求和发展。纵观大众消费水平和液态奶不断发展的趋势，一向倡导健康自然的大二，逐步开始关注国人的睡眠状态。近期大二乳业不惜花巨资独家研发出一种适合睡前饮用、富含α乳白蛋白的牛奶产品——大二舒睡奶（α乳白蛋白是牛奶中的天然蛋白，它能促进色氨酸和松果体素的合成，从而调节大脑神经，自然改善睡眠）。然而，面对上市将近大半年的"舒睡奶"，重庆市场对其熟悉的消费者却寥寥无几，为了能够更好地让大众消费者所接受，我们公司为其重庆市场做了一次调查和分析。

市场分析

（一）乳品市场现状及其发展

中国乳制品市场正处在一个重要的转型期：从过去的营养滋补品转变为日常消费品；消费者从过去的老、少、病、弱等特殊群体扩大为所有消费者；市场从城市扩展到城郊和乡村；产品也从简单的全脂奶粉和隔日消费的巴氏消毒奶进步到各种功能奶粉和各种保质期的液体奶、酸奶以及含乳饮料。

连续几年奔走在快车道上之后，中国整个乳业市场麻烦不断。去年我国乳业市场整体上虽然

时局的不断变迁导致乳业市场已进入市场细分阶段，面对产品同质化和消费者需求的差异化，应制定不同的新产品策略，研制不同功能的奶制品，以适应市场的需求和发展。纵观大众消费水平和液态奶不断发展的趋势，一向倡导健康自然的大二，逐步开始关注国人的睡眠状态。近期大二乳业不惜花巨资独家研发出一种适合睡前饮用、富含α乳白蛋白的牛奶产品——大二舒睡奶（α乳白蛋白是牛奶中的天然蛋白，它能促进色氨酸和松果体素的合成，从而调节大脑神经，自然改善睡眠）。然而，面对上市将近大半年的"舒睡奶"，重庆市场对其熟悉的消费者却寥寥无几，为了能够更好地让大众消费者所接受，我们公司为其重庆市场做了一次调查和分析。

一、市场分析

（一）乳品市场现状及其发展

中国乳制品市场正处在一个重要的转型期：从过去的营养滋补品转变为日常消费品；消费者从过去的老、少、病、弱等特殊群体扩大为所有消费者；市场从城市扩展到城郊和乡村；产品也从简单的全脂奶粉和隔日消费的巴氏消毒奶进步到各种功能奶粉和各种保质期的液体奶、酸奶以及含乳饮料。

连续几年奔走在快车道上之后，中国整个乳业市场麻烦不断。去年我国乳业市场整体上虽然能够保持30%左右的增长速度，但本省部分地区供大于求的苗头已经显现，乳品毛利率急速下降已经危及一些企业的生存发展。无论是淡季还是旺季，如今，价格战硝烟几乎弥漫整个乳品市场，尤其是个别品牌的常温奶最高降幅甚至高达5040%左右，售价直逼甚至跌破成本底线。

图3.58 市场调查报告文档的参考效果

下载资源

素材文件：第3章\调查报告.docx、睡眠质量统计.xlsx

效果文件：第3章\调查报告.docx

3.3.1 利用大纲排版文档

根据素材资料调整市场调查报告，修改样式格式，并在大纲视图下对文档进行排版。

1 打开“调查报告.docx”素材文档。在【页面布局】/【页面设置】组中单击对话框启动器按钮，打开“页面设置”对话框，设置上、下页边距均为“2厘米”，左、右页边距为“3厘米”，如图3.59所示。

2 在【开始】/【样式】组中单击对话框启动按钮，打开“样式”窗格。在“标题1”上单击鼠标右键，在弹出的快捷菜单中选择“修改”选项，如图3.60所示。

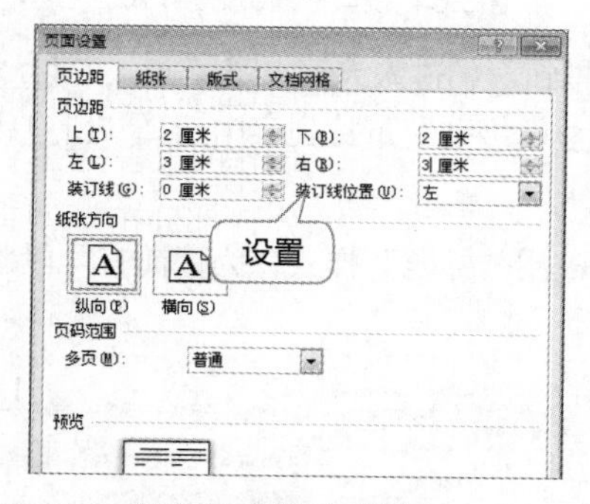

图3.59 设置文档页面

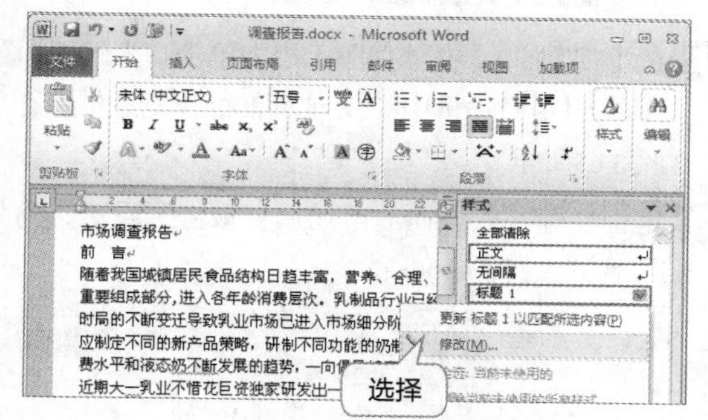

图3.60 选择“修改”选项

3 打开“修改样式”对话框，设置字符格式为“宋体、三号、加粗”，单击 格式(O) 按钮，在打开的下拉列表中选择“段落”选项，如图3.61所示。

4 打开“段落”对话框，设置行距为“1.5倍行距”，段前、段后间距均为“0.5行”，如图3.62所示。

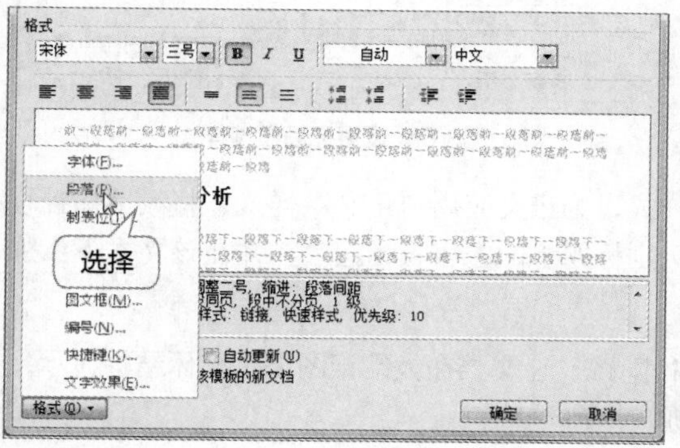

图3.61 设置样式格式

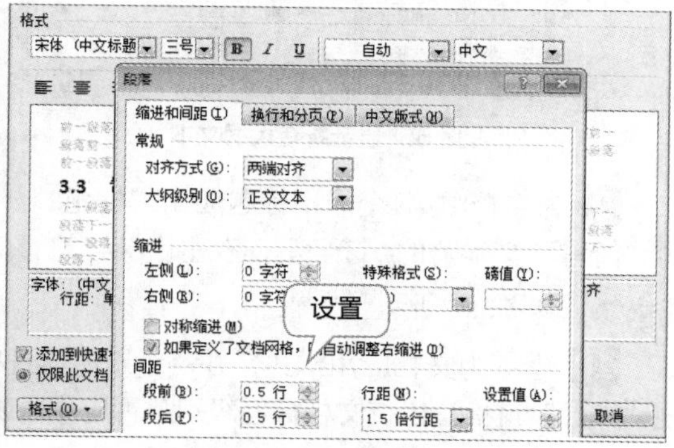

图3.62 设置样式段落格式

5 设置“标题2”的字符样式为“宋体、四号”，行距为“1.5倍行距”，段前、段后间距均为“0.5行”，如图3.63所示。

6 设置“标题3”的字符样式为“宋体、五号”，行距为“1.5倍行距”，段前、段后间距均为“0.5行”，特殊格式为“首行缩进、1字符”。设置“正文”的段落间距为“1.5倍行距”，段前、段后间距为“0.5行”，特殊格式为“首行缩进、2字符”，如图3.64所示。

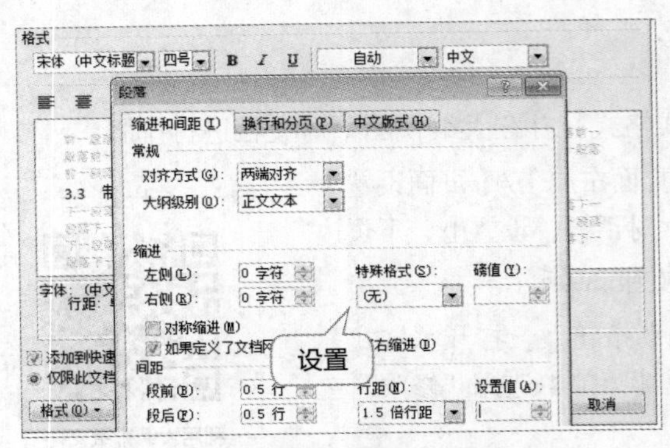

图3.63 设置标题2段落样式

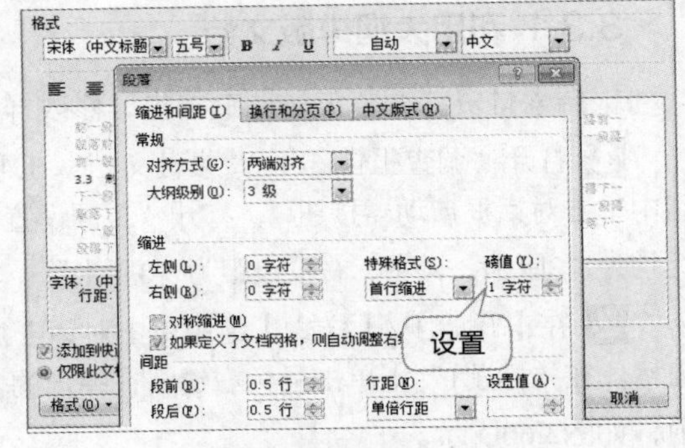

图3.64 设置标题3段落样式

7 在【视图】/【文档视图】组中单击“大纲视图”按钮，进入大纲视图模式。在【大纲】/【大纲工具】组中撤销选中“仅显示首行”复选框，在“显示级别”下拉列表中选择“所有级别”选项，如图3.65所示。

8 定位光标插入点在“市场调查报告”段落，为其应用“标题”样式，为“前言”段落应用“副标题”样式，如图3.66所示。

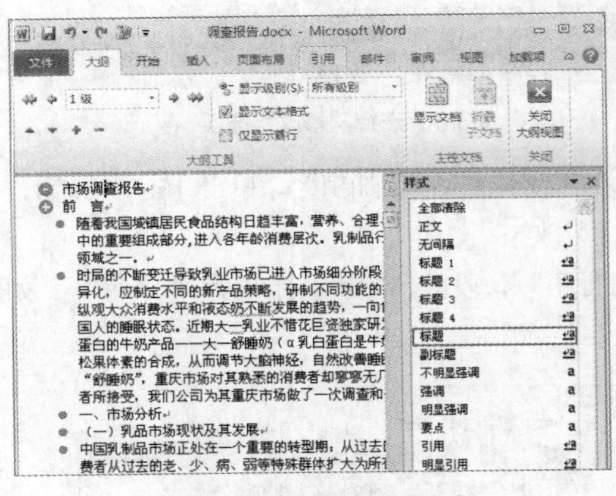

图3.65 显示所有大纲文本

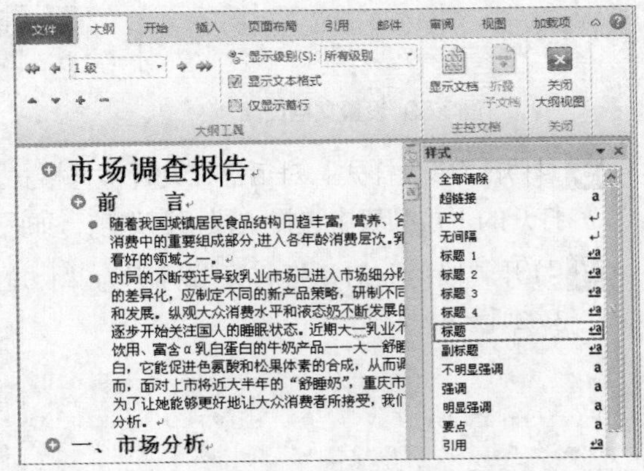

图3.66 设置标题段落样式

9 为文档中第1个级别标题应用“标题2”样式，为正文应用“正文”样式，将鼠标指针移动到“前言”文本前的⊕符号上，双击鼠标，将该级别标题下的内容收缩起来，并在该文本下添加一条虚线，如图3.67所示。

10 继续为文档应用样式，并对级别内容进行隐藏，让文档在大纲视图下呈整体结构显示，关闭“样式”窗格。检查文档标题级别是否应用正确，如图3.68所示。

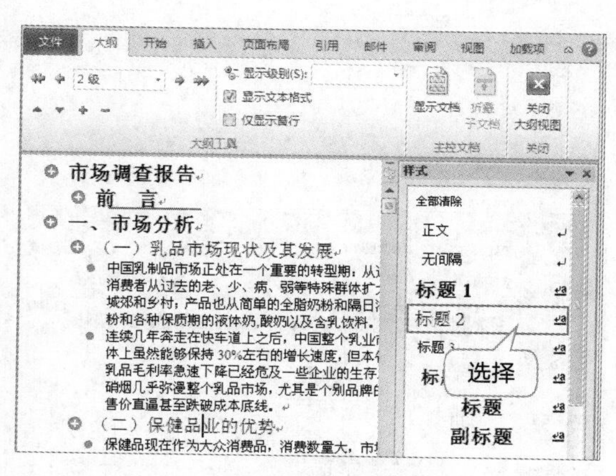

图3.67 设置标题样式

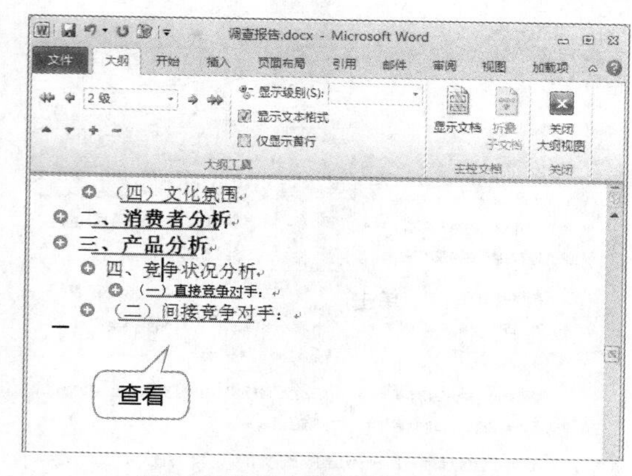

图3.68 查看文档设置效果

11 定位光标插入点到样式应用错误的段落，单击按钮，为该段落上升一个级别，继续检查，直到完全正确，将所有级别标题收缩起来，如图3.69所示。

12 单击“关闭大纲视图”按钮，返回页面视图，文档样式应用完成后，保存文档，如图3.70所示。

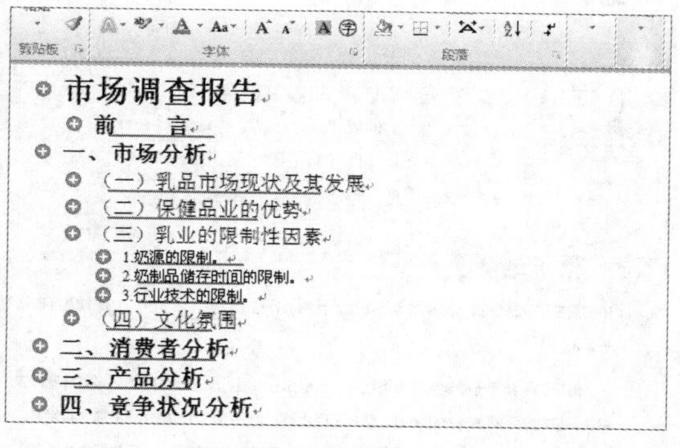

图3.69 检查文档内容

市场调查报告

前 言

随着我国城镇居民食品结构日趋丰富，营养、合理、科学的乳制品已开始成为家庭消费中的重要组成部分,进入各年龄消费层次。乳制品行业已经成为食品行业中最被看好的领域之一。

时局的不断变迁导致乳业市场已进入市场细分阶段，面对产品同质化和消费者需求的差异化，应制定不同的新产品策略，研制不同功能的奶制品，以适应市场的需求和发展。纵观大众消费水平和液态奶不断发展的趋势，一向倡导健康自然的大一，逐步开始关注国人的睡眠状态。近期大一乳业不惜花巨资独家研发出一种适合睡前饮用、富含α乳白蛋白的牛奶产品——大一舒睡奶（α乳白蛋白是牛奶中的天然蛋白，它能促进色氨酸和松果体素的合成，从而调节大脑神经，自然改善睡眠）。然而，面对上市将近大半年的“舒睡奶”，重庆市场对

图3.70 关闭大纲视图保存文档

3.3.2 为文档插入对象

市场调查报告可能会涉及调查资料中的一些数据，这时就需要对数据进行调用。调用数据的方法有多种，如使用超链接、插入对象或直接调用Excel表格，下面在“调查报告.docx”文档中插入超链接，其具体操作如下。

1 在文档中选择文本“睡眠质量统计.xlsx”。在【插入】/【链接】组中单击“超链接”按钮，打开“插入超链接”对话框，如图3.71所示。

2 在“链接到”列表框中选择“现有文件或网页”选项，在中间列表框中选择“当前文件夹”选项。在“查找范围”下拉列表中选择文档路径，然后选择要链接的文档，单击确定按钮确认操作，如图3.72所示。

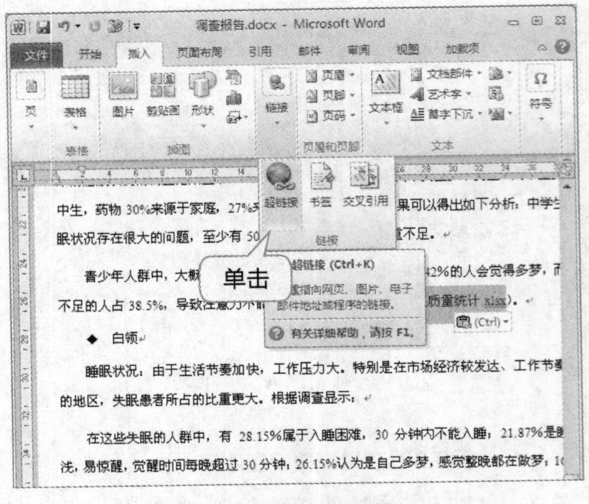

图3.71 单击“超链接”按钮

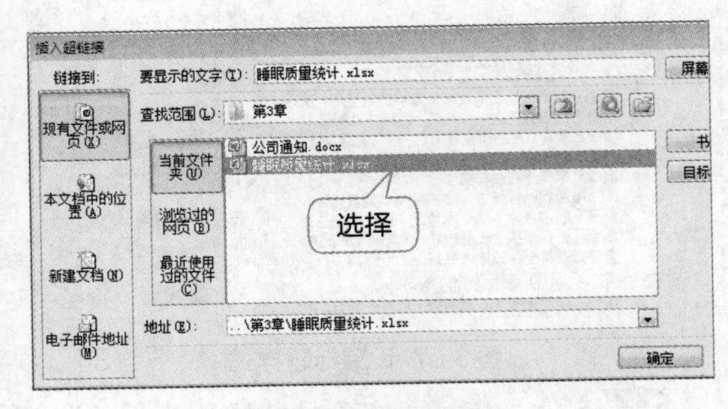

图3.72 选择链接文件

3 返回文档，选择的文本变为带下划线的蓝色文字样式，表示已链接到文本。按住【Ctrl】键不放，同时单击该超链接，即可打开链接到的文本，如图3.73所示。

4 在【插入】/【文本】组中单击“对象”按钮，在打开的下拉列表中选择“对象”选项，打开“对象”对话框，如图3.74所示。

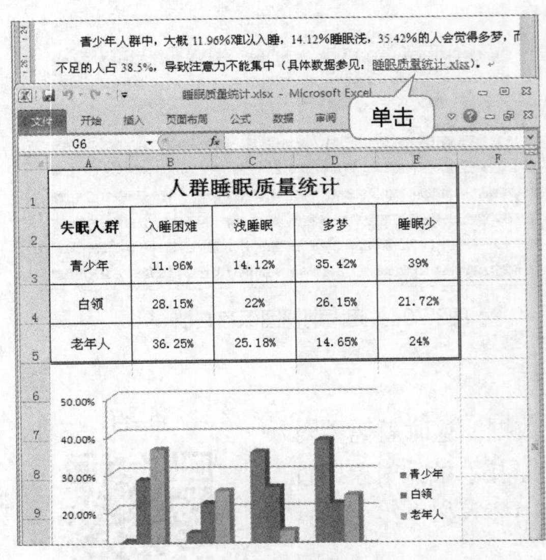

人群睡眠质量统计				
失眠人群	入睡困难	浅睡眠	多梦	睡眠少
青少年	11.96%	14.12%	35.42%	39%
白领	28.15%	22%	26.15%	21.72%
老年人	36.25%	25.18%	14.65%	24%

图3.73 单击超链接打开文档

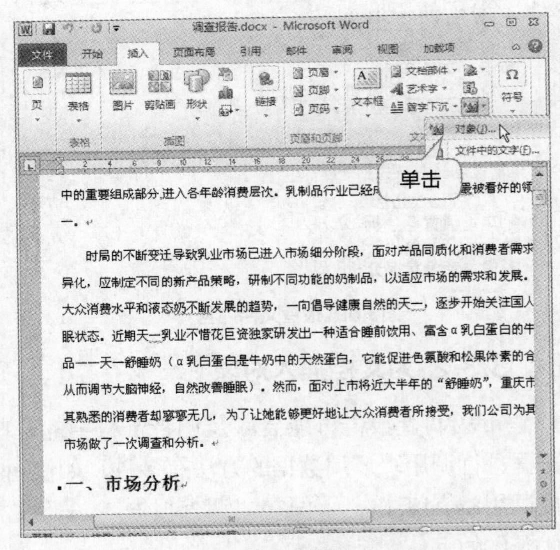

图3.74 单击“对象”按钮

5 单击“由文件创建”选项卡，然后单击 浏览(B)... 按钮，打开“浏览”对话框，如图3.75所示。

6 在打开的对话框中选择数据文件保存路径，再选择要插入的数据文档，单击 插入(S) 按钮。返回“对象”对话框，单击 确定 按钮，即可将选择文档中的所有数据插入到当前文档，如图3.76所示。

图3.75 单击“浏览”按钮

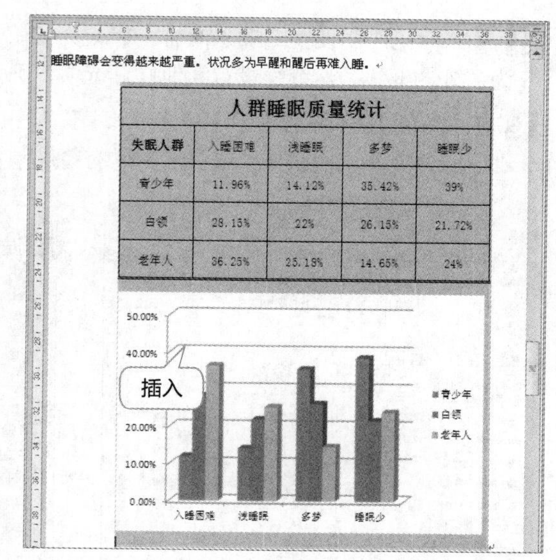

人群睡眠质量统计				
失眠人群	入睡困难	浅睡眠	多梦	睡眠少
青少年	11.96%	14.12%	35.42%	39%
白领	28.15%	22%	26.15%	21.72%
老年人	36.25%	25.18%	14.65%	24%

图3.76 在文档中插入对象

3.3.3 插入和审阅批注与修订

为了便于联机审阅，可在文档中快速创建批注和修订。批注指审阅时对文档添加的注释等信息，而修订则是指对文档做的每一个编辑的位置标记。下面在文档中插入和审阅批注，并进行修订，其具体操作如下。

1 选择要设置批注的文本，在【审阅】/【批注】组中单击“新建批注”按钮。系统自动为选择的文本添加红色底纹，并用引线连接页边距上的批注框，输入批注内容即可，如图3.77所示。

2 在【审阅】/【修订】组中单击“修订”按钮下方的下拉按钮，在打开的下拉列表中选择“修订选项”选项，打开“修订选项”对话框，如图3.78所示。

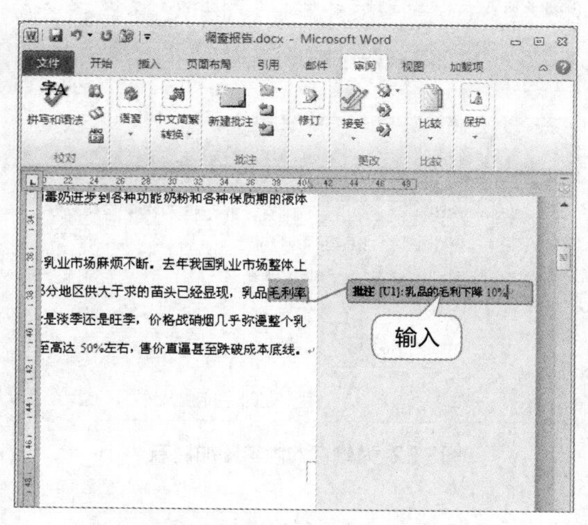

图3.77 插入并输入批注内容

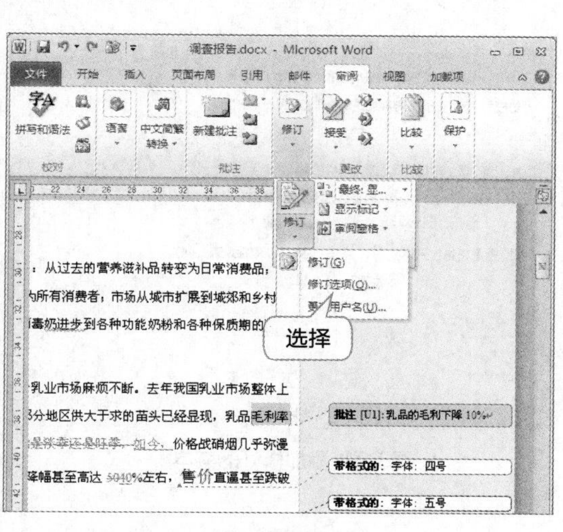

图3.78 选择“修订”选项

3 在“标记”栏设置“插入内容”标记为“单下划线”，“删除内容”为“删除线”，“修订行”为“外侧框线”。继续设置其他修订选项，确认设置并关闭对话框，如图3.79所示。

4 在【审阅】/【修订】组中单击“修订”按钮。删除文档中的内容时，文档自动记录删除操作，在删除的文本中间划一条红线，并以有特殊颜色的字体显示，如图3.80所示。

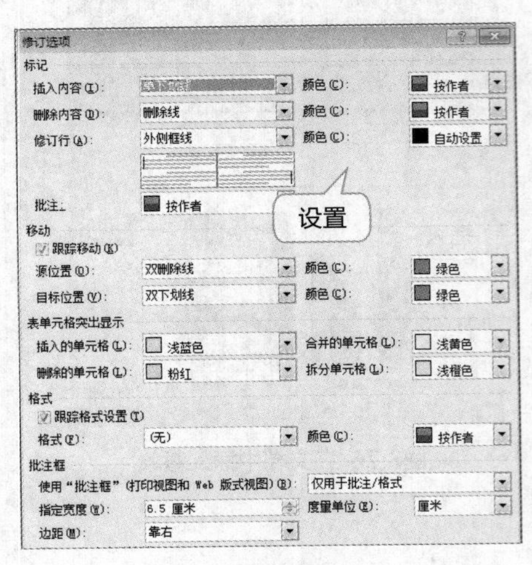

图3.79 设置修订选项

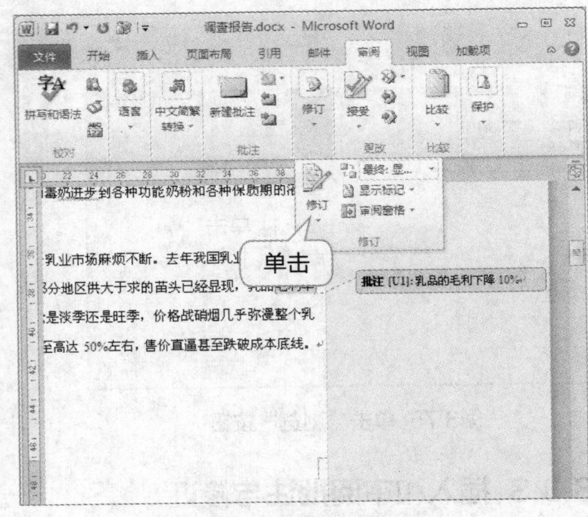

图3.80 单击“修订”按钮

5 做出修改后，系统自动在该行前添加一条竖直线，表示此行有修改。添加文字信息时，添加的文本为带有下划线的红色字体格式，表示该内容是新添加的文本，如图3.81所示。

6 选择文本，增大文本的字体，此时系统自动在右侧页边距上添加一个修订标记，并提示修改信息为“字体”。将鼠标指针移动到修改过的文本上，屏幕显示提示框，提示审阅者的姓名、修订时间和修订的具体内容，如图3.82所示。

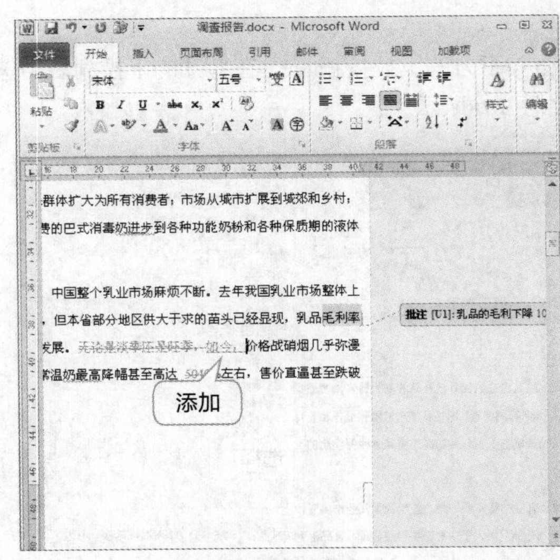

图3.81 添加修订的文本

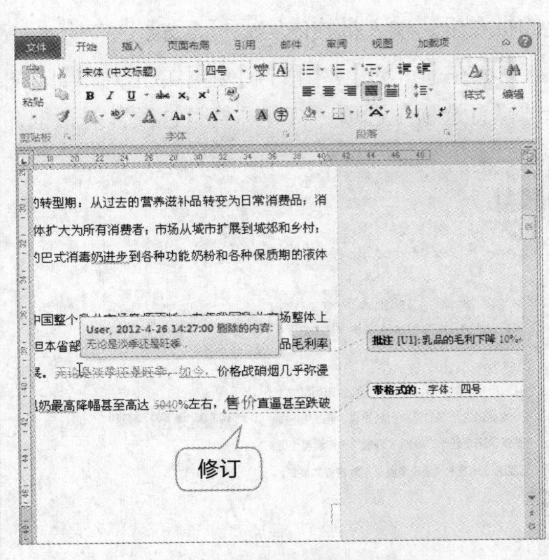

图3.82 为修订的内容添加提示

7 在【审阅】/【修订】组中单击“显示标记”按钮，在打开的下拉列表中选择“审阅者”选项，在打开的子列表中，名字前有标记的表示此审阅人进行修订的文本当前显示，可单击取消标记，如图3.83所示。

8 在【审阅】/【修订】组中的“显示以供审阅”下拉列表中选择“最终状态”选项，文档自动显示进行了所有修订后的最终效果，以便审阅当前文档，如图3.84所示。

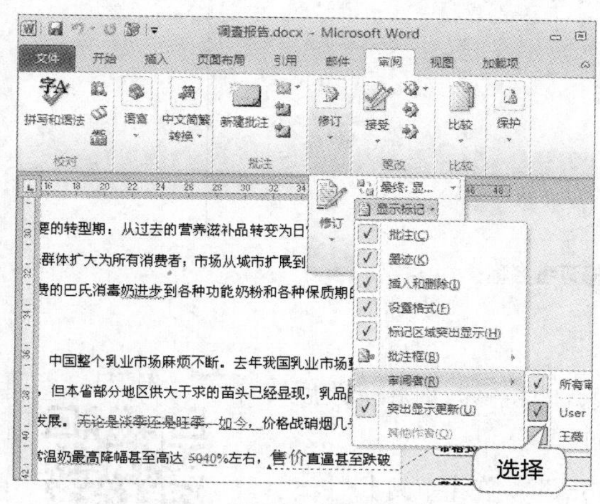

图3.83 选择审阅者

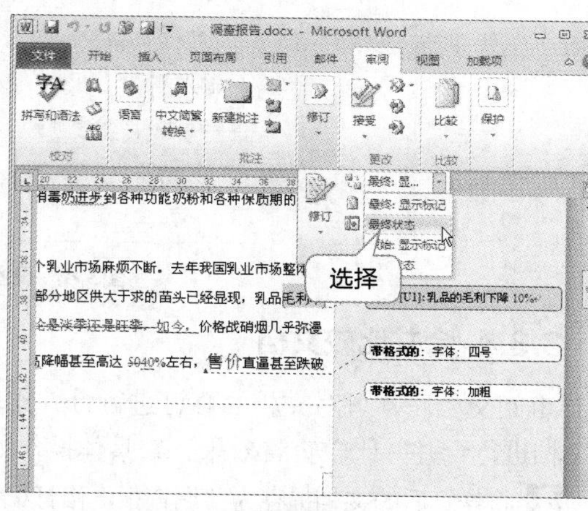

图3.84 设置最终状态

9 在【审阅】/【修订】组中单击“审阅窗格”按钮右侧的下拉按钮，在打开的下拉列表中选择“垂直审阅窗格”选项。在打开的窗格中显示了所有批注和修订内容，双击修订选项，文档会自动切换至文本修订处，如图3.85所示。

10 在【审阅】/【修订】组中单击“修订”按钮下方的下拉按钮，在打开的下拉列表中选择“更改用户名”选项，打开“Word 选项”对话框，如图3.86所示。

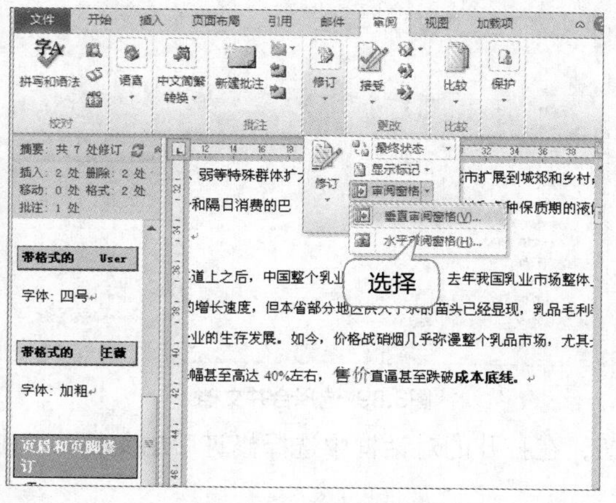

图3.85 设置修订选项

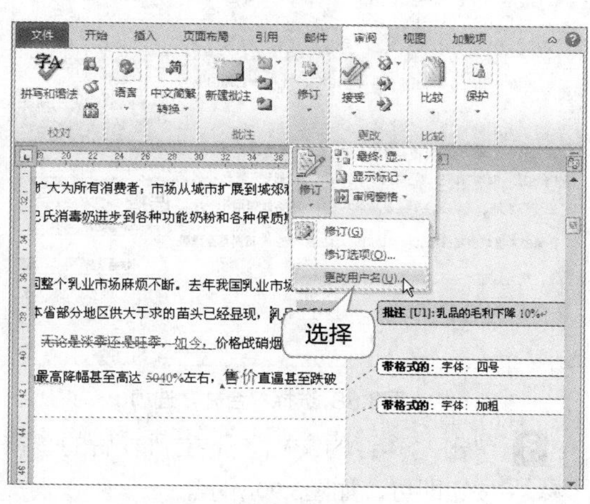

图3.86 选择更改用户名选项

11 在“用户名”文本框中输入修订者的名字，确认操作即可，如图3.87所示。

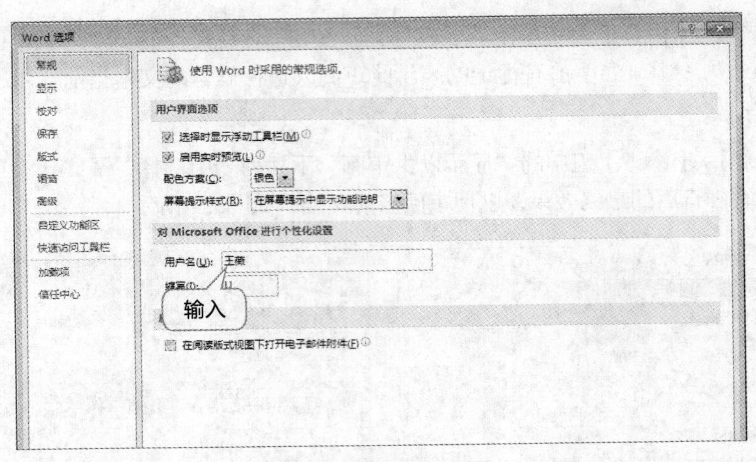

图3.87 设置修订者名称

3.3.4 合并比较文档

审阅文档后，可对文档的修订进行合并比较，即将修改前和修改后的文档进行合并并比较查看效果，其具体操作如下。

1 将修订后的文档另存为“调查报告修订稿.docx”。在【审阅】/【比较】组中选择“合并”选项，打开“合并文档”对话框，如图3.88所示。

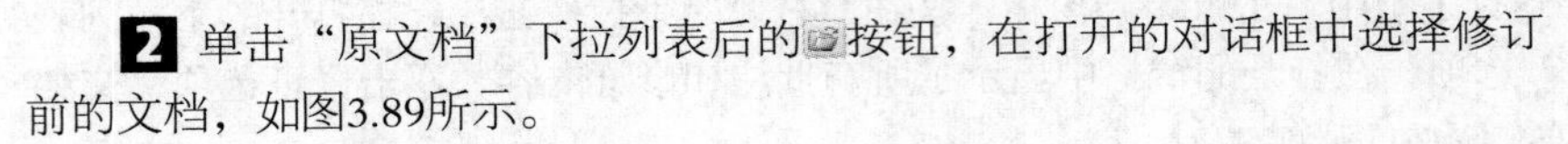

2 单击“原文档”下拉列表后的按钮，在打开的对话框中选择修订前的文档，如图3.89所示。

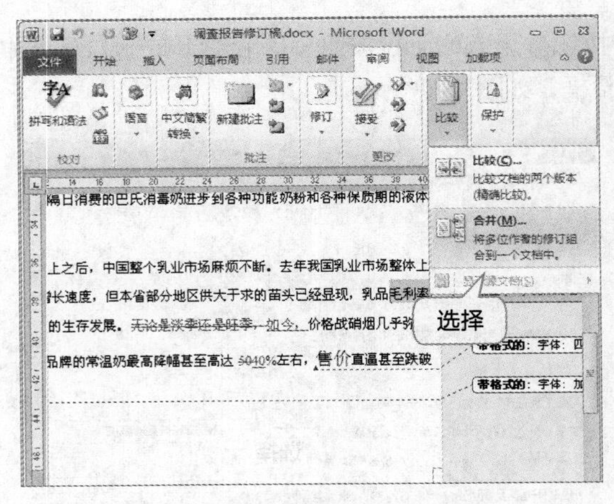

图3.88 选择“合并”选项

图3.89 选择合并文档

3 单击“修订的文档”下拉列表后的按钮，在打开的对话框中选择修订后的文档，单击 确定 按钮即可，如图3.90所示。

4 打开提示对话框，提示是否合并该文档，单击 确定 按钮，此时自动打开“合并结果4”文档，在文档中出现4个窗格，左侧为审阅窗格，中间为合并的文档，右侧上下分别为原文档和修订的文档，如图3.91所示。

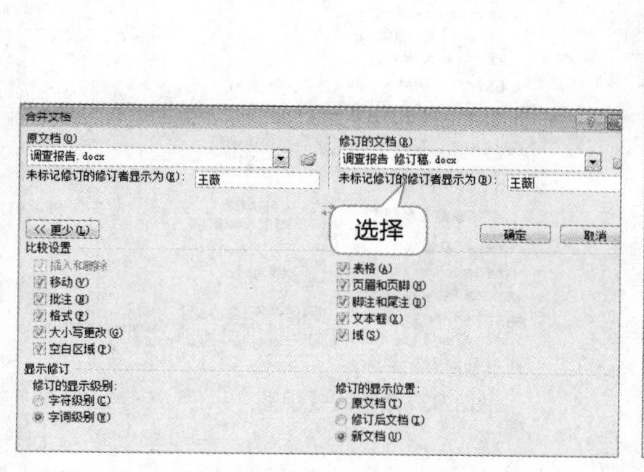

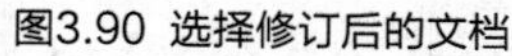
图3.90 选择修订后的文档

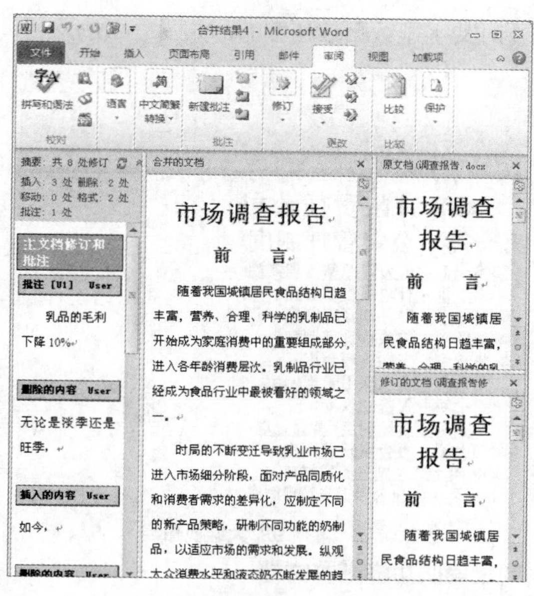

图3.91 查看修订文档

3.4 长文档与模板

很多人在工作中经常会接触到长文档和模板，其中对长文档进行编排、制作却是一些人的弱项，下面就一起学习如何快速浏览长文档。

3.4.1 快速浏览长文档

长文档，顾名思义指内容非常多的文档，浏览此类文档时，逐字逐句地阅读检查是不可取的，不仅浪费时间和精力，还降低了文档的制作效率。Word 2010的视图选项卡中有多种文档视图供选择，如利用大纲视图观察文档的整体结构，利用阅读版式视图查看文档制作后的整体效果等，下面就介绍快速浏览长文档的方法。

1.大纲视图中的文档结构

使用大纲视图，可快速浏览长文档的整体结构。进入大纲视图后，自动打开“大纲”选项卡，单击选中“显示文本格式”复选框和“仅显示首行”复选框，文档编辑区则只显示每个段落的第1行文字，此时拖曳窗口右侧的滑块，或通过单击功能区上的“展开”按钮和“收缩”按钮，依次浏览每个级别标题的样式是否正确，文档结构是否有误，从而实现在大纲视图中快速浏览文档结构的目的，如图3.92所示。

2.利用阅读版式视图查看整体效果

进入阅读版式视图后，系统自动以两页并排的方式显示文档，即在该视图模式下进行对文档整体效果的预览，单击窗口左下角和右下角按钮，进入上一页或下一页页面预览。系统默认在阅读版式视图中是不能对文档进行修改的，即该模式下的文档为“只读”状态，单击窗口右上角的“视图选项”按钮，在打开的下拉列表中选择“允许键入”选项，则可实现在该视图下对文字进行删减和增加，如图3.93所示。

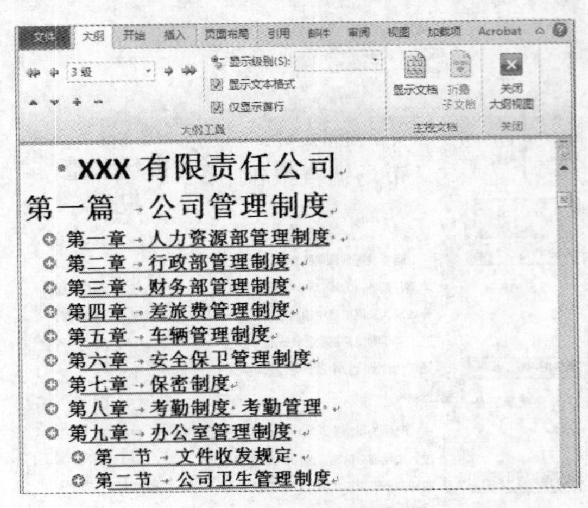

图3.92 大纲视图

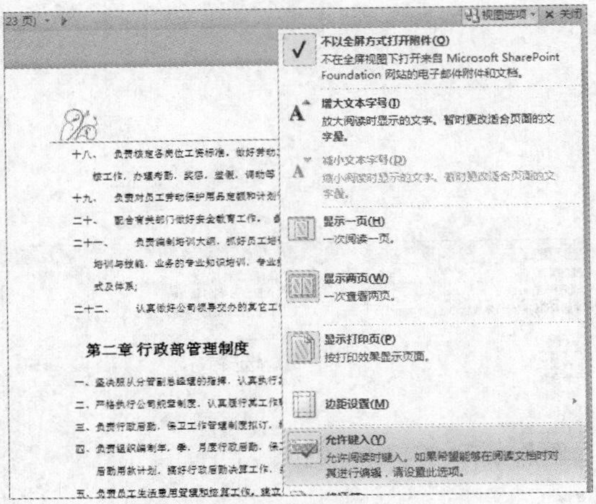

图3.93 阅读版式视图

3.利用导航功能浏览文档

多数人习惯使用Word 2010的导航功能来快速浏览长文档，在【视图】/【显示】组中单击选中“导航窗格”复选框即可打开导航窗格，而导航窗格中又分为四种导航功能，标题导航、页面导航、关键字导航和特定对象导航，可根据需要选择不同的方式对文档进行快速浏览，如图3.94所示。

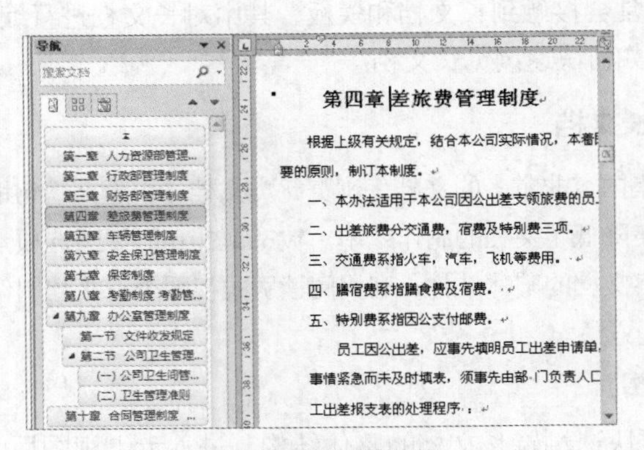

图3.94 文档导航窗格

3.4.2 拆分文档窗口

当需要对同一文档中不同部分内容进行比较和编辑时，需要使用Word 2010的窗口拆分功能。窗口拆分后，上下两个窗口的内容完全一致，分别将两个窗口当前显示的内容定位到不同段落，即可进行比较和编辑，其具体操作如下。

扫一扫

拆分文档窗口

1 打开“公司规章制度.docx”文档，将文档定位在需要拆分的“第八章”页面。在【视图】/【窗口】组中单击“拆分”按钮，如图3.95所示。

2 文档中间出现一条深灰色粗直线，鼠标指针变为形状，移动鼠标指针时直线也一起移动，此时单击鼠标，将窗格拆分为两个窗口，如图3.96所示。

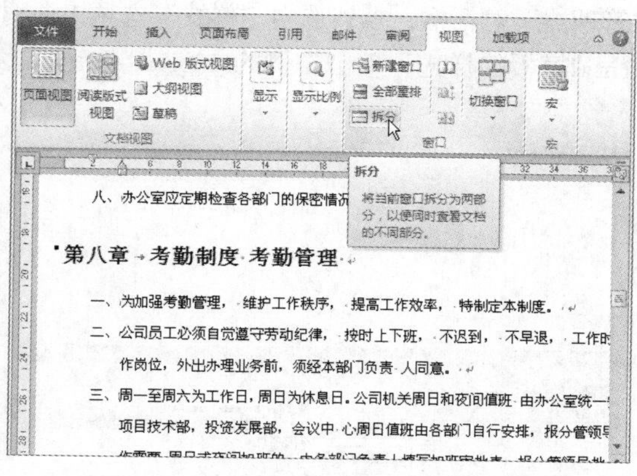

图3.95 单击“拆分”按钮

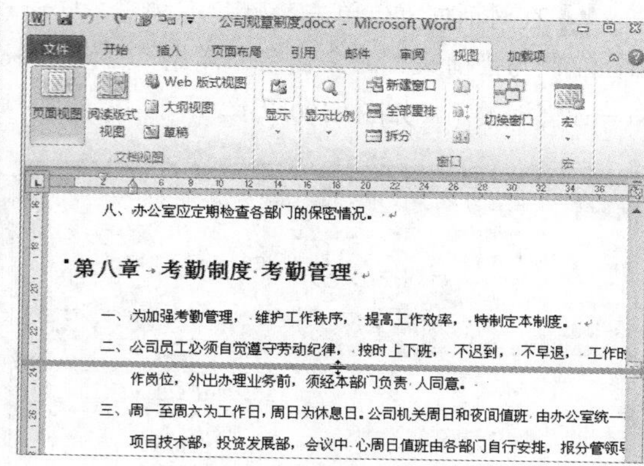

图3.96 拆分窗口

3 被拆分的两个窗口中显示的内容为同一文档的内容，此时可拖曳窗口右侧的滑块，将下一窗口的内容显示为“第九章”内容，如图3.97所示。

4 比较两窗口中内容，复制上一窗口中的字词，在下一窗口中进行粘贴操作（可在选择上一窗口文本后，按住【Ctrl】键的同时将其拖曳到下一窗口的目标位置），完成后单击“取消拆分”按钮，如图3.98所示。

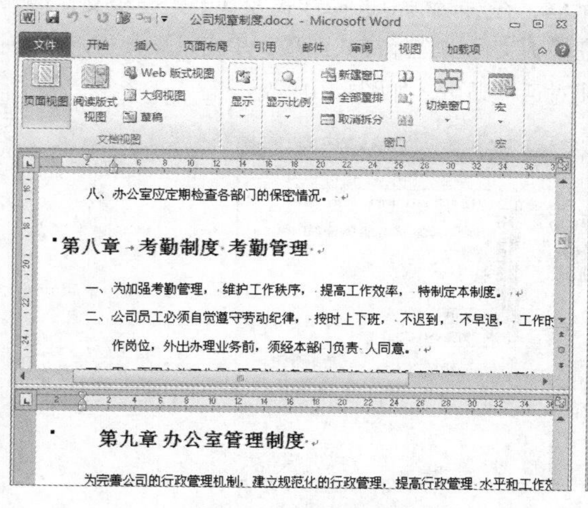
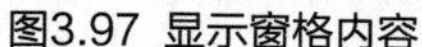

图3.97 显示窗格内容

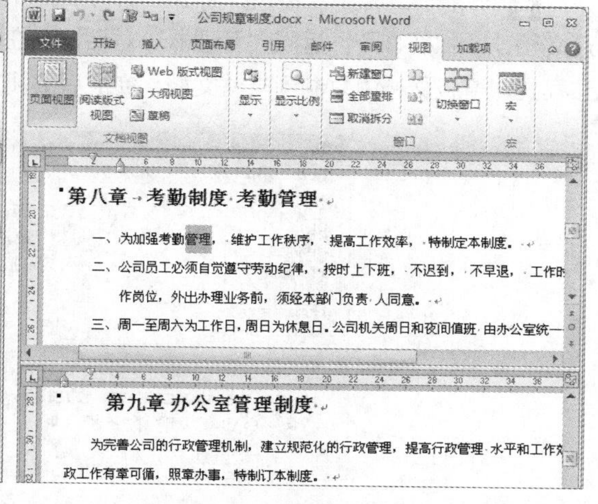

图3.98 在窗口中编辑文档

3.4.3 自定义模板库

Office办公软件都自带有许多模板，在Word 2010中，除了通用型的空白文档模板之外，还内置了多种其他文档模板，如博客文章模板、书法模板和样本模板等，这些模板通过下载或新建即可创建基于该模板的文档。自定义模板库是在其他文档中导入目标模板的格式，其具体操作如下。

扫一扫

自定义模板库

1 在【开始】/【样式】组中单击对话框启动器按钮，打开“样式”

窗格。单击“管理样式”按钮，如图3.99所示，打开“管理样式”对话框。

2 在对话框下侧单击 导入/导出(X)... 按钮，打开“管理器”对话框，默认选中“样式”选项卡。对话框左侧为当前文档的文档名和样式，右侧为Normal模板的样式，单击右侧的 关闭文件(E) 按钮，将Normal模板关闭，如图3.100所示。

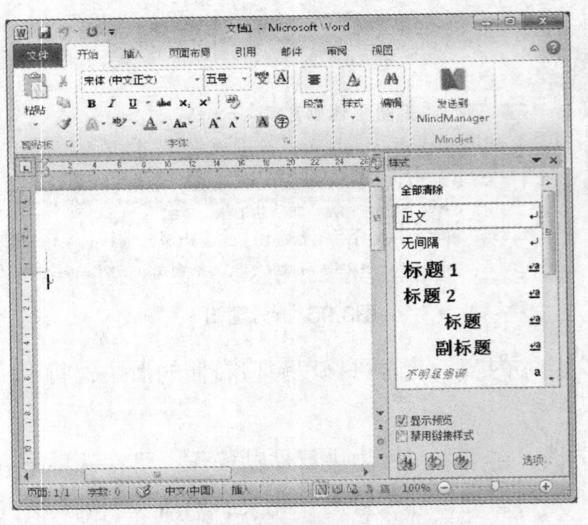

图3.99 打开“管理样式”对话框

图3.100 关闭模板文件

3 单击 打开文件(E)... 按钮，打开“打开”对话框，在对话框中选择样式要基于的模板文件或普通文档，并将其打开。返回“管理器”对话框，在模板文件中选择样式选项，单击 ← 复制(C) 按钮，将该样式从模板文档中复制到当前文档，完成后关闭对话框即可，如图3.101所示。

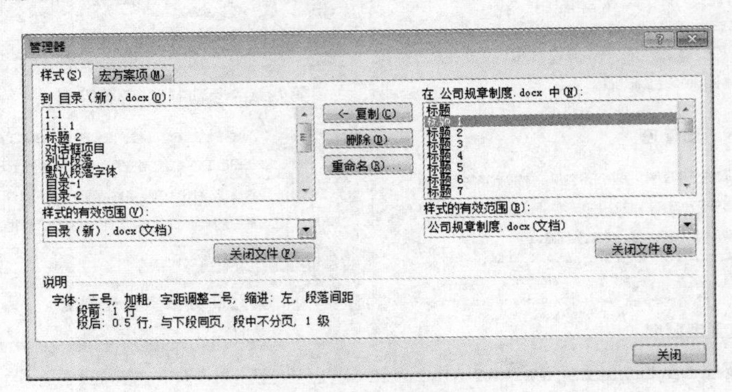

图3.101 复制文档样式

3.4.4 更新已有文档的模板

将基于模板文件创建的文档保存在计算机中，并对模板文档进行编辑修改，再次打开保存的文档时，文档样式不会发生变化，如果需对样式和格式进行更新（与修改后的模板一致），可在“样式”窗格中进行操作，其具体操作如下。

扫一扫

更新已有文档的模板

1 在【开始】/【样式】组中单击对话框启动器按钮，打开“样式”窗格，单击窗格右下角的“管理样式”按钮，打开“管理样式”对话框，图3.102所示。

2 单击对话框中的 导入/导出(X)... 按钮，打开“管理器”对话框，在对话框两侧分别打开要更新的文档和格式目标模板文档，在目标文档中选择样式，将样式复制到当前文档，如图3.103所示。

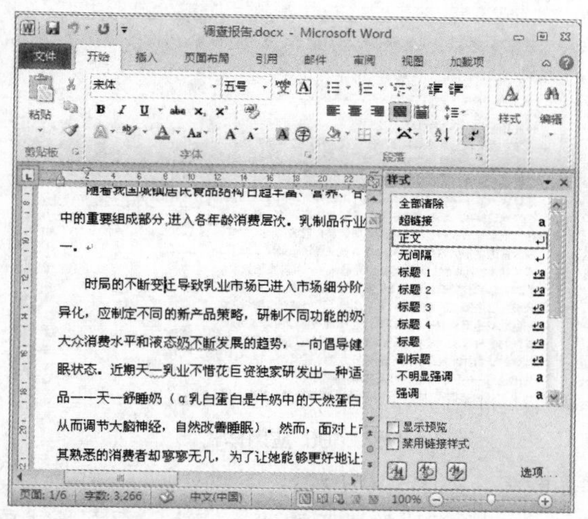

图3.102 单击“管理样式”按钮

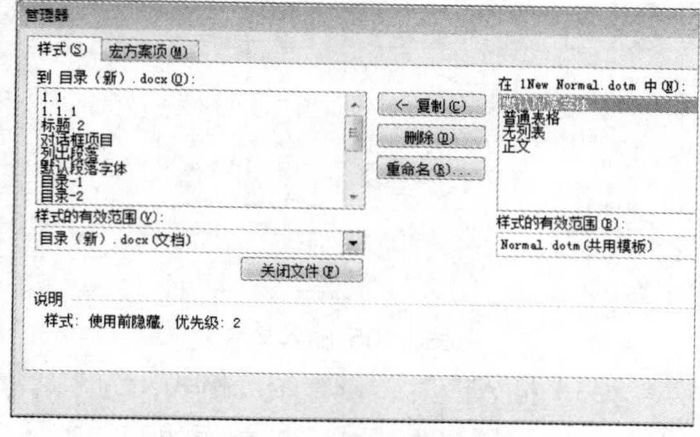

图3.103 复制当前样式

3 返回文档，各种样式都已更改，在“样式”窗格中选择“标题2”样式选项，单击鼠标右键，在弹出的快捷菜单中选择“更新标题2以匹配所选内容”命令，文档自动为当前所有“标题2”样式进行更新，如图3.104所示。

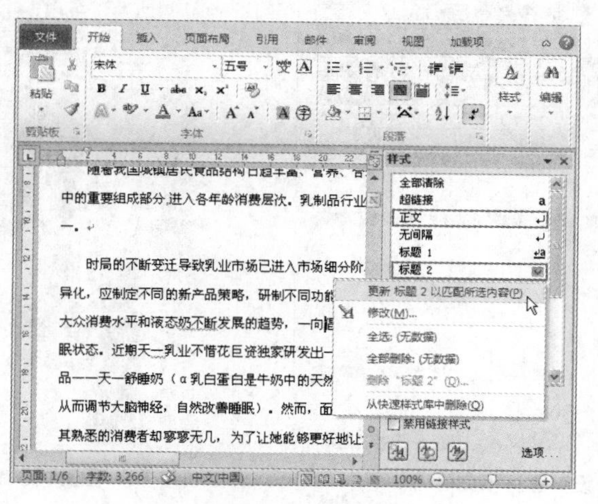

图3.104 更新样式

3.5 应用实训

扫一扫

应用实训

下面结合本章前面所学知识，制作一个“企业内部刊物”文档（素材文件\第3章\内部刊物.docx；效果文件\第3章\企业内部刊物.docx）。文档的制作思路如下。

（1）新建一个Word模板文档，设置格式后将其保存在计算机中，如图3.105所示。

（2）导入刊物的文本，修改样式格式，并应用到文档的各级标题中，如图3.106所示。

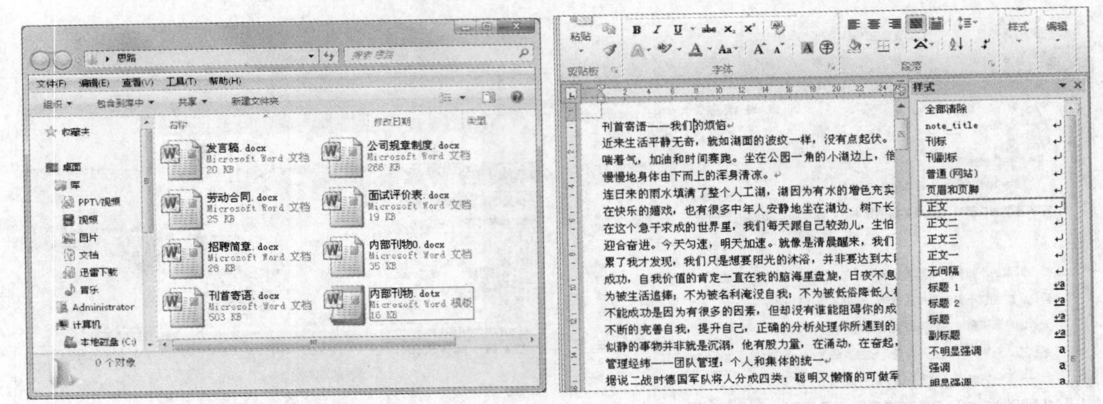

图3.105 输入文本　　图3.106 应用样式

（3）插入图片，设置图片格式，为图片添加题注，如图3.107所示。

（4）设置页面版式，调整页边距。整体调整文本和图片的排版格式，解决因页面版式更改引起的跳版问题。

（5）设计杂志的封面，提取杂志目录并保存文档，如图3.108所示。

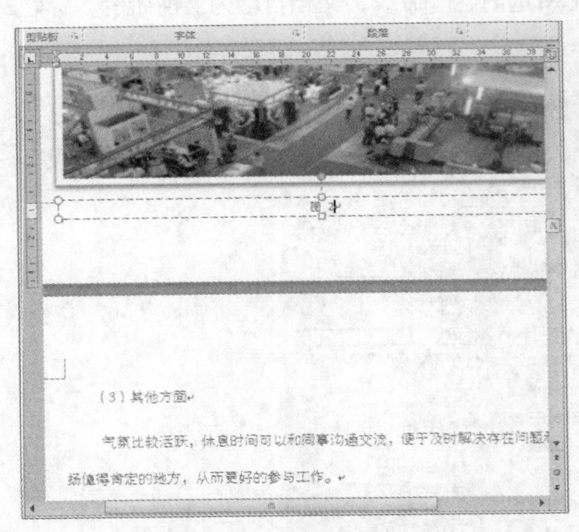

图3.107 设置图片和文档

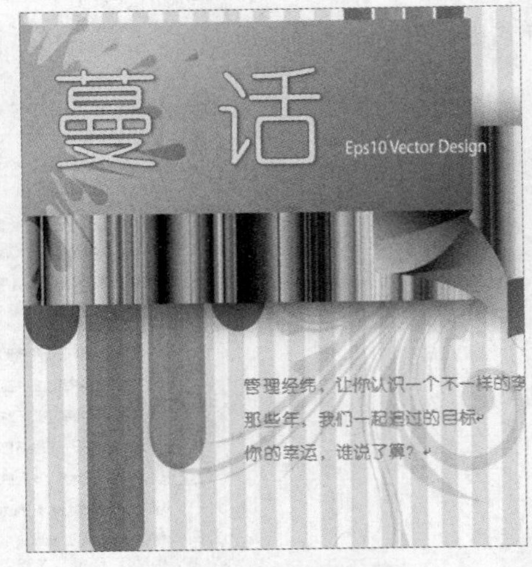

图3.108 设置封面和目录

3.6 拓展练习

3.6.1 制作项目调查报告

公司想进行一个大学生就业调查，根据最后的报告分析大学生和社会工作者之间的区别，以便更好地为公司发展服务。参考效果如图3.109所示（效果文件\第3章\项目调查.docx）。

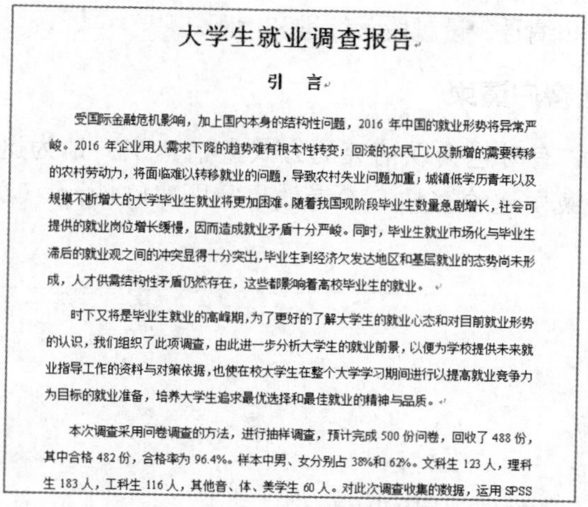

大学生就业调查报告

引　言

受国际金融危机影响，加上国内本身的结构性问题，2016 年中国的就业形势将异常严峻。2016 年企业用人需求下降的趋势难有根本性转变；回流的农民工以及新增的需要转移的农村劳动力，将面临难以转移就业的问题，导致农村失业问题加重；城镇低学历青年以及规模不断增大的大学毕业生就业将更加困难。随着我国现阶段毕业生数量急剧增长，社会可提供的就业岗位增长缓慢，因而造成就业矛盾十分严峻。同时，毕业生就业市场化与毕业生滞后的就业观之间的冲突显得十分突出，毕业生到经济欠发达地区和基层就业的态势尚未形成，人才供需结构性矛盾仍然存在，这些都影响着高校毕业生的就业。

时下又将是毕业生就业的高峰期，为了更好的了解大学生的就业心态和对目前就业形势的认识，我们组织了此项调查，由此进一步分析大学生的就业前景，以便为学校提供未来就业指导工作的资料与对策依据，也使在校大学生在整个大学学习期间进行以提高就业竞争力为目标的就业准备，培养大学生追求最优选择和最佳就业的精神与品质。

本次调查采用问卷调查的方法，进行抽样调查，预计完成 500 份问卷，回收了 488 份，其中合格 482 份，合格率为 96.4%。样本中男、女分别占 38%和 62%。文科生 123 人，理科生 183 人，工科生 116 人，其他音、体、美学生 60 人。对此次调查收集的数据，运用 SPSS

图3.109　“调查报告”参考效果

提示：（1）此文档的制作与范例中的市场调查报告的制作方法及各注意事项、编排规则类似。

（2）新建Word文档，根据市场调查问卷和资料对报告内容进行编排，导入“调查报告”文档中的标题样式和正文样式，并进行应用，最后插入页码并提取目录即可。

3.6.2 编排办公设备管理文档

公司办公设备属于公司财产，需要大家共同维护，所以办公设备管理文档的主要内容应为公司员工对各类办公用品的使用制度和维护制度，属于公司制度文档的范畴。参考效果如图3.110所示（效果文件\第3章\设备管理.docx）。

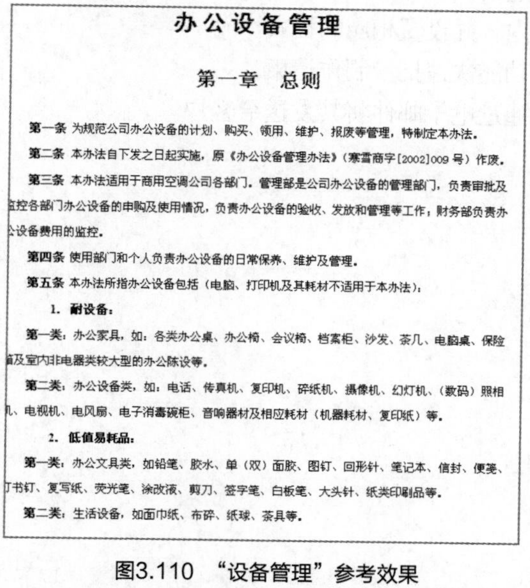

办公设备管理

第一章　总则

第一条 为规范公司办公设备的计划、购买、领用、维护、报废等管理，特制定本办法。

第二条 本办法自下发之日起实施，原《办公设备管理办法》（寒雪商字[2002]009 号）作废。

第三条 本办法适用于商用空调公司各部门。管理部是公司办公设备的管理部门，负责审批及监控各部门办公设备的申购及使用情况，负责办公设备的验收、发放和管理等工作；财务部负责办公设备费用的监控。

第四条 使用部门和个人负责办公设备的日常保养、维护及管理。

第五条 本办法所指办公设备包括（电脑、打印机及其耗材不适用于本办法）：

1. **耐设备：**

第一类：办公家具，如：各类办公桌、办公椅、会议椅、档案柜、沙发、茶几、电脑桌、保险箱及室内非电器类较大型的办公陈设等。

第二类：办公设备类，如：电话、传真机、复印机、碎纸机、摄像机、幻灯机、（数码）照相机、电视机、电风扇、电子消毒碗柜、音响器材及相应耗材（机器耗材、复印纸）等。

2. **低值易耗品：**

第一类：办公文具类，如铅笔、胶水、单（双）面胶、图钉、回形针、笔记本、信封、便笺、订书钉、复写纸、荧光笔、涂改液、剪刀、签字笔、白板笔、大头针、纸类印刷品等。

第二类：生活设备，如面巾纸、布碎、纸球、茶具等。

图3.110　“设备管理”参考效果

提示：（1）确定文档的编排思路，编写好后创建修改文档的标题样式，并对级别标题进行应用。

（2）添加项目符号和编号，设置段落缩进和行距。

3.6.3 制作并发送客户请柬

公司在举办活动时，有时也会以请柬的方式邀请客户，请为这次周年庆活动制作客户请柬，并将制作好的请柬发送给客户。参考效果如图3.111所示（效果文件\第3章\客户请柬.docx）。

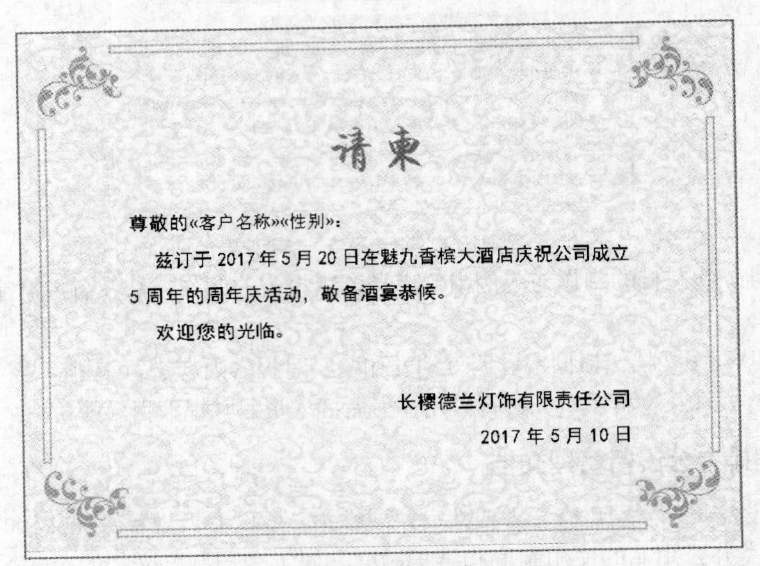

图3.111 “客户请柬”参考效果

提示：（1）请柬与邀请函一样，都是礼貌邀请对方参加会议或活动的事务性文书。

（2）输入请柬文档内容并设置相应的格式。

（3）通过邮件合并功能快速批量制作请柬。

（4）请柬制作好后通过电子邮件将其发送给客户。

第4章 编辑Excel表格数据

4.1 制作来访登记表

企业或公司制作来访登记表的主要目的是为了记录公司外部人员的来访信息，不仅有利于公司在商业运作中把握更多的客户，而且能有效地避免闲杂人等进入公司，保证公司业务的正常开展和财产物资的安全。通过对来访登记表作用的分析，便可将来访登记表的数据项目分为日期时间类项目、身份类项目和事由辅助类项目等。图4.1所示为来访登记表的参考效果。

来 访 登 记 表

2017年

月	日	来访者姓名	身份证号码	来访人单位	来访时间	来访事由	拜访部门(人)	离去时间	备注
1	4	张洪涛	510304197402251024	宏发实业	上午9时30分	洽谈业务	市场部李总	下午1时20分	
1	4	刘凯	110102197805237242	鸿华集团	上午10时20分	收款	财务部	上午10时50分	
1	5	李静	510129198004145141	金辉科技	上午9时20分	洽谈业务	市场部李总	下午4时20分	
1	5	王伟强	313406197709181322	深蓝科技	上午10时00分	洽谈业务	销售部	下午1时50分	
1	5	陈慧敏	650158198210113511	东升国际	下午2时30分	联合培训	人力资源部	下午4时30分	
1	6	刘丽	510107198412053035	三亚建材	上午10时30分	战略合作	人力资源部	上午11时30分	
1	9	孙晓娟	220156197901284101	立方铁艺	上午8时30分	洽谈业务	销售部	上午10时20分	
1	9	张伟	510303198102182046	万润木材	上午9时40分	技术交流	人力资源部	上午10时50分	
1	9	宋明德	630206197803158042	乐捷实业	上午10时00分	战略合作	人力资源部	上午11时30分	
1	9	曾锐	510108198006173112	宏达集团	下午1时50分	洽谈业务	市场部李总	下午2时30分	
1	10	金有国	510108197608208434	先锋建材	上午9时00分	洽谈业务	企划部	上午9时40分	
1	11	周丽梅	510304198305280311	将军漆业	上午9时30分	技术交流	人力资源部	上午11时30分	
1	12	陈娟	120202198209103111	张伟园艺	上午10时10分	洽谈业务	销售部	下午2时30分	
1	12	李静	510129198004145141	金辉科技	下午1时50分	洽谈业务	市场部李总	下午3时35分	
1	13	张洪涛	510304197402251024	宏发实业	上午9时30分	洽谈业务	市场部李总	下午3时30分	
1	13	赵伟伟	420222198007201362	百姓漆业	下午2时20分	联合培训	人力资源部	下午3时00分	
1	13	何晓璇	240102198405030531	青峰科技	下午3时20分	洽谈业务	企划部	下午5时40分	
1	16	谢东升	510129198003082002	远景实业	上午10时00分	联合培训	人力资源部	上午11时00分	
1	17	刘凯	110102197805237242	鸿华集团	上午9时30分	收款	财务部	上午10时30分	
1	18	张洪涛	510304197402251024	宏发实业	上午11时00分	洽谈业务	市场部李总	上午11时30分	

记录员-王敏

图4.1 公司简介文档效果

下载资源

效果文件：第4章\来访登记表.xlsx

4.1.1 输入表格基本数据

首先创建并保存“来访登记表.xlsx”工作簿，删除两个工作表并重命名剩余的工作表，然后输入表格的框架数据，其具体操作如下。

1 新建空白工作簿并以“来访登记表.xlsx”为名进行保存。删除“Sheet2”和“Sheet3”工作表，然后将“Sheet1”工作表重命名为“记录员-王敏”，如图4.2所示。

2 在A1单元格中输入“来访登记表”文本，并在每个汉字之间添加一个空格。在J2单元格中输入“2017年”。依次在A3:J3单元格区域中输入各表头文本，如图4.3所示。

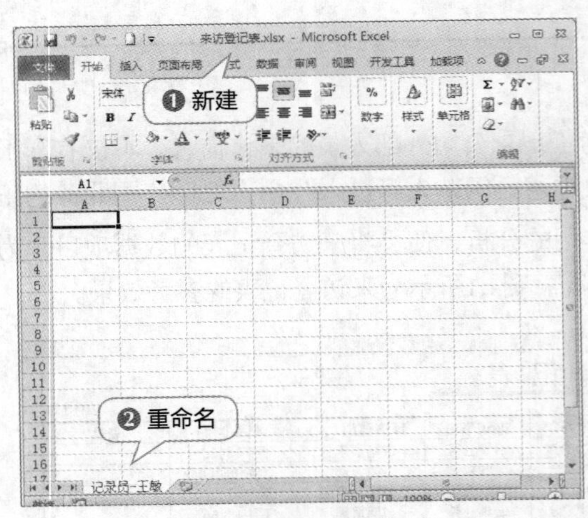

图4.2 重命名工作表

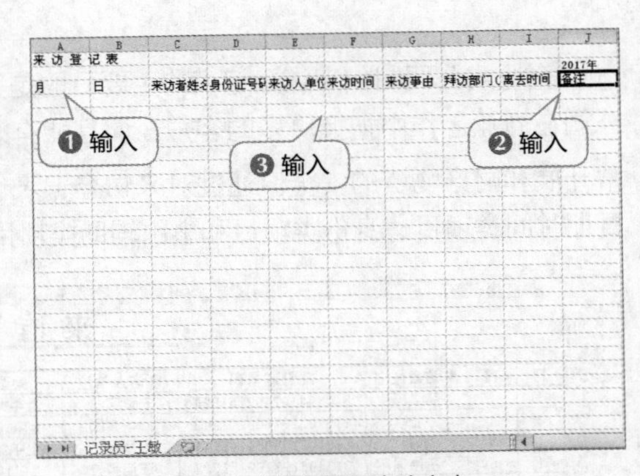

图4.3 输入表格标题和表头文本

3 在A4单元格中输入“1”，将鼠标指针移动至该单元格右下角，当其变为**+**形状时，按住鼠标左键不放拖曳至A23单元格，快速输入月份数。继续输入具体的来访日期、来访者姓名、来访人单位、来访事由和拜访部门等相关数据记录，如图4.4所示。

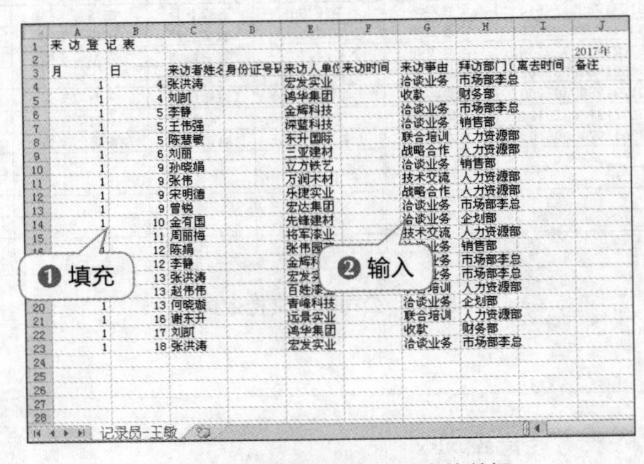

图4.4 输入部分表头对应的数据

提示：当单元格的宽度小于其中数据的长度时，Excel 2010将只显示出宽度范围内的单元格数据，要想查看完整的数据，可选择单元格后在编辑栏中查看。

4.1.2 调整并美化表格

扫一扫

调整并美化表格

为了更好地展示表格数据，需要对表格进行适当的调整，包括合并单元格，调整行高列宽、设置单元格数据格式以及添加单元格边框等，其具体操作如下。

1 选择A1单元格，按住鼠标左键不放拖曳至J1单元格，即选择A1:J1单元格区域，在【开始】/【对齐方式】组中单击“合并后居中”按钮。将合并后的A1单元格中的文本格式设置为“华文中宋，20”，如图4.5所示。

2 将A2:J3单元格区域的字号设置为“10”，并加粗显示数据。将A4:J30单元格区域的字号设置为“10”，如图4.6所示。

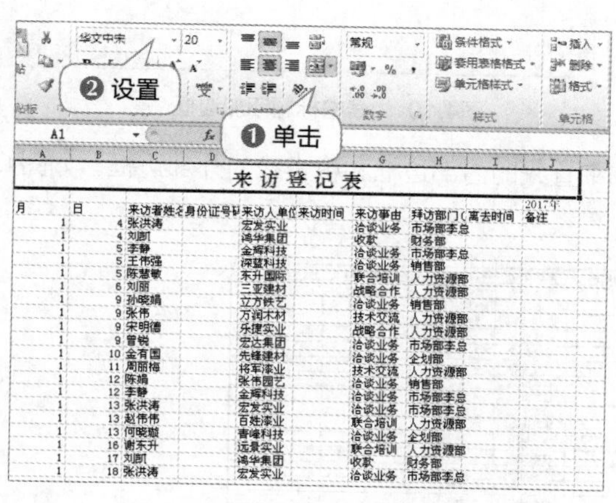

图4.5 设置表格标题

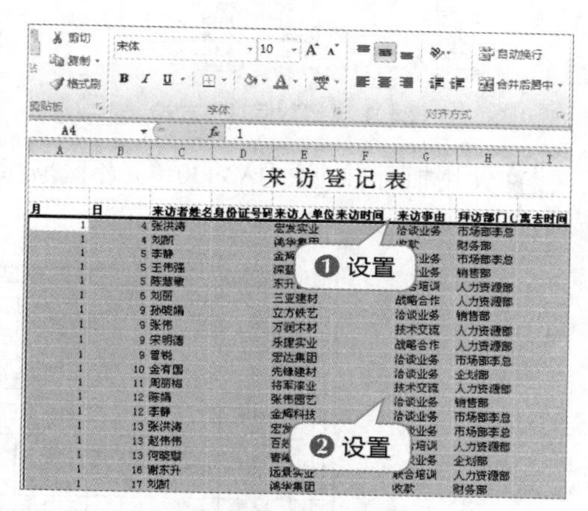

图4.6 调整表头及其他数据格式

3 拖曳第1行的行号，将第1行的行高调整为“25.50像素”。使用相同方法将第2行的行高调整为“15.00像素”，其余行高保持默认设置，如图4.7所示。

4 使用相同的方法拖曳各列的列标，其中D列的列宽调整为“18.00像素”，F列和I列的列宽调整为“12.00像素”，其余各列的列宽调整至能完整显示其下的数据即可，如图4.8所示。

图4.7 调整行高

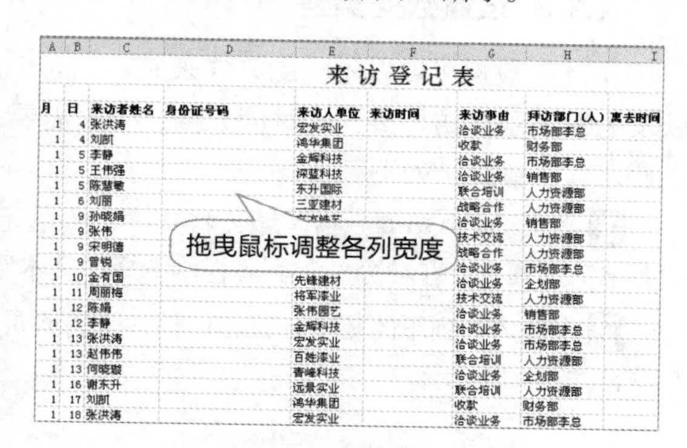

图4.8 调整列宽

5 选择J2单元格，在【开始】/【对齐方式】组中单击“文本右对齐”按钮，将J2单元格的对齐方式设置为“右对齐”，将A3:J30单元格区域的对齐方式设置为“居中对齐”，如图4.9所示。

6 选择E2:G2单元格区域，单击鼠标右键，在弹出的快捷菜单中选择“设置单元格格式”命令，打开“设置单元格格式”对话框，单击“边框”选项卡，在“线条样式”栏中选择双直线对应的线条样式。在“边框”栏中单击田按钮，再单击 确定 按钮，如图4.10所示。

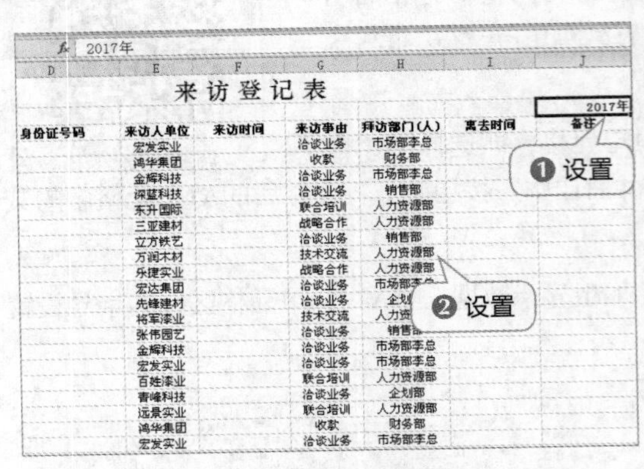

图4.9 设置数据对齐方式

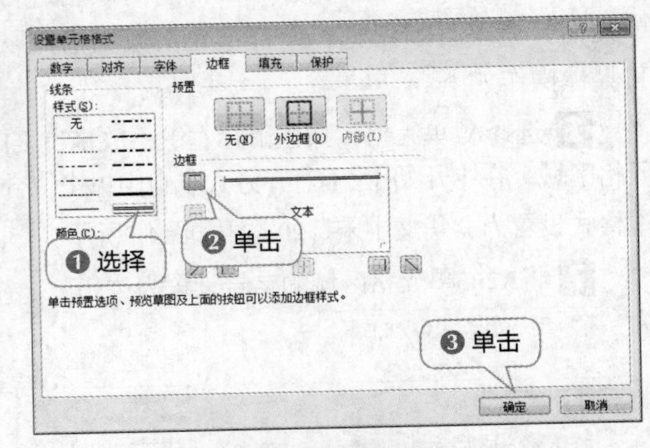

图4.10 为表格标题添加边框

7 使用相同的方法为A3:J30单元格区域添加细直线的内部边框和粗直线的外部边框，如图4.11所示。

月	日	来访者姓名	身份证号码	来访人单位	来访时间	来访事由	拜访部门（人）	离去时间	备注
1	4	张洪涛		宏发实业		洽谈业务	市场部李总		
1	4	刘凯		鸿华集团		收款	财务部		
1	5	李静		金辉科技		洽谈业务	市场部李总		
1	5	王伟强		深蓝科技		洽谈业务	销售部		
1	5	陈慧敏		东升国际		联合培训	人力资源部		
1	6	刘丽		三亚建材		战略合作	人力资源部		
1	9	孙晓娟		立方铁艺		洽谈业务	销售部		
1	9	张伟		万润木材		技术交流	人力资源部		
1	9	宋明德		乐捷实业		战略合作	人力资源部		
1	9	曾锐		宏达集团		洽谈业务	市场部李总		
1	10	金有国		先锋建材		洽谈业务	企划部		
1	11	周丽梅		将军漆业		技术交流	人力资源部		
1	12	陈娟		张伟园艺		洽谈业务	销售部		
1	12	李静		金辉科技		洽谈业务	市场部李总		
1	13	张洪涛		宏发实业		洽谈业务	市场部李总		
1	13	赵伟伟		百姓漆业		联合培训	人力资源部		
1	13	何晓璇		青峰科技		洽谈业务	企划部		
1	16	谢东升		远景实业		联合培训	人力资源部		
1	17	刘凯		鸿华集团		收款	财务部		
1	18	张洪涛		宏发实业		洽谈业务	市场部李总		

图4.11 为数据区域添加边框

4.1.3 设置数据类型

不同的数据可以以不同的方式来显示，为了正确显示出身份证号码以及清晰显示来访与离开的时间数据，下面需要对数据类型进行适当的设置，其具体操作如下。

1 选择D4:D30单元格区域，打开“设置单元格格式”对话框，单击“数字”选项卡，在“分类”列表框中选择“文本”选项，单击 确定 按钮，如图4.12所示。

2 依次在D列下的相应单元格中输入来访人员对应的身份证号码，此时将显示出具体的身份证数据，如图4.13所示。

提示：若首先输入身份证号码后再将单元格数据类型更改为文本型数据时，Excel将自动把后3位身份证号码判断为“0”，此时需要记录员重新输入正确的数字，因此需先设置格式再输入。

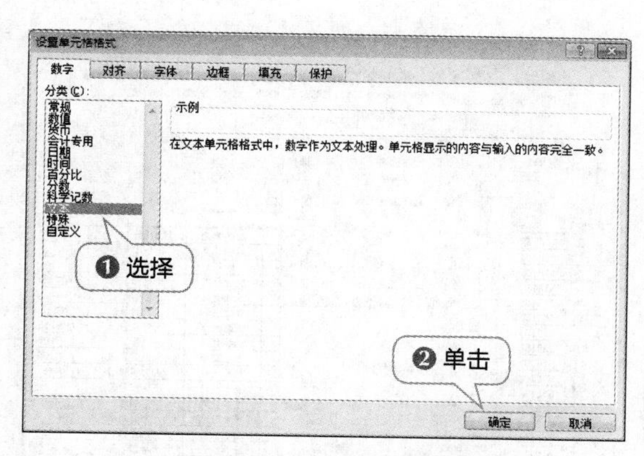

图4.12 设置身份证数据类型

来访登记表

来访者姓名	身份证号码	来访人单位	来访时间	来访事由	拜访部门(人)
张洪涛	51030419740225****	宏发实业		洽谈业务	市场部李总
刘凯	11010219780523****	鸿华集团		收款	财务部
李静	51012919800414****	金辉科技		洽谈业务	市场部李总
王伟强	31340619770918****	深蓝科技		洽谈业务	销售部
陈慧敏	65015819821011****	东升国际		联合培训	人力资源部
刘丽	51010719841205****	三亚建材		战略合作	人力资源部
孙晓娟	22015619790128****	立方铁艺		洽谈业务	销售部
张伟	51030319810218****	万润木材		技术交流	人力资源部
宋明德	63020619780315****	乐捷实业		战略合作	人力资源部
曾锐	51010819800617****	宏达集团		洽谈业务	市场部李总
金有国	51010819760820****	先锋建材		洽谈业务	企划部
周丽梅	51030419830528****	将[illegible]漆业		技术交流	人力资源部
陈娟	12020219820910****	张[illegible]艺		洽谈业务	销售部
李静	51012919800414****	[illegible]		洽谈业务	市场部李总
张洪涛	51030419740225****	[illegible]		洽谈业务	市场部李总
赵伟伟	42022219800720****	[illegible]		联合培训	人力资源部
何晓璇	24010219840503****	青峰科技		洽谈业务	企划部
谢东升	51012919800308****	远景实业		联合培训	人力资源部
刘凯	11010219780523****	鸿华集团		收款	财务部
张洪涛	51030419740225****	宏发实业		洽谈业务	市场部李总

输入

图4.13 输入身份证号码

3 依次在F列和I列下输入来访人的来访时间和离去时间，如图4.14所示。

4 同时选择F列和I列下相应的单元格区域，打开“设置单元格格式”对话框，单击“时间”选项卡，在“类型”下拉列表框中选择“下午1时30分”选项，单击 确定 按钮，如图4.15所示。

来访登记表

身份证号码	来访人单位	来访时间	来访事由	拜访部门(人)	离去时间
510304197402251024	宏发实业	上午9时30分	洽谈业务	市场部李总	下午1时20分
110102197805237242	鸿华集团	上午10时20分	收款	财务部	上午10时50分
510129198004145141	金辉科技	上午9时20分	洽谈业务	市场部李总	下午4时20分
313406197709181322	深蓝科技	上午10时00分	洽谈业务	销售部	下午1时50分
650158198210113511	东升国际	下午2时30分	联合培训	人力资源部	下午4时30分
510107198412053035	三亚建材	上午10时30分	战略合作	人力资源部	上午11时30分
220156197901284101	立方铁艺	上午8时30分	洽谈业务	销售部	上午10时20分
510303198102182046	万润木材	上午9时40分	技术交流	人力资源部	上午10时50分
630206197803158042	乐捷实业	上午10时00分	战略合作	人力资源部	上午11时30分
510108198006173112	宏达集团	下午1时50分	洽谈业务	市场部李总	下午2时30分
510108197608208434	先锋建材	上午9时00分	洽谈业务	企划部	上午9时40分
510304198305280311	将军漆业	上午9时30分	技术交流	人力资源部	上午11时30分
120202198209103111	张伟园艺	上午10时10分	洽谈业务	销售部	下午2时30分
510129198004145141	金辉科技	下午1时50分	洽谈业务	市场部李总	下午3时35分
510304197402251024	宏发实业	上午9时30分	洽谈业务	市场部李总	下午3时30分
420222198007201362	百姓漆业	下午2时20分	联合培训	人力资源部	下午3时00分
240102198405030531	青峰科技	下午3时20分	洽谈业务	企划部	下午5时40分
510129198003082002	远景实业	上午10时00分	联合培训	人力资源部	上午11时00分
110102197805237242	鸿华集团	上午9时30分	收款	财务部	上午10时30分
510304197402251024	宏发实业	上午11时00分	洽谈业务	市场部李总	上午11时30分

图4.14 输入时间数据

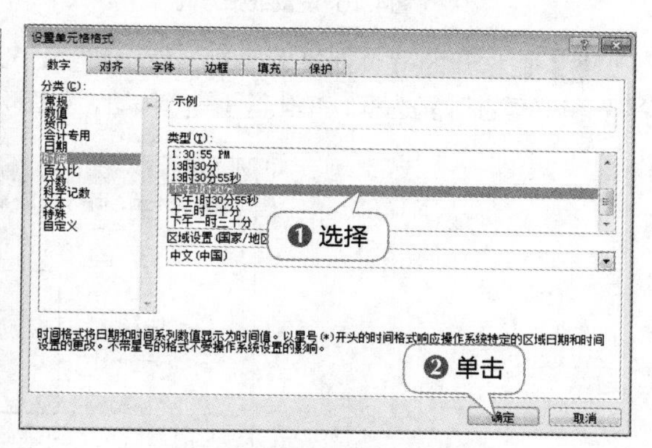

图4.15 设置时间型数据类型

4.1.4 页面设置与表格打印

对表格页面进行设置，不仅可以使打印出来的效果更加美观，也能有效地利用纸张资源，下面就对制作好的表格进行页面设置与打印，其具体操作如下。

1 在【页面布局】/【页面设置】组中单击“纸张方向”按钮，在打开的下拉列表中选择“横向”选项，如图4.16所示。

2 在【页面布局】/【页面设置】组中单击“页边距”按钮，在打开的下拉列表中选择“自定义边距”选项，如图4.17所示。

提示：选择【文件】/【打印】命令后，除了可设置与打印表格外，还可在界面右侧同步预览表格打印后的效果，单击预览区域右下角的“缩放到页面”按钮，可使表格的预览状态在两种预览状态下切换。

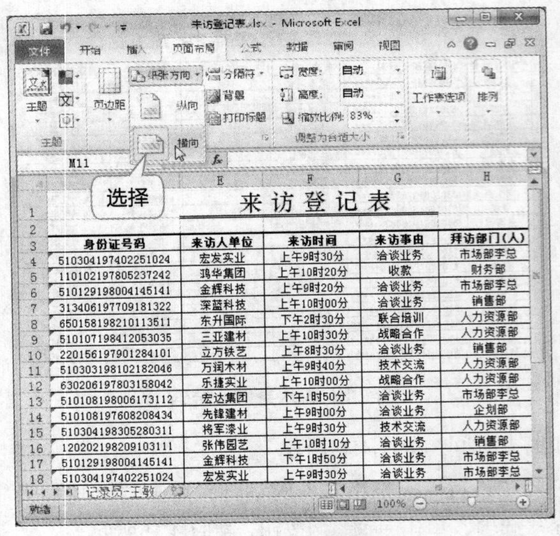

图4.16 设置纸张方向

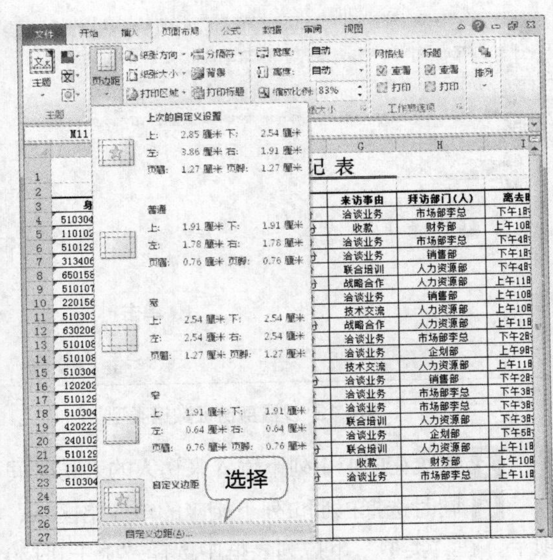

图4.17 设置页边距

3 在打开的“页面设置”对话框中将上、下、左、右页边距均设置为“2”。单击选中“水平”和“垂直”复选框，单击 确定 按钮，如图4.18所示。

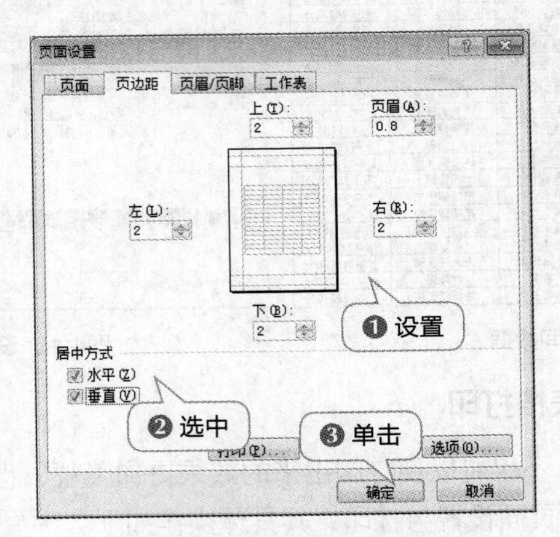

图4.18 自定义页边距

4.2 制作办公用品申领单

每个公司制作的办公用品或其他用品申领单都有可能不同，这需要根据公司实际运作情况进行实际分析。本例制作的办公用品申领单主要包含了一些常规的申领内容，可以很好地记录每次物品申领的实际情况，一般来说，只要申领单包含这些项目，就能作为大部分情况下的物品申领记录表来使用。图4.19所示为“办公用品申领单”文档参考效果。

办公用品申领单

元卓科技 YUANZHUO TECHNOLOGY

申领部门： 编号：

物品名称	型号特征	申领日期	申领数量	申领原因	备注

经办人： 部门负责人：

主管领导审批：

图4.19 “办公用品申领单”文档参考效果

下载资源

效果文件：第4章\办公用品申领单.xlsx

4.2.1 输入并美化表格

输入并美化表格

下面首先创建“办公用品申领单.xlsx”工作簿，然后输入标题和各项目数据，接着调整各行各列的高度与宽度，并美化单元格格式，其具体操作如下。

1 新建工作簿并将其命名为“办公用品申领单.xlsx”。删除Sheet2和Sheet3工作表，将Sheet1工作表命名为“申领单”，如图4.20所示。

2 依次在表格中的A1、A2、C2、D13单元格和A3:F3、A13:A14单元格区域中输入相应的内容，如图4.21所示。

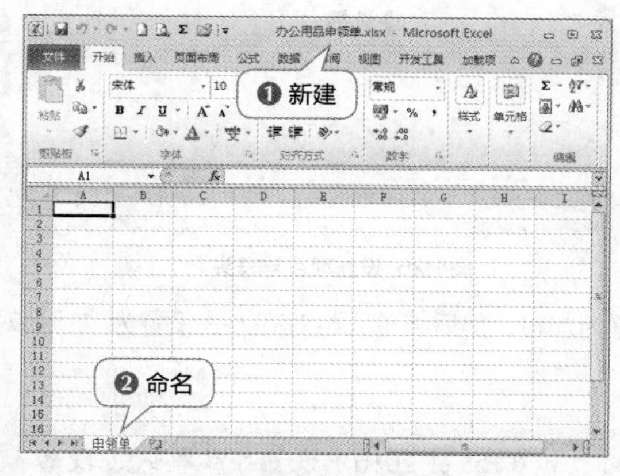

图4.20 重命名工作表

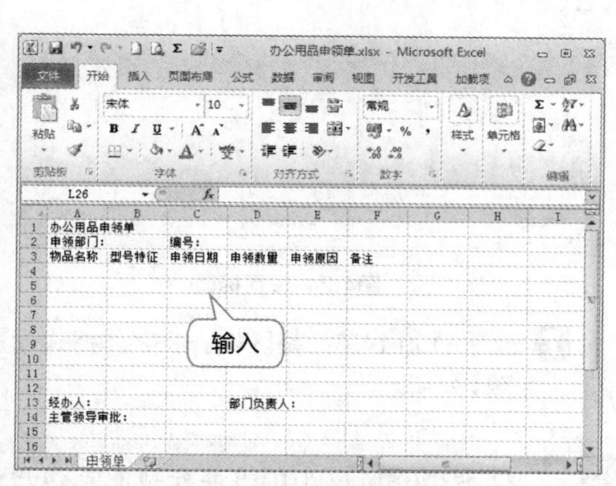

图4.21 输入表格数据

3 依次调整第1行至第14行的行高，如图4.22所示。

4 继续调整第A列至第F列的列宽，如图4.23所示。

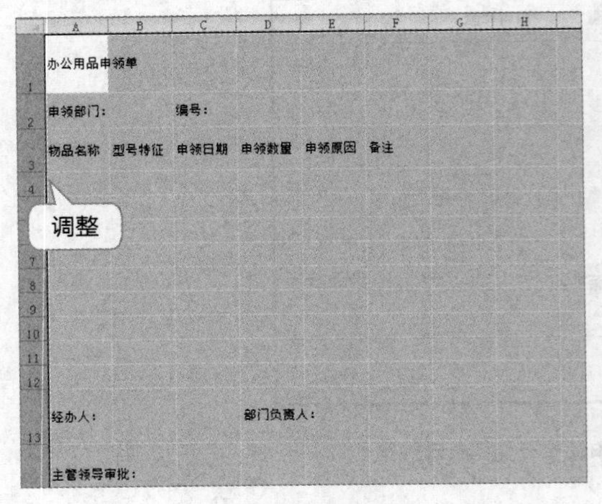

图4.22 调整行高

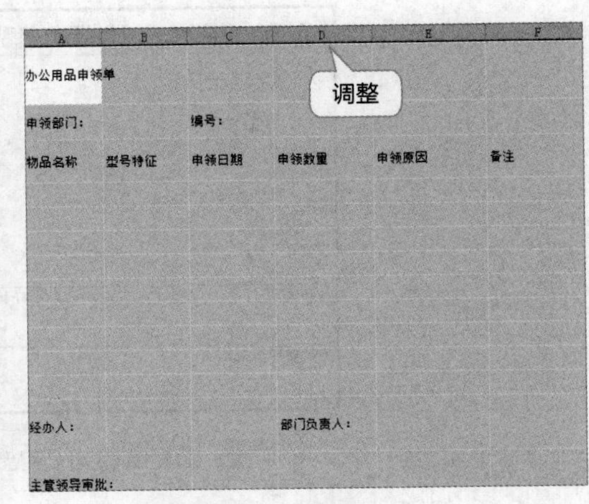

图4.23 调整列宽

5 将A1:F1单元格区域合并成一个单元格。将合并后的单元格字体格式设置为“黑体、24、底端对齐”，如图4.24所示。

6 选择A2:F3单元格区域。在【开始】/【字体】组中单击“加粗”按钮**B**，将单元格对齐方式设置为“左对齐”，C2单元格的对齐方式设置为“右对齐”，如图4.25所示。

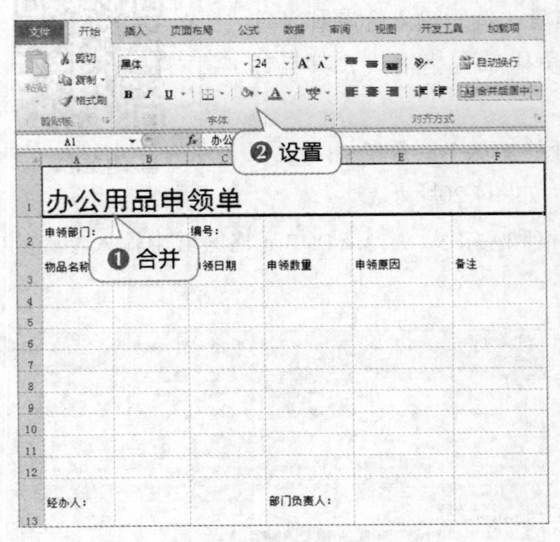

图4.24 设置标题

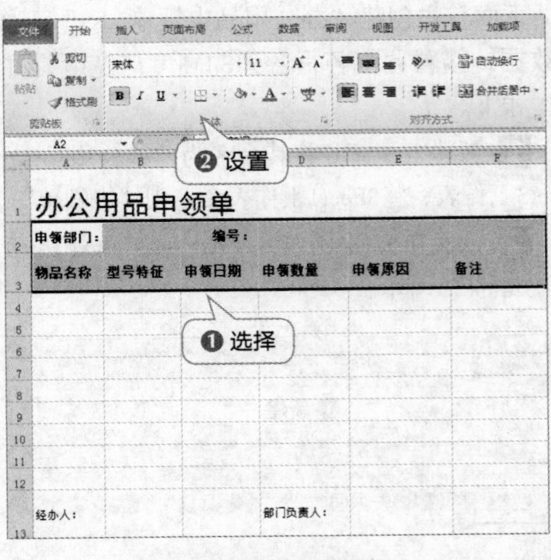

图4.25 设置项目与表头

7 选择A13:F14单元格区域。将字体格式设置为加粗，然后将单元格对齐方式设置为“顶端对齐”，如图4.26所示。

提示：Office 2010的部分功能是通用的，如在Excel 2010中设置字体格式、段落格式、对齐方式等，其操作步骤与在Word 2010中一致。

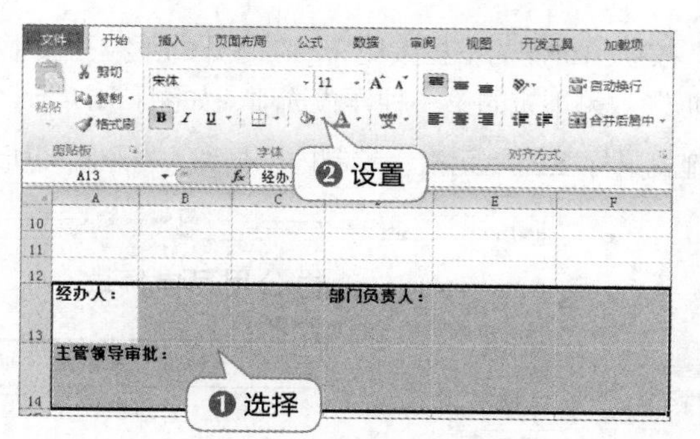

图4.26 设置责任人数据

4.2.2 为表格添加边框

为了使表格更加美观，更有层次感，需要为其添加多种不同效果的边框样式，其具体操作如下。

1 在【视图】/【显示】组中撤销选中“网格线”复选框，目的是可以更好地观察即将添加的边框效果，如图4.27所示。

2 在【开始】/【字体】组中单击“边框”按钮右侧的下拉按钮，如图4.28所示。

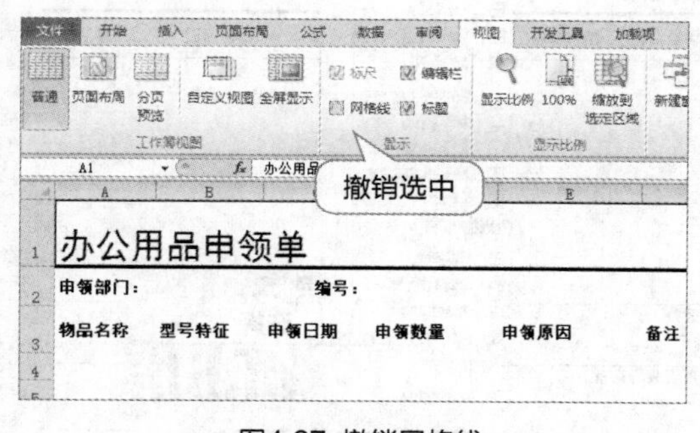

图4.27 撤销网格线

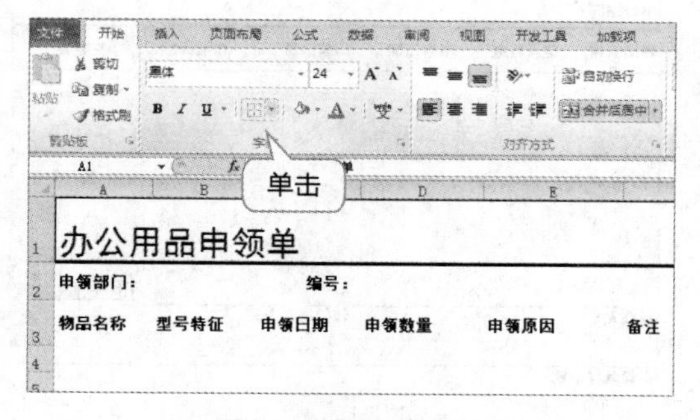

图4.28 单击下拉按钮

3 在打开的下拉列表中选择“线型”选项，在打开的子列表中选择最后一种样式选项，如图4.29所示。

4 在A3单元格处按住鼠标左键不放，并拖曳至F14单元格，如图4.30所示。

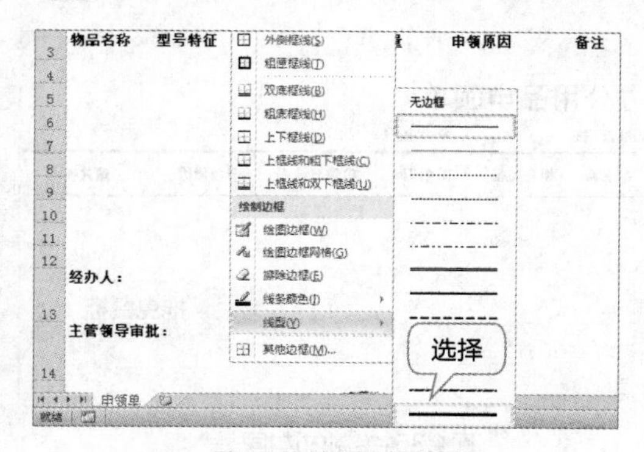

图4.29 选择边框线型

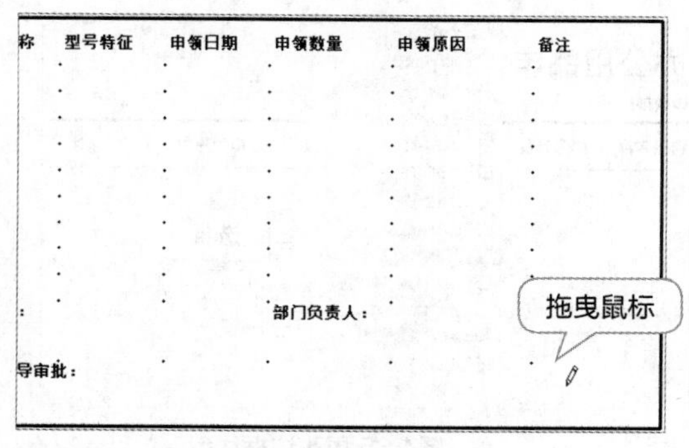

图4.30 绘制外边框

5 再次单击“边框”按钮田右侧的下拉按钮▾，在打开的下拉列表中选择“线型”选项，在打开的子列表中选择“无边框”效果下方的第一种样式选项，如图4.31所示。

6 在A3单元格下方拖曳鼠标至F3单元格，绘制内部框线，如图4.32所示。

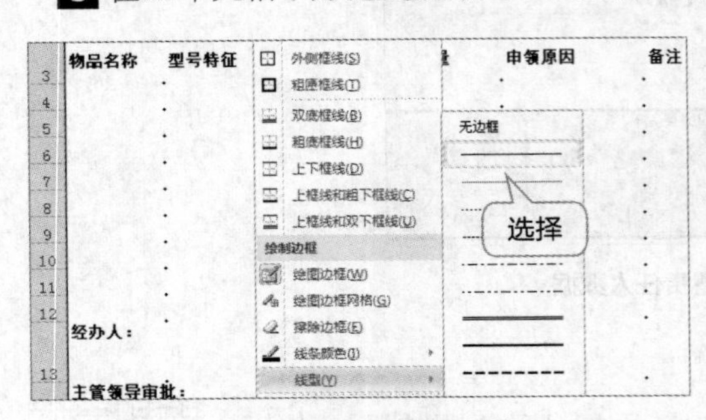

图4.31 更改边框线型

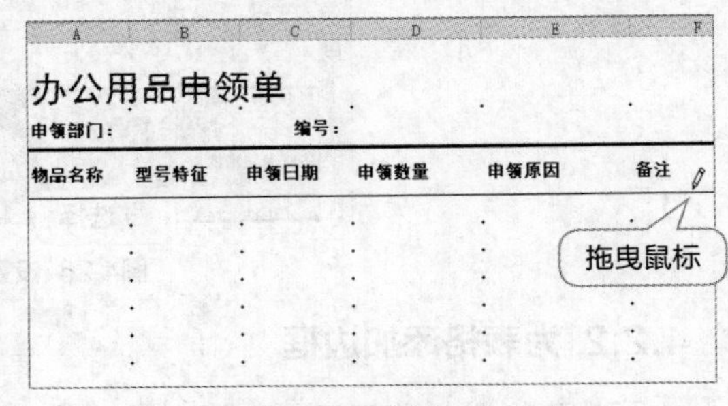

图4.32 绘制内边框

7 使用相同的方法分别在第12行和第13行下方绘制内部边框，如图4.33所示。

8 单击“边框”按钮田右侧的下拉按钮▾，在打开的下拉列表中选择“线条颜色”选项，在打开的子列表中选择“白色、背景1、深色35%”颜色选项，如图4.34所示。

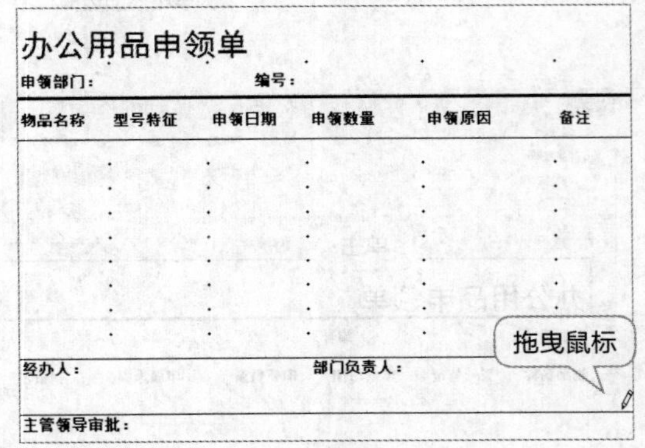

图4.33 绘制其他内边框

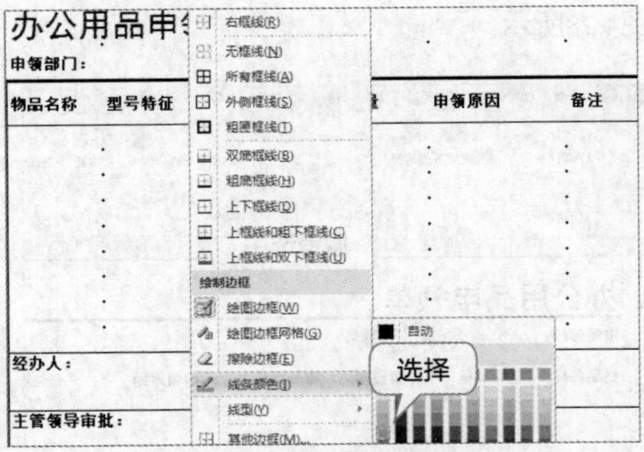

图4.34 更改边框颜色

9 再次单击“边框”按钮田右侧的下拉按钮▾，在打开的下拉列表中选择“线型”选项，在打开的子列表中选择“无边框”效果下方的第3种样式选项，如图4.35所示。

10 按相同方法分别在第4行至第11行下方绘制内部边框，如图4.36所示。

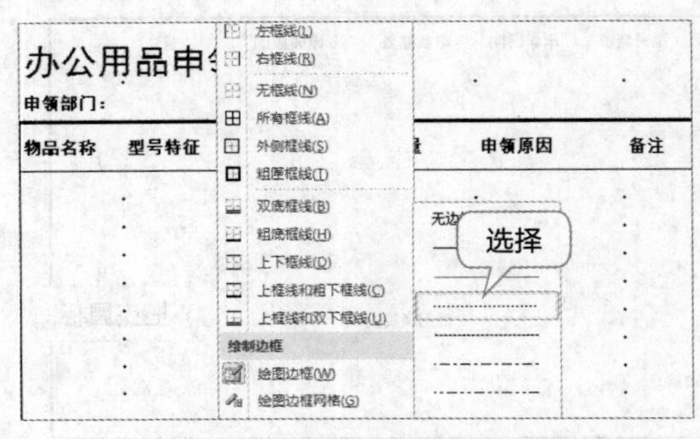

图4.35 更改边框线型

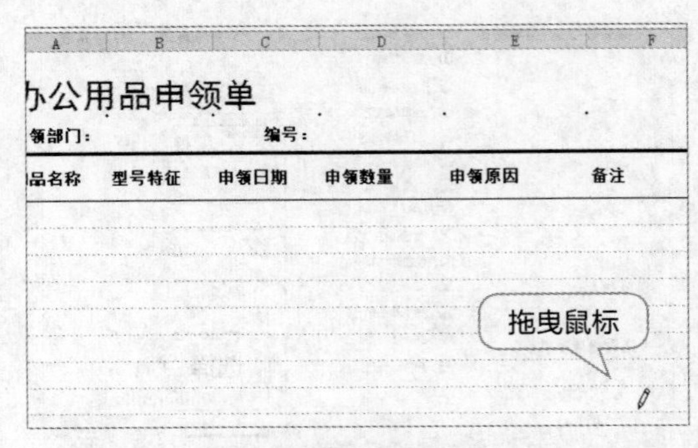

图4.36 绘制内边框

11 按“Esc”键，完成边框的绘制，如图4.37所示。

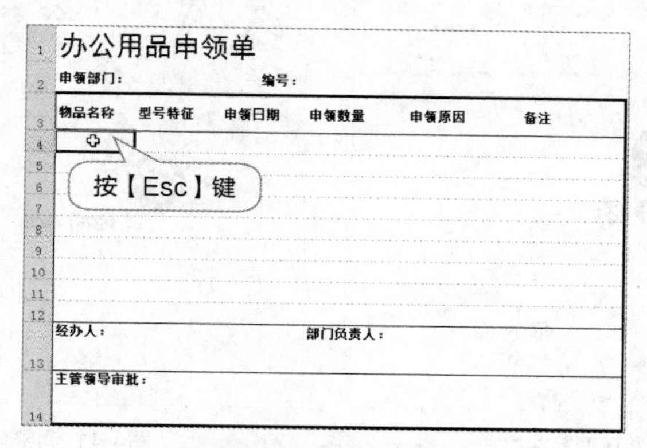
办公用品申领单
申领部门：
编号：
物品名称 | 型号特征 | 申领日期 | 申领数量 | 申领原因 | 备注
经办人：
部门负责人：
主管领导审批：

图4.37 退出绘制状态

4.2.3 绘制形状

Excel 2010具备强大的图形处理能力，下面就利用这些功能在申领单中制作并设置公司LOGO标志，其具体操作如下。

扫一扫

绘制形状

1 在【插入】/【插图】组中单击“形状”按钮，在打开的下拉列表框中选择“基本形状”栏的“椭圆”选项，按住【Shift】键绘制正圆。在【格式】/【大小】组中的“宽度”和“高度”文本框中输入“1.3厘米”。选择正圆，在【绘图工具 格式】/【形状样式】组中单击“其他”按钮，在打开的下拉列表框中选择黑色的最后一种样式选项，如图4.38所示。

2 在【插入】/【插图】组中单击“形状”按钮，在打开的下拉列表框中选择“箭头汇总”栏中的“环形箭头”选项，并将其绘制在工作表中。将其高度和宽度均设置为“1厘米”。单击“旋转”按钮，在打开的下拉列表中选择“水平翻转”选项，再单击“旋转”按钮，在打开的下拉列表中选择“向左旋转90° ”选项，如图4.39所示。

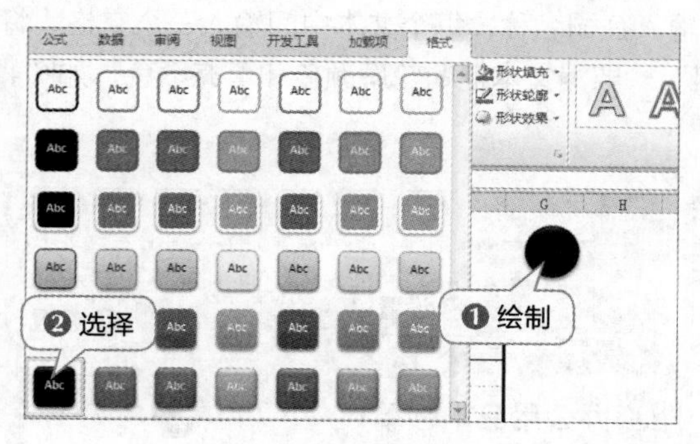

图4.38 绘制正圆

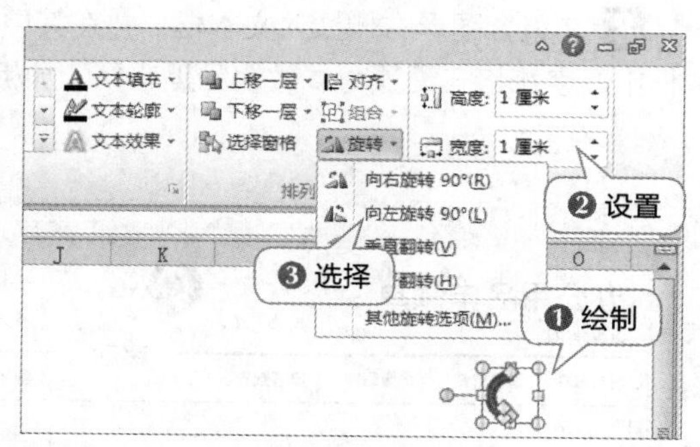

图4.39 绘制环形箭头

3 将环形箭头移动到正圆上。将其轮廓颜色和填充颜色均设置为“白色”，单击【绘图工具 格式】/【形状样式】组中的“形状效果”按钮，在打开的下拉列表中选择“棱台”选项，在打开的列表框中选择第4种样式选项，如图4.40所示。

4 拖动环形箭头尾部的黄色控制点，使其显示为类似四分之三的圆形效果，如图4.41所示。

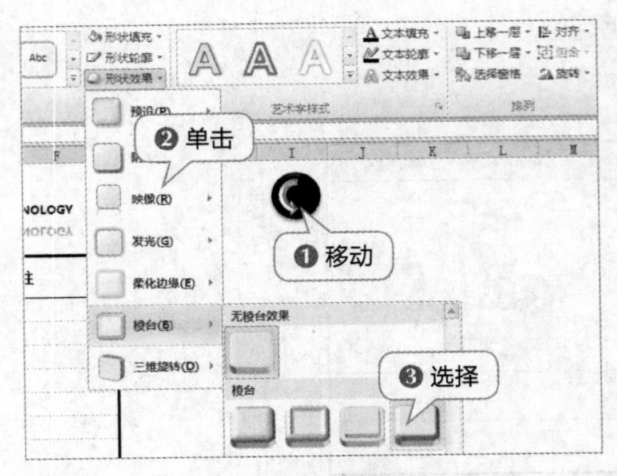

图4.40 设置环形箭头格式

图4.41 调整环形箭头形状

5 利用【Shift】键同时选择正圆和环形箭头。在【排列】组中单击“对齐”按钮，依次选择“水平居中”和“垂直居中”选项，如图4.42所示。

6 保持正圆和环形箭头的选择状态，继续在【排列】组中单击“组合”按钮，在打开的下拉列表中选择“组合”命令将两个图形组合为一个图形对象，如图4.43所示。

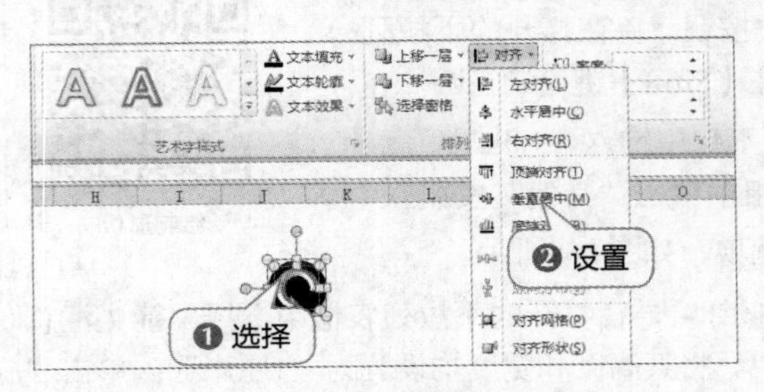

图4.42 设置对齐方式

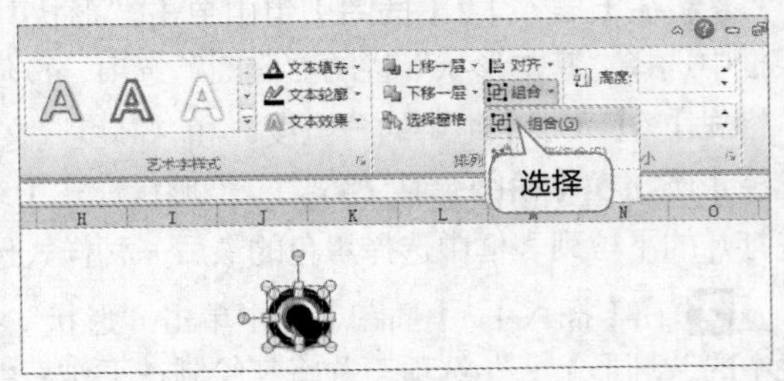

图4.43 组合图形

7 将组合的图形移动到表格标题右侧，如图4.44所示。

8 在组合图形右侧插入文本框，并在其中输入公司名称，每个文本中间输入一个空格。将文本框中的字符格式设置为“微软雅黑、16、加粗”。取消文本框的轮廓颜色和填充颜色，如图4.45所示。

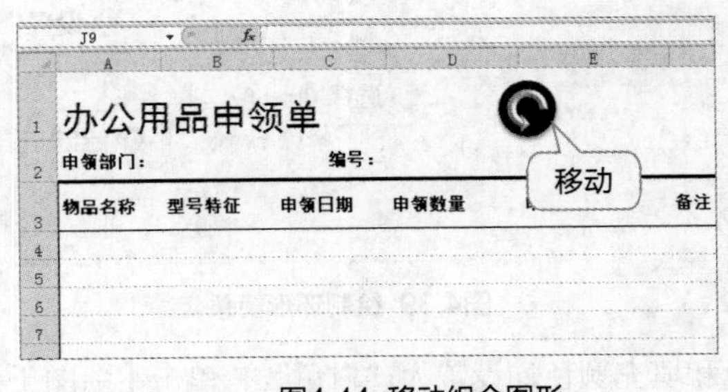

图4.44 移动组合图形

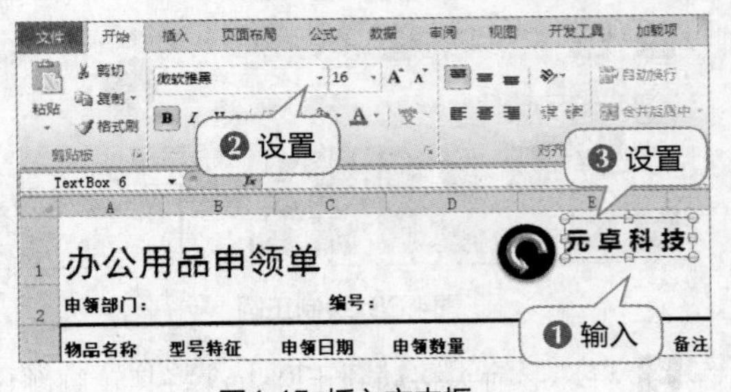

图4.45 插入文本框

9 按住【Ctrl】键的同时，向下拖曳文本框的边框实现复制操作。将文本框中的文本内容修改为公司的英文名称。将字体格式设置为“微软雅黑、9、加粗”，如图4.46所示。

10 将所有图形合并为一个整体。在【格式】/【形状样式】组中单击“形状效果”按钮按钮，在打开的下拉列表中选择“映像”选项，在打开的列表框中选择第2种样式选项，如图4.47所示。

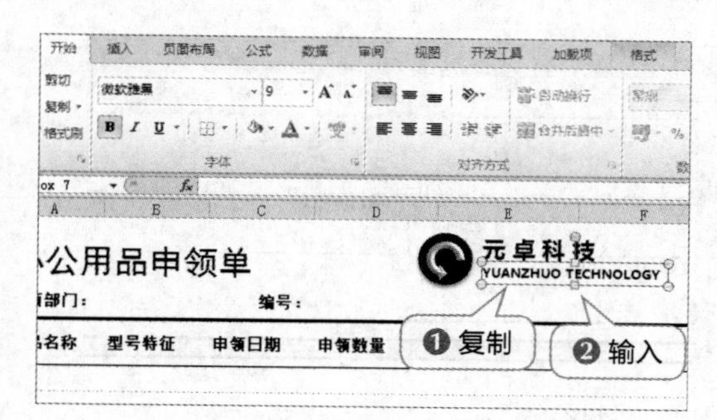

图4.46 复制并修改文本框

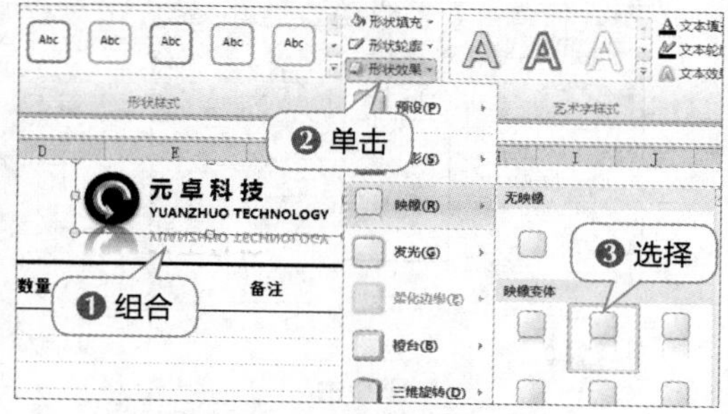

图4.47 添加映像效果

11 最后利用键盘上的方向键对图形对象的位置进行微调即可，如图4.48所示。

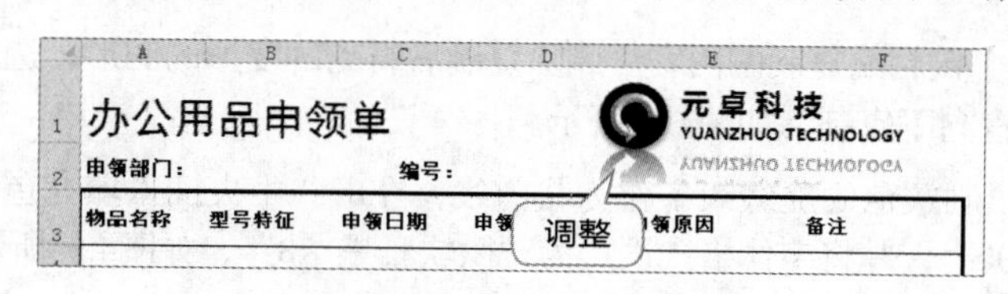

图4.48 微调图形对象的位置

4.2.4 页面设置和打印

完成表格内容的编制后，下面将预览表格的打印效果，以不浪费纸张为原则对表格内容进行适当的调整，其具体操作如下。

扫一扫

页面设置和打印

1 选择【文件】/【打印】命令，如图4.49所示。

2 单击界面中设置页边距的按钮，在打开的下拉列表中选择“自定义边距”选项，如图4.50所示。

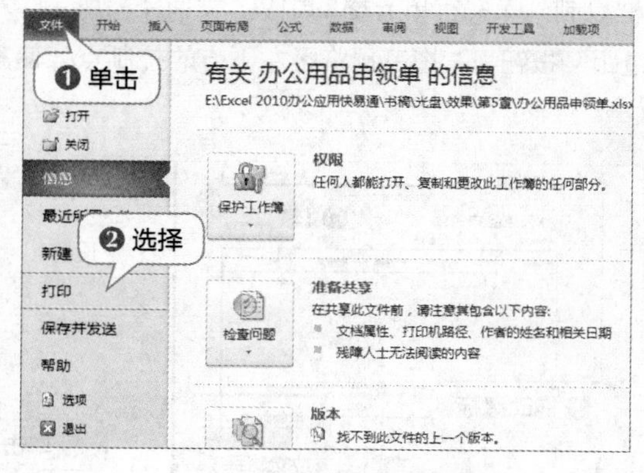

图4.49 进入打印预览界面

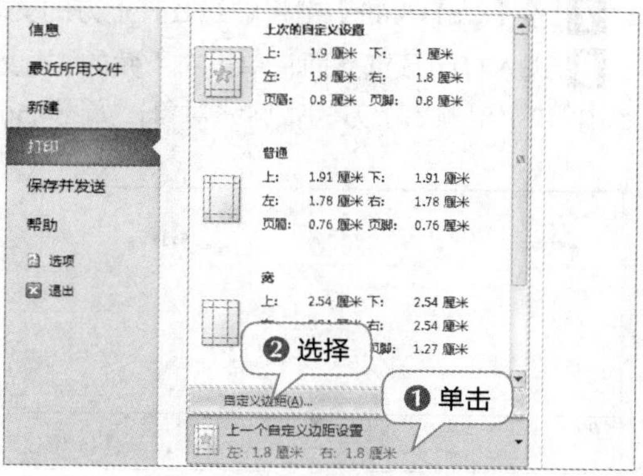

图4.50 自定义页边距

3 在打开的“页面设置”对话框中单击“页边距”选项卡，依次单击选中“水平”和“垂直”复选框，单击确定按钮，如图4.51所示。

4 选择第1行至第14行单元格区域，按【Ctrl+C】键将其复制到剪贴板中，选择第16行单元格，如图4.52所示。

图4.51 设置居中方式

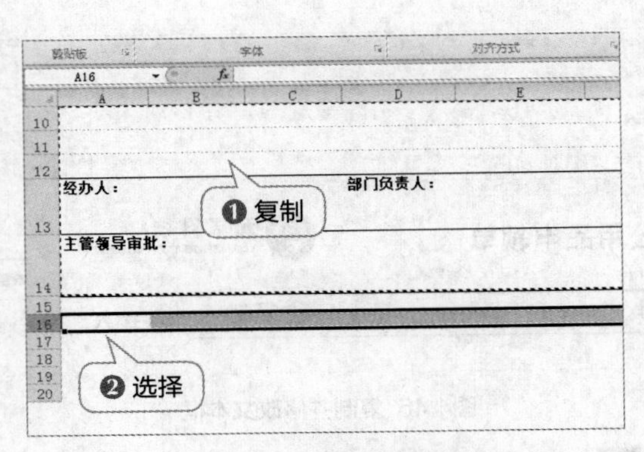

图4.52 复制表格内容

5 按【Ctrl+V】键粘贴复制的内容。删除复制后得到的变形的图形，选择公司LOGO图形，按【Ctrl+Shift】键垂直向下复制，如图4.53所示。

6 在第15行处绘制灰色的虚线线条作为裁剪线，在虚线中央插入填充色为白色的无边框文本框，输入“（裁剪线）”，并将字体格式设置为“微软雅黑、8”，如图4.54所示。

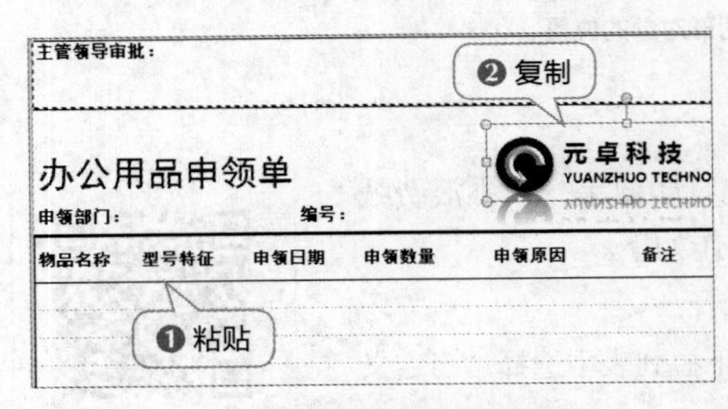

图4.53 复制公司LOGO

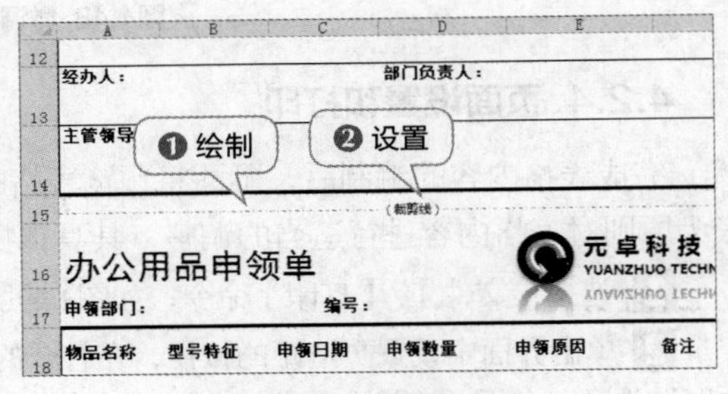

图4.54 制作裁剪线

7 按【Ctrl+Shift】键将虚线及其上方的文本框复制到第30行单元格的中央，如图4.55所示。

8 进入打印预览界面，单击右下角的“显示边距”按钮。拖曳预览区左下方的控制点，使其显示出第2个申领单下方的裁剪线对象，如图4.56所示。

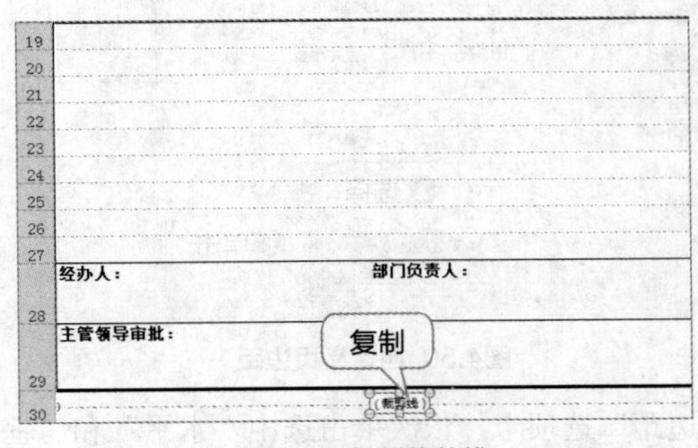

图4.55 复制裁剪线

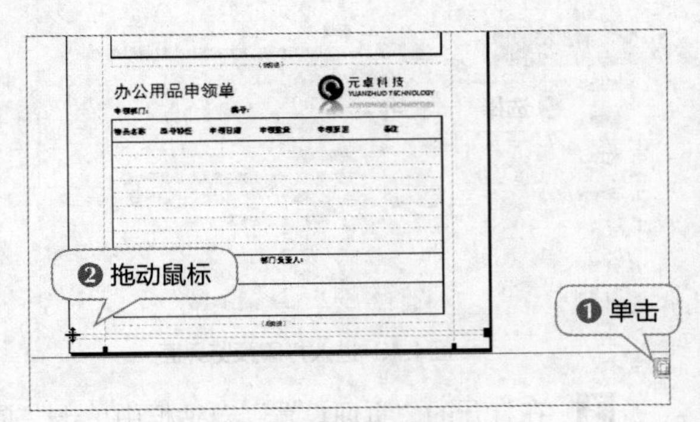

图4.56 调整边距

9 确认打印效果后，在“份数”数值框中输入“20”，单击“打印”按钮即可打印申领单了，如图4.57所示。

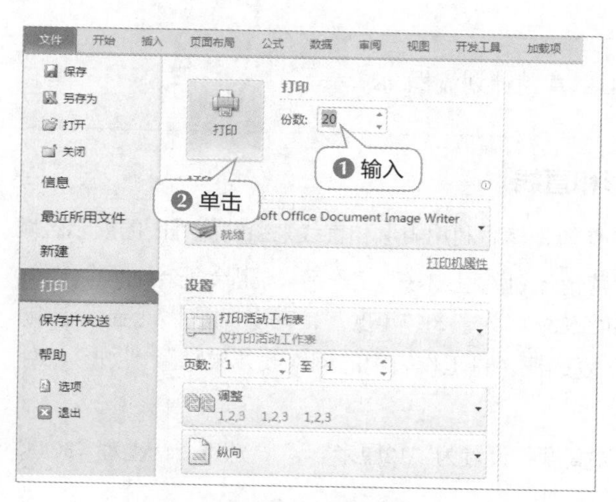

图4.57 打印申领单

4.3 制作营销计划流程

营销计划是指企业对市场营销环境进行调研分析后，制定的企业及各内部单位组织对营销目标以及实现这一目标应采取的策略、措施和步骤的明确规定，营销计划流程是以简洁直观的图形方式表明所有环节的对象。按不同的划分方式，企业营销计划可分为不同的类型。若按计划的程度划分，可分为战略计划、策略计划和作业计划；按计划时间长短划分，可分为长期计划、中期计划和短期计划。如图4.58所示为营销计划流程文档的参考效果。

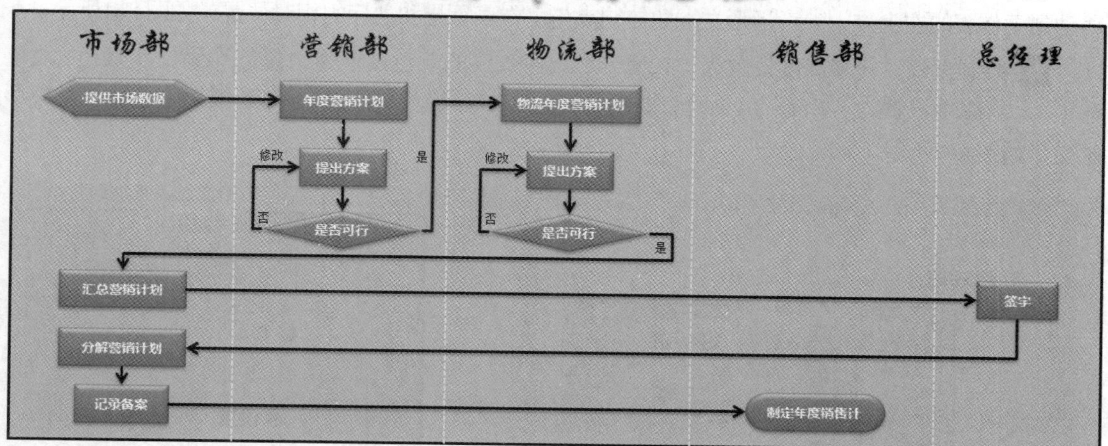

图4.58 营销计划流程文档的参考效果

下载资源

效果文件：第4章\营销计划流程.xlsx

4.3.1 使用矩形和直线

首先创建并保存工作簿，然后利用矩形和直线来绘制流程图的展示区域，其具体操作如下。

1 新建并保存“营销计划流程.xlsx”工作簿。删除多余的两个工作表，并将剩余工作表的名称命名为“2017年度”，在【视图】/【显示】组中撤销选中“网格线”复选框，将工作表中的网格线效果隐藏，如图4.59所示。

2 绘制矩形，将“高度”设置为“12厘米”，“宽度”设置为“30厘米”，如图4.60所示。

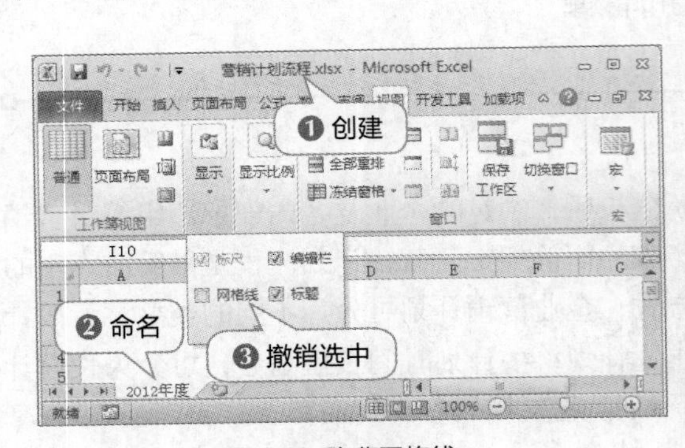

图4.59 隐藏网格线

图4.60 绘制矩形并设置大小

3 将矩形轮廓颜色设置为“黑色”。将矩形填充颜色设置为“茶色,背景2,深色25%”，将矩形移动到工作表的左上方，参考矩形左上角控制点与工作表行号和列标的相对位置，如图4.61所示。

4 绘制直线，将其高度设置为“12厘米”，将直线的颜色设置为“蓝色,强调文字颜色1,淡色80%”，将粗细设置为“1.5磅”，将虚线样式设置为“方点”，将直线移动到矩形上，使其与矩形相交，如图4.62所示。

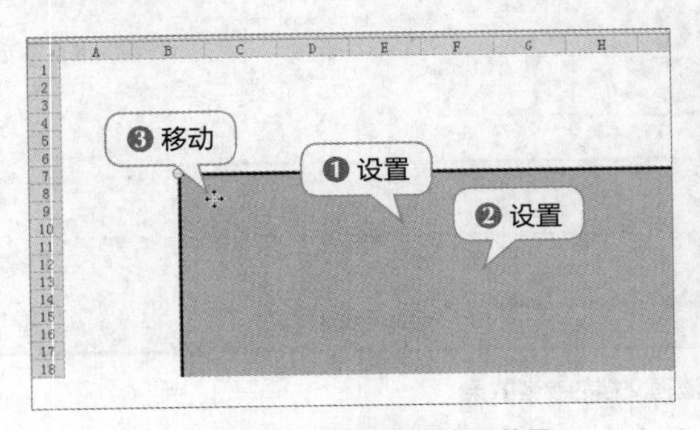

图4.61 调整矩形颜色和位置

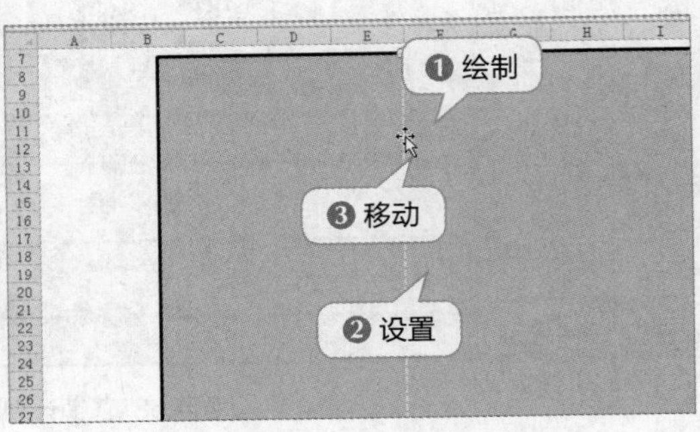

图4.62 绘制并设置直线

5 在直线上按住【Ctrl+Shift】键不放，向右拖曳鼠标水平复制直线。使用相同的方法再进行两次复制操作，然后适当调整直线在矩形上的位置，如图4.63所示。

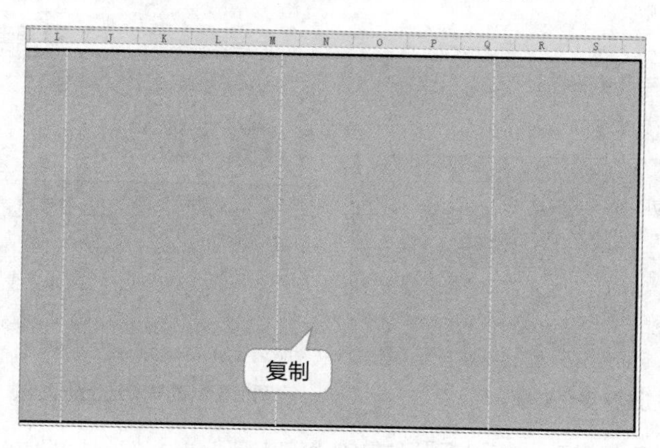

图4.63 水平复制直线

4.3.2 创建艺术字

艺术字兼具文字和图形的特性，非常适合用于制作标题或其他需要吸引眼球的对象。下面将通过创建艺术字对象来作为营销计划流程的标题，其具体操作如下。

1 在【插入】/【文本】组中单击“艺术字”按钮，在打开的下拉列表框中选择最后一行中的第3种样式选项，如图4.64所示。

2 将艺术字文本内容更改为“营销计划流程”，在【开始】/【字体】组中将艺术字的字体样式设置为“华文行楷”，将字体颜色设置为“蓝色”，如图4.65所示。

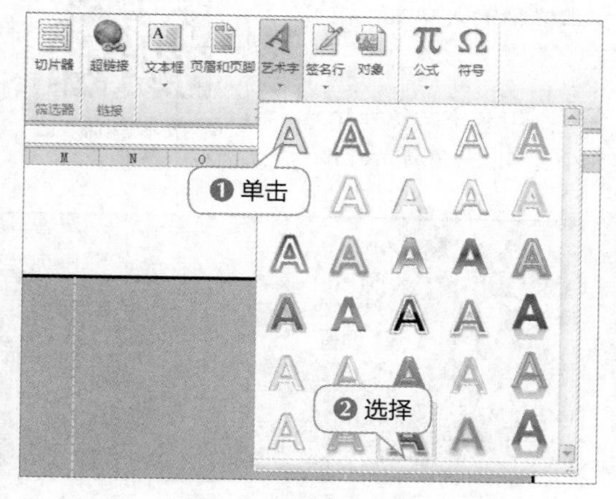

图4.64 创建表格文件

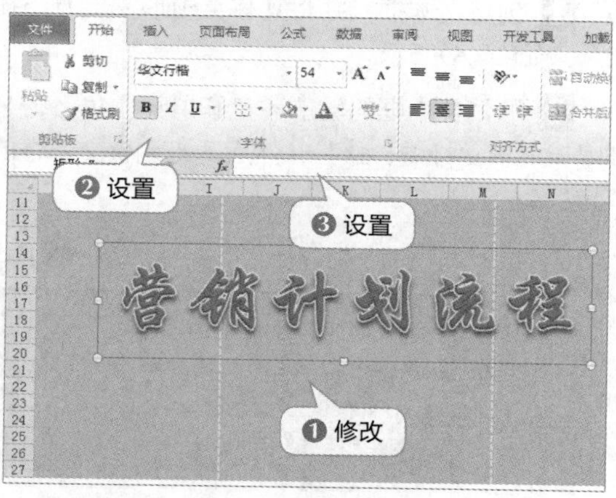

图4.65 输入艺术字并设置格式

3 将艺术字移动到矩形上方，利用【Shift】键同时选择艺术字和矩形，如图4.66所示。

4 在【绘图工具 格式】/【排列】组中单击“对齐”按钮，在打开的下拉列表中选择“水平居中”选项，如图4.67所示。

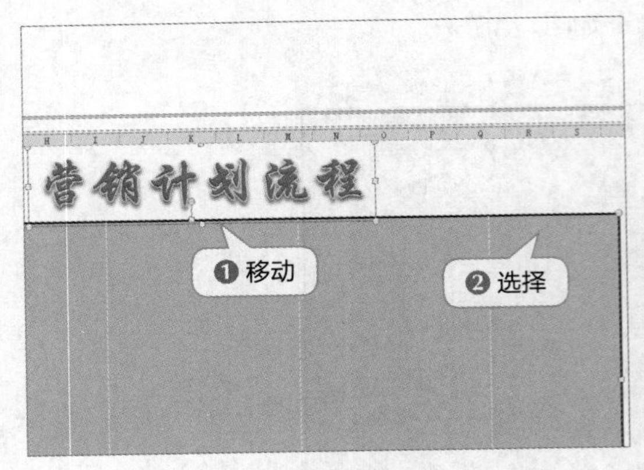

图4.66 选择多个对象

图4.67 对齐所选图形对象

5 此时艺术字对象将自动调整到矩形对象的上方中部位置，如图4.68所示。

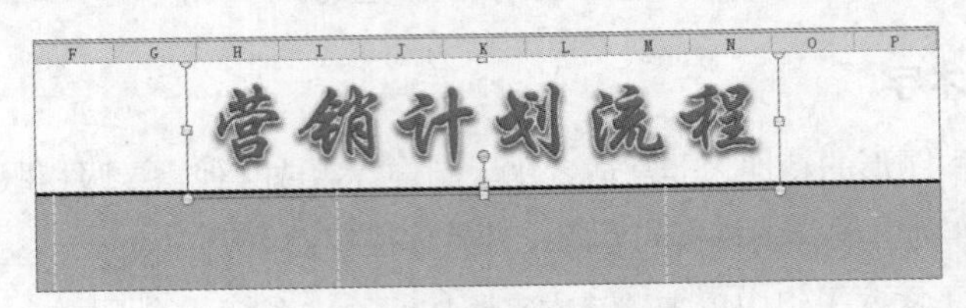

图4.68 完成标题制作

4.3.3 使用文本框和流程图

利用文本框和各种流程图对象来绘制营销计划流程的各个环节，其具体操作如下。

使用文本框和流程图

1 创建文本框，并将其移至矩形左上方，在文本框中输入文本“市场部”，如图4.69所示。

2 取消文本框的轮廓颜色和填充颜色，将文本框内部文本的字体格式设置为“华文行楷、24”，然后适当调整文本框的大小，如图4.70所示。

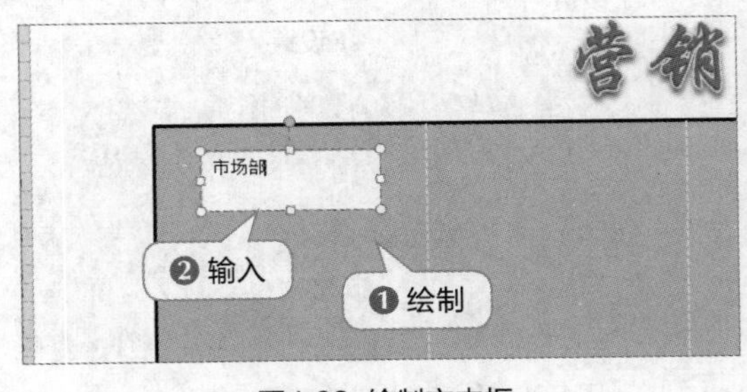

图4.69 绘制文本框

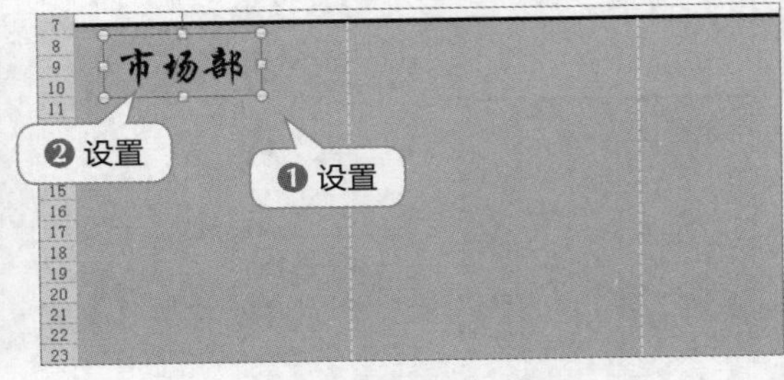

图4.70 设置文本框格式

3 在文本框上按住【Ctrl+Shift】键不放，水平向右复制文本框，将复制的文本框中的内容修改为“营销部”，如图4.71所示。

4 使用相同的方法复制并修改文本框内容，制作其他部门栏目，如图4.72所示。

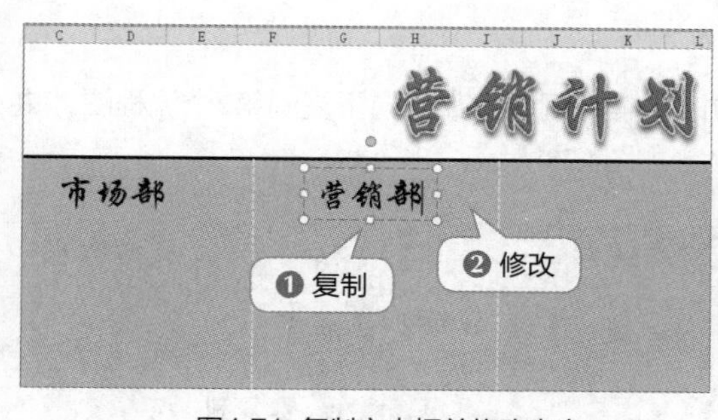

图4.71 复制文本框并修改内容

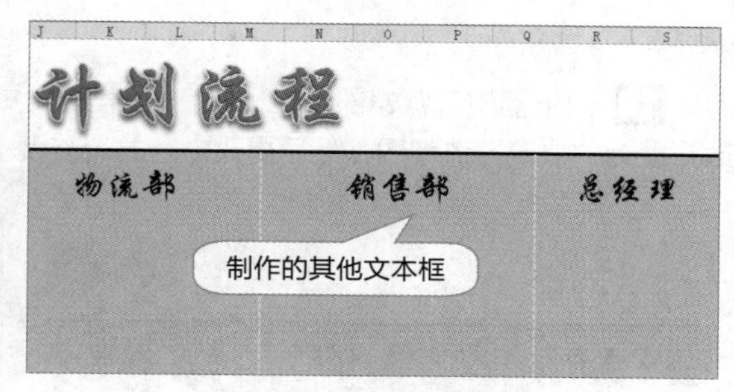

图4.72 制作其他文本框

5 单击“形状”按钮，在打开的下拉列表框中选择“流程图”栏中的“准备”选项，绘制“准备”流程图，为创建的“准备”流程图应用【绘图工具 格式】/【形状样式】组中最后一行的第2种样式选项，如图4.73所示。

6 在绘制的流程图上单击鼠标右键，在弹出的快捷菜单中选择“编辑文字”命令，然后输入文本。选择输入的文本，将字体格式和对齐方式依次设置为“微软雅黑、10.5、加粗、白色、垂直居中、水平居中”，如图4.74所示。

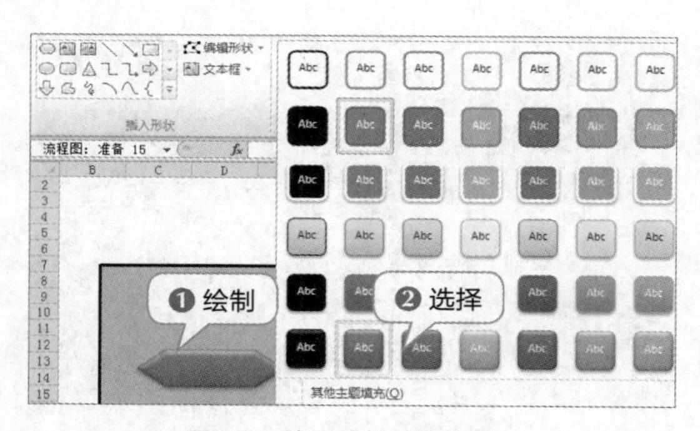

图4.73 绘制并美化流程图

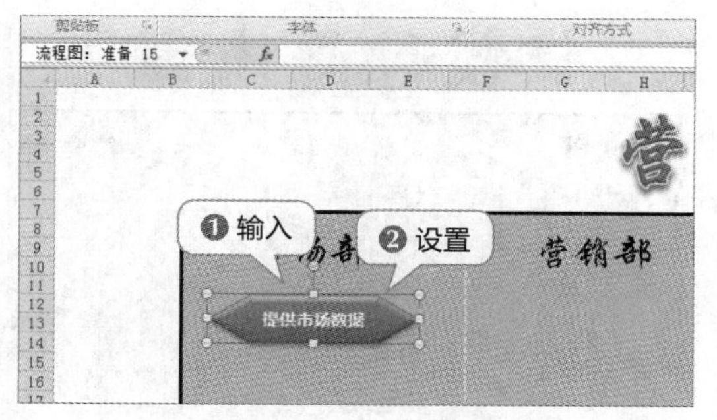

图4.74 添加文本并设置格式

7 水平向右复制“准备”流程图，将其中的文本更改为“年度营销计划”，如图4.75所示。

8 选择复制的流程图，单击【绘图工具 格式】/【插入形状】组中的“编辑形状”按钮，在打开的下拉列表中选择“更改形状”选项，在打开的列表框中选择“流程图”栏下的第1种形状选项，如图4.76所示。

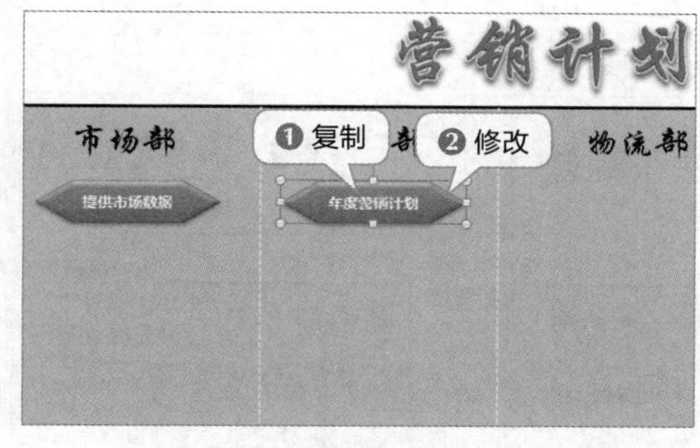

图4.75 复制流程图并修改文本

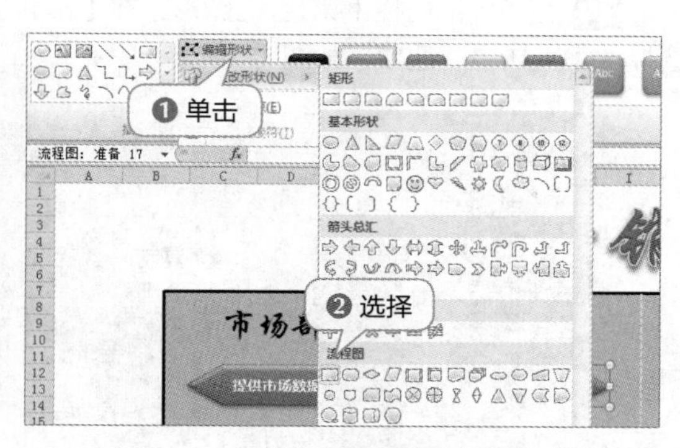

图4.76 更改流程图形状

9 此时“准备”流程图将更改为“过程”流程图，重新调整流程图的宽度以适合内部的文本，如图4.77所示。

10 向下复制“营销部”栏下第1个流程图，更改内容并调整大小，向下复制第2个流程图，更改形状为“决策”流程图，然后更改内容并调整大小，如图4.78所示。

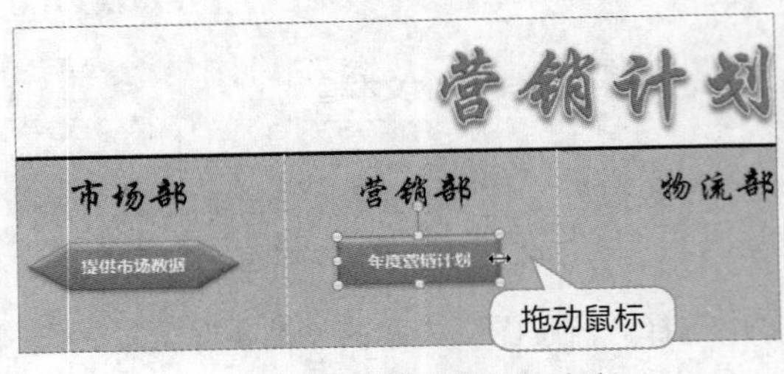

图4.77 调整流程图大小

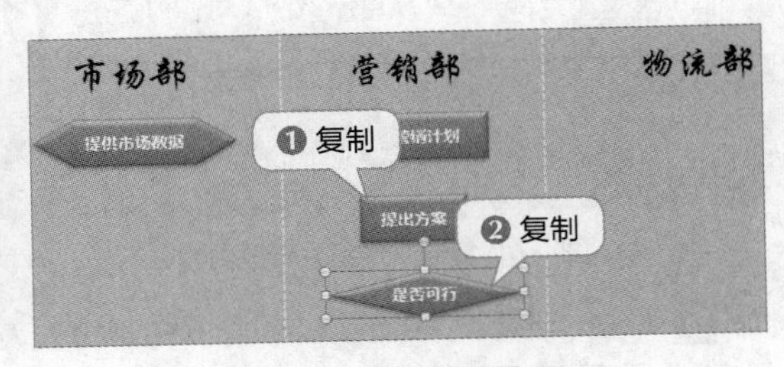

图4.78 更改流程图

11 同时选择“营销部”栏下的3个流程图，水平向右复制，并修改第1个流程图中的内容，完成“物流部”栏下流程图的制作，如图4.79所示。

12 使用相同的方法复制“过程”流程图到“市场部”栏下，修改内容并调整大小，快速制作“市场部”栏下剩余的3个流程图，如图4.80所示。

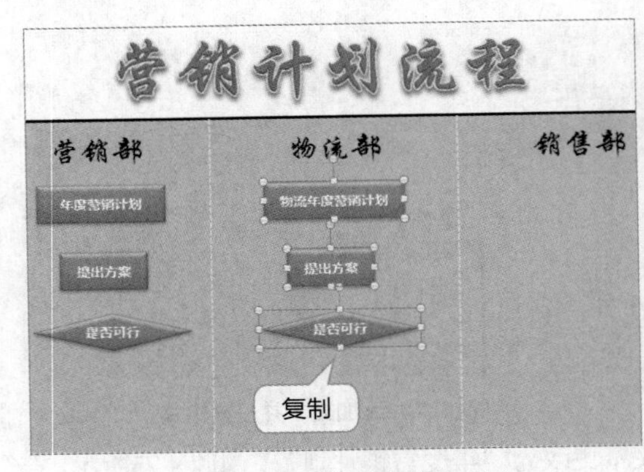

图4.79 制作“物流部”流程图

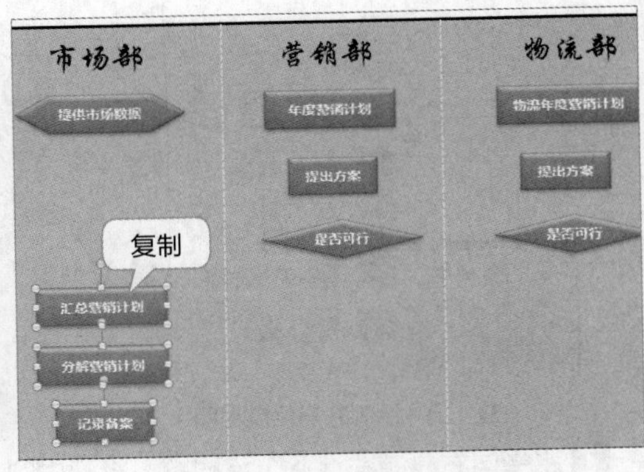

图4.80 制作“市场部”流程图

13 复制“过程”流程图至“总经理”栏下，修改内容并调整大小。复制“过程”流程图至“销售部”栏下，更改形状为“终止”流程图，并修改内容、调整大小，如图4.81所示。

14 选择各部门栏下第1行的图形，在【排列】组中单击“对齐”按钮，在打开的下拉列表中选择“垂直居中”选项，如图4.82所示。

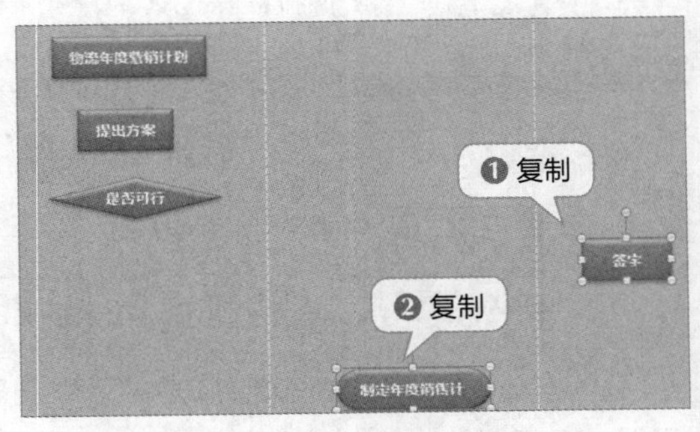

图4.81 制作其他流程图

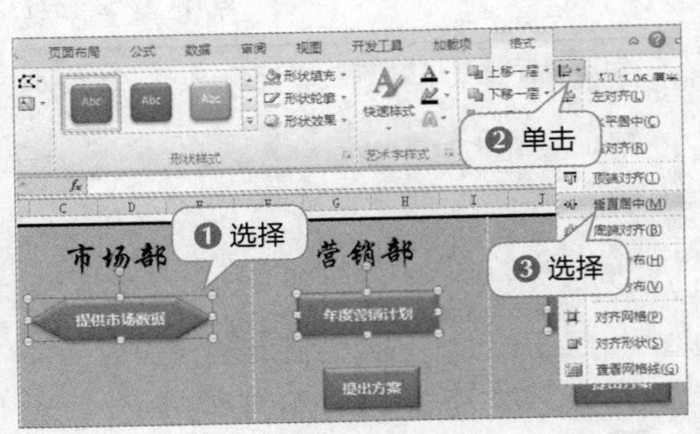

图4.82 对齐多个水平图形

15 使用相同的方法分别将其他位于同一行的图形设置为“垂直居中”对齐方式，如图4.83所示。

16 选择各部门栏下的图形，包括部门所在的文本框，在【格式】/【排列】组中单击“对齐”按钮，在打开的下拉列表中选择“水平居中”选项，如图4.84所示。

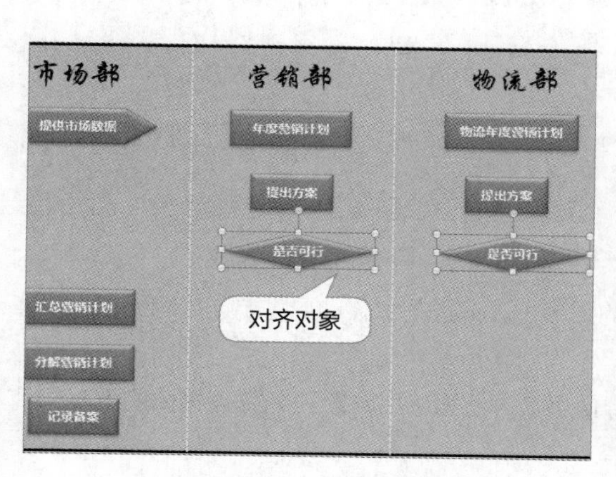

图4.83 调整其他同一行的图形对象

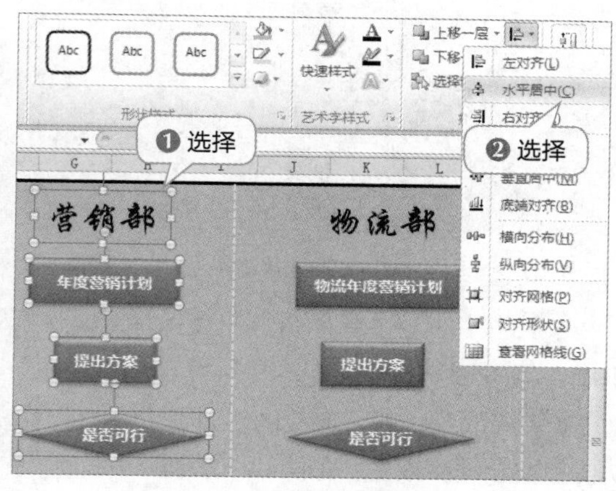

图4.84 对齐多个垂直图形

17 保持多个图形的选择状态，利用方向键对这些图形的水平位置进行微调，使其在右侧的虚线和左侧的矩形边界区域中处于居中的位置，如图4.85所示。

18 使用相同的方法分别将其他位于同一栏下的图形设置为“水平居中”对齐方式，最后手动进行微调即可，如图4.86所示。

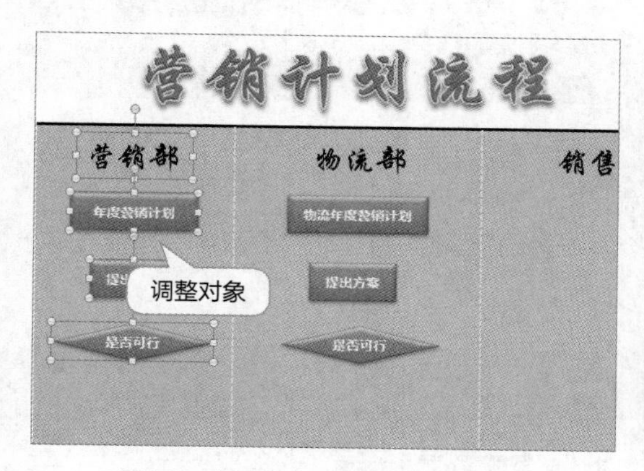

图4.85 水平移动同栏下的多个图形

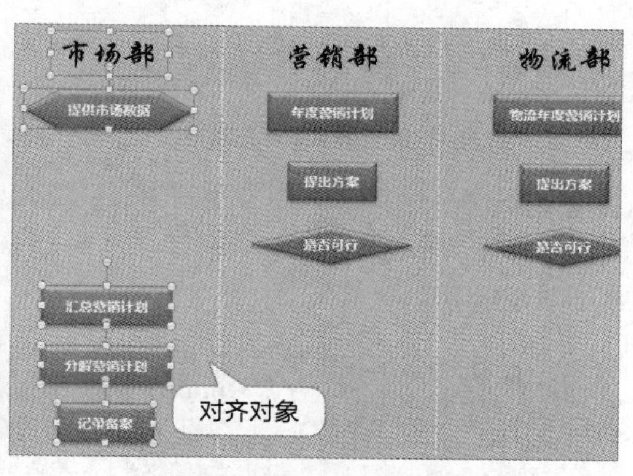

图4.86 调整其他同栏下的图形对象

4.3.4 使用连接符

通过连接符将绘制的各流程图连接起来，再利用文本框为具有分支结构的流程环节进行标注，使各分支的执行条件能清楚地显示，其具体操作如下。

扫一扫

使用连接符

1 单击“形状”按钮，在打开的下拉列表框中选择“线条”栏下的“箭头”选项，如图4.87所示。

2 将鼠标指针移至箭头起始的图形上，此时该图形将出现多个红色连接点，确认好连接点后，将鼠标指针移至该点附近，如图4.88所示。

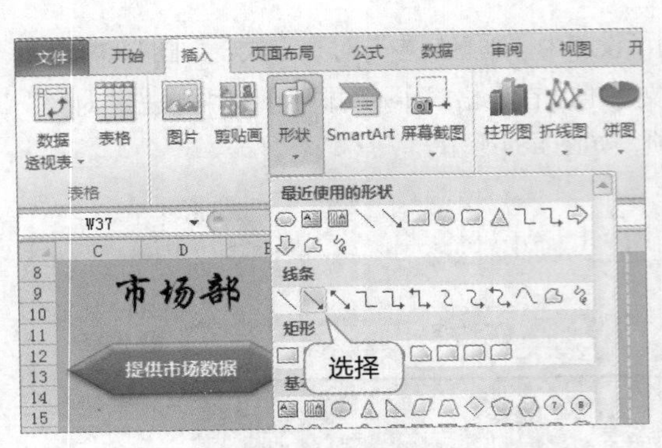

图4.87 选择箭头

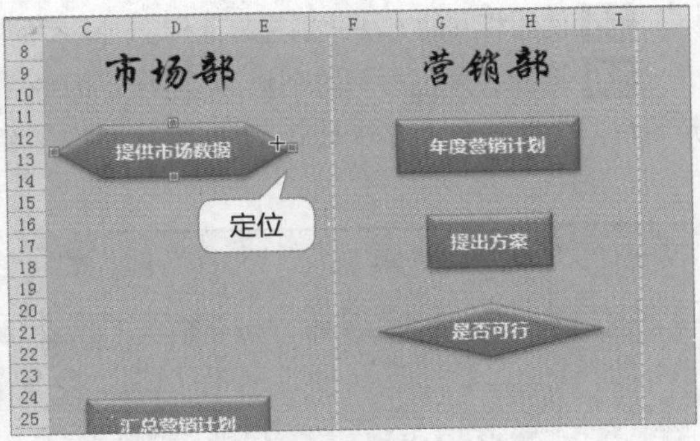

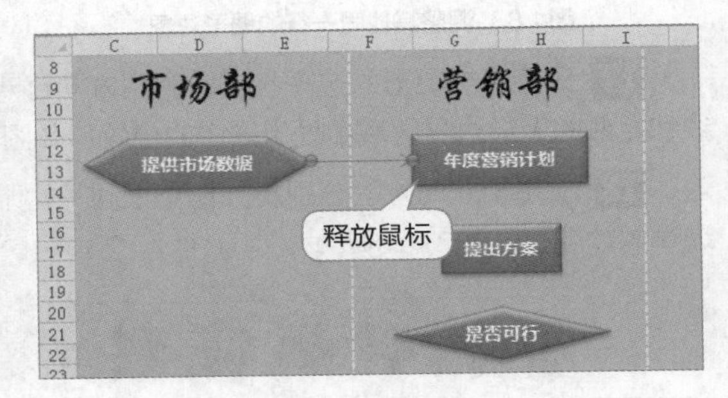

图4.88 选择连接点

3 按住鼠标左键不放并拖曳鼠标至需连接的图形上，并进一步移动到需要连接的红色连接点附近，如图4.89所示。

4 释放鼠标即可完成图形对象的连接操作。使用该方法连接后，改变任意连接的图形时，箭头的位置会同步改变，如图4.90所示。

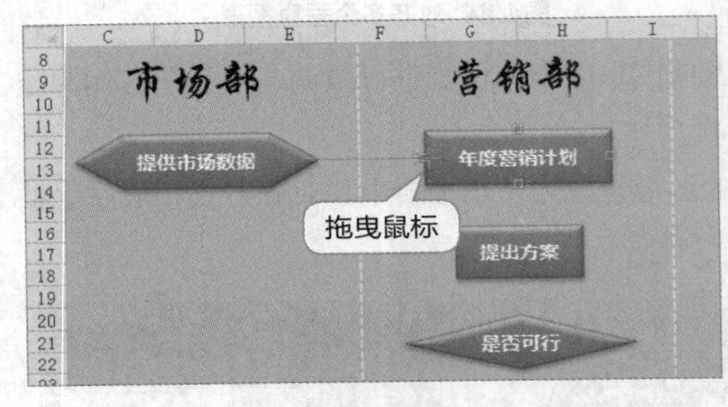

图4.89 设置文本框文本格式

图4.90 完成连接

5 使用相同的方法，利用箭头图形连接其他流程图，如图4.91所示。

6 单击"形状"按钮，在打开的下拉列表框中选择"线条"栏下的"肘形箭头连接符"选项，如图4.92所示。

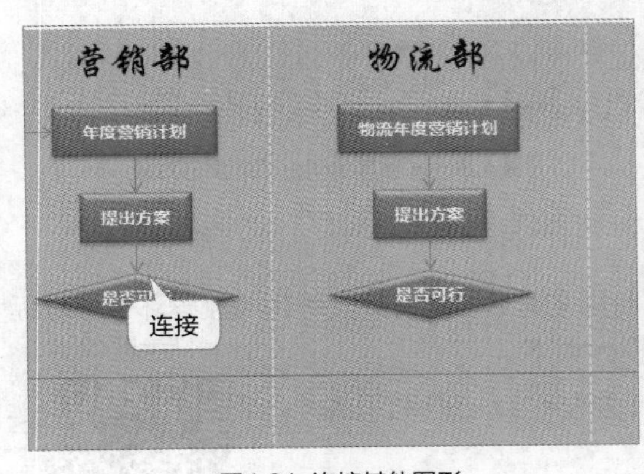

图4.91 连接其他图形

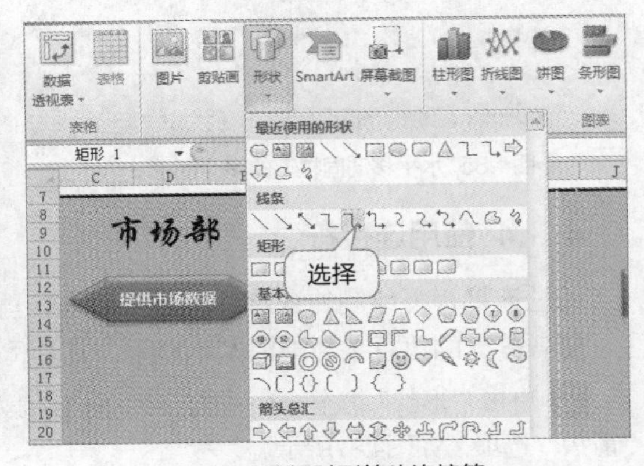

图4.92 选择肘形箭头连接符

7 按照箭头图形的连接方法，选择并连接两个流程图即可，如图4.93所示。

8 拖曳肘形箭头连接符上的黄色控制点，可调整肘形连接符的宽度，如图4.94所示。

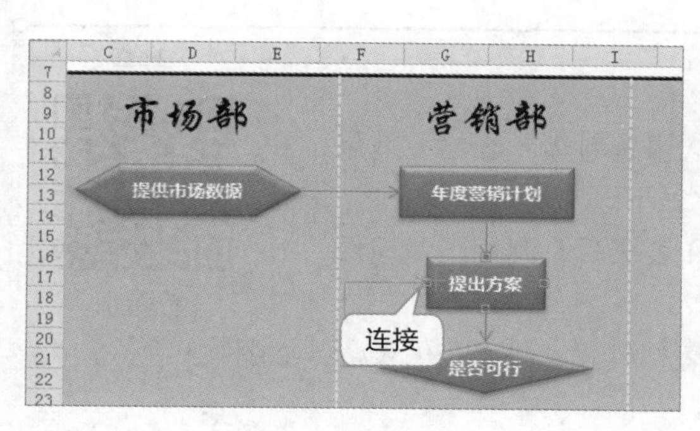

图4.93 连接图形

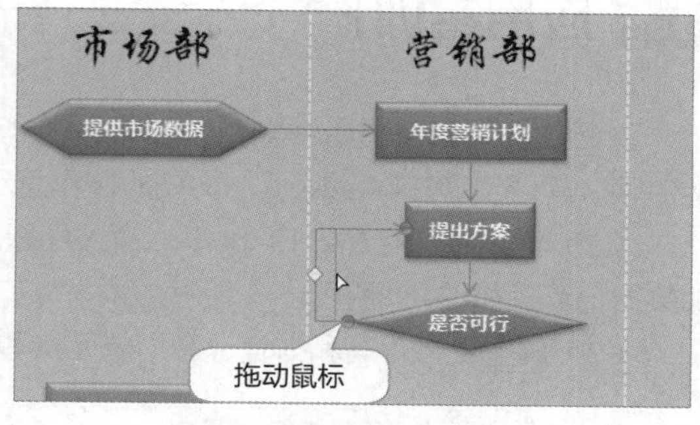

图4.94 调整肘形连接符的宽度

9 使用相同的方法使用肘形箭头连接符连接其他流程图，然后适当调整该连接符宽度或高度即可，如图4.95所示。

10 利用【Shift】键选择所有连接符，为其应用【格式】/【形状样式】组的下拉列表框中的第2行第1种样式，如图4.96所示。

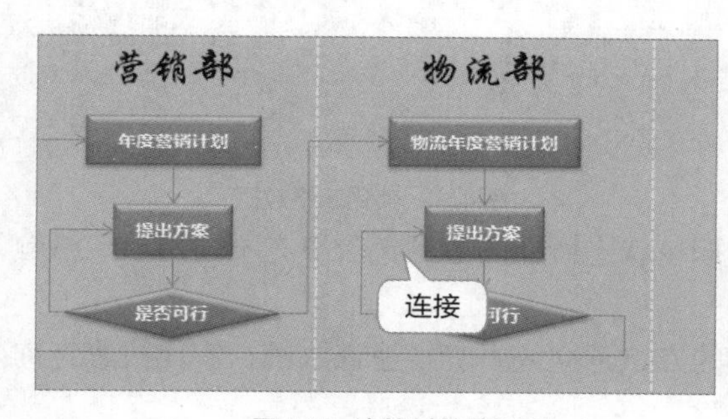

图4.95 连接其他流程图

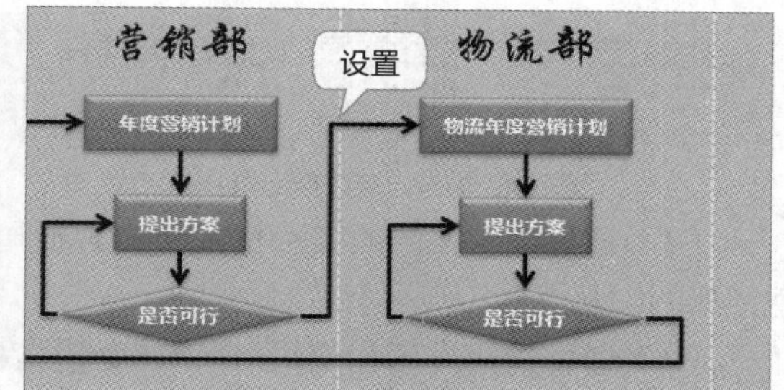

图4.96 设置连接符样式

11 在具有分支结构的流程图连接符上创建文本框，并标注具体的内容即可，如图4.97所示。

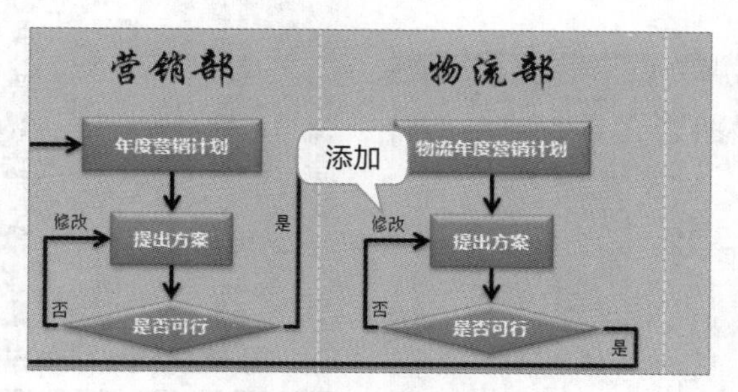

图4.97 使用文本框标注分支

提示：处理多个图形对象时，为了方便选择和编辑，可以通过框选、组合等方式来解决问题。框选图形对象：在【开始】/【编辑】组中单击“查找和选择”按钮，在打开的下拉列表中选择“选择对象”选项，此时即可在工作表中拖曳鼠标框选多个图形对象。组合和取消组合：选择多个图形对象后，单击鼠标右键，在弹出的快捷菜单中选择“组合”命令，在弹出的子菜单中选择“组合”命令，可将多个图形对象组合为一个整体，再次单击鼠标右键，在弹出的快捷菜单中选择“组合”命令，在弹出的子菜单中选择“取消组合”命令，又可将其分离。

4.4 应用实训

应用实训

下面结合本章前面所学知识，制作一个“人事资料表”表格（效果文件\第4章\人事资料表.xlsx）。文档的制作思路如下。

（1）新建并保存Excel工作簿，输入标题和表头后，利用记录单添加数据记录，如图4.98所示。

（2）调整表格行高和列宽，套用单元格和表格样式，快速美化表格，如图4.99所示。

人事资料表

职员编号	姓名	性别	出生日期	学历	进公司日期	职位	职称
DXKJ-001	张健	男	########	大专	2005-7-8	部门主管	B级
DXKJ-002	卢晓芬	女	1980-4-8	本科	########	员工	C级
DXKJ-003	赵芳	女	########	本科	########	员工	C级
DXKJ-004	何可人	女	########	大专	########	员工	B级
DXKJ-005	宋颖	女	1984-8-5	本科	########	员工	C级
DXKJ-006	郑宏	男	########	研究生	########	员工	B级
DXKJ-007	刘佳宇	男	1983-7-3	本科	2005-7-8	员工	C级
DXKJ-008	范琪	女	1982-8-2	大专	########	项目经理	A级
DXKJ-009	李培林	男	########	本科	########	员工	C级
DXKJ-010	郭佳	女	########	本科	2005-7-8	项目经理	A级
DXKJ-011	陈宇轩	男	########	本科	########	部门主管	B级
DXKJ-012	欧阳夏	男	########	研究生	########	员工	C级
DXKJ-013	陆涛	男	########	本科	2005-7-8	员工	B级
DXKJ-014	方小波	男	########	大专	########	员工	C级
DXKJ-015	谢晓云	女	1981-2-8	研究生	2005-7-8	员工	B级
DXKJ-016	朱海丽	女	########	本科	2005-7-8	员工	C级
DXKJ-017	马琳	女	########	本科	########	员工	C级
DXKJ-018	周冰玉	女	1984-9-5	大专	2005-7-8	项目经理	A级
DXKJ-019	李涛	男	1982-8-6	研究生	########	部门主管	B级

图4.98 输入人事数据记录

人事资料表

职员编号	姓名	性别	出生日期	学历	进公司日期	职位	职称
DXKJ-001	张健	男	1983-5-12	大专	2005-7-8	部门主管	B级
DXKJ-002	卢晓芬	女	1980-4-8	本科	2002-4-19	员工	C级
DXKJ-003	赵芳	女	1982-10-10	本科	2003-10-15	员工	C级
DXKJ-004	何可人	女	1981-11-13	大专	2003-10-15	员工	B级
DXKJ-005	宋颖	女	1984-8-5	本科	2006-9-12	员工	C级
DXKJ-006	郑宏	男	1980-1-14	研究生	2002-4-19	员工	B级
DXKJ-007	刘佳宇	男	1983-7-3	本科	2005-7-8	员工	C级
DXKJ-008	范琪	女	1982-8-2	大专	2003-10-15	项目经理	A级
DXKJ-009	李培林	男	1980-12-5	本科	2002-4-19	员工	C级
DXKJ-010	郭佳	女	1983-5-21	本科	2005-7-8	项目经理	A级
DXKJ-011	陈宇轩	男	1985-1-13	本科	2003-10-15	部门主管	B级
DXKJ-012	欧阳夏	男	1980-2-20	研究生	2005-7-19	员工	C级
DXKJ-013	陆涛	男	1984-10-2	本科	2005-7-8	员工	B级
DXKJ-014	方小波	男	1985-3-15	大专	2003-10-15	员工	C级
DXKJ-015	谢晓云	女	1981-2-8	研究生	2005-7-8	员工	B级
DXKJ-016	朱海丽	女	1980-10-22	本科	2005-7-8	员工	C级
DXKJ-017	马琳	女	1981-8-17	本科	2002-4-19	员工	C级

图4.99 美化表格数据

（3）通过设置不同的条件格式公式为不同职位状态所在的数据记录填充不同的单元格颜色，如图4.100所示。

（4）通过数据排序和使用LOOKUP()函数的方法建立人事资料速查系统，实现快速查询某位员工资料的目的，如图4.101所示。

人事资料表

职员编号	姓名	性别	出生日期	学历	进公司日期	职位	职称
DXKJ-001	张健	男	1983-5-12	大专	2005-7-8	部门主管	B级
DXKJ-002	卢晓芬	女	1980-4-8	本科	2002-4-19	员工	C级
DXKJ-003	赵芳	女	1982-10-10	本科	2003-10-15	员工	C级
DXKJ-004	何可人	女	1981-11-13	大专	2003-10-15	员工	B级
DXKJ-005	宋颖	女	1984-8-5	本科	2006-9-12	员工	C级
DXKJ-006	郑宏	男	1980-1-14	研究生	2002-4-19	员工	B级
DXKJ-007	刘佳宇	男	1983-7-3	本科	2005-7-8	员工	C级
DXKJ-008	范琪	女	1982-8-2	大专	2003-10-15	项目经理	A级
DXKJ-009	李培林	男	1980-12-5	本科	2002-4-19	员工	C级
DXKJ-010	郭佳	女	1983-5-21	本科	2005-7-8	项目经理	A级
DXKJ-011	陈宇轩	男	1985-1-13	本科	2003-10-15	部门主管	B级
DXKJ-012	欧阳夏	男	1980-2-20	研究生	2005-7-19	员工	C级
DXKJ-013	陆涛	男	1984-10-2	本科	2005-7-8	员工	B级
DXKJ-014	方小波	男	1985-3-15	大专	2003-10-15	员工	C级
DXKJ-015	谢晓云	女	1981-2-8	研究生	2005-7-8	员工	B级
DXKJ-016	朱海丽	女	1980-10-22	本科	2005-7-8	员工	C级
DXKJ-017	马琳	女	1981-8-17	本科	2002-4-19	员工	C级
DXKJ-018	周冰玉	女	1984-9-5	大专	2005-7-8	项目经理	A级

图4.100 使用条件格式填充不同颜色

A	B	C	D	E	F	G	H	I
DXKJ-020	邓佳颖	女	1983-10-31	本科	2005-7-8	员工	C级	在职
DXKJ-021	杜丽	女	1981-6-1	大专	2002-4-19	员工	C级	离职
DXKJ-008	范琪	女	1982-8-2	大专	2003-10-15	项目经理	A级	在职
DXKJ-014	方小波	男	1985-3-15	大专	2003-10-15	员工	C级	在职
DXKJ-010	郭佳	女	1983-5-21	本科	2005-7-8	项目经理	A级	在职
DXKJ-022	郭晓芳	女	1980-12-5	本科	2003-10-15	员工	B级	在职
DXKJ-004	何可人	女	1981-11-13	大专	2003-10-15	员工	B级	在职
DXKJ-009	李培林	男	1980-12-5	本科	2002-4-19	员工	C级	调离
DXKJ-019	李涛	男	1982-8-6	研究生	2003-10-15	部门主管	B级	在职
DXKJ-007	刘佳宇	男	1983-7-3	本科	2005-7-8	员工	C级	在职
DXKJ-002	卢晓芬	女	1980-4-8	本科	2002-4-19	员工	C级	在职
DXKJ-013	陆涛	男	1984-10-2	本科	2005-7-8	员工	B级	在职
DXKJ-017	马琳	女	1981-8-17	本科	2002-4-19	员工	C级	离职
DXKJ-012	欧阳夏	男	1980-2-20	研究生	2005-7-19	员工	C级	离职
DXKJ-005	宋颖	女	1984-8-5	本科	2006-9-12	员工	C级	在职
DXKJ-015	谢晓云	女	1981-2-8	研究生	2005-7-8	员工	B级	调离
DXKJ-001	张健	男	1983-5-12	大专	2005-7-8	部门主管	B级	调离
DXKJ-003	赵芳	女	1982-10-10	本科	2003-10-15	员工	C级	离职
DXKJ-006	郑宏	男	1980-1-14	研究生	2002-4-19	员工	B级	离职
DXKJ-018	周冰玉	女	1984-9-5	大专	2005-7-8	项目经理	A级	在职
DXKJ-016	朱海丽	女	1980-10-22	本科	2005-7-8	员工	C级	在职

速查系统	姓名	性别	出生日期	学历	进公司日期	职位	职称	职位状态
	马琳	女	1981-8-17	本科	2002-4-19	员工	C级	离职

图4.101 建立表格速查系统

4.5 拓展练习

4.5.1 制作值班记录表

公司为加强员工值班的管理，需要值班人员在履行职责的同时，将值班过程中发生的事项登记在案，以备日后存档检查和落实责任。请根据上述要求，制作出一张值班记录表。参考效果如图4.102所示（效果\第4章\值班记录表.xlsx）。

值班记录表

序号	班次	时间	内容	处理情况	值班人
001	早班	2017年1月2日	–	–	范涛
002	晚班	2017年1月2日	凌晨3点，厂房后门出现异样响动	监视器中无异常，应该为猫狗之类的小动物	何忠明
003	早班	2017年1月3日	–	–	黄伟
004	晚班	2017年1月3日	–	–	刘明亮
005	早班	2017年1月4日	–	–	方小波
006	晚班	2017年1月4日	–	–	周立军
007	早班	2017年1月5日	–	–	范涛
008	晚班	2017年1月5日	–	–	何忠明
009	早班	2017年1月6日	–	–	黄伟
010	晚班	2017年1月6日	凌晨1点王主任返回厂房	在陪同下取回工作用的文件包	刘明亮
011	早班	2017年1月7日	–	–	黄伟
012	晚班	2017年1月7日	–	–	刘明亮
013	早班	2017年1月8日	–	–	方小波
014	晚班	2017年1月8日	–	–	周立军
015	早班	2017年1月9日	–	–	范涛
016	晚班	2017年1月9日	陈德明与12点返回厂房	在其办公室过夜	何忠明

图4.102 “值班记录表”参考效果

提示：（1）此值班记录表的作用重点在于存档检查和落实责任，则必要的项目应该包括时间、值班班次、值班时发生的情况和处理情况以及值班人等。

（2）按照本章制作来访登记表的操作来完成任务，即输入数据、美化表格、设置数据类型等。

4.5.2 制作营销策略方案

公司对即将开盘的楼盘进行了营销策略分析，为提升各部门执行力，需要先通过图形简明扼要地体现整个营销策略的思想和方法，制作一个营销策略方案的流程图。参考效果如图4.103所示（效果文件\第4章\营销策略.xlsx）。

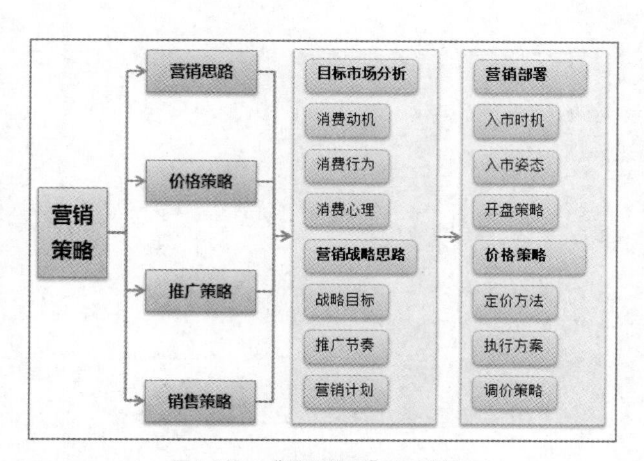

图4.103 “营销策略”参考效果

提示：注意图形对象的对齐设置。注意箭头和肘形箭头连接符的连接设置。

4.5.3 制作报销申请单

公司需要重新编制报销申请单，要求该表格能完整地体现涉及报销申请的所有数据，以便日后查证与管理。参考效果如图4.104所示（效果文件\第4章\报销申请单.xlsx）。

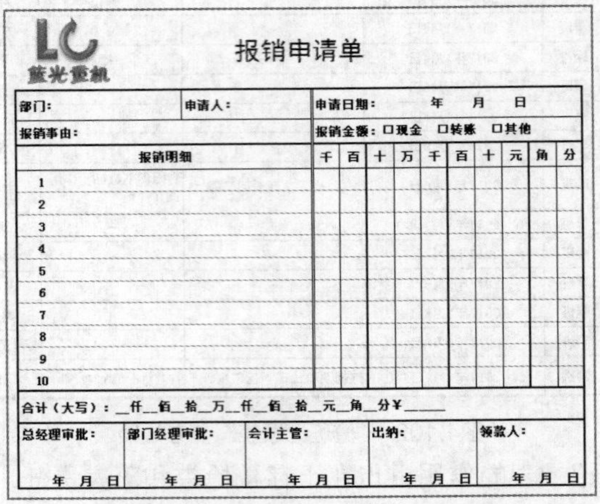

报销申请单

部门：　申请人：　申请日期：　年　月　日

报销事由：　报销金额：□现金　□转账　□其他

报销明细	千	百	十	万	千	百	十	元	角	分
1										
2										
3										
4										
5										
6										
7										
8										
9										
10										

合计（大写）：__仟__佰__拾__万__仟__佰__拾__元__角__分￥______

总经理审批：	部门经理审批：	会计主管：	出纳：	领款人：
年　月　日	年　月　日	年　月　日	年　月　日	年　月　日

图4.104 “报销申请单”参考效果

提示：此表格中涉及3种边框样式，且表格的项目数据较多，制作时需仔细参照提供的效果文件进行操作。表格左上角的公司LOGO标志是用“L型”和“环形箭头”图形组合在一起，然后在下方插入文本框制作而成的。

第5章 计算Excel表格数据

5.1 制作绩效考核表

绩效管理强调企业目标和个人目标的一致性，强调企业和个人同步成长，形成“多赢”局面，体现着“以人为本”的思想，在绩效管理的各个环节中都需要管理者和员工的共同参与。绩效管理的过程是一个循环的过程，一般可分为4个环节，即绩效计划、绩效辅导、绩效考核与绩效反馈。图5.1所示为绩效考核表的参考效果。

业务员绩效考核表

姓名	上月销售额	本月任务	本月销售额	计划回款额	实际回款额	任务完成率	评分	销售增长率	评语	回款完成率	评分	绩效奖金
王超	￥53,620.1	￥83,971.1	￥58,678.6	￥69,807.3	￥80,936.0	69.9%	69.9	9.4%	优秀	115.9%	115.9	￥1,464.4
郭呈瑞	￥73,854.1	￥54,631.8	￥80,936.0	￥53,620.1	￥96,111.5	148.1%	148.1	9.6%	优秀	179.2%	179.2	￥2,527.4
周羽	￥91,053.0	￥94,088.1	￥100,158.3	￥56,655.2	￥62,725.4	106.5%	106.5	10.0%	优秀	110.7%	110.7	￥1,703.7
刘梅	￥91,053.0	￥77,900.9	￥93,076.4	￥51,596.7	￥56,655.2	119.5%	119.5	2.2%	良好	109.8%	109.8	￥1,736.3
周敏	￥95,099.8	￥91,053.0	￥75,877.5	￥90,041.3	￥74,865.8	83.3%	83.3	-20.2%	差	83.1%	83.1	￥945.4
林晓华	￥59,690.3	￥98,134.9	￥72,842.4	￥83,971.1	￥52,608.4	74.2%	74.2	22.0%	优秀	62.7%	62.7	￥1,191.8
邓超	￥70,819.0	￥64,748.8	￥83,971.1	￥94,088.1	￥88,017.9	129.7%	129.7	18.6%	优秀	93.5%	93.5	￥1,813.6
李全友	￥88,017.9	￥56,655.2	￥89,029.6	￥53,620.1	￥76,889.2	157.1%	157.1	1.1%	良好	143.4%	143.4	￥2,262.7
宋万	￥95,099.8	￥99,146.6	￥76,889.2	￥57,666.9	￥97,123.2	77.6%	77.6	-19.1%	差	168.4%	168.4	￥1,557.6
刘红芳	￥59,690.3	￥95,099.8	￥84,982.8	￥94,088.1	￥88,017.9	89.4%	89.4	42.4%	优秀	93.5%	93.5	￥1,689.6
王翔	￥97,123.2	￥99,146.6	￥95,099.8	￥69,807.3	￥50,585.0	95.9%	95.9	-2.1%	合格	72.5%	72.5	￥1,247.2
张丽丽	￥69,807.3	￥51,596.7	￥61,713.7	￥72,842.4	￥65,760.5	119.6%	119.6	-11.6%	差	90.3%	90.3	￥1,400.2
孙洪伟	￥77,900.9	￥53,620.1	￥63,737.1	￥76,889.2	￥73,854.1	118.9%	118.9	-18.2%	差	96.1%	96.1	￥1,339.2
张晓伟	￥54,631.8	￥60,702.0	￥65,760.5	￥76,889.2	￥92,064.7	108.3%	108.3	20.4%	优秀	119.7%	119.7	￥1,863.3
张伟杰	￥91,053.0	￥53,620.1	￥59,690.3	￥76,889.2	￥50,585.0	111.3%	111.3	-34.4%	差	65.8%	65.8	￥811.7
罗玉林	￥90,041.3	￥75,877.5	￥91,053.0	￥91,053.0	￥101,170.0	120.0%	120.0	1.1%	良好	111.1%	111.1	￥1,741.8
宋科	￥84,982.8	￥79,924.3	￥100,158.3	￥100,158.3	￥69,807.3	125.3%	125.3	17.9%	优秀	69.7%	69.7	￥1,596.5
张婷	￥100,158.3	￥53,620.1	￥64,748.8	￥90,041.3	￥89,029.6	120.8%	120.8	-35.4%	差	98.9%	98.9	￥1,116.9
王晓涵	￥73,854.1	￥54,631.8	￥85,994.5	￥71,830.7	￥87,006.2	157.4%	157.4	16.4%	优秀	121.1%	121.1	￥2,212.3
赵子俊	￥56,655.2	￥96,111.5	￥97,123.2	￥55,643.5	￥77,900.9	101.1%	101.1	71.4%	优秀	140.0%	140.0	￥2,343.6

图5.1 绩效考核表的参考效果

下载资源

素材文件：第5章\绩效考核表.xlsx

效果文件：第5章\绩效考核表.xlsx

5.1.1 输入表格数据

下面输入绩效考核表中的各项基础数据，然后设置数据格式，其具体操作如下。

1 打开“绩效考核表.xlsx”工作簿，在A1单元格中输入“业务员绩效考核表”，在A2:H2单元格区域中依次输入各项目文本，如图5.2所示。

2 在A3:A27单元格区域中依次输入各业务员的姓名文本，如图5.3所示。

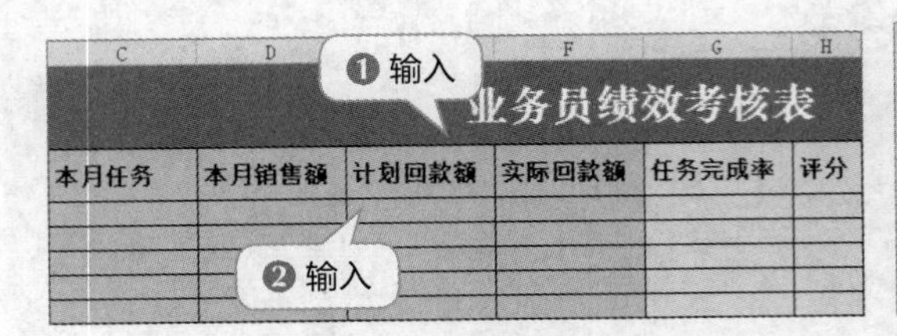

图5.2 输入标题和项目字段

图5.3 输入姓名

3 在B3:F27单元格区域中依次输入各业务员的上月销售额、本月任务、本月销售额、计划回款额和实际回款额等数据，如图5.4所示。

4 选择B3:F27单元格区域，在【开始】/【数字】组的下拉列表中选择“货币”选项，如图5.5所示。

姓名	上月销售额	本月任务	本月销售额	计划回款额	实际回款额
王超	53620.1	83971.1	58678.6	69807.3	80936
郭呈瑞	73854.1	54631.8	80936	53620.1	96111.5
周羽	91053	94088.1	100158.3	56655.2	62725.4
刘梅	91053	77900.9	93076.4	51596.7	56655.2
周敏	95099.8	91053	75877.5	90041.3	74865.8
林晓华	59690.3	98134.9	72842.4	83971.1	52608.4
邓超	70819	64748.8	83971.1	94088.1	88017.9
李全友	88017.9	56655.2	89029.6	53620.1	76889.2
宋万	95099.8	99146.6	76889.2	57666.9	97123.2
刘红芳	59690.3	95099.8	84982.8	94088.1	88017.9
王翔	97123.2	99146.6	95099.8	69807.3	50585
张丽丽	69807.3	51596.7	61713.7	72842.4	65760.5
孙洪伟	77900.9	53620.1	63737.1	76889.2	73854.1
张晓伟	54631.8	60702	65760.5	76889.2	92064.7
张伟杰	91053	53620.1	59690.3	76889.2	50585
罗玉林	90041	75877.5	91053	91053	101170
宋科		79924.3	100158.3	100158.3	69807.3
张婷		53620.1	64748.8	90041.3	89029.6
王晓涵		54631.8	85994.5	71830.7	87006.2

图5.4 输入数据

图5.5 更改数据类型

5 保持单元格区域的选择状态，继续在该组中单击“减少小数位数”按钮，如图5.6所示。

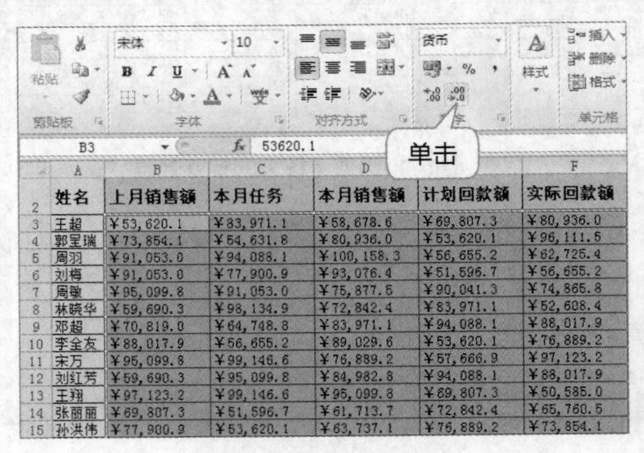

姓名	上月销售额	本月任务	本月销售额	计划回款额	实际回款额
王超	¥53,620.1	¥83,971.1	¥58,678.6	¥69,807.3	¥80,936.0
郭呈瑞	¥73,854.1	¥54,631.8	¥80,936.0	¥53,620.1	¥96,111.5
周羽	¥91,053.0	¥94,088.1	¥100,158.3	¥56,655.2	¥62,725.4
刘梅	¥91,053.0	¥77,900.9	¥93,076.4	¥51,596.7	¥56,655.2
周敏	¥95,099.8	¥91,053.0	¥75,877.5	¥90,041.3	¥74,865.8
林晓华	¥59,690.3	¥98,134.9	¥72,842.4	¥83,971.1	¥52,608.4
邓超	¥70,819.0	¥64,748.8	¥83,971.1	¥94,088.1	¥88,017.9
李全友	¥88,017.9	¥56,655.2	¥89,029.6	¥53,620.1	¥76,889.2
宋万	¥95,099.8	¥99,146.6	¥76,889.2	¥57,666.9	¥97,123.2
刘红芳	¥59,690.3	¥95,099.8	¥84,982.8	¥94,088.1	¥88,017.9
王翔	¥97,123.2	¥99,146.6	¥95,099.8	¥69,807.3	¥50,585.0
张丽丽	¥69,807.3	¥51,596.7	¥61,713.7	¥72,842.4	¥65,760.5
孙洪伟	¥77,900.9	¥53,620.1	¥63,737.1	¥76,889.2	¥73,854.1

图5.6 减少小数位数

5.1.2 计算表格数据

下面通过设计公式或函数来依次计算绩效考核的各个项目，其具体操作如下。

1 选择G3单元格，在编辑栏中输入公式“=D3/C3”，如图5.7所示。

2 按【Ctrl+Enter】键计算结果，如图5.8所示。

业务员绩效考核表

	C	D	E	F	G
2	本月任务	本月销售额	计划回款额	实际回款额	任务完成率
3	¥83,971.1	¥58,678.6	¥69,807.3	¥80,936.0	=D3/C3
4	¥54,631.8	¥80,936.0	¥53,620.1	¥96,111.5	
5	¥94,088.1	¥100,158.3	¥56,655.2	¥62,725.[illegible]	
6	¥77,900.9	¥93,076.4	¥51,596.7	¥56,655.[illegible]	
7	¥91,053.0	¥75,877.5	¥90,041.3	¥74,865.[illegible]	
8	¥98,134.9	¥72,842.4	¥83,971.1	¥52,608.4	
9	¥64,748.8	¥83,971.1	¥94,088.1	¥88,017.9	
10	¥56,655.2	¥89,029.6	¥53,620.1	¥76,889.2	
11	¥99,146.6	¥76,889.2	¥57,666.9	¥97,123.2	
12	¥95,099.8	¥84,982.8	¥94,088.1	¥88,017.9	

图5.7 输入公式

业务员绩效考核表

	C	D	E	F	G	H
2	本月任务	本月销售额	计划回款额	实际回款额	任务完成率	评分
3	¥83,971.1	¥58,678.6	¥69,807.3	¥80,936.0	0.698795181	
4	¥54,631.8	¥80,936.0	¥53,620.1	¥96,111.5		
5	¥94,088.1	¥100,158.3	¥56,655.2	¥62,725.4		
6	¥77,900.9	¥93,076.4	¥51,596.7	¥56,655.2		
7	¥91,053.0	¥75,877.5	¥90,041.3	¥74,865.8		
8	¥98,134.9	¥72,842.4	¥83,971.1	¥52,608.4		
9	¥64,748.8	¥83,971.1	¥94,088.1	¥88,017.9		
10	¥56,655.2	¥89,029.6	¥53,620.1	¥76,889.2		
11	¥99,146.6	¥76,889.2	¥57,666.9	¥97,123.2		
12	¥95,099.8	¥84,982.8	¥94,088.1	¥88,017.9		
13	¥99,146.6	¥95,099.8	¥69,807.3	¥50,585.0		
14	¥51,596.7	¥61,713.7	¥72,842.4	¥65,760.5		

图5.8 计算结果

3 将G3单元格中的公式向下填充至G27单元格，计算其他业务员的任务完成率，如图5.9所示。

4 保持单元格区域的选择状态，在【开始】/【数字】组中单击“百分比样式”按钮%，然后单击“增加小数位数”按钮，如图5.10所示。

	C	D	E	F	G
4	¥54,631.8	¥80,936.0	¥53,620.1	¥96,111.5	1.481481481
5	¥94,088.1	¥100,158.3	¥56,655.2	¥62,725.4	1.064516129
6	¥77,900.9	¥93,076.4	¥51,596.7	¥56,655.2	1.194805195
7	¥91,053.0	¥75,877.5	¥90,041.3	¥74,865.8	0.833333333
8	¥98,134.9	¥72,842.4	¥83,971.1	¥52,608.4	0.742268041
9	¥64,748.8	¥83,971.1	¥94,088.1	¥88,017.9	1.296875
10	¥56,655.2	¥89,029.6	¥53,620.1	¥76,889.2	1.571428571
11	¥99,146.6	¥76,889.2	¥57,666.9	¥97,123.2	0.775510204
12	¥95,099.8	¥84,982.8	¥94,088.1	¥88,017.9	0.893617021
13	¥99,146.6	¥95,099.8	¥69,807.3	¥50,585.0	0.959183673
14	¥51,596.7	¥61,713.7	¥72,842.4	¥65,760.5	1.196078431
15	¥53,620.1	¥63,737.1	¥76,889.2	¥73,854.1	1.188679245
16	¥60,702.0	¥65,760.5	¥76,889.2	¥92,064.7	1.083333333
17	¥53,620.1	¥59,690.3	¥76,889.2	¥50,585.0	1.113207547
18	¥75,877.5	¥91,053.0	¥91,053.0	¥101,170.0	1.2
19	¥79,924.3	¥100,158.3	¥100,158.3	¥69,807.3	1.253164557
20	¥53,620.1	¥64,748.8	¥90,041.3	¥89,029.6	1.[illegible]0754717
21	¥54,631.8	¥85,994.5	¥71,830.7	¥87,006.[illegible]	[illegible]74074
22	¥96,111.5	¥97,123.2	¥55,643.5	¥77,900.[illegible]	[illegible]26316
23	¥101,170.0	¥51,596.7	¥55,643.5	¥88,017.[illegible]	[illegible]

图5.9 填充公式

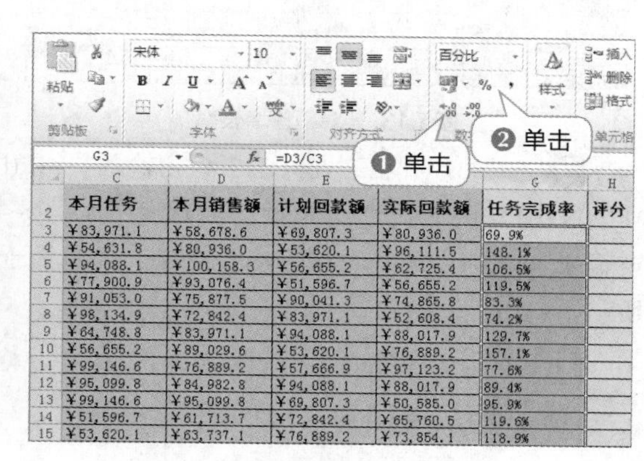

	C	D	E	F	G	H
2	本月任务	本月销售额	计划回款额	实际回款额	任务完成率	评分
3	¥83,971.1	¥58,678.6	¥69,807.3	¥80,936.0	69.9%	
4	¥54,631.8	¥80,936.0	¥53,620.1	¥96,111.5	148.1%	
5	¥94,088.1	¥100,158.3	¥56,655.2	¥62,725.4	106.5%	
6	¥77,900.9	¥93,076.4	¥51,596.7	¥56,655.2	119.5%	
7	¥91,053.0	¥75,877.5	¥90,041.3	¥74,865.8	83.3%	
8	¥98,134.9	¥72,842.4	¥83,971.1	¥52,608.4	74.2%	
9	¥64,748.8	¥83,971.1	¥94,088.1	¥88,017.9	129.7%	
10	¥56,655.2	¥89,029.6	¥53,620.1	¥76,889.2	157.1%	
11	¥99,146.6	¥76,889.2	¥57,666.9	¥97,123.2	77.6%	
12	¥95,099.8	¥84,982.8	¥94,088.1	¥88,017.9	89.4%	
13	¥99,146.6	¥95,099.8	¥69,807.3	¥50,585.0	95.9%	
14	¥51,596.7	¥61,713.7	¥72,842.4	¥65,760.5	119.6%	
15	¥53,620.1	¥63,737.1	¥76,889.2	¥73,854.1	118.9%	

图5.10 设置数据类型

5 选择H3单元格，在其编辑栏中输入公式“=G3*100”，即：任务完成率评分=任务完成率百分比对应数值，如图5.11所示。

6 按【Ctrl+Enter】键计算结果，将H3单元格的公式向下填充至H27单元格，单击【开始】/【数字】组中的“减少小数位数”按钮，如图5.12所示。

D	E	F	G	H
本月销售额	计划回款额	实际回款额	任务完成率	评分
¥58,678.6	¥69,807.3	¥80,936.0	69.9%	i*100
¥80,936.0	¥53,620.1	¥96,111.5	148.1%	
¥100,158.3	¥56,655.2	¥62,725.4	106.5%	
¥93,076.4	¥51,596.7	¥56,655.2	119.5%	
¥75,877.5	¥90,041.3	¥74,865.8	83.3%	
¥72,842.4	¥83,971.1	¥52,608.4	74.2%	
¥83,971.1	¥94,088.1	¥88,017.9	129.7%	
¥89,029.6	¥53,620.1	¥76,889.2	157.1%	
¥76,889.2	¥57,666.9	¥97,123.2	77.6%	
¥84,982.8	¥94,088.1	¥88,017.9	89.4%	
¥95,099.8	¥69,807.3	¥50,585.0	95.9%	

图5.11 计算任务完成率的评分结果

D	E	F	G	H	I
本月销售额	计划回款额	实际回款额	任[illegible]	[illegible]	销售增长率
¥58,678.6	¥69,807.3	¥80,936.0	69.9%	69.9	
¥80,936.0	¥53,620.1	¥96,111.5	148.1%	148.1	
¥100,158.3	¥56,655.2	¥62,725.4	106.5%	106.5	
¥93,076.4	¥51,596.7	¥56,655.2	119.5%	119.5	
¥75,877.5	¥90,041.3	¥74,865.8	83.3%	83.3	
¥72,842.4	¥83,971.1	¥52,608.4	74.2%	74.2	
¥83,971.1	¥94,088.1	¥88,017.9	129.7%	129.7	
¥89,029.6	¥53,620.1	¥76,889.2	157.1%	157.1	

图5.12 计算结果并设置数据格式

7 选择I3单元格，在其编辑栏中输入公式“=(D3−B3)/B3”，即：销售增长率=（本月销售额−上月销售额）/上月销售额，如图5.13所示。

8 按【Ctrl+Enter】键计算结果，将I3单元格的公式向下填充至I27单元格，单击【开始】/【数字】组中的“百分比样式”按钮%，继续单击“减少小数位数”按钮.00→.0，如图5.14所示。

=(D3-B3)/B3

本月销售额	计划回款额	实际回款额	任务完成率	评分	销售增长率
¥58,678.6	¥69,807.3	¥80,936.0	69.9%	69.9	=(D3-B3)/B3
¥80,936.0	¥53,620.1	¥96,111.5	148.1%	148.1	
¥100,158.3	¥56,655.2	¥62,725.4	106.5%	106.5	
¥93,076.4	¥51,596.7	¥56,655.2	119.5%	119.5	
¥75,877.5	¥90,041.3	¥74,865.8	83.3%	83.3	
¥72,842.4	¥83,971.1	¥52,608.4	74.2%	74.2	
¥83,971.1	¥94,088.1	¥88,017.9	129.7%	129.7	
¥89,029.6	¥53,620.1	¥76,889.2	157.1%	157.1	
¥76,889.2	¥57,666.9	¥97,123.2	77.6%	77.6	
¥84,982.8	¥94,088.1	¥88,017.9	89.4%	89.4	
¥95,099.8	¥69,807.3	¥50,585.0	95.9%	95.9	
¥61,713.7	¥72,842.4	¥65,760.5	119.6%	119.6	
¥63,737.1	¥76,889.2	¥73,854.1	118.9%	118.9	
¥65,760.5	¥76,889.2	¥92,064.7	108.3%	108.3	
¥59,690.3	¥76,889.2	¥50,585.0	111.3%	111.3	
¥91,053.0	¥91,053.0	¥101,170.0	120.0%	120.0	
¥100,158.3	¥100,158.3	¥69,807.3	125.3%	125.3	
¥64,748.8	¥90,041.3	¥89,029.6	120.8%	120.8	
¥85,994.5	¥71,830.7	¥87,006.2	157.4%	157.4	
¥97,123.2	¥55,643.5	¥77,900.9	101.1%	101.1	
¥51,596.7	¥55,643.5	¥88,017.9	51.0%	51.0	
¥74,865.8	¥56,655.2	¥97,123.2	139.6%	139.6	
¥70,819.0	¥70,819.0	¥91,053.0	118.6%	118.6	

输入

图5.13 计算销售增长率

❷单击
❸单击
❶填充
=(D3-B3)/B3

本月销售额	计划回款额	实际回款额	任务完成率	评分	销售增长率
¥58,678.6	¥69,807.3	¥80,936.0	69.9%	69.9	9.4%
¥80,936.0	¥53,620.1	¥96,111.5	148.1%	148.1	9.6%
¥100,158.3	¥56,655.2	¥62,725.4	106.5%	106.5	10.0%
¥93,076.4	¥51,596.7	¥56,655.2	119.5%	119.5	2.2%
¥75,877.5	¥90,041.3	¥74,865.8	83.3%	83.3	-20.2%
¥72,842.4	¥83,971.1	¥52,608.4	74.2%	74.2	22.0%
¥83,971.1	¥94,088.1	¥88,017.9	129.7%	129.7	18.6%
¥89,029.6	¥53,620.1	¥76,889.2	157.1%	157.1	1.1%
¥76,889.2	¥57,666.9	¥97,123.2	77.6%	77.6	-19.1%
¥84,982.8	¥94,088.1	¥88,017.9	89.4%	89.4	42.4%
¥95,099.8	¥69,807.3	¥50,585.0	95.9%	95.9	-2.1%
¥61,713.7	¥72,842.4	¥65,760.5	119.6%	119.6	-11.6%
¥63,737.1	¥76,889.2	¥73,854.1	118.9%	118.9	-18.2%
¥65,760.5	¥76,889.2	¥92,064.7	108.3%	108.3	20.4%
¥59,690.3	¥76,889.2	¥50,585.0	111.3%	111.3	-34.4%
¥91,053.0	¥91,053.0	¥101,170.0	120.0%	120.0	1.1%
¥100,158.3	¥100,158.3	¥69,807.3	125.3%	125.3	17.9%

图5.14 计算结果并设置数据格式

9 选择J3单元格，在其编辑栏中输入“=IF(I3<-8%,"差",IF(AND(I3>=-8%,IF(I3<=0),"合格",IF(AND(I3>0,I3<=5%),"良好","优秀")))”，即：销售增长率小于-8%的评语为差、小于0且大于或等于-8%的评语为合格、小于或等于5%且大于0的评语为良好、大于5%的评语为优秀如图5.15所示。

10 按【Ctrl+Enter】键计算结果，将J3单元格的公式向下填充至J27单元格，如图5.16所示。

实际回款额	任务完成率	评分		评语	回款完成率	评分	绩效奖金
¥80,936.0	69.9%	69.9	[illegible]	")))			
¥96,111.5	148.1%	148.1	9.6%				
¥62,725.4	106.5%	106.5	10.0%				
¥56,655.2	119.5%	119.5	2.2%				
¥74,865.8	83.3%	83.3	-20.2%				
¥52,608.4	74.2%	74.2	22.0%				
¥88,017.9	129.7%	129.7	18.6%				
¥76,889.2	157.1%	157.1	1.1%				
¥97,123.2	77.6%	77.6	-19.1%				
¥88,017.9	89.4%	89.4	42.4%				
¥50,585.0	95.9%	95.9	-2.1%				
¥65,760.5	119.6%	119.6	-11.6%				
¥73,854.1	118.9%	118.9	-18.2%				
¥92,064.7	108.3%	108.3	20.4%				
¥50,585.0	111.3%	111.3	-34.4%				
¥101,170.0	120.0%	120.0	1.1%				
¥69,807.3	125.3%	125.3	17.9%				
¥89,029.6	120.8%	120.8	-35.4%				
¥87,006.2	157.4%	157.4	16.4%				
¥77,900.9	101.1%	101.1	71.4%				
¥88,017.9	51.0%	51.0	-23.9%				
¥97,123.2	139.6%	139.6	-15.9%				
¥91,053.0	118.6%	118.6	-7.9%				

图5.15 计算销售增长率评语

实际回款额	任务完成率	评分	销售增长率	评语	回款完成率	评分	绩效奖金
¥80,936.0	69.9%	69.9	9.4%	[illegible]			
¥96,111.5	148.1%	148.1	9.6%	[illegible]			
¥62,725.4	106.5%	106.5	10.0%	[illegible]			
¥56,655.2	119.5%	119.5	2.2%	良好			
¥74,865.8	83.3%	83.3	-20.2%	差			
¥52,608.4	74.2%	74.2	22.0%	优秀			
¥88,017.9	129.7%	129.7	18.6%	优秀			
¥76,889.2	157.1%	157.1	1.1%	良好			
¥97,123.2	77.6%	77.6	-19.1%	差			
¥88,017.9	89.4%	89.4	42.4%	优秀			
¥50,585.0	95.9%	95.9	-2.1%	合格			
¥65,760.5	119.6%	119.6	-11.6%	差			
¥73,854.1	118.9%	118.9	-18.2%	差			
¥92,064.7	108.3%	108.3	20.4%	优秀			
¥50,585.0	111.3%	111.3	-34.4%	差			
¥101,170.0	120.0%	120.0	1.1%	良好			
¥69,807.3	125.3%	125.3	17.9%	优秀			
¥89,029.6	120.8%	120.8	-35.4%	差			
¥87,006.2	157.4%	157.4	16.4%	优秀			
¥77,900.9	101.1%	101.1	71.4%	优秀			
¥88,017.9	51.0%	51.0	-23.9%	差			
¥97,123.2	139.6%	139.6	-15.9%	差			
¥91,053.0	118.6%	118.6	-7.9%	合格			

图5.16 计算结果

11 选择K3单元格，在其编辑栏中输入公式“=F3/E3”，即：回款完成率=实际回款额/计划回款额，如图5.17所示。

12 按【Ctrl+Enter】键计算结果，将K3单元格的公式向下填充至K27单元格，将数据类型设置为百分比样式，并减少一位小数，如图5.18所示。

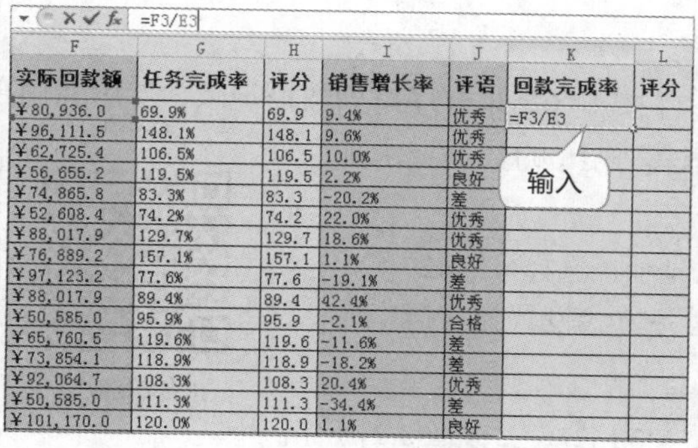

=F3/E3

实际回款额	任务完成率	评分	销售增长率	评语	回款完成率	评分
￥80,936.0	69.9%	69.9	9.4%	优秀	=F3/E3	
￥96,111.5	148.1%	148.1	9.6%	优秀		
￥62,725.4	106.5%	106.5	10.0%	优秀		
￥56,655.2	119.5%	119.5	2.2%	良好		
￥74,865.8	83.3%	83.3	-20.2%	差		
￥52,608.4	74.2%	74.2	22.0%	优秀		
￥88,017.9	129.7%	129.7	18.6%	优秀		
￥76,889.2	157.1%	157.1	1.1%	良好		
￥97,123.2	77.6%	77.6	-19.1%	差		
￥88,017.9	89.4%	89.4	42.4%	优秀		
￥50,585.0	95.9%	95.9	-2.1%	合格		
￥65,760.5	119.6%	119.6	-11.6%	差		
￥73,854.1	118.9%	118.9	-18.2%	差		
￥92,064.7	108.3%	108.3	20.4%	优秀		
￥50,585.0	111.3%	111.3	-34.4%	差		
￥101,170.0	120.0%	120.0	1.1%	良好		

图5.17 计算回款完成率

=F3/E3

实际回款额	任务完成率	评分	销售增长率	评语	回款完成率	评分
￥80,936.0	69.9%	69.9	9.4%	优秀	115.9%	
￥96,111.5	148.1%	148.1	9.6%	优秀	179.2%	
￥62,725.4	106.5%	106.5	10.0%	优秀	110.7%	
￥56,655.2	119.5%	119.5	2.2%	良好	109.8%	
￥74,865.8	83.3%	83.3	-20.2%	差	83.1%	
￥52,608.4	74.2%	74.2	22.0%	优秀	62.7%	
￥88,017.9	129.7%	129.7	18.6%	优秀	93.5%	
￥76,889.2	157.1%	157.1	1.1%	良好	143.4%	
￥97,123.2	77.6%	77.6	-19.1%	差	168.4%	
￥88,017.9	89.4%	89.4	42.4%	优秀	93.5%	
￥50,585.0	95.9%	95.9	-2.1%	合格	72.5%	
￥65,760.5	119.6%	119.6	-11.6%	[illegible]	[illegible]	
￥73,854.1	118.9%	118.9	-18.2%	[illegible]	[illegible]	
￥92,064.7	108.3%	108.3	20.4%	[illegible]	[illegible]	
￥50,585.0	111.3%	111.3	-34.4%	差	65.8%	
￥101,170.0	120.0%	120.0	1.1%	良好	111.1%	

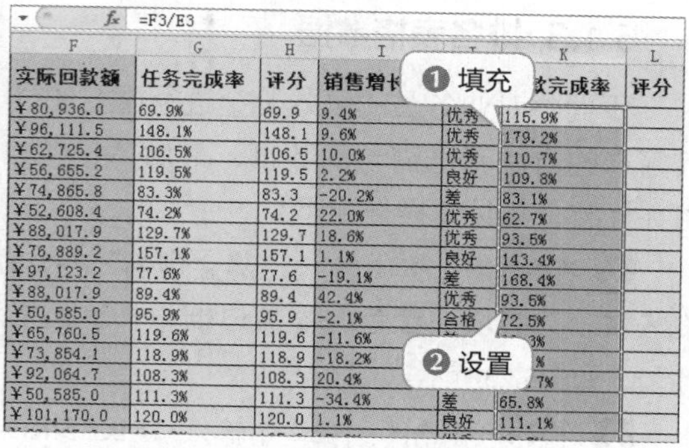

图5.18 填充公式并设置数据格式

13 选择L3单元格，在其编辑栏中输入公式“=K3*100”，即：回款完成率评分=回款完成率百分比对应数值，如图5.19所示。

14 按【Ctrl+Enter】键计算结果，将L3单元格的公式向下填充至L27单元格，如图5.20所示。

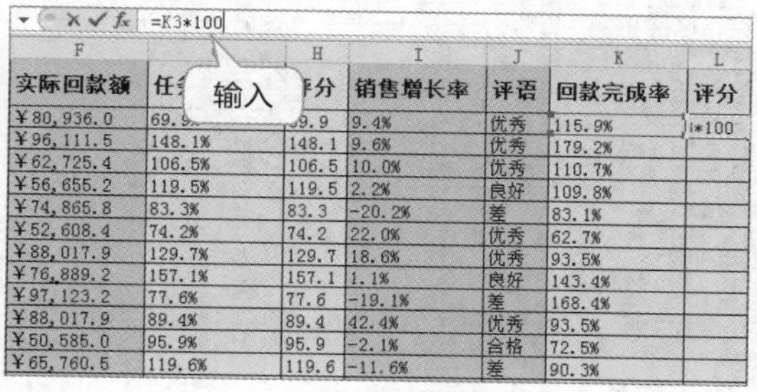

=K3*100

实际回款额	任务完成率	评分	销售增长率	评语	回款完成率	评分
￥80,936.0	69.9%	69.9	9.4%	优秀	115.9%	=K3*100
￥96,111.5	148.1%	148.1	9.6%	优秀	179.2%	
￥62,725.4	106.5%	106.5	10.0%	优秀	110.7%	
￥56,655.2	119.5%	119.5	2.2%	良好	109.8%	
￥74,865.8	83.3%	83.3	-20.2%	差	83.1%	
￥52,608.4	74.2%	74.2	22.0%	优秀	62.7%	
￥88,017.9	129.7%	129.7	18.6%	优秀	93.5%	
￥76,889.2	157.1%	157.1	1.1%	良好	143.4%	
￥97,123.2	77.6%	77.6	-19.1%	差	168.4%	
￥88,017.9	89.4%	89.4	42.4%	优秀	93.5%	
￥50,585.0	95.9%	95.9	-2.1%	合格	72.5%	
￥65,760.5	119.6%	119.6	-11.6%	差	90.3%	

图5.19 设置表格边框和底纹

=K3*100

实际回款额	任务完成率	评分	销售增长率	评语	回款完成率	评分
￥80,936.0	69.9%	69.9	9.4%	优秀	115.9%	115.9
￥96,111.5	148.1%	148.1	9.6%	优秀	179.2%	179.2
￥62,725.4	106.5%	106.5	10.0%	优秀	110.7%	110.7
￥56,655.2	119.5%	119.5	2.2%	良好	109.8%	109.8
￥74,865.8	83.3%	83.3	-20.2%	差	83.1%	83.15
￥52,608.4	74.2%	74.2	22.0%	优秀	62.7%	62.65
￥88,017.9	129.7%	129.7	18.6%	优秀	93.5%	93.55
￥76,889.2	157.1%	157.1	1.1%	良好	143.4%	143.4
￥97,123.2	77.6%	77.6	-19.1%	差	168.4%	168.4
￥88,017.9	89.4%	89.4	42.4%	优秀	93.5%	93.55
￥50,585.0	95.9%	95.9	-2.1%	合格	72.5%	72.46
￥65,760.5	119.6%	119.6	-11.6%	差	90.3%	90.28

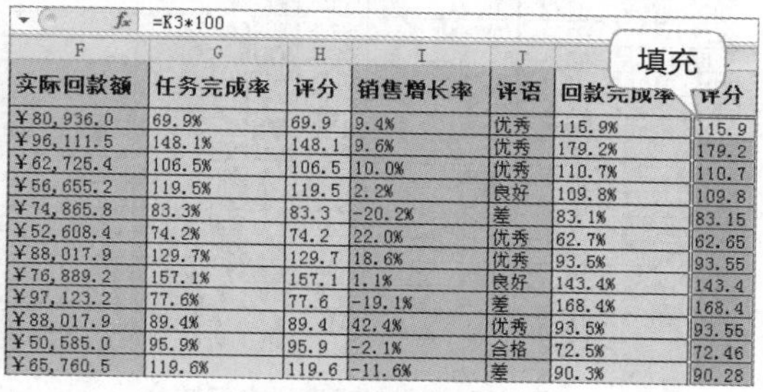

图5.20 填充公式

15 选择M3单元格，在其编辑栏中输入“=(H3+L3)*7.5+IF(J3="差",I3*100*15,I3*100*7.5)”，即：绩效奖金为任务完成率评分与回款完成率评分之和乘以每分7.5元的标准，再加上销售增长率的情况。其中销售增长率的评语为差的，以销售增长率乘以100再乘以每分15元的标准计算；评语不为差时，以销售增长率乘以100再乘以每分7.5元的标准计算，如图5.21所示。

16 按【Ctrl+Enter】键计算结果，将M3单元格的公式向下填充至M27单元格，将数据类型设置为货币样式，并减少一位小数，如图5.22所示。

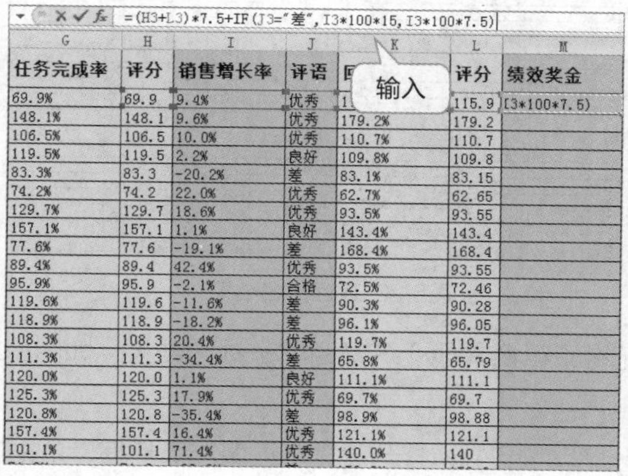

=(H3+L3)*7.5+IF(J3="差",I3*100*15,I3*100*7.5)

任务完成率	评分	销售增长率	评语	回款完成率	评分	绩效奖金
69.9%	69.9	9.4%	优秀	[illegible]	115.9	I3*100*7.5)
148.1%	148.1	9.6%	优秀	179.2%	179.2	
106.5%	106.5	10.0%	优秀	110.7%	110.7	
119.5%	119.5	2.2%	良好	109.8%	109.8	
83.3%	83.3	-20.2%	差	83.1%	83.15	
74.2%	74.2	22.0%	优秀	62.7%	62.65	
129.7%	129.7	18.6%	优秀	93.5%	93.55	
157.1%	157.1	1.1%	良好	143.4%	143.4	
77.6%	77.6	-19.1%	差	168.4%	168.4	
89.4%	89.4	42.4%	优秀	93.5%	93.55	
95.9%	95.9	-2.1%	合格	72.5%	72.46	
119.6%	119.6	-11.6%	差	90.3%	90.28	
118.9%	118.9	-18.2%	差	96.1%	96.05	
108.3%	108.3	20.4%	优秀	119.7%	119.7	
111.3%	111.3	-34.4%	差	65.8%	65.79	
120.0%	120.0	1.1%	良好	111.1%	111.1	
125.3%	125.3	17.9%	优秀	69.7%	69.7	
120.8%	120.8	-35.4%	差	98.9%	98.88	
157.4%	157.4	16.4%	优秀	121.1%	121.1	
101.1%	101.1	71.4%	优秀	140.0%	140	

图5.21 输入格式

=(H3+L3)*7.5+IF(J3="差",I3*100*15,I3*100*7.5)

任务完成率	评分	销售增长率	评语	回款完成率	评分	绩效奖金
69.9%	69.9	9.4%	优秀	115.9%	[illegible]	￥1,464.4
148.1%	148.1	9.6%	优秀	179.2%	179.2	￥2,527.4
106.5%	106.5	10.0%	优秀	110.7%	110.7	￥1,703.7
119.5%	119.5	2.2%	良好	109.8%	109.8	￥1,736.3
83.3%	83.3	-20.2%	差	83.1%	83.15	￥945.4
74.2%	74.2	22.0%	优秀	62.7%	62.65	￥1,191.8
129.7%	129.7	18.6%	优秀	93.5%	93.55	￥1,813.6
157.1%	157.1	1.1%	良好	143.4%	143.4	￥2,262.7
77.6%	77.6	-19.1%	差	168.4%	168.4	￥1,557.6
89.4%	89.4	42.4%	优秀	93.5%	93.55	￥1,689.6
95.9%	95.9	-2.1%	合格	72.5%	72.46	￥1,247.2
119.6%	119.6	-11.6%	差	90.3%	90.28	￥1,400.2
118.9%	118.9	-18.2%	差	96.1%	96.05	￥1,339.2
108.3%	108.3	20.4%	优秀	119.7%	119.7	￥1,863.3
111.3%	111.3	-34.4%	差	65.8%	65.79	￥811.7
120.0%	120.0	1.1%	良好	111.1%	111.1	[illegible]
125.3%	125.3	17.9%	优秀	69.7%	[illegible]	[illegible]
120.8%	120.8	-35.4%	差	98.9%	[illegible]	[illegible]
157.4%	157.4	16.4%	优秀	121.1%	[illegible]	[illegible]
101.1%	101.1	71.4%	优秀	140.0%	140	￥2,343.6

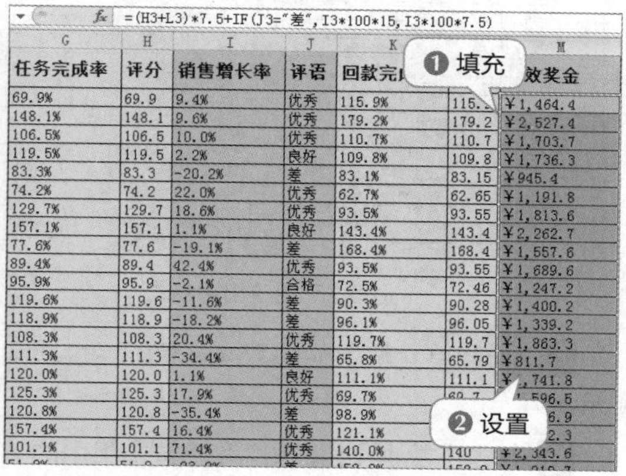

图5.22 填充公式并设置表格格式

5.1.3 排名表格数据

下面将对业务员的绩效奖金进行排名统计，并按排名结果升序排列数据记录，然后利用高级筛选的方法筛选需要的数据，最后将销售增长率小于0的数据记录加粗并标红，其具体操作如下。

排名表格数据

1 在N2单元格中输入“奖金排名”并加粗显示，选择N2:N27单元格区域，为其填充黄色并添加边框，将单元格对齐方式设置为“居中对齐”，如图5.23所示。

2 在N3单元格的编辑栏中输入“=RANK(M3,M3:M27)”，如图5.24所示。

①输入　②设置

销售增长率	评语	回款完成率	评分	绩效奖金	奖金排名
9.4%	优秀	115.9%	115.9	¥1,464.4	
9.6%	优秀	179.2%	179.2	¥2,527.4	
10.0%	优秀	110.7%	110.7	¥1,703.7	
2.2%	良好	109.8%	109.8	¥1,736.3	
-20.2%	差	83.1%	83.1	¥945.4	
22.0%	优秀	62.7%	62.7	¥1,191.8	
18.6%	优秀	93.5%	93.5	¥1,813.6	
1.1%	良好	143.4%	143.4	¥2,262.7	
-19.1%	差	168.4%	168.4	¥1,557.6	
42.4%	优秀	93.5%	93.5	¥1,689.6	
-2.1%	合格	72.5%	72.5	¥1,247.2	
-11.6%	差	90.3%	90.3	¥1,400.2	
-18.2%	差	96.1%	96.1	¥1,339.2	
20.4%	优秀	119.7%	119.7	¥1,863.3	
-34.4%	差	65.8%	65.8	¥811.7	
1.1%	良好	111.1%	111.1	¥1,741.8	
17.9%	优秀	69.7%	69.7	¥1,596.5	

图5.23 输入并设置排名区域

=RANK(M3,M3:M27)　RANK(number, r [order])　输入

评分	销售增长率	评语	回款完成率	评分	绩效奖金	奖金排名
69.9	9.4%	优秀	115.9%	115.9	¥1,464.4	(M3,M3:M27)
148.1	9.6%	优秀	179.2%	179.2	¥2,527.4	
106.5	10.0%	优秀	110.7%	110.7	¥1,703.7	
119.5	2.2%	良好	109.8%	109.8	¥1,736.3	
83.3	-20.2%	差	83.1%	83.1	¥945.4	
74.2	22.0%	优秀	62.7%	62.7	¥1,191.8	
129.7	18.6%	优秀	93.5%	93.5	¥1,813.6	
157.1	1.1%	良好	143.4%	143.4	¥2,262.7	
77.6	-19.1%	差	168.4%	168.4	¥1,557.6	
89.4	42.4%	优秀	93.5%	93.5	¥1,689.6	
95.9	-2.1%	合格	72.5%	72.5	¥1,247.2	
119.6	-11.6%	差	90.3%	90.3	¥1,400.2	
118.9	-18.2%	差	96.1%	96.1	¥1,339.2	
108.3	20.4%	优秀	119.7%	119.7	¥1,863.3	
111.3	-34.4%	差	65.8%	65.8	¥811.7	
120.0	1.1%	良好	111.1%	111.1	¥1,741.8	
125.3	17.9%	优秀	69.7%	69.7	¥1,596.5	
120.8	-35.4%	差	98.9%	98.9	¥1,116.9	

图5.24 输入函数

3 选择输入函数中的“M3:M27”部分，按【F4】键将其引用方式更改为绝对引用，如图5.25所示。

4 按【Ctrl+Enter】键返回该数据记录的排名结果，如图5.26所示。

=RANK(M3,$M$3:$M$27)　RANK(number, ref, [order])　设置

评分	销售增长率	评语	回款完成率	评分	绩效奖金	奖金排名
69.9	9.4%	优秀	115.9%	115.9	¥1,464.4	(M3,$M$3:$M$2
148.1	9.6%	优秀	179.2%	179.2	¥2,527.4	
106.5	10.0%	优秀	110.7%	110.7	¥1,703.7	
119.5	2.2%	良好	109.8%	109.8	¥1,736.3	
83.3	-20.2%	差	83.1%	83.1	¥945.4	
74.2	22.0%	优秀	62.7%	62.7	¥1,191.8	
129.7	18.6%	优秀	93.5%	93.5	¥1,813.6	
157.1	1.1%	良好	143.4%	143.4	¥2,262.7	
77.6	-19.1%	差	168.4%	168.4	¥1,557.6	
89.4	42.4%	优秀	93.5%	93.5	¥1,689.6	
95.9	-2.1%	合格	72.5%	72.5	¥1,247.2	
119.6	-11.6%	差	90.3%	90.3	¥1,400.2	
118.9	-18.2%	差	96.1%	96.1	¥1,339.2	
108.3	20.4%	优秀	119.7%	119.7	¥1,863.3	
111.3	-34.4%	差	65.8%	65.8	¥811.7	

图5.25 更改引用方式

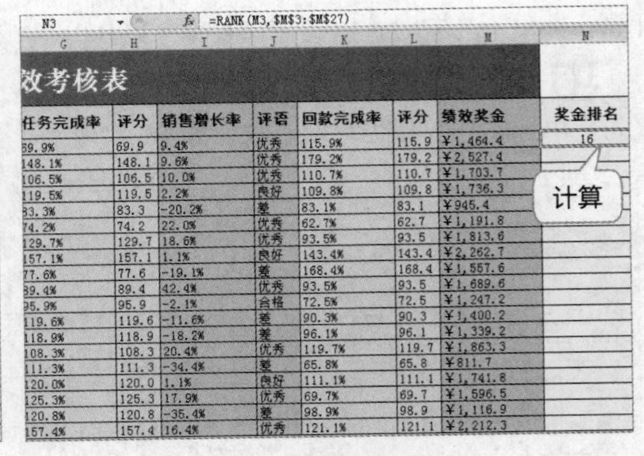

N3　=RANK(M3,$M$3:$M$27)

效考核表

任务完成率	评分	销售增长率	评语	回款完成率	评分	绩效奖金	奖金排名
69.9%	69.9	9.4%	优秀	115.9%	115.9	¥1,464.4	16
148.1%	148.1	9.6%	优秀	179.2%	179.2	¥2,527.4	
106.5%	106.5	10.0%	优秀	110.7%	110.7	¥1,703.7	
119.5%	119.5	2.2%	良好	109.8%	109.8	¥1,736.3	
83.3%	83.3	-20.2%	差	83.1%	83.1	¥945.4	
74.2%	74.2	22.0%	优秀	62.7%	62.7	¥1,191.8	
129.7%	129.7	18.6%	优秀	93.5%	93.5	¥1,813.6	
157.1%	157.1	1.1%	良好	143.4%	143.4	¥2,262.7	
77.6%	77.6	-19.1%	差	168.4%	168.4	¥1,557.6	
89.4%	89.4	42.4%	优秀	93.5%	93.5	¥1,689.6	
95.9%	95.9	-2.1%	合格	72.5%	72.5	¥1,247.2	
119.6%	119.6	-11.6%	差	90.3%	90.3	¥1,400.2	
118.9%	118.9	-18.2%	差	96.1%	96.1	¥1,339.2	
108.3%	108.3	20.4%	优秀	119.7%	119.7	¥1,863.3	
111.3%	111.3	-34.4%	差	65.8%	65.8	¥811.7	
120.0%	120.0	1.1%	良好	111.1%	111.1	¥1,741.8	
125.3%	125.3	17.9%	优秀	69.7%	69.7	¥1,596.5	
120.8%	120.8	-35.4%	差	98.9%	98.9	¥1,116.9	
157.4%	157.4	16.4%	优秀	121.1%	121.1	¥2,212.3	

图5.26 返回排名结果

5 将N3单元格中的函数向下填充至N27单元格，得到其他业务员的奖金排名结果，如图5.27所示。

6 单击【数据】/【排序和筛选】组中的“升序”按钮，打开“排序提醒”对话框，单击选中“扩展选定区域”单选项，单击 排序(S) 按钮，如图5.28所示。

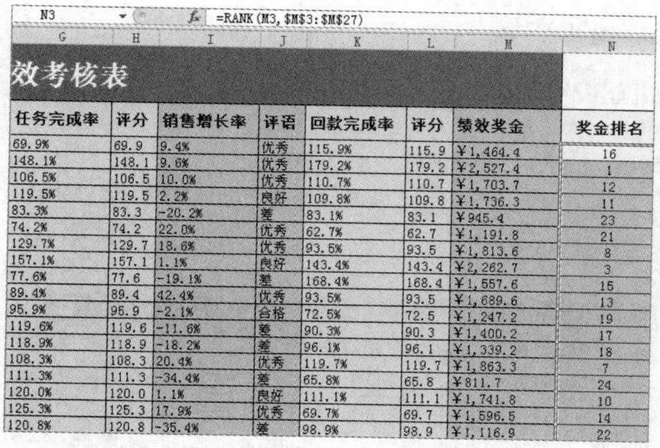

N3 =RANK(M3,$M$3:$M$27)

效考核表

任务完成率	评分	销售增长率	评语	回款完成率	评分	绩效奖金	奖金排名
69.9%	69.9	9.4%	优秀	115.9%	115.9	¥1,464.4	16
148.1%	148.1	9.6%	优秀	179.2%	179.2	¥2,527.4	1
106.5%	106.5	10.0%	优秀	110.7%	110.7	¥1,703.7	12
119.5%	119.5	2.2%	良好	109.8%	109.8	¥1,736.3	11
83.3%	83.3	-20.2%	差	83.1%	83.1	¥945.4	23
74.2%	74.2	22.0%	优秀	62.7%	62.7	¥1,191.8	21
129.7%	129.7	18.6%	优秀	93.5%	93.5	¥1,813.6	8
157.1%	157.1	1.1%	良好	143.4%	143.4	¥2,262.7	3
77.6%	77.6	-19.1%	差	168.4%	168.4	¥1,557.6	15
89.4%	89.4	42.4%	优秀	93.5%	93.5	¥1,689.6	13
95.9%	95.9	-2.1%	合格	72.5%	72.5	¥1,247.2	19
119.6%	119.6	-11.6%	差	90.3%	90.3	¥1,400.2	17
118.9%	118.9	-18.2%	差	96.1%	96.1	¥1,339.2	18
108.3%	108.3	20.4%	优秀	119.7%	119.7	¥1,863.3	7
111.3%	111.3	-34.4%	差	65.8%	65.8	¥811.7	24
120.0%	120.0	1.1%	良好	111.1%	111.1	¥1,741.8	10
125.3%	125.3	17.9%	优秀	69.7%	69.7	¥1,596.5	14
120.8%	120.8	-35.4%	差	98.9%	98.9	¥1,116.9	22

图5.27 填充函数

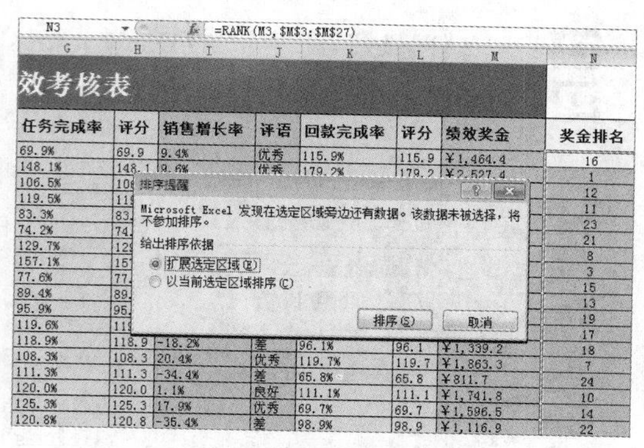

图5.28 设置单元格属性

7 此时数据记录根据奖金排名的先后顺序进行排列，如图5.29所示。

8 在数据记录下方的任意空白单元格区域中输入筛选的项目字段及具体的条件，这里设置的条件表示要筛选出销售增长率评语不是差，同时回款完成率小于100%的数据记录，如图5.30所示。

图5.29 完成排序

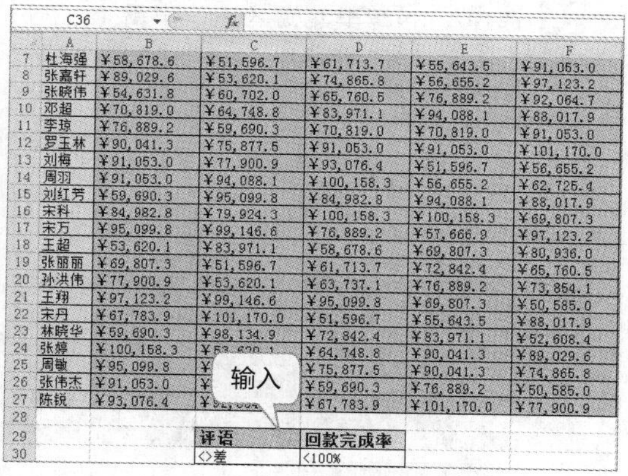

C36

	A	B	C	D	E	F
7	杜海强	¥58,678.6	¥51,596.7	¥61,713.7	¥55,643.5	¥91,053.0
8	张嘉轩	¥89,029.6	¥53,620.1	¥74,865.8	¥56,655.2	¥97,123.2
9	张晓伟	¥54,631.8	¥60,702.0	¥65,760.5	¥76,889.2	¥92,064.7
10	邓超	¥70,819.0	¥64,748.8	¥83,971.1	¥94,088.1	¥88,017.9
11	李琼	¥76,889.2	¥59,690.3	¥70,819.0	¥70,819.0	¥91,053.0
12	罗玉林	¥90,041.3	¥75,877.5	¥91,053.0	¥91,053.0	¥101,170.0
13	刘梅	¥91,053.0	¥77,900.9	¥93,076.4	¥51,596.7	¥56,655.2
14	周羽	¥91,053.0	¥94,088.1	¥100,158.3	¥56,655.2	¥62,725.4
15	刘红芳	¥59,690.3	¥95,099.8	¥84,982.8	¥94,088.1	¥88,017.9
16	宋科	¥84,982.8	¥79,924.3	¥100,158.3	¥100,158.3	¥69,807.3
17	宋万	¥95,099.8	¥99,146.6	¥76,889.2	¥57,666.9	¥97,123.2
18	王超	¥53,620.1	¥83,971.1	¥58,678.6	¥69,807.3	¥80,936.0
19	张丽丽	¥69,807.3	¥51,596.7	¥61,713.7	¥72,842.4	¥65,760.5
20	孙洪伟	¥77,900.9	¥53,620.1	¥63,737.1	¥76,889.2	¥73,854.1
21	王翔	¥97,123.2	¥99,146.6	¥95,099.8	¥69,807.3	¥50,585.0
22	宋丹	¥67,783.9	¥101,170.0	¥51,596.7	¥55,643.5	¥88,017.9
23	林晓华	¥59,690.3	¥98,134.9	¥72,842.4	¥83,971.1	¥52,608.4
24	张婷	¥100,158.3	¥53,620.1	¥64,748.8	¥90,041.3	¥89,029.6
25	周敏	¥95,099.8	[illegible]	¥75,877.5	¥90,041.3	¥74,865.8
26	张伟杰	¥91,053.0	[illegible]	¥59,690.3	¥76,889.2	¥50,585.0
27	陈锐	¥93,076.4	[illegible]	¥67,783.9	¥101,170.0	¥77,900.9
28						
29			评语	回款完成率		
30			<>差	<100%		

输入

图5.30 设置筛选条件

9 选择任意包含数据的单元格，如F2单元格，单击【数据】/【排序和筛选】组中的“高级”按钮，如图5.31所示。

10 打开“高级筛选”对话框，将“列表区域”设置为A2:N27单元格区域，如图5.32所示。

图5.31 启用高级筛选功能

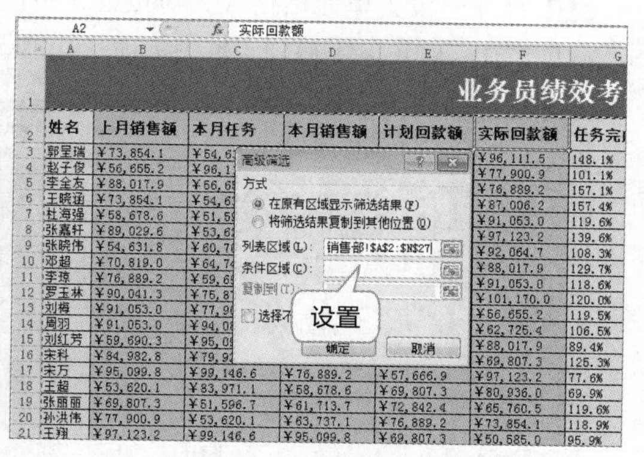

图5.32 设置筛选区域

11 将“条件区域”设置为C29:D30单元格区域，单击 确定 按钮，如图5.33所示。

12 此时将筛选出符合筛选条件的数据记录，如图5.34所示。

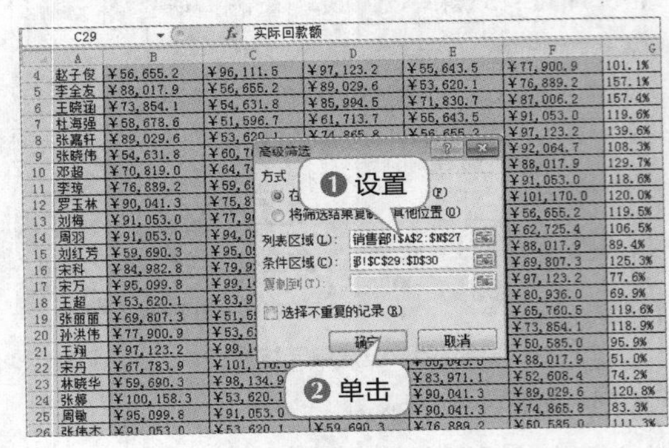

图5.33 设置条件区域

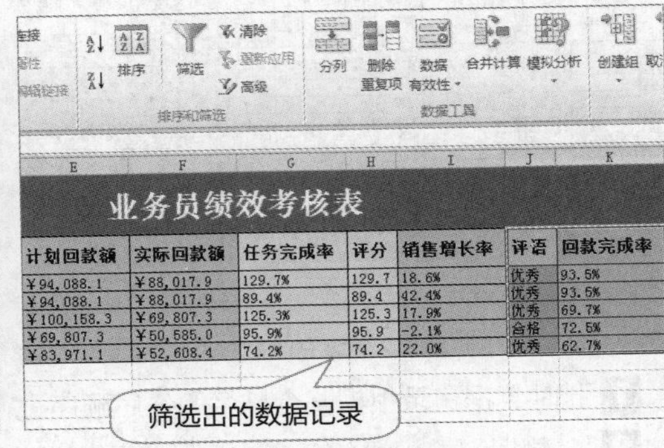

图5.34 筛选结果

13 在【数据】/【排序和筛选】组中单击“清除”按钮，如图5.35所示。

14 选择A3:N27单元格区域，单击【开始】/【样式】组中的“条件格式”按钮，在打开的下拉列表中选择“新建规则”选项，如图5.36所示。

图5.35 取消筛选状态

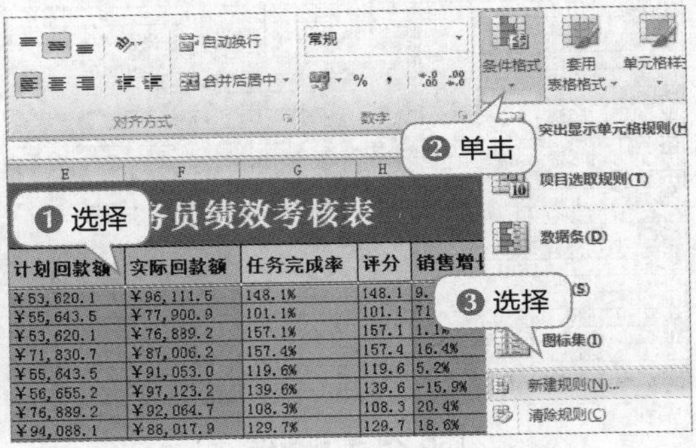

图5.36 新建规则

15 打开“新建格式规则”对话框，在“选择规则类型”列表框中选择“使用公式确定要设置格式的单元格”选项，在下方的文本框中输入“=$I3<0”，单击 格式(F)... 按钮，如图5.37所示。

16 打开“设置单元格格式”对话框，单击“字体”选项卡，在“字形”列表框中选择“加粗”选项，在“颜色”下拉列表框中选择“红色”选项，单击 确定 按钮，如图5.38所示。

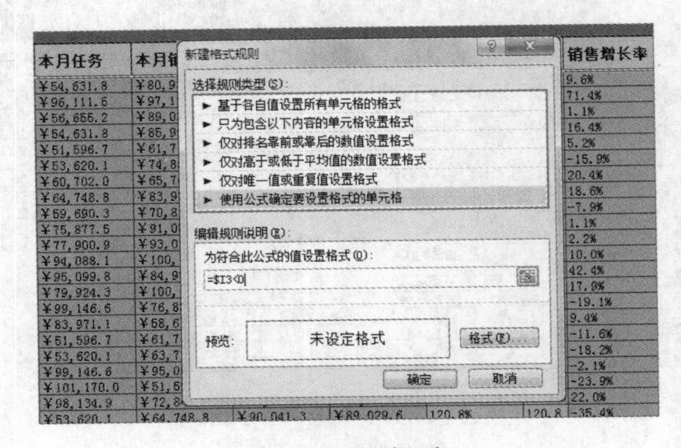

图5.37 设置规则

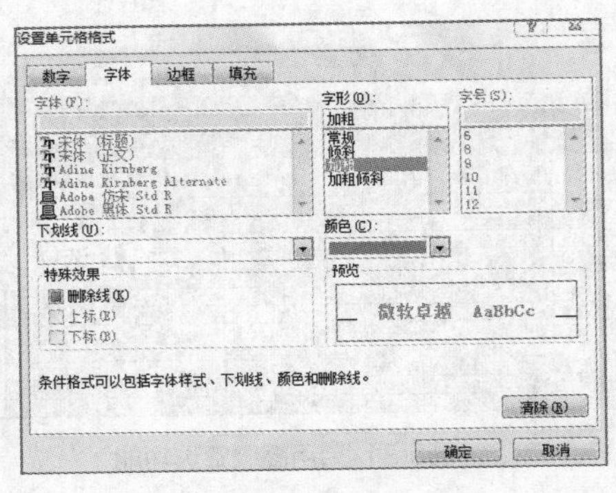

图5.38 设置格式

17 确认设置后，表格中所有销售增长率小于0的数据记录都将加粗并标红。适当调整某些列的列宽，使其能正常显示出数据即可，如图5.39所示。

业务员绩效考核表

姓名	上月销售额	本月任务	本月销售额	计划回款额	实际回款额	任务完成率	评分	销售增长率	评语	回款完成率	评分	绩效奖金	奖金排名
郭呈瑞	¥73,854.1	¥54,631.8	¥80,936.0	¥53,620.1	¥96,111.5	148.1%	148.1	9.6%	优秀	179.2%	179.2	¥2,527.4	1
赵子俊	¥56,655.2	¥96,111.5	¥97,123.2	¥55,643.5	¥77,900.9	101.1%	101.1	71.4%	优秀	140.0%	140.0	¥2,343.6	2
李全友	¥88,017.9	¥56,655.2	¥89,029.6	¥53,620.1	¥76,889.2	157.1%	157.1	1.1%	良好	143.4%	143.4	¥2,262.7	3
王晓涵	¥73,854.1	¥54,631.8	¥85,994.5	¥71,830.7	¥87,006.2	157.4%	157.4	16.4%	优秀	121.1%	121.1	¥2,212.3	4
杜海强	¥58,678.6	¥51,596.7	¥61,713.7	¥55,643.5	¥91,053.0	119.6%	119.6	5.2%	优秀	163.6%	163.6	¥2,163.1	5
张嘉轩	¥89,029.6	¥53,620.1	¥74,865.8	¥56,655.2	¥97,123.2	139.6%	139.6	-15.9%	差	171.4%	171.4	¥2,094.2	6
张晓伟	¥54,631.8	¥60,702.0	¥65,760.5	¥76,889.2	¥92,064.7	108.3%	108.3	20.4%	优秀	119.7%	119.7	¥1,863.3	7
邓超	¥70,819.0	¥64,748.8	¥83,971.1	¥94,088.1	¥88,017.9	129.7%	129.7	18.6%	优秀	93.5%	93.5	¥1,813.6	8
李玲	¥76,889.2	¥59,690.3	¥70,819.0	¥70,819.0	¥91,053.0	118.6%	118.6	-7.9%	合格	128.6%	128.6	¥1,794.9	9
罗玉林	¥90,041.3	¥75,877.5	¥91,053.0	¥91,053.0	¥101,170.0	120.0%	120.0	1.1%	良好	111.1%	111.1	¥1,741.8	10
刘梅	¥91,053.0	¥77,900.9	¥93,076.4	¥51,596.7	¥56,655.2	119.5%	119.5	2.2%	良好	109.8%	109.8	¥1,736.3	11
周羽	¥91,053.0	¥94,088.1	¥100,158.3	¥56,655.2	¥62,725.4	106.5%	106.5	10.0%	优秀	110.7%	110.7	¥1,703.7	12
刘红芳	¥59,690.3	¥95,099.8	¥84,982.8	¥94,088.1	¥88,017.9	89.4%	89.4	42.4%	优秀	93.5%	93.5	¥1,689.6	13
宋科	¥84,982.8	¥79,924.3	¥100,158.3	¥100,158.3	¥69,807.3	125.3%	125.3	17.9%	优秀	69.7%	69.7	¥1,596.5	14
宋万	¥95,099.8	¥99,146.6	¥76,889.2	¥57,866.9	¥97,123.2	77.6%	77.6	-19.1%	差	168.4%	168.4	¥1,557.6	15
王超	¥53,620.1	¥83,971.1	¥58,678.6	¥69,807.3	¥80,936.0	69.9%	69.9	9.4%	优秀	115.9%	115.9	¥1,464.4	16
张丽丽	¥69,807.3	¥51,596.7	¥61,713.7	¥72,842.4	¥65,760.5	119.6%	119.6	-11.6%	差	90.3%	90.3	¥1,400.2	17
孙洪伟	¥77,900.9	¥53,620.1	¥63,737.1	¥76,889.2	¥73,854.1	118.9%	118.9	-18.2%	差	96.1%	96.1	¥1,339.2	18
王翔	¥97,123.2	¥99,146.6	¥95,099.8	¥69,807.3	¥50,585.0	95.9%	95.9	-2.1%	合格	72.5%	72.5	¥1,247.2	19
宋丹	¥67,783.9	¥101,170.0	¥51,596.7	¥55,643.5	¥88,017.9	51.0%	51.0	-23.9%	差	158.2%	158.2	¥1,210.7	20
林晓华	¥59,690.3	¥98,134.9	¥72,842.4	¥83,971.1	¥52,608.4	74.2%	74.2	22.0%	优秀	62.7%	62.7	¥1,191.8	21
张毅	¥100,158.3	¥53,620.1	¥64,748.8	¥90,041.3	¥89,029.6	120.8%	120.8	-35.4%	差	98.9%	98.9	¥1,116.9	22
周敏	¥95,099.8	¥91,053.0	¥75,877.5	¥90,041.3	¥74,865.8	83.3%	83.3	-20.2%	差	83.1%	83.1	¥945.4	23
张伟杰	¥91,053.0	¥53,620.1	¥59,690.3	¥76,889.2	¥50,585.0	111.3%	111.3	-34.4%	差	65.8%	65.8	¥811.7	24
陈锐	¥83,076.4	¥92,064.7	¥67,783.9	¥101,170.0	¥77,900.9	73.6%	73.6	-27.2%	差	77.0%	77.0	¥722.1	25

图5.39 完善设置

5.2 制作销售统计表

销售统计是对企业产品的销售情况进行汇总分析的环节，不同企业对销售统计的目的不同，因此销售统计表的项目构成也不相同。若目的在于汇总销售额的统计工作，则产品的单价、销量和销售额项目就必须存在。图5.40所示为“销售统计表”的参考效果。

××企业产品销售统计表

产品名称	产品编号	产品规格	重量	出厂年份	单价	销量	销售额
357克特制熟饼	XLWM2016001	357克×84饼/件	357克	2016	¥791.8	91	¥72,053.8
357克精品熟饼	XLWM2016002	357克×84饼/件	357克	2016	¥556.4	87	¥48,406.8
500克藏品普洱	XLWM2016003	500克×9罐/件	500克	2016	¥1,016.5	89	¥90,468.5
357克金尊熟饼	XLWM2016004	400克×84片/件	400克	2016	¥791.8	76	¥60,176.8
357克壹号熟饼	XLWM2016005	357克×84饼/件	357克	2015	¥567.1	100	¥56,710.0
357克青饼	XLWM2016006	357克×84饼/件	357克	2015	¥577.8	79	¥45,646.2
357克秋茶青饼	XLWM2016007	357克×84饼/件	357克	2015	¥642.0	92	¥59,064.0
500克茶王春芽散茶	XLWM2016008	500克×9罐/件	500克	2015	¥791.8	74	¥58,593.2
500克传统香竹茶	XLWM2016009	500克×24支/件	500克	2015	¥663.4	61	¥40,467.4
250克青砖	XLWM2016010	250克×80块/件	250克	2015	¥952.3	74	¥70,470.2
357克珍藏熟饼	XLWM2016011	357克×84饼/件	357克	2015	¥984.4	92	¥90,564.8
357克老树青饼	XLWM2016012	357克×84饼/件	357克	2015	¥631.3	77	¥48,610.1
400克茶王春芽青饼	XLWM2016013	400克×84饼/件	400克	2014	¥545.7	60	¥32,742.0
400克金印珍藏青饼	XLWM2016014	400克×84饼/件	400克	2014	¥995.1	58	¥57,715.8
400克金印茶王青饼	XLWM2016015	400克×84饼/件	400克	2014	¥856.0	71	¥60,776.0
357克茶王青饼	XLWM2016016	357克×84饼/件	357克	2014	¥930.9	96	¥89,366.4
500克金尊青沱	XLWM2016017	500克×24沱/件	500克	2014	¥535.0	79	¥42,265.0
357克早春青饼	XLWM2016018	357克×84饼/件	357克	2013	¥930.9	78	¥72,610.2
500克珍藏青沱	XLWM2016019	500克×24沱/件	500克	2013	¥877.4	84	¥73,701.6
357克珍藏青饼	XLWM2016020	357克×84饼/件	357克	2013	¥963.0	97	¥93,411.0
500克精选普洱散茶	XLWM2016021	500克×40包/件	500克	2013	¥738.3	88	¥64,970.4

图5.40 “销售统计表”的参考效果

下载资源

效果文件：第5章\销售统计表.xlsx

5.2.1 输入和计算数据

首先创建并保存工作簿，依次输入数据并适当对数据进行美化，然后利用公式和函数来计算各产品的销售额及总销量和总销售额等数据，其具体操作如下。

1 新建并保存“销售统计表.xlsx”工作簿，依次将各工作表的名称重命名为“明细”“排名”和“销售比例”，如图5.41所示。

2 在“明细”工作表中输入表格的标题、字段和各产品的基本数据，然后适当调整行高和列宽，如图5.42所示。

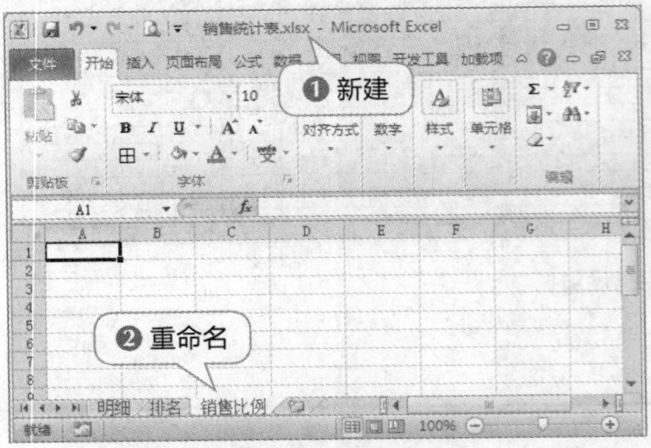

图5.41 重命名工作表

××企业产品销售统计表

产品名称	产品编号	产品规格	重量	出厂年份	单价
357克特制熟饼	XLWM2016001	357克×84饼/件	357克	2016	
357克精品熟饼	XLWM2016002	357克×84饼/件	357克	2016	
500克藏品普洱	XLWM2016003	500克×9罐/件	500克	2016	
357克金尊熟饼	XLWM2016004	400克×84片/件	400克	2016	
357克壹号熟饼	XLWM2016005	357克×84饼/件	357克	2015	
357克青饼	XLWM2016006	357克×84饼/件	357克	2015	
357克秋茶青饼	XLWM2016007	357克×84饼/件	357克	2015	
500克茶王春芽散茶	XLWM2016008	500克×9罐/件	500克	2015	
500克传统香竹茶	XLWM2016009	500克×24支/件	500克	2015	
250克青砖	XLWM2016010	250克×80块/件	250克	2015	
357克珍藏熟饼	XLWM2016011	357克×84饼/件	357克	2015	
357克老树青饼	XLWM2016012	357克×84饼/件	357克	2015	
400克茶王春芽青饼	XLWM2016013	400克×84饼/件	400克	2014	
400克金印珍藏青饼	XLWM2016014	400克×84饼/件	400克	2014	
400克金印茶王青饼	XLWM2016015	400克×84饼/件	400克	2014	
357克茶王青饼	XLWM2016016	357克×84饼/件	357克	2014	
500克金尊青沱	XLWM2016017	500克×24沱/件	500克	2014	
357克早春青饼	XLWM2016018	357克×84饼/件	357克	2013	

图5.42 输入数据

3 对表格标题、字段和数据记录的格式、对齐方式等进行设置，然后为所有数据所在的单元格区域添加边框，如图5.43所示。

4 在F3:G23单元格区域中依次输入各产品的单价和销量数据，将单价的数据类型设置为货币型，仅显示1位小数的样式，如图5.44所示。

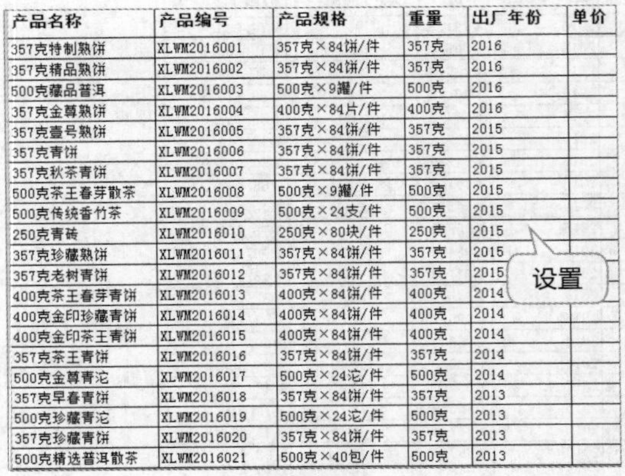

产品名称	产品编号	产品规格	重量	出厂年份	单价
357克特制熟饼	XLWM2016001	357克×84饼/件	357克	2016	
357克精品熟饼	XLWM2016002	357克×84饼/件	357克	2016	
500克藏品普洱	XLWM2016003	500克×9罐/件	500克	2016	
357克金尊熟饼	XLWM2016004	400克×84片/件	400克	2016	
357克壹号熟饼	XLWM2016005	357克×84饼/件	357克	2015	
357克青饼	XLWM2016006	357克×84饼/件	357克	2015	
357克秋茶青饼	XLWM2016007	357克×84饼/件	357克	2015	
500克茶王春芽散茶	XLWM2016008	500克×9罐/件	500克	2015	
500克传统香竹茶	XLWM2016009	500克×24支/件	500克	2015	
250克青砖	XLWM2016010	250克×80块/件	250克	2015	
357克珍藏熟饼	XLWM2016011	357克×84饼/件	357克	2015	
357克老树青饼	XLWM2016012	357克×84饼/件	357克	2015	
400克茶王春芽青饼	XLWM2016013	400克×84饼/件	400克	2014	
400克金印珍藏青饼	XLWM2016014	400克×84饼/件	400克	2014	
400克金印茶王青饼	XLWM2016015	400克×84饼/件	400克	2014	
357克茶王青饼	XLWM2016016	357克×84饼/件	357克	2014	
500克金尊青沱	XLWM2016017	500克×24沱/件	500克	2014	
357克早春青饼	XLWM2016018	357克×84饼/件	357克	2013	
500克珍藏青沱	XLWM2016019	500克×24沱/件	500克	2013	
357克珍藏青饼	XLWM2016020	357克×84饼/件	357克	2013	
500克精选普洱散茶	XLWM2016021	500克×40包/件	500克	2013	

图5.43 美化数据

产品规格	重量	出厂年份	单价	销量	销售额
357克×84饼/件	357克	2016	¥791.8	91	
357克×84饼/件	357克	2016	¥556.4	87	
500克×9罐/件	500克	2016	¥1,016.5	89	
400克×84片/件	400克	2016	¥791.8	76	
357克×84饼/件	357克	2015	¥567.1	100	
357克×84饼/件	357克	2015	¥577.8	79	
357克×84饼/件	357克	2015	¥642.0	92	
500克×9罐/件	500克	2015	¥791.8	74	
500克×24支/件	500克	2015	¥663.4	61	
250克×80块/件	250克	2015	¥952.3	74	
357克×84饼/件	357克	2015	¥984.4	92	
357克×84饼/件	357克	2015	¥631.3	77	
400克×84饼/件	400克	2014	¥545.7	60	
400克×84饼/件	400克	2014	¥995.1	58	
400克×84饼/件	400克	2014	¥856.0	71	
357克×84饼/件	357克	2014	¥930.9	96	
500克×24沱/件	500克	2014	¥535.0	79	
357克×84饼/件	357克	2013	¥930.9	78	
500克×24沱/件	500克	[illegible]	[illegible]	84	
357克×84饼/件	357克	[illegible]	[illegible]	97	
500克×40包/件	500克	2013	¥738.3	88	

图5.44 输入数据

5 选择H3单元格，在其编辑栏中输入“=F3*G3”，表示该产品的销售额等于对应的单价与销量的乘积，如图5.45所示。

6 按【Ctrl+Enter】键计算该产品的销售额，将H3单元格中的公式向下填充至H23单元格，将H3:H23单元格区域的数据类型设置为货币型，仅显示1位小数的样式，如图5.46所示。

产品规格	重量	出厂年份	单价	销量	销售额
357克×84饼/件	357克	[illegible]	¥791.8	91	=F3*G3
357克×84饼/件	357克	[illegible]	¥556.4	87	
500克×9罐/件	500克	[illegible]	¥1,016.5	89	
400克×84片/件	400克	2016	¥791.8	76	
357克×84饼/件	357克	2015	¥567.1	100	
357克×84饼/件	357克	2015	¥577.8	79	
357克×84饼/件	357克	2015	¥642.0	[illegible]	
500克×9罐/件	500克	2015	¥791.8	[illegible]	
500克×24支/件	500克	2015	¥663.4	[illegible]	
250克×80块/件	250克	2015	¥952.3	74	
357克×84饼/件	357克	2015	¥984.4	92	
357克×84饼/件	357克	2015	¥631.3	77	
400克×84饼/件	400克	2014	¥545.7	60	
400克×84饼/件	400克	2014	¥995.1	58	
400克×84饼/件	400克	2014	¥856.0	71	
357克×84饼/件	357克	2014	¥930.9	96	
500克×24沱/件	500克	2014	¥535.0	79	

图5.45 输入公式

号	产品规格	重量	出厂年份	单价	销量	销售额
001	357克×84饼/件	357克	2016	¥791.8	91	¥72,053.8
002	357克×84饼/件	357克	2016	¥556.4	87	¥48,406.8
003	500克×9罐/件	500克	2016	¥1,016.5	89	[illegible]
004	400克×84片/件	400克	2016	¥791.8	[illegible]	[illegible]
005	357克×84饼/件	357克	2015	¥567.1	[illegible]	[illegible]
006	357克×84饼/件	357克	2015	¥577.8	[illegible]	[illegible]
007	357克×84饼/件	357克	2015	¥642.0	92	¥59,064.0
008	500克×9罐/件	500克	2015	¥791.8	74	¥58,593.2
009	500克×24支/件	500克	2015	¥663.4	[illegible]	[illegible]
010	250克×80块/件	250克	2015	¥952.3	[illegible]	[illegible]
011	357克×84饼/件	357克	2015	¥984.4	[illegible]	[illegible]
012	357克×84饼/件	357克	2015	¥631.3	77	¥48,610.1
013	400克×84饼/件	400克	2014	¥545.7	60	¥32,742.0
014	400克×84饼/件	400克	2014	¥995.1	58	¥57,715.8
015	400克×84饼/件	400克	2014	¥856.0	71	¥60,776.0
016	357克×84饼/件	357克	2014	¥930.9	[illegible]	[illegible]
017	500克×24沱/件	500克	2014	¥535.0	[illegible]	[illegible]
018	357克×84饼/件	357克	2013	¥930.9	[illegible]	[illegible]

图5.46 计算并填充公式

7 合并A24:F27单元格区域，然后输入“合计：”文本，如图5.47所示。

8 选择G24单元格，在其编辑栏中输入“=SUM(G3:G23)”，如图5.48所示。

357克×84饼/件	357克	2016	¥791.8	91	¥72,053.8
357克×84饼/件	357克	2016	¥556.4	87	¥48,406.8
500克×9罐/件	500克	2016	¥1,016.5	89	¥90,468.5
400克×84片/件	400克	2016	¥791.8	76	¥60,176.8
357克×84饼/件	357克	2015	¥567.1	100	¥56,710.0
357克×84饼/件	357克	2015	¥577.8	79	¥45,646.2
357克×84饼/件	357克	2015	¥642.0	92	¥59,064.0
500克×9罐/件	500克	2015	¥791.8	74	¥58,593.2
500克×24支/件	500克	2015	¥663.4	61	¥40,467.4
250克×80块/件	250克	2015	¥952.3	74	¥70,470.2
357克×84饼/件	357克	2015	¥984.4	92	¥90,564.8
357克×84饼/件	357克	2015	¥631.3	77	¥48,610.1
400克×84饼/件	400克	2014	¥545.7	60	¥32,742.0
400克×84饼/件	400克	2014	¥995.1	58	¥57,715.8
400克×84饼/件	400克	2014	¥856.0	71	¥60,776.0
357克×84饼/件	357克	2014	¥930.9	96	¥89,366.4
500克×24沱/件	500克	2014	¥535.0	79	¥42,265.0
357克×84饼/件	357克	2013	¥930.9	78	[illegible]
500克×24沱/件	500克	2013	¥877.4	84	[illegible]
357克×84饼/件	357克	2013	¥963.0	97	[illegible]
500克×40包/件	500克	2013	¥738.3	88	[illegible]
合计：					

图5.47 输入文本

号	产品规格	重量	出厂年份	单价	销量	销售额
002	357克×84饼/件	357克	2016	¥556.4	87	¥48,406.8
003	500克×9罐/件	500克	[illegible]	¥1,016.5	89	¥90,468.5
004	400克×84片/件	400克	[illegible]	[illegible]	76	¥60,176.8
005	357克×84饼/件	357克	[illegible]	[illegible]	100	¥56,710.0
006	357克×84饼/件	357克	[illegible]	[illegible]	79	¥45,646.2
007	357克×84饼/件	357克	2015	¥642.0	92	¥59,064.0
008	500克×9罐/件	500克	2015	¥791.8	74	¥58,593.2
009	500克×24支/件	500克	2015	¥663.4	61	¥40,467.4
010	250克×80块/件	250克	2015	¥952.3	74	¥70,470.2
011	357克×84饼/件	357克	2015	¥984.4	92	¥90,564.8
012	357克×84饼/件	357克	2015	¥631.3	77	¥48,610.1
013	400克×84饼/件	400克	2014	¥545.7	60	¥32,742.0
014	400克×84饼/件	400克	2014	¥995.1	58	¥57,715.8
015	400克×84饼/件	400克	2014	¥856.0	71	¥60,776.0
016	357克×84饼/件	357克	2014	¥930.9	96	¥89,366.4
017	500克×24沱/件	500克	2014	¥535.0	79	¥42,265.0
018	357克×84饼/件	357克	2013	¥930.9	78	[illegible]
019	500克×24沱/件	500克	2013	¥877.4	84	[illegible]
020	357克×84饼/件	357克	2013	¥963.0	97	[illegible]
021	500克×40包/件	500克	2013	¥738.3	88	[illegible]
合计：					=SUM(G3:G23)	

图5.48 输入函数

9 按【Ctrl+Enter】键计算所有产品的总销量，将G24单元格中的函数向右填充至H24单元格，计算所有产品的总销售额，如图5.49所示。

产品规格	重量	出厂年份	单价	销量	销售额
357克×84饼/件	357克	2016	¥791.8	91	¥72,053.8
357克×84饼/件	357克	2016	¥556.4	87	¥48,406.8
500克×9罐/件	500克	2016	¥1,016.5	89	¥90,468.5
400克×84片/件	400克	2016	¥791.8	76	¥60,176.8
357克×84饼/件	357克	2015	¥567.1	100	¥56,710.0
357克×84饼/件	357克	2015	¥577.8	79	¥45,646.2
357克×84饼/件	357克	2015	¥642.0	92	¥59,064.0
500克×9罐/件	500克	2015	¥791.8	74	¥58,593.2
500克×24支/件	500克	2015	¥663.4	61	¥40,467.4
250克×80块/件	250克	2015	¥952.3	74	¥70,470.2
357克×84饼/件	357克	2015	¥984.4	92	¥90,564.8
357克×84饼/件	357克	2015	¥631.3	77	¥48,610.1
400克×84饼/件	400克	2014	¥545.7	60	¥32,742.0
400克×84饼/件	400克	2014	¥995.1	58	¥57,715.8
400克×84饼/件	400克	2014	¥856.0	71	¥60,776.0
357克×84饼/件	357克	2014	¥930.9	96	¥89,366.4
500克×24沱/件	500克	2014	¥535.0	[illegible]	[illegible]
357克×84饼/件	357克	2013	¥930.9	[illegible]	[illegible]
500克×24沱/件	500克	2013	¥877.4	[illegible]	[illegible]
357克×84饼/件	357克	2013	¥963.0	97	¥93,411.0
500克×40包/件	500克	2013	¥738.3	88	¥64,970.4
合计：				1703	¥1,328,790.20

图5.49 计算并填充函数

5.2.2 使用RANK函数

在“排名”工作表中利用RANK()函数根据销售额进行排名，然后使用条件格式使排名只显示前10位的记录，并突出显示前3名数据，其具体操作如下。

1 切换到“排名”工作表，依次输入表格标题和字段项目，为标题和字段添加边框效果，如图5.50所示。

2 将“明细”工作表中已有的数据复制到“排名”工作表中的B3:F23单元格区域，如图5.51所示。

产品销售排名情况

名次	产品名称	产品编号	产品规格	重量	出厂年份

❶ 输入　❷ 设置

图5.50 输入数据

产品销售排名情况

名次	产品名称	产品编号	产品规格	重量	出厂年
	357克特制熟饼	XLWM2016001	357克×84饼/件	357克	2016
	357克精品熟饼	XLWM2016002	357克×84饼/件	357克	2016
	500克藏品普洱	XLWM2016003	500克×9罐/件	500克	2016
	357克金尊熟饼	XLWM2016004	400克×84片/件	400克	2016
	357克壹号熟饼	XLWM2016005	357克×84饼/件	357克	2015
	357克青饼	XLWM2016006	357克×84饼/件	357克	2015
	357克秋茶青饼	XLWM2016007	357克×84饼/件	357克	2015
	500克茶王春芽散茶	XLWM2016008	500克×9罐/件	500克	2015
	500克传统香竹茶	XLWM2016009	500克×24支/件	500克	2015
	250克青砖	XLWM2016010	250克×80块/件	250克	2015
	357克珍藏熟饼	XLWM2016011	357克×84饼/件	357克	2015
	357克老树青饼	XLWM2016012	357克×84饼/件	357克	2015
	400克茶王春芽青饼	XLWM2016013	400克×84饼/件	400克	2014
	400克金印珍藏青饼	XLWM201[illegible]014	400克×84饼/件	400克	2014
	400克金印茶王青饼	XLWM[illegible]	[illegible]00克×84饼/件	400克	2014
	357克茶王青饼	XLW[illegible]	[illegible]57克×84饼/件	357克	2014
	500克金尊青沱	XLW[illegible]	[illegible]00克×24沱/件	500克	2014
	357克早春青饼	XLWM2016018	357克×84饼/件	357克	2013
	500克珍藏青沱	XLWM2016019	500克×24沱/件	500克	2013
	357克珍藏青饼	XLWM2016020	357克×84饼/件	357克	2013
	500克精选普洱散茶	XLWM2016021	500克×40包/件	500克	2013

输入

图5.51 复制数据

3 选择A3单元格，在其编辑栏中输入“=RANK()”，然后将文本插入点定位到输入的括号中，如图5.52所示。

4 切换到“明细”工作表，选择H3单元格，将其地址引用到函数中，在函数中引用的单元格地址后面输入“,”，如图5.53所示。

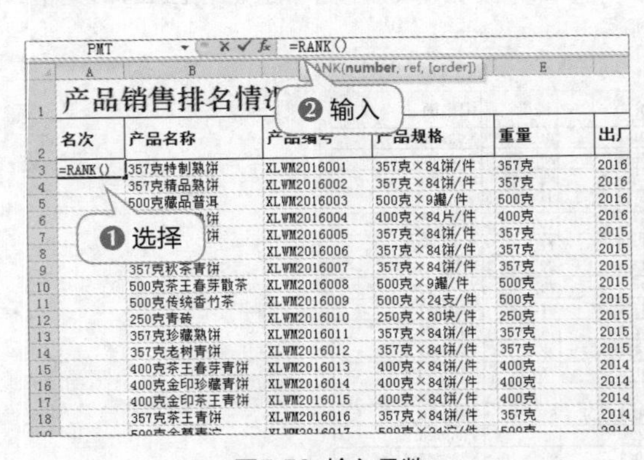

图5.52 输入函数

=RANK('明细)'!H3,)

销售统计表

号	产品规格	重量	出厂年份	单价	销量	销售额
6001	357克×84饼/件	357克	2016	[illegible]	[illegible]1	￥72,053.8
6002	357克×84饼/件	357克	2016	[illegible]	87	￥48,406.8
6003	500克×9罐/件	500克	2016	￥1,016.5	89	￥90,468.5
6004	400克×84片/件	400克	2016	￥791.8	76	￥60,176.8
6005	357克×84饼/件	357克	2015	￥567.1	100	￥56,710.0
6006	357克×84饼/件	357克	2015	￥577.8	79	￥45,646.2
6007	357克×84饼/件	357克	2015	￥642.0	92	￥59,064.0
6008	500克×9罐/件	500克	2015	￥791.8	74	￥58,593.2
6009	500克×24支/件	500克	2015	￥663.4	61	￥40,467.4
6010	250克×80块/件	250克	2015	￥952.3	74	￥70,470.2
6011	357克×84饼/件	357克	2015	￥984.4	92	￥90,564.8
6012	357克×84饼/件	357克	2015	￥631.3	77	￥48,610.1
6013	400克×84饼/件	400克	2014	￥545.7	60	￥32,742.0

❷ 输入　❶ 选择

图5.53 引用不同工作表中的单元格地址

5 拖曳“明细”工作表中的H3:H23单元格区域作为RANK()函数的第2个参数，并将其引用方式更改为绝对引用，如图5.54所示。

6 按【Ctrl+Enter】键返回该产品的排名，将A3单元格中的公式向下填充至A23单元格，返回其他产品的排名情况，如图5.55所示。

```
=RANK('明细)'!H3,'明细)'!$H$3:$H$23)
```

设置

	产品编号	产品规格	重量	出厂年份	单价	销量
	XLWM2016001	357克×84饼/件	357克	2016	¥791.8	91
	XLWM2016002	357克×84饼/件	357克	2016	¥556.4	87
	XLWM2016003	500克×9罐/件	500克	2016	¥1,016.5	89
	XLWM2016004	400克×84片/件	400克	2016	¥791.8	76
	XLWM2016005	357克×84饼/件	357克	2015	¥567.1	100
	XLWM2016006	357克×84饼/件	357克	2015	¥577.8	79
	XLWM2016007	357克×84饼/件	357克	2015	¥642.0	92
茶	XLWM2016008	500克×9罐/件	500克	2015	¥791.8	74
	XLWM2016009	500克×24支/件	500克	2015	¥663.4	61
	XLWM2016010	250克×80块/件	250克	2015	¥952.3	74
	XLWM2016011	357克×84饼/件	357克	2015	¥984.4	92
	XLWM2016012	357克×84饼/件	357克	2015	¥631.3	77
饼	XLWM2016013	400克×84饼/件	400克	2014	¥545.7	60

图5.54 引用单元格区域地址

❶计算 ❷填充

名次	产品名称	产品编号	产品规格	重量
7	357克特制熟饼	XLWM2016001	357克×84饼/件	357克
17	357克精品熟饼	XLWM2016002	357克×84饼/件	357克
3	500克藏品普洱	XLWM2016003	500克×9罐/件	500克
11	[illegible]	XLWM2016004	400克×84片/件	400克
		XLWM2016005	357克×84饼/件	357克
		XLWM2016006	357克×84饼/件	357克
12	[illegible]	XLWM2016007	357克×84饼/件	357克
13	500克茶王春芽散茶	XLWM2016008	500克×9罐/件	500克
20	500克传统香竹茶	XLWM2016009	500克×24支/件	500克
8	250克青砖	XLWM2016010	250克×80块/件	250克
2	357克珍藏熟饼	XLWM2016011	357克×84饼/件	357克
16	357克老树青饼	XLWM2016012	357克×84饼/件	357克
21	400克茶王春芽青饼	XLWM2016013	400克×84饼/件	400克
14	400克金印珍藏青饼	XLWM2016014	400克×84饼/件	400克
10	400克金印茶王青饼	XLWM2016015	400克×84饼/件	400克
4	357克茶王青饼	XLWM2016016	357克×84饼/件	357克
19	[illegible]金尊青沱	XLWM2016017	500克×24沱/件	500克
		XLWM2016018	357克×84饼/件	357克
		XLWM2016019	500克×24沱/件	500克
		XLWM2016020	357克×84饼/件	357克
9	500克精选普洱散茶	XLWM2016021	500克×40包/件	500克

图5.55 计算并填充函数

7 选择A3:F23单元格区域，单击“条件格式”按钮，在打开的下拉列表中选择“新建规则”选项，打开“新建格式规则”对话框，设置公式规则为“=$A3>10”，将符合此公式的单元格字体颜色设为“白色”，单击 确定 按钮，如图5.56所示。

8 此时符合公式的单元格中的字体颜色将呈白色显示，如不选择这些单元格，则类似于隐藏效果，如图5.57所示。

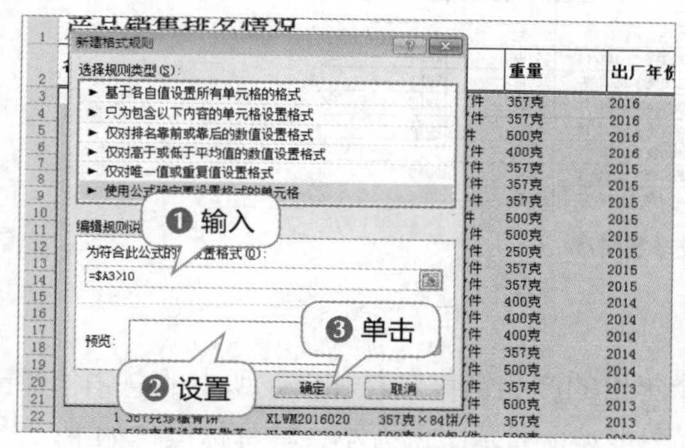

图5.56 设置条件格式

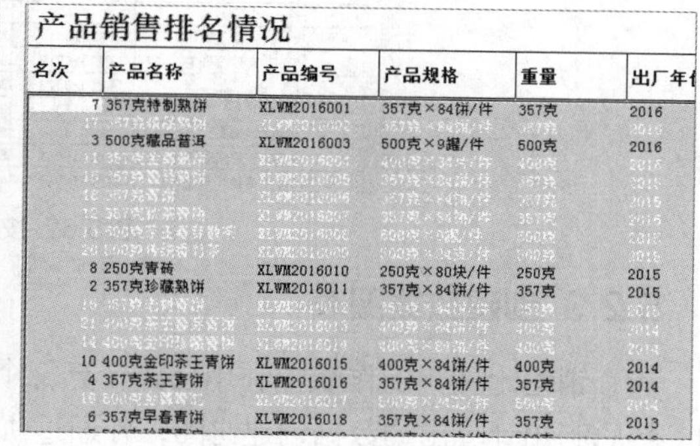

图5.57 设置后的效果

9 再次打开“新建格式规则”对话框，设置公式规则为“=$A3<=10”，为符合此公式的单元格添加外边框，单击 确定 按钮，如图5.58所示。

10 此时符合公式的单元格四周将添加边框，从而与标题和字段的样式一致，如图5.59所示。

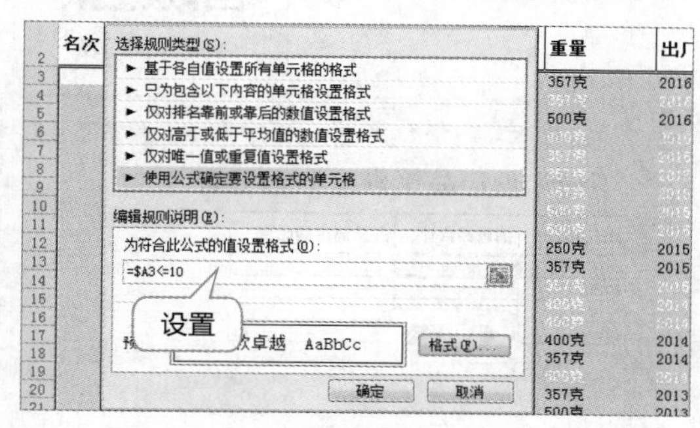

图5.58 设置条件格式

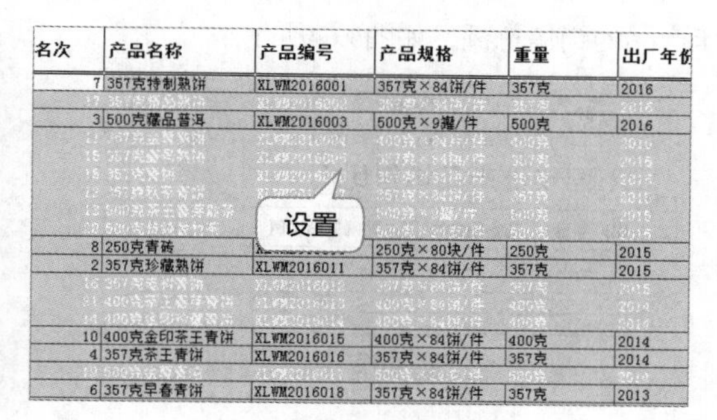

图5.59 设置后的效果

11 打开“新建格式规则”对话框，设置公式规则为“=$A3<4”，将符合此公式的单元格字体颜色设为“红色”，单击 确定 按钮，如图5.60所示。

12 此时符合公式的单元格中的字体颜色将呈红色显示，如图5.61所示。

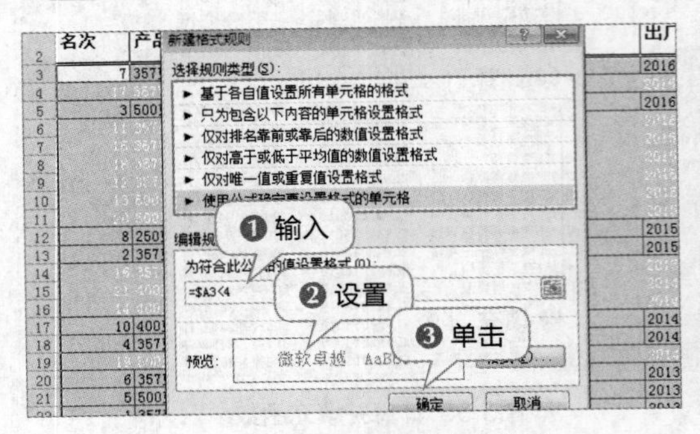

图5.60 设置条件格式

名次	产品名称	产品编号	产品规格	重量	出厂
7	357克特制熟饼	XLWM2016001	357克×84饼/件	357克	2016
[illegible]	[illegible]	[illegible]	[illegible]	[illegible]	[illegible]
3	500克藏品普洱	XLWM2016003	500克×9罐/件	500克	2016
[illegible]	[illegible]	[illegible]	[illegible]	[illegible]	[illegible]
[illegible]	[illegible]	[illegible]	[illegible]	[illegible]	[illegible]
[illegible]	[illegible]	[illegible]	[illegible]	[illegible]	[illegible]
[illegible]	[illegible]	[illegible]	[illegible]	[illegible]	[illegible]
[illegible]	[illegible]	[illegible]	[illegible]	[illegible]	[illegible]
[illegible]	[illegible]	[illegible]	[illegible]	[illegible]	[illegible]
8	250克青砖	XLWM2016010	250克×80块/件	250克	2015
2	357克珍藏熟饼	XLWM2016011	357克×84饼/件	357克	2015
[illegible]	[illegible]	[illegible]	[illegible]	[illegible]	[illegible]
[illegible]	[illegible]	[illegible]	[illegible]	[illegible]	[illegible]
[illegible]	[illegible]	[illegible]	[illegible]	[illegible]	[illegible]
10	400克金印茶王青饼	XLWM2016015	400克×84饼/件	400克	2014
4	357克茶王青饼	XLWM2016016	357克×84饼/件	357克	2014
[illegible]	[illegible]	[illegible]	[illegible]	[illegible]	[illegible]
6	357克早春青饼	XLWM2016018	357克×84饼/件	357克	2013
5	500克珍藏青沱	XLWM2016019	500克×24沱/件	500克	2013

图5.61 设置后的效果

13 选择名次下的单元格，利用“升序”按钮以名次为依据对数据记录进行升序排序，如图5.62所示。

产品销售排名情况

名次	产品名称	产品编号	产品规格	重量	出厂年份
1	357克珍藏青饼	XLWM2016020	357克×84饼/件	357克	2013
2	357克珍藏熟饼	XLWM2016011	357克×84饼/件	357克	2015
3	500克藏品普洱	XLWM2016003	500克×9罐/件	500克	2016
4	357克茶王青饼	XLWM2016016	357克×84饼/件	357克	2014
5	500克珍藏青沱	XLWM2016019	500克×24沱/件	500克	2013
[illegible]	[illegible]	XLWM2016018	357克×84饼/件	357克	2013
[illegible]	[illegible]	XLWM2016001	357克×84饼/件	357克	2016
8	250克青砖	XLWM2016010	250克×80块/件	250克	2015
9	500克精选普洱散茶	XLWM2016021	500克×40包/件	500克	2013
10	400克金印茶王青饼	XLWM2016015	400克×84饼/件	400克	2014

排序

图5.62 按排名排序

5.2.3 创建数据图表

在“销售比例”工作表中利用公式计算每个年份的产品销售额总和以及所占的总销售额比例，然后利用计算出的数据创建饼图，并通过饼图直观地显示比例大小，其具体操作如下。

扫一扫

创建数据图表

1 切换到“销售比例”工作表，在A1:C6单元格区域中输入数据并美化表格，如图5.63所示。

2 选择B3单元格，在其编辑栏中输入“=SUM('明细'! H3:H6)”，并引用“明细”工作表中的H3:H6单元格区域，按【Ctrl+Enter】键得到2016年产品的销售总额，如图5.64所示。

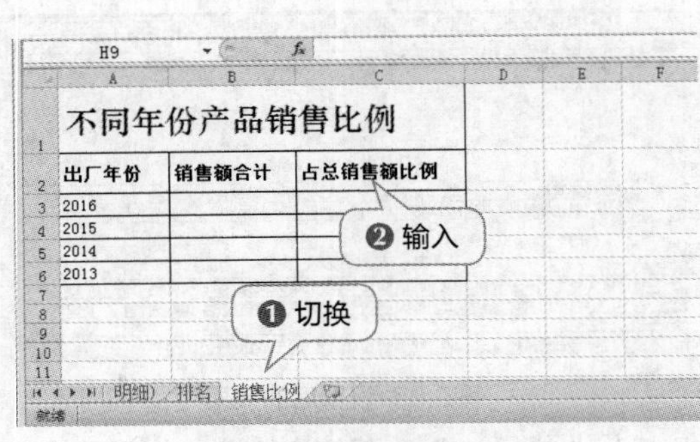

图5.63 输入数据

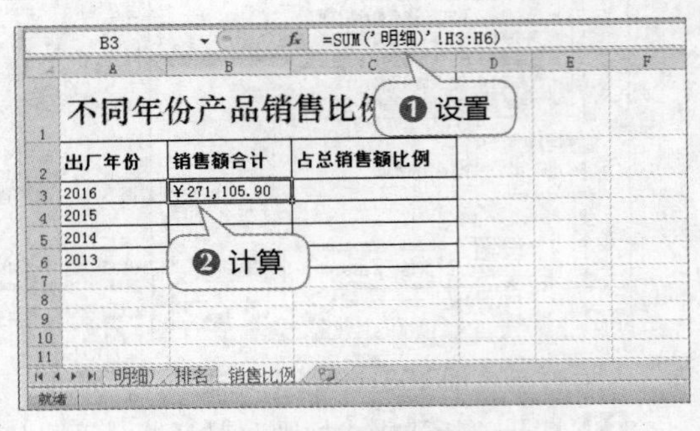

图5.64 计算销售额合计

3 使用相同的方法依次计算2015年、2014年和2013年的所有产品销售总额，如图5.65所示。

4 选择C3单元格，在其编辑栏中使用公式和SUM()函数，并引用“明细”工作表中的H24单元格，按【Ctrl+Enter】键得到2016年产品的销售总额占总销售额的比例，将数据类型设置为百分比，仅显示1位小数的样式，如图5.66所示。

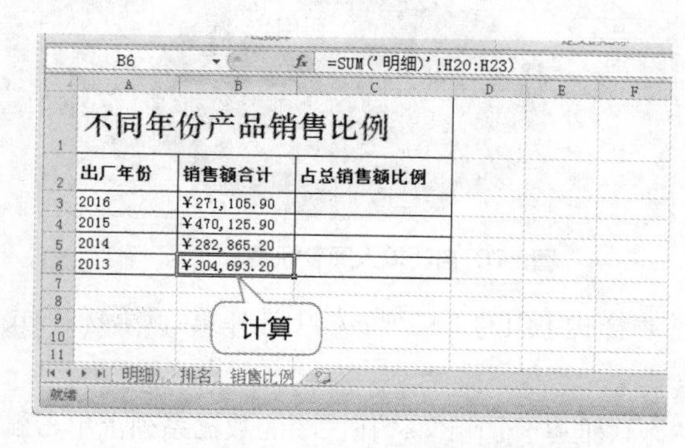

图5.65 计算其他年份的销售总额

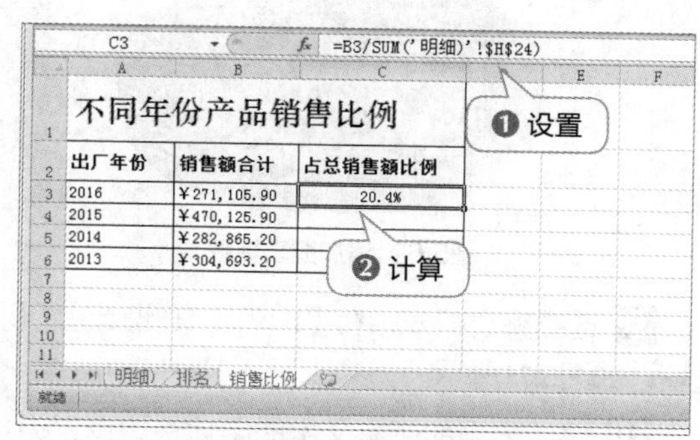

图5.66 计算销售额比例

5 使用相同的方法依次计算2015年、2014年和2013年的所有产品销售总额占总销售额的比例情况，如图5.67所示。

6 选择C3:C6单元格区域，在【插入】/【图表】组中单击“饼图”按钮，在打开的下拉列表中选择“三维饼图”栏下的第1种类型选项，如图5.68所示。

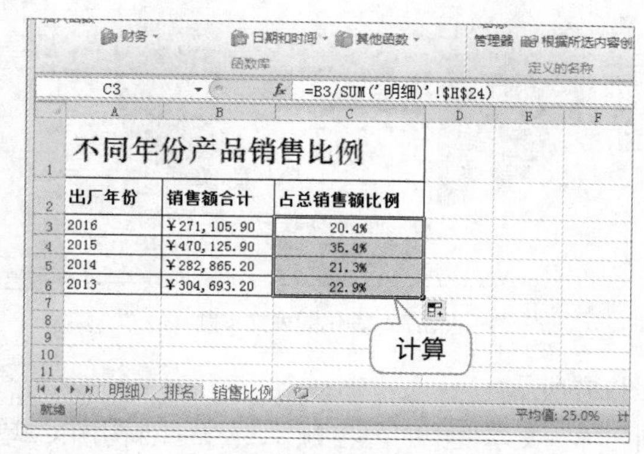

图5.67 计算其他年份的销售额比例

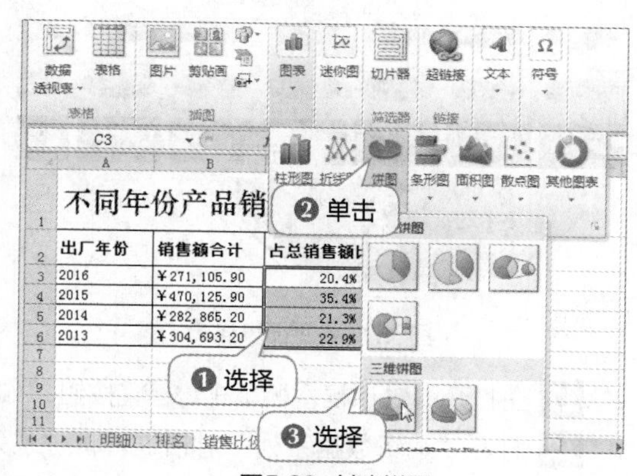

图5.68 创建饼图

> 提示：当图表类型为三维图表时，除了可以旋转数据系列的角度外，还可对其进行特有的三维格式设置，方法为在数据系列上单击鼠标右键，在弹出的快捷菜单中选择“设置数据系列格式”命令，在打开的对话框左侧选择“三维格式”选项，即可在右侧的界面中进行设置。

7 在创建的饼图上方添加图表标题，选择标题内容，在其编辑栏中输入“=”，然后引用A1单元格的地址，如图5.69所示。

8 按【Ctrl+Enter】键便自动引用A1单元格中的内容作为图表标题，如图5.70所示。

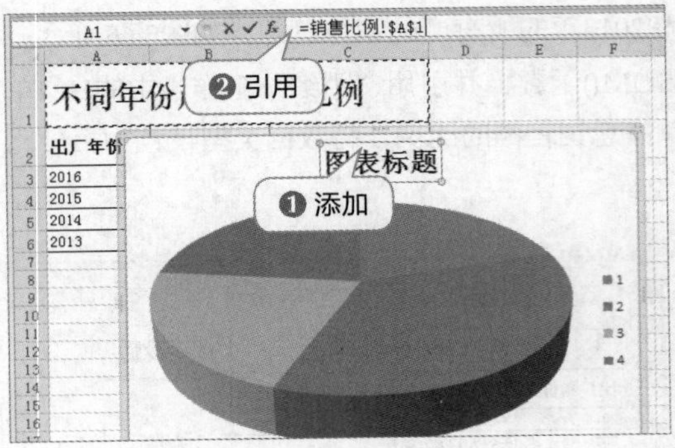

图5.69 添加图表标题

图5.70 自动输入图表标题

9 选择整个图表，在【图表工具 设计】/【图表样式】组的下拉列表框中选择第2行第4种样式选项，如图5.71所示。

10 将图表中的所有文本的字体格式设置为“微软雅黑、加粗”，在饼图的数据系列上单击鼠标右键，在弹出的快捷菜单中选择“选择数据”命令，如图5.72所示。

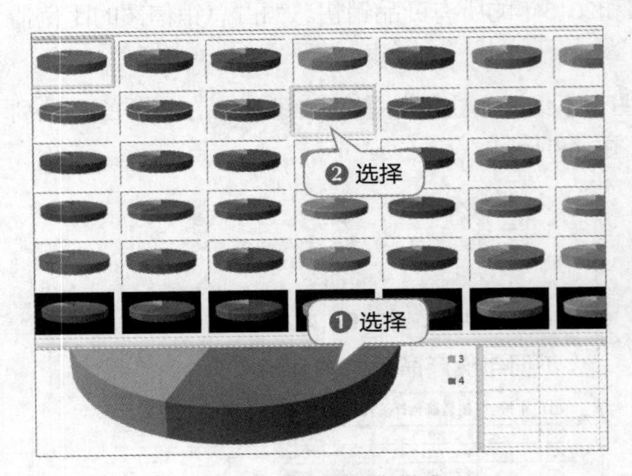

图5.71 设置图表样式

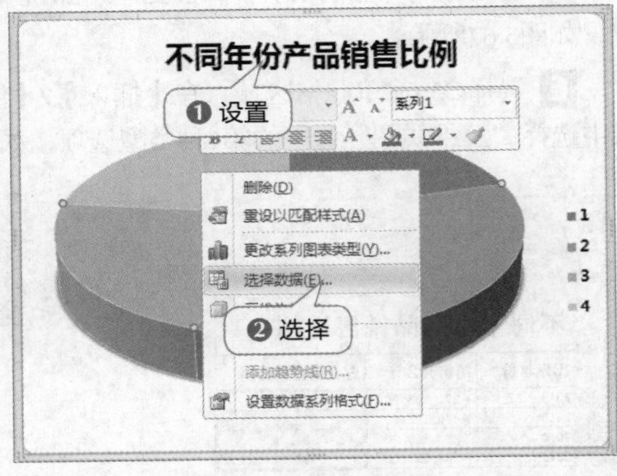

图5.72 美化图表文本题

11 在打开的对话框左侧单击 编辑(E) 按钮，如图5.73所示。

12 打开“编辑数据系列”对话框，将“系列名称”文本框中的内容删除，然后重新引用C2单元格中的内容，单击 确定 按钮，如图5.74所示。

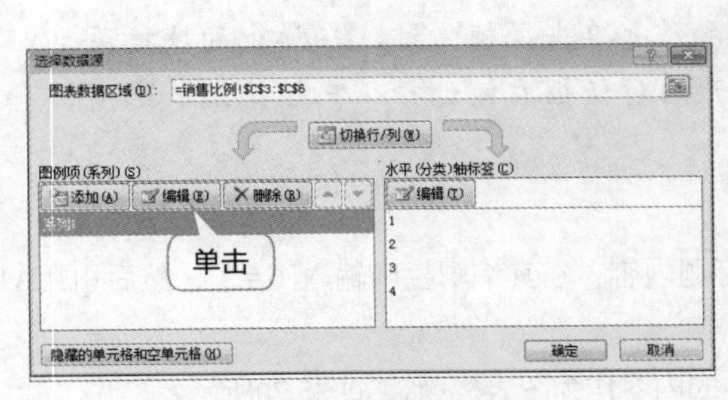

图5.73 编辑图例项

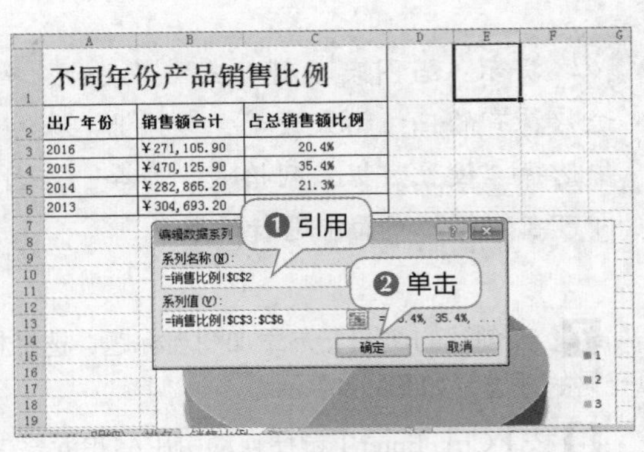

图5.74 设置系列名称框

13 返回“选择数据源”对话框，单击右侧的编辑按钮，如图5.75所示。

14 打开“轴标签”对话框，将“轴标签区域”文本框中的内容引用为A3:A6单元格区域中的内容，单击确定按钮，如图5.76所示。

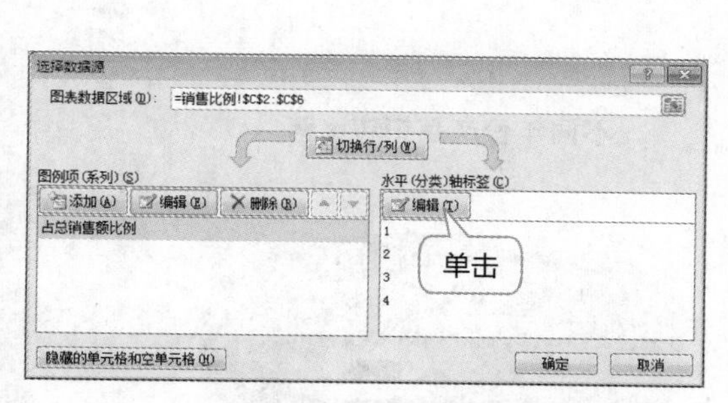

图5.75 单击“编辑”按钮

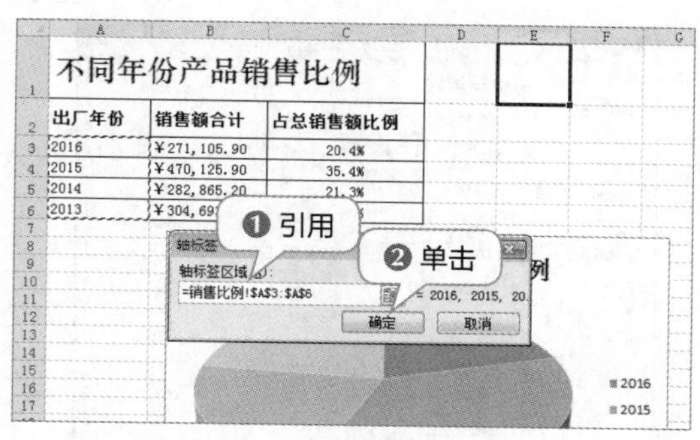

图5.76 编辑水平轴

15 返回“选择数据源”对话框，单击确定按钮，如图5.77所示。

16 增加图例宽度，将内容调整为水平显示，然后将其位置移动到饼图下方，如图5.78所示。

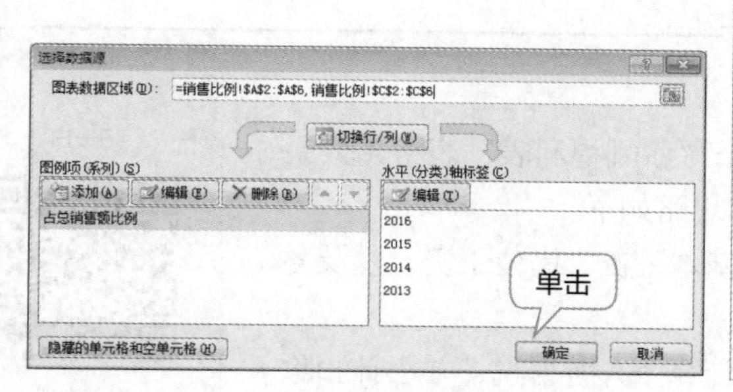

图5.77 确认设置

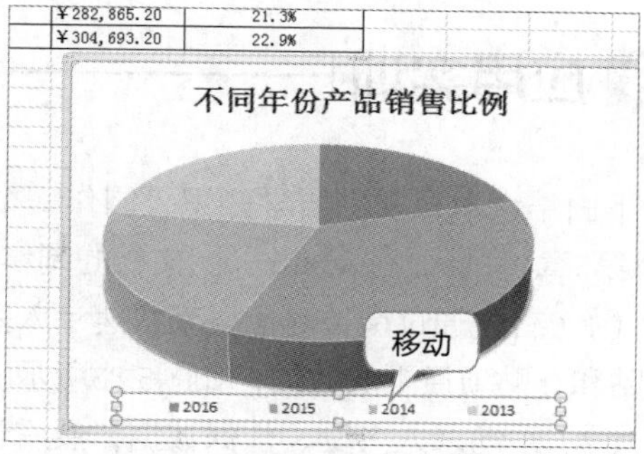

图5.78 调整图表布局

17 在饼图数据区域上单击鼠标右键，在弹出的快捷菜单中选择“添加数据标签”命令，为数据区域添加数据标签，如图5.79所示。

18 在数据区域上单击鼠标右键，在弹出的菜单中选择“三维旋转”命令，如图5.80所示。

图5.79 添加数据标签

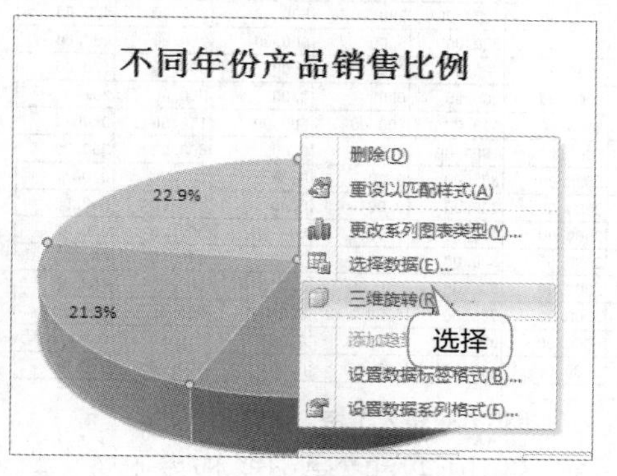

图5.80 旋转三维饼图

第5章 计算Excel表格数据

19 在打开的对话框中将Y轴的和透视的角度均设置为“25°”，单击 关闭 按钮，如图5.81所示。

20 重新调整饼图绘图区的大小和图例的位置，使饼图更加美观，如图5.82所示。

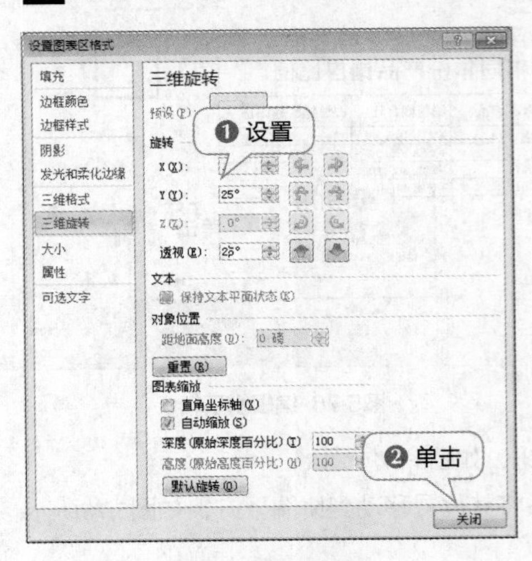

图5.81 设置旋转角度

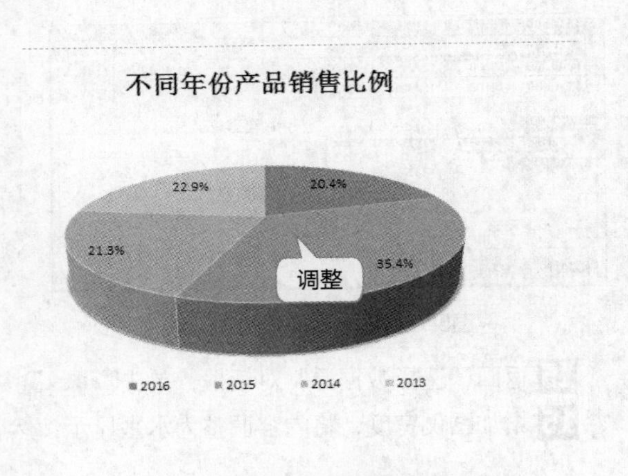

图5.82 调整大小和位置

5.3 应用实训

下面结合本章前面所学知识，制作一个“薪酬福利表”表格（效果文件\第5章\薪酬福利表.xlsx）。文档的制作思路如下。

（1）首先通过岗位对照表来快速录入基本工资、岗位工资，以及各项津贴和补贴项目下的数据，如图5.83所示。

（2）手动录入考勤、社保数据，然后计算个人所得税，并小计扣除项目，如图5.84所示。

姓名	工资		津贴		其他补贴	
	基本工资	岗位工资	管理津贴	特殊岗位津贴	工龄工资	加班工资
张明	2000.00	700.00	0.00	500.00	250.00	360.00
冯淑琴	2000.00	300.00	0.00	0.00	150.00	100.00
罗鸿亮	5000.00	1000.00	200.00	500.00	500.00	400.00
李萍	2000.00	300.00	0.00	500.00	250.00	260.00
朱小军	2000.00	700.00	0.00	0.00	300.00	120.00
王超	2000.00	300.00	0.00	0.00	200.00	80.00
邓丽红	2000.00	300.00	200.00	500.00	150.00	0.00
邹文静	5000.00	1000.00	0.00	0.00	600.00	360.00
张丽	2000.00	300.00	0.00	0.00	100.00	0.00
杨雪华	2000.00	300.00	0.00	0.00	100.00	200.00
彭静	2000.00	700.00	0.00	500.00	300.00	300.00
付晓宇	2000.00	300.00	0.00	0.00	150.00	80.00
洪伟	2000.00	300.00	200.00	0.00	100.00	160.00
谭桦	3200.00	700.00	0.00	500.00	250.00	320.00
郭凯	2000.00	300.00	200.00	0.00	150.00	0.00
陈佳倩	3200.00	1000.00	200.00	0.00	400.00	240.00

图5.83 录入工资、津贴和补贴

扣除				
考勤	社保	个人所得税计算		小计
		应纳税所得额	所得税	
20.00	112.32	197.68	5.93	138.25
0.00	112.32	0.00	0.00	112.32
50.00	112.32	3987.68	293.77	456.09
10.00	112.32	0.00	0.00	122.32
0.00	112.32	0.00	0.00	112.32
0.00	112.32	0.00	0.00	112.32
0.00	112.32	0.00	0.00	112.32
10.00	112.32	3347.68	229.77	352.09
20.00	112.32	0.00	0.00	132.32
0.00	112.32	0.00	0.00	112.32
0.00	112.32	187.68	5.63	117.95

图5.84 录入并计算扣除项目

（3）利用函数和公式计算应发工资、实发工资以及各项薪酬福利项目的合计数据，如图

5.85所示。

（4）创建条形图对比各员工的实发工资数据情况，如图5.86所示。

应发工资	扣除					实发工资
	考勤	社保	个人所得税计算		小计	
			应纳税所得额	所得税		
3810.00	20.00	112.32	197.68	5.93	138.25	3671.75
2550.00	0.00	112.32	0.00	0.00	112.32	2437.68
7600.00	50.00	112.32	3987.68	293.77	456.09	7143.91
3310.00	10.00	112.32	0.00	0.00	122.32	3187.68
3120.00	0.00	112.32	0.00	0.00	112.32	3007.68
2580.00	0.00	112.32	0.00	0.00	112.32	2467.68
3150.00	0.00	112.32	0.00	0.00	112.32	3037.68
6960.00	10.00	112.32	3347.68	229.77	352.09	6607.91
2400.00	20.00	112.32	0.00	0.00	132.32	2267.68
2600.00	0.00	112.32	0.00	0.00	112.32	2487.68
3800.00	0.00	112.32	187.68	5.63	117.95	3682.05
2530.00	10.00	112.32	0.00	0.00	122.32	2407.68
2760.00	30.00	112.32	0.00	0.00	142.32	2617.68
4970.00	0.00	112.32	1357.68	40.73	153.05	4816.95
2650.00	20.00	112.32	0.00	0.00	132.32	2517.68
5040.00	0.00	112.32	1427.68	42.83	155.15	4884.85
59830.00	170.00	1797.12	10506.08	618.66	2585.78	57244.22

图5.85 统计薪酬福利

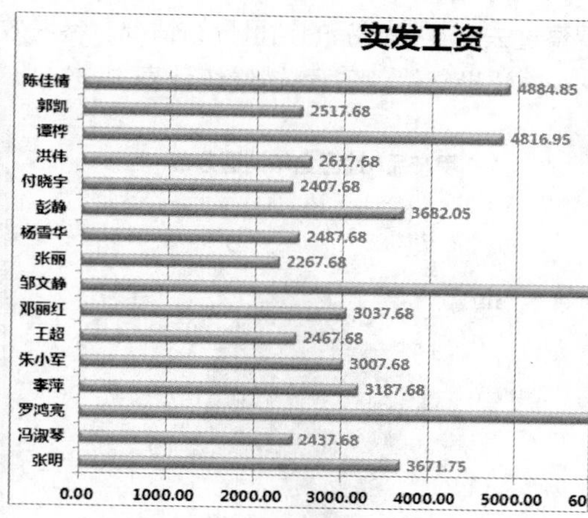

图5.86 创建条形图

5.4 拓展练习

5.4.1 制作个人考核表

公司需要对员工的工作能力、团队能力和加班能力等进行绩效考核，要求相关部门的人员负责制作关于个人绩效考核的表格，以实现充分收集员工指定项目的绩效考核情况的目的。参考效果如图5.87所示（效果文件\第5章\个人考核表.xlsx）。

个人绩效考核表

姓名：　　　　公司：××集团　　　　考核时期：2017.2—2017.7

考核项目	个人成绩情况			考核情况
	时间	事迹	获奖	
工作能力				
团队能力				
加班能力				

备注：希望每位员工实事求是地进行填写工作，经查证与事实不符者，将予以重处。

图5.87 “个人考核表”参考效果

提示：此表属于基本的信息收集类表格，是典型的个人绩效考核表样式，制作时注意边框的添加和各项目的输入即可。完成制作后尝试将其打印出来查看效果。

5.4.2 制作产品销量分布图

为更好地针对不同地区和时期投放甲产品，公司需要制作该产品的销量分布图，通过图表来观察过去一年该产品的销量分布情况。参考效果如图5.88所示（素材文件\第5章\销量分布统计表.xlsx；效果文件\第5章\销量统计表.xlsx）。

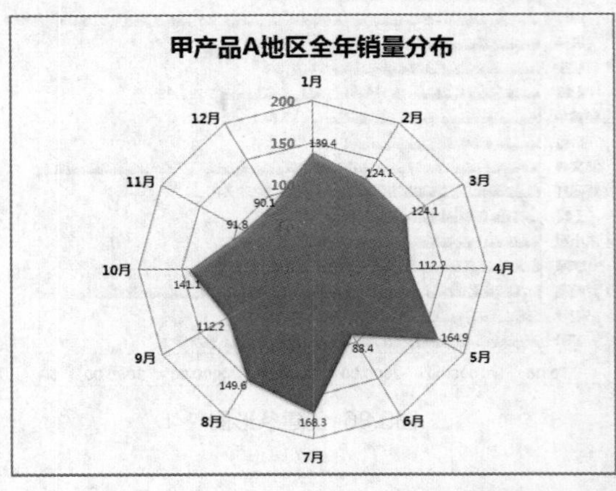

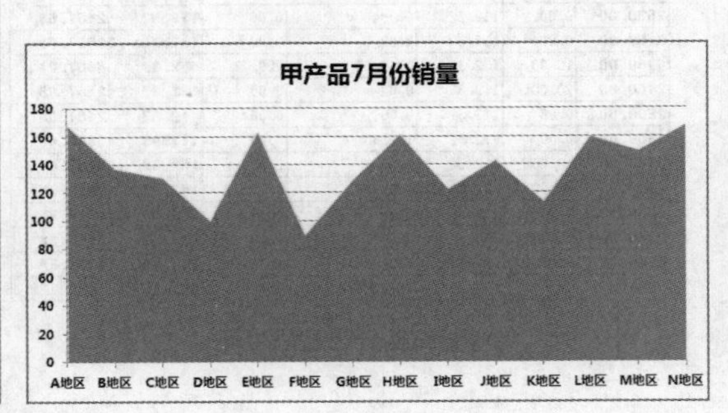

图5.88 “产品销量分布图”参考效果

提示：分别利用雷达图和面积图查看甲产品在A地区的全年销量分布以及甲产品7月份在各地区的销量分布。 两个图表中需要通过标题来直观地显示数据内容。适当美化图表，使其中的数据可以清晰地反映情况。

第6章 管理Excel表格数据

6.1 制作文书档案管理表

文书档案管理表基本不涉及数据的计算操作，主要是各项数据的录入工作，因此录入花费的时间所占比重较大。只有充分根据公司的管理规定要求而选择有效的Excel功能操作，才能提高表格编制的效率和正确率。图6.1所示为文书档案管理表的参考效果。

	A	B	C	D	E	F	G
1	文书档案管理表						
2	编号	文件名称	类别	存档日期	重要性	经办人	是否永久保存
3	KMF201703023	员工行为规范	行政类	2017/3/20	★★★★★	周丽梅	
4	KMF201703008	团队协作意识规范	行政类	2017/3/25	★★★★	周丽梅	
5	KMF201703013	员工文明手册	行政类	2017/3/25	★★★	周丽梅	
6	KMF201703004	出勤明细准则	行政类	2017/3/14	★★★★★	周丽梅	
7			行政类 计数			4	
8	KMF201703015	离职手续办理程序	人事类	2017/3/12	★★★★	黄伟	
9	KMF201703016	人事招聘准则	人事类	2017/3/12	★★★★★	黄伟	
10	KMF201703018	员工调职手续	人事类	2017/3/20	★★★	黄伟	
11	KMF201703007	员工升职降职规定	人事类	2017/3/14	★★★	黄伟	
12	KMF201703022	试用人员考核方法	人事类	2017/3/12	★★★★	黄伟	
13	KMF201703012	员工培训制度	人事类	2017/3/14	★★★	黄伟	
14	KMF201703005	外派人员规范	人事类	2017/3/12	★★★★★	黄伟	
15	KMF201703019	试用员工转正通知书	人事类	2017/3/12	★★★★	黄伟	
16	KMF201703014	员工续约合同	人事类	2017/3/12	★★★	黄伟	
17	KMF201703010	员工辞职规定	人事类	2017/3/10	★★★★★	黄伟	
18			人事类 计数			10	
19	KMF201703011	业务质量规定	业务类	2017/3/14	★★★	周丽梅	
20	KMF201703017	业绩任务规定	业务类	2017/3/10	★★★★	周丽梅	
21	KMF201703021	员工业务培训规定	业务类	2017/3/10	★★★	周丽梅	
22	KMF201703009	报价单	业务类	2017/3/25	★★★	周丽梅	
23			业务类 计数			4	
24	KMF201703001	会计结算规定	财务类	2017/3/10	★★★★★	黄伟	永久
25	KMF201703006	财务专用章使用准则	财务类	2017/3/14	★★★★	黄伟	
26	KMF201703002	财务人员准则	财务类	2017/3/14	★★★★	黄伟	
27	KMF201703003	出纳人员准则	财务类	2017/3/20	★★★★★	黄伟	永久
28	KMF201703020	工资薪酬发放制度	财务类	2017/3/25	★★★★	黄伟	

图6.1 文书档案管理表的参考效果

下载资源

效果文件：第6章\文书档案管理表.xlsx

6.1.1 编辑表格数据

首先创建“文书档案管理表.xlsx”工作簿，然后重命名工作表，接着依次输入标题、表头字段和部分字段下的数据，其具体操作如下。

1 新建工作簿并将其命名为“文书档案管理表.xlsx”，删除Sheet2和Sheet3工作表，将Sheet1工作表标重命名为“档案科”，如图6.2所示。

2 合并A1:G1单元格区域。在合并后的A1单元格中输入表格标题文本。将单元格的字体格式设置为“华文中宋、22、左对齐”，适当调整A列至G列的列宽以及第1行的行高，如图6.3所示。

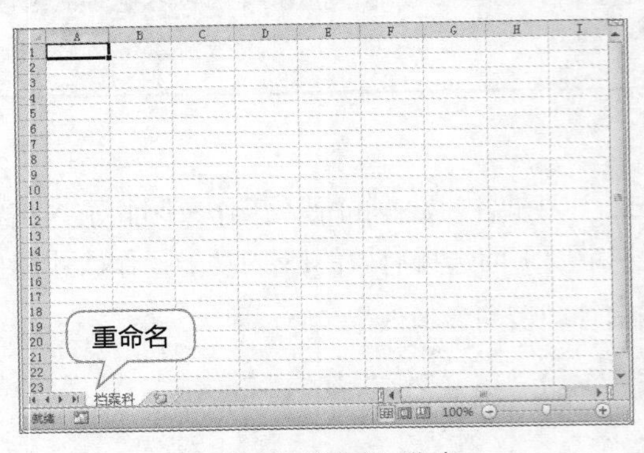

图6.2 重命名工作表

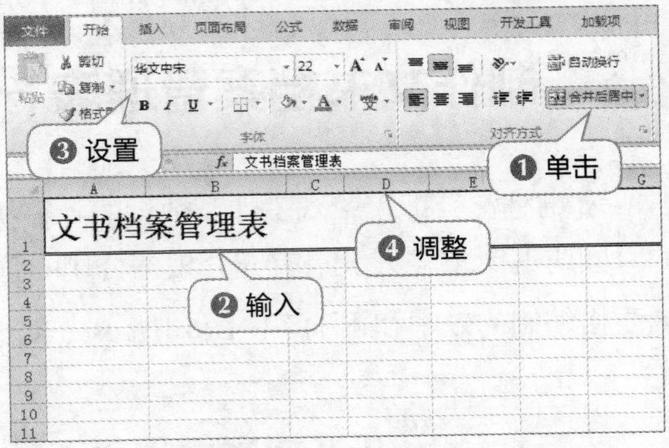

图6.3 输入标题

3 依次在A2:G2单元格区域中输入各表头字段文本。将A2:G2单元格区域的字体加粗，适当增加第2行的行高，如图6.4所示。

4 选择A1:G25单元格区域，在【开始】/【字体】组中单击“边框”按钮右侧的下拉按钮，在打开的下拉列表中选择“所有边框”选项，为选择的单元格区域添加“所有框线”的边框效果，如图6.5所示。

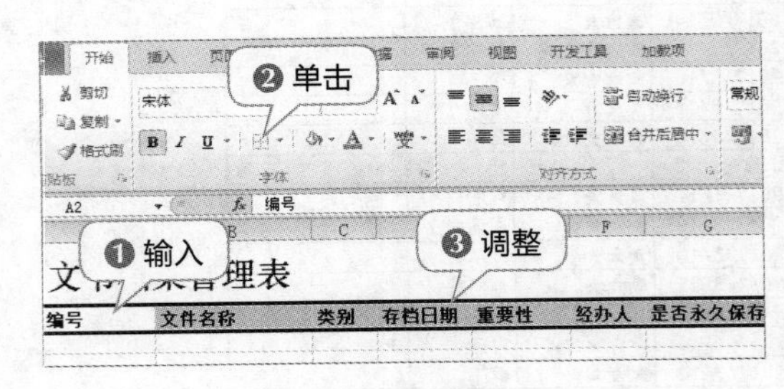

图6.4 输入表头字段

图6.5 添加边框

5 在B3:B25单元格区域中输入各条记录的文件名称。在D3:D25单元格区域中输入各条记录的存档日期（格式为“年-月-日”），将A3:G25单元格区域的字体格式设置为“10号、左对齐”，如图6.6所示。

图6.6 输入字段数据

6.1.2 数据类型和数据有效性

为了更方便地输入文件编号以及更准确地输入文件类别及数据，下面分别通过自定义数据类型的方法和设置数据有效性的方法来达到目的，其具体操作如下。

扫一扫

数据类型和数据有效性

1 拖曳鼠标选择A3:A25单元格区域。单击【开始】/【字体】组右下角的对话框启动器按钮，如图6.7所示。

2 打开“设置单元格格式”对话框，单击“数字”选项卡，如图6.8所示。

图6.7 打开对话框

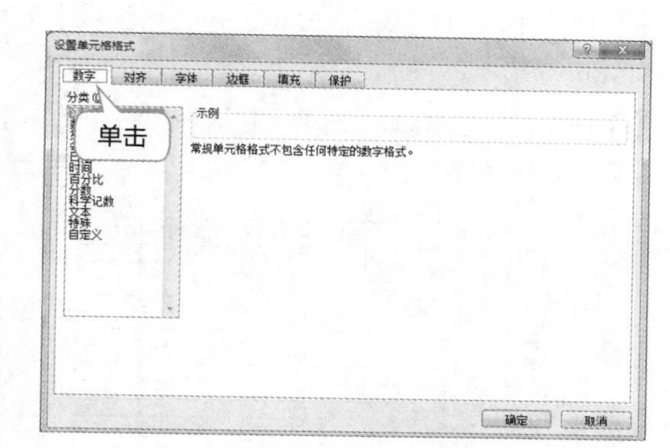

图6.8 单击“数字”选项卡

3 在“分类”下拉列表框中选择“自定义”选项，在“类型”文本框中输入“"KMF201703"000”，单击 确定 按钮，如图6.9所示。

4 选择A3单元格，在其中输入数字“1”，如图6.10所示。

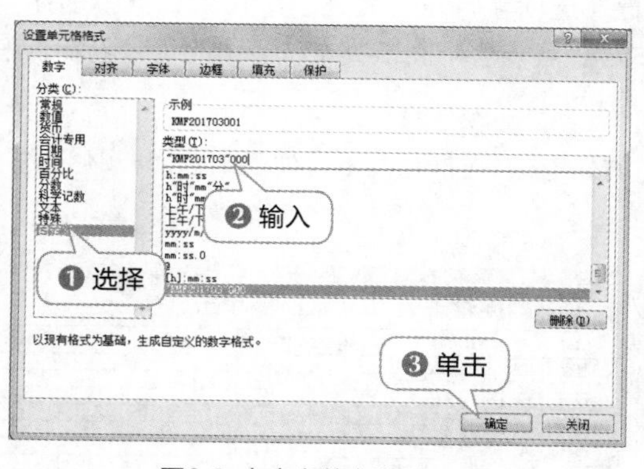

图6.9 自定义数字类型

图6.10 输入数字

5 按【Ctrl+Enter】键可快速得到设置的编号数据，如图6.11所示。

6 在A4单元格中输入“15”，按【Ctrl+Enter】键得到相应的编号数据，如图6.12所示。

文书档案管理表

编号	文件名称	类别	存档日期	重要性	经办人
KMF201703001	会计结算规定		2017-3-10		
	离职手续办理程序		2017-3-12		
	业务质量规定		2017-3-14		
	财务专用章使用准则		2017-3-14		
	人事招聘准则		2017-3-12		
	员工调职手续		2017-3-20		
	财务人员准则		2017-3-14		
	业绩任务规定		2017-3-10		
	员工行为规范		2017-3-20		
	员工升职降职规定		2017-3-14		
	试用人员考核方法		2017-3-12		
	出纳人员准则		2017-3-20		
	员工业务培训规定		2017-3-10		
	团队协作意识规范		2017-3-25		

图6.11 确认输入

文书档案管理表

编号	文件名称	类别	存档日期	重要性	经办人
KMF201703001	会计结算规定		2017-3-10		
KMF201703015	离职手续办理程序		2017-3-12		
	业务质量规定		2017-3-14		
	财务专用章使用准则		2017-3-14		
	人事招聘准则		2017-3-12		
	员工调职手续		2017-3-20		
	财务人员准则		2017-3-14		
	业绩任务规定		2017-3-10		
	员工行为规范		2017-3-20		
	员工升职降职规定		2017-3-14		
	试用人员考核方法		2017-3-12		
	出纳人员准则		2017-3-20		
	员工业务培训规定		2017-3-10		
	团队协作意识规范		2017-3-25		

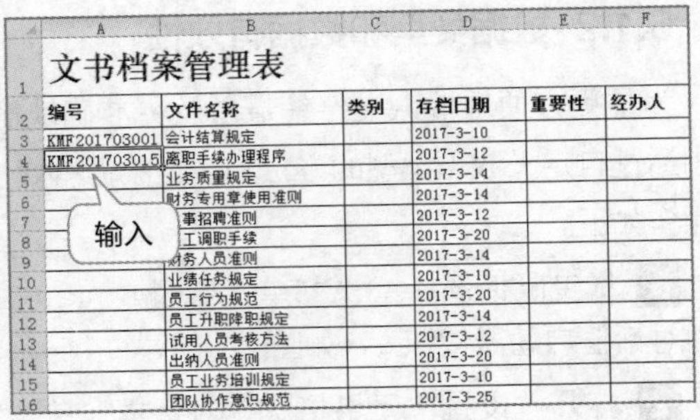

图6.12 输入两位数数字

7 使用相同的方法，在A5:G25单元格区域中依次输入编号的尾数即可快速得到相应的编号数据，如图6.13所示。

8 拖曳鼠标选择C3:C25单元格区域，在【数据】/【数据工具】组中单击“数据有效性”按钮，如图6.14所示。

编号	文件名称	类别	存档日期	重要性	经办人
KMF201703001	会计结算规定		2017-3-10		
KMF201703015	离职手续办理程序		2017-3-12		
KMF201703011	业务质量规定		2017-3-14		
KMF201703006	财务专用章使用准则		2017-3-14		
KMF201703016	人事招聘准则		2017-3-12		
KMF201703018	员工调职手续		2017-3-20		
KMF201703002	财务人员准则		2017-3-14		
KMF201703017	业绩任务规定		2017-3-10		
KMF201703023	员工行为规范		2017-3-20		
KMF201703007	员工升职降职规定		2017-3-14		
KMF201703022	试用人员考核方法		2017-3-12		
KMF201703003	出纳人员准则		2017-3-20		
KMF201703021	员工业务培训规定		2017-3-10		
KMF201703008	团队协作意识规范		2017-3-25		
KMF201703012	员工培训制度		2017-3-14		
KMF201703005	外派人员规范		2017-3-12		
KMF201703[illegible]3	员工文明手册		2017-3-25		
KMF2017[illegible]	[illegible]工转正通知书		2017-3-12		
KMF2017[illegible]	[illegible]		2017-3-25		
KMF2017[illegible]	[illegible]准则		2017-3-14		
KMF201703014	员工续约合同		2017-3-12		
KMF201703020	工资薪酬发放制度		2017-3-25		
KMF201703010	员工辞职规定		2017-3-10		

图6.13 输入其他编号

文书档案管理表

编号	文件名称	类别	存档日期	重要性	经办人
KMF201703001	会计结算规定		2017-3-10		
KMF201703015	离职手续办理程序		2017-3-12		
KMF201703011	业务质量规定		2017-3-14		
KMF201703006	财务专用章使用准则		2017-3-14		
KMF201703016	人事招聘准则		2017-3-12		
KMF201703018	员工调职手续		2017-3-20		
KMF201703002	财务人员准则		2017-3-14		
KMF201703017	业绩任务规定		2017-3-10		
KMF201703023	员工行为规范		2017-3-20		
KMF201703007	员工升职降职规定		2017-3-14		
KMF201703022	试用人员考核方法		2017-3-12		
KMF201703003	出纳人员准则		2017-3-20		
KMF201703021	员工业务培训规定		2017-3-10		
KMF201703008	团队协作意识规范		[illegible]-3-25		
KMF201703012	员工培训制度		[illegible]-14		
KMF201703005	外派人员规范		[illegible]-12		
KMF201703013	员工文明手册		2017-3-25		
KMF201703019	试用员工转正通知书		2017-3-12		
KMF201703009	报价单		2017-3-25		

图6.14 选择单元格区域

9 打开“数据有效性”对话框，单击“设置”选项卡，在“允许”下拉列表框中选择“序列”选项。在“来源”文本框中输入具体的序列内容，各内容中间以英文状态下的逗号隔开，单击 确定 按钮，如图6.15所示。

10 重新选择C3单元格，单击右侧出现的下拉按钮，在打开的下拉列表中选择“财务类”选项，如图6.16所示。

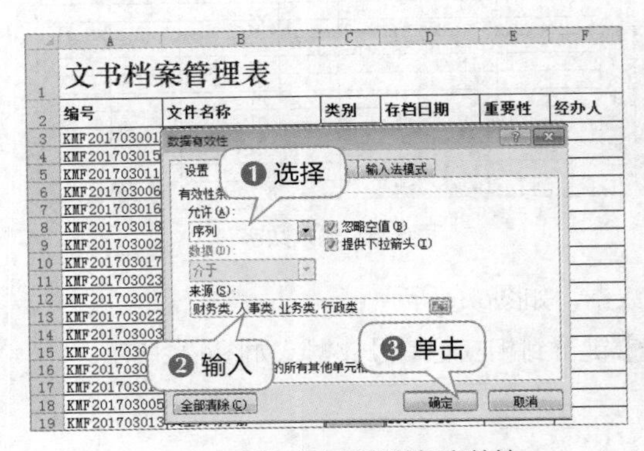

图6.15 设置数据有效性

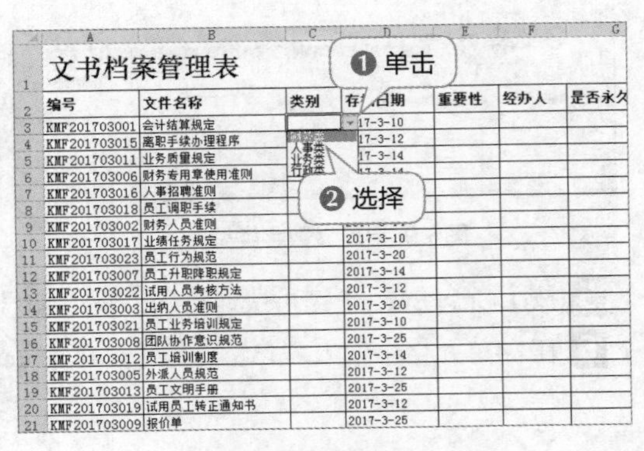

图6.16 选择输入

11 此时将在C3单元格中输入类别数据，使用相同的方法在C4:C25单元格区域中输入相应的类别数据，如图6.17所示。

12 选择E3:E25单元格区域，再次打开“数据有效性”对话框，在“允许”下拉列表框中选择“序列”选项，在“来源”文本框中输入具体的序列内容，单击确定按钮，如图6.18所示。

2	编号	文件名称	类别	存档日期	重要性	经办人
3	KMF201703001	会计结算规定	财务类	2017-3-10		
4	KMF201703015	离职手续办理程序	人事类	17-3-12		
5	KMF201703011	业务质量规定	业务类	2017-3-14		
6	KMF201703006	财务专用章使用准则	财务类	2017-3-14		
7	KMF201703016	人事招聘准则	人事类	2017-3-12		
8	KMF201703018	员工调职手续	人事类	2017-3-20		
9	KMF201703002	财务人员准则	财务类	2017-3-14		
10	KMF201703017	业绩任务规定	业务类	2017-3-10		
11	KMF201703023	员工行为规范	行政类	2017-3-20		
12	KMF201703007	员工升职降职规定	人事类	2017-3-14		
13	KMF201703022	试用人员考核方法	人事类	2017-3-12		
14	KMF201703003	出纳人员准则	财务类	2017-3-20		
15	KMF201703021	员工业务培训规定	业务类	2017-3-10		
16	KMF201703008	团队协作意识规范	行政类	2017-3-25		
17	KMF201703012	员工培训制度	[illegible]	2017-3-14		
18	KMF201703005	外派人员规范	[illegible]	[illegible]12		
19	KMF201703013	员工文明手册	[illegible]	[illegible]25		
20	KMF201703019	试用员工转正通知书	[illegible]	[illegible]-12		
21	KMF201703009	报价单	业务类	2017-3-25		
22	KMF201703004	出勤明细准则	行政类	2017-3-14		
23	KMF201703014	员工续约合同	人事类	2017-3-12		
24	KMF201703020	工资薪酬发放制度	财务类	2017-3-25		
25	KMF201703010	员工辞职规定	人事类	2017-3-10		

图6.17 输入其他类别数据

2	编号	文件名称	类别	存档日期	重要性	经办人
3	KMF201703001	会计结算规定	财务类	2017-3-10		
4	KMF201703015	离职手续办理程序	人事类	2017-3-12		
5	KMF201703011	业务质量规定	业务类	2017-3-14		
6	KMF201703006	财务专用章使用准则	财务类	2017-3-14		
7	KMF2017030					
8	KMF2017030					
9	KMF2017030					
10	KMF2017030					
11	KMF2017030					
12	KMF2017030					
13	KMF2017030					
14	KMF2017030					
15	KMF2017030					
16	KMF2017030					
17	KMF2017030					
18	KMF2017030					
19	KMF2017030					
20	KMF2017030					
21	KMF2017030					
22	KMF2017030					
23	KMF2017030					
24	KMF201703020	工资薪酬发放制度	财务类	2017-3-25		
25	KMF201703010	员工辞职规定	人事类	2017-3-10		

图6.18 设置数据有效性

13 重新选择E3单元格，单击右侧出现的下拉按钮，在打开的下拉列表中选择“★★★★★”选项，如图6.19所示。

14 此时将在E3单元格中输入相应数据，使用相同的方法在E4:E25单元格区域中输入相应的重要性数据，如图6.20所示。

2	编号	文件名称	类别	存档日期	重要性	经办人	是否永
3	KMF201703001	会计结算规定	财务类	2017-3-10			
4	KMF201703015	离职手续办理程序	人事类	2017-3-12	★★★★★		
5	KMF201703011	业务质量规定	业务类	2017-3-14	★★★★		
6	KMF201703006	财务专用章使用准则	财务类	2017-3-14	★★★		
7	KMF201703016	人事招聘准则	人事类	2017-3-12			
8	KMF201703018	员工调职手续	人事类	2017-3-20			
9	KMF201703002	财务人员准则	财务类	2017-3-14			
10	KMF201703017	业绩任务规定	业务类	2017-3-10			
11	KMF201703023	员工行为规范	行政类	2017-3-20			
12	KMF201703007	员工升职降职规定	人事类	2017-3-14			
13	KMF201703022	试用人员考核方法	人事类	2017-3-12			
14	KMF201703003	出纳人员准则	财务类	2017-3-20			
15	KMF201703021	员工业务培训规定	业务类	2017-3-10			
16	KMF201703008	团队协作意识规范	行政类	2017-3-25			
17	KMF201703012	员工培训制度	人事类	2017-3-14			
18	KMF201703005	外派人员规范	人事类	2017-3-12			
19	KMF201703013	员工文明手册	行政类	2017-3-25			
20	KMF201703019	试用员工转正通知书	人事类	2017-3-12			
21	KMF201703009	报价单	业务类	2017-3-25			
22	KMF201703004	出勤明细准则	行政类	2017-3-14			
23	KMF201703014	员工续约合同	人事类	2017-3-12			

图6.19 选择输入

2	编号	文件名称	类别	存档日期	重要性	经办人	是否
3	KMF201703001	会计结算规定	财务类	2017-3-10	★★★★★		
4	KMF201703015	离职手续办理程序	人事类	2017-3-12	★★★★		
5	KMF201703011	业务质量规定	业务类	2017-3-14	★★★		
6	KMF201703006	财务专用章使用准则	财务类	2017-3-14	★★★★		
7	KMF201703016	人事招聘准则	人事类	2017-3-12	★★★★★		
8	KMF201703018	员工调职手续	人事类	2017-3-20	★★★		
9	KMF201703002	财务人员准则	财务类	2017-3-14	★★★★		
10	KMF201703017	业绩任务规定	业务类	2017-3-10	★★★★		
11	KMF201703023	员工行为规范	行政类	2017-3-20	★★★★★		
12	KMF201703007	员工升职降职规定	人事类	2017-3-14	★★★		
13	KMF201703022	试用人员考核方法	人事类	2017-3-12	★★★★		
14	KMF201703003	出纳人员准则	财务类	2017-3-20	[illegible]		
15	KMF201703021	员工业务培训规定	业务类	2017-3-10	★★★		
16	KMF201703008	团队协作意识规范	行政类	2017-3-25	[illegible]		
17	KMF201703012	员工培训制度	人事类	2017-3-14	★★★		
18	KMF201703005	外派人员规范	人事类	2017-3-12	★★★★★		
19	KMF201703013	员工文明手册	行政类	2017-3-25	★★★		
20	KMF201703019	试用员工转正通知书	人事类	2017-3-12	★★★★		
21	KMF201703009	报价单	业务类	2017-3-25	★★★		
22	KMF201703004	出勤明细准则	行政类	2017-3-14	★★★★★		
23	KMF201703014	员工续约合同	人事类	2017-3-12	★★★		

图6.20 输入其他重要性数据

6.1.3 设置函数快速返回数据

设置函数快速返回数据

公司要求黄伟经办财务类和人事类文件、周丽梅经办业务类和行政类文件，且仅对类别为财务、重要性为5星的文件进行永久保存。根据这些客观条件，考虑利用IF()函数结合OR()函数和AND()函数来输入数据，完成后利用条件格式自动将需要永久保存的数据记录标红显示，其具体操作如下。

1 选择F3单元格，单击编辑栏左侧的“插入函数”按钮f_x，如图6.21所示。

2 打开“插入函数”对话框，在“或选择类别”下拉列表框中选择“逻辑”选项，在“选择函数”列表框中选择“IF”选项，单击确定按钮，如图6.22所示。

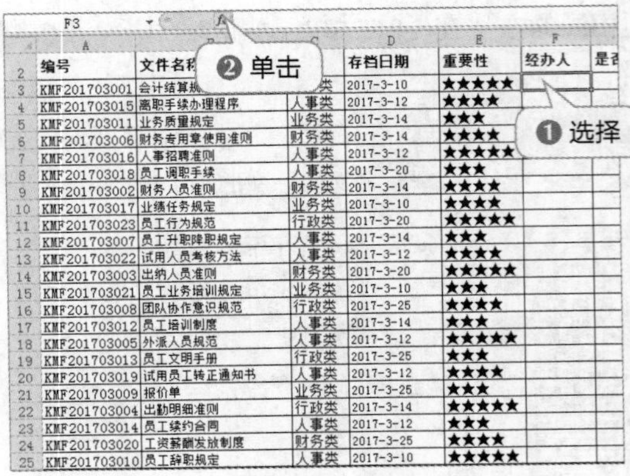

图6.21 插入函数

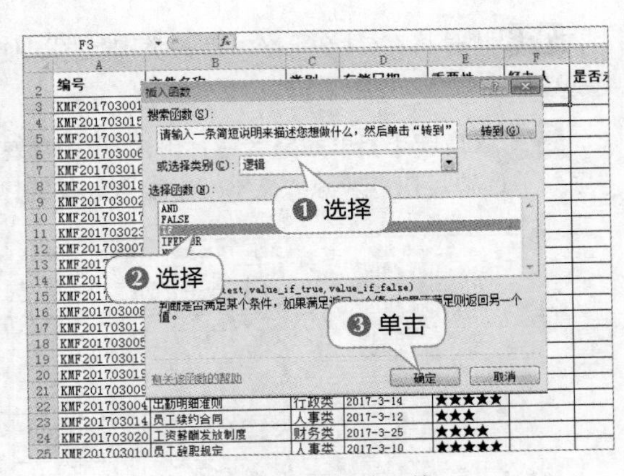

图6.22 选择函数

3 打开“函数参数”对话框，在“Value_if_true”文本框中输入“"黄伟"”，在“Value_if_false”文本框中输入“"周丽梅"”，如图6.23所示。

4 单击名称框右侧的下拉按钮▾，在打开的下拉列表中选择“其他函数”选项，如图6.24所示。

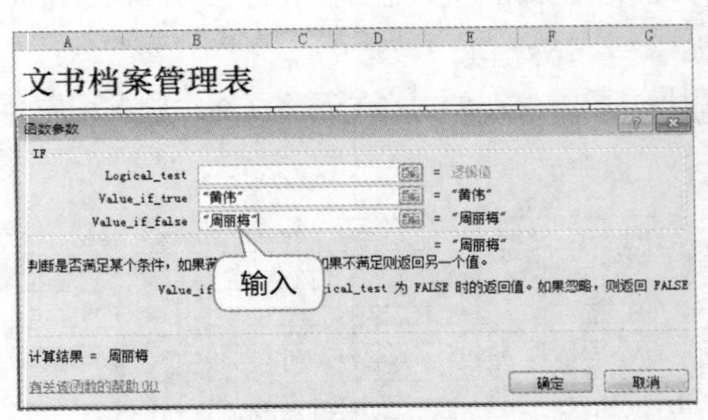

图6.23 设置参数

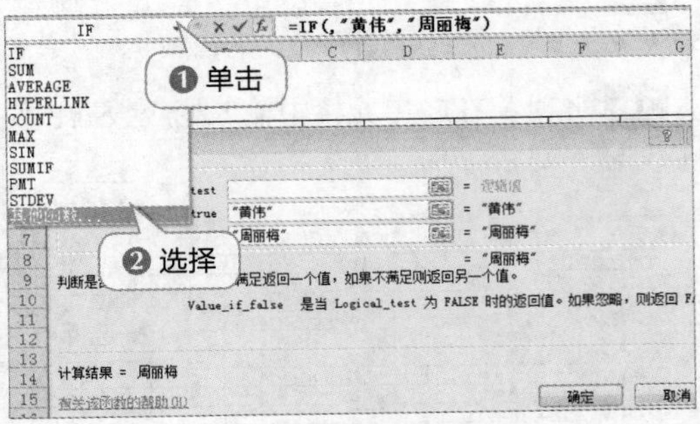

图6.24 选择嵌套函数

5 打开“插入函数”对话框，在“或选择类别”下拉列表框中选择“逻辑”选项，在“选择函数”列表框中选择“OR”选项，单击 确定 按钮，如图6.25所示。

6 打开“函数参数”对话框，在“Logical1”文本框中输入“C3="财务类"”，在“Logical2”文本框中输入“C3="人事类"”，单击 确定 按钮，如图6.26所示。

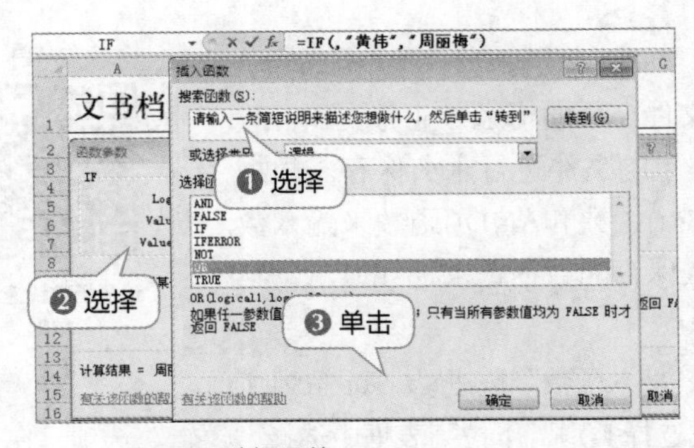

图6.25 选择函数

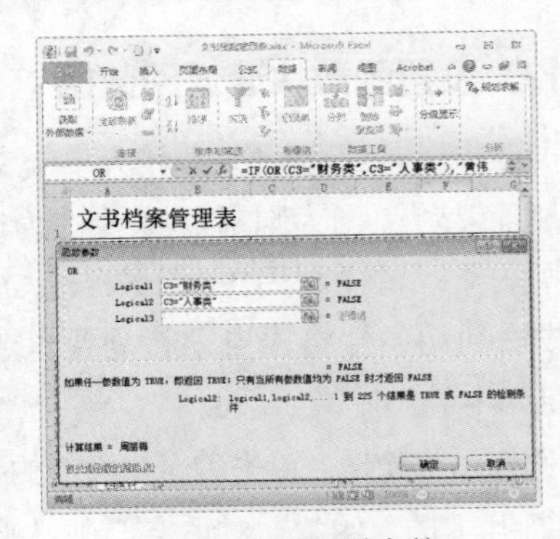

图6.26 设置函数参数

7 此时F3单元格中将返回“黄伟”数据。即如果类别为财务类或类别为人事类，则经办人为黄伟，否则经办人为周丽梅，如图6.27所示。

8 拖曳F3单元格右下角的填充柄至F25单元格，快速返回其他经办人数据，如图6.28所示。

F3 =IF(OR(C3="财务类",C3="人事类"),"黄伟","周丽梅")

	A	B	C	D	E	F	
2	编号	文件名称	类别	存档日期	重要性	经办人	是否
3	KMF201703001	会计结算规定	财务类	2017-3-10	★★★★★	黄伟	
4	KMF201703015	离职手续办理程序	人事类	2017-3-12	★★★★		
5	KMF201703011	业务质量规定	业务类	2017-3-14			
6	KMF201703006	财务专用章使用准则	财务类	2017-3-14			
7	KMF201703016	人事招聘准则	人事类	2017-3-12			
8	KMF201703018	员工调职手续	人事类	2017-3-20	★★★		
9	KMF201703002	财务人员准则	财务类	2017-3-14	★★★★		
10	KMF201703017	业绩任务规定	业务类	2017-3-10	★★★★		
11	KMF201703023	员工行为规范	行政类	2017-3-20	★★★★★		
12	KMF201703007	员工升职降职规定	人事类	2017-3-14	★★★		
13	KMF201703022	试用人员考核方法	人事类	2017-3-12	★★★★		
14	KMF201703003	出纳人员准则	财务类	2017-3-20	★★★★★		
15	KMF201703021	员工业务培训规定	业务类	2017-3-10	★★★		
16	KMF201703008	团队协作意识规范	行政类	2017-3-25	★★★★		
17	KMF201703012	员工培训制度	人事类	2017-3-14	★★★		

图6.27 返回结果

F3 =IF(OR(C3="财务类",C3="人事类"),"黄伟","周丽梅")

	A	B	C	D	E	F	
2	编号	文件名称	类别	存档日期	重要性	经办人	是否
3	KMF201703001	会计结算规定	财务类	2017-3-10	★★★★★	黄伟	
4	KMF201703015	离职手续办理程序	人事类	2017-3-12	★★★★	黄伟	
5	KMF201703011	业务质量规定	业务类	2017-3-14	★★★	周丽梅	
6	KMF201703006	财务专用章使用准则	财务类	2017-3-14	★★★★	黄伟	
7	KMF201703016	人事招聘准则	人事类	2017-3-12	★★★★★	黄伟	
8	KMF201703018	员工调职手续	人事类	2017-3-20	★★★	黄伟	
9	KMF201703002	财务人员准则	财务类	2017-3-14	★★★★	黄伟	
10	KMF201703017	业绩任务规定	业务类	2017-3-10	★★★★	周丽梅	
11	KMF201703023	员工行为规范	行政类	2017-3-20	★★★★★	周丽梅	
12	KMF201703007	员工升职降职规定	人事类	2017-3-14	★★★	黄伟	
13	KMF201703022	试用人员考核方法	人事类	2017-3-12	★★★★		
14	KMF201703003	出纳人员准则	财务类	2017-3-20			
15	KMF201703021	员工业务培训规定	业务类	2017-3-10			
16	KMF201703008	团队协作意识规范	行政类	2017-3-25			
17	KMF201703012	员工培训制度	人事类	2017-3-14	★★★	黄伟	

图6.28 填充函数

9 选择G3单元格，在其编辑栏中输入“=IF(AND(C3="财务类",E3="★★★★★"),"永久","")”，如图6.29所示。

10 按【Ctrl+Enter】键返回是否永久保存的数据。即只有同时满足类别为财务类，且重要性为5颗星时，才返回数据“永久”，否则返回空值，如图6.30所示。

=IF(AND(C3="财务类",E3="★★★★★"),"永久","")

B	C	D	E	F	G
文件名称	类别	存档日期	重要性	经办人	是否永久保存
会计结算规定	财务类	2017-3-10	★★★★★	黄伟	=IF(AND(C3="财务类",E3="★★★★★"),"永久","")
离职手续办理程序	人事类	2017-3-12	★★★★	黄伟	
业务质量规定	业务类	2017-3-14	★★★	周丽梅	
财务专用章使用准则	财务类	2017-3-14	★★★★	黄伟	
人事招聘准则	人事类	2017-3-12	★★★★★	黄伟	
员工调职手续	人事类	2017-3-20	★★★	黄伟	
财务人员准则	财务类	2017-3-14	★★★★	黄伟	
业绩任务规定	业务类	2017-3-10	★★★★	周丽梅	
员工行为规范	行政类	2017-3-20	★★★★★	周丽梅	
员工升职降职规定	人事类	2017-3-14	★★★	黄伟	
试用人员考核方法	人事类	2017-3-12	★★★★	黄伟	
出纳人员准则	财务类	2017-3-20	★★★★★	黄伟	
员工业务培训规定	业务类	2017-3-10	★★★	周丽梅	
团队协作意识规范	行政类	2017-3-25	★★★★	周丽梅	
员工培训制度	人事类	2017-3-14	★★★	黄伟	
外派人员规范	人事类	2017-3-12	★★★★★	黄伟	
员工文明手册	行政类	2017-3-25	★★★	周丽梅	

图6.29 输入函数

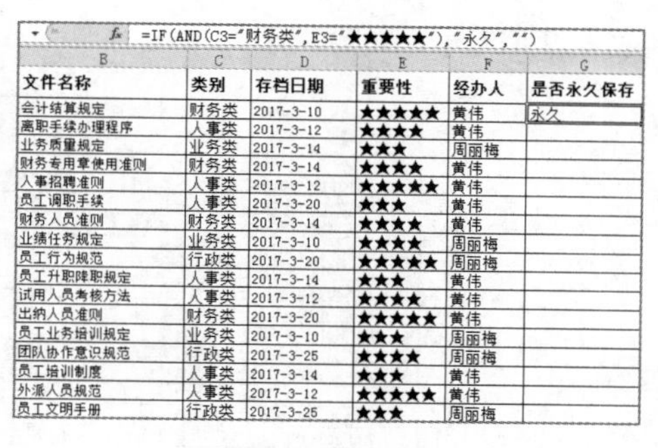

=IF(AND(C3="财务类",E3="★★★★★"),"永久","")

B	C	D	E	F	G
文件名称	类别	存档日期	重要性	经办人	是否永久保存
会计结算规定	财务类	2017-3-10	★★★★★	黄伟	永久
离职手续办理程序	人事类	2017-3-12	★★★★	黄伟	
业务质量规定	业务类	2017-3-14	★★★	周丽梅	
财务专用章使用准则	财务类	2017-3-14	★★★★	黄伟	
人事招聘准则	人事类	2017-3-12	★★★★★	黄伟	
员工调职手续	人事类	2017-3-20	★★★	黄伟	
财务人员准则	财务类	2017-3-14	★★★★	黄伟	
业绩任务规定	业务类	2017-3-10	★★★★	周丽梅	
员工行为规范	行政类	2017-3-20	★★★★★	周丽梅	
员工升职降职规定	人事类	2017-3-14	★★★	黄伟	
试用人员考核方法	人事类	2017-3-12	★★★★	黄伟	
出纳人员准则	财务类	2017-3-20	★★★★★	黄伟	
员工业务培训规定	业务类	2017-3-10	★★★	周丽梅	
团队协作意识规范	行政类	2017-3-25	★★★★	周丽梅	
员工培训制度	人事类	2017-3-14	★★★	黄伟	
外派人员规范	人事类	2017-3-12	★★★★★	黄伟	
员工文明手册	行政类	2017-3-25	★★★	周丽梅	

图6.30 返回结果

11 拖曳G3单元格右下角的填充柄至G25单元格，快速返回其他是否永久保存的数据，如图6.31所示。

12 选择A3:G25单元格区域，在【开始】/【样式】组中单击“条件格式”按钮，在打开的下拉列表中选择“新建规则”选项，如图6.32所示。

G3 =IF(AND(C3="财务类",E3="★★★★★"),"永久","")

	A	B	C	D	E	F	G
2	编号	文件名称	类别	存档日期	重要性	经办人	是否永久保存
3	KMF201703001	会计结算规定	财务类	2017-3-10	★★★★★	黄伟	永久
4	KMF201703015	离职手续办理程序	人事类	2017-3-12	★★★★	黄伟	
5	KMF201703011	业务质量规定	业务类	2017-3-14	★★★	周丽梅	
6	KMF201703006	财务专用章使用准则	财务类	2017-3-14	★★★★	黄伟	
7	KMF201703016	人事招聘准则	人事类	2017-3-12	★★★★★	黄伟	
8	KMF201703018	员工调职手续	人事类	2017-3-20	★★★	黄伟	
9	KMF201703002	财务人员准则	财务类	2017-3-14	★★★★	黄伟	
10	KMF201703017	业绩任务规定	业务类	2017-3-10	★★★★	周丽梅	
11	KMF201703023	员工行为规范	行政类	2017-3-20	★★★★★	周丽梅	
12	KMF201703007	员工升职降职规定	人事类	2017-3-14	★★★	黄伟	
13	KMF201703022	试用人员考核方法	人事类	2017-3-12	★★★★	黄伟	
14	KMF201703003	出纳人员准则	财务类	2017-3-20	★★★★★	黄伟	永久
15	KMF201703021	员工业务培训规定	业务类	2017-3-10	★★★	周丽梅	
16	KMF201703008	团队协作意识规范	行政类	2017-3-25	★★★★	周丽梅	
17	KMF201703012	员工培训制度	人事类	2017-3-14	★★★	黄伟	
18	KMF201703005	外派人员规范	人事类	2017-3-12	★★★★★	黄伟	
19	KMF201703013	员工文明手册	行政类	2017-3-25	★★★	周丽梅	
20	KMF201703019	试用员工转正通知书	人事类	2017-3-12	★★★★	黄伟	
21	KMF201703009	报价单	业务类	2017-3-25	★★★	周丽梅	
22	KMF201703004	出勤明细准则	行政类	2017-3-14	★★★★★	周丽梅	
23	KMF201703014	员工续约合同	人事类	2017-3-12	★★★	黄伟	
24	KMF201703020	工资薪酬发放制度	财务类	2017-3-25	★★★★	黄伟	
25	KMF201703010	员工辞职规定	人事类	2017-3-10	★★★★★	黄伟	

图6.31 填充函数

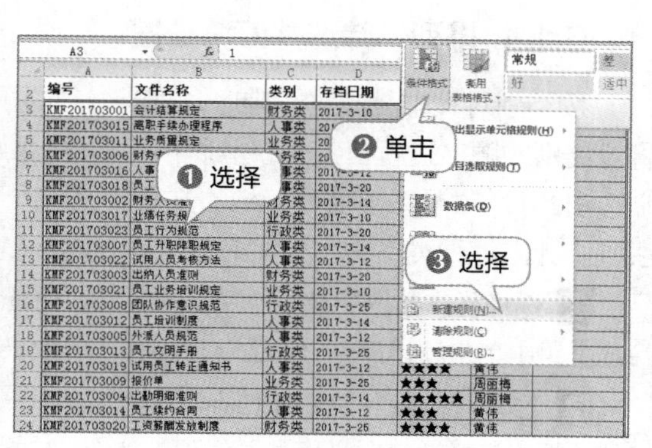

图6.32 新建条件格式规则

13 在打开对话框的“选择规则类型”列表框中选择“使用公式确定要设置格式的单元格”选项，在下方文本框中输入“=$G3="永久"”，单击 格式(F)... 按钮，如图6.33所示。

14 打开“设置单元格格式”对话框，单击“字体”选项卡，在“颜色”下拉列表框中选择“红色”选项，单击 确定 按钮，如图6.34所示。

图6.33 设置规则

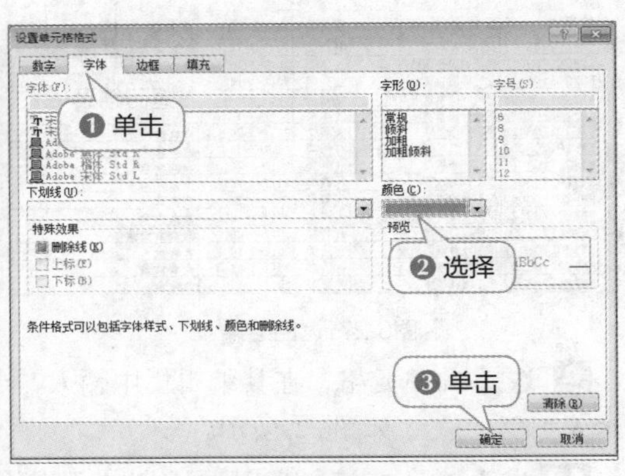

图6.34 设置格式

15 返回“新建格式规则”对话框，单击 确定 按钮确认设置，此时凡是需要永久保存的数据记录都将呈红色显示，如图6.35所示。

	A	B	C	D	E	F	G
2	编号	文件名称	类别	存档日期	重要性	经办人	是否永久保存
3	KMF201703001	会计结算规定	财务类	2017-3-10	★★★★★	黄伟	永久
4	KMF201703015	离职手续办理程序	人事类	2017-3-12	★★★★	黄伟	
5	KMF201703011	业务质量规定	业务类	2017-3-14	★★★	周丽梅	
6	KMF201703006	财务专用章使用准则	财务类	2017-3-14	★★★★	黄伟	
7	KMF201703016	人事招聘准则	人事类	2017-3-12	★★★★★	黄伟	
8	KMF201703018	员工调职手续	人事类	2017-3-20	★★★	黄伟	
9	KMF201703002	财务人员准则	财务类	2017-3-14	★★★★	黄伟	
10	KMF201703017	业绩任务规定	业务类	2017-3-10	★★★★	周丽梅	
11	KMF201703023	员工行为规范	行政类	2017-3-20	★★★★★	周丽梅	
12	KMF201703007	员工升职降职规定	人事类	2017-3-14	★★★	黄伟	
13	KMF201703022	试用人员考核方法	人事类	2017-3-12	★★★★	黄伟	
14	KMF201703003	出纳人员准则	财务类	2017-3-20	★★★★★	黄伟	永久
15	KMF201703021	员工业务培训规定	业务类	2017-3-10	★★★	周丽梅	
16	KMF201703008	团队协作意识规范	行政类	2017-3-25	★★★★	周丽梅	
17	KMF201703012	员工培训制度	人事类	2017-3-14	★★★	黄伟	
18	KMF201703005	外派人员规范	人事类	2017-3-12	★★★★★	黄伟	
19	KMF201703013	员工文明手册	行政类	2017-3-25	★★★	周丽梅	
20	KMF201703019	试用员工转正通知书	人事类	2017-3-12	★★★★	黄伟	
21	KMF201703009	报价单	业务类	2017-3-25	★★★	周丽梅	
22	KMF201703004	出勤明细准则	行政类	2017-3-14	★★★★★	周丽梅	
23	KMF201703014	员工续约合同	人事类	2017-3-12	★★★	黄伟	
24	KMF201703020	工资薪酬发放制度	财务类	2017-3-25	★★★★	黄伟	
25	KMF201703010	员工辞职规定	人事类	2017-3-10	★★★★★	黄伟	

图6.35 确认设置

6.1.4 排列、筛选并汇总数据

按类别对文书档案进行排序，可能得到的顺序与实际需求不符，下面将对类别的顺序进行自定义，然后按此顺序对数据记录进行排列，之后再筛选出2017年3月15日以后存档的文书档案记录，最后利用分类汇总的方法，统计出每种类别文书档案的数量以及总数量数据，其具体操作如下。

扫一扫

排列、筛选并汇总数据

1 选择任意数据记录所在单元格，如C3单元格，在【数据】/【排序和筛选】组中单击“排序”按钮，如图6.36所示。

2 打开“排序”对话框，在“主要关键字”下拉列表框中选择“类别”选项，在“次序”下拉列表框中选择“自定义序列”选项，如图6.37所示。

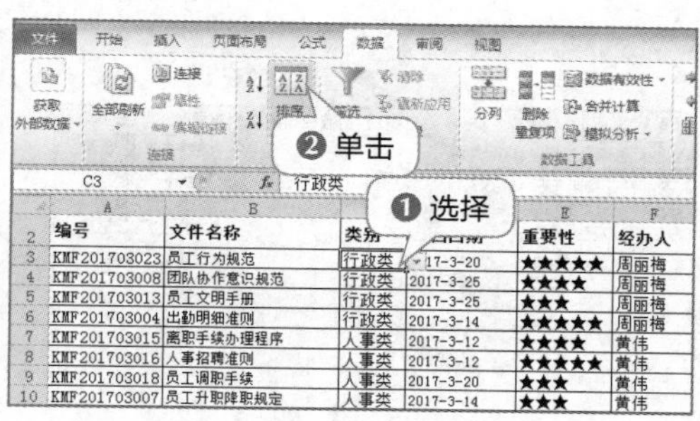

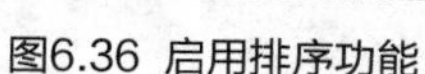

图6.36 启用排序功能

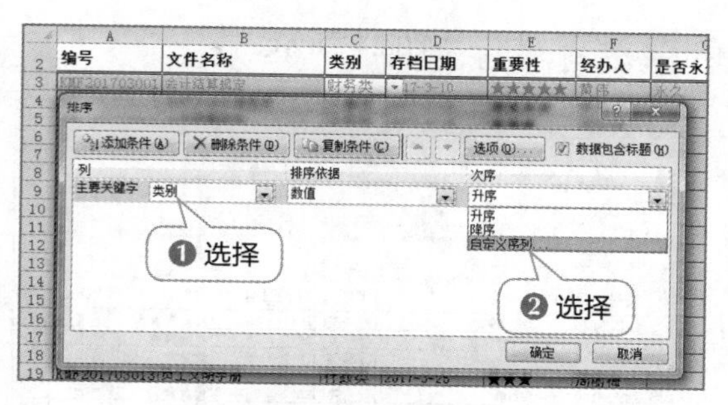

图6.37 自定义序列

3 打开“自定义序列”对话框，在“输入序列”列表框中输入表格中包含的所有类别数据，每个数据用【Enter】键分段，单击添加(A)按钮将输入的序列内容添加到左侧的“自定义序列”列表框中，单击确定按钮，如图6.38所示。

4 返回“排序”对话框，单击确定按钮，如图6.39所示。

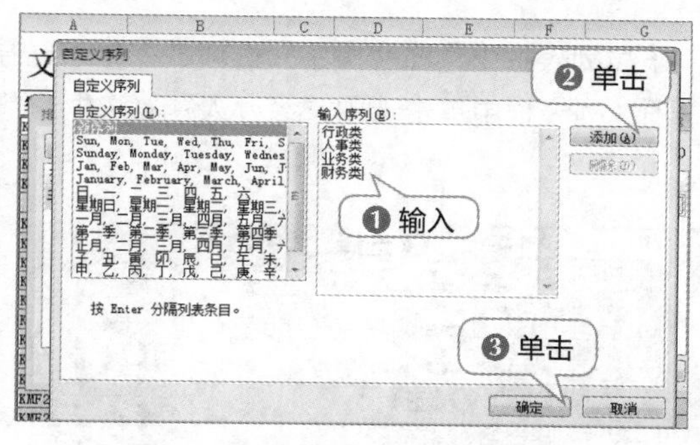

图6.38 设置序列内容

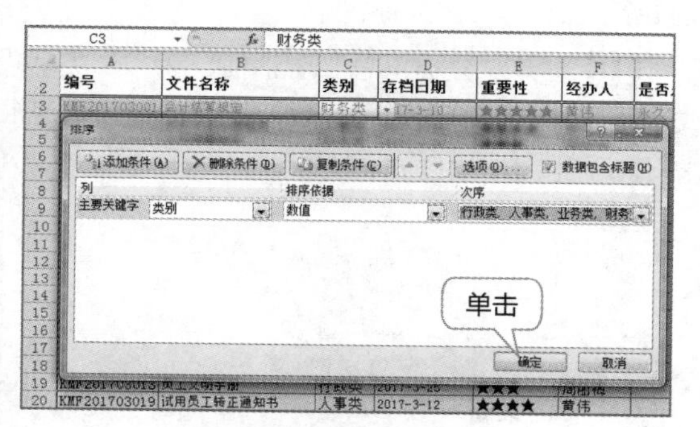

图6.39 确认设置

5 此时表格中的数据记录将以设置的类别顺序为依据重新进行排列。继续单击【数据】/【排序和筛选】组中的“筛选”按钮，如图6.40所示。

6 单击“存档日期”字段右侧出现的下拉按钮，在打开的下拉列表中单击选中“20”和“25”复选框，单击确定按钮，如图6.41所示。

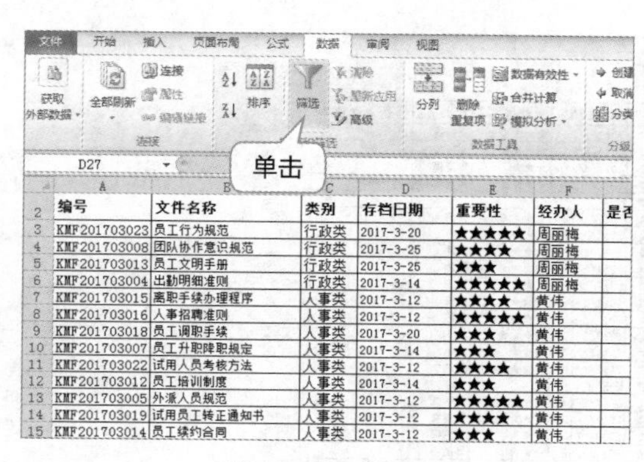

图6.40 启用筛选功能

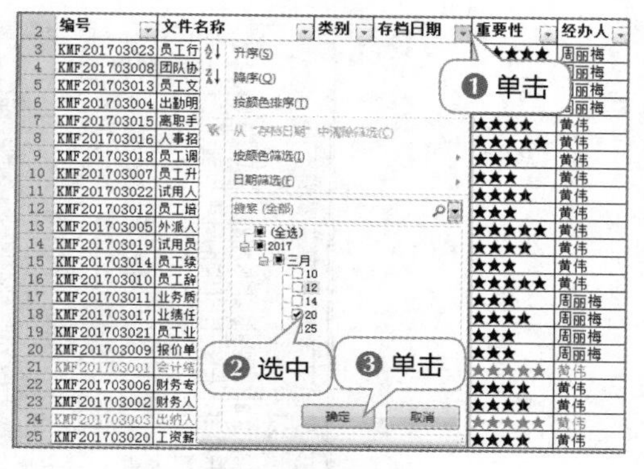

图6.41 设置筛选条件

7 此时表格中将仅显示存档日期在2017年3月15日以后的文书档案记录，如图6.42所示。

8 单击“存档日期”字段右侧的下拉按钮，在打开的下拉列表中单击选中“全选”复选框，

单击 确定 按钮，如图6.43所示。

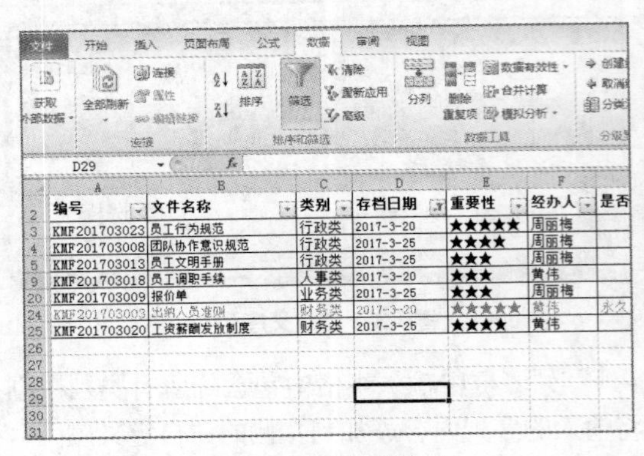

图6.42 查看筛选结果

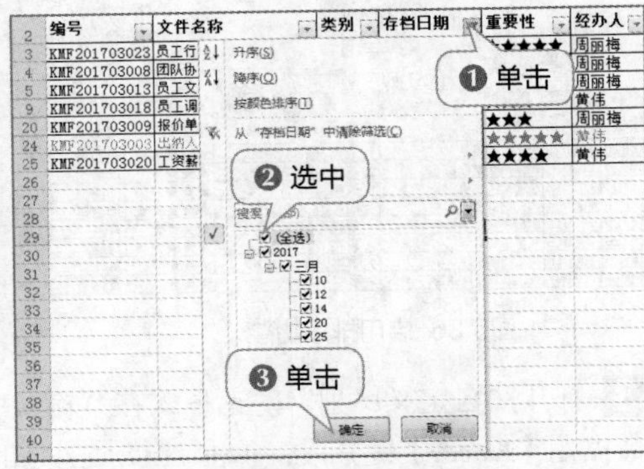

图6.43 取消筛选状态

9 显示出所有的数据记录，在【数据】/【分级显示】组中单击“分类汇总”按钮，如图6.44所示。

10 打开“分类汇总”对话框，在“分类字段”下拉列表框中选择“类别”选项，在“汇总方式”下拉列表框中选择“计数”选项，在“选定汇总项”列表框中单击选中“经办人”复选框，单击 确定 按钮，如图6.45所示。

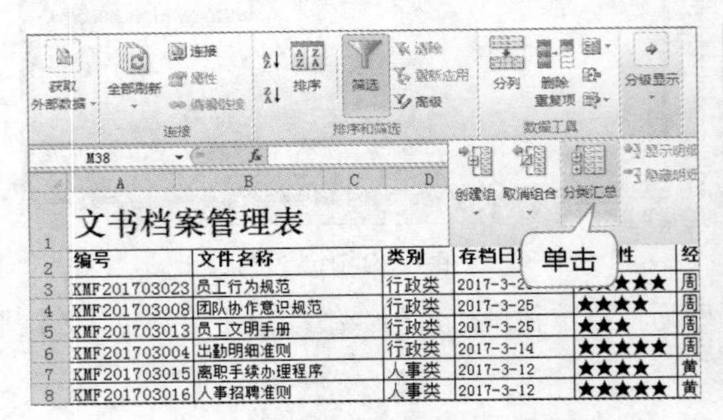

图6.44 启用分类汇总功能

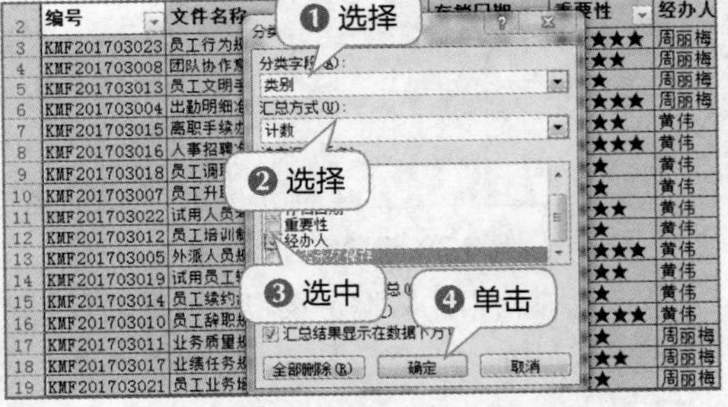

图6.45 设置分类汇总参数

11 得到每种类别的文书档案存档数量以及表格中包含的文书档案总数量，如图6.46所示。

文书档案管理表

编号	文件名称	类别	存档日期	重要性	经办人	是否永久保存
KMF201703023	员工行为规范	行政类	2017/3/20	★★★★★	周丽梅	
KMF201703008	团队协作意识规范	行政类	2017/3/25	★★★★	周丽梅	
KMF201703013	员工文明手册	行政类	2017/3/25	★★★	周丽梅	
KMF201703004	出勤明细准则	行政类	2017/3/14	★★★★★	周丽梅	
		行政类 计数			4	
KMF201703015	离职手续办理程序	人事类	2017/3/12	★★★★	黄伟	
KMF201703016	人事招聘准则	人事类	2017/3/12	★★★★★	黄伟	
KMF201703018	员工调职手续	人事类	2017/3/20	★★★	黄伟	
KMF201703007	员工升职降职规定	人事类	2017/3/14	★★★	黄伟	
KMF201703022	试用人员考核方法	人事类	2017/3/12	★★★★	黄伟	
KMF201703012	员工培训制度	人事类	2017/3/14	★★★	黄伟	
KMF201703005	外派人员规范	人事类	2017/3/12	★★★★★	黄伟	
KMF201703019	试用员工转正通知书	人事类	2017/3/12	★★★★	黄伟	
KMF201703014	员工续约合同	人事类	2017/3/12	★★★	黄伟	
KMF201703010	员工辞职规定	人事类	2017/3/10	★★★★★	黄伟	
		人事类 计数			10	
KMF201703011	业务质量规定	业务类	2017/3/14	★★★	周丽梅	
KMF201703017	业绩任务规定	业务类	2017/3/10	★★★★	周丽梅	
KMF201703021	员工业务培训规定	业务类	2017/3/10	★★★	周丽梅	
KMF201703009	报价单	业务类	2017/3/25	★★★	周丽梅	
		业务类 计数			4	
KMF201703001	会计结算规定	财务类	2017/3/10	★★★★★	黄伟	永久
KMF201703006	财务专用章使用准则	财务类	2017/3/14	★★★★	黄伟	
KMF201703002	财务人员准则	财务类	2017/3/14	★★★★	黄伟	
KMF201703003	出纳人员准则	财务类	2017/3/20	★★★★★	黄伟	永久
KMF201703020	工资薪酬发放制度	财务类	2017/3/25	★★★★	黄伟	

图6.46 查看汇总数据

6.2 制作产品库存明细表

库存管理是指在物流过程中对商品数量的管理。理论上讲，零库存是最好的库存管理，因为库存量过多，不仅占用资金多，也会增加企业销货负担。反之，如果库存量太低，则会出现断档或脱销等情况。库存管理的对象是库存项目，即企业中的所有物料，包括原材料、零部件、在制品、半成品及产品等。图6.47所示为产品库存明细表的参考效果。

××企业月度产品入\出库明细表

行号	产品名称	日期	1	2	3	4	5	6	7	8	9	10	11	12	13	14	15	16	17	18	19	20	21	22	23	24	25	26	27	28	29	30	31	总数
1	PP-R150mm冷水管	入	48	37	39	28	44	26	38	39	29	25	38	50	41	44	40	31	35	45	41	35	44	37	30	44	33	27	50	47	50	36	39	1190
2		出	41	37	43	28	33	40	35	38	25	50	38	46	49	30	34	36	44	25	35	26	39	39	25	34	32	44	36	42	25	28	48	1125
3	PP-R151mm冷水管	入	42	36	50	29	32	45	30	48	29	37	36	41	34	26	38	46	39	36	43	37	27	31	39	35	38	34	41	35	27	29	46	1136
4		出	29	31	25	28	39	28	26	26	45	32	48	30	33	26	50	31	27	32	42	30	31	25	34	47	41	31	41	45	44	49	36	1082
5	PP-R152mm冷水管	入	47	48	33	39	48	44	33	26	32	27	49	49	36	41	26	33	33	30	37	34	34	34	42	49	38	35	35	45	27	38	48	1170
6		出	35	27	35	27	35	47	48	31	42	37	45	38	37	28	30	48	45	26	37	32	28	43	44	25	46	39	40	49	42	43	44	1173
7	PP-R153mm冷水管	入	30	39	34	48	41	26	50	26	39	44	37	49	33	26	39	34	38	26	49	44	42	45	27	33	44	39	29	46	42	39	30	1168
8		出	37	40	25	27	43	27	27	37	44	34	30	28	42	36	36	29	34	31	50	43	34	29	34	43	40	49	33	41	36	49	45	1133
9	PP-R154mm冷水管	入	38	40	47	31	36	46	30	30	27	44	27	30	41	25	30	37	34	32	41	38	40	37	39	43	41	29	48	25	47	28	32	1113
10		出	25	45	47	48	39	49	41	48	31	26	27	38	38	34	45	44	26	49	49	43	39	42	26	42	28	31	29	28	44	47	29	1177
11	PP-R155mm冷水管	入	31	31	25	44	35	45	41	25	35	27	49	40	50	33	32	46	26	42	30	26	40	26	48	47	36	46	47	46	43	31	46	1169
12		出	34	44	36	48	40	43	32	43	40	42	27	39	29	26	48	42	36	28	49	28	43	45	33	49	45	29	29	38	42	42	39	1188
13	PP-R156mm冷水管	入	35	38	48	44	30	31	25	45	32	28	43	42	34	37	39	35	35	49	29	41	41	38	33	44	26	29	32	32	33	43	33	1124
14		出	38	50	42	43	34	27	46	37	39	36	40	28	36	27	46	31	32	40	27	43	47	38	36	26	30	32	41	42	33	28	32	1127
15	PP-R157mm冷水管	入	30	29	29	39	27	27	47	34	45	48	40	45	33	34	36	27	34	50	48	27	31	27	25	43	31	47	43	27	32	39	45	1119
16		出	39	42	41	41	36	47	43	26	29	49	49	43	39	37	45	50	31	46	49	30	49	39	27	44	38	46	47	26	25	40	27	1220
17	PP-R158mm冷水管	入	37	33	48	49	27	26	25	41	41	33	34	33	28	27	40	33	44	25	40	46	33	31	40	35	37	30	25	49	40	29	41	1100
18		出	37	47	50	38	30	46	41	31	31	31	49	37	37	31	27	36	45	40	31	31	41	30	42	30	31	46	31	44	34	45	28	1148
19	PP-R159mm冷水管	入	37	50	34	48	28	50	31	33	34	43	36	39	35	43	35	37	35	31	49	29	36	32	48	30	26	45	49	34	27	25	41	1150
20		出	37	27	36	40	36	43	26	25	32	30	43	39	25	29	26	25	40	27	26	41	26	44	36	42	47	41	31	42	39	27	39	1067
21	PP-R160mm冷水管	入	49	41	30	25	35	37	28	43	25	25	44	31	29	35	42	36	25	34	35	48	48	29	27	46	27	46	40	27	30	47	38	1102
22		出	42	25	34	46	47	50	45	30	32	48	25	33	39	36	43	33	42	50	40	30	48	32	34	43	47	41	37	42	46	36	32	1208
23	PP-R161mm冷水管	入	43	45	37	49	48	38	49	50	41	32	47	35	33	35	28	33	42	35	28	46	39	47	46	27	42	44	29	47	30	28	33	1206
24		出	28	34	44	32	42	31	46	28	39	36	25	41	39	46	43	46	42	43	42	36	47	48	42	42	46	45	43	26	26	40	39	1207
25	PP-R162mm冷水管	入	48	41	38	46	42	27	32	50	39	31	40	46	47	41	39	37	38	32	45	44	25	34	30	45	43	48	43	46	30	29	25	1201
26		出	43	28	49	43	41	46	30	25	25	32	42	36	39	45	35	50	49	41	45	31	30	27	37	41	37	36	26	38	26	38	27	1138
27	PP-R163mm冷水管	入	43	30	35	31	29	29	48	38	25	26	38	43	26	41	27	30	38	38	26	25	42	38	48	44	31	34	34	32	49	26	32	1076
28		出	45	42	32	36	41	46	38	33	35	46	32	27	47	28	41	26	32	41	31	34	44	40	45	38	44	44	39	30	50	38	41	1186
29	PP-R164mm冷水管	入	31	41	30	50	43	41	25	28	49	40	43	37	29	37	36	43	27	48	31	41	31	34	37	43	46	28	48	42	26	36	31	1152
30		出	42	38	33	43	37	29	25	47	37	44	38	28	25	41	34	32	34	37	31	33	45	44	49	27	34	32	27	25	35	47	36	1109
31	PP-R165mm冷水管	入	46	49	29	44	30	32	35	43	28	25	45	47	48	32	31	42	48	36	27	29	41	42	43	35	41	29	31	45	37	35	29	1154
32		出	30	31	46	45	42	50	50	36	25	49	39	41	47	44	34	42	35	48	48	34	44	49	37	49	26	49	34	25	47	27	35	1238

图6.47 产品库存明细表的参考效果

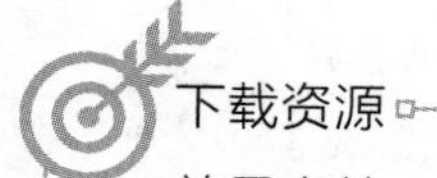

下载资源

效果文件：第6章\库存明细汇总表.xlsx

6.2.1 计算表格数据

下面首先创建“库存明细汇总表.xlsx”工作簿，然后新建产品的入库和出库明细工作表，以汇总各产品的入库量和出库量，其具体操作如下。

1 新建并保存“库存明细汇总表.xlsx”工作簿，删除多余的两个工作表，并将剩余的工作表命名为“明细”，如图6.48所示。

2 为A1:AI40单元格区域添加边框，合并A1:AI1单元格区域，输入并设置标题文本，在A2:AI2单元格区域中输入各项目字段并填充日期，依次填充行号并输入产品名称以及代表入库和出库的文本，如图6.49所示。

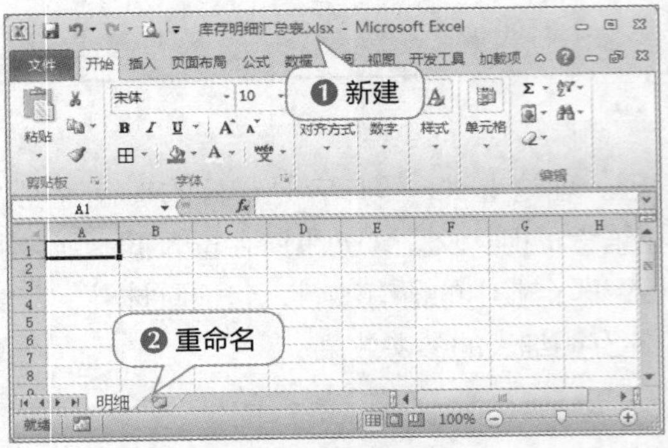

图6.48 创建工作簿

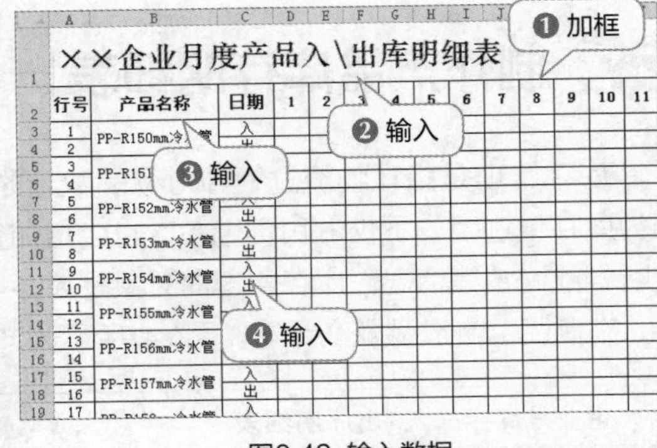

图6.49 输入数据

3 将A2:AI2单元格区域填充为“白色，背景1，深色50%”，然后将字体颜色设置为“白色”，如图6.50所示。

4 在D3:AH40单元格区域中输入各产品每日的入库和出库数据，如图6.51所示。

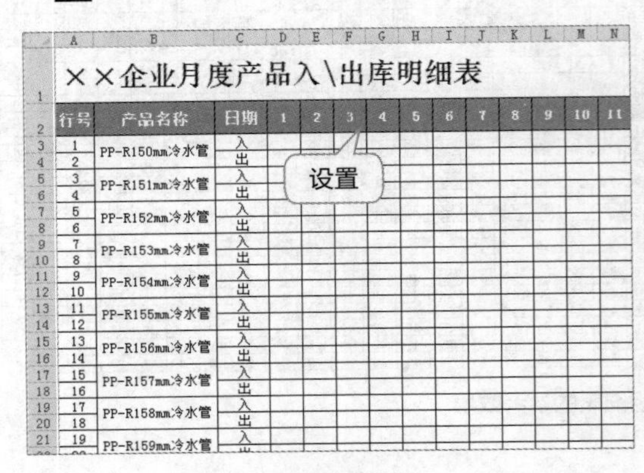

图6.50 设置项目字段

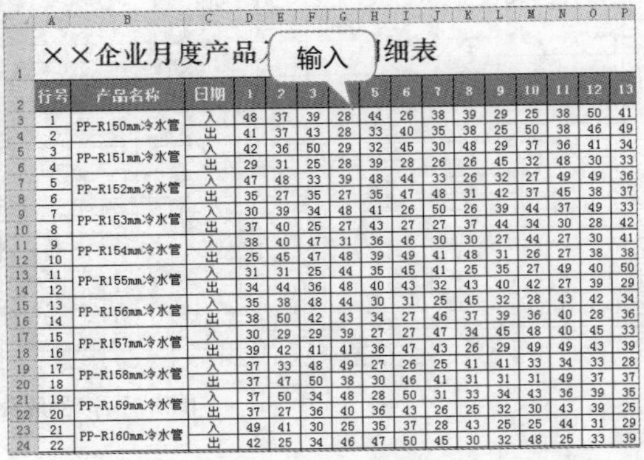

图6.51 输入产品入库和出库数据

5 选择C3:AH40单元格区域，打开“新建格式规则”对话框，设置公式规则为“=$C3="入"”，将格式填充为“白色，背景1，深色15%”，单击 确定 按钮，如图6.52所示。

6 在AI3单元格中输入“=SUM(D3:AH3)”，计算对应产品当月的入库总量，如图6.53所示。

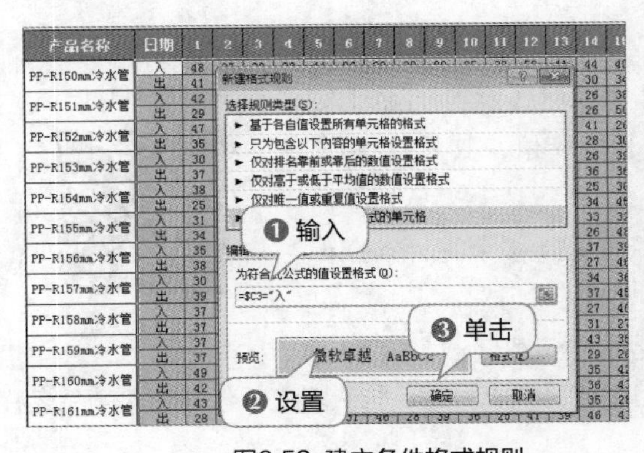

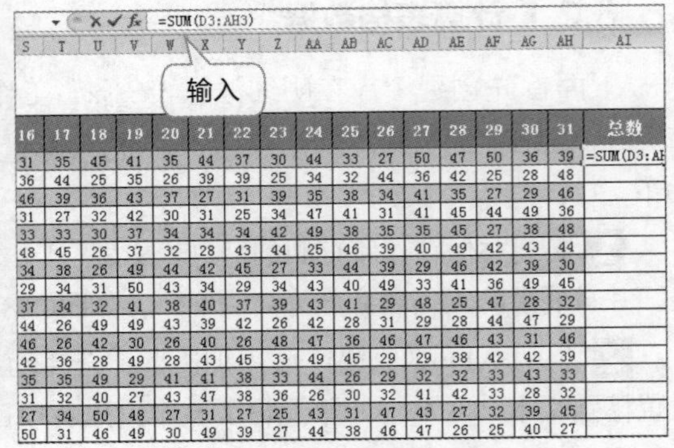

图6.52 建立条件格式规则

图6.53 求和计算

7 按【Ctrl+Enter】键并将AI3单元格中的函数向下填充至AI40单元格，汇总其他产品当月的入库量和出库量，如图6.54所示。

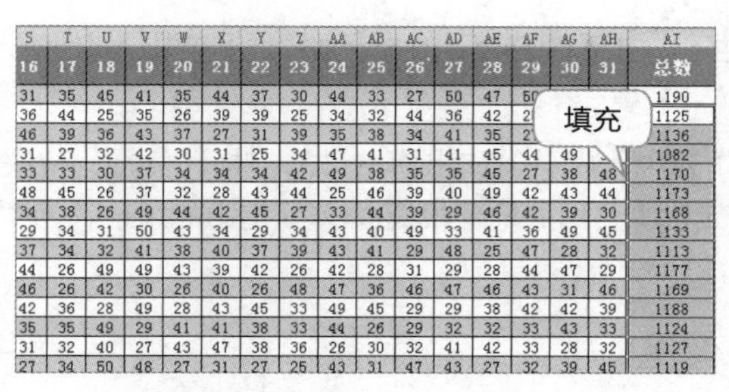

S	T	U	V	W	X	Y	Z	AA	AB	AC	AD	AE	AF	AG	AH	AI
16	17	18	19	20	21	22	23	24	25	26	27	28	29	30	31	总数
31	35	45	41	35	44	37	30	44	33	27	50	47	50	[illegible]	[illegible]	1190
36	44	25	35	26	39	39	25	34	32	44	36	42	[illegible]	[illegible]	[illegible]	1125
46	39	36	43	37	27	31	39	35	38	34	41	35	[illegible]	[illegible]	[illegible]	1136
31	27	32	42	30	31	25	34	47	41	31	41	45	44	49	[illegible]	1082
33	33	30	37	34	34	34	42	49	38	35	35	45	27	38	48	1170
48	45	26	37	32	28	43	44	25	46	39	40	49	42	43	44	1173
34	38	26	49	44	42	45	27	33	44	39	29	46	42	39	30	1168
29	34	31	50	43	34	29	34	43	40	49	33	41	36	49	45	1133
37	34	32	41	38	40	37	39	43	41	29	48	25	47	28	32	1113
44	26	49	49	43	39	42	26	42	28	31	29	28	44	47	29	1177
46	26	42	30	26	40	26	48	47	36	46	47	46	43	31	46	1169
42	36	28	49	28	43	45	33	49	45	29	29	38	42	42	39	1188
35	35	49	29	41	41	38	33	44	26	29	32	32	33	43	33	1124
31	32	40	27	43	47	38	36	26	30	32	41	42	33	28	32	1127
27	34	50	48	27	31	27	25	43	31	47	43	27	32	39	45	1119

图6.54 汇总其他产品入库量和出库量

6.2.2 汇总表格数据

新建"汇总"工作表，在其中利用公式和函数汇总各产品的相关库存数据，其具体操作如下。

1 新建"汇总"工作表，在A1:K21单元格区域中依次输入表格标题、项目字段并设置格式，为该单元格区域添加边框，如图6.55所示。

2 通过填充数据的方式快速输入行号和产品名称的数据，依次输入产品的规格型号、单位、单价以及上月库存数，如图6.56所示。

××企业月度产品库存汇总表

行号	产品名称	规格型号	单位	单价	上月库存数	本月入库

图6.55 输入表格框架数据

××企业月度产品库存汇总表

行号	产品名称	规格型号	单位	单价	上月库存数
1	PP-R150mm冷水管	5L	桶	165	476
2	PP-R151mm冷水管	5L	桶	150	392
3	PP-R152mm冷水管	5L	桶	200	350
4	PP-R153mm冷水管	5L	桶	120	686
5	PP-R154mm冷水管	5L	桶	350	630
6	PP-R155mm冷水管	18L	桶	245	700
7	PP-R156mm冷水管	18KG	桶	660	441
8	PP-R157mm冷水管	[illegible]	[illegible]	20	469
9	PP-R158mm冷水管	[illegible]	[illegible]	50	518
10	PP-R159mm冷水管	[illegible]	桶	60	448

图6.56 输入字段数据

3 选择G3单元格，在其编辑栏中输入"="，切换到"明细"工作表，选择AI3单元格，如图6.57所示。

4 按【Ctrl+Enter】键完成单元格数据的引用，此时将快速输入产品对应的入库总量，如图6.58所示。

=明细!AI3

T	U	V	W	X	Y	Z	AA	AB	AC	AD	AE	AF	AG	AH	AI
17	18	19	20	21	22	23	24	25	26	27	28	29	30	31	总数
35	45	41	35	44	37	30	44	33	27	50	47	50	36	39	1190
44	25	35	26	39	39	25	34	32	44	36	42	25	28	48	1125
39	36	43	37	27	31	39	35	38	34	41	35	27	[illegible]	[illegible]	[illegible]
27	32	42	30	31	25	34	47	41	31	41	45	[illegible]	[illegible]	[illegible]	[illegible]
33	30	37	34	34	34	42	49	38	35	35	45	[illegible]	[illegible]	[illegible]	[illegible]
45	26	37	32	28	43	44	25	46	39	40	49	[illegible]	[illegible]	[illegible]	[illegible]
38	26	49	44	42	45	27	33	44	39	29	46	42	39	30	1168
34	31	50	43	34	29	34	43	40	49	33	41	36	49	45	1133
34	32	41	38	40	37	39	43	41	29	48	25	47	28	32	1113
26	49	49	43	39	42	26	42	28	31	29	28	44	47	29	1177
26	42	30	26	40	26	48	47	36	46	47	46	43	31	46	1169
36	28	49	28	43	45	33	49	45	29	29	38	42	42	39	1188
35	49	29	41	41	38	33	44	26	29	32	32	33	43	33	1124
32	40	27	43	47	38	36	26	30	32	41	42	33	28	32	1127
34	50	48	27	31	27	25	43	31	47	43	27	32	39	45	1119
31	46	49	30	49	39	27	44	38	46	47	26	25	40	27	1220
44	25	40	46	33	31	40	35	37	30	25	49	40	29	41	1100

图6.57 输入等号

=明细!AI3

××企业月度产品库存汇总表

产品名称	规格型号	单位	单价	上月库存数	本月入库
PP-R150mm冷水管	5L	桶	165	476	1190
PP-R151mm冷水管	5L	桶	150	392	
PP-R152mm冷水管	5L	桶	200	350	
PP-R153mm冷水管	5L	桶	120	686	
PP-R154mm冷水管	5L	桶	350	630	
PP-R155mm冷水管	18L	桶	245	700	
PP-R156mm冷水管	18KG	桶	660	441	
PP-R157mm冷水管	150KG	支	20	469	
PP-R158mm冷水管	20KG	桶	50	518	
PP-R159mm冷水管	20KG	桶	60	448	
PP-R160mm冷水管	20KG	桶	320	525	
PP-R161mm冷水管	20KG	桶	580	518	

图6.58 确认引用

5 将G3单元格中的公式向下填充至G21单元格，快速引用其他单元格中的数据，如图6.59所示。

6 根据“明细”工作表中入库总量和出库总量的结构和位置，依次将填充后的公式按等差奇数方式进行修改，如G4单元格中引用的地址根据G3单元格中的地址，由“=明细!AI3”更改为“=明细!AI5”，如图6.60所示。

=明细!AI3

企业月度产品库存汇总表

产品名称	规格型号	单位	单价	上月	月入库
PP-R150mm冷水管	5L	桶	165	476	1190
PP-R151mm冷水管	5L	桶	150	392	1125
PP-R152mm冷水管	5L	桶	200	350	1136
PP-R153mm冷水管	5L	桶	120	686	1082
PP-R154mm冷水管	5L	桶	350	630	1170
PP-R155mm冷水管	18L	桶	245	700	1173
PP-R156mm冷水管	18KG	桶	660	441	1168
PP-R157mm冷水管	150KG	支	20	469	1133
PP-R158mm冷水管	20KG	桶	50	518	1113
PP-R159mm冷水管	20KG	桶	60	448	1177
PP-R160mm冷水管	20KG	桶	320	525	1169
PP-R161mm冷水管	20KG	桶	580	518	1188
PP-R162mm冷水管	20KG	桶	850	497	1124
PP-R163mm冷水管	20KG	桶	350	630	1127
PP-R164mm冷水管	40KG	桶	3000	518	1119
PP-R165mm冷水管	40KG	桶	2000	672	1220

填充

图6.59 填充公式

=明细!AI5

企业月度产 修改 汇总表

产品名称	规格型号	单位	单价	上月库存数	本月入库
PP-R150mm冷水管	5L	桶	165	476	1190
PP-R151mm冷水管	5L	桶	150	392	1136
PP-R152mm冷水管	5L	桶	200	350	1170
PP-R153mm冷水管	5L	桶	120	686	1168
PP-R154mm冷水管	5L	桶	350	630	1113
PP-R155mm冷水管	18L	桶	245	700	1169
PP-R156mm冷水管	18KG	桶	660	441	1124
PP-R157mm冷水管	150KG	支	20	469	1119
PP-R158mm冷水管	20KG	桶	50	518	1100
PP-R159mm冷水管	20KG	桶	60	448	1150
PP-R160mm冷水管	20KG	桶	320	525	1208
PP-R161mm冷水管	20KG	桶	580	518	1206
PP-R162mm冷水管	20KG	桶	850	497	1201
PP-R163mm冷水管	20KG	桶	350	630	1076
PP-R164mm冷水管	40KG	桶	3000	518	1152
PP-R165mm冷水管	40KG	桶	2000	672	1154

图6.60 修改公式

7 按照相同的方法引用各产品在“明细”工作表中的出库总量，通过填充公式的方式快速引用，然后按等差偶数的方式逐一修改，如图6.61所示。

8 选择I3单元格，在其编辑栏中输入“=F3+G3−H3”，表示该产品的当月库存数量为上月库存量与本月入库量之和，再减去本月出库量，如图6.62所示。

H3 =明细!AI4

库存汇总表

规格型号	单位	单价	上月库存数	本月入库	本月出库
5L	桶	165	476	1190	1190
5L	桶	150	392	1136	1082
5L	桶	200	350	1170	1173
5L	桶	120	686	1168	1133
5L	桶	350	630	1113	1177
18L	桶	245	700		
18KG	桶	660	441		
150KG	支	20	469	1119	1220
20KG	桶	50	518	1100	1148
20KG	桶	60	448	1150	1067
20KG	桶	320	525	1208	1208
20KG	桶	580	518	1206	1207

填充并修改

图6.61 引用并修改单元格地址

=F3+G3-H3

单价	上月库存数	本月入库	本月出库	库存数量	入\出库情况
165	476	1190	1190	=F3+G3-H3	
150	392	1136	1082		
200	350	1170	1173		
120	686	1168	1133		
350	630	1113	1177		
245	700	1169	1188		
660	441	1124	1127		
20	469	1119	1220		
50	518	1100	1148		
60	448	1150	1067		
320	525	1208	1208		
580	518	1206	1207		
850	497	1201	1138		
350	630	1076	1186		

输入

图6.62 计算库存数量

9 按【Ctrl+Enter】键，然后将I3单元格中的公式向下填充至I21单元格，汇总其他产品的本月的库存数量，如图6.63所示。

10 选择J3单元格，在其编辑栏中输入“=IF(G3>H3,"入库大于出库",IF(G3=H3,"入\出库相等","出库大于入库"))”，即根据产品本月的入库量和出库量来判断两者的关系，如图6.64所示。

=F4+G4-H4

单价	上月库存数	本月入库	本月出库	库存数量	入\出库情况
165	476	1190	1190	476	
150	392	1136	1082	446	
200	350	1170	1173	347	
120	686	1168	1133	721	
350	630	1113	1177	566	
245	700	1169	[illegible]	681	
660	441	1124	[illegible]	[illegible]	
20	469	1119	[illegible]	368	
50	518	1100	1148	470	
60	448	1150	1067	531	
320	525	1208	1208	525	

填充

图6.63 输入表格内容并设置单元格

输入

上月库存数	本月入库	本月出库	库存数量	入\出库情况
476	1190	1190	476	=IF(G3>H3,"入库大于
392	1136	1082	446	
350	1170	1173	347	
686	1168	1133	721	
630	1113	1177	566	
700	1169	1188	681	
441	1124	1127	438	
469	1119	1220	368	
518	1100	1148	470	

图6.64 输入文本

11 按【Ctrl+Enter】键，然后将J3单元格中的函数向下填充至J21单元格，总结其他产品的入库与出库情况，如图6.65所示。

12 选择K3单元格，在其编辑栏中输入"=IF(F3>I3),"减少:"&ABS(F3−I3),IF(F3=I3),"不增不减","增加:"&ABS(F3−I3)))"，表示根据产品入库和出库的数据，判断库存增减情况的同时，并计算出增减的具体数据，如图6.66所示。

=IF(G4>H4,"入库大于出库",IF(G4=H4,"入\出库相等","出库大于入库"))

上月库存数	本月入库	本月出库	库存数量	入\出库情况
476	1190	1190	476	入\出库相等
392	1136	1082	446	入库大于出库
350	1170	1173	347	出库大于入库
686	1168	1133	721	入库大于出库
630	1113	1177	566	出库大于入库
700	1169	1188	[illegible]	[illegible]库大于入库
441	1124	1127	[illegible]	[illegible]库大于入库
469	1119	1220	368	出库大于入库
518	1100	1148	470	出库大于入库

填充

图6.65 填充函数

=IF(F3>I3,"减少："&ABS(F3-I3),IF(F3=I3,"不增不减","增加："&ABS(F3-I3)))

本月入库	[illegible]库	库存数量	入\出库情况	库存增减情况
1190	1190	476	入\出库相等	"&ABS(F3-I3)))
1136	1082	446	入库大于出库	
1170	1173	347	出库大于入库	
1168	1133	721	入库大于出库	
1113	1177	566	出库大于入库	
1169	1188	681	出库大于入库	
1124	1127	438	出库大于入库	
1119	1220	368	出库大于入库	
1100	1148	470	出库大于入库	
1150	1067	531	入库大于出库	

输入

图6.66 判断库存增减情况

13 按【Ctrl+Enter】键，然后将K3单元格中的函数向下填充至K21单元格，判断其他产品的增减情况以及具体的增减数据，如图6.67所示。

14 选择A3:K21单元格区域，打开“新建格式规则”对话框，设置公式规则为“=LEFT($K3,1)="增"”，将格式填充为“橙色，强调文字颜色6，淡色60%”，单击 确定 按钮，如图6.68所示。

本月入库	本月出库	库存数量	入\出库情况	库存增减情况
1190	1190	476	入\出库相等	不增不减
1136	1082	446	入库大于出库	增加：54
1170	1173	347	出库大于入库	减少：3
1168	1133	721	入库大于出库	增加：35
1113	1177	566	出库大于入库	减少：64
1169	1188	681	出库大于入库	减少：19
1124	1127	438	出库大于入库	减少：3
1119	1220	368	出库大于入库	减少：101
1100	1148	470	出库大于入库	减少：48
1150	1067	531	入库大于出库	增加：83
1208	1208	525	入\出库相等	不增不减
1206	1207	517	出库大于入库	减少：1
1201	1138	560	入库大于出库	增加：63
1076	1186	520	出库大于入库	减少：110
1152	1109	561	入库大于出库	增加：43
1154	1238	588	出库大于入库	减少：84
1115	1115	476	入\出库相等	不增不减

图6.67 填充函数

图6.68 设置条件规则

15 此时所有库存量增加的产品对应的数据记录将被填充为设置的颜色，如图6.69所示。

上月库存数	本月入库	本月出库	库存数量	入\出库情况	库存增减情况
476	1190	1190	476	入\出库相等	不增不减
392	1136	1082	446	入库大于出库	增加：54
350	1170	1173	347	出库大于入库	减少：3
686	1168	1133	721	入库大于出库	增加：35
630	1113	1177	566	出库大于入库	减少：64
700	1169	1188	681	出库大于入库	减少：19
441	1124	1127	438	出库大于入库	减少：3
469	1119	1220	368	出库大于入库	减少：101
518	1100	1148	470	出库大于入库	减少：48
448	1150	1067	531	入库大于出库	增加：83
525	1208	1208	525	入\出库相等	不增不减
518	1206	1207	517	出库大于入库	减少：1
497	1201	1138	560	入库大于出库	增加：63
630	1076	1186	520	出库大于入库	减少：110

图6.69 完成设置

6.2.3 创建条形图

为了强调库存量增加的产品，将通过建立条形图的方式，对比这些产品上月以及本月的库存量，其具体操作如下。

创建条形图

1 在“汇总”工作表中选择空白单元格，然后插入二维簇状条形图，选择空白的图表，在【设计】/【位置】组中单击“移动图表”按钮，如图6.70所示。

2 打开“移动图表”对话框，单击选中“新工作表”单选项，在右侧的文本框中输入“库存增长”，单击确定按钮，如图6.71所示。

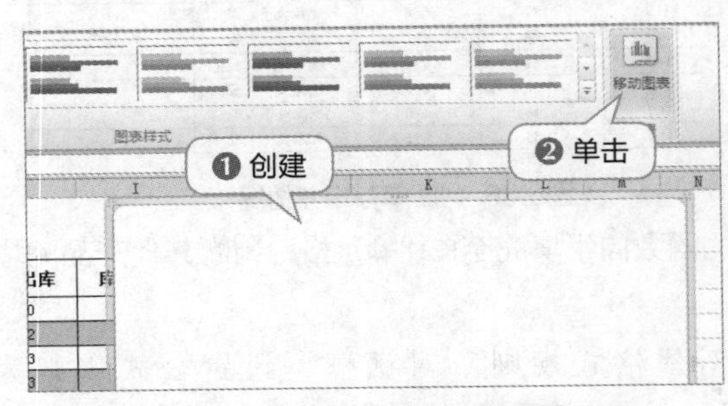

图6.70 创建空白图表

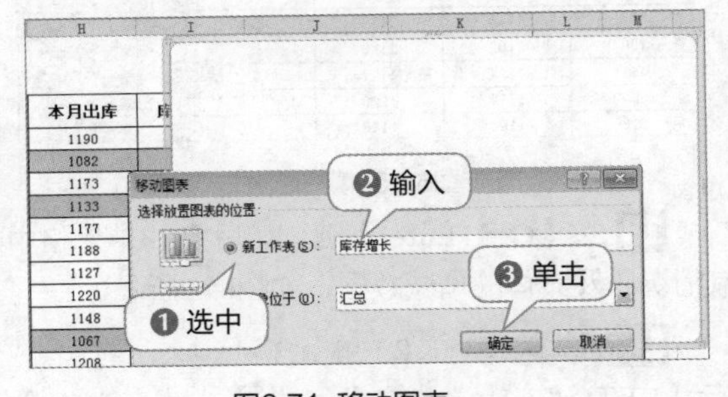

图6.71 移动图表

3 在图表内部的空白区域单击鼠标右键，在弹出的快捷菜单中选择“选择数据”命令，如图6.72所示。

4 打开“选择数据源”对话框，单击添加(A)按钮，如图6.73所示。

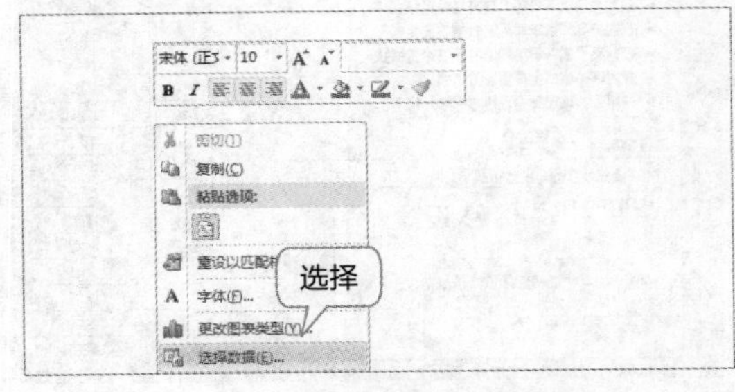

图6.72 选择图表数据

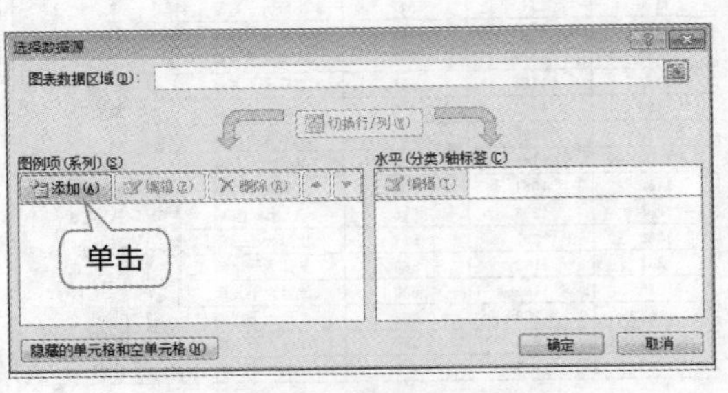

图6.73 添加图例项

5 打开“编辑数据系列”对话框，删除“系列名称”文本框中原有的内容，切换到“汇总”工作表，选择I2单元格作为数据系列名称，如图6.74所示。

6 删除“系列值”文本框中原有的数据，继续在“汇总”工作表中按住【Ctrl】键不放，依次选择库存数量字段下具有填充颜色的单元格，单击 确定 按钮，如图6.75所示。

图6.74 选择数据系列名称

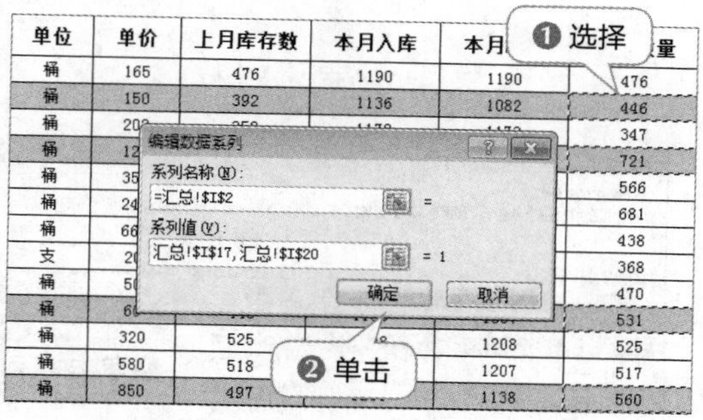

图6.75 设置条件规则

7 返回“选择数据源”对话框，单击右側的 编辑 按钮，如图6.76所示。

8 打开“轴标签”对话框，切换到“汇总”工作表，选择产品名称字段下具有填充颜色的单元格，单击 确定 按钮，如图6.77所示。

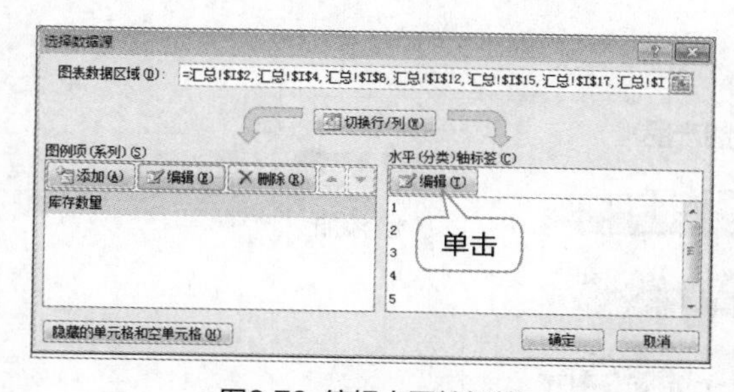

图6.76 编辑水平轴标签

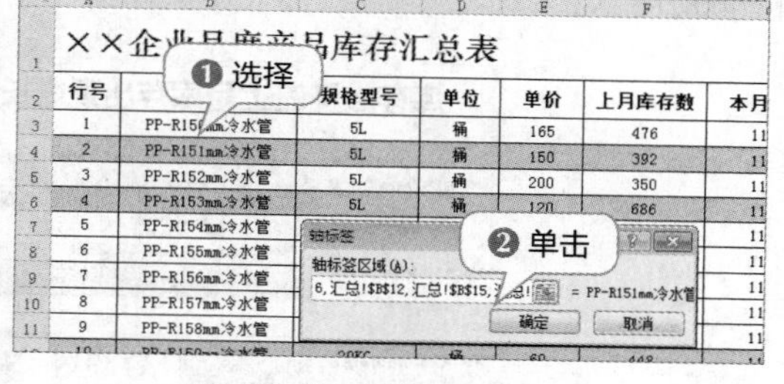

图6.77 选择数据系列名称

9 再次返回“选择数据源”对话框，单击 添加 按钮，如图6.78所示。

10 在打开的对话框中选择“汇总”工作表中的F2单元格作为系列名称，选择“系列值”文本框，然后按住【Ctrl】键不放，依次选择上月库存数字段下具有填充颜色的单元格，单击 确定 按钮，如图6.79所示。

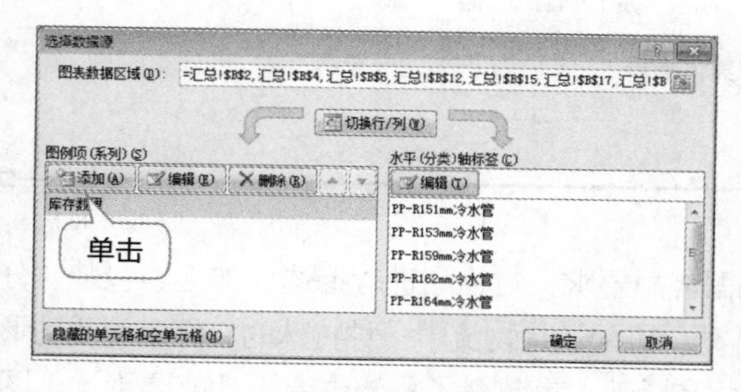

图6.78 添加图例项

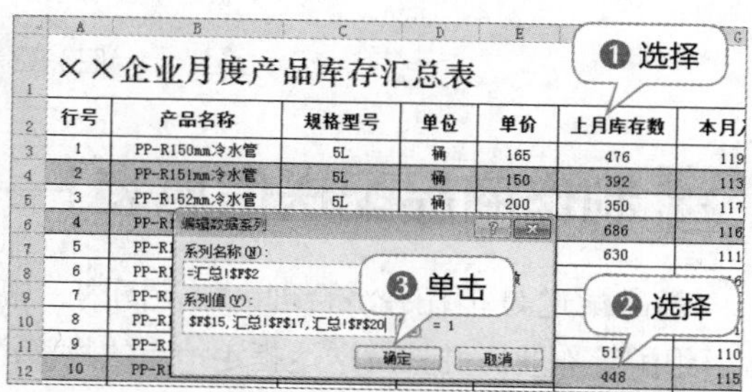

图6.79 添加图例项

11 返回“选择数据源”对话框，按照相同的方法为新添加的图例项设置对应的水平轴标签，完成后单击 确定 按钮，如图6.80所示。

12 在图表上方添加标题并修改标题内容，将图例移动到标题右侧，并调整宽度，如图6.81所示。

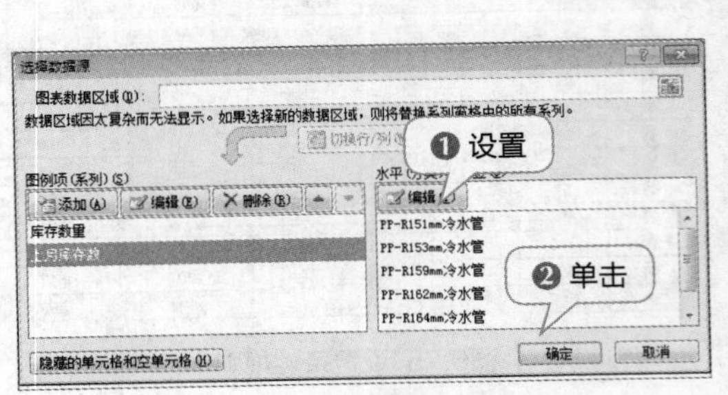

图6.80 设置轴标签

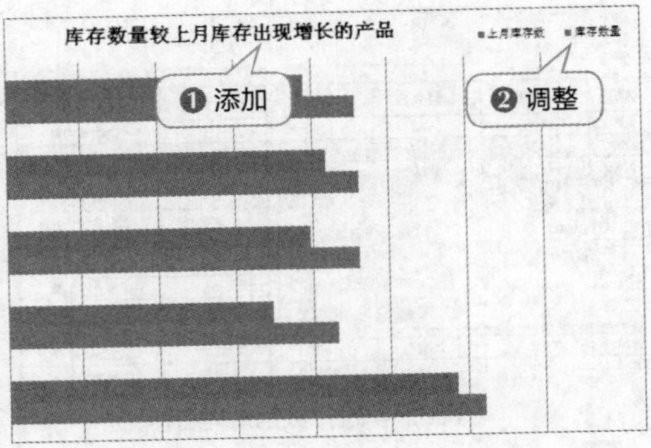

图6.81 调整图表布局

13 将图表文本格式设置为“微软雅黑、加粗”，并适当调整标题文本的大小，分别为上月库存量和库存数量对应的数据系列应用浅色和深色的样式效果，为两组数据系列都添加上数据标签，如图6.82所示。

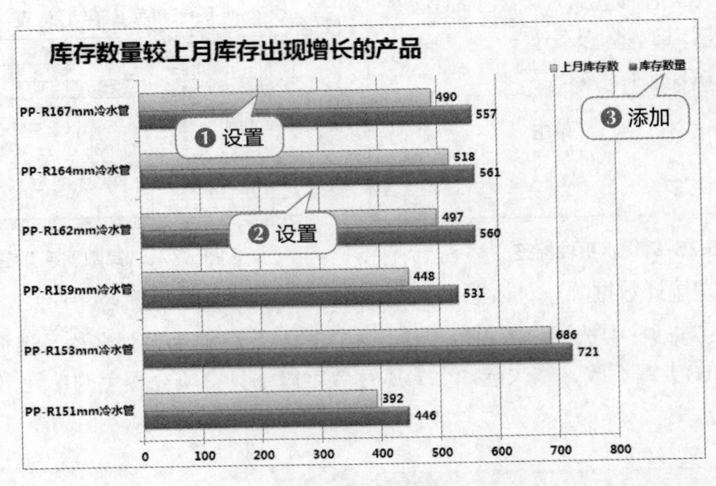

图6.82 美化图表

6.3 制作商品配送信息表

商品配送是指在经济合理区域范围内，根据客户要求，对物品进行拣选、加工、包装、分割、组配等作业，并按时送达指定地点的物流活动。（配送是物流中一种特殊的、综合的活动形式，是商流与物流紧密结合，包含了商流活动和物流活动，也包含了物流中若干功能要素。）图6.83所示为商品配送信息表的参考效果。

配送记录汇总查询

输入查询的商品名称：	B商品
所在集货地点：	B14仓库

输入查询的商品名称：	C商品
金额：	￥34,770.00

输入查询的商品名称：	D商品
所需人工费：	￥1,657.50

输入查询的商品名称：	E商品
客户及所在地：	龙科，广州

输入查询的商品名称：	F商品
负责人：	张正伟

输入查询的商品名称：	G商品
配送货站：	长城专线

输入查询的商品名称：	H商品
发货日期：	2017-1-10

输入查询的商品名称：	I商品
发货时间：	14:00:00

图6.83 商品配送信息表的参考效果

下载资源

素材文件：第6章\商品配送信息表.xlsx

效果文件：第6章\商品配送信息表.xlsx

6.3.1 输入数据和公式

下面将首先在“集货”工作表中通过输入、填充和使用公式等方法，汇总多个商品的集货信息数据，其具体操作如下。

扫一扫

输入数据和公式

1 打开“商品配送信息表.xlsx”工作簿，切换到“集货”工作表，在A3单元格中输入“LQ-001”，并将其向下填充至A23单元格，快速输入各商品的编号数据，如图6.84所示。

2 依次在“商品名称”“集货地点”“类别”和“数量”项目下输入各商品对应的数据，如图6.85所示。

	编号	商品名称	集货地点	类别	数量	单价	金额
3	LQ-001						
4	LQ-002						
5	LQ-003						
6	LQ-004						
7	LQ-005						
8	LQ-006						
9	LQ-007						
10	LQ-008						
11	LQ-009						
12	LQ-010						
13	LQ-011						
14	LQ-012						
15	LQ-013						
16	LQ-014						
17	LQ-015						
18	LQ-016						
19	LQ-017						
20	[illegible]						
21	[illegible]						
22	[illegible]						
23	LQ-021						

图6.84 填充商品编号

编号	商品名称	集货地点	类别	数量	单价	金额
LQ-001	A商品	101仓库	木工板	1309		
LQ-002	B商品	B14仓库	漆	918		
LQ-003	C商品	B14仓库	地砖	1037		
LQ-004	D商品	101仓库	漆	867		
LQ-005	E商品	302仓库	地砖	1190		
LQ-006	F商品	B14仓库	吊顶	1496		
LQ-007	G商品	D16仓库	木工板	1326		
LQ-008	H商品	302仓库	吊顶	986		
LQ-009	I商品	101仓库	地砖	1241		
LQ-010	J商品	D16仓库	漆	[illegible]		
LQ-011	K商品	302仓库	地砖	[illegible]		
LQ-012	L商品	B14仓库	木工板	1445		
LQ-013	M商品	302仓库	吊顶	1462		
LQ-014	N商品	101仓库	漆	1581		
LQ-015	O商品	D16仓库	地砖	1530		
LQ-016	P商品	B14仓库	木工板	1428		
LQ-017	Q商品	D16仓库	吊顶	1394		
LQ-018	R商品	101仓库	吊顶	1411		
LQ-019	S商品	D16仓库	漆	986		
LQ-020	T商品	302仓库	地砖	1088		
LQ-021	U商品	B14仓库	木工板	1224		

图6.85 输入名称、集货地点等数据

3 在F3:F23单元格区域中输入各商品的单价，将单价数据的类型设置为货币型数据，仅显示1位小数，如图6.86所示。

4 选择G3单元格，在其编辑栏中输入公式“=E3*F3”，表示“金额=数量×单价”，如图6.87所示。

编号	商品名称	集货地点	类别	数量	单价	金额
LQ-001	A商品	101仓库	木工板	1309	¥57.6	
LQ-002	B商品	B14仓库	漆		¥58.8	
LQ-003	C商品	B14仓库	地砖		33.5	
LQ-004	D商品	101仓库	漆		38.2	
LQ-005	E商品	302仓库	地砖	1190	¥51.2	
LQ-006	F商品	B14仓库	吊顶	1496	¥47.1	
LQ-007	G商品	D16仓库	木工板	1326	¥32.9	
LQ-008	H商品	302仓库	吊顶	986	¥50.0	
LQ-009	I商品	101仓库	地砖	1241	¥37.1	
LQ-010	J商品	D16仓库	漆		¥48.8	
LQ-011	K商品	302仓库	地砖		.0	
LQ-012	L商品	B14仓库	木工板		.0	
LQ-013	M商品	302仓库	吊顶	1462	¥52.4	
LQ-014	N商品	101仓库	漆	1581	¥41.8	
LQ-015	O商品	D16仓库	地砖	1530	¥58.2	
LQ-016	P商品	B14仓库	木工板	1428	¥54.1	
LQ-017	Q商品	D16仓库	吊顶	1394	¥51.8	

图6.86 输入并设置单价

IF =E3*F3

商品名称	集货地点	类别	数量	单价	金额
A商品	101仓库	木工板	1309	¥57.6	=E3*F3
B商品	B14仓库	漆	918	¥58.8	
C商品	B14仓库	地砖	1037	¥33.	
D商品	101仓库	漆	867	¥38.	
E商品	302仓库	地砖	1190	¥51.2	
F商品	B14仓库	吊顶	1496	¥47.1	
G商品	D16仓库	木工板	1326	¥32.9	
H商品	302仓库	吊顶	986	¥50.0	
I商品	101仓库	地砖	1241	¥37.1	
J商品	D16仓库	漆	1343	¥48.8	
K商品	302仓库	地砖	1071	¥40.0	
L商品	B14仓库	木工板	1445	¥50.0	
M商品	302仓库	吊顶	1462	¥52.4	
N商品	101仓库	漆	1581	¥41.8	
O商品	D16仓库	地砖	1530	¥58.2	

图6.87 输入公式

5 按【Ctrl+Enter】键返回A商品的金额，将G3单元格中的公式向下填充至G23单元格，得到其他商品的金额数据，如图6.88所示。

6 同时选择G3:G23单元格区域，将其中的数据类型设置为货币型数据，仅显示1位小数，如图6.89所示。

G3 =E3*F3

商品名称	集货地点	类别	数量	单价	金额
A商品	101仓库	木工板	1309	¥57.6	75460
B商品	B14仓库	漆	918	¥58.8	54000
C商品	B14仓库	地砖	1037	¥33.5	
D商品	101仓库	漆	867	¥38.2	
E商品	302仓库	地砖	1190	¥51.2	60900
F商品	B14仓库	吊顶	1496	¥47.1	70400
G商品	D16仓库	木工板	1326	¥32	
H商品	302仓库	吊顶	986	¥50	
I商品	101仓库	地砖	1241	¥37.1	459
J商品	D16仓库	漆	1343	¥48.8	65570
K商品	302仓库	地砖	1071	¥40.0	42840
L商品	B14仓库	木工板	1445	¥50.0	72250
M商品	302仓库	吊顶	1462	¥52.4	76540
N商品	101仓库	漆	1581	¥41.8	66030

图6.88 计算并填充公式

G3 =E3*F3

商品名称	集货地点	类别	数量	单价	金额
A商品	101仓库	木工板	1309	¥57.6	¥75,460.0
B商品	B14仓库	漆	918	¥58.8	¥54,000.0
C商品	B14仓库	地砖	1037	¥33.5	¥34,770.0
D商品	101仓库	漆	867	¥38.2	¥33,150.0
E商品	302仓库	地砖	1190	¥51.2	¥6 ,900.0
F商品	B14仓库	吊顶	1496	¥47.1	
G商品	D16仓库	木工板	1326	¥32.9	
H商品	302仓库	吊顶	986	¥50.0	,300.0
I商品	101仓库	地砖	1241	¥37.1	¥45,990.0
J商品	D16仓库	漆	1343	¥48.8	¥65,570.0
K商品	302仓库	地砖	1071	¥40.0	¥42,840.0
L商品	B14仓库	木工板	1445	¥50.0	¥72,250.0
M商品	302仓库	吊顶	1462	¥52.4	¥76,540.0
N商品	101仓库	漆	1581	¥41.8	¥66,030.0

图6.89 设置数据类型

7 依次在H3:H23单元格区域中输入各商品集货负责人的姓名文本，如图6.90所示。

集货信息表

集货地点	类别	数量	单价	金额	负责人
101仓库	木工板	1309	¥57.6	¥75,460.0	李辉
B14仓库	漆	918	¥58.8	¥54,000.0	张正伟
B14仓库	地砖	1037	¥33.5	¥34,770.0	邓龙
101仓库	漆	867	¥38.2	¥33,150.0	李辉
302仓库	地砖	1190	¥51.2	¥60,900.0	邓龙
B14仓库	吊顶	1496	¥47.1	¥70,400.0	张正伟
D16仓库	木工板	1326	¥32.9	¥43,680.0	李辉
302仓库	吊顶	986	¥50.0	¥49,300.0	邓龙
101仓库	地砖	1241	¥37.1	¥45,990.0	
D16仓库	漆	1343	¥48.8	¥65,570.0	
302仓库	地砖	1071	¥40.0	¥42,840.0	
B14仓库	木工板	1445	¥50.0	¥72,250.0	白世伦
302仓库	吊顶	1462	¥52.4	¥76,540.0	李辉
101仓库	漆	1581	¥41.8	¥66,030.0	白世伦
D16仓库	地砖	1530	¥58.2	¥89,100.0	张正伟
B14仓库	木工板	1428	¥54.1	¥77,280.0	邓龙

图6.90 输入负责人姓名

6.3.2 引用单元格数据

下面将利用“集货”工作表中的数据，完善并汇总“配货”工作表中各商品对应的配货信息，其具体操作如下。

1 在“集货”工作表中选择A3:D23单元格区域，按【Ctrl+C】键将其复制到剪贴板中，如图6.91所示。

2 切换到“配货”工作表，选择A3单元格，按【Ctrl+V】键将剪贴板中的数据粘贴进来，此时粘贴的区域将自动匹配选择的单元格区域，如图6.92所示。

××企业商品集货信息表

编号	商品名称	集货地点	类别	数量	单价	金额
LQ-001	A商品	101仓库	木工板	1309	¥57.6	¥75,460.0
LQ-002	B商品	B14仓库	漆	918	¥58.8	¥54,000.0
LQ-003	C商品	B14仓库	地砖	1037	¥33.5	¥34,770.0
LQ-004	D商品	101仓库	漆	867	¥38.2	¥33,150.0
LQ-005	E商品	302仓库	地砖	1190	¥51.2	¥60,900.0
LQ-006	F商品	B14仓库	吊顶	1496	¥47.1	¥70,400.0
LQ-007	G商品	D16仓库	木工板	1326	¥32.9	¥43,680.0
LQ-008	H商品	302仓库	吊顶	986	¥50.0	¥49,300.0
LQ-009	I商品	101仓库	地砖	1241	¥37.1	¥45,990.0
LQ-010	J商品	D16仓库	[illegible]	1343	¥48.8	¥65,570.0
LQ-011	K商品	302仓库	[illegible]	1071	¥40.0	¥42,840.0
LQ-012	L商品	B14仓库	[illegible]	1445	¥50.0	¥72,250.0
LQ-013	M商品	302仓库	吊顶	1462	¥52.4	¥76,540.0
LQ-014	N商品	101仓库	漆	1581	¥41.8	¥66,030.0
LQ-015	O商品	D16仓库	地砖	1530	¥58.2	¥89,100.0
LQ-016	P商品	B14仓库	木工板	1428	¥54.1	¥77,280.0
LQ-017	Q商品	D16仓库	吊顶	1394	¥51.8	¥72,160.0
LQ-018	R商品	101仓库	吊顶	1411	¥47.1	¥66,400.0
LQ-019	S商品	D16仓库	漆	986	¥34.7	¥34,220.0

复制

图6.91 复制单元格区域

LQ-001	A商品	101仓库	木工板		
LQ-002	B商品	B14仓库	漆		
LQ-003	C商品	B14仓库	地砖		
LQ-004	D商品	101仓库	漆		
LQ-005	E商品	302仓库	地砖		
LQ-006	F商品	B14仓库	吊顶		
LQ-007	G商品	D16仓库	木工板		
LQ-008	H商品	302仓库	吊顶		
LQ-009	I商品	101仓库	地砖		
LQ-010	J商品	D16仓库	漆		
LQ-011	K商品	302仓库	地砖		
LQ-012	L商品	B14仓库	木工板		
LQ-013	M商品	302仓库	吊顶		
LQ-014	N商品	101仓库	漆		
LQ-015	O商品	D16仓库	地砖		
LQ-016	P商品	B14仓库	木工板		
LQ-017	Q商品	D16仓库	吊顶		
LQ-018	R商品	101仓库	吊顶		
LQ-019	[illegible]	[illegible]	漆		
LQ-020	[illegible]	[illegible]	地砖		
LQ-021	[illegible]	B14仓库	木工板		

集货 配货 配送 查询

❶ 单击

❷ 粘贴

图6.92 粘贴单元格区域

3 选择E3单元格，在其编辑栏中输入“=”，准备引用“集货”工作表中的数据，如图6.93所示。

4 切换到“集货”工作表，选择G3单元格，将其地址引用到输入的等号后面，如图6.94所示。

IF =

	A	B	C	D	E	F
2	编号	商品名称	[illegible]	类别	金额	人工费
3	LQ-001	A商品	[illegible]	木工板	=	
4	LQ-002	B商品	[illegible]	漆		
5	LQ-003	C商品	B14仓库	地砖		
6	LQ-004	D商品	101仓库	漆		
7	LQ-005	E商品	302仓库	地砖		
8	LQ-006	F商品	B14仓库	吊顶		
9	LQ-007	G商品	D16仓库	木工板		
10	LQ-008	H商品	302仓库	吊顶		
11	LQ-009	I商品	101仓库	地砖		
12	LQ-010	J商品	D16仓库	漆		
13	LQ-011	K商品	302仓库	地砖		
14	LQ-012	L商品	B14仓库	木工板		
15	LQ-013	M商品	302仓库	吊顶		
16	LQ-014	N商品	101仓库	漆		
17	LQ-015	O商品	D16仓库	地砖		
18	LQ-016	P商品	B14仓库	木工板		
19	LQ-017	Q商品	D16仓库	吊顶		
20	LQ-018	R商品	101仓库	吊顶		
21	LQ-019	S商品	D16仓库	漆		
22	LQ-020	T商品	302仓库	地砖		

输入

图6.93 输入等号

IF =集货!G3

	B	C	D	E	F	G
2	商品名称	集货地点	类别	数量	单价	金额
3	A商品	101仓库	木工板	1309	¥57.6	¥75,460.0
4	B商品	B14仓库	漆	918	¥58.8	[illegible]
5	C商品	B14仓库	地砖	1037	¥33.5	[illegible]
6	D商品	101仓库	漆	867	¥38.2	[illegible]
7	E商品	302仓库	地砖	1190	¥51.2	[illegible]
8	F商品	B14仓库	吊顶	1496	¥47.1	¥70,400.0
9	G商品	D16仓库	木工板	1326	¥32.9	¥43,680.0
10	H商品	302仓库	吊顶	986	¥50.0	¥49,300.0
11	I商品	101仓库	地砖	1241	¥37.1	¥45,990.0
12	J商品	D16仓库	漆	1343	¥48.8	¥65,570.0
13	K商品	302仓库	地砖	1071	¥40.0	¥42,840.0
14	L商品	B14仓库	木工板	1445	¥50.0	¥72,250.0
15	M商品	302仓库	吊顶	1462	¥52.4	¥76,540.0
16	N商品	101仓库	漆	1581	¥41.8	¥66,030.0
17	O商品	D16仓库	地砖	1530	¥58.2	¥89,100.0
18	P商品	B14仓库	木工板	1428	¥54.1	¥77,280.0
19	Q商品	D16仓库	吊顶	1394	¥51.8	¥72,160.0
20	R商品	101仓库	吊顶	1411	¥47.1	¥66,400.0

选择

图6.94 引用单元格地址

5 按【Ctrl+Enter】键完成对“集货”工作表中商品金额数据的引用工作，如图6.95所示。

6 将E3单元格中的公式向下填充至E23单元格，得到其他商品的金额数据，如图6.96所示。

E3 =集货!G3

	A	B	C	D	E	F
2	编号	商品名称	集货地点	类别	金额	人工费
3	LQ-001	A商品	101仓库	木工板	¥75,460.0	
4	LQ-002	B商品	B14仓库	漆		
5	LQ-003	C商品	B14仓库	地砖		
6	LQ-004	D商品	101仓库	漆		
7	LQ-005	E商品	302仓库	地砖		
8	LQ-006	F商品	B14仓库	吊顶		
9	LQ-007	G商品	D16仓库	木工板		
10	LQ-008	H商品	302仓库	吊顶		
11	LQ-009	I商品	101仓库	地砖		
12	LQ-010	J商品	D16仓库	漆		
13	LQ-011	K商品	302仓库	地砖		
14	LQ-012	L商品	B14仓库	木工板		
15	LQ-013	M商品	302仓库	吊顶		
16	LQ-014	N商品	101仓库	漆		
17	LQ-015	O商品	D16仓库	地砖		
18	LQ-016	P商品	B14仓库	木工板		
19	LQ-017	Q商品	D16仓库	吊顶		
20	LQ-018	R商品	101仓库	吊顶		

引用

图6.95 确认引用

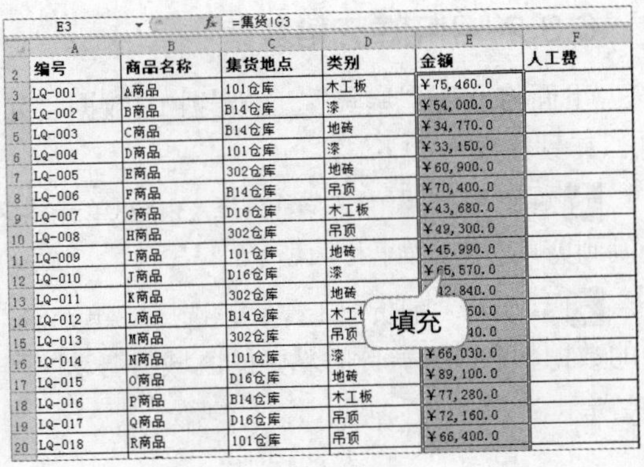

E3 =集货!G3

	A	B	C	D	E	F
2	编号	商品名称	集货地点	类别	金额	人工费
3	LQ-001	A商品	101仓库	木工板	¥75,460.0	
4	LQ-002	B商品	B14仓库	漆	¥54,000.0	
5	LQ-003	C商品	B14仓库	地砖	¥34,770.0	
6	LQ-004	D商品	101仓库	漆	¥33,150.0	
7	LQ-005	E商品	302仓库	地砖	¥60,900.0	
8	LQ-006	F商品	B14仓库	吊顶	¥70,400.0	
9	LQ-007	G商品	D16仓库	木工板	¥43,680.0	
10	LQ-008	H商品	302仓库	吊顶	¥49,300.0	
11	LQ-009	I商品	101仓库	地砖	¥45,990.0	
12	LQ-010	J商品	D16仓库	漆	¥65,570.0	
13	LQ-011	K商品	302仓库	地砖	42,840.0	
14	LQ-012	L商品	B14仓库	木工	50.0	
15	LQ-013	M商品	302仓库	吊顶	40.0	
16	LQ-014	N商品	101仓库	漆	¥66,030.0	
17	LQ-015	O商品	D16仓库	地砖	¥89,100.0	
18	LQ-016	P商品	B14仓库	木工板	¥77,280.0	
19	LQ-017	Q商品	D16仓库	吊顶	¥72,160.0	
20	LQ-018	R商品	101仓库	吊顶	¥66,400.0	

填充

图6.96 填充公式

7 选择F3单元格，在编辑栏中输入“=E3*5%”，表示商品的人工费等于其金额的5%，如图6.97所示。

8 按【Ctrl+Enter】键得到计算的结果，将F3单元格中的公式向下一直填充至F23单元格，得到其他商品的人工费数据，如图6.98所示。

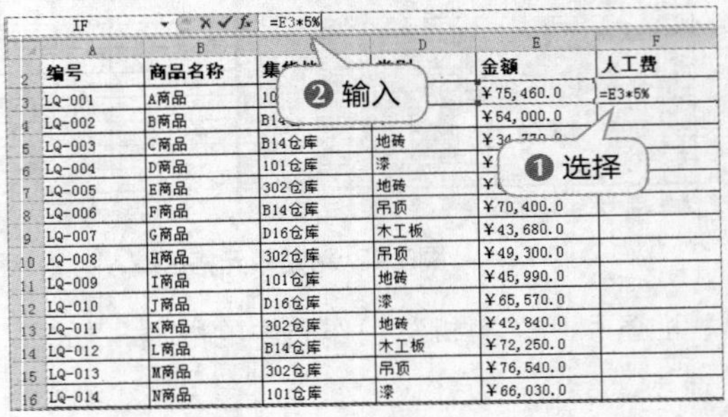

IF =E3*5%

	A	B	C	D	E	F
2	编号	商品名称	集		金额	人工费
3	LQ-001	A商品	10		¥75,460.0	=E3*5%
4	LQ-002	B商品	B14		¥54,000.0	
5	LQ-003	C商品	B14仓库	地砖	¥34	
6	LQ-004	D商品	101仓库	漆	¥	
7	LQ-005	E商品	302仓库	地砖	¥	
8	LQ-006	F商品	B14仓库	吊顶	¥70,400.0	
9	LQ-007	G商品	D16仓库	木工板	¥43,680.0	
10	LQ-008	H商品	302仓库	吊顶	¥49,300.0	
11	LQ-009	I商品	101仓库	地砖	¥45,990.0	
12	LQ-010	J商品	D16仓库	漆	¥65,570.0	
13	LQ-011	K商品	302仓库	地砖	¥42,840.0	
14	LQ-012	L商品	B14仓库	木工板	¥72,250.0	
15	LQ-013	M商品	302仓库	吊顶	¥76,540.0	
16	LQ-014	N商品	101仓库	漆	¥66,030.0	

❷ 输入
❶ 选择

图6.97 计算人工费参数

3	LQ-001	A商品	101仓库	木工板	¥75,460.0	¥3,773.0
4	LQ-002	B商品	B14仓库	漆	¥54,000.0	¥2,700.0
5	LQ-003	C商品	B14仓库	地砖	¥34,770.0	¥1,738.5
6	LQ-004	D商品	101仓库	漆	¥33,150.0	¥1,657.5
7	LQ-005	E商品	302仓库	地砖	¥60,900.0	¥3,045.0
8	LQ-006	F商品	B14仓库	吊顶	¥70,400.0	¥3,520.0
9	LQ-007	G商品	D16仓库	木工板	¥43,680.0	¥2,184.0
10	LQ-008	H商品	302仓库	吊顶	¥49,300.0	¥2,465.0
11	LQ-009	I商品	101仓库	地砖	¥45,990.0	¥2,299.5
12	LQ-010	J商品	D16仓库	漆	¥65,570.0	¥3,278.5
13	LQ-011	K商品	302仓库	地砖	¥42,840.0	¥2,142.0
14	LQ-012	L商品	B14仓库	木工板	¥72,250.0	¥3,612.5
15	LQ-013	M商品	302仓库	吊顶	¥76,540.0	827.0
16	LQ-014	N商品	101仓库	漆	¥66,030	.5
17	LQ-015	O商品	D16仓库	地砖	¥89,10	
18	LQ-016	P商品	B14仓库	木工板	¥77,28	.0
19	LQ-017	Q商品	D16仓库	吊顶	¥72,160.0	¥3,608.0

填充

图6.98 计算并填充公式

9 在G3:G23单元格区域中输入各商品对应的客户姓名，如图6.99所示。

10 在H3单元格的编辑栏中输入嵌套IF()函数“=IF(G3="刘宇","成都",IF(G3="孙茂","重庆",IF(G3="朱海军","北京",IF(G3="陈琴","上海",IF(G3="龙科","广州","杭州")))))”，表示客户所在地的内容可以根据客户姓名进行判断，如图6.100所示。

商品名称	集货地点	类别	金额	人工费	客户
A商品	101仓库	木工板	¥75,460.0	¥3,773.0	刘宇
B商品	B14仓库	漆	¥54,000.0	¥2,700.0	孙茂
C商品	B14仓库	地砖	¥34,770.0	¥1,738.5	朱海军
D商品	101仓库	漆	¥33,150.0	¥1,657.5	陈琴
E商品	302仓库	地砖	¥60,900.0	¥3,045.0	龙科
F商品	B14仓库	吊顶	¥70,400.0	¥3,520.0	孙茂
G商品	D16仓库	木工板	¥43,680.0	¥2,184.0	冯婷婷
H商品	302仓库	吊顶	¥49,300.0	¥2,465.0	朱海军
I商品	101仓库	地砖	¥45,990.0	¥2,299.5	冯婷婷
J商品	D16仓库	漆	¥65,570.0	¥3,278.5	龙科
K商品	302仓库	地砖	¥42,840.0	¥2,142.0	冯婷婷
L商品	B14仓库	木工板	¥72,250.0	¥3,612.5	刘宇
M商品	302仓库	吊顶	¥76,540.0	¥3,827.0	孙茂
N商品	101仓库	漆	¥66,030.0	¥3,30	
O商品	D16仓库	地砖	¥89,100.0	¥4,45	军
P商品	B14仓库	木工板	¥77,280.0	¥3,864.0	刘宇
Q商品	D16仓库	吊顶	¥72,160.0	¥3,608.0	冯婷婷
R商品	101仓库	吊顶	¥66,400.0	¥3,320.0	陈琴

输入

图6.99 输入客户姓名

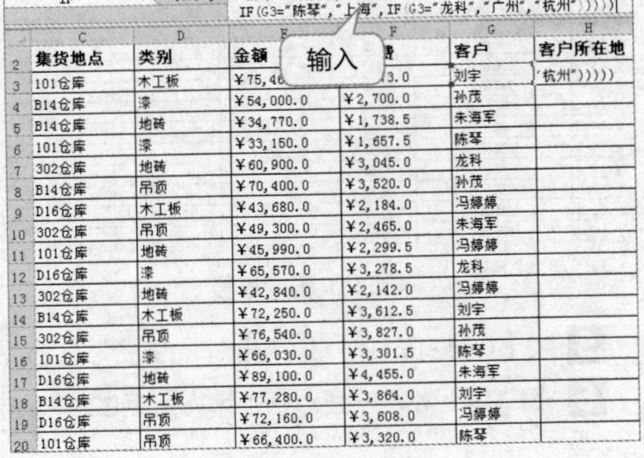

IF =IF(G3="刘宇","成都",IF(G3="孙茂","重庆",IF(G3="朱海军","北京",IF(G3="陈琴","上海",IF(G3="龙科","广州","杭州")))))

	C	D	E	F	G	H
2	集货地点	类别	金额	费	客户	客户所在地
3	101仓库	木工板	¥75,46	3.0	刘宇	"杭州")))))
4	B14仓库	漆	¥54,000.0	¥2,700.0	孙茂	
5	B14仓库	地砖	¥34,770.0	¥1,738.5	朱海军	
6	101仓库	漆	¥33,150.0	¥1,657.5	陈琴	
7	302仓库	地砖	¥60,900.0	¥3,045.0	龙科	
8	B14仓库	吊顶	¥70,400.0	¥3,520.0	孙茂	
9	D16仓库	木工板	¥43,680.0	¥2,184.0	冯婷婷	
10	302仓库	吊顶	¥49,300.0	¥2,465.0	朱海军	
11	101仓库	地砖	¥45,990.0	¥2,299.5	冯婷婷	
12	D16仓库	漆	¥65,570.0	¥3,278.5	龙科	
13	302仓库	地砖	¥42,840.0	¥2,142.0	冯婷婷	
14	B14仓库	木工板	¥72,250.0	¥3,612.5	刘宇	
15	302仓库	吊顶	¥76,540.0	¥3,827.0	孙茂	
16	101仓库	漆	¥66,030.0	¥3,301.5	陈琴	
17	D16仓库	地砖	¥89,100.0	¥4,455.0	朱海军	
18	B14仓库	木工板	¥77,280.0	¥3,864.0	刘宇	
19	D16仓库	吊顶	¥72,160.0	¥3,608.0	冯婷婷	
20	101仓库	吊顶	¥66,400.0	¥3,320.0	陈琴	

输入

图6.100 输入函数

11 按【Ctrl+Enter】键，并将H3单元格中的函数向下一直填充至H23单元格，得到所有客户所在地的数据，如图6.101所示。

12 在I3单元格的编辑栏中输入嵌套IF()函数“=IF(G3="刘宇","028-8756****",IF(G3="孙茂","023-6879****",IF(G3="朱海军","010-6879****",IF(G3="陈琴","021-9787****",IF(G3="龙科","020-9874****","0571-8764****")))))”，表示客户联系方式的内容可以根据客户姓名进行判断，如图6.102所示。

H3 =IF(G3="刘宇","成都",IF(G3="孙茂","重庆",IF(G3="朱海军
IF(G3="陈琴","上海",IF(G3="龙科","广州","杭州")))))

	C	D	E	F	G	H
2	集货地点	类别	金额	人工费	客户	客户所在地
3	101仓库	木工板	¥75,460.0	¥3,773.0	刘宇	成都
4	B14仓库	漆	¥54,000.0	¥2,700.0	孙茂	重庆
5	B14仓库	地砖	¥34,770.0	¥1,738.5	朱海军	北京
6	101仓库	漆	¥33,150.0	¥1,657.5	陈琴	上海
7	302仓库	地砖	¥60,900.0	¥3,045.0	龙科	广州
8	B14仓库	吊顶	¥70,400.0	¥3,520.0	孙茂	重庆
9	D16仓库	木工板	¥43,680.0	¥2,184.0	冯婷婷	杭州
10	302仓库	吊顶	¥49,300.0	¥2,465.0	朱海军	北京
11	101仓库	地砖	¥45,990.0	¥2,299.5	冯婷婷	杭州
12	D16仓库	漆	¥65,570.0	¥3,278.5	龙科	广州
13	302仓库	地砖	¥42,840.0	¥2,142.0	冯婷婷	杭州
14	B14仓库	木工板	¥72,250.0	¥3,612.5	刘宇	
15	302仓库	吊顶	¥76,540.0	¥3,827.0	孙茂	
16	101仓库	漆	¥66,030.0	¥3,301.5	陈琴	
17	D16仓库	地砖	¥89,100.0	¥4,455.0	朱海军	北京
18	B14仓库	木工板	¥77,280.0	¥3,864.0	刘宇	成都
19	D16仓库	吊顶	¥72,160.0	¥3,608.0	冯婷婷	杭州
20	101仓库	吊顶	¥66,400.0	¥3,320.0	陈琴	上海

填充

图6.101 返回客户所在地数据

=IF(G3="刘宇","028-8756****",IF(G3="孙茂","023-6879****",
IF(G3="朱海军","010-6879****",IF(G3="陈琴","021-9787****",
IF(G3="龙科","020-9874****","0571-8764****")))))

D	E	F	G	H	I
类别	金额		客户	客户所在地	联系电话
木工板	¥75,460.		刘宇	成都	4****")))))
漆	¥54,000.0		孙茂	重庆	
地砖	¥34,770.0	¥1,738.5	朱海军	北京	
漆	¥33,150.0	¥1,657.5	陈琴	上海	
地砖	¥60,900.0	¥3,045.0	龙科	广州	
吊顶	¥70,400.0	¥3,520.0	孙茂	重庆	
木工板	¥43,680.0	¥2,184.0	冯婷婷	杭州	
吊顶	¥49,300.0	¥2,465.0	朱海军	北京	
地砖	¥45,990.0	¥2,299.5	冯婷婷	杭州	
漆	¥65,570.0	¥3,278.5	龙科	广州	
地砖	¥42,840.0	¥2,142.0	冯婷婷	杭州	
木工板	¥72,250.0	¥3,612.5	刘宇	成都	
吊顶	¥76,540.0	¥3,827.0	孙茂	重庆	
漆	¥66,030.0	¥3,301.5	陈琴	上海	
地砖	¥89,100.0	¥4,455.0	朱海军	北京	
木工板	¥77,280.0	¥3,864.0	刘宇	成都	
吊顶	¥72,160.0	¥3,608.0	冯婷婷	杭州	

输入

图6.102 输入函数

13 按【Ctrl+Enter】键，并将I3单元格中的函数向下一直填充至I23单元格，得到所有客户的联系方式，如图6.103所示。

=IF(G3="刘宇","028-8756****",IF(G3="孙茂","023-6879****",
IF(G3="朱海军","010-6879****",IF(G3="陈琴","021-9787****",
IF(G3="龙科","020-9874****","0571-8764****")))))

D	E	F	G	H	I
类别	金额	人工费	客户	客户所在地	联系电话
木工板	¥75,460.0	¥3,773.0	刘宇	成都	028-8756****
漆	¥54,000.0	¥2,700.0	孙茂	重庆	023-6879****
地砖	¥34,770.0	¥1,738.5	朱海军	北京	010-6879****
漆	¥33,150.0	¥1,657.5	陈琴	上海	021-9787****
地砖	¥60,900.0	¥3,045.0	龙科	广州	020-9874****
吊顶	¥70,400.0	¥3,520.0	孙茂	重庆	023-6879****
木工板	¥43,680.0	¥2,184.0	冯婷婷	杭州	0571-8764****
吊顶	¥49,300.0	¥2,465.0	朱海军	北京	010-6879****
地砖	¥45,990.0	¥2,299.5	冯婷婷	杭州	71-8764****
漆	¥65,570.0	¥3,278.5	龙科	广州	9874****
地砖	¥42,840.0	¥2,142.0	冯婷婷	杭州	8764****
木工板	¥72,250.0	¥3,612.5	刘宇	成都	756****
吊顶	¥76,540.0	¥3,827.0	孙茂	重庆	023-6879****
漆	¥66,030.0	¥3,301.5	陈琴	上海	021-9787****
地砖	¥89,100.0	¥4,455.0	朱海军	北京	010-6879****
木工板	¥77,280.0	¥3,864.0	刘宇	成都	028-8756****

填充

图6.103 返回客户联系方式数据

6.3.3 函数的嵌套

下面继续在“配送”工作表中按照相似的方法完善其中的数据，其具体操作如下。

1 将“集货”工作表中A3:D23单元格区域中的数据复制到“配送”工作表中相应的单元格区域，如图6.104所示。

2 在E3单元格的编辑栏中输入嵌套IF()函数“=IF(配货!H3="成都","天美意快运",IF(配货!H3="重庆","捷豹专线",IF(配货!H3="北京

"，" 中发速递 " ,IF(配货!H3= " 上海 " , " 神州配送中心 " ,IF(配货!H3= " 广州 " , " 中华运输 " , " 长城专线 ")))))”，表示货站名称根据客户所在地进行判断，其中注意IF()函数中的判断条件是引用的“配货”工作表中客户所在地的数据，如图6.105所示。

××企业商品配送信息表

编号	商品名称	集货地点	类别	货站名称	途经地点
LQ-001	A商品	101仓库	木工板		
LQ-002	B商品	B14仓库	漆		
LQ-003	C商品	B14仓库	地砖		
LQ-004	D商品	101仓库	漆		
LQ-005	E商品	302仓库	地砖		
LQ-006	F商品	B14仓库	吊顶		
LQ-007	G商品	D16仓库	木工板		
LQ-008	H商品	302仓库	吊顶		
LQ-009	I商品	101仓库	地砖		
LQ-010	J商品	D16仓库	漆		
LQ-011	K商品	302仓库	地砖		
LQ-012	L商品	B14仓库	木工板		
LQ-013	M商品	302仓库	吊顶		
LQ-014	N商品	101仓库	漆		
LQ-015	O商品	D16仓库	地砖		
LQ-016	P商品	[illegible]	[illegible]		
LQ-017	Q商品	[illegible]	[illegible]		
LQ-018	R商品	[illegible]	[illegible]		
LQ-019	S商品	D16仓库	漆		
LQ-020	T商品	302仓库	地砖		

复制

图6.104 复制数据

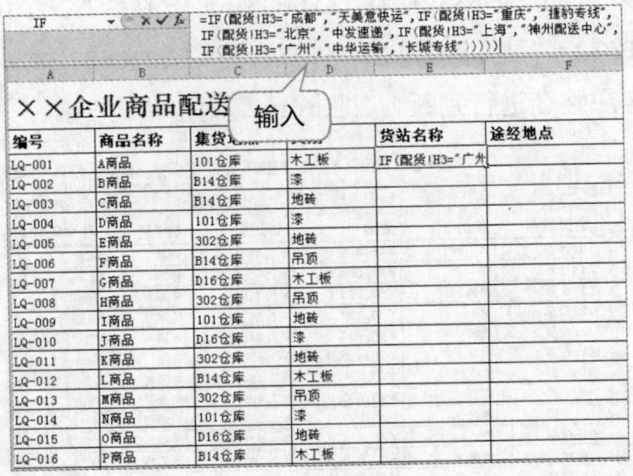

=IF(配货!H3="成都","天美意快运",IF(配货!H3="重庆","捷豹专线",IF(配货!H3="北京","中发速递",IF(配货!H3="上海","神州配送中心",IF(配货!H3="广州","中华运输","长城专线")))))

××企业商品配送信息表

编号	商品名称	集货地点	类别	货站名称	途经地点
LQ-001	A商品	101仓库	木工板	IF(配货!H3="广州	
LQ-002	B商品	B14仓库	漆		
LQ-003	C商品	B14仓库	地砖		
LQ-004	D商品	101仓库	漆		
LQ-005	E商品	302仓库	地砖		
LQ-006	F商品	B14仓库	吊顶		
LQ-007	G商品	D16仓库	木工板		
LQ-008	H商品	302仓库	吊顶		
LQ-009	I商品	101仓库	地砖		
LQ-010	J商品	D16仓库	漆		
LQ-011	K商品	302仓库	地砖		
LQ-012	L商品	B14仓库	木工板		
LQ-013	M商品	302仓库	吊顶		
LQ-014	N商品	101仓库	漆		
LQ-015	O商品	D16仓库	地砖		
LQ-016	P商品	B14仓库	木工板		

输入

图6.105 输入函数

3 按【Ctrl+Enter】键，并将E3单元格中的函数向下一直填充至E23单元格，得到所有商品需要发货的货站名称，如图6.106所示。

4 在F3单元格的编辑栏中输入嵌套IF()函数“=IF(E3= " 天美意快运 " , " 郑州→西安→成都 " ,IF(E3= " 捷豹专线 " , " 郑州→武汉→长沙→重庆 " ,IF(E3= " 中发速递 " , " 郑州→石家庄→北京 " ,IF(E3= " 神州配送中心 " , " 郑州→合肥→南京→上海 " ,IF(E3= " 中华运输 " , " 郑州→武汉→南昌→广州 " , " 郑州→周口→巢湖→杭州 ")))))”，表示途径地点根据不同货站进行判断，如图6.107所示。

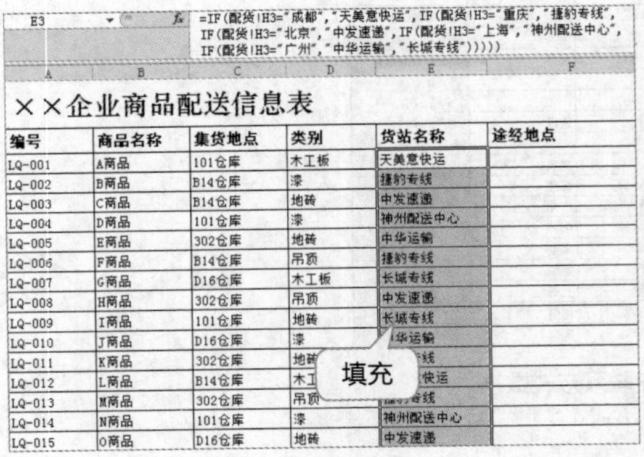

=IF(配货!H3="成都","天美意快运",IF(配货!H3="重庆","捷豹专线",IF(配货!H3="北京","中发速递",IF(配货!H3="上海","神州配送中心",IF(配货!H3="广州","中华运输","长城专线")))))

××企业商品配送信息表

编号	商品名称	集货地点	类别	货站名称	途经地点
LQ-001	A商品	101仓库	木工板	天美意快运	
LQ-002	B商品	B14仓库	漆	捷豹专线	
LQ-003	C商品	B14仓库	地砖	中发速递	
LQ-004	D商品	101仓库	漆	神州配送中心	
LQ-005	E商品	302仓库	地砖	中华运输	
LQ-006	F商品	B14仓库	吊顶	捷豹专线	
LQ-007	G商品	D16仓库	木工板	长城专线	
LQ-008	H商品	302仓库	吊顶	中发速递	
LQ-009	I商品	101仓库	地砖	长城专线	
LQ-010	J商品	D16仓库	漆	[illegible]	
LQ-011	K商品	302仓库	[illegible]	[illegible]	
LQ-012	L商品	B14仓库	[illegible]	[illegible]	
LQ-013	M商品	302仓库	吊顶	[illegible]	
LQ-014	N商品	101仓库	漆	神州配送中心	
LQ-015	O商品	D16仓库	地砖	中发速递	

填充

图6.106 返回货站名称数据

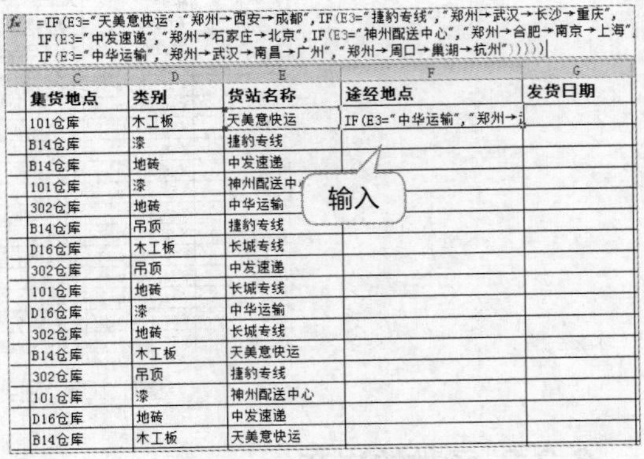

=IF(E3="天美意快运","郑州→西安→成都",IF(E3="捷豹专线","郑州→武汉→长沙→重庆",IF(E3="中发速递","郑州→石家庄→北京",IF(E3="神州配送中心","郑州→合肥→南京→上海",IF(E3="中华运输","郑州→武汉→南昌→广州","郑州→周口→巢湖→杭州")))))

集货地点	类别	货站名称	途经地点	发货日期
101仓库	木工板	天美意快运	IF(E3="中华运输","郑州→	
B14仓库	漆	捷豹专线		
B14仓库	地砖	中发速递		
101仓库	漆	神州配送中心		
302仓库	地砖	中华运输		
B14仓库	吊顶	捷豹专线		
D16仓库	木工板	长城专线		
302仓库	吊顶	中发速递		
101仓库	地砖	长城专线		
D16仓库	漆	中华运输		
302仓库	地砖	长城专线		
B14仓库	木工板	天美意快运		
302仓库	吊顶	捷豹专线		
101仓库	漆	神州配送中心		
D16仓库	地砖	中发速递		
B14仓库	木工板	天美意快运		

输入

图6.107 输入函数

5 按【Ctrl+Enter】键，并将F3单元格中的函数向下填充至F23单元格，得到所有商品运输时的途径地点数据，如图6.108所示。

6 在G3:G23单元格区域中输入各商品的发货日期数据，将输入的数据设置为日期类型，如图6.109所示。

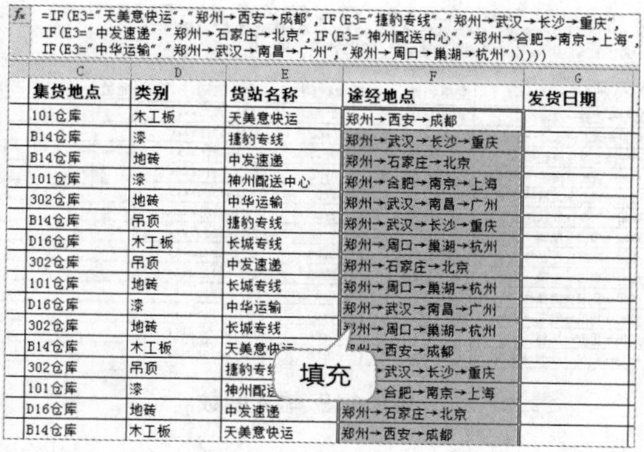

=IF(E3="天美意快运","郑州→西安→成都",IF(E3="捷豹专线","郑州→武汉→长沙→重庆",IF(E3="中发速递","郑州→石家庄→北京",IF(E3="神州配送中心","郑州→合肥→南京→上海",IF(E3="中华运输","郑州→武汉→南昌→广州","郑州→周口→巢湖→杭州")))))

集货地点	类别	货站名称	途经地点	发货日期
101仓库	木工板	天美意快运	郑州→西安→成都	
B14仓库	漆	捷豹专线	郑州→武汉→长沙→重庆	
B14仓库	地砖	中发速递	郑州→石家庄→北京	
101仓库	漆	神州配送中心	郑州→合肥→南京→上海	
302仓库	地砖	中华运输	郑州→武汉→南昌→广州	
B14仓库	吊顶	捷豹专线	郑州→武汉→长沙→重庆	
D16仓库	木工板	长城专线	郑州→周口→巢湖→杭州	
302仓库	吊顶	中发速递	郑州→石家庄→北京	
101仓库	地砖	长城专线	郑州→周口→巢湖→杭州	
D16仓库	漆	中华运输	郑州→武汉→南昌→广州	
302仓库	地砖	长城专线	郑州→周口→巢湖→杭州	
B14仓库	木工板	天美意快[illegible]	[illegible]→西安→成都	
302仓库	吊顶	捷豹专[illegible]	[illegible]武汉→长沙→重庆	
101仓库	漆	神州配[illegible]	[illegible]合肥→南京→上海	
D16仓库	地砖	中发速递	郑州→石家庄→北京	
B14仓库	木工板	天美意快运	郑州→西安→成都	

图6.108 返回途径地点数据

货站名称	途经地点	发货日期	发货时间	联系电话
天美意快运	郑州→西安→成都	2017-1-10		
捷豹专线	郑州→武汉→长沙→重庆	2017-1-12		
中发速递	郑州→石家庄→北京	2017-1-13		
神州配送中心	郑州→合肥→南京→上海	2017-1-12		
中华运输	郑州→武汉→南昌→广州	2017-1-13		
捷豹专线	郑州→武汉→长沙→重庆	2017-1-13		
长城专线	郑州→周口→巢湖→杭州	2017-1-[illegible]		
中发速递	郑州→石家庄→北京	[illegible]		
长城专线	郑州→周口→巢湖→杭[illegible]	[illegible]		
中华运输	郑州→武汉→南昌→广[illegible]	[illegible]		
长城专线	郑州→周口→巢湖→杭州	2017-1-13		
天美意快运	郑州→西安→成都	2017-1-12		
捷豹专线	郑州→武汉→长沙→重庆	2017-1-10		

图6.109 输入发货日期

7 在H3:H23单元格区域中输入各商品的发货时间数据，将输入的数据设置为时间类型，如图6.110所示。

8 在I3单元格的编辑栏中输入嵌套IF()函数“=IF(E3="天美意快运","0371-9785****",IF(E3="捷豹专线","0371-4755****",IF(E3="中发速递","0371-8876****",IF(E3="神州配送中心","0371-6473****",IF(E3="中华运输","0371-1380****","0371-9103****")))))”，表示货站联系电话根据货站名称进行判断，如图6.111所示。

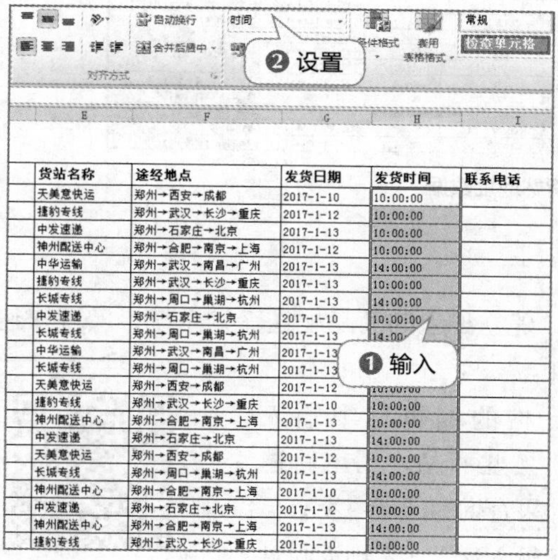

货站名称	途经地点	发货日期	发货时间	联系电话
天美意快运	郑州→西安→成都	2017-1-10	10:00:00	
捷豹专线	郑州→武汉→长沙→重庆	2017-1-12	10:00:00	
中发速递	郑州→石家庄→北京	2017-1-13	10:00:00	
神州配送中心	郑州→合肥→南京→上海	2017-1-12	10:00:00	
中华运输	郑州→武汉→南昌→广州	2017-1-13	14:00:00	
捷豹专线	郑州→武汉→长沙→重庆	2017-1-13	10:00:00	
长城专线	郑州→周口→巢湖→杭州	2017-1-13	14:00:00	
中发速递	郑州→石家庄→北京	2017-1-10	10:00:00	
长城专线	郑州→周口→巢湖→杭州	2017-1-13	14:00[illegible]	
中华运输	郑州→武汉→南昌→广州	2017-1-13	[illegible]	
长城专线	郑州→周口→巢湖→杭州	2017-1-13	[illegible]	
天美意快运	郑州→西安→成都	2017-1-12	[illegible]	
捷豹专线	郑州→武汉→长沙→重庆	2017-1-10	10:00:00	
神州配送中心	郑州→合肥→南京→上海	2017-1-13	10:00:00	
中发速递	郑州→石家庄→北京	2017-1-13	14:00:00	
天美意快运	郑州→西安→成都	2017-1-12	10:00:00	
长城专线	郑州→周口→巢湖→杭州	2017-1-13	14:00:00	
神州配送中心	郑州→合肥→南京→上海	2017-1-10	10:00:00	
中发速递	郑州→石家庄→北京	2017-1-12	10:00:00	
神州配送中心	郑州→合肥→南京→上海	2017-1-13	14:00:00	
捷豹专线	郑州→武汉→长沙→重庆	2017-1-10	10:00:00	

图6.110 输入发货时间

=IF(E3="天美意快运","0371-9785****",IF(E3="捷豹专线","0371-4755****",IF(E3="中发速递","0371-8876****",IF(E3="神州配送中心","0371-6473****",IF(E3="中华运输","0371-1380****","0371-9103****")))))

货站名称	途经地点	发货日期	发货时间	联系电话
天美意快运	郑[illegible]	2017-1-10	10:00:00	03****")))))
捷豹专线	郑州[illegible]重庆	2017-1-12	10:00:00	
中发速递	郑州→石家庄→北京	2017-1-13	10:00:00	
神州配送中心	郑州→合肥→南京→上海	2017-1-12	10:00:00	
中华运输	郑州→武汉→南昌→广州	2017-1-13	14:00:00	
捷豹专线	郑州→武汉→长沙→重庆	2017-1-13	10:00:00	
长城专线	郑州→周口→巢湖→杭州	2017-1-13	14:00:00	
中发速递	郑州→石家庄→北京	2017-1-10	10:00:00	
长城专线	郑州→周口→巢湖→杭州	2017-1-13	14:00:00	
中华运输	郑州→武汉→南昌→广州	2017-1-13	10:00:00	
长城专线	郑州→周口→巢湖→杭州	2017-1-13	10:00:00	
天美意快运	郑州→西安→成都	2017-1-12	10:00:00	
捷豹专线	郑州→武汉→长沙→重庆	2017-1-10	10:00:00	
神州配送中心	郑州→合肥→南京→上海	2017-1-13	10:00:00	
中发速递	郑州→石家庄→北京	2017-1-13	14:00:00	
天美意快运	郑州→西安→成都	2017-1-12	10:00:00	
长城专线	郑州→周口→巢湖→杭州	2017-1-13	14:00:00	
神州配送中心	郑州→合肥→南京→上海	2017-1-10	10:00:00	
中发速递	郑州→石家庄→北京	2017-1-12	10:00:00	
神州配送中心	郑州→合肥→南京→上海	2017-1-13	14:00:00	
捷豹专线	郑州→武汉→长沙→重庆	2017-1-10	10:00:00	

图6.111 输入函数

9 按【Ctrl+Enter】键，并将I3单元格中的函数向下一直填充至I23单元格，得到各货站的联系电话数据，如图6.112所示。

10 在J3单元格的编辑栏中输入嵌套IF()函数“=IF(E3="天美意快运","东大街5号",IF(E3="捷豹专线","凌惠路田丰大厦B栋18号",IF(E3="中发速递","解放西街88号",IF(E3="神州配送中心","曹门口1号",IF(E3="中华运输","五星南路8号","兴宏小区20栋一单元2号")))))”，表示货站地址根据货站名称进行判断，如图6.113所示。

=IF(E3="天美意快运","0371-9785****",IF(E3="捷豹专线","0371-4755****",
IF(E3="中发速递","0371-8876****",IF(E3="神州配送中心","0371-6473****",
IF(E3="中华运输","0371-1380****","0371-9103****")))))

货站名称	途经地点	发货日期	发货时间	联系电话
天美意快运	郑州→西安→成都	2017/1/10	10:00:00	0371-9785****
捷豹专线	郑州→武汉→长沙→重庆	2017/1/12	10:00:00	0371-4755****
中发速递	郑州→石家庄→北京	2017/1/13	10:00:00	0371-8876****
神州配送中心	郑州→合肥→南京→上海	2017/1/12	10:00:00	0371-6473****
中华运输	郑州→武汉→南昌→广州	2017/1/13	14:00:00	0371-1380****
捷豹专线	郑州→武汉→长沙→重庆	2017/1/13	10:00:00	0371-4755****
长城专线	郑州→周口→巢湖→杭州	2017/1/13	14:00:00	0371-9103****
中发速递	郑州→石家庄→北京	2017/1/10	10:00:00	0371-8876****
长城专线	郑州→周口→巢湖→杭州	2017/1/13	14:00:00	0371-[illegible]103****
中华运输	郑州→武汉→南昌→广州	2017/1/13	10:00:00	[illegible]
长城专线	郑州→周口→巢湖→杭州	2017/1/13	10:00:00	[illegible]
天美意快运	郑州→西安→成都	2017/1/12	10:00:00	[illegible]
捷豹专线	郑州→武汉→长沙→重庆	2017/1/10	10:00:00	0371-4755****

填充

图6.112 返回联系电话数据

=IF(E3="天美意快运","东大街5号",IF(E3="捷豹专线","凌惠路田丰大厦B栋18号",
IF(E3="中发速递","解放西街88号",IF(E3="神州配送中心","曹门口1号",
IF(E3="中华运输","五星南路8号","兴宏小区20栋一单元2号")))))

途经地点	发货日期	发货时间	联系电话	地址
郑州→西安→成都	2017/1/10	10:00:00	0371-9785****	;一单元2号")))))
郑州→武汉→长沙→重庆	2017/1/12	10:00:00	0371-4755****	
郑州→石家庄→北京	2017/1/13	10:00:00	0371-8876****	
郑州→合肥→南京→上海	2017/1/12	10:00:00	0371-6473****	
郑州→武汉→南昌→广州	2017/1/13	14:00:00	0371-1380****	
郑州→武汉→长沙→重庆	2017/1/13	10:00:00	0371-4755****	
郑州→周口→巢湖→杭州	2017/1/13	14:00:00	0371-9103****	
郑州→石家庄→北京	2017/1/10	10:00:00	0371-8876****	
郑州→周口→巢湖→杭州	2017/1/13	14:00:00	0371-9103****	
郑州→武汉→南昌→广州	2017/1/13	10:00:00	0371-1380****	
郑州→周口→巢湖→杭州	2017/1/13	10:00:00	0371-9103****	
郑州→西安→成都	2017/1/12	10:00:00	0371-9785****	
郑州→武汉→长沙→重庆	2017/1/10	10:00:00	0371-4755****	

输入

图6.113 输入函数

11 按【Ctrl+Enter】键，并将J3单元格中的函数向下填充至J23单元格，得到各货站的地址数据，如图6.114所示。

J3 =IF(E3="天美意快运","东大街5号",IF(E3="捷豹专线","凌惠路田丰大厦B栋18号",
IF(E3="中发速递","解放西街88号",IF(E3="神州配送中心","曹门口1号",
IF(E3="中华运输","五星南路8号","兴宏小区20栋一单元2号")))))

编号	商品名称	集货地点	类别	货站名称	途经地点	发货日期	发货时间	联系电话	地址
LQ-001	A商品	101仓库	木工板	天美意快运	郑州→西安→成都	2017/1/10	10:00:00	0371-9785****	东大街5号
LQ-002	B商品	B14仓库	漆	捷豹专线	郑州→武汉→长沙→重庆	2017/1/12	10:00:00	0371-4755****	凌惠路田丰大厦B栋18号
LQ-003	C商品	B14仓库	地砖	中发速递	郑州→石家庄→北京	2017/1/13	10:00:00	0371-8876****	解放西街88号
LQ-004	D商品	101仓库	漆	神州配送中心	郑州→合肥→南京→上海	2017/1/12	10:00:00	0371-6473****	曹门口1号
LQ-005	E商品	302仓库	地砖	中华运输	郑州→武汉→南昌→广州	2017/1/13	14:00:00	0371-1380****	五星南路8号
LQ-006	F商品	B14仓库	吊顶	捷豹专线	郑州→武汉→长沙→重庆	2017/1/13	10:00:00	0371-4755****	凌惠路田丰大厦B栋18号
LQ-007	G商品	D16仓库	木工板	长城专线	郑州→周口→巢湖→杭州	2017/1/13	14:00:00	0371-9103****	兴宏小区20栋一单元2号
LQ-008	H商品	302仓库	吊顶	中发速递	郑州→石家庄→北京	2017/1/10	10:00:00	0371-8876****	解放西街88号
LQ-009	I商品	101仓库	地砖	长城专线	郑州→周口→巢湖→杭州	2017/1/13	14:00:00	0371-9103****	兴宏小区20栋一单元2号
LQ-010	J商品	D16仓库	漆	中华运输	郑州→武汉→南昌→广州	2017/1/13	10:00:00	0371-1380****	五星南路8号
LQ-011	K商品	302仓库	地砖	长城专线	郑州→周口→巢湖→杭州	2017/1/13	10:00:00	0371-9103****	兴宏小区20栋一单元2号
LQ-012	L商品	B14仓库	木工板	天美意快运	郑州→西安→成都	2017/1/12	10:00:00	0371-9785****	东大街5号
LQ-013	M商品	302仓库	吊顶	捷豹专线	郑州→武汉→长沙→重庆	2017/1/10	10:00:00	0371-4755****	凌惠路田丰大厦B栋18号
LQ-014	N商品	101仓库	漆	神州配送中心	郑州→合肥→南京→上海	2017/1/13	10:00:00	0371-6473****	曹门口1号
LQ-015	O商品	D16仓库	地砖	中发速递	郑州→石家庄→北京	2017/1/13	14:00:00	0371-8876****	解放西街88号
LQ-016	P商品	B14仓库	木工板	天美意快运	郑州→西安→成都	2017/1/12	10:00:00	0371-9785****	东大街5号
LQ-017	Q商品	D16仓库	吊顶	长城专线	郑州→周口→巢湖→杭州	2017/1/13	14:00:00	0371-9103****	兴宏小区20栋一单元2号
LQ-018	R商品	101仓库	吊顶	神州配送中心	郑州→合肥→南京→上海	2017/1/10	10:00:00	0371-6473****	曹门口1号
LQ-019	S商品	D16仓库	漆	中发速递	郑州→石家庄→北京	2017/1/12	10:00:00	0371-8876****	解放西街88号
LQ-020	T商品	302仓库	地砖	神州配送中心	郑州→合肥→南京→上海	2017/1/13	14:00:00	0371-6473****	曹门口1号
LQ-021	U商品	B14仓库	木工板	捷豹专线	郑州→武汉→长沙→重庆	2017/1/10	10:00:00	0371-4755****	凌惠路田丰大厦B栋18号

图6.114 返回货站地址数据

6.3.4 使用函数查询数据

下面将利用前面编制的3张工作表中的数据，建立独立的商品配送查询系统，实现快速查询各种商品相关配送数据的功能，其具体操作如下。

1 切换到"查询"工作表，在B4单元格的编辑栏中输入"=IF(ISNA(MATCH(B3,集货!B3:B23,0)),"无此商品，请重新输入！",VLOOKUP(B3,集货!B3:C23,2,0))"，表示如果查询的区域中没有与输入的商品相同的数据，则返回"无此商品，请重新输入！"，否则返回对应的集货地点数据，如图6.115所示。

2 在B3单元格中输入"B商品"后按【Ctrl+Enter】键，此时将返回B商品对应的集货地点，如图6.116所示。

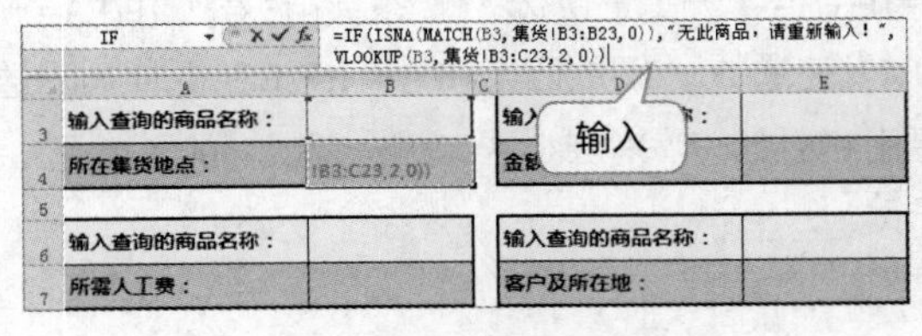

图6.115 输入函数

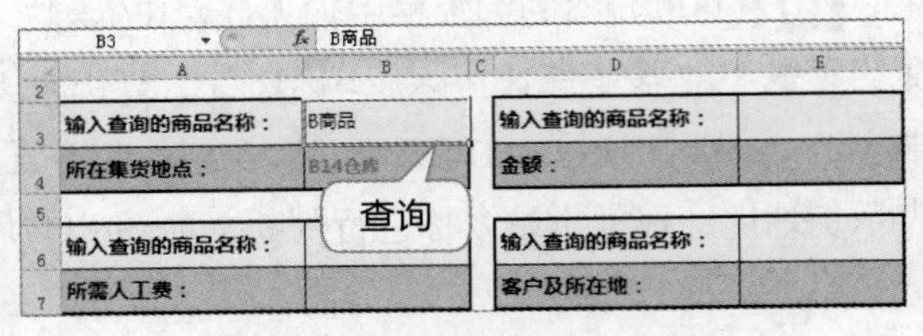

图6.116 检验查询效果

3 在E4单元格的编辑栏中输入“=IF(ISNA(MATCH(E3,集货!B3:B23,0)),"无此商品，请重新输入!",VLOOKUP(E3,集货!B3:G23,6,0))”，如图6.117所示。

4 在E3单元格中输入“C商品”，按【Ctrl+Enter】键，此时将返回C商品对应的金额数据，如图6.118所示。

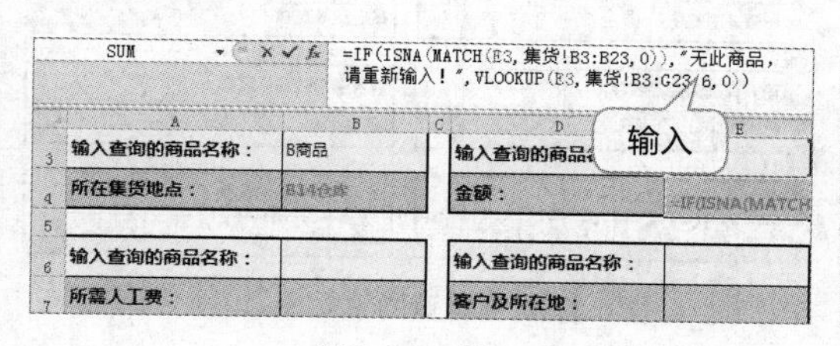

图6.117 输入函数

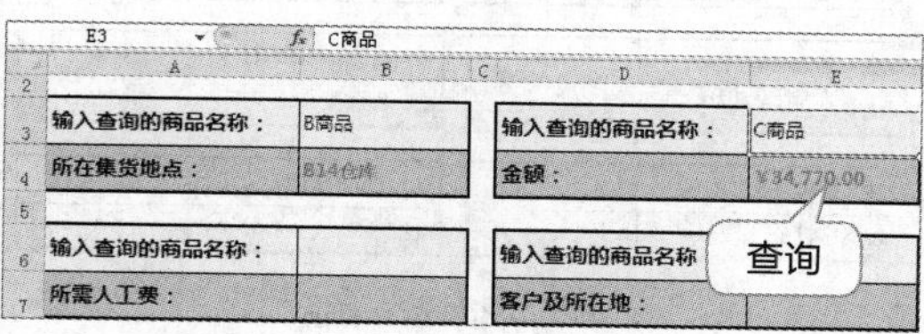

图6.118 检验查询效果

5 在B7单元格的编辑栏中输入“=IF(ISNA(MATCH(B6,配货!B3:B23,0)),"无此商品，请重新输入!",VLOOKUP(B6,配货!B3:F23,5,0))”，如图6.119所示。

6 在B6单元格中输入“D商品”，按【Ctrl+Enter】键将返回商品对应的人工费数据，如图6.120所示。

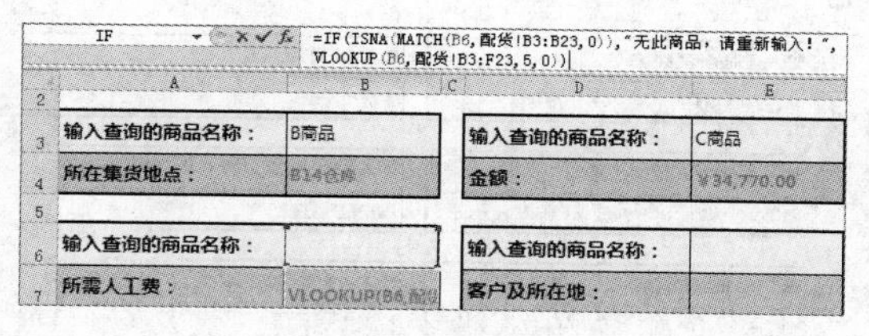

图6.119 输入函数

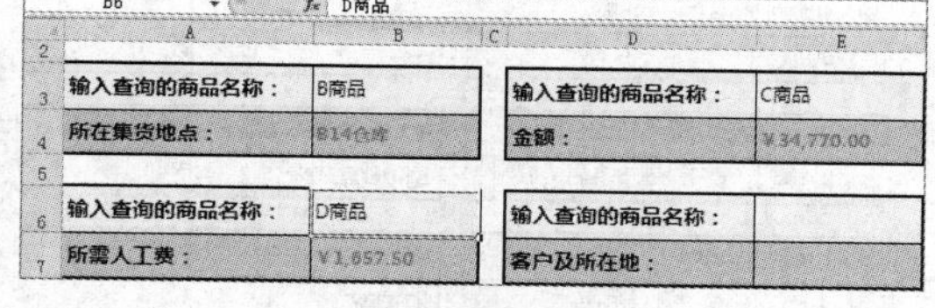

图6.120 检验查询效果

7 在E7单元格的编辑栏中输入“=IF(ISNA(MATCH(E6,配货!B3:B23,0)),"无此商品，请重新输入!",VLOOKUP(E6,配货!B3:G23,6,0))&"，"&IF(ISNA(MATCH(E6,配货!B3:B23,0)),"无此商品，请重新输入！",VLOOKUP(E6,配货!B3:H23,7,0))”，按【Ctrl+Enter】键确认输入，如图6.121所示。

8 在E6单元格中输入“E商品”，按【Ctrl+Enter】键，此时将同时返回商品对应的客户及所在地，如图6.122所示。

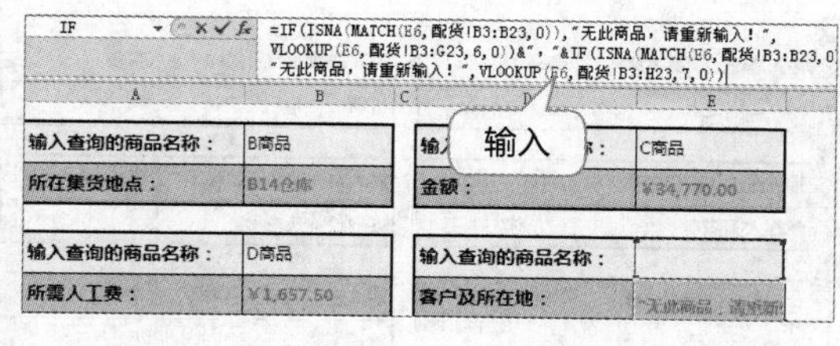

图6.121 输入函数

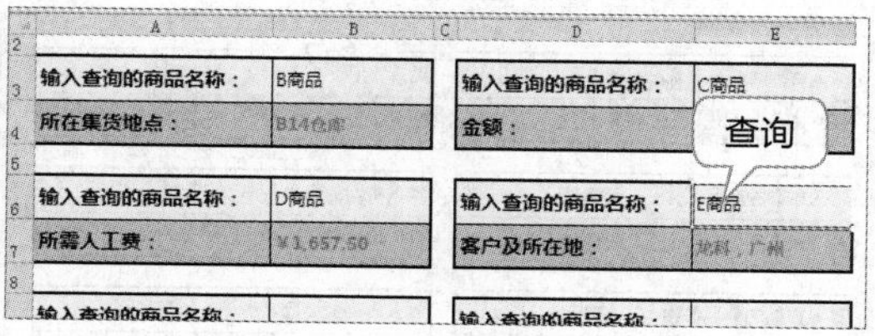

图6.122 检验查询效果

9 在B10单元格的编辑栏中输入“=IF(ISNA(MATCH(B9,集货!B3:B23,0)),"无此商品，请重新输入！",VLOOKUP(B9,集货!B3:H23,7,0))”，如图6.123所示。

10 在B9单元格中输入“F商品”，按【Ctrl+Enter】键，此时将返回商品对应的负责人姓名，如图6.124所示。

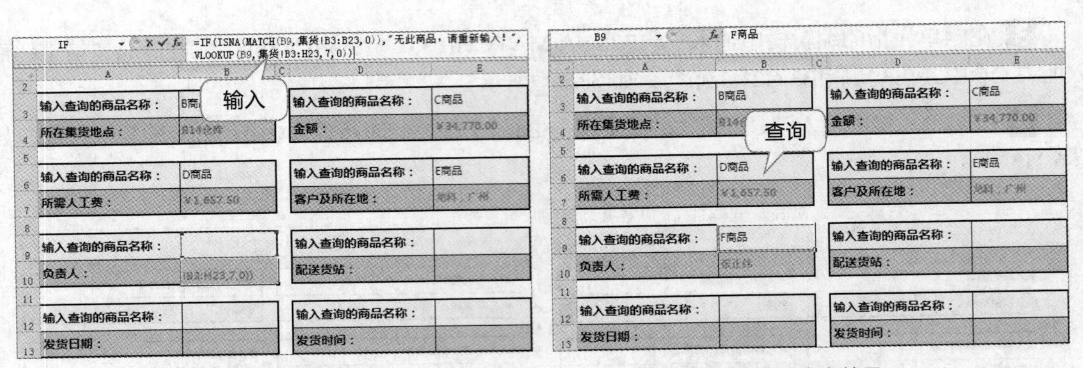

图6.123 输入函数　　图6.124 检验查询效果

11 在E10单元格的编辑栏中输入“=IF(ISNA(MATCH(E9,配送!B3:B23,0)),"无此商品，请重新输入！",VLOOKUP(E9,配送!B3:E23,4,0))”，如图6.125所示。

12 在E9单元格中输入“G商品”，按【Ctrl+Enter】键，此时将返回商品对应的配送货站名称，如图6.126所示。

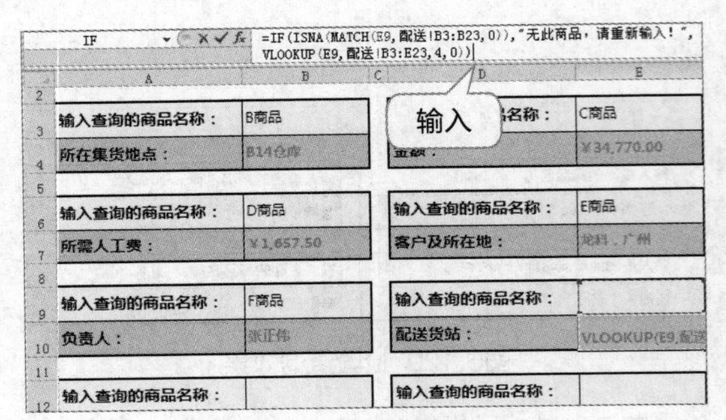

图6.125 输入函数

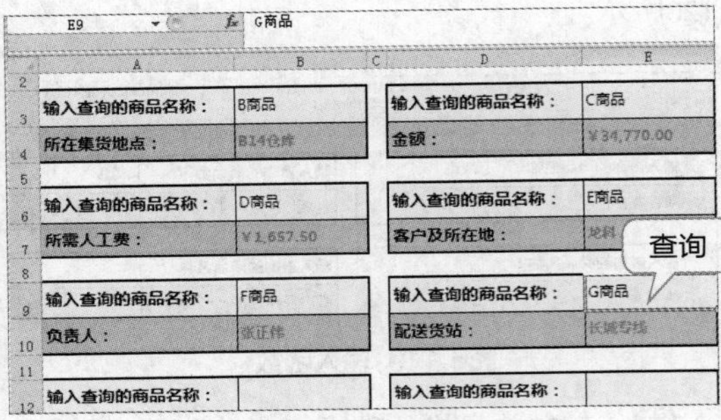

图6.126 检验查询效果

13 在B13单元格的编辑栏中输入“=IF(ISNA(MATCH(B12,配送!B3:B23,0)),"无此商品，请重新输入！",VLOOKUP(B12,配送!B3:G23,6,0))”，如图6.127所示。

14 在B12单元格中输入“H商品”，按【Ctrl+Enter】键，此时将返回商品对应的发货日期，如图6.128所示。

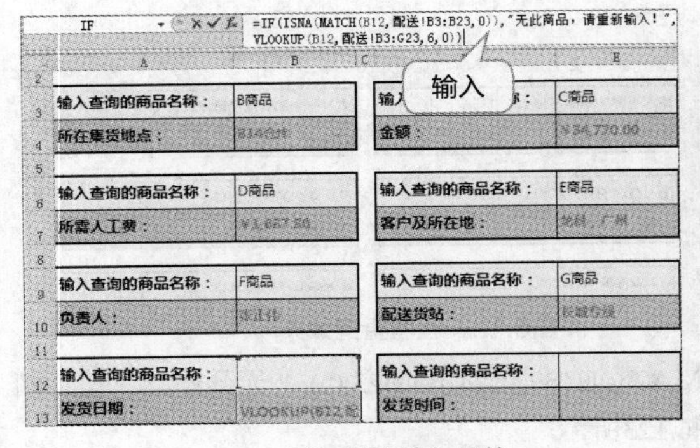

图6.127 输入函数

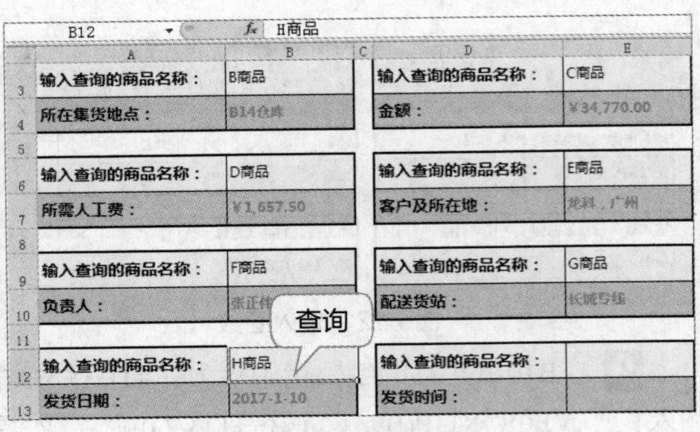

图6.128 检验查询效果

15 在E13单元格的编辑栏中输入“=IF(ISNA(MATCH(E12,配送!B3:B23,0)),"无此商品，请重新输入！",VLOOKUP(E12,配送!B3:H23,7,0))”，如图6.129所示。

16 在E12单元格中输入“I商品”，按【Ctrl+Enter】键，此时将返回商品对应的发货时间，如图6.130所示。

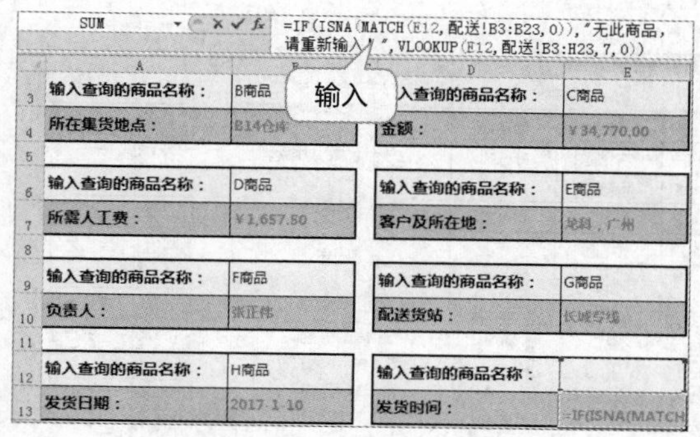

图6.129 输入函数

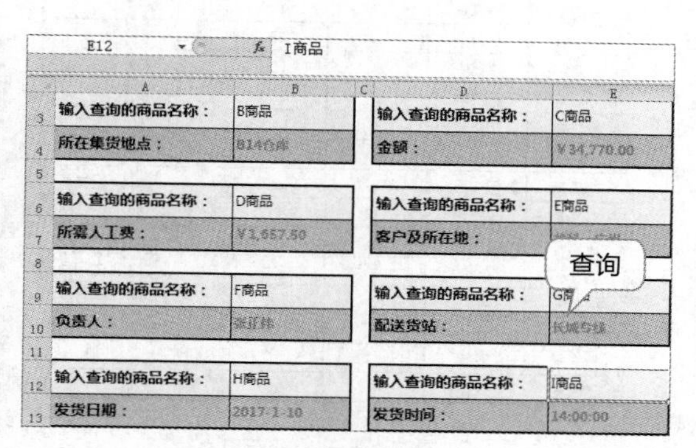

图6.130 检验查询效果

6.4 应用实训

下面结合本章前面所学知识，制作一个“行政办公用品清单表.xlsx”工作簿（效果文件\第6章\行政办公用品清单表.xlsx）。其制作思路如下。

（1）启动Excel 2010，新建一个名为“行政办公用品清单表.xlsx”的空白工作簿，在其中的单元格中输入相关数据，如图6.131所示。

（2）对表格数据进行字体格式的设置，添加边框和底纹，如图6.132所示。

品 领 用 记 录 表

部门	领用物品	数量	单价	价值	备注	领用人签字
行政部	笔芯	5	20		经理桌	刘冬
人资部	传真纸	3	15			王源
办公室	打孔机	2	30			李嘉
运营部	打印纸	2	50			贾珂
办公室	订书机	2	25			邵军
市场部	工作服	5	130		正式员工	李宏
人资部	工作服	4	50			张岩
市场部	工作服	3	130		正式员工	李培
办公室	工作服	1	130		正式员工	曾勒
企划部	回形针	20	2			董凤
市场部	手机	3	300		试用员工	赵惠
服务部	手机	2	300		正式员工	郭凤阳
策划部	水彩笔	5	20			贺萧
财务部	账薄	10	10			吴佳
行政部	资料册	5	10			黄贺阳

图6.131 输入数据

办公用品领用记录表

部门	领用物品	数量	单价	价值	备注
行政部	笔芯	5	20		经理桌
人资部	传真纸	3	15		
办公室	打孔机	2	30		
运营部	打印纸	2	50		
办公室	订书机	2	25		
市场部	工作服	5	130		正式员工
人资部	工作服	4	50		
市场部	工作服	3	130		正式员工
办公室	工作服	1	130		正式员工
企划部	回形针	20	2		
市场部	手机	3	300		试用员工
服务部	手机	2	300		正式员工
策划部	水彩笔	5	20		
财务部	账薄	10	10		

图6.132 设置格式

（3）利用Excel的函数功能快速计算办公用品的价值，如图6.133所示。

（4）对工作表中的单元格设置条件格式，使数据的趋势更加明显，如图6.134所示。

部门	领用物品	数量	单价	价值	备注
行政部	笔芯	5	20	100	经理桌
人资部	传真纸	3	15	45	
办公室	打孔机	2	30	60	
运营部	打印纸	2	50	100	
办公室	订书机	2	25	50	
市场部	工作服	5	130	650	正式员工
人资部	工作服	4	50	200	
市场部	工作服	3	130	390	正式员工
办公室	工作服	1	130	130	正式员工
企划部	回形针	20	2	40	
市场部	手机	3	300	900	试用员工
服务部	手机	2	300	600	正式员工
策划部	水彩笔	5	20	100	
财务部	账簿	10	10	100	
行政部	资料册	5	10	50	

Sheet2 Sheet3 平均值: 234.3333333 计数: 15 求和: 3515 100%

图6.133 计算数据

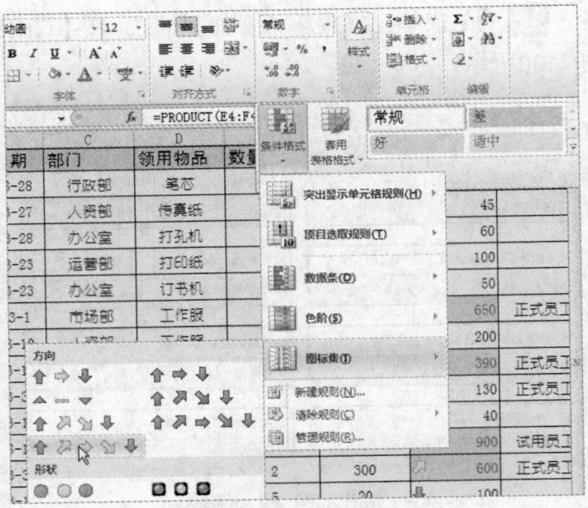

图6.134 设置条件格式

（5）利用分类汇总功能对行政办公用品清单进行分类汇总，如图6.135所示。

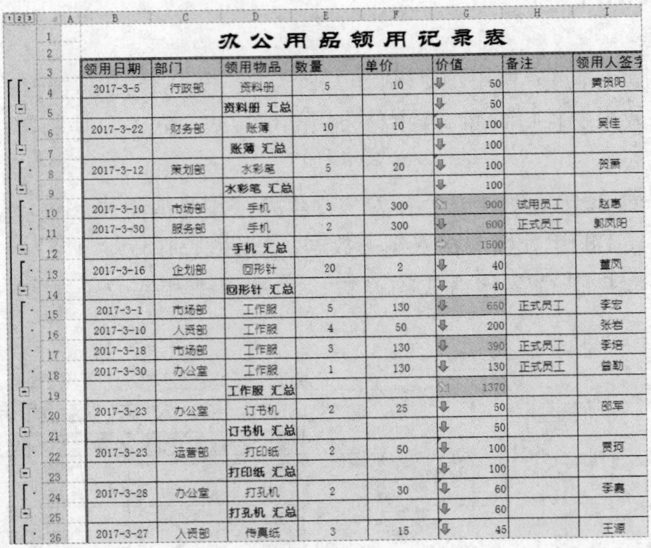

办公用品领用记录表

领用日期	部门	领用物品	数量	单价	价值	备注	领用人签字
2017-3-5	行政部	资料册	5	10	50		黄贺阳
		资料册 汇总			50		
2017-3-22	财务部	账簿	10	10	100		吴佳
		账簿 汇总			100		
2017-3-12	策划部	水彩笔	5	20	100		贺薰
		水彩笔 汇总			100		
2017-3-10	市场部	手机	3	300	900	试用员工	赵惠
2017-3-30	服务部	手机	2	300	600	正式员工	郭凤阳
		手机 汇总			1500		
2017-3-16	企划部	回形针	20	2	40		董凤
		回形针 汇总			40		
2017-3-1	市场部	工作服	5	130	650	正式员工	李宏
2017-3-10	人资部	工作服	4	50	200		张岩
2017-3-18	市场部	工作服	3	130	390	正式员工	李培
2017-3-30	办公室	工作服	1	130	130	正式员工	曾勤
		工作服 汇总			1370		
2017-3-23	办公室	订书机	2	25	50		邵军
		订书机 汇总			50		
2017-3-23	运营部	打印纸	2	50	100		袁珂
		打印纸 汇总			100		
2017-3-28	办公室	打孔机	2	30	60		李嘉
		打孔机 汇总			60		
2017-3-27	人资部	传真纸	3	15	45		王源

图6.135 分类汇总数据

6.5 拓展练习

6.5.1 制作年度库存表

企业需要统计全年的产品库存情况，要求编制年度库存表，其中要能清晰地显示各产品的全年入库量、入库金额、出库量、出库金额、库存量以及库存金额等数据。参考效果如图6.136所示（效果文件\第6章\年度库存表.xlsx）。

××企业产品年度库存表

编号	品名	单价	入库量	入库金额	出库量	出库金额	库存量	库存金额
1	不锈钢合页	59.8	9951	595200	6563	392533.3	3388	202667
2	铜合页	66.4	8239	546700	5992	397600	2247	149100
3	柜吸	57.9	10700	620000	4137	239733.3	6563	380267
4	层板钉	69.2	6741	466200	5136	355200	1605	111000
5	门吸	67.3	7918	532800	6349	427200	1569	105600
6	抽屉锁	48.6	7564	367596.3	6277	305066.7	1287	62530
7	吊轨	91.6	6420	588000	6277	574933.3	143	13067
8	吊轮	92.5	10165	940500	5065	468600	5100	471900
9	门轨	76.6	7885	604271	6491	497466.7	1394	106804
10	门轮	74.8	8350	624299.1	7133	533333.3	1217	90966
11	墙纸刀	64.5	8774	565800	7062	455400	1712	110400
12	刀片	86.9	7597	660300	3995	347200	3602	313100
13	钻头	62.6	6350	397616.8	6277	393066.7	73	4550
14	修边刀	84.1	6671	561112.1	6063	510000	608	51112
15	直刀	57.0	10272	585600	6919	394466.7	3353	191133
16	水胶布	83.2	10379	863300	3567	296666.7	6812	566633
17	电胶布	72.9	7169	522600	4565	332800	2604	189800
18	胶塞	62.6	10272	643200	3995	250133.3	6277	393067
19	白乳胶	67.3	9737	655200	5279	355200	4458	300000
20	线管	73.8	6420	474000	4922	363400	1498	110600
21	弯头	80.4	7811	627800	4922	395600	2889	232200
22	三通	75.7	5564	421200	5207	394200	357	27000
23	直通	90.7	6457	585354.2	6206	562600	251	22754
24	暗底盒	56.1	5992	336000	3638	204000	2354	132000
25	双底盒	79.4	10700	850000	6420	510000	4280	340000

图6.136 “年度库存表”参考效果

提示：入库金额=单价×入库量；

出库金额=单价×出库量；

库存量=入库量-出库量；

库存金额=单价×库存量。

6.5.2 制作文书修订记录表

公司进行了一次较大的体制改革，许多文书档案也重新进行了修订，现在需要将涉及修订的文书记录到表格中，以便日后查阅。表格要求必须体现的项目包括修订文书的名称、修订人、修订对象以及修订时间等。参考效果如图6.137所示（效果文件\第6章\文书修订表.xlsx）。

文书修订记录表

行号	文书名称	修订人	修订对象	修订时间	影响	备注
01	财务类-会计结算规定	张永强	标题	2017-3-25	不重要	
02	财务类-财务人员准则	宋科	细节	2017-3-26	重要	草拟
03	财务类-出纳人员准则	宋科	标题	2017-3-27	不重要	
04	行政类-出勤明细准则	李学良	细节	2017-3-28	重要	
05	人事类-外派人员规范	张永强	标题	2017-3-29	不重要	
06	财务类-财务专用章使用准则	李学良	框架	2017-3-30	重要	
07	人事类-员工升职降职规定	陈雪莲	框架	2017-3-31	重要	草拟
08	行政类-团队协作意识规范	宋科	标题	2017-4-1	不重要	
09	业务类-报价单	李学良	细节	2017-4-2	重要	
10	人事类-员工辞职规定	陈雪莲	框架	2017-4-3	重要	
11	业务类-业务质量规定	张永强	标题	2017-4-4	不重要	
12	人事类-员工培训制度	陈雪莲	框架	2017-4-5	重要	
13	行政类-员工文明手册	李学良	细节	2017-4-6	重要	
14	人事类-员工续约合同	宋科	标题	2017-4-7	不重要	草拟
15	人事类-离职手续办理程序	陈雪莲	框架	2017-4-8	重要	
16	人事类-人事招聘准则	宋科	细节	2017-4-9	重要	
17	业务类-业绩任务规定	张永强	标题	2017-4-10	不重要	草拟

图6.137 文书修订记录表参考效果

提示：本练习主要是进行数据的输入，以及函数的应用，并设置条件格式。

6.5.3 制作商品分拣记录表

工厂需要对分拣出的半成品进行记录，要求编制分拣记录表来实现对各半成品分拣情况的汇总以及产品堆放位置的查询功能。参考效果如图6.138所示（效果文件\第6章\分拣记录表.xlsx）。

××工厂半成品分拣记录表

编号	物品名称	类别	堆放位置			数量	负责人
			仓库	货架	栏/层		
MG101\V15\203	A商品	木工板	101	\V15	\203	1309	李辉
MG516\G60\1343	B商品	漆	516	\G60	\1343	918	张正伟
MG130\S47\986	C商品	地砖	130	\S47	\986	1037	邓龙
MG105\U42\1190	D商品	漆	105	\U42	\1190	867	李辉
MG277\F13\1462	E商品	地砖	277	\F13	\1462	1190	邓龙
MG321\V48\935	F商品	吊顶	321	\V48	\935	1496	张正伟
MG111\A11\1411	G商品	木工板	111	\A11	\1411	1326	李辉
MG305\J30\1156	H商品	吊顶	305	\J30	\1156	986	邓龙
MG186\I15\1360	I商品	地砖	186	\I15	\1360	1241	白世伦
MG178\U19\1105	J商品	漆	178	\U19	\1105	1343	白世伦
MG163\E50\1054	K商品	地砖	163	\E50	\1054	1071	张正伟
MG154\A18\1360	L商品	木工板	154	\A18	\1360	1445	白世伦
MG171\G12\1343	M商品	吊顶	171	\G12	\1343	1462	李辉
MG192\E32\1394	N商品	漆	192	\E32	\1394	1581	白世伦
MG182\V44\1190	O商品	地砖	182	\V44	\1190	1530	张正伟
MG164\K27\1615	P商品	木工板	164	\K27	\1615	1428	邓龙
MG158\S50\1292	Q商品	吊顶	158	\S50	\1292	1394	白世伦
MG190\S31\1666	R商品	吊顶	190	\S31	\1666	1411	李辉
MG191\E53\1530	S商品	漆	191	\E53	\1530	986	白世伦
MG160\M50\1479	T商品	地砖	160	\M50	\1479	1088	张正伟
MG390\J43\884	U商品	木工板	390	\J43	\884	1224	李辉

物品位置精确查找	仓库编号	货架编号	栏/层
G商品	111	\A11	\1411

图6.138 分拣记录表参考效果

提示：编号通过“&”连接符和CONCATENATE()函数将字母“MG”以及仓库、货架和栏/层对应的数据连接在一起而组成。

利用VLOOKUP()函数实现半成品存储位置的精确查询功能。

第7章
分析Excel表格数据

7.1 制作客服管理表

客户服务是指一种以客户为导向的价值观。广义而言，客户服务的目的就是为了提高客户满意度。客户满意度是指客户体会到的待遇和期望的待遇之间的差距。图7.1所示为客服管理表的参考效果。

××公司客户服务管理表

客户名称	客户代码	客户性质	意向购买量	实际购买量	转化率	售前服务满意度	售后服务满意度
张伟杰	YC2012001	新客户	399	273	68%		
罗玉林	YC2012002	VIP客户	546	234	43%		
宋科	YC2012003	老客户	700	282	40%		
张婷	YC2012004	新客户	357	288	81%		
王晓涵	YC2012005	老客户	385	183	48%		
赵子俊	YC2012006	新客户	644	213	33%		
宋丹	YC2012007	VIP客户	455	285	63%		
张嘉轩	YC2012008	老客户	385	183	48%		
李琼	YC2012009	老客户	504	201	40%		
陈锐	YC2012010	新客户	588	237	40%		
杜海强	YC2012011	VIP客户	497	150	30%		
周晓梅	YC2012012	老客户	406	165	41%		
郭呈瑞	YC2012013	老客户	637	195	31%		
周羽	YC2012014	新客户	693	216	31%		
刘梅	YC2012015	老客户	518	162	31%		
周敏	YC2012016	VIP客户	532	249	47%		
林晓华	YC2012017	新客户	637	171	27%		
邓超	YC2012018	老客户	665	198	30%		
李全友	YC2012019	老客户	700	282	40%		
宋万	YC2012020	新客户	469	282	60%		
刘红芳	YC2012021	VIP客户	378	210	56%		
王翔	YC2012022	老客户	665	204	31%		
张丽丽	YC2012023	VIP客户	511	195	38%		
孙洪伟	YC2012024	老客户	588	204	35%		
张晓伟	YC2012025	新客户	371	267	72%		

图7.1 客服管理表的参考效果

下载资源

效果文件：第7章\客服管理表.xlsx

7.1.1 输入文本并设置字符格式

下面将新建工作簿并输入数据，接着利用公式、条件格式等功能计算与处理相关数据，其具体操作如下。

1 新建并保存“客服管理表.xlsx”工作簿。删除多余的工作表，将剩余的工作表名称更改为“明细”，如图7.2所示。

2 输入表格标题以及各项目字段。对单元格及其内部的数据进行格式设置，然后为A1:H27单元格区域添加边框，如图7.3所示。

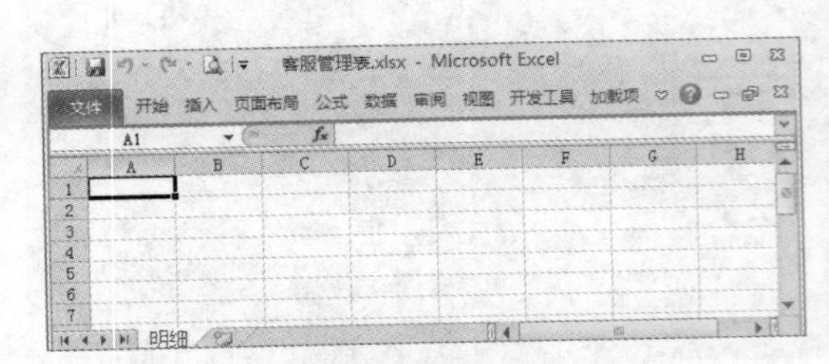

图7.2 重命名工作表

××公司客户服务管理表

客户名称	客户代码	客户性质	意向购买量	实际购买量

图7.3 输入数据并设置单元格边框

3 依次输入“客户名称”“客户代码”“客户性质”“意向购买量”和“实际购买量”等字段下的具体数据，并设置对齐方式为“左对齐”，如图7.4所示。

4 选择F3单元格，在其编辑栏中输入公式“=E3/D3”，表示转化率为实际购买量与意向购买量相除之商，如图7.5所示。

客户名称	客户代码	客户性质	意向购买量	实际购买量	转化率
张伟杰	YC2012001	新客户	399	273	
罗玉林	YC2012002	VIP客户	546	234	
宋科	YC2012003	老客户	700	282	
张婷	YC2012004	新客户	357	288	
王晓涵	YC2012005	老客户	385	183	
赵子俊	YC2012006	新客户	644	213	
宋丹	YC2012007	VIP客户	455	285	
张嘉轩	YC2012008	老客户	385	183	
李琼	YC2012009	老客户	504	201	
陈锐	YC2012010	新客户	588	237	
杜海强	YC2012011	VIP客户	497	150	
周晓梅	YC2012012	老客户	406	165	
郭呈瑞	YC2012013	老客户	637	195	
周羽	YC2012014	新客户	693	216	
刘梅	YC2012015	老客户	518	162	
周敏	YC2012016	VIP客户	532	249	
林晓华	YC2012017	新客户	637	171	
邓超	YC2012018	老客户	665	198	
李全友	YC2012019	老客户	700	282	
宋万	YC2012020	新客户	469	282	
刘红芳	YC2012021	VIP客户	378	210	
王翔	YC2012022	老客户	665	204	

图7.4 输入数据

=E3/D3

客户代码	客户性质	意向购买量	实际购买量	转化率	售前服务满意度
YC2012001	新客户	399	273	=E3/D3	
YC2012002	VIP客户	546	234		
YC2012003	老客户	700	282		
YC2012004	新客户	357	288		
YC2012005	老客户	385	183		
YC2012006	新客户	644	213		
YC2012007	VIP客户	455	285		
YC2012008	老客户	385	183		
YC2012009	老客户	504	201		
YC2012010	新客户	588	237		
YC2012011	VIP客户	497	150		
YC2012012	老客户	406	165		
YC2012013	老客户	637	195		
YC2012014	新客户	693	216		
YC2012015	老客户	518	162		
YC2012016	VIP客户	532	249		
YC2012017	新客户	637	171		

图7.5 输入公式

5 按【Ctrl+Enter】键计算结果。将F3单元格中的公式向下填充至F27单元格，将F3:F27单元格的数据类型设置为百分比样式，如图7.6所示。

6 选择G3单元格，在其编辑栏中输入“=D3”，表示客户对售前服务的满意度与其意向购买量相关，如图7.7所示。

客户代码	客户性质	意向购买量	实际购买量	转化率	售前服务满意度
YC2012001	新客户	399	273	68%	
YC2012002	VIP客户	546	234	43%	
YC2012003	老客户	700	[illegible]	[illegible]	
YC2012004	新客户	357	[illegible]	[illegible]	
YC2012005	老客户	385	[illegible]	[illegible]	
YC2012006	新客户	644	213	33%	
YC2012007	VIP客户	455	285	63%	
YC2012008	老客户	385	183	48%	
YC2012009	老客户	504	201	40%	
YC2012010	新客户	588	237	40%	
YC2012011	VIP客户	497	150	30%	
YC2012012	老客户	406	165	41%	
YC2012013	老客户	637	195	31%	
YC2012014	新客户	693	216	31%	
YC2012015	老客户	518	[illegible]	[illegible]	
YC2012016	VIP客户	532	[illegible]	[illegible]	
YC2012017	新客户	637	[illegible]	[illegible]	
YC2012018	老客户	665	198	30%	
YC2012019	老客户	700	282	40%	
YC2012020	新客户	469	282	60%	
YC2012021	VIP客户	378	210	56%	
YC2012022	老客户	665	204	31%	
YC2012023	VIP客户	511	195	38%	
YC2012024	老客户	588	204	35%	
YC2012025	新客户	371	267	72%	

图7.6 计算并填充公式

IF =D3

服务管理表

客户性质	意向购买量	实际购买量	转化率	售前服务满意度
新客户	399	273	68%	=D3
VIP客户	546	234	43%	
老客户	700	282	40%	
新客户	357	288	81%	
老客户	385	183	48%	
新客户	644	213	33%	
VIP客户	455	285	63%	
老客户	385	183	48%	
老客户	504	201	40%	
新客户	588	237	40%	
VIP客户	497	150	30%	
老客户	406	165	41%	
老客户	637	195	31%	
新客户	693	216	31%	
老客户	518	162	31%	
VIP客户	532	249	47%	
新客户	637	171	27%	

图7.7 引用单元格地址

7 按【Ctrl+Enter】键引用数据，将G3单元格中的公式向下填充至G27单元格，如图7.8所示。

8 按相同方法将“售后服务满意度”中的数据引用为转化率中的数据，表示客户对售后服务的满意度与购买量的转化率相关，如图7.9所示。

2	客户性质	意向购买量	实际购买量	转化率	售前服务满意度
3	新客户	399	273	68%	399
4	VIP客户	546	234	43%	546
5	老客户	700	282	40%	700
6	新客户	357	288	81%	357
7	老客户	385	183	48%	[illegible]
8	新客户	644	213	33%	[illegible]
9	VIP客户	455	285	63%	[illegible]
10	老客户	385	183	48%	[illegible]
11	老客户	504	201	40%	504
12	新客户	588	237	40%	588
13	VIP客户	497	150	30%	497
14	老客户	406	165	41%	406
15	老客户	637	195	31%	637
16	新客户	693	216	31%	[illegible]
17	老客户	518	162	31%	[illegible]
18	VIP客户	532	249	47%	[illegible]
19	新客户	637	171	27%	[illegible]
20	老客户	665	198	30%	665
21	老客户	700	282	40%	700
22	新客户	469	282	60%	469
23	VIP客户	378	210	56%	378
24	老客户	665	204	31%	665
25	VIP客户	511	195	38%	511

图7.8 计算并填充公式

H3 =F3

服务管理表

客户性质	意向购买量	实际购买量	转化率	售前服务满意度	售后服务满意度
新客户	399	273	68%	399	68%
VIP客户	546	234	43%	546	43%
老客户	700	282	40%	700	40%
新客户	357	288	81%	357	81%
老客户	385	183	48%	385	48%
新客户	644	213	33%	644	33%
VIP客户	455	285	63%	455	63%
老客户	385	183	48%	385	48%
老客户	504	201	40%	504	40%
新客户	588	237	40%	588	40%
VIP客户	497	150	30%	497	30%
老客户	406	165	41%	406	[illegible]
老客户	637	195	31%	637	[illegible]
新客户	693	216	31%	693	[illegible]
老客户	518	162	31%	518	31%
VIP客户	532	249	47%	532	47%
新客户	637	171	27%	637	27%
老客户	665	198	30%	665	30%
老客户	700	282	40%	700	40%
新客户	469	282	60%	469	60%
VIP客户	378	210	56%	378	56%
老客户	665	204	31%	665	31%

图7.9 设置售后服务满意度

9 选择G3:G27单元格区域，单击【开始】/【样式】组中的“条件格式”按钮，在打开的下拉列表中选择“数据条”选项，在打开的子列表中选择“渐变填充”栏下第2行第1种样式选项，如图7.10所示。

10 再次单击“条件格式”按钮，在打开的下拉列表中选择“数据条”选项，在打开的子列表中选择“其他规则”选项，如图7.11所示。

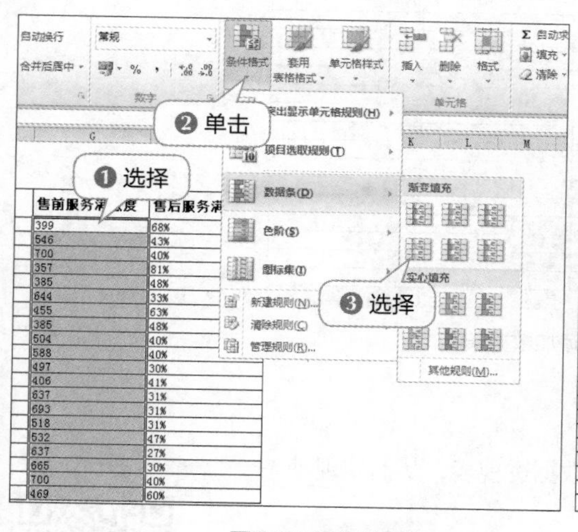

图7.10 添加数据条

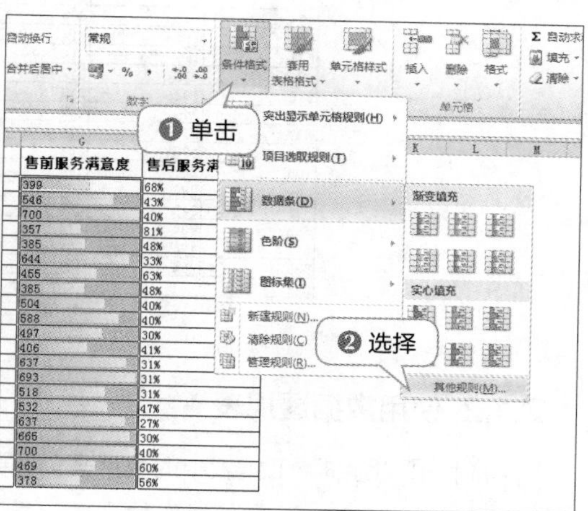

图7.11 设置规则

11 在打开的对话框中单击选中“仅显示数据条”复选框，单击 确定 按钮，如图7.12所示。

12 为G3:G27单元格区域重新应用渐变的黄色填充效果即可，如图7.13所示。

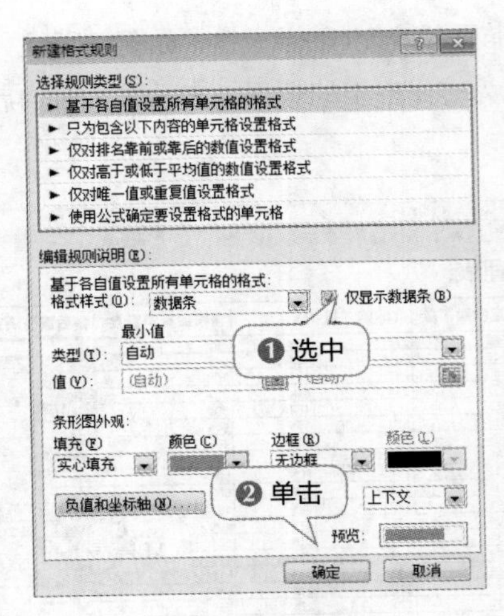

图7.12 取消显示数据

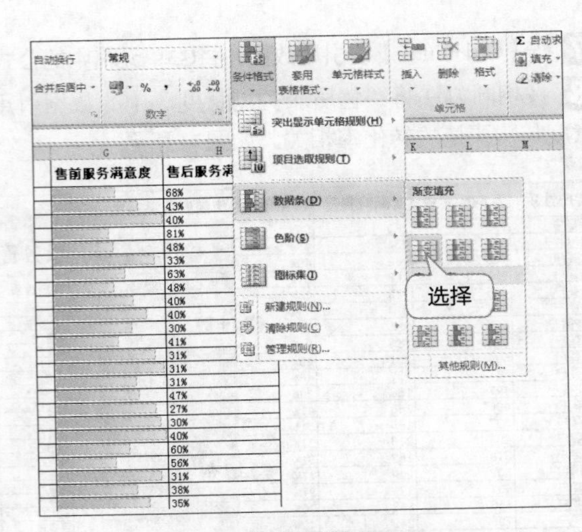

图7.13 重新设置填充颜色

13 按相同方法为H3:H27单元格区域添加绿色的渐变数据条，并取消其中显示的数据，如图7.14所示。

意向购买量	实际购买量	转化率	售前服务满意度	售后服务满意度
399	273	68%		
546	234	43%		
700	282	40%		
357	288	81%		
385	183	48%		
644	213	33%		
455	285	63%		
385	183	48%		
504	201	40%		
588	237	40%		
497	150	30%		
406	165	41%		
637	195	31%		
693	216	31%		
518	162	31%		
532	249	47%		
637	171	27%		
665	198	30%		
700	282	40%		
469	282	60%		
378	210	56%		
665	204	31%		
511	195	38%		
588	204	35%		
371	267	72%		

图7.14 添加数据条

7.1.2 使用数据透视表

下面将利用“明细”工作表中的数据来创建数据透视表，从而实现动态分析客户购买量的功能，其具体操作如下。

1 选择A2:H27单元格区域，单击【插入】/【表格】组中的“数据透视表”按钮，如图7.15所示。

2 打开“创建数据透视表”对话框，选中“新工作表”单选项，单击 确定 按钮，如图7.16所示。

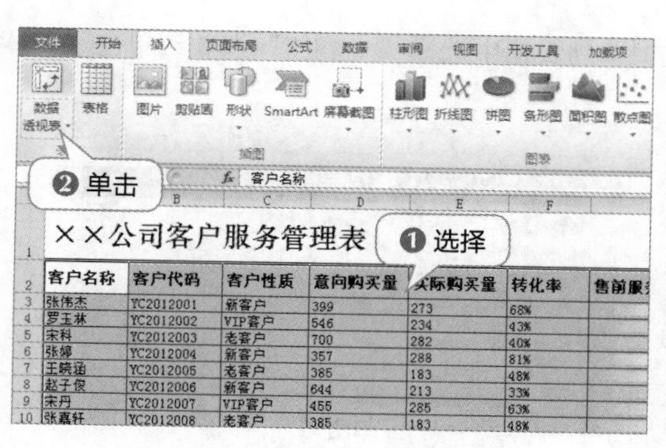

图7.15 插入数据透视表

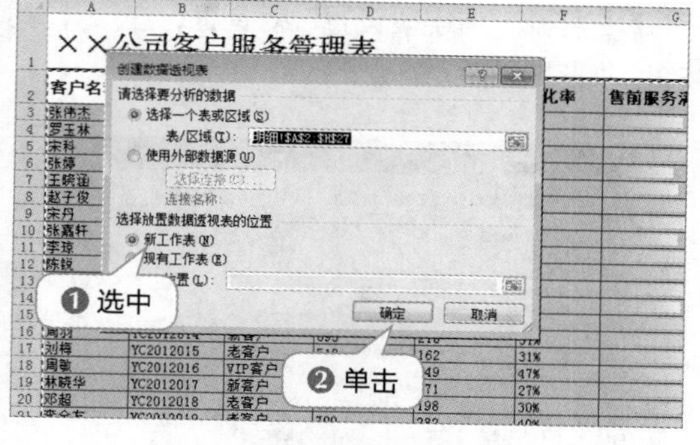

图7.16 设置数据透视表的创建位置

3 将新建的工作表名称更改为“分析”，再将其移动到“明细”工作表右侧，如图7.17所示。

4 依次将“数据透视表字段列表”任务窗格中的“客户名称”“客户性质”和“实际购买量”字段分别添加到“行标签”“列标签”和“数值”列表框中，如图7.18所示。

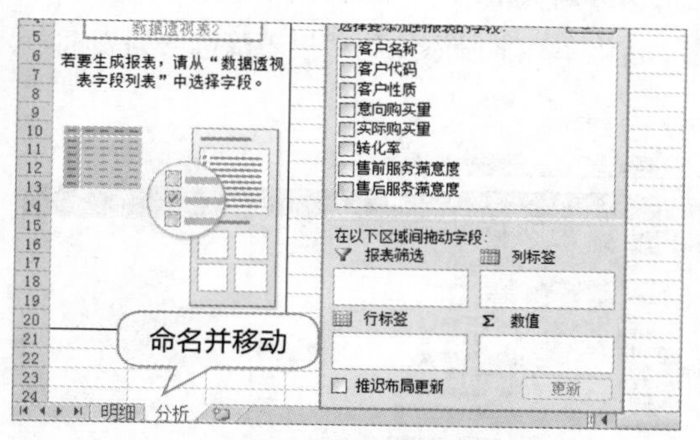

图7.17 调整工作表

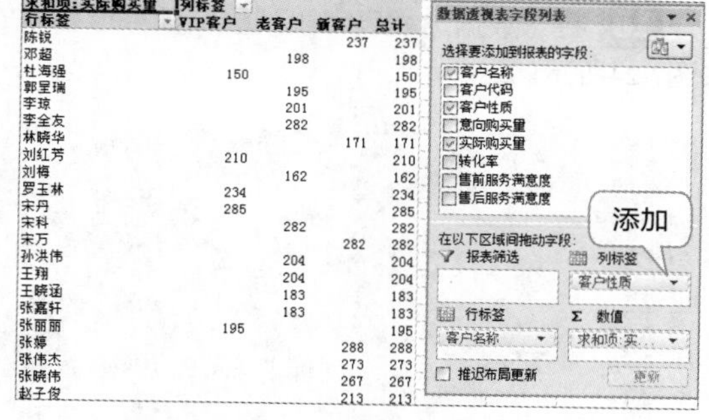

图7.18 添加字段

5 此时利用数据透视表将可以查看每位客户的性质以及实际购买量的数据等内容。适当调整B列至E列的列宽，使数据可以更清晰地显示出来，如图7.19所示。

6 选择数据透视表中的任意单元格，在【数据透视表工具 设计】/【数据透视表样式】组的下拉列表框中选择最后一行第2种样式，如图7.20所示。

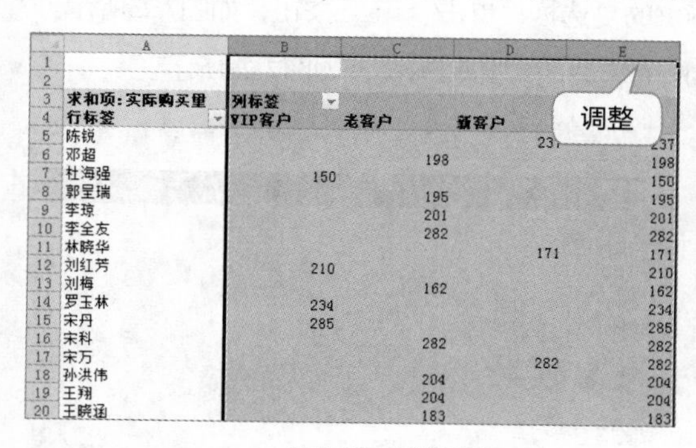

图7.19 调整列宽

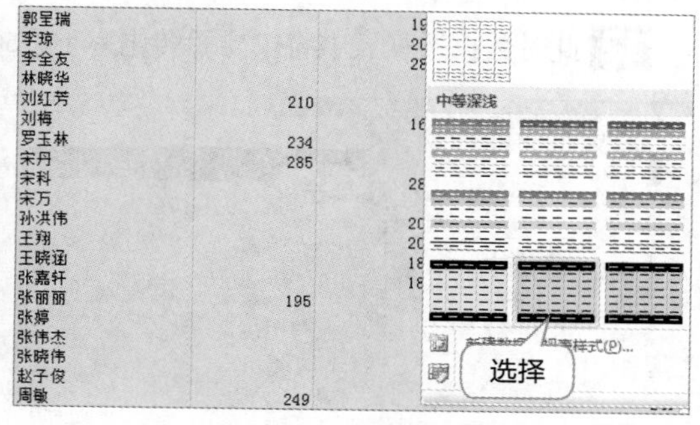

图7.20 应用样式

7 在“数据透视表字段列表”任务窗格的“数值”列表框中单击添加的字段按钮，在打开的下拉列表中选择“值字段设置”选项，如图7.21所示。

8 打开“值字段设置”对话框，在“计算类型”列表框中选择“平均值”选项，单击 确定 按钮，如图7.22所示。

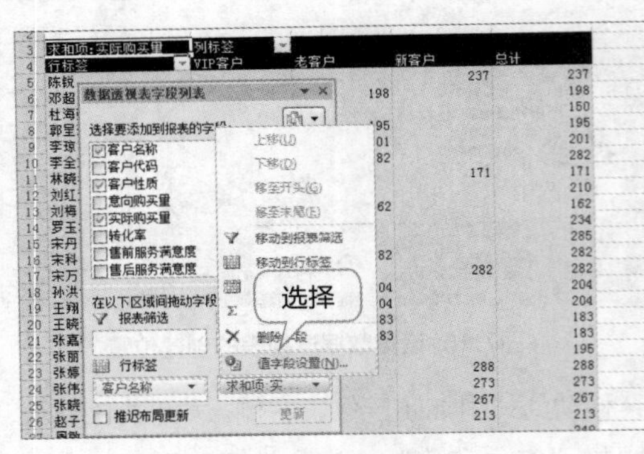

图7.21 值字段设置

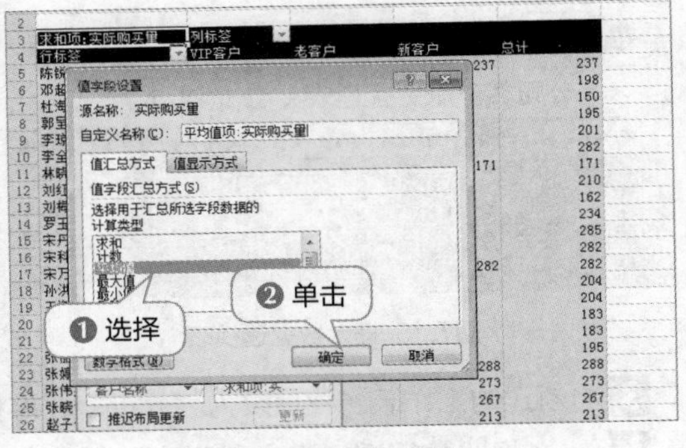

图7.22 设置计算类型

9 利用数据透视表可以查看不同性质的客户总的实际购买量的平均值情况，如图7.23所示。

10 将“数据透视表字段列表”任务窗格中的“转化率”字段添加到“报表筛选”列表框中，如图7.24所示。

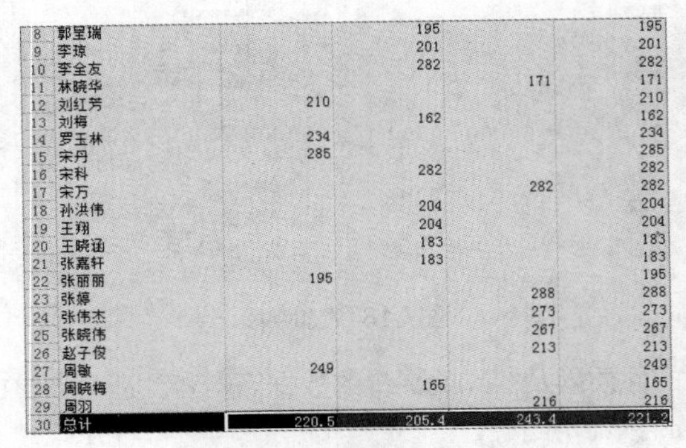

图7.23 查看平均值数据

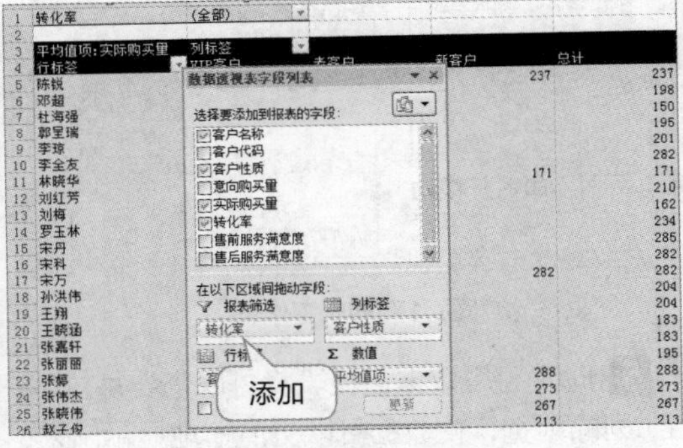

图7.24 添加字段

11 单击数据透视表中添加的“转化率”字段右侧的下拉按钮，在打开的下拉列表中单击选中“选择多项”复选框，在列表框中仅单击选中小于50%的复选框，单击 确定 按钮，如图7.25所示。

12 此时数据透视表中将仅显示转化率小于50%的客户的实际购买量，如图7.26所示。

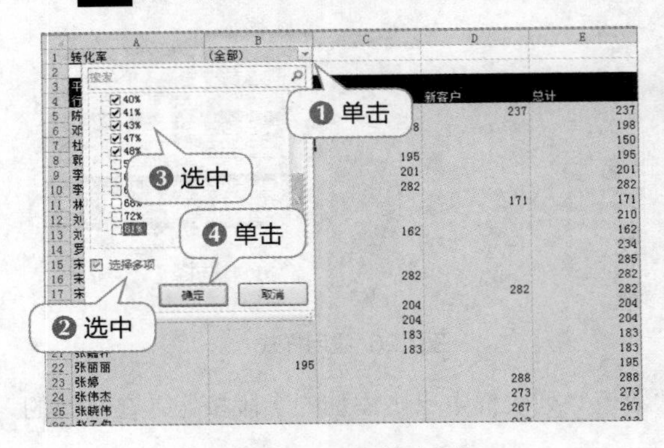

图7.25 设置筛选条件

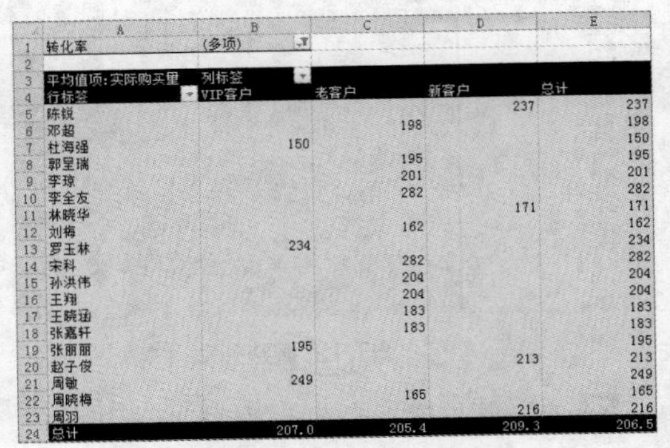

图7.26 查看数据透视表

7.2 制作材料采购表

材料采购表格不仅包含所采购材料的名称、产地、品牌等基本信息，以及价格、采购量、采购金额等信息，而且还对材料购入后的入库编号进行了整理，同时设置了当库存量小于保有量时，强调显示单元格的效果，以便提醒库管。图7.27所示为材料采购表的参考效果。

××企业原材料采购明细表

序号	品名	产地	品牌	规格	型号	单位	库存量	保有量	单价	折扣价	采购量	金额	入库编号	备注
1*	18厘板	深州	伟泰	122×244	3S5DG	块	1867	1577	¥112.00	¥89.60	315	¥28,224.00	2016RK-0003S5DG	
2	18厘板	广南	恒业	122×244	D364GD	块	853	1767	¥103.00	¥103.00	1413	¥145,539.00	2016RK-00D364GD	
3*	15厘板	进口	德森	122×244	SE5d20	块	1343	2064	¥92.00	¥73.60	1032	¥75,955.20	2016RK-00SE5d20	缺货
4	15厘板	深州	元盛	122×244	3644s	块	1037	1969	¥85.00	¥85.00	984	¥83,640.00	2016RK-0003644s	
5*	波音板	广南	恒业	122×244	D65E36	块	952	2653	¥38.00	¥30.40	2122	¥64,508.80	2016RK-00D65E36	
6	波音板	深州	伟泰	122×244	UY542	块	1071	2140	¥36.00	¥36.00	1070	¥38,520.00	2016RK-000UY542	
7	波音板	进口	德森	122×244	FH3420	块	1207	2615	¥38.00	¥38.00	2092	¥79,496.00	2016RK-00FH3420	缺货
8	防火板	溪北	长城0.8	122×244	354DF	块	1530	2121	¥28.00	¥28.00	1060	¥29,680.00	2016RK-000354DF	
9*	防火板	溪北	长城0.5	122×244	F46F20	块	1394	1634	¥26.00	¥20.80	817	¥16,993.60	2016RK-00F46F20	
10*	石膏板	元庆	灌海	122×244	3F65G	块	2428	2026	¥30.00	¥24.00	405	¥9,720.00	2016RK-0003F65G	
11*	石膏板	深州	元盛	122×244	DGF45	块	1666	2311	¥35.00	¥28.00	1155	¥32,340.00	2016RK-000DGF45	缺货
12	石膏板	进口	德森	122×244	D5GGF	块	884	2025	¥32.00	¥32.00	1620	¥51,840.00	2016RK-000D5GGF	
13	环氧树脂	进口	德森	五合一白色	64HG	罐	1122	2015	¥350.00	¥350.00	1007	¥352,450.00	2016RK-000064HG	
14*	环氧树脂	进口	德森	五合一有色	FG653	罐	1581	2025	¥345.00	¥276.00	1012	¥279,312.00	2016RK-000FG653	
15	熟胶粉	广南	恒业	正一108	T326TN	包	1105	2273	¥15.00	¥15.00	1818	¥27,270.00	2016RK-00T326TN	缺货
16*	熟胶粉	溪北	建华	正一33	TUI215	包	1190	2311	¥18.00	¥14.40	1155	¥16,632.00	2016RK-00TUI215	
17	美纹纸	深州	伟泰	3cm厚	JI232	卷	2692	2539	¥5.00	¥5.00	507	¥2,535.00	2016RK-000JI232	
18*	美纹纸	进口	德森	2.5cm厚	WER236	卷	1105	2200	¥3.00	¥2.40	1100	¥2,640.00	2016RK-00WER236	
										合计：	20684	¥1,337,295.60		

图7.27 材料采购表参考效果

下载资源

素材文件：第7章\材料采购表.xlsx

效果文件：第7章\材料采购表.xlsx

7.2.1 输入并计算数据

下面首先利用提供的素材文件，在其中依次输入序号、品名、产地、品牌、规格、库存量、保有量和单价等数据，然后利用公式和函数计算数据，其具体操作如下。

1 打开"材料采购表.xlsx"工作簿，依次输入序号、品名、产地、品牌和规格等数据，如图7.28所示。

2 在工作表中输入材料的型号、单位、库存量、保有量和单价等数据，将单价数据的格式设置为货币型数据类型，如图7.29所示。

> 提示：在输入材料规格中的乘号"×"时，可以利用中文输入法中提供的"软键盘"功能中的数学符号插入，也可将中文输入法调整为全角状态，然后直接按【Shift+空格】键输入。

	A	B	C	D	E	F	G
1	××企业原材料采购明细表						
2	序号	品名	产地	品牌	规格	型号	单位
3	1*	18厘板	深州	伟泰	122×244		
4	2	18厘板	广南	恒业	122×244		
5	3*	15厘板	进口	德森	122×244		
6	4	15厘板	深州	元盛	122×244		
7	5*	波音板	广南	恒业	122×244		
8	6	波音板	深州	伟泰	122×244		
9	7	波音板	进口	德森	122×244		
10	8	防火板	溪北	长城0.8	122×244		
11	9*	防火板	溪北	长城0.5	122×244		
12	10*	石膏板	元庆	灌海	122×244		
13	11*	石膏板	深州	元盛	12		
14	12	石膏板	进口	德森	12		
15	13	环氧树脂	进口	德森	五合一白色		

图7.28 输入数据

规格	型号	单位	库存量	保有量	单价
122×244	3S5DG	块	1867	1577	￥112.00
122×244	D364GD	块	853	1767	￥103.00
122×244	SE5d20	块	1343	2064	￥92.00
122×244	3644s	块	1037	1969	￥85.00
122×244	D65E36	块	952	2653	￥38.00
122×244	UY542	块	1071	2140	￥36.00
122×244	FH3420	块	1207	2615	￥38.00
122×244	354DF	块	1530	2121	￥28.00
122×244	F46F20	块	1394	1634	￥2 00
122×244	3F65G	块	2428	2026	
122×244	DGF45	块	1666	2311	
122×244	D5GGF	块	884	2025	￥32.00
五合一白色	64HG	罐		2015	￥350.00
五合一有色	FG653	罐		2025	￥345.00
五一108	T326TN	包	1105	2273	￥15.00

图7.29 输入其他基本数据

3 选择K3单元格，在其编辑栏中输入函数“=IF(RIGHT(A3,1)="*",J3*0.8,J3)”，表示若序号中含有“*”符号，则单价可进行8折处理，如图7.30所示。

4 按【Ctrl+Enter】键返回当前材料的折扣价，将K3单元格中的函数向下填充至K20单元格，计算其他材料的折扣价，将折扣价数据的格式设置为货币型数据类型，如图7.31所示。

IF =IF(RIGHT(A3,1)="*",J3*0.8,J3)

	F	G	H	I	J	K	L
2	型号	单位	库存量	保有量	单价	折扣价	采购量
3	3S5DG	块	1867	1577	￥112.00	J3*0.8,J3)	
4	D364GD	块	853	1767	￥103.00		
5	SE5d20	块	1343	2064	￥92.00		
6	3644s	块	1037	1969	￥85.00		
7	D65E36	块	952	2653	￥38.00		
8	UY542	块	1071	2140	￥36.00		
9	FH3420	块	1207	2615	￥38.00		
10	354DF	块	1530	2121	￥28.00		
11	F46F20	块	1394	1634	￥26.00		
12	3F65G	块	2428	2026	￥30.00		
13	DGF45	块	1666	2311	￥35.00		
14	D5GGF	块	884	2025	￥32.00		
15	64HG	罐	1122	2015	￥350.00		
16	FG653	罐	1581	2025	￥345.00		

图7.30 计算材料折扣价

	F	G	H	I	J	K	L
2	型号	单位	库存量	保有量	单价	折扣价	采购量
3	3S5DG	块	1867	1577	￥112.00	￥89.60	
4	D364GD	块	853	1767	￥103.00	￥103.00	
5	SE5d20	块	1343	2064	￥92.00	￥73.60	
6	3644s	块	1037	1969	￥85.00	￥85.00	
7	D65E36	块	952	2653	￥38.00	￥30.40	
8	UY542	块	1071	2140	￥36.00	￥36.00	
9	FH3420	块	1207	2615	￥38.00	￥38.00	
10	354DF	块	1530	2121	￥28.00	￥28.00	
11	F46F20	块	1394	1634	￥26.00	￥20.80	
12	3F65G	块	2428	2026	￥30.00	￥24.00	
13	DGF45	块	1666	2311	￥35.00	￥28.00	
14	D5GGF	块	884	2025	￥32.00	￥32.00	
15	64HG	罐	1122	2015	￥350	0.00	
16	FG653	罐	1581	2025	￥345	6.00	
17	T326TN	包	1105	2273	￥15.00	￥15.00	

图7.31 计算并填充函数

5 选择L3单元格，在其编辑栏中输入函数“=IF(H3>I3,I3*0.2,IF(H3*2<I3,I3*0.8,I3*0.5))”，表示当库存量大于保有量时，仅采购保有量20%的数量；当库存量小于保有量一半时，将采购保有量80%的数量；除以上两种情况外，将采购保有量50%的数量，如图7.32所示。

6 按【Ctrl+Enter】键计算L3单元格的数据，然后将L3单元格中的函数向下填充至L20单元格，计算其他材料的采购量，如图7.33所示。

IF =IF(H3>I3,I3*0.2,IF(H3*2<I3,I3*0.8,I3*0.5))

	G	H	I	J	K	L
2	单位	库存量	保有量	单价	折扣价	采购量
3	块	1867	1577	￥112.00	￥89.60	I3*0.5))
4	块	853	1767	￥103.00	￥103.00	
5	块	1343	2064	￥92.00	￥73.60	
6	块	1037	1969	￥85.00	￥85.00	
7	块	952	2653	￥38.00	￥30.40	
8	块	1071	2140	￥36.00	￥36.00	
9	块	1207	2615	￥38.00	￥38.00	
10	块	1530	2121	￥28.00	￥28.00	
11	块	1394	1634	￥26.00	￥20.80	
12	块	2428	2026	￥30.00	￥24.00	
13	块	1666	2311	￥35.00	￥28.00	

图7.32 计算材料采购量

L3 =IF(H3>I3,I3*0.2,IF(H3*2<I3,I3*0.8,I3*0.5))

	G	H	I	J	K	L
2	单位	库存量	保有量	单价	折扣价	采购量
3	块	1867	1577	￥112.00	￥89.60	315.4
4	块	853	1767	￥103.00	￥103.00	1413.6
5	块	1343	2064	￥92.00	￥73.60	1032
6	块	1037	1969	￥85.00	￥85.00	984.5
7	块	952	2653	￥38.00	￥30.40	2122.4
8	块	1071	2140	￥36.00	￥36.00	1070
9	块	1207	2615	￥38.00	￥38.00	2092
10	块	1530	2121	￥28.00	￥28.00	.5
11	块	1394	1634	￥26.00	￥20.8	
12	块	2428	2026	￥30.00	￥24.00	2
13	块	1666	2311	￥35.00	￥28.00	1155.5

图7.33 计算并填充函数

7 保持L3:L20单元格区域的选择状态，在已有函数的外侧加上取整函数“INT()”，如图7.34所示。

8 按【Ctrl+Enter】键完成取整计算，如图7.35所示。

IF　=INT(IF(H3>I3,I3*0.2,IF(H3*2<I3,I3*0.8,I3*0.5)))

输入

	G	H	I	J	K	L	M
1							
2	单位	库存量	保有量	单价	折扣价	采购量	金额
3	块	1867	1577	¥112.00	¥89.60	I3*0.5)))	
4	块	853	1767	¥103.00	¥103.00	1413.6	
5	块	1343	2064	¥92.00	¥73.60	1032	
6	块	1037	1969	¥85.00	¥85.00	984.5	
7	块	952	2653	¥38.00	¥30.40	2122.4	
8	块	1071	2140	¥36.00	¥36.00	1070	
9	块	1207	2615	¥38.00	¥38.00	2092	
10	块	1530	2121	¥28.00	¥28.00	1060.5	
11	块	1394	1634	¥26.00	¥20.80	817	
12	块	2428	2026	¥30.00	¥24.00	405.2	
13	块	1666	2311	¥35.00	¥28.00	1155.5	
14	块	884	2025	¥32.00	¥32.00	1620	
15	罐	1122	2015	¥350.00	¥350.00	1007.5	
16	罐	1581	2025	¥345.00	¥276.00	1012.5	
17	包	1105	2273	¥15.00	¥15.00	1818.4	
18	包	1190	2311	¥18.00	¥14.40	1155.5	
19	卷	2692	2539	¥5.00	¥5.00	507.8	
20	卷	1105	2200	¥3.00	¥2.40	1100	

图7.34 添加取整函数

L3　=INT(IF(H3>I3,I3*0.2,IF(H3*2<I3,I3*0.8,I3*0.5)))

	G	H	I	J	K	L	M
1							
2	单位	库存量	保有量	单价	折扣价	采购量	金额
3	块	1867	1577	¥112.00	¥89.60	315	
4	块	853	1767	¥103.00	¥103.00	1413	
5	块	1343	2064	¥92.00	¥73.60	1032	
6	块	1037	1969	¥85.00	¥85.00	984	
7	块	952	2653	¥38.00	¥30.40	2122	
8	块	1071	2140	¥36.00	¥36.00	1070	
9	块	1207	2615	¥38.00	¥38.00	2092	
10	块	1530	2121	¥28.00	¥28.00	1060	
11	块	1394	1634	¥26.00	¥20.80	817	
12	块	2428	2026	¥30.00	¥24.00	05	
13	块	1666	2311	¥35.00	¥28.		
14	块	884	2025	¥32.00	¥32.		
15	罐	1122	2015	¥350.00	¥350.	1007	
16	罐	1581	2025	¥345.00	¥276.00	1012	
17	包	1105	2273	¥15.00	¥15.00	1818	
18	包	1190	2311	¥18.00	¥14.40	1155	
19	卷	2692	2539	¥5.00	¥5.00	507	
20	卷	1105	2200	¥3.00	¥2.40	1100	

计算

图7.35 完成取整计算

9 选择M3:M20单元格区域，在编辑栏中输入公式“=K3*L3”。按【Ctrl+Enter】键计算各材料的采购金额，如图7.36所示。

10 将金额数据的格式设置为货币型数据，如图7.37所示。

M3　=K3*L3

	H	I	J	K	L	M
1						
2	库存量	保有量	单价	折扣价	采购量	金额
3	1867	1577	¥112.00	¥89.60	315	28224
4	853	1767	¥103.00	¥103.00	1413	145539
5	1343	2064	¥92.00	¥73.60	1032	75955.2
6	1037	1969	¥85.00	¥85.00	984	83640
7	952	2653	¥38.00	¥30.40	2122	64508.8
8	1071	2140	¥36.00	¥36.00	1070	38520
9	1207	2615	¥38.00	¥38.00	2092	79496
10	1530	2121	¥28.00	¥28.00	1060	29680
11	1394	1634	¥26.00	¥20.80	817	16993.6
12	2428	2026	¥30.00	¥24.00	405	9720
13	1666	2311	¥35.00	¥28.00	1155	32340
14	884	2025	¥32.00	¥32.00	1620	51840
15	1122	2015	¥350.00	¥350.00	1007	352450
16	1581	2025	¥345.00	¥276.00	1012	279312
17	1105	2273	¥15.00	¥15.00	1818	27270
18	1190	2311	¥18.00	¥14.40	1155	16632
19	2692	2539	¥5.00	¥5.00	507	2535
20	1105	2200	¥3.00	¥2.40	1100	2640

图7.36 计算采购金额

M3　=K3*L3

	H	I	J	K	L	M
1						
2	库存量	保有量	单价	折扣价	采购量	金额
3	1867	1577	¥112.00	¥89.60	315	¥28,224.00
4	853	1767	¥103.00	¥103.00	1413	¥145,539.00
5	1343	2064	¥92.00	¥73.60	1032	¥75,955.20
6	1037	1969	¥85.00	¥85.00	984	¥83,640.00
7	952	2653	¥38.00	¥30.40	2122	¥64,508.80
8	1071	2140	¥36.00	¥36.00	1070	¥38,520.00
9	1207	2615	¥38.00	¥38.00	2092	¥79,496.00
10	1530	2121	¥28.00	¥28.00	1060	¥29,680.00
11	1394	1634	¥26.00	¥20.80	817	¥16,993.60
12	2428	2026	¥30.00	¥24.00	405	¥9,720.00
13	1666	2311	¥35.00	¥28.00	1155	¥32,340.00
14	884	2025	¥32.00	¥32.00	1620	¥51,840.00
15	1122	2015	¥350.00	¥350.00	1007	¥352,450.00
16	1581	2025	¥345.00	¥276.00	1012	¥279,312.00
17	1105	2273	¥15.00	¥15.00	1818	¥27,270.00
18	1190	2311	¥18.00	¥14.40	1155	¥16,632.00
19	2692	2539	¥5.00	¥5.00	507	¥2,535.00
20	1105	2200	¥3.00	¥2.40	1100	¥2,640.00

图7.37 设置数据格式

11 在N3单元格的编辑栏中输入“="2016RK-"&REPT(0,8-LEN(F3))&F3”，表示以材料的型号为基础，在前面添“0”补足8位，并加上前缀“2016RK-”的方式整理材料的入库编号，如图7.38所示。

12 按【Ctrl+Enter】键返回当前材料的入库编号，将N3单元格中的函数向下填充至N20单元格，整理其他材料的入库编号，如图7.39所示。

SUM　=“2016RK-”&REPT(0,8-LEN(F3))&F3

单价	折扣价	采购量	金额	入库编号	备注
¥112.00	¥89.60	315	¥28,224.00	8-LEN(F3))&F3	
¥103.00	¥103.00	1413	¥145,539.00		
¥92.00	¥73.60	1032	¥75,955.20		
¥85.00	¥85.00	984	¥83,640.00		
¥38.00	¥30.40	2122	¥64,508.80		
¥36.00	¥36.00	1070	¥38,520.00		
¥38.00	¥38.00	2092	¥79,496.00		
¥28.00	¥28.00	1060	¥29,680.00		
¥26.00	¥20.80	817	¥16,993.60		
¥30.00	¥24.00	405	¥9,720.00		
¥35.00	¥28.00	1155	¥32,340.00		
¥32.00	¥32.00	1620	¥51,840.00		
¥350.00	¥350.00	1007	¥352,450.00		
¥345.00	¥276.00	1012	¥279,312.00		
¥15.00	¥15.00	1818	¥27,270.00		
¥18.00	¥14.40	1155	¥16,632.00		
¥5.00	¥5.00	507	¥2,535.00		
¥3.00	¥2.40	1100	¥2,640.00		

图7.38 输入公式

N3　=“2016RK-”&REPT(0,8-LEN(F3))&F3

单价	折扣价	采购量	金额	入库编号	备注
¥112.00	¥89.60	315	¥28,224.00	2016RK-0003S5DG	
¥103.00	¥103.00	1413	¥145,539.00	2016RK-00D364GD	
¥92.00	¥73.60	1032	¥75,955.20	2016RK-00SE5d20	
¥85.00	¥85.00	984	¥83,640.00	2016RK-0003644s	
¥38.00	¥30.40	2122	¥64,508.80	2016RK-00D65E36	
¥36.00	¥36.00	1070	¥38,520.00	2016RK-000UY542	
¥38.00	¥38.00	2092	¥79,496.00	2016RK-00FH3420	
¥28.00	¥28.00	1060	¥29,680.00	2016RK-000354DF	
¥26.00	¥20.80	817	¥16,993.60	2016RK-00F46F20	
¥30.00	¥24.00	405	¥9,720.00	2016RK-0003F65G	
¥35.00	¥28.00	1155	¥32,340.00	2016RK-000DGF45	
¥32.00	¥32.00	1620	¥51,840.00	2016RK-000D5GGF	
¥350.00	¥350.00	1007	¥352,450.00	000064HG	
¥345.00	¥276.00	1012	¥279,312.00	FG653	
¥15.00	¥15.00	1818	¥27,270.00	326TN	
¥18.00	¥14.40	1155	¥16,632.00	2016RK-00TUI215	
¥5.00	¥5.00	507	¥2,535.00	2016RK-000JI232	
¥3.00	¥2.40	1100	¥2,640.00	2016RK-00WER236	

计算

图7.39 填充入库编号

13 根据实际情况在备注字段下输入供应商缺货的材料情况，如图7.40所示。

14 选择A21单元格，输入“合计：”，选择L21单元格，在编辑栏中输入公式“=SUM(L3:L20)”，按【Ctrl+Enter】键计算材料采购量的总和，如图7.41所示。

O17　缺货

单价	折扣价	采购量	金额	入库编号	备注
¥112.00	¥89.60	315	¥28,224.00	2016RK-0003S5DG	
¥103.00	¥103.00	1413	¥145,539.00	2016RK-00D364GD	
¥92.00	¥73.60	1032	¥75,955.20	2016RK-00SE5d20	缺货
¥85.00	¥85.00	984	¥83,640.00	2016RK-0003644s	
¥38.00	¥30.40	2122	¥64,508.80	2016RK-00D65E36	
¥36.00	¥36.00	1070	¥38,520.00	2016RK-000UY542	
¥38.00	¥38.00	2092	¥79,496.00	2016RK-00FH3420	缺货
¥28.00	¥28.00	1060	¥29,680.00	2016RK-000354DF	
¥26.00	¥20.80	817	¥16,993.60	2016RK-[illegible]	
¥30.00	¥24.00	405	¥9,720.00	2016RK-[illegible]	
¥35.00	¥28.00	1155	¥32,340.00	2016RK-[illegible]	
¥32.00	¥32.00	1620	¥51,840.00	2016RK-000D5GGF	
¥350.00	¥350.00	1007	¥352,450.00	2016RK-000064HG	
¥345.00	¥276.00	1012	¥279,312.00	2016RK-000FG653	
¥15.00	¥15.00	1818	¥27,270.00	2016RK-00T326TN	缺货
¥18.00	¥14.40	1155	¥16,632.00	2016RK-00TUI215	
¥5.00	¥5.00	507	¥2,535.00	2016RK-000JI232	
¥3.00	¥2.40	1100	¥2,640.00	2016RK-00WER236	

输入

图7.40 输入备注

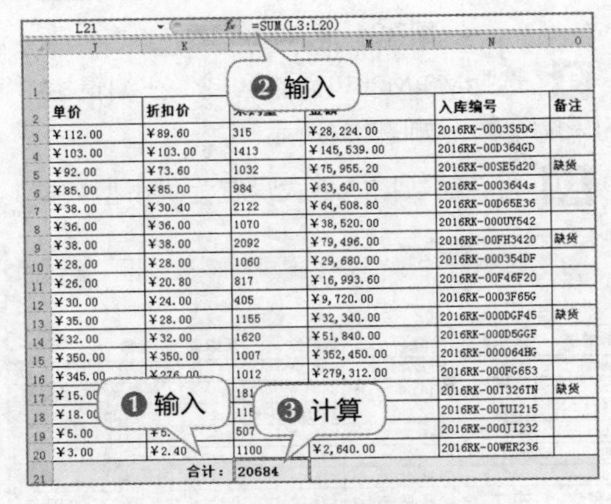

L21　=SUM(L3:L20)

单价	折扣价	采购量	金额	入库编号	备注
¥112.00	¥89.60	315	¥28,224.00	2016RK-0003S5DG	
¥103.00	¥103.00	1413	¥145,539.00	2016RK-00D364GD	
¥92.00	¥73.60	1032	¥75,955.20	2016RK-00SE5d20	缺货
¥85.00	¥85.00	984	¥83,640.00	2016RK-0003644s	
¥38.00	¥30.40	2122	¥64,508.80	2016RK-00D65E36	
¥36.00	¥36.00	1070	¥38,520.00	2016RK-000UY542	
¥38.00	¥38.00	2092	¥79,496.00	2016RK-00FH3420	缺货
¥28.00	¥28.00	1060	¥29,680.00	2016RK-000354DF	
¥26.00	¥20.80	817	¥16,993.60	2016RK-00F46F20	
¥30.00	¥24.00	405	¥9,720.00	2016RK-0003F65G	
¥35.00	¥28.00	1155	¥32,340.00	2016RK-000DGF45	缺货
¥32.00	¥32.00	1620	¥51,840.00	2016RK-000D5GGF	
¥350.00	¥350.00	1007	¥352,450.00	2016RK-000064HG	
¥345.00	¥276.00	1012	¥279,312.00	2016RK-000FG653	
¥15.00	[illegible]	181[illegible]		2016RK-00T326TN	缺货
¥18.00	[illegible]	115[illegible]		2016RK-00TUI215	
¥5.00	[illegible]	507		2016RK-000JI232	
¥3.00	¥2.40	1100	¥2,640.00	2016RK-00WER236	
	合计：	20684			

图7.41 计算材料采购量总和

15 在M21单元格的编辑栏中输入函数“=SUM(M3:M20)”，按【Ctrl+Enter】键计算所有材料的采购总金额，如图7.42所示。

M21　=SUM(M3:M20)

保有量	单价	折扣价	采购量	金额	入库编号	备注
1577	¥112.00	¥89.60	315	¥28,224.00	2016RK-0003S5DG	
1767	¥103.00	¥103.00	1413	¥145,539.00	2016RK-00D364GD	
2064	¥92.00	¥73.60	1032	¥75,955.20	2016RK-00SE5d20	缺货
1969	¥85.00	¥85.00	984	¥83,640.00	2016RK-0003644s	
2653	¥38.00	¥30.40	2122	¥64,508.80	2016RK-00D65E36	
2140	¥36.00	¥36.00	1070	¥38,520.00	2016RK-000UY542	
2615	¥38.00	¥38.00	2092	¥79,496.00	2016RK-00FH3420	缺货
2121	¥28.00	¥28.00	1060	¥29,680.00	2016RK-000354DF	
1634	¥26.00	¥20.80	817	¥16,993.60	2016RK-00F46F20	
2026	¥30.00	¥24.00	405	¥9,720.00	2016RK-0003F65G	
2311	¥35.00	¥28.00	1155	¥32,340.00	2016RK-000DGF45	缺货
2025	¥32.00	¥32.00	1620	¥51,840.00	2016RK-000D5GGF	
2015	¥350.00	¥350.00	1007	¥352,450.00	2016RK-000064HG	
2025	¥345.00	¥276.00	1012	¥279,312.00	2016RK-000FG653	
2273	¥15.00	¥15.00	1818	¥27,270.00	00T326TN	缺货
2311	¥18.00	¥14.40	1155	¥16,632.00	00TUI215	
2539	¥5.00	¥5.00	507	¥2,535.00	000JI232	
2200	¥3.00	¥2.40	1100	¥2,640.00	2016RK-00WER236	
		合计：	20684	¥1,337,295.60		

计算

图7.42 计算采购金额总和

7.2.2 添加新数据

由于某些材料缺货，因此需要考虑其他供应商的材料供货情况，以便选择最佳的采购方案。下面首先建立“缺货处理”工作表，并在其中输入其他供应商提供的4种缺货材料的相关数据情况，其具体操作如下。

1 新建工作表，将名称修改为“缺货处理”，如图7.43所示。

2 依次输入表格中的标题和项目字段，然后美化数据格式以及单元格格式，如图7.44所示。

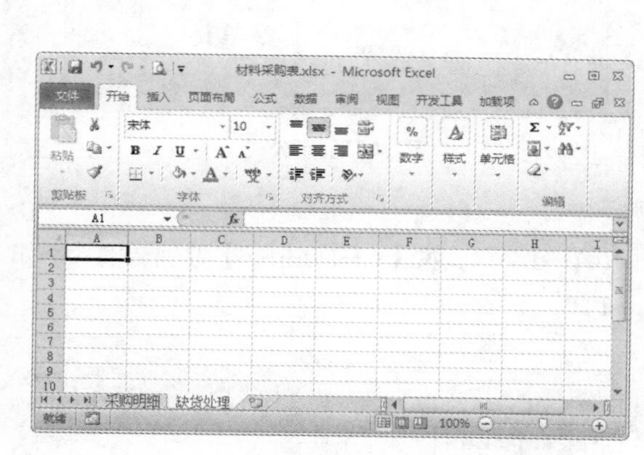

图7.43 新建工作表

其他供应商年度供货分析				
缺货材料	进口15厘板（块）	进口波音板（块）	元盛石膏板（块）	恒业熟胶粉（包
供应商条件：各材料每次订货量不得小于				
年需求量				
订货成本				
存储成本				
送货量/日				
耗用量/日				
数量折扣				
单价				
最佳单次订货量				
采购成本				
存储成本				
订货成本				
成本总计				
所有缺货材料成本				
最佳订货次数				
最佳订货周期（月）				

图7.44 输入并美化框架数据

3 在B3:E10单元格区域中输入供应商以及企业自身情况的相关材料采购数据，如图7.45所示。

其他供应商年度供货分析				
缺货材料	进口15厘板（块）	进口波音板（块）	元盛石膏板（块）	恒业熟胶粉（包
供应商条件：各材料每次订货量不得小于	3000	2000	3500	5500
年需求量	50000	35000	85000	125000
订货成本/次	38	55	25	12
存储成本/单位	5	8	4	1
送货量/日	200	300	300	800
耗用量/日	30	20	40	80
数量折扣	2.5%	2.0%	3.0%	5.0%
单价	¥95.00	¥35.00	¥35.00	¥13.00
最佳单次订货量				
采购成本				
存储成本				
订货成本				
成本总计				
所有缺货材料成本				
最佳订货次数				
最佳订货周期（月）				

输入

图7.45 输入供货数据

7.2.3 建立规划求解模型

在利用规划求解计算最佳采购方案之前，需要通过设计公式来建立规划求解模型，其具体操作如下。

1 选择【文件】/【选项】命令，打开“Excel 选项”对话框，选择左侧的“高级”选项，如图7.46所示。

2 在“此工作表的显示选项”栏中单击选中“在单元格中显示公式而

非其计算结果”复选框，单击 确定 按钮，如图7.47所示。

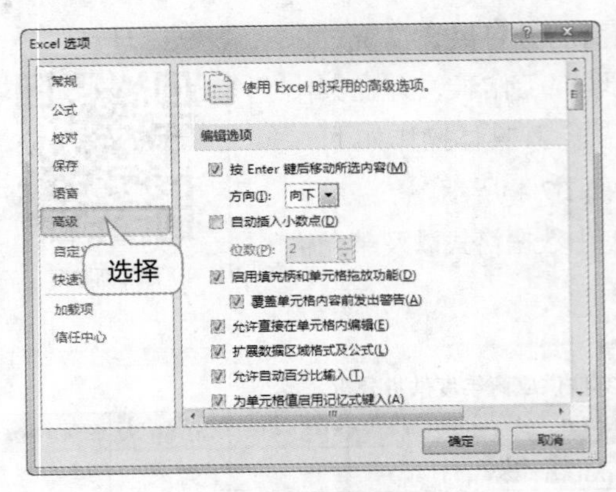

图7.46 设置Excel

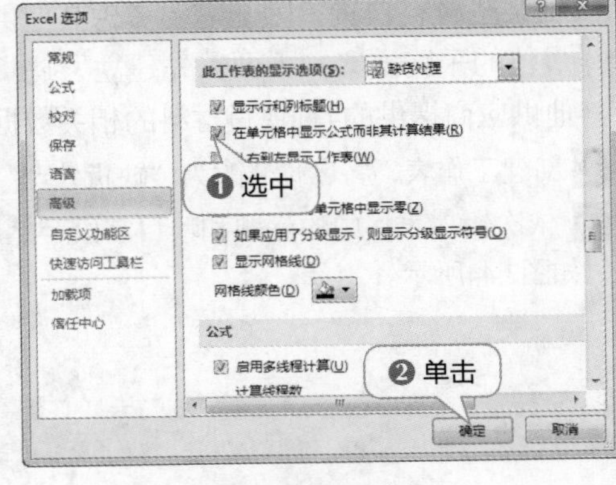

图7.47 显示公式

3 重新缩小自动增加的各列列宽，如图7.48所示。

4 在B12单元格的编辑栏中输入公式“=B4*B10*(1−B9)”，按【Ctrl+Enter】键确认输入，如图7.49所示。

其他供应商年度供货分析

缺货材料	进口15厘板(块)	进口波音板(块)	元	恒业熟胶粉
供应商条件：各材料每次订货量不得小于	3000	2000	3500	5500
年需求量	50000	35000	85000	125000
订货成本/次	38	55	25	12
存储成本/单位	5	8	4	1
送货量/日	200	300	300	800
耗用量/日	30	20	40	80
数量折扣	0.025	0.02	0.03	0.05
单价	95	35	35	13
最佳单次订货量				
采购成本				
存储成本				

图7.48 调整列宽

B12 =B4*B10*(1-B9)

缺货材料	进口15厘板	板(块)	元叠石膏板(块)
供应商条件：各材料每次订货量不得小于	3000	2000	3500
年需求量	50000	35000	85000
订货成本/次	38	55	25
存储成本/单位	5	8	4
送货量/日	200	300	300
耗用量/日		20	40
数量折扣		0.02	0.03
单价		35	35
最佳单次订货量			
采购成本	=B4*B10*(1-B9)		
存储成本			

❶ 输入
❷ 确认

图7.49 输入采购成本公式

5 在B13单元格的编辑栏中输入公式“=(B11−B11/B7*B8)/2”，按【Ctrl+Enter】键确认输入，如图7.50所示。

6 在B14单元格的编辑栏中输入公式“=B4/B11*B5”，按【Ctrl+Enter】键确认输入，如图7.51所示。

B13 =(B11-B11/B7*B8)/2

缺货材料	进口15	波音板(块)	元叠石膏板(块)
供应商条件：各材料每次订货量不得小于	3000	2000	3500
年需求量	50000	35000	85000
订货成本/次	38	55	25
存储成本/单位	5	8	4
送货量/日	200	300	300
耗用量/日	30	20	40
数量折扣	0.025	0.02	0.03
单价		35	35
最佳单次订货			
采购成本	=B4*0*(1-B9)		
存储成本	=(B11-B11/B7*B8)/2		
订货成本			

❶ 输入
❷ 确认

图7.50 输入存储成本公式

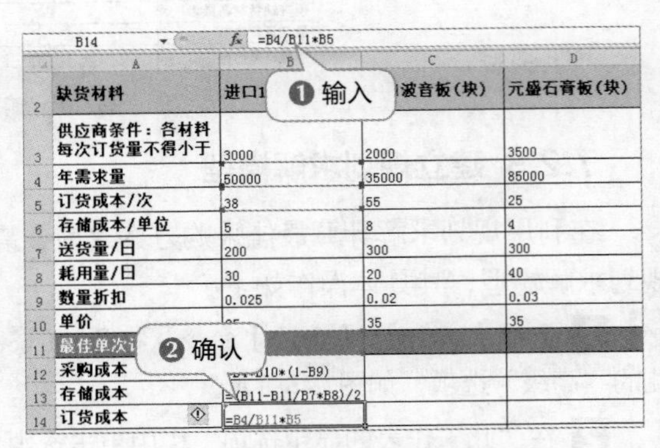

B14 =B4/B11*B5

缺货材料	进口1	波音板(块)	元叠石膏板(块)
供应商条件：各材料每次订货量不得小于	3000	2000	3500
年需求量	50000	35000	85000
订货成本/次	38	55	25
存储成本/单位	5	8	4
送货量/日	200	300	300
耗用量/日	30	20	40
数量折扣	0.025	0.02	0.03
单价		35	35
最佳单次订			
采购成本	B10*(1-B9)		
存储成本	=(B11-B11/B7*B8)/2		
订货成本	=B4/B11*B5		

图7.51 输入订货成本公式

7 在B15单元格的编辑栏中输入函数“=SUM (B12:B14)”，按【Ctrl+Enter】键确认输入，如图7.52所示。

8 在B16单元格的编辑栏中输入函数“=SUM (B15:E15)”，按【Ctrl+Enter】键确认输入，如图7.53所示。

B15 fx =SUM(B12:B14)

	A	B	C	D
2	缺货材料	进口15厘板(块)	进口波音板(块)	元盛石膏板(块)
3	供应商条件：各材料每次订货量不得小于	3000	2000	3500
4	年需求量	50000	35000	85000
5	订货成本/次	38	55	25
6	存储成本/单位	5	8	4
7	送货量/日	200	300	300
8	耗用量/日	30	20	40
9	数量折扣	0.025	0.02	0.03
10	单价	95	35	35
11	最佳单次订货量			
12	采购成本	=B4*B10*(1		
13	存储成本	=(B11-B11/		
14	订货成本	=B4/B11*B5		
15	成本总计	=SUM(B12:B14)		
16	所有缺货材料成本			
17	最佳订货次数			
18	最佳订货周期（月）			

确认

图7.52 输入成本总计函数

B16 fx =SUM(B15:E15)

	A	B	C	D
2	缺货材料	进口15厘板(块)	进口波音板(块)	元盛石膏板(块)
3	供应商条件：各材料每次订货量不得小于	3000	2000	3500
4	年需求量	50000	35000	85000
5	订货成本/次	38	55	25
6	存储成本/单位	5	8	4
7	送货量/日	200	300	300
8	耗用量/日	30	20	40
9	数量折扣	0.025	0.02	0.03
10	单价	95	35	35
11	最佳单次订货量			
12	采购成本	=B4*B10*(1-B9)		
13	存储成本	=(B11-B11/B7		
14	订货成本	=B4/B11*B5		
15	成本总计	=SUM(B12:B14		
16	所有缺货材料成2	=SUM(B15:E15)		
17	最佳订货次数			
18	最佳订货周期（月）			

确认

图7.53 输入缺货所有材料成本总计函数

9 在B17单元格的编辑栏中输入公式“=B4/B11”，按【Ctrl+Enter】键确认输入，如图7.54所示。

10 在B18单元格的编辑栏中输入公式“=12/B17”，按【Ctrl+Enter】键确认输入，如图7.55所示。

B17 fx =B4/B11

	A	B	C	D
2	缺货材料	进口15厘板(块)	进口波音板(块)	元盛石膏板(块)
3	供应商条件：各材料每次订货量不得小于	3000	2000	3500
4	年需求量	50000	35000	85000
5	订货成本/次	38	55	25
6	存储成本/单位	5	8	4
7	送货量/日	200	300	300
8	耗用量/日	30	20	40
9	数量折扣	0.025	0.02	0.03
10	单价	95	35	35
11	最佳单次订货量			
12	采购成本	=B4*B10*(1-B9)		
13	存储成本	=(B11-B11/B7*B8)/2		
14	订货成本	=B4/B11*B5		
15	成本总计	=SUM(B12		
16	所有缺货材料成本	=SUM(B15:		
17	最佳订货次数	=B4/B11		
18	最佳订货周期（月）			

确认

图7.54 输入最佳订货次数公式

B18 fx =12/B17

	A	B	C	D
2	缺货材料	进口15厘板(块)	进口波音板(块)	元盛石膏板(块)
3	供应商条件：各材料每次订货量不得小于	3000	2000	3500
4	年需求量	50000	35000	85000
5	订货成本/次	38	55	25
6	存储成本/单位	5	8	4
7	送货量/日	200	300	300
8	耗用量/日	30	20	40
9	数量折扣	0.025	0.02	0.03
10	单价	95	35	35
11	最佳单次订货量			
12	采购成本	=B4*B10*(1-B9)		
13	存储成本	=(B11-B11/B7*B8)/2		
14	订货成本	=B4/B11*B5		
15	成本总计	=SUM(B1		
16	所有缺货材料成本	=SUM(B1		
17	最佳订货次数	=B4/B11		
18	最佳订货周期（月	=12/B17		

确认

图7.55 输入最佳订货周期公式

11 通过数据填充的方式依次填充C11:C18、D11:D18、E11:E18单元格区域的公式，如图7.56所示。

	A	B	C	D	E
2	缺货材料	进口15厘板（块）	进口波音板（块）	元盛石膏板（块）	恒业熟胶粉（包）
3	供应商条件：各材料每次订货量不得小于	3000	2000	3500	5500
4	年需求量	50000	35000	85000	125000
5	订货成本/次	38	55	25	12
6	存储成本/单位	5	8	4	1
7	送货量/日	200	300	300	800
8	耗用量/日	30	20	[illegible]	80
9	数量折扣	0.025	0.02	[illegible]	0.05
10	单价	95	35	[illegible]	13
11	最佳单次订货量				
12	采购成本	=B4*B10*(1-B9)	=C4*C10*(1-C9)	=D4*D10*(1-D9)	=E4*E10*(1-E9)
13	存储成本	=(B11-B11/B7*B8)/2	=(C11-C11/C7*C8)/2	=(D11-D11/D7*D8)/2	=(E11-E11/E7*E8)/2
14	订货成本	=B4/B11*B5	=C4/C11*C5	=D4/D11*D5	=E4/E11*E5
15	成本总计	=SUM(B12:B14)	=SUM(C12:C14)	=SUM(D12:D14)	=SUM(E12:E14)
16	所有缺货材料成本	=SUM(B15:E15)			
17	最佳订货次数	=B4/B11	=C4/C11	=D4/D11	=E4/E11
18	最佳订货周期（月）	=12/B17	=12/C17	=12/D17	=12/E17

填充

图7.56 填充公式

7.2.4 使用规划求解分析数据

完成模型的创建后，下面将加载“规划求解”按钮到功能区中，然后利用该按钮求解最佳采购方案，其具体操作如下。

使用规划求解分析数据

1 打开“Excel 选项”对话框，选择左侧的“加载项”选项，在界面下方的“管理”下拉列表框中选择“Excel加载项”选项，单击 转到(G)... 按钮，如图7.57所示。

2 打开“加载宏”对话框，在其中的列表框中单击选中“规划求解加载项”复选框，单击 确定 按钮，如图7.58所示。

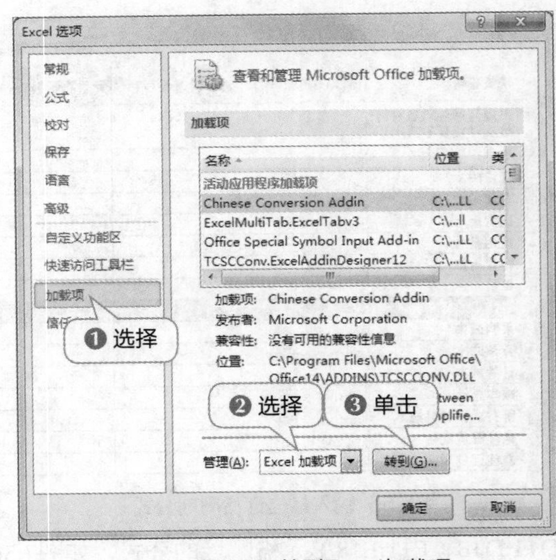

图7.57 转到Excel加载项

图7.58 加载规划求解功能

3 在【数据】/【分析】组中单击 规划求解 按钮，如图7.59所示。

4 打开“规划求解参数”对话框，将“设置目标”文本框中的单元格设置为B16单元格，单击选中“最小值”单选项，并将“通过更改可变单元格”文本框中的单元格设置为B11:E11单元格区域，单击 添加(A) 按钮，如图7.60所示。

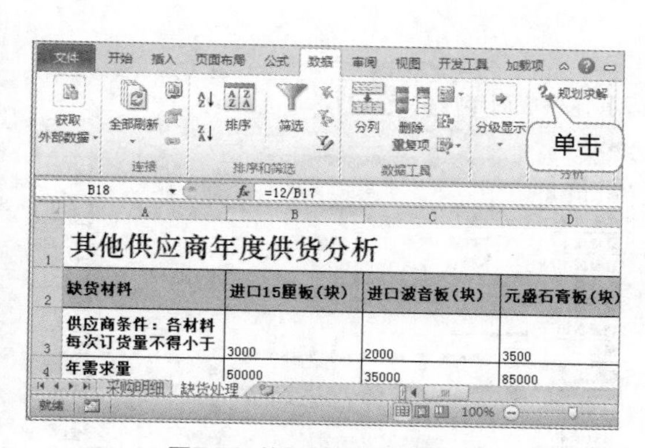

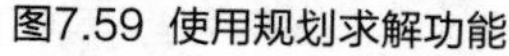
图7.59 使用规划求解功能

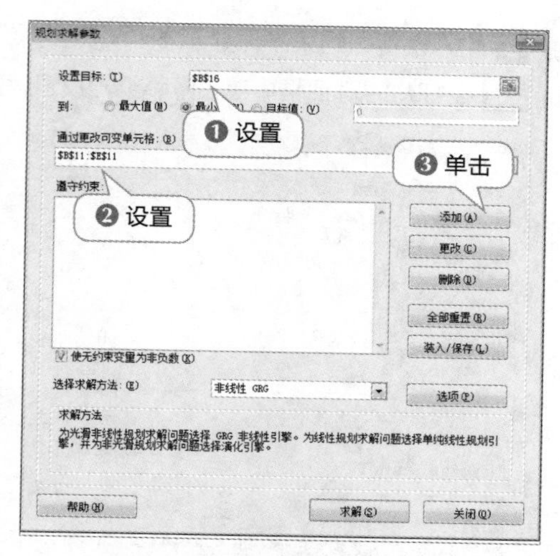

图7.60 设置目标单元格和可变单元格

5 打开“添加约束”对话框，将“单元格引用”文本框中的单元格设置为B11单元格，在“条件”下拉列表框中选择“>=”选项，将“约束”文本框中的单元格设置为B3单元格，单击 添加(A) 按钮，如图7.61所示。

6 按相同方法将约束条件设置为“C11>=C3”，单击 添加(A) 按钮，如图7.62所示。

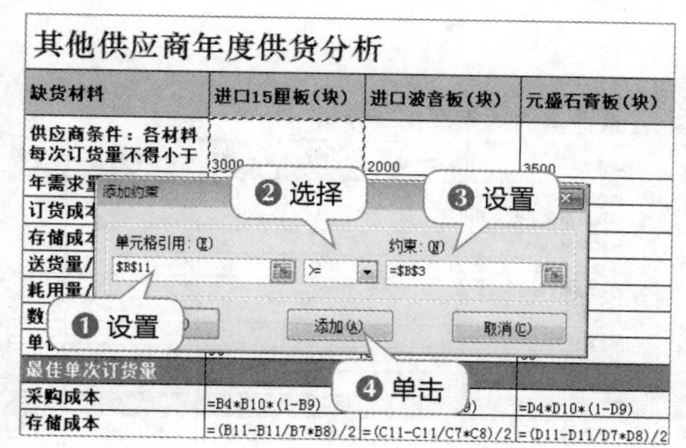

图7.61 添加约束

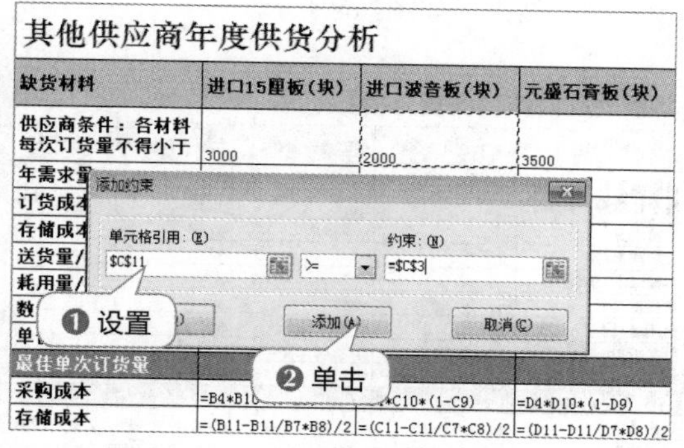

图7.62 添加约束

7 设置约束条件，内容为“D11>=D3”，单击 添加(A) 按钮，如图7.63所示。

8 设置约束条件，内容为“E11>=E3”，单击 确定 按钮，如图7.64所示。

图7.63 添加约束

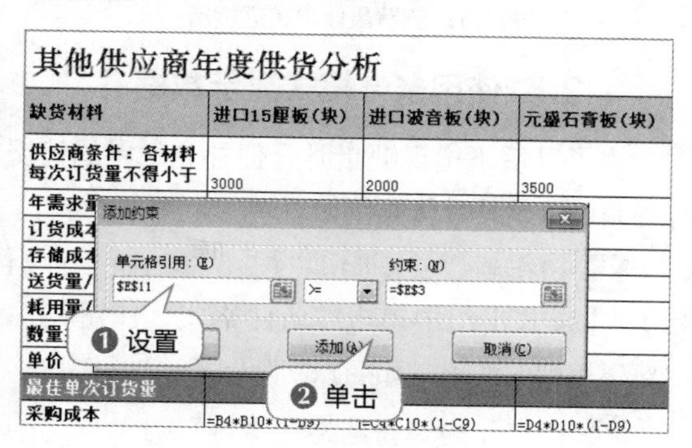

图7.64 添加约束

9 此时设置的约束条件显示在“遵守约束”列表框中，单击 求解(S) 按钮，如图7.65所示。

10 在打开的对话框中单击 确定 按钮，如图7.66所示。

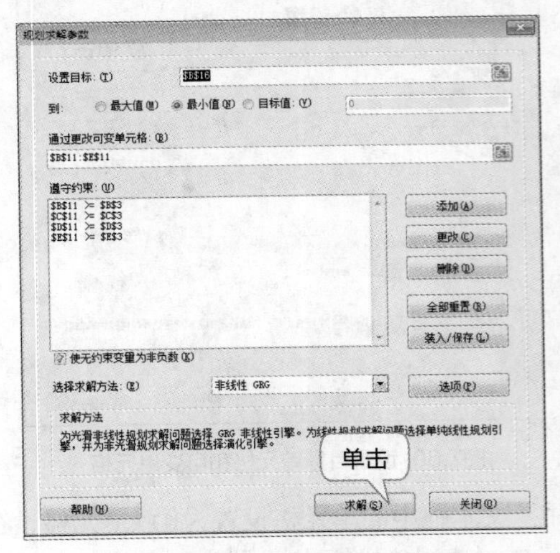

图7.65 查看“遵守约束”列表框

其他供应商年度供货分析

规划求解结果

规划求解找到一解，可满足所有的约束及最优状况。

◉ 保留规划求解的解

○ 还原初值

报告：运算结果报告 / 敏感性报告 / 极限值报告

□ 返回“规划求解参数”对话框　　□ 制作报告大纲

确定　取消　保存方案...

规划求解找到一解，可满足所有的约束及最优状况。

……擎时，规划求解至少找到了一个本地最优解。使用单纯线性规划……着规划求解已找到一个全局最优解。

单击

缺货材料				恒业熟
供应商条件：每次订货量				5500
年需求量				125000
订货成本/次				12
存储成本/单				1
送货量/日				800
耗用量/日				80
数量折扣				0.05
单价				13
最佳单次订				5500
采购成本				=E4*E10*
存储成本				=(E11-E1
订货成本				=E4/E11*
成本总计	=SUM(B12:B14)	=SUM(C12:C14)	=SUM(D12:D14)	=SUM(E12:
所有缺货材料成本	=SUM(B15:E15)			
最佳订货次数	=B4/B11	=C4/C11	=D4/D11	=E4/E11
最佳订货周期（月）	=12/B17	=12/C17	=12/D17	=12/E17

图7.66 保存设置

11 此时将显示各材料的最佳单次订货量，如图7.67所示。

12 将Excel重新设置为在单元格中显示值而不是公式的效果，此时可以查看设置了公式的单元格中得到的结果，如图7.68所示。

其他供应商年度供货分析

缺货材料	进口15厘板(块)	进口波音板(块)	元盛石膏板(块)	恒业熟
供应商条件：各材料每次订货量不得小于	3000	2000	3500	5500
年需求量	50000	35000	85000	125000
订货成本/次	38	55	25	12
存储成本/单位	5	8	4	1
送货量/日	200	3	300	800
耗用量/日	30	2	40	80
数量折扣	0.025	0.	0.03	0.05
单价	95	35	35	13
最佳单次订货量	3000	2031.00980088418	3500	5500
采购成本	=B4*B10*(1-B9)	=C4*C10*(1-C9)	=D4*D10*(1-D9)	=E4*E10*
存储成本	=(B11-B11/B7*B8)/2	=(C11-C11/C7*C8)/2	=(D11-D11/D7*D8)/2	=(E11-E1
订货成本	=B4/B11*B5	=C4/C11*C5	=D4/D11*D5	=E4/E11*
成本总计	=SUM(B12:B14)	=SUM(C12:C14)	=SUM(D12:D14)	=SUM(E12
所有缺货材料成本	=SUM(B15:E15)			
最佳订货次数	=B4/B11	=C4/C11	=D4/D11	=E4/E11
最佳订货周期（月）	=12/B17	=12/C17	=12/D17	=12/E17

求解

图7.67 查看最佳单次订货量

	A	B	C	D	
1	其他供应商年度供货分析				
2	缺货材料	进口15厘板(块)	进口波音板(块)	元盛石膏板(块)	恒业熟
3	供应商条件：各材料每次订货量不得小于	3000	2000	3500	5500
4	年需求量	50000	35000	85000	125000
5	订货成本/次	38	55	25	12
6	存储成本/单位	5	8	4	1
7	送货量/日	200	300	300	800
8	耗用量/日	30	20	40	80
9	数量折扣	2.5%	2.0%	3.0%	5.0%
10	单价	¥95.00	¥35.00	¥35.00	¥13.00
11	最佳单次订货量	3000	2031	3500	5500
12	采购成本	¥4,631,250.00	¥1,200,500.00	¥2,885,750.00	¥1,543,
13	存储成本	¥1,275.00	¥947.80	¥1,516.67	¥2,475.
14	订货成本	¥633.33	¥	607.14	¥272.7
15	成本总计	¥4,633,158.33	¥	2,887,873.81	¥1,546,
16	所有缺货材料成本	¥10,269,925.48			
17	最佳订货次数	16.7	17.2	24.3	22.7
18	最佳订货周期（月）	0.72	0.70	0.49	0.53

显示结果

图7.68 显示结果

7.2.5 使用条件格式显示数据

为了以后不出现缺货时仓促补充材料的情况，下面将对库存量数据进行强调显示，其具体操作如下。

使用条件格式显示数据

1 切换到“采购明细”工作表，选择H3:H20单元格区域，在【开始】/【样式】组中单击“条件格式”按钮，在打开的下拉列表中选择“新建规则”选项，如图7.69所示。

2 在打开的“新建格式规则”对话框的列表框中选择“使用公式确

定要设置格式的单元格”选项，在文本框中输入“=H3<I3”，将格式设置为“填充橙色”，单击 确定 按钮，如图7.70所示。

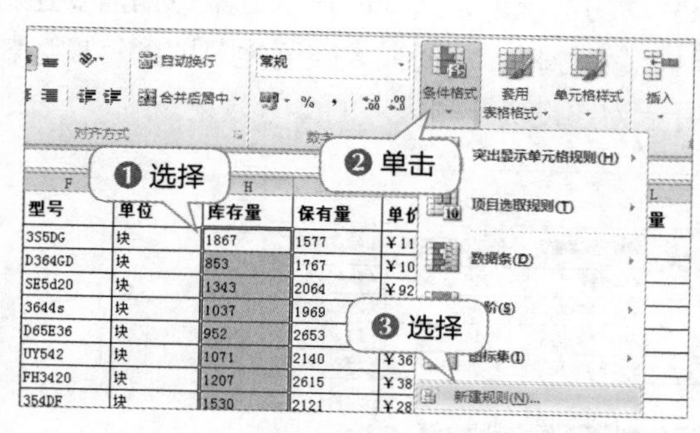

图7.69 新建规则

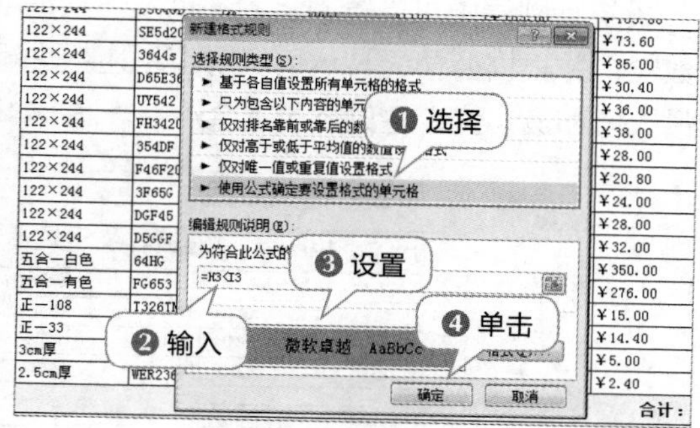

图7.70 设置规则

3 此时库存量小于保有量的单元格将被填充为橙色。再次选择“新建规则”选项，如图7.71所示。

4 打开“新建格式规则”对话框，在列表框中选择“使用公式确定要设置格式的单元格”选项，在下方的文本框中输入“=H3*2<I3”，将格式设置为“填充红色”，单击 确定 按钮，如图7.72所示。

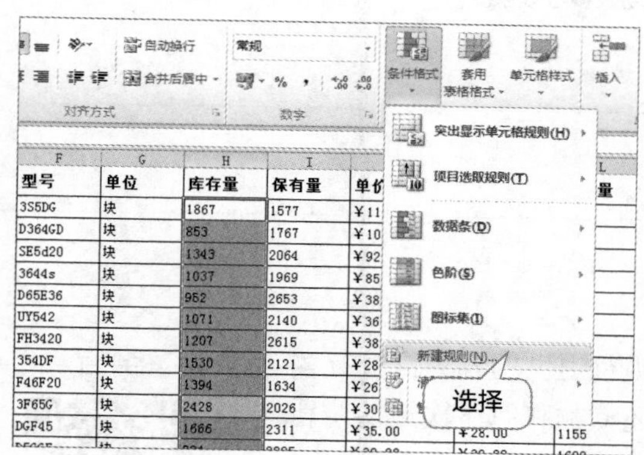

图7.71 新建规则

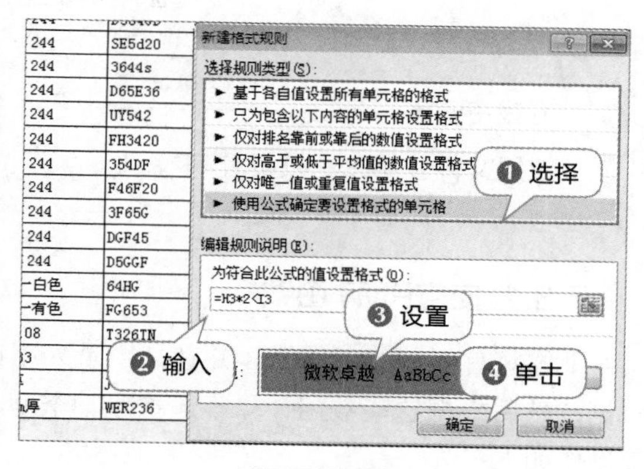

图7.72 设置规则

5 此时库存量小于保有量的单元格将被填充为红色，如图7.73所示。

单位	库存量	保有量	单价	折扣价	采购量	金额
块	1867	1577	¥112.00	¥89.60	315	¥28,224.00
块	853	1767	¥103.00	¥103.00	1413	¥145,539.00
块	1343	2064	¥92.00	¥73.60	1032	¥75,955.20
块	1037	1969	¥85.00	¥85.00	984	¥83,640.00
块	952	2653	¥38.00	¥30.40	2122	¥64,508.80
块	1071	2140	¥36.00	¥36.00	1070	¥38,520.00
块	1207	2615	¥38.00	¥38.00	2092	¥79,496.00
块	1530	2121	¥28.00	¥28.00	1060	¥29,680.00
块	1394	1634	¥26.00	¥20.80	817	¥16,993.60
块	2428	2026	¥30.00	¥24.00	405	¥9,720.00
块	1666	2311	¥35.00	¥28.00	1155	¥32,340.00
块	884	2025	¥32.00	¥32.00	1620	¥51,840.00
罐	1122	2015	¥350.00	¥350.00	1007	¥352,450.00
罐	1581	2025	¥345.00	¥276.00	1012	¥279,312.00
包	1105	2273	¥15.00	¥15.00	1818	¥27,270.00
包	1190	2311	¥18.00	¥14.40	1155	¥16,632.00
卷	2692	2539	¥5.00	¥5.00	507	¥2,535.00

图7.73 完成设置

7.3 制作投资计划表

投资计划表中可以得到年利率以及还款期限变动的情况下，选择的信贷方案每期需要还款的数额，并根据公司的具体情况对每期还款进行了误差分析，从而最大限度地获取到每期还款的最大值和最小值，避免公司资金短缺。图7.74所示为“投资计划表”的参考效果。

甲银行信贷方案

方案	贷款总额	期限(年)	年利率	每年还款额	每季度还款额	每月还款额
1	¥1,000,000.0	3	6.60%	¥378,270.1	¥92,538.8	¥30,694.5
2	¥1,500,000.0	5	6.90%	¥364,857.0	¥89,318.7	¥29,631.1
3	¥2,000,000.0	5	6.75%	¥484,520.7	¥118,655.9	¥39,366.9
4	¥2,500,000.0	10	7.20%	¥359,241.6	¥88,214.4	¥29,285.5

年利率波动	每年还款额
	¥359,241.6
7.22%	¥359,572.1
6.97%	¥355,417.4
6.96%	¥355,285.9
6.90%	¥354,365.9
7.54%	¥364,813.7
7.18%	¥358,845.1
7.13%	¥358,052.7
6.89%	¥354,103.2
7.06%	¥356,865.7
7.04%	¥356,602.2
7.12%	¥357,920.7

不同年利率下每年还款额

¥370,000.0
¥365,000.0
¥360,000.0
¥355,000.0
¥350,000.0
¥345,000.0
7.22% 6.97% 6.96% 6.90% 7.54% 7.18% 7.13% 6.89% 7.06% 7.04% 7.12%

图7.74 投资计划表参考效果

下载资源

效果文件：第7章\投资计划表.xlsx

7.3.1 使用PMT函数

使用PMT函数

下面将首先创建工作簿，并在其中录入甲银行提供的各种信贷方案数据，然后根据这些数据计算年还款额、季度还款额和月还款额，其具体操作如下。

1 新建工作簿，将其以“投资计划表.xlsx”为名进行保存，删除多余的两个工作表，将剩余工作表的名称命名为“方案选择”，如图7.75所示。

2 依次输入表格的标题和项目字段，并适当美化单元格及其中的数据格式，如图7.76所示。

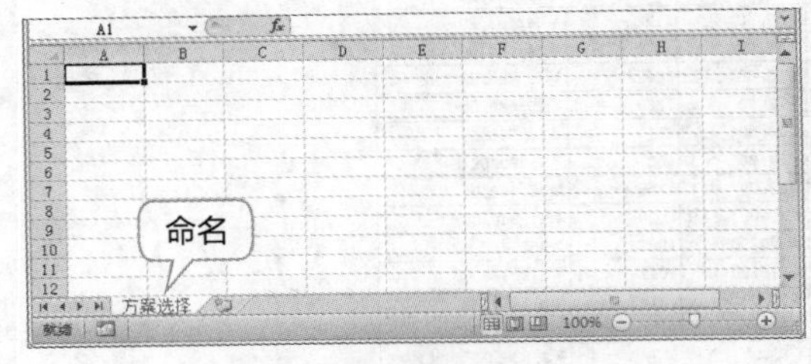

图7.75 重命名工作表

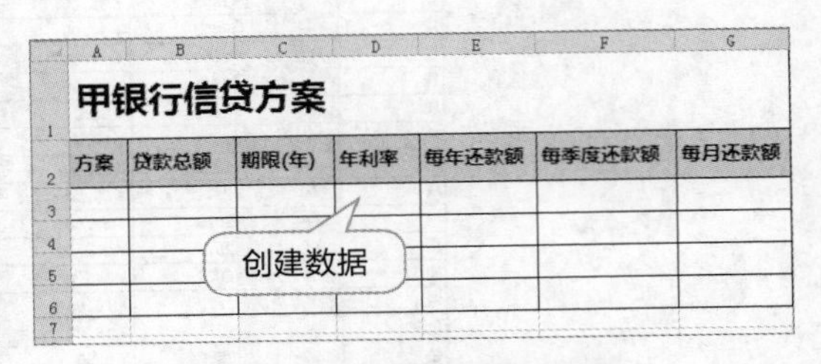

图7.76 输入并美化框架数据

3 填充方案数据，输入各方案贷款总额，并设置为货币型数据，输入各方案的还款期限，输入各方案的年利率，并设置为百分比型数据，如图7.77所示。

4 选择E3单元格，单击编辑栏上的“插入函数”按钮f_x，打开“插入函数”对话框，在“或选择类别”下拉列表框中选择“财务”选项，在“选择函数”列表框中选择“PMT”选项，单击 确定 按钮，如图7.78所示。

方案	贷款总额	期限(年)	年利率	每年还款额	每季度还款额
1	¥1,000,000.0	3	6.60%		
2	¥1,500,000.0	5	6.90%		
3	¥2,000,000.0	5	6.75%		
4	¥2,500,000.0	10	7.20%		

图7.77 输入框架数据

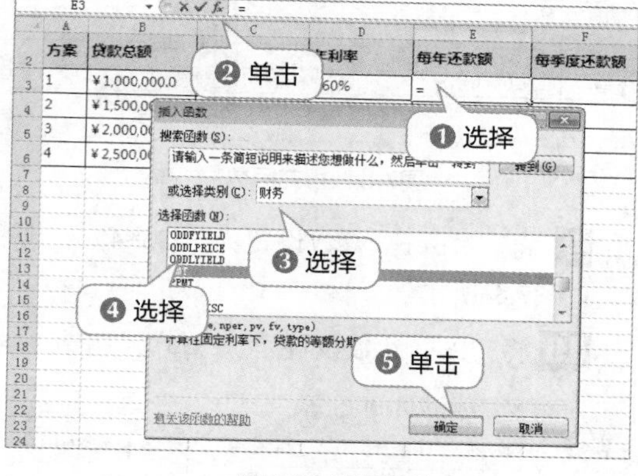

图7.78 选择函数

5 打开“函数参数”对话框，依次引用D3、C3和B3单元格地址为前3个参数的计算对象，其中在引用的B3单元格地址前面加上负号“–”，使结果呈正数显示，单击 确定 按钮，如图7.79所示。

6 此时显示使用该方案时每年的还款额，将其设置为货币型数据，如图7.80所示。

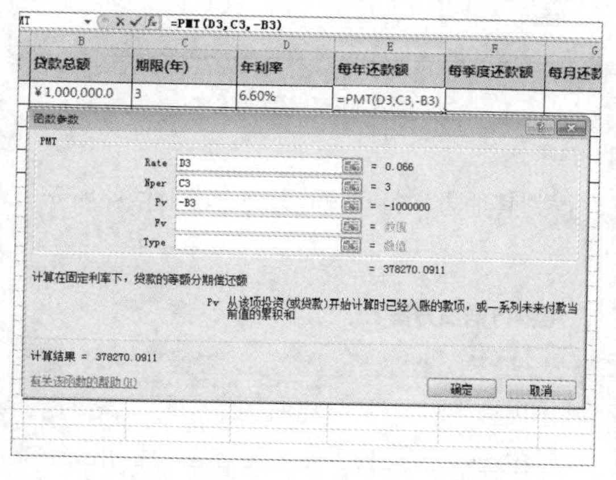

图7.79 设置函数参数

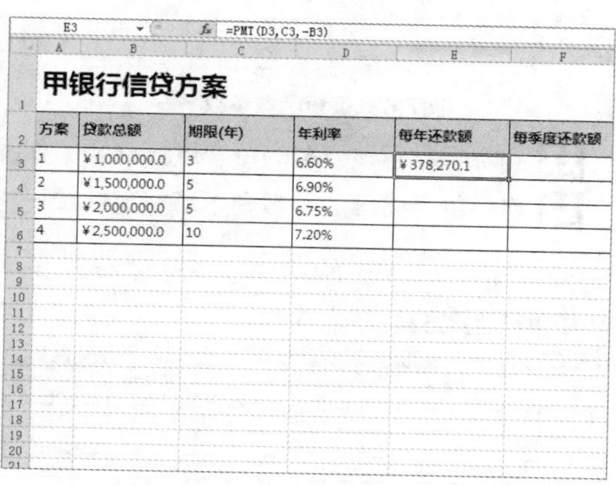

甲银行信贷方案

方案	贷款总额	期限(年)	年利率	每年还款额	每季度还款额
1	¥1,000,000.0	3	6.60%	¥378,270.1	
2	¥1,500,000.0	5	6.90%		
3	¥2,000,000.0	5	6.75%		
4	¥2,500,000.0	10	7.20%		

图7.80 返回数据并设置数据类型

7 将E3单元格中的函数向下填充至E6单元格，得到其他方案下每年的还款额，如图7.81所示。

8 选择F3单元格，单击编辑栏上的“插入函数”按钮f_x，在打开的对话框中选择PMT()函数，打开“函数参数”对话框，将“Rate”参数设置为“D3/4”，即将年利率转换为季度利率，如图7.82所示。

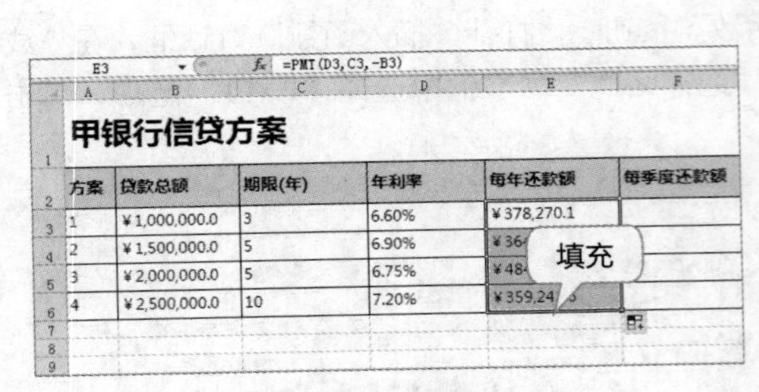

图7.81 填充函数

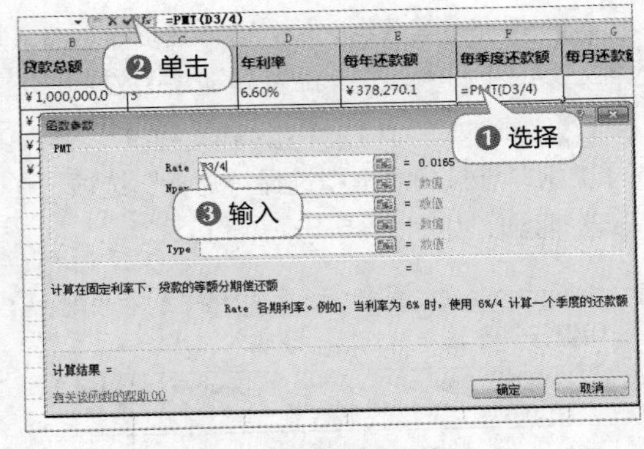

图7.82 设置函数参数

9 将“Nper”参数设置为“C3*4”，即将年还款期限转换为季度还款期限，与利率保持一致，如图7.83所示。

10 将“Pv”参数设置为“-B3”，单击 确定 按钮，如图7.84所示。

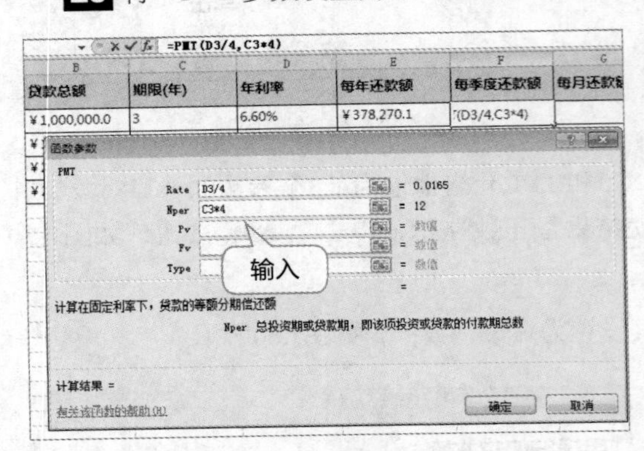

图7.83 设置函数参数

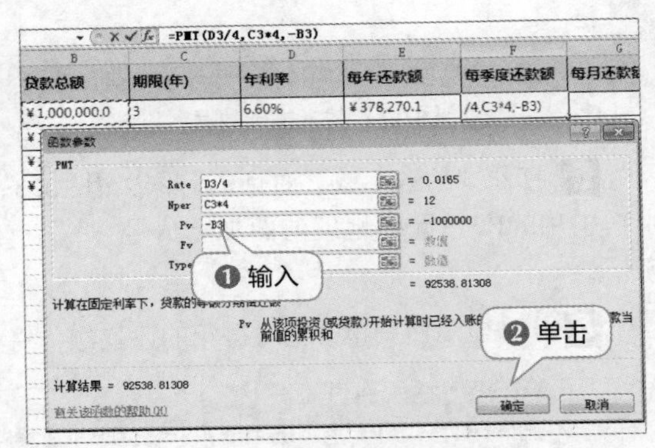

图7.84 设置函数参数

11 此时将显示该方案的每季度还款额，如图7.85所示。

12 将F3单元格中的函数向下填充至F6单元格，得到其他方案每季度还款额，如图7.86所示。

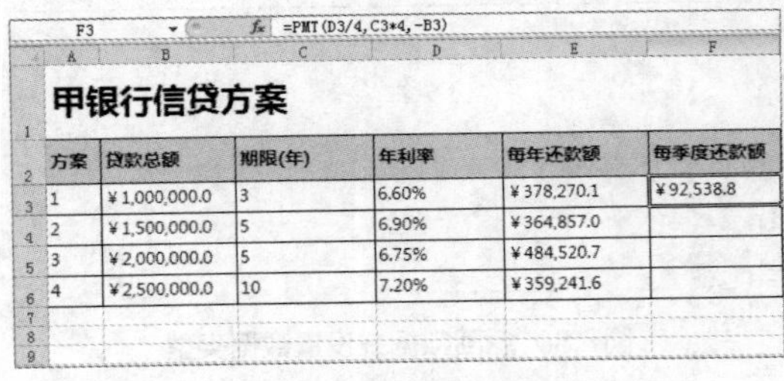

图7.85 返回数据

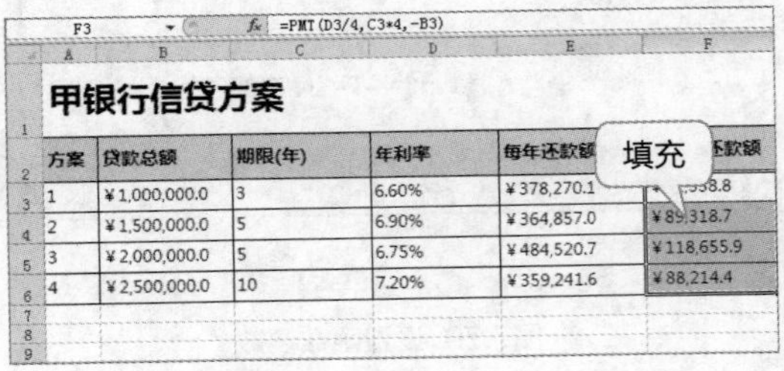

图7.86 填充函数

13 选择G3单元格，按相同方法选择PMT()函数，并设置其参数，注意将利率和还款期限均转换为按月为单位，单击 确定 按钮，如图7.87所示。

14 此时显示该方案前提下每月的还款额，将其设置为货币型数据，如图7.88所示。

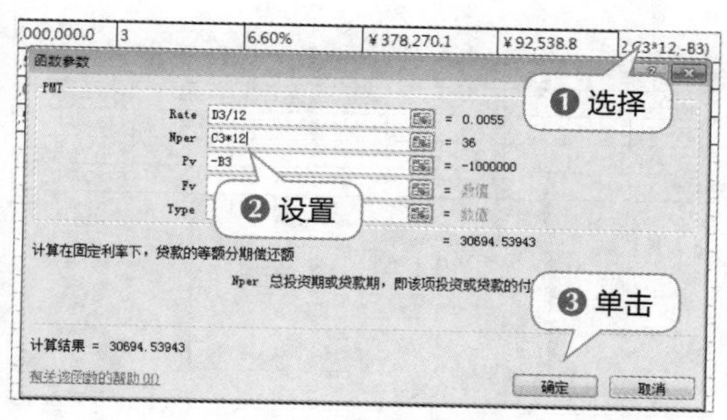

图7.87 设置函数参数

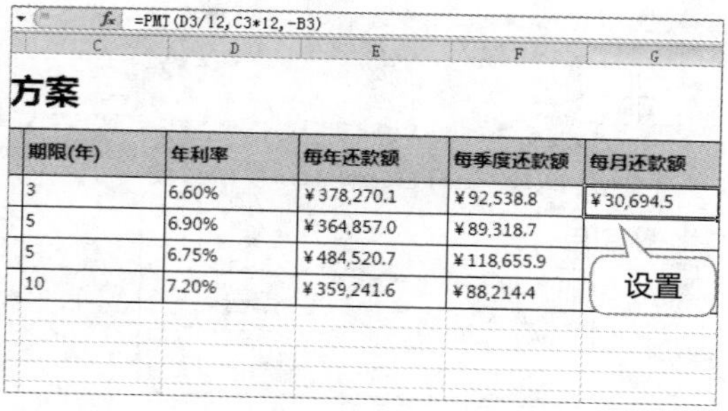

期限(年)	年利率	每年还款额	每季度还款额	每月还款额
3	6.60%	¥378,270.1	¥92,538.8	¥30,694.5
5	6.90%	¥364,857.0	¥89,318.7	
5	6.75%	¥484,520.7	¥118,655.9	
10	7.20%	¥359,241.6	¥88,214.4	

图7.88 返回数据

15 将G3单元格中的函数向下填充至G6单元格，得到其他方案下每月的还款额，如图7.89所示。

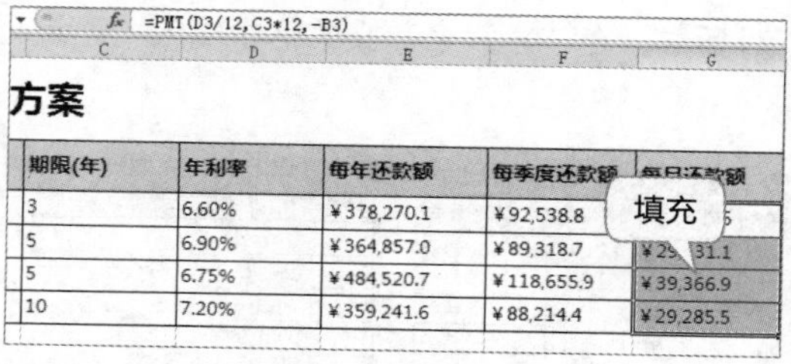

期限(年)	年利率	每年还款额	每季度还款额	每月还款额
3	6.60%	¥378,270.1	¥92,538.8	[illegible]
5	6.90%	¥364,857.0	¥89,318.7	[illegible]
5	6.75%	¥484,520.7	¥118,655.9	¥39,366.9
10	7.20%	¥359,241.6	¥88,214.4	¥29,285.5

图7.89 填充函数

7.3.2 使用方案管理器

接下来建立其他银行提供的信贷方案，通过计算来对比各方案下月还款额与年还款额的情况，其具体操作如下。

1 在【数据】/【数据工具】组中单击“模拟分析”按钮，在打开的下拉列表中选择“方案管理器”选项，如图7.90所示。

2 打开“方案管理器”对话框，单击添加(A)...按钮，如图7.91所示。

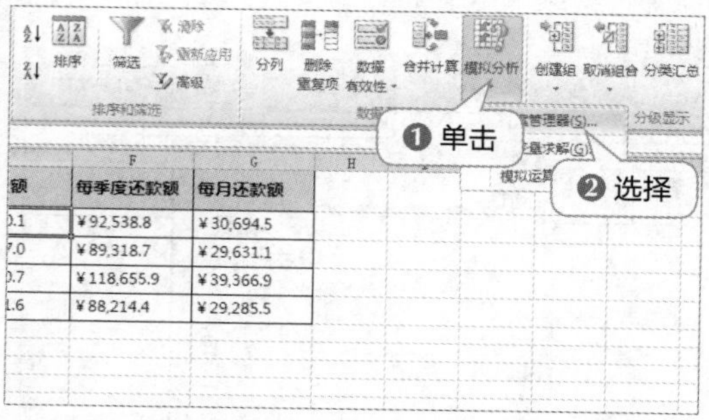

图7.90 启用方案管理器工具

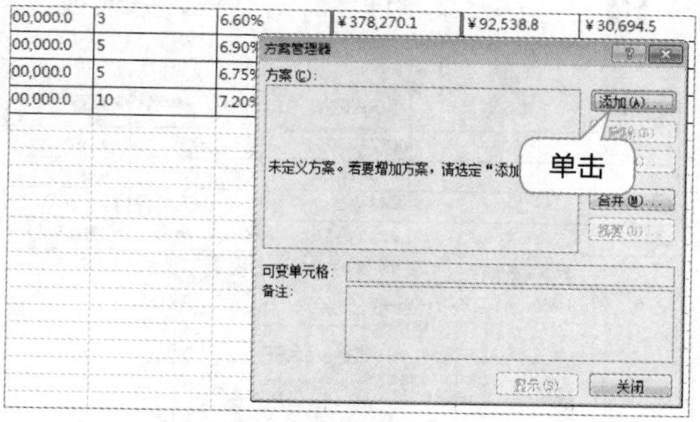

图7.91 添加方案

3 打开“添加方案”对话框，在“方案名”文本框中输入“乙银行方案1”，将B3:D3单元格区域的地址引用到“可变单元格”文本框中，单击确定按钮，如图7.92所示。

4 打开“方案变量值”对话框，输入该方案的具体数值，单击确定按钮，如图7.93所示。

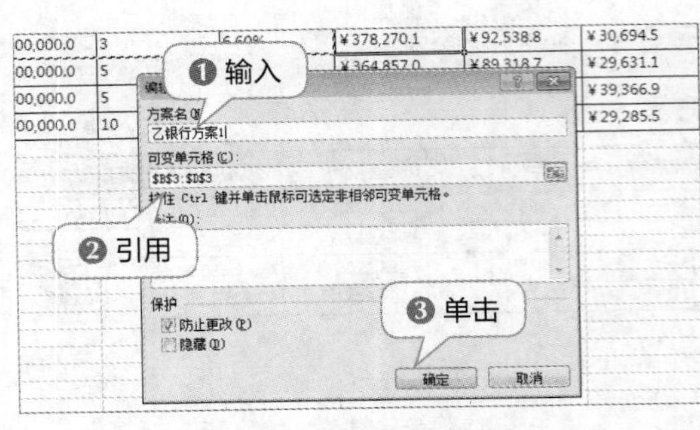

图7.92 设置方案参数

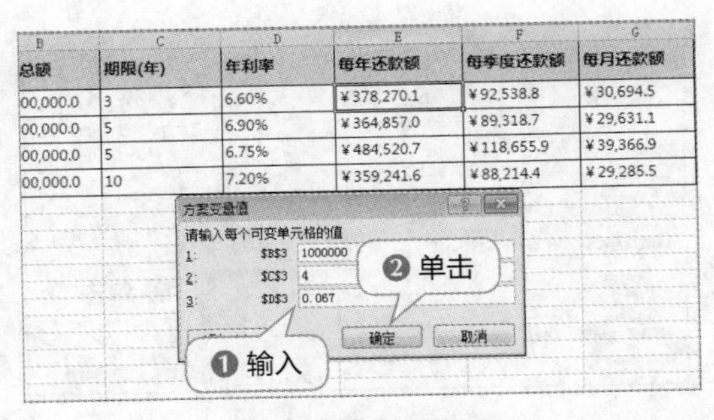

图7.93 输入方案数据

5 返回“方案管理器”对话框，此时将显示添加的方案选项，继续单击 添加(A)... 按钮，如图7.94所示。

6 打开“添加方案”对话框，在“方案名”文本框中输入“乙银行方案2”，单击 确定 按钮，如图7.95所示。

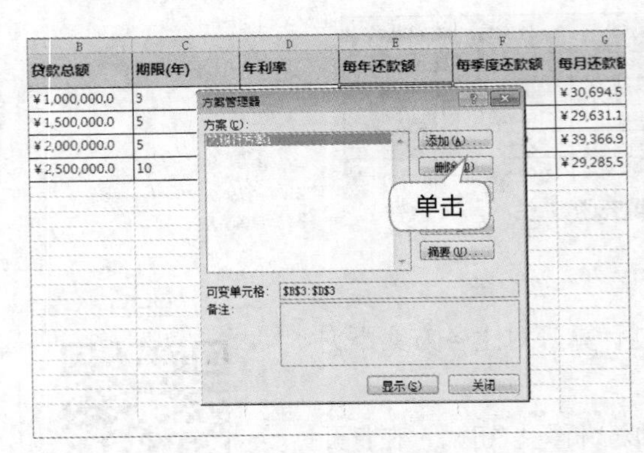

图7.94 查看方案

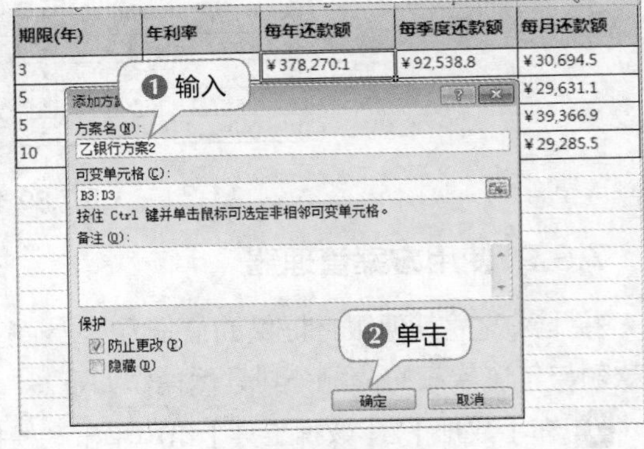

图7.95 添加方案

7 打开“方案变量值”对话框，输入该方案的具体数值，单击 确定 按钮，如图7.96所示。

8 返回“方案管理器”对话框，完成该方案的添加，继续单击 添加(A)... 按钮，如图7.97所示。

图7.96 输入方案数据

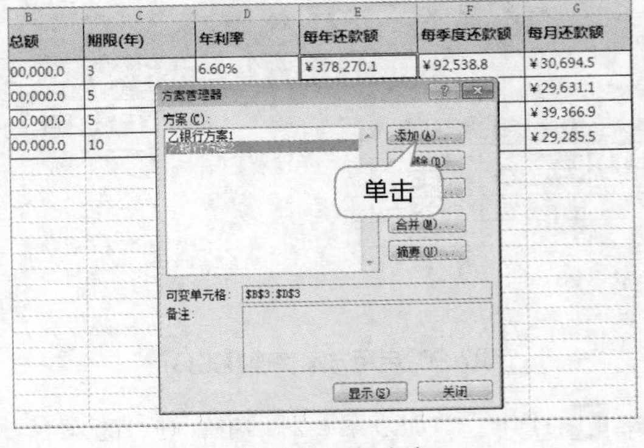

图7.97 添加方案

9 添加方案“丙银行方案1”，并输入具体的方案数据，单击 确定 按钮，如图7.98所示。

10 添加方案“丙银行方案2”，并输入具体的方案数据，单击 确定 按钮，如图7.99所示。

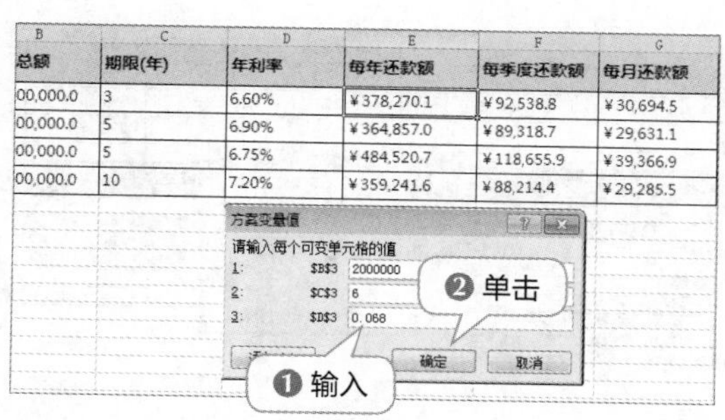

总额	期限(年)	年利率	每年还款额	每季度还款额	每月还款额
00,000.0	3	6.60%	¥378,270.1	¥92,538.8	¥30,694.5
00,000.0	5	6.90%	¥364,857.0	¥89,318.7	¥29,631.1
00,000.0	5	6.75%	¥484,520.7	¥118,655.9	¥39,366.9
00,000.0	10	7.20%	¥359,241.6	¥88,214.4	¥29,285.5

图7.98 输入方案数据

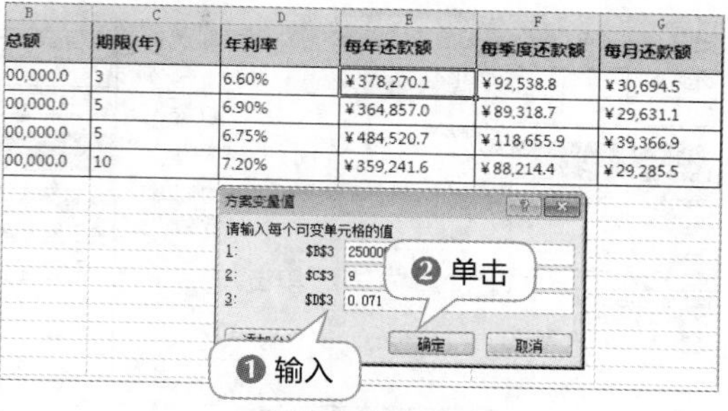

总额	期限(年)	年利率	每年还款额	每季度还款额	每月还款额
00,000.0	3	6.60%	¥378,270.1	¥92,538.8	¥30,694.5
00,000.0	5	6.90%	¥364,857.0	¥89,318.7	¥29,631.1
00,000.0	5	6.75%	¥484,520.7	¥118,655.9	¥39,366.9
00,000.0	10	7.20%	¥359,241.6	¥88,214.4	¥29,285.5

图7.99 添加方案

11 返回“方案管理器”对话框，单击[摘要(U)...]按钮，如图7.100所示。

12 打开“方案摘要”对话框，单击选中“方案摘要”单选项，将G3单元格地址引用到“结果单元格”文本框中，单击[确定]按钮，如图7.101所示。

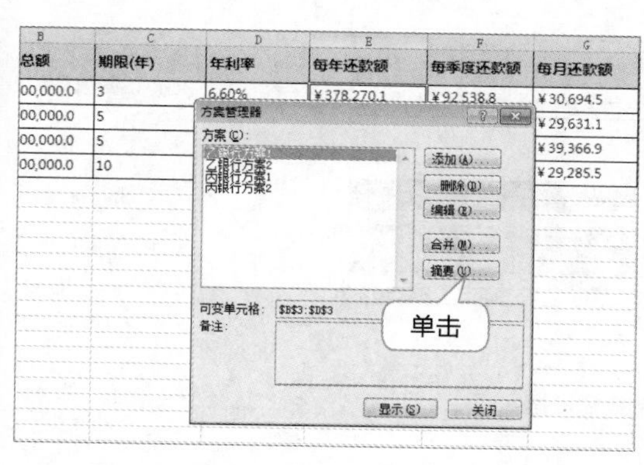

总额	期限(年)	年利率	每年还款额	每季度还款额	每月还款额
00,000.0	3	6.60%	¥378,270.1	¥92,538.8	¥30,694.5
00,000.0	5				¥29,631.1
00,000.0	5				¥39,366.9
00,000.0	10				¥29,285.5

图7.100 显示摘要

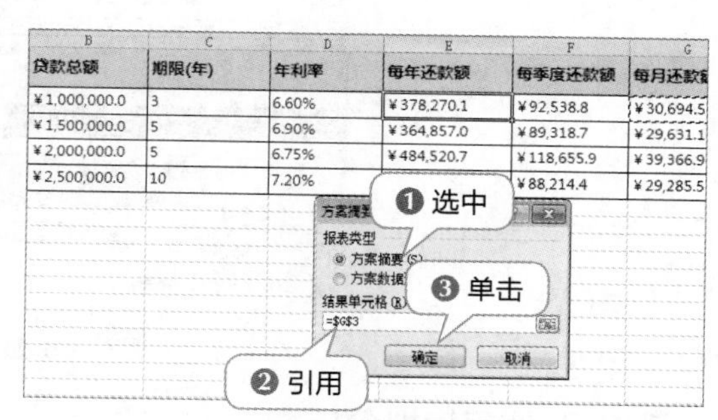

贷款总额	期限(年)	年利率	每年还款额	每季度还款额	每月还款额
¥1,000,000.0	3	6.60%	¥378,270.1	¥92,538.8	¥30,694.5
¥1,500,000.0	5	6.90%	¥364,857.0	¥89,318.7	¥29,631.1
¥2,000,000.0	5	6.75%	¥484,520.7	¥118,655.9	¥39,366.9
¥2,500,000.0	10	7.20%		¥88,214.4	¥29,285.5

图7.101 设置结果单元格

13 切换到自动创建的“方案摘要”工作表，选择其中所有包含数据的单元格区域，并按【Ctrl+C】键复制，如图7.102所示。

14 切换到“方案选择”工作表，粘贴复制的摘要数据，并删除创建者信息所在的一行单元格。此时便可查看各银行提供的方案下月还款额数据，如图7.103所示。

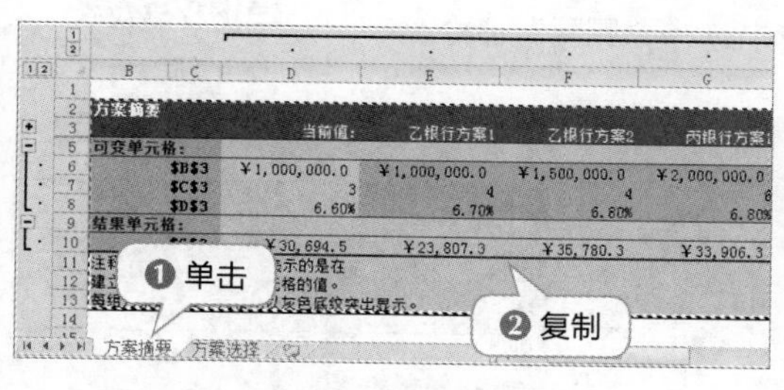

	B	C	D	E	F	G
2	方案摘要					
3			当前值:	乙银行方案1	乙银行方案2	丙银行方案1
5	可变单元格:					
6		$B$3	¥1,000,000.0	¥1,000,000.0	¥1,500,000.0	¥2,000,000.0
7		$C$3	3	4	4	6
8		$D$3	6.60%	6.70%	6.80%	6.80%
9	结果单元格:					
10			¥30,694.5	¥23,807.3	¥35,780.3	¥33,906.3

图7.102 复制摘要数据

方案	贷款总额	期限(年)	年利率	每年还款额	每季度还款额	每月还
1	¥1,000,000.0	3	6.60%	¥378,270.1	¥92,538.8	¥30,
2	¥1,500,000.0	5	6.90%	¥364,857.0	¥89,318.7	¥29,
3	¥2,000,000.0	5	6.75%	¥484,520.7	¥118,655.9	¥39,
4	¥2,500,000.0	10	7.20%	9,241.6	¥88,214.4	¥29,

方案摘要					
	当前值:	乙银行方案1	乙银行方案2	丙银行方案1	
可变单元格:					
$B$3	¥1,000,000.0	¥1,000,000.0	¥1,500,000.0	¥2,000,000.0	¥2,5
$C$3	3	4	4	6	
$D$3	6.60%	6.70%	6.80%	6.80%	
结果单元格:					
$G$3	¥30,694.5	¥23,807.3	¥35,780.3	¥33,906.3	¥

注释：“当前值”这一列表示的是在
建立方案汇总时，可变单元格的值。
每组方案的可变单元格均以灰色底纹突出显示。

粘贴

图7.103 粘贴摘要数据

15 再次打开“方案管理器”对话框，单击[摘要(U)...]按钮，如图7.104所示。

16 打开“方案摘要”对话框，将E3单元格地址引用到“结果单元格”文本框中，单击[确定]按钮，如图7.105所示。

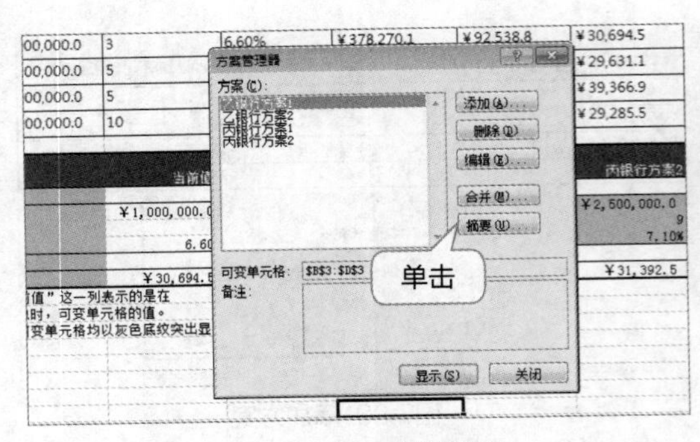

图7.104 显示摘要

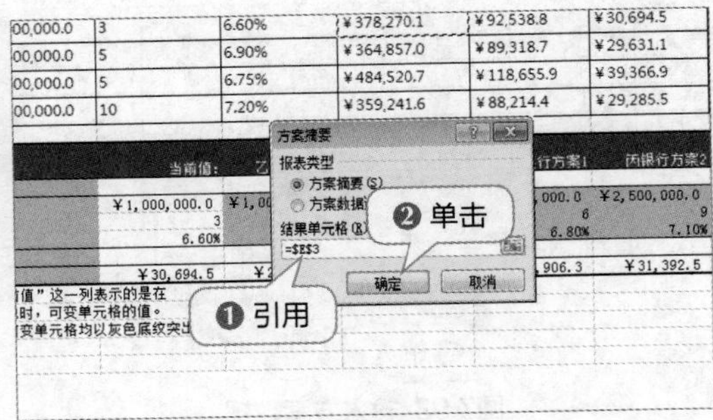

图7.105 设置结果单元格

17 按相同方法将输出的摘要数据复制到“方案选择”工作表中，然后删除新建的两个工作表即可，如图7.106所示。

图7.106 复制摘要数据

7.3.3 使用模拟分析表

利用模拟运算表计算在年利率波动的情况下每年的还款额，并通过建立柱形图和添加趋势线的方式来查看具体的还款趋势，其具体操作如下。

1 按住【Ctrl】键的同时，向右拖曳“方案选择”工作表标签，如图7.107所示。

2 将复制的工作表重命名为“年利率波动”，选择方案摘要涉及的所有行，在行号上单击鼠标右键，在弹出的快捷菜单中选择“删除”命令，如图7.108所示。

图7.107 复制工作表

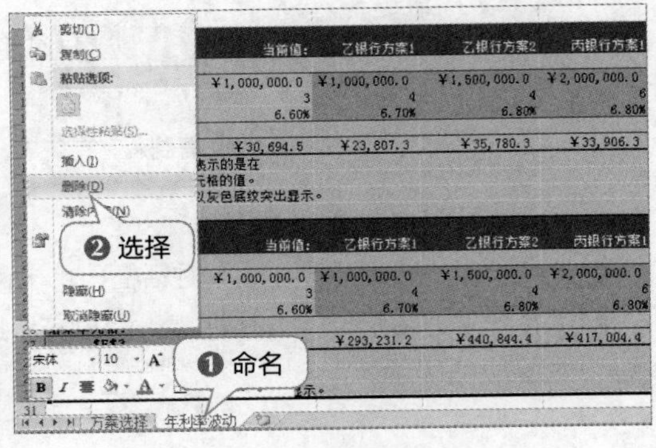

图7.108 删除多余行

3 将方案4所在的数据记录填充为“黄色”，表示选择该信贷方案，如图7.109所示。

4 在A8:B20单元格区域中输入数据，并对格式进行适当美化，如图7.110所示。

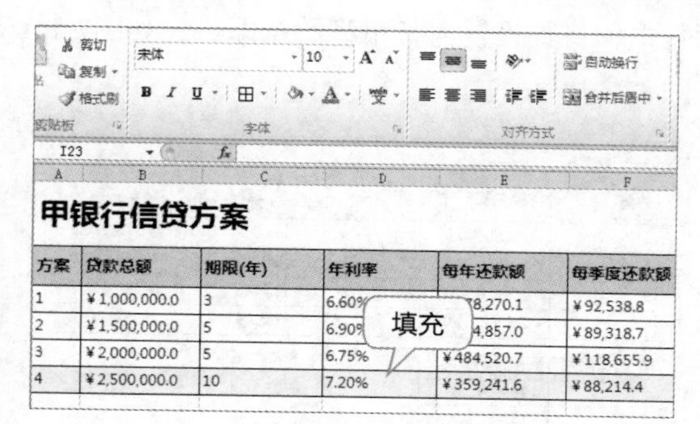

图7.109 填充颜色

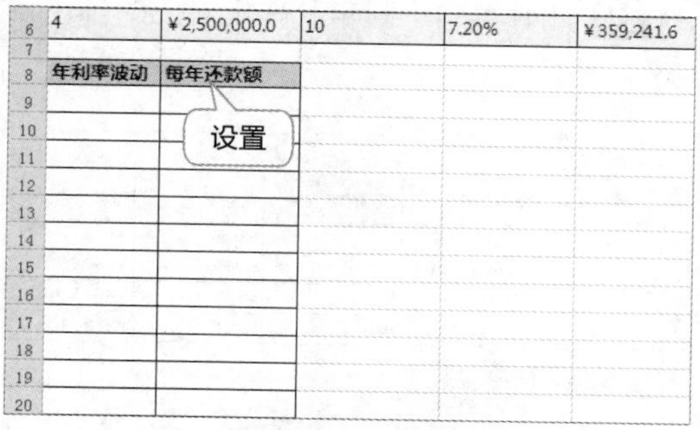

图7.110 输入数据

5 在编辑栏将E6单元格中的函数复制到B9单元格，将得到的数据加粗显示，如图7.111所示。

6 在A10:A20单元格区域中输入年利率波动的各项具体数据，并设置为百分比型数据，如图7.112所示。

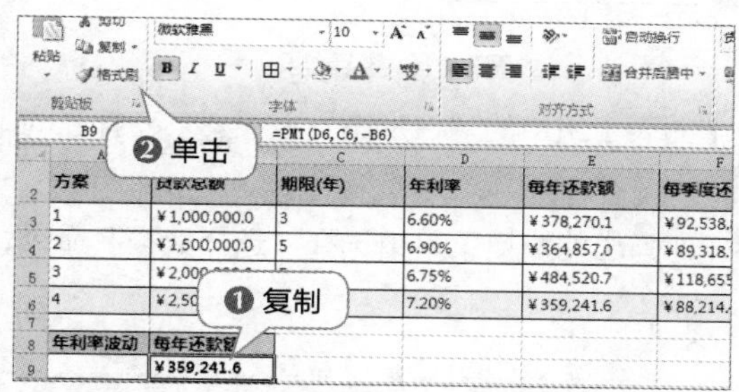

图7.111 复制函数

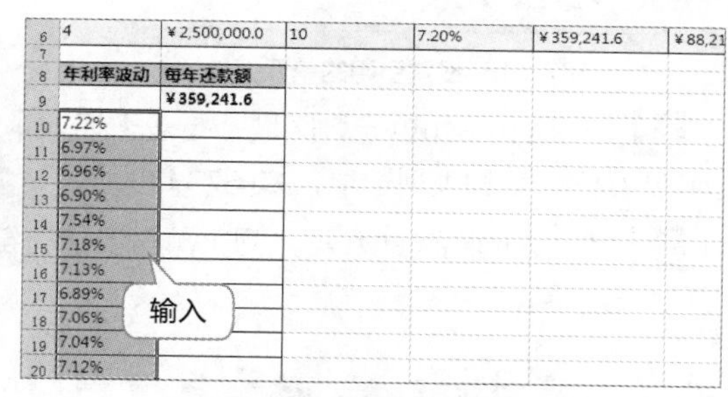

图7.112 输入数据并设置数据类型

7 将B10:B20单元格区域填充为“黄色”，以突出显示计算得到的不同年利率对应的年还款额数据，如图7.113所示。

8 选择A9:B20单元格区域，在【数据】/【数据工具】组中单击“模拟分析”按钮，在打开的下拉列表中选择“模拟运算表”选项，如图7.114所示。

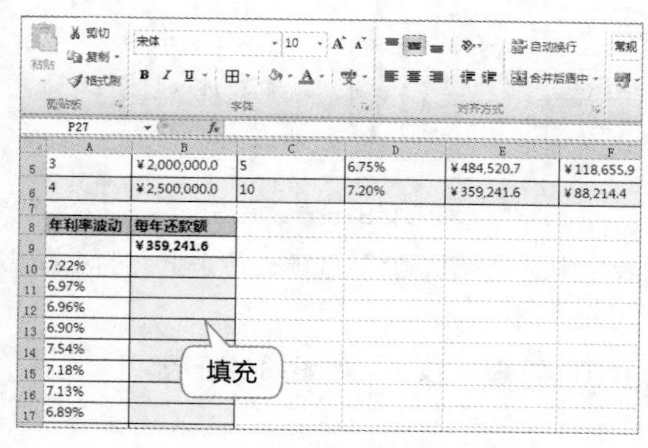

图7.113 填充单元格区域

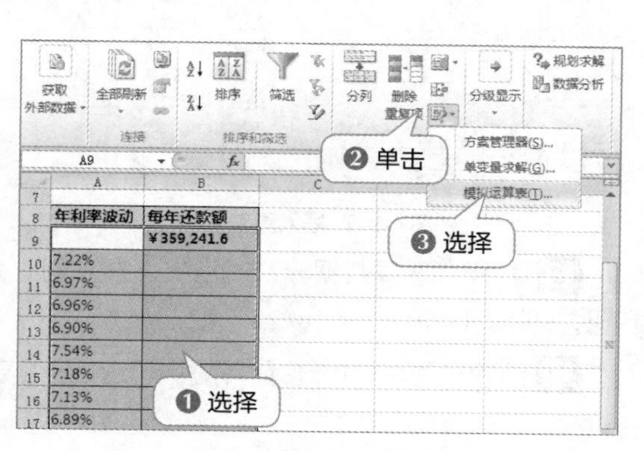

图7.114 模拟分析

9 打开“模拟运算表”对话框，将D6单元格地址引用到“输入引用列的单元格”文本框中，单击 确定 按钮，如图7.115所示。

10 此时得到不同年利率下对应的年还款额数据，将其设置为货币型数据即可，如图7.116所示。

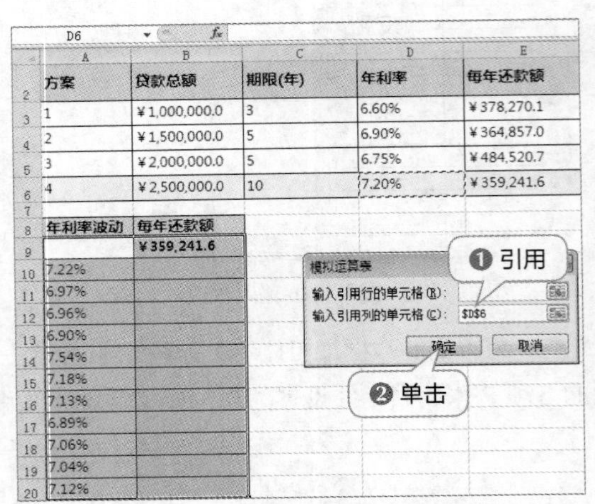

图7.115 设置引用的单元格地址

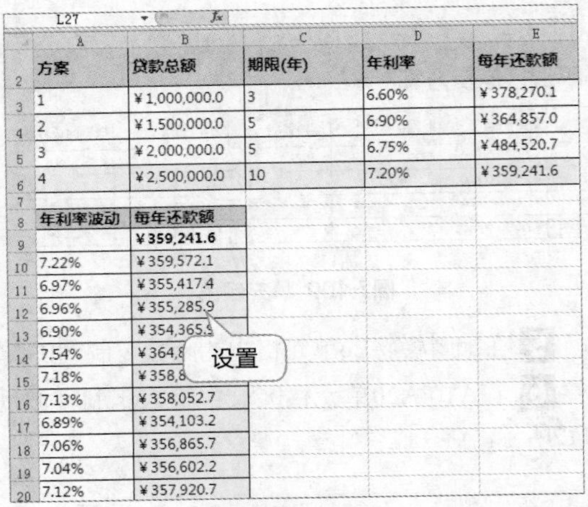

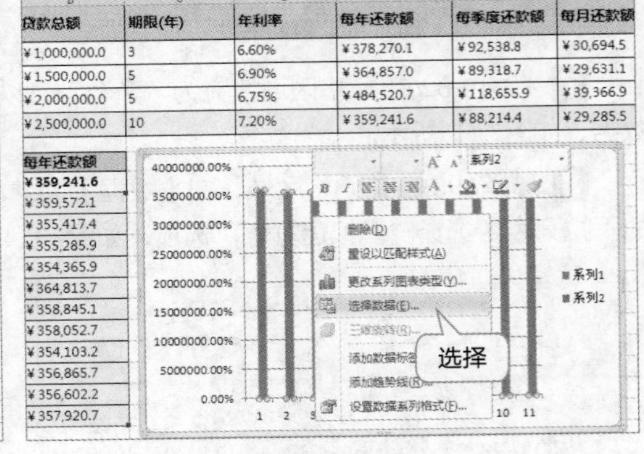

图7.116 查看结果

11 选择A10:B20单元格区域，单击【插入】/【图表】组中的“柱形图”按钮，在打开的下拉列表中选择第1种类型选项，如图7.117所示。

12 在插入的图表的数据系列上单击鼠标右键，在弹出的快捷菜单中选择“选择数据”命令，如图7.118所示。

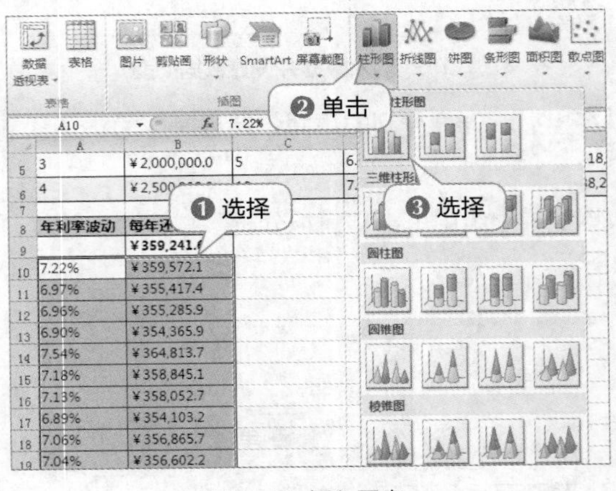

图7.117 插入图表

图7.118 设置数据源

13 打开“选择数据源”对话框，在左侧的列表框中选择“系列1”选项，单击上方的 删除(R) 按钮，如图7.119所示。

14 继续在列表框中选择“系列2”选项，单击上方的 编辑(E) 按钮，如图7.120所示。

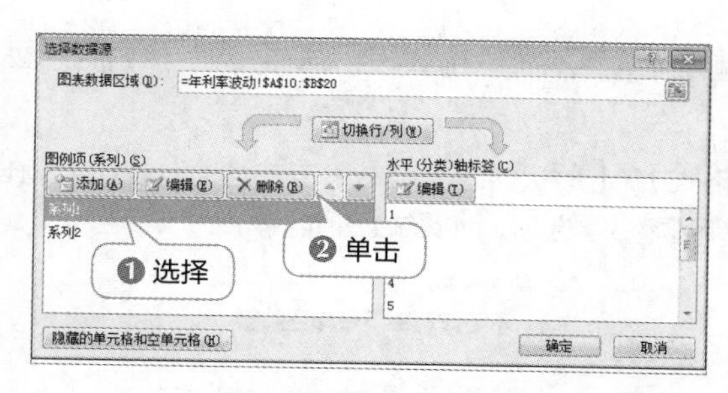

图7.119 删除“系列1”

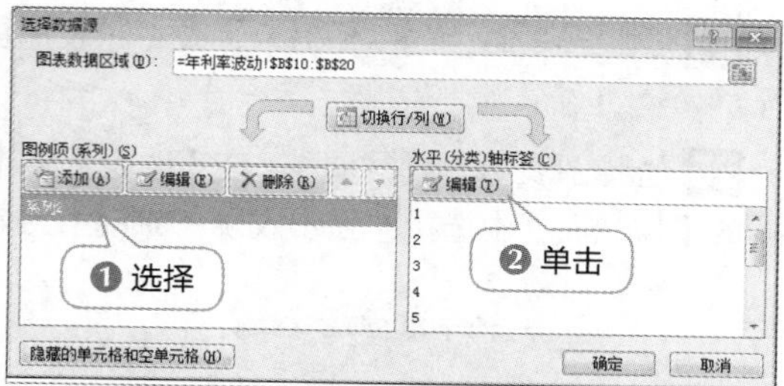

图7.120 编辑“系列2”

15 将B8单元格地址引用到打开的对话框中的“系列名称”文本框中，单击 确定 按钮，如图7.121所示。

16 返回“选择数据源”对话框，单击右侧列表框中的 编辑(E) 按钮，如图7.122所示。

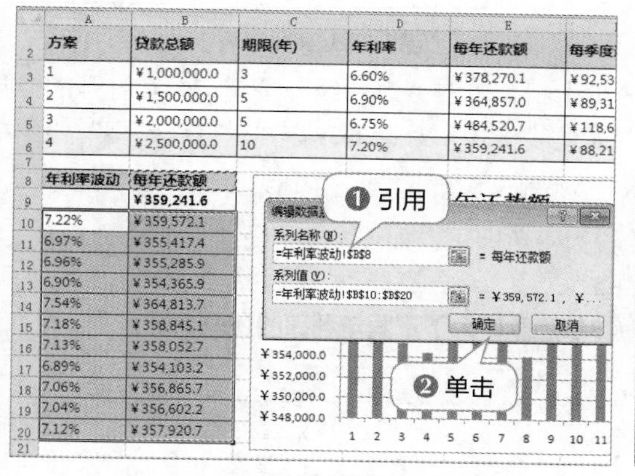

图7.121 设置系列名称

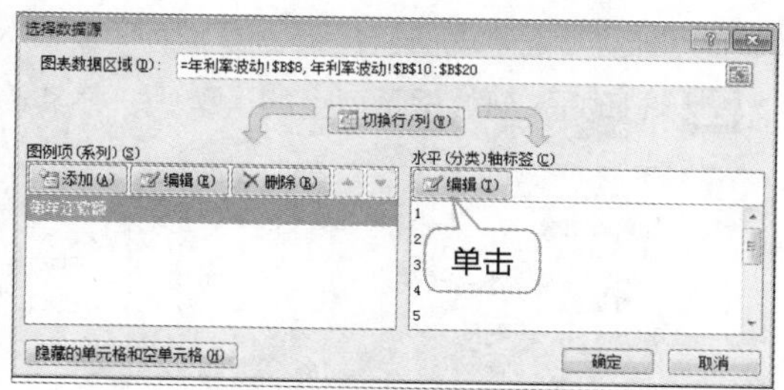

图7.122 设置水平轴标签

17 将A10:A20单元格区域的地址引用到打开的对话框中的“轴标签区域”文本框中，单击 确定 按钮，如图7.123所示。

18 返回“选择数据源”对话框，单击 确定 按钮确认设置，如图7.124所示。

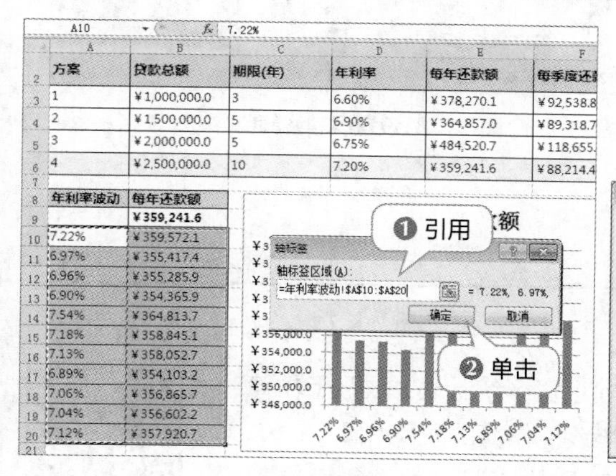

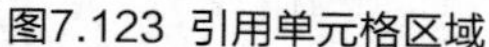
图7.123 引用单元格区域

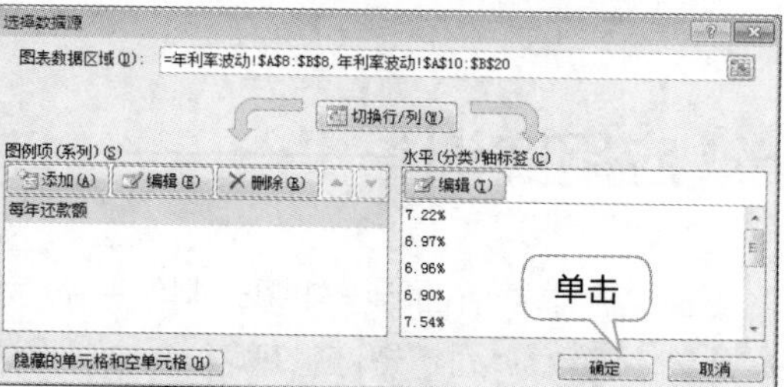

图7.124 确认设置

19 删除图表右侧的图例对象，并将图表标题修改为“不同年利率下每年还款额”，如图7.125所示。

20 选择图表中的数据系列，在【图表工具 格式】/【形状样式】组中单击“其他”按钮，在打开的下拉列表框中选择“强烈效果–橄榄色，强调颜色3”选项，如图7.126所示。

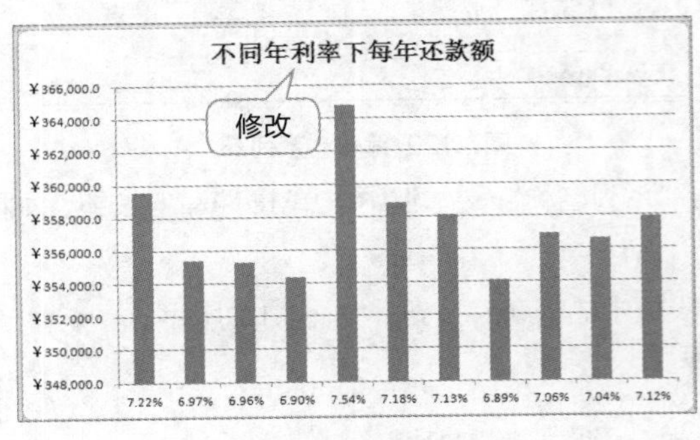

图7.125 设置图表布局

图7.126 美化图表

21 选择图表，选择【图表工具 布局】/【分析】组，单击“误差线”按钮，在打开的下拉列表中选择“其他误差线选项”选项，打开“设置误差线格式”对话框，在“垂直误差型”栏中单击选中“百分比”单选项，在右侧的文本框中输入“2.0”，单击 关闭 按钮，如图7.127所示。

22 选择插入到数据系列上的误差线，将其设置为橙色即可，如图7.128所示。

图7.127 设置误差线格式

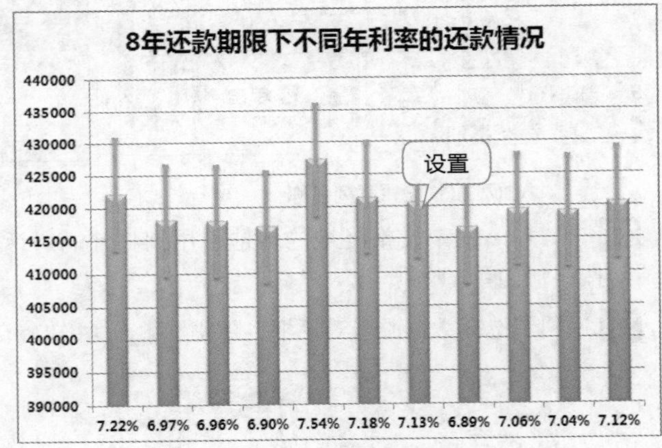

图7.128 设置误差线颜色

7.4 应用实训

下面结合本章前面所学知识，制作一个“固定资产统计表.xlsx”工作簿（效果文件\第7章\固定资产管理表.xlsx）。制作该工作簿的思路如下。

（1）编制固定资产汇总表，统计固定资产具体情况，并进行排序、筛选等管理，如图7.129所示。

（2）编制固定资产变动表，并对报废的固定资产数据记录进行强调显示，如图7.130所示。

××企业固定资产汇总表

行号	固定资产名称	规格型号	生产厂家
1	高压厂用变压器	SFF7-31500/15	章华变压器厂
2	零序电流互感器	LX-LHZ	市机电公司
3	低压配电变压器	S7-500/10	章华变压器厂
4	继电器	DZ-RL	市机电公司
5	母线桥	80*(45M)	章华高压开关厂
6	中频隔离变压器	MXY	九维蓄电池厂
7	镍母线间隔棒垫	MRJ(JG)	长征线路器材厂
8	变送器芯等设备	115/GP	远大采购站
9	UPS改造	D80*30*5	光明发电厂
10	稳压源	40A	光明发电厂
11	地网仪	AI－6301	空军电机厂
12	叶轮给煤机输电导线改为滑线	CD-3M	光明发电厂
13	工业水泵改造频调速	AV-KU9	光明发电厂
14	螺旋板冷却器及阀门更换	AF-FR/D	光明发电厂
15	盘车装置更换	QW-5	光明发电厂
16	翻板水位计	B69H-16-23-Y	光明发电厂
17	单轨吊	10T*8M	神州机械厂
18	气轮机测振装置	WAC-2J/X	光明发电厂
19	锅炉炉墙砌筑	AI－6301	市电建二公司
20	汽轮机	N200-130/535/535	南方汽轮机厂

图7.129 编制固定资产汇总表

××企业固定资产变动表

行号	固定资产名称	规格型号	生产厂家	变动原因
1	变送器芯等设备	115/GP	远大采购站	报废
2	测振仪	SD-CV-3	光明发电厂	新增
3	单轨吊	107*8M	神州机械厂	报废
4	低压配电变压器	S7-500/10	章华变压器厂	转移
5	电动葫芦	2T	西疆起重机厂	新增
6	二等标准水银温度计	12/F	光明发电厂	新增
7	高压热水冲洗机	HJB2-HP	光明发电厂	新增
8	割管器	CV/9-K	光明发电厂	新增
9	光电传感器	AF-FR/D	光明发电厂	新增
10	锅炉炉墙砌筑	AI－6301	市电建二公司	报废
11	继电器	DZ-RL	市机电公司	报废
12	交流阻抗仪	EPSON DLQ3000	光明发电厂	新增
13	母线桥	80*(45M)	章华高压开关厂	转移
14	逆变焊机	EPSON DLQ3000	大西洋电焊机厂	新增
15	镍母线间隔棒垫	MRJ(JG)	长征线路器材厂	报废
16	气轮机测振装置	WAC-2J/X	光明发电厂	转移
17	汽轮机	N200-130/535/535	南方汽轮机厂	转移
18	循泵进口门更换电动阀门3只	FC-B-45	光明发电厂	新增
19	液压手推车	CD-FX-12/AS	光明发电厂	新增
20	中频隔离变压器	MXY	九维蓄电池厂	转移

图7.130 编制固定资产变动表

（3）采用工作量法对固定资产进行折旧计提操作，如图7.131所示。

（4）创建数据透视表动态分析各项固定资产的折旧情况，如图7.132所示。

使用年限	已使用月份	残值率	月折旧额	累计折旧	固定资产净值
17	14	5%	¥465.71	¥78,238.81	¥21,765.69
21	14	5%	¥384.67	¥64,625.27	¥37,414.63
12	7	5%	¥398.18	¥33,447.17	¥26,908.63
24	3	5%	¥331.82	¥11,945.42	¥88,647.58
14	3	5%	¥572.27	¥20,601.88	¥80,600.32
13	7	5%	¥458.57	¥38,520.28	¥36,782.52
26	7	5%	¥257.91	¥21,664.78	¥63,039.62
10	6	5%	¥475.02	¥34,201.54	¥25,801.16
19	6	5%	¥121.66	¥8,759.71	¥66,543.09
10	10	5%	¥515.31	¥61,836.64	¥3,254.56
29	14	5%	¥298.67	¥50,175.90	¥59,230.20
33	14	5%	¥228.63	¥38,410.28	¥56,893.42
20	14	5%	¥265.24	¥44,560.92	¥22,447.98
14	2	5%	¥531.64	¥12,759.31	¥81,256.69
30	13	5%	¥287.76	¥44,890.64	¥64,155.46
20	14	5%	¥307.20	¥51,609.45	¥25,998.75
8	2	5%	¥108.32	¥2,599.70	¥8,346.40
11	2	5%	¥67.77	¥1,626.40	¥7,789.60
14	4	5%	¥618.67	¥29,695.94	¥79,710.16
35	2	5%	¥23.69	¥568.66	¥9,906.64
19	2	5%	¥42.18	¥1,012.22	¥9,109.98
15	14	5%	¥45.97	¥7,722.69	¥987.11

图7.131 对固定资产计提折旧

行标签	求和项:月折旧额	求和项:累计折旧
UPS改造	¥398.2	¥33,447.2
变送器芯等设备	¥265.2	¥44,560.9
测振仪	¥531.6	¥12,759.3
单轨吊	¥287.8	¥44,890.6
低压配电变压器	¥307.2	¥51,609.5
地网仪	¥572.3	¥20,601.9
电动葫芦	¥108.3	¥2,599.7
二等标准水银温度计	¥67.8	¥1,626.4
翻板水位计	¥515.3	¥61,836.6
高压厂用变压器	¥465.7	¥78,238.8
高压热水冲洗机	¥618.7	¥29,695.9
割管器	¥23.7	¥568.7
工业水泵改造频调速	¥257.9	¥21,664.8
光电传感器	¥42.2	¥1,012.2
锅炉炉墙砌筑	¥46.0	¥7,722.7
继电器	¥63.2	¥10,622.4
交流阻抗仪	¥38.5	¥1,848.7
零序电流互感器	¥384.7	¥64,625.3
螺旋板冷却器及阀门更换	¥475.0	¥34,201.5
母线桥	¥33.5	¥5,635.5
逆变焊机	¥254.3	¥12,204.8
镍母线间隔棒垫	¥25.0	¥4,201.9
凝汽器	¥298.7	¥50,175.9
盘车装置更换	¥121.7	¥8,759.7
气轮机测振装置	¥561.4	¥67,364.6
汽轮发电机	¥228.6	¥38,410.3
汽轮机	¥1,662.5	¥279,302.4
稳压源	¥331.8	¥11,945.4
循泵进口门更换电动阀门3只	¥41.9	¥1,006.3
叶轮给煤机输电导线改为滑线	¥458.6	¥38,520.3
液压手推车	¥237.7	¥11,410.1
中频隔离变压器	¥484.5	¥81,396.6
总计	¥10,209.5	¥1,134,466.8

图7.132 使用数据透视表分析折旧数据

7.5 拓展练习

7.5.1 制作原料调配最优方案

某单位生产某食品，要求该食品至少含有3.5%的甲成分，且至少含有1.5%的乙成分。生产该食品需要使用的原料分别为A原料和B原料，其中A原料每吨2 400元，含有的甲成分和乙成分分别为10%和5.5%；B原料每吨3 500元，含有的甲成分和乙成分分别为18%和1%。现需要计算出怎样调配原料才能使生产成本最低。参考效果如图7.133所示（素材文件\第7章\原料调配表.xlsx；效果文件\第7章\原料调配表.xlsx）。

	A	B	C	D
1		A原料	B原料	
2	价格/吨	¥2,400.00	¥3,500.00	
3	含有甲成分/吨	10.00%	18.00%	
4	含有乙成分/吨	5.50%	1.00%	
5	每日用量(吨)	0.26	0.05	限制
6	甲成分含有量	4%		3.50%
7	乙成分含有量	2%		1.50%
8	总成本	¥800.84		

图7.133 原料调配表参考效果

提示：利用公式建立甲成分含有量、乙成分含有量和总成本模型。利用规划求解计算A原料和B原料的用量。

7.5.2 制作产量预计表

公司新购置了10台相同的机器，现需要计算在该机器不同速率和纠错率的情况下，预计产量情况。参考效果如图7.134所示（素材文件\第7章\产量预计表.xlsx；效果文件\第7章\产量预计表.xlsx）。

2280	0.03	0.04	0.06	0.07	0.08	0.09
1.05	2037	2016	1974	1953	1932	1911
1.1	2134	2112	2068	2046	2024	2002
1.15	2231	2208	2162	2139	2116	2093
1.25	2425	2400	2350	2325	2300	2275
1.3	2522	2496	2444	2418	2392	2366
1.35	2619	2592	2538	2511	2484	2457
1.4	2716	2688	2632	2604	2576	2548
1.45	2813	2784	2726	2697	2668	2639
1.5	2910	2880	2820	2790	2760	2730
1.55	3007	2976	2914	2883	2852	2821
1.6	3104	3072	3008	2976	2944	2912

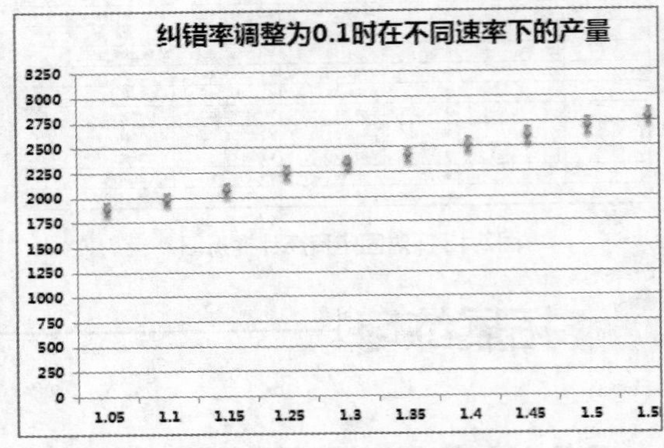

图7.134 “产量预计表”参考效果

提示：产品产量=机器效率×数量×速率–机器效率×数量×速率×纠错率。利用模拟运算表计算速率与纠错率波动时的产量数据。创建纠错率为0.1时不同速率的折线图，并添加误差线。

第8章 创建和编辑演示文稿

8.1 制作岗前培训演示文稿

岗前培训是新员工在企业入职的起点。通过岗前培训可让新员工尽快地适应新企业的规章制度、文化和相关业务，同时还能帮助新员工建立良好的团队合作关系，培养其积极的工作态度和企业归属感。图8.1所示为岗前培训演示文稿的参考效果。

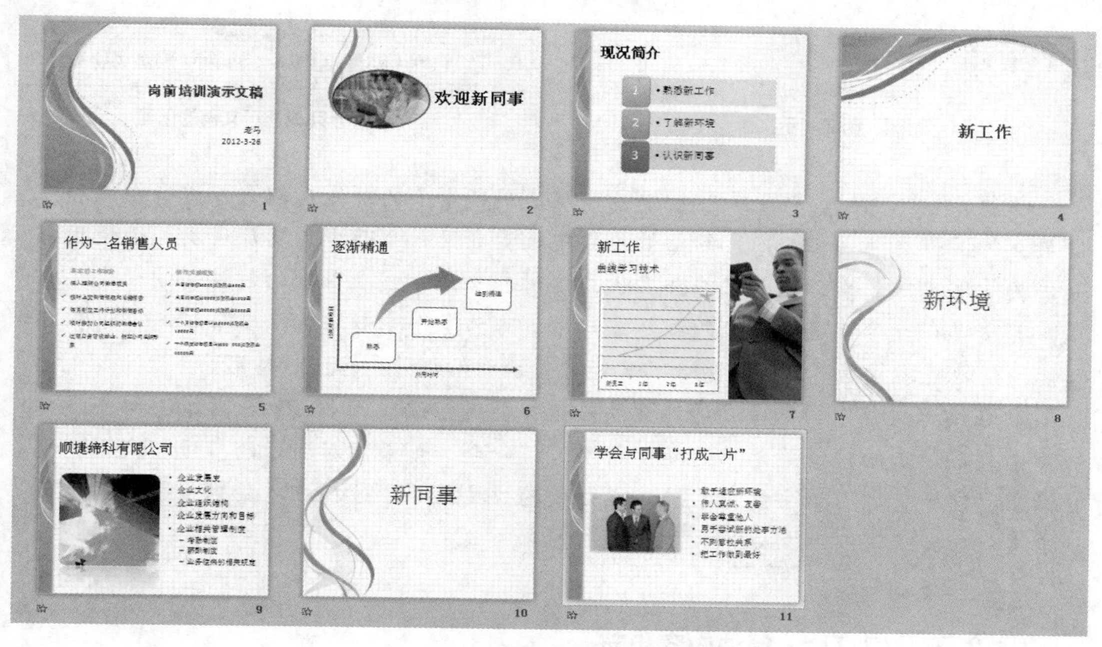

图8.1 岗前培训演示文稿参考效果

下载资源

素材文件：第8章\大厦.jpg、聊天.jpg、鼓掌.jpg

效果文件：第8章\岗前培训演示文稿.pptx

8.1.1 通过样本模板创建演示文稿

通过样本模板创建的演示文稿既专业又美观，下面将利用“培训”样本模板创建演示文稿，其具体操作如下。

1 进入PowerPoint 2010工作界面后，选择【文件】/【新建】命令，单击“样本模板”按钮，在打开的“样本模板”列表中，选择“培训”选项，单击“创建”按钮，如图8.2所示。

2 此时，PowerPoint 2010将根据“培训”样本模板创建一个已设置好相应格式的演示文稿，如图8.3所示。

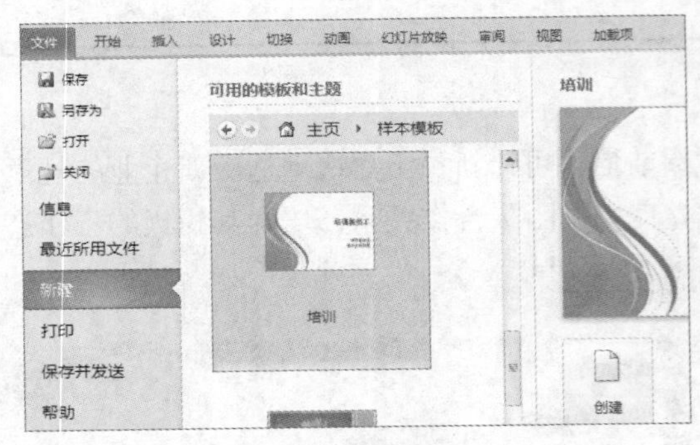

图8.2 创建演示文稿

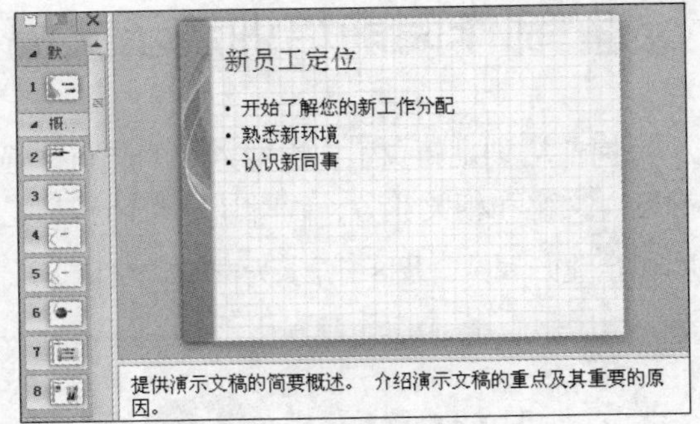

图8.3 完成演示文稿的创建

提示：在PowerPoint 2010中，可以使用新增节的功能对幻灯片进行组织和分类，将同一类型或相似内容的幻灯片集中放置在同一个节中，其原理类似于使用文件夹管理文件，节标题即文件夹名称，这对包含几十或上百张幻灯片的演示文稿非常有用。在一个信息量庞大的演示文稿中，可为每个主题添加一个节标题，这样既能清楚地将文稿信息传达给观众，又能方便地对幻灯片内容进行管理。

在演示文稿中添加节功能的方法：选择要进行编辑的多张幻灯片后，单击鼠标右键，在弹出的快捷菜单中选择“新增节”命令。如果想对新增的节进行命名，则只需要在节标题上单击鼠标右键，在弹出的快捷菜单中选择“重命名节”命令，最后在打开的对话框中输入新名称即可。

8.1.2 删除幻灯片、备注内容和节

前面新建的样本模板演示文稿共包含19张幻灯片，但在实际制作过程中只需要11张幻灯片。且由于幻灯片数量较少，不需要使用节来组织幻灯片，因此可将演示文稿中的所有节删除，此外还可将幻灯片中的备注内容删除，其具体操作如下。

1 单击任务栏中的“幻灯片浏览”按钮，切换至幻灯片浏览视图。单击第1张幻灯片上方的“默认节”标题，在【开始】/【幻灯片】组中单击“节”按钮，在打开的下拉列表中选择“删除所有节”选项，如图8.4所示。

2 在幻灯片浏览视图中，利用【Ctrl】键选择多张幻灯片，在所选的任意一张幻灯片上单击鼠

标右键，在弹出的快捷菜单中选择“删除幻灯片”命令，如图8.5所示。

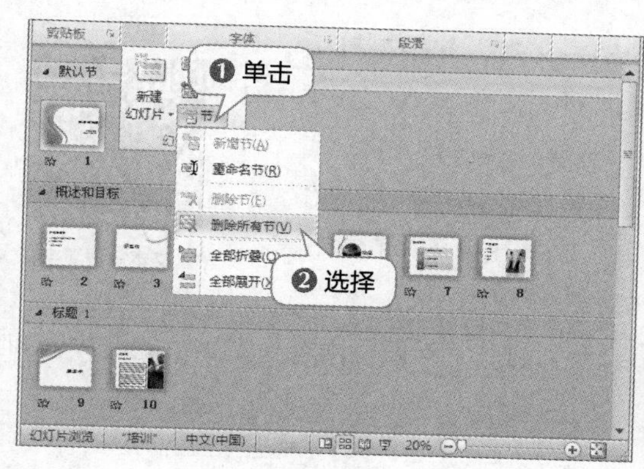

图8.4 删除所有节

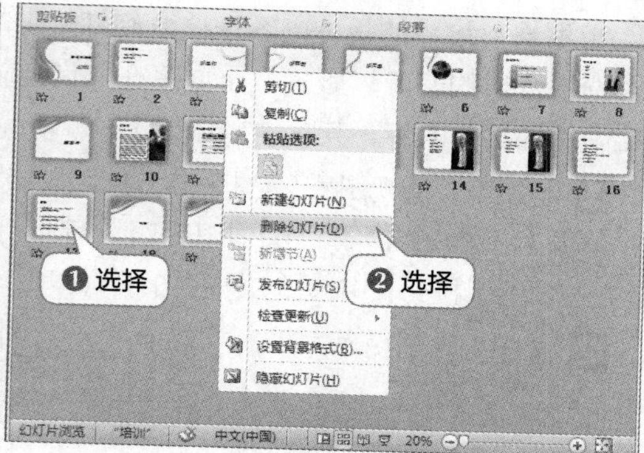

图8.5 删除多余幻灯片

3 在第4张幻灯片上按住鼠标左键不放进行拖曳，直至将其移动到第1张幻灯片后释放鼠标，如图8.6所示。

4 按照相同的操作方法，将演示文稿中其他幻灯片的位置按实际需求进行调整，如图8.7所示。

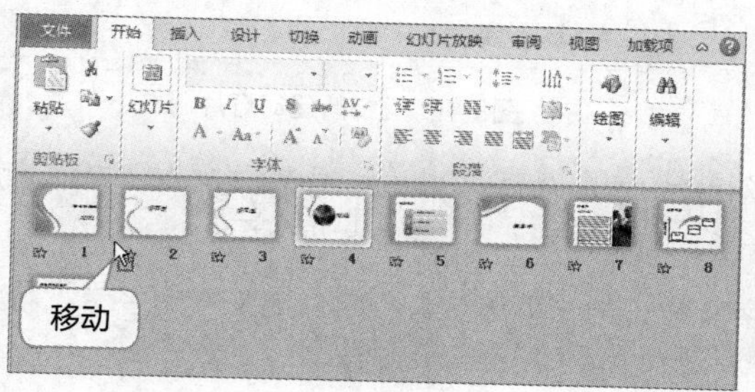

图8.6 移动幻灯片

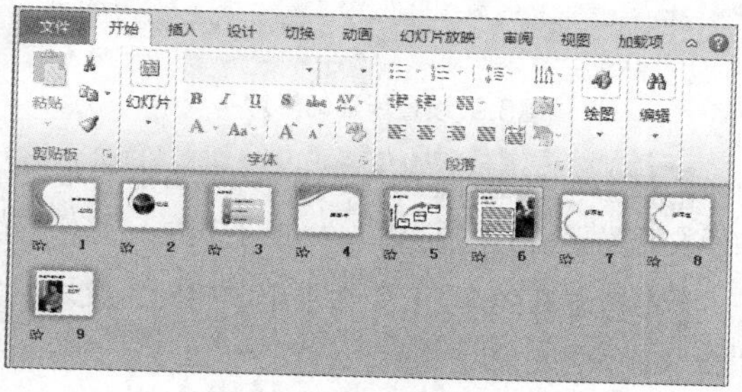

图8.7 调整幻灯片顺序

5 单击【视图】/【演示文稿视图】组中的“备注页”按钮，切换至备注页视图，选择幻灯片中的“备注页”文本框，按【Delete】键删除备注内容。按照相同的操作方法，删除其他幻灯片中的备注内容，如图8.8所示。

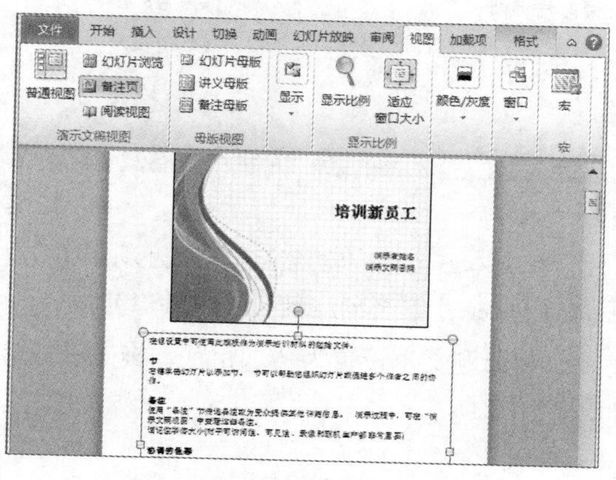

图8.8 删除备注

8.1.3 输入文本并设置字符格式

根据岗前培训的具体内容来修改幻灯片中的相关文本，并根据排版需求选择合适的幻灯片版式。下面将在“岗前培训演示文稿.pptx”演示文稿中输入具体内容，其具体操作如下。

1 切换至普通视图后，选择“幻灯片/大纲”任务窗格中的第4张幻灯片，单击【开始】/【幻灯片】组中的“新建幻灯片”按钮下方的下拉按钮▾，在打开的下拉列表中选择“两栏内容”选项，如图8.9所示。

2 按照相同的操作方法，在第8张幻灯片的后面插入1张“标题、内容与文本”幻灯片，如图8.10所示。

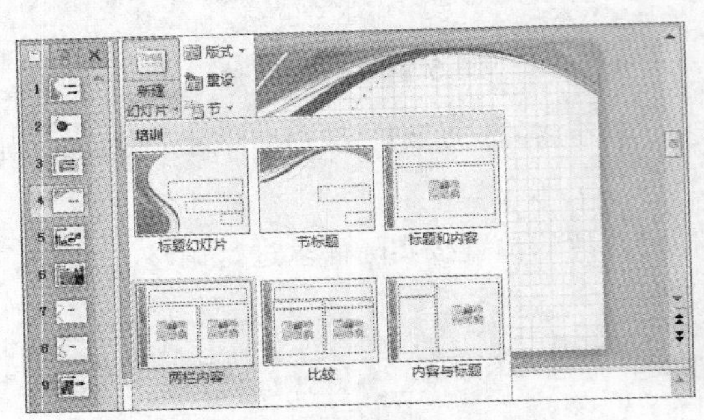

图8.9 设置新建幻灯片

图8.10 继续新建幻灯片

3 选择“幻灯片/大纲”任务窗格中的第1张幻灯片，在“标题”占位符中输入文本“岗前培训演示文稿”，在“副标题”占位符中输入文本“老张、2016-3-26”，如图8.11所示。

4 在【开始】/【字体】组中将标题文本的字体设置为“黑体”，将副标题文本的字号设置为“28”，如图8.12所示。

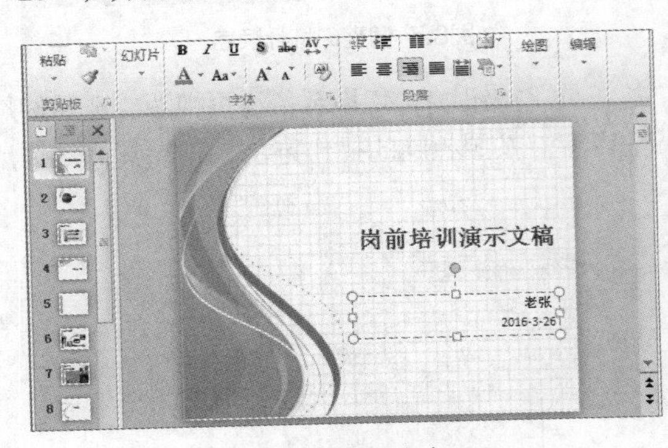

图8.11 输入文本

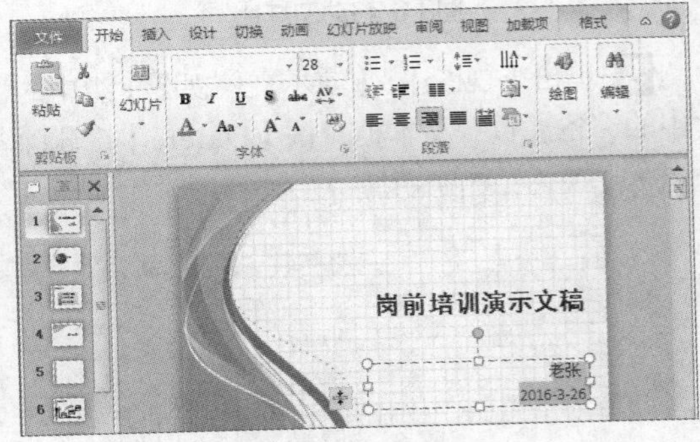

图8.12 设置文本格式

5 切换至第2张幻灯片，在文本占位符中输入文本“欢迎新同事”，在“字体”组将字符格式设置为“54，加粗”，然后按【Delete】键将图片删除，如图8.13所示。

6 切换至第3张幻灯片，将标题文本设置为“加粗”，拖曳鼠标选择文本“分配”，然后按【Delete】键将其删除，如图8.14所示。

图8.13 输入并设置文本

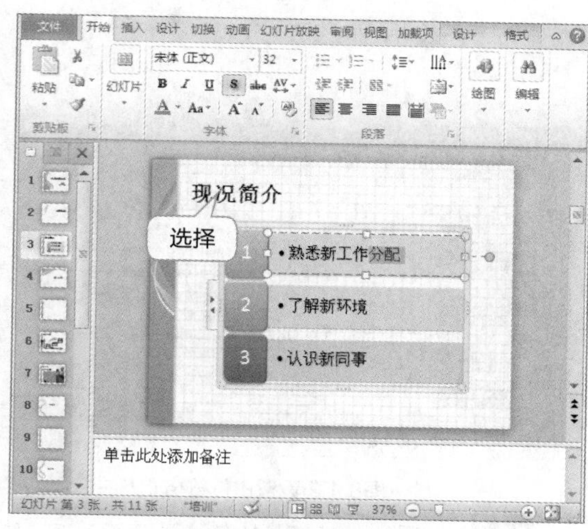

图8.14 删除文本

7 切换至第5张幻灯片，在其中分别输入所需的标题和正文文本，将幻灯片左侧文本占位符中的标题字符格式设置为“加粗、文字阴影、橙色，强调文字颜色6”，在【开始】/【段落】组中单击“项目符号”按钮右侧的下拉按钮，在打开的下拉列表中选择“选中标记项目符号”样式，如图8.15所示。

8 保持所选段落的选择状态，单击“段落”组中的“对话框启动器”按钮，打开“段落”对话框，单击“缩进和间距”选项卡，在“间距”栏中将“段前”设置为“12磅”，将行距”设置为“1.5倍行距”，单击 确定 按钮应用设置，如图8.16所示。

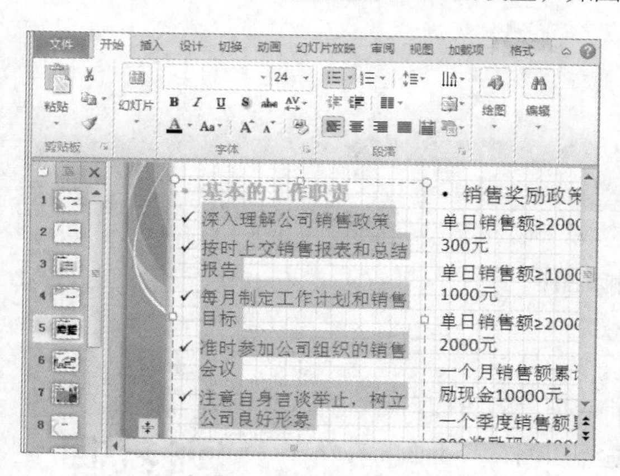

图8.15 设置项目符号

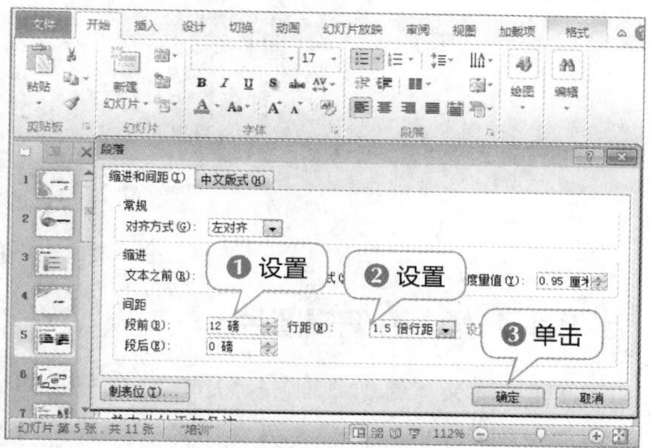

图8.16 设置段落格式

9 按照相同的操作方法，将第5张幻灯片右侧文本占位符中的字符和段落格式设置为与左侧文本占位符相同的格式，如图8.17所示。

10 切换至第9张幻灯片，分别在标题和正文占位符中输入相应文本，选择正文占位符中的最后3段文本，单击“段落”组中的“提高列表级别”按钮，将所选文本的列表级别设置为2级，如图8.18所示。

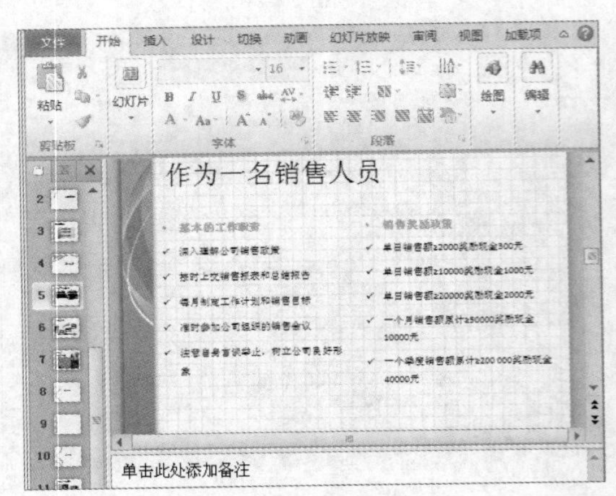

图8.17 设置占位符格式

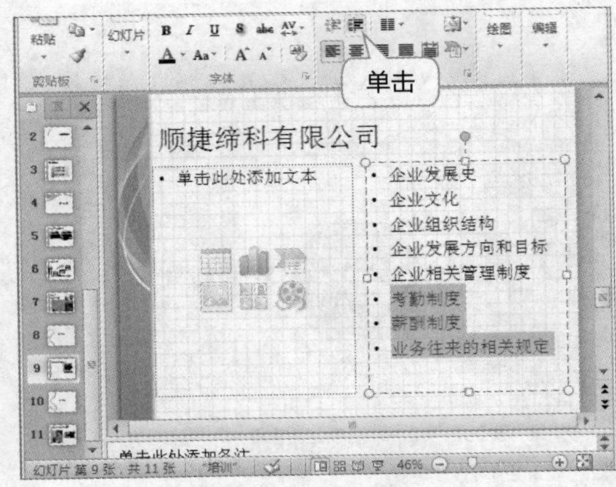

图8.18 设置段落格式

11 在最后一张幻灯片中输入相应文本内容后，利用【Delete】键将其中的图片删除，如图8.19所示。

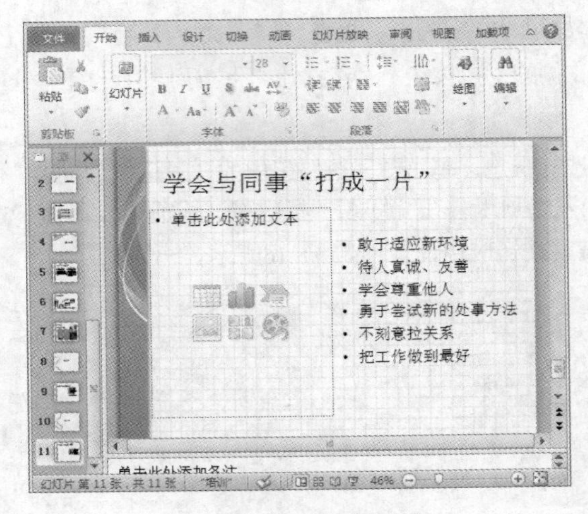

图8.19 删除图片

8.1.4 插入并编辑图片

幻灯片的文本部分制作完成后，就需在其中插入相应的图片内容。为了使插入的图片更加美观大方，还需对图片进行适当的编辑。下面将在第2、9、11张幻灯片中插入并编辑图片，其具体操作如下。

扫一扫

插入并编辑图片

1 切换至第2张幻灯片后，单击【插入】/【图像】组中的“图片”按钮，在打开的“插入图片”对话框中选择所需图片，单击插入(S)按钮，如图8.20所示。

2 选择【图片工具 格式】/【图片样式】组，单击“其他”按钮，在打开的下拉列表框中选择“棱台形椭圆，黑色”选项，在【图片工具 格式】/【大小】组的“宽度”数值框中输入“10.6厘米”，如图8.21所示。

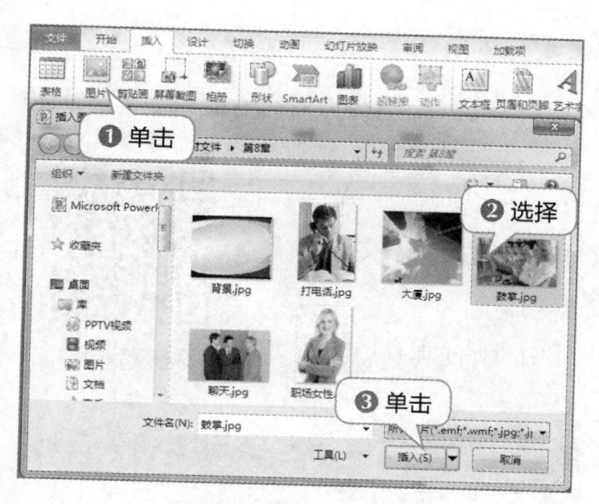

图8.20 选择要插入的图片

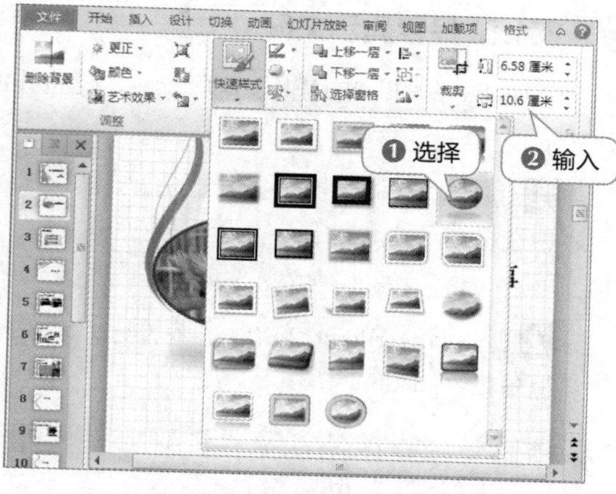

图8.21 编辑图片

3 切换至第9张幻灯片，然后单击文本占位符中的“插入来自文件的图片”按钮，在打开的“插入图片”对话框中选择所需图片，单击按钮，如图8.22所示。

4 选择【图片工具 格式】/【图片样式】组，单击“其他”按钮，在打开的下拉列表框中选择“映像圆角矩形”选项，如图8.23所示。

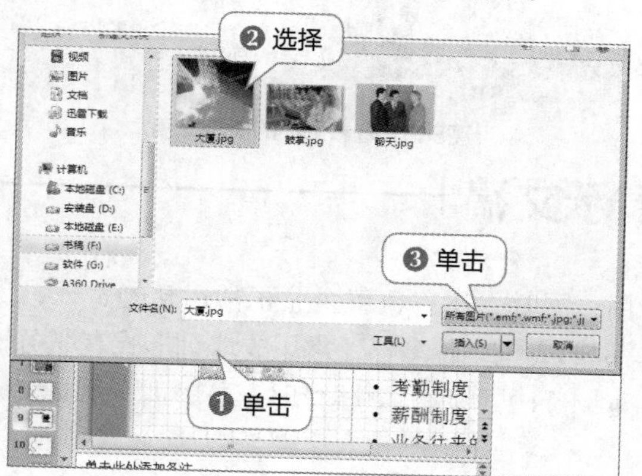

图8.22 利用占位符插入图片

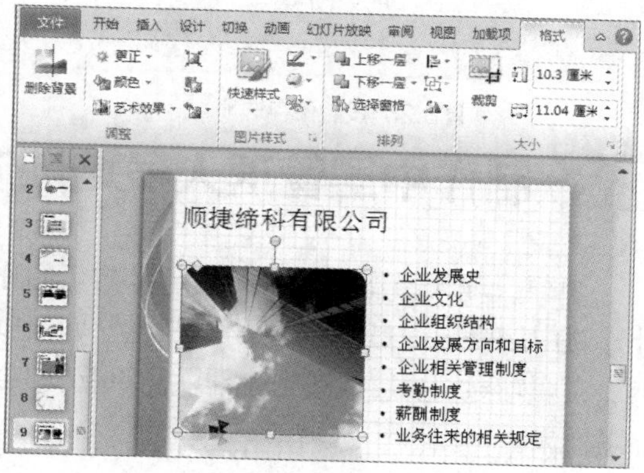

图8.23 美化图片

5 切换至最后一张幻灯片并插入“聊天.jpg”图片，然后对插入的图片应用“柔化边缘矩形”样式，再将其“宽度”设置为“10.4厘米”，如图8.24所示。

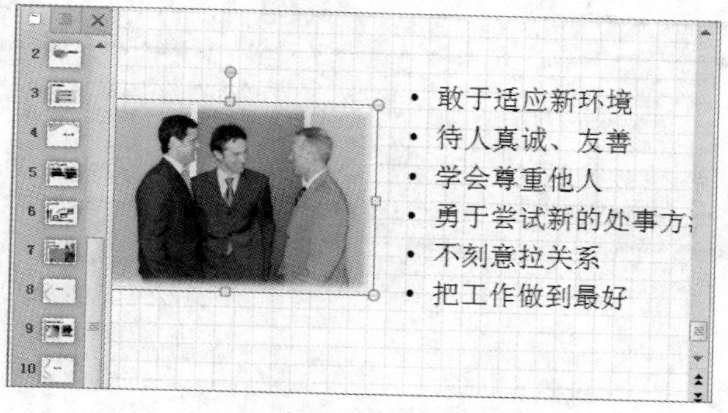

图8.24 插入并编辑图片

8.1.5 保存演示文稿

完成所有幻灯片的编辑操作后，应及时将其保存到计算机中，方便以后查看或修改，其具体操作如下。

1 按【Ctrl+S】键，打开“另存为”对话框，在“保存位置”下拉列表中选择演示文稿的保存位置，在“文件名”文本框中输入演示文稿名称，单击 保存(S) 按钮，如图8.25所示。

2 返回PowerPoint 2010工作界面，此时在标题栏中将显示保存后的演示文稿名称，如图8.26所示。

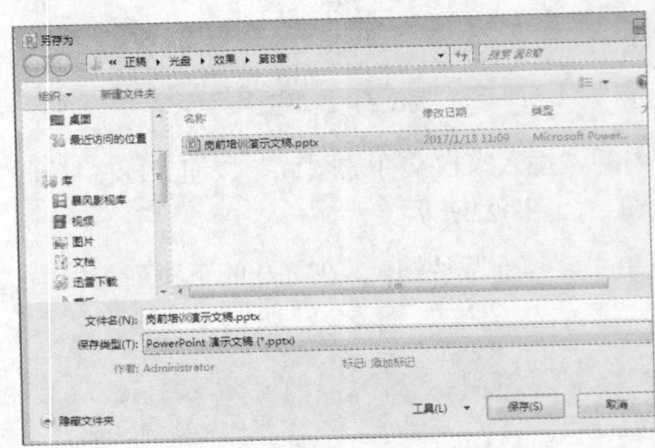

图8.25 设置保存选项

图8.26 查看保存的演示文稿

8.2 制作中层管理人员培训演示文稿

中层管理人员在企业中起到承上启下的作用，同时，还肩负着企业正常运转的责任，因此，对中层管理人员的培训工作不容忽视，其培训形式也多种多样，常用的培训形式有职务轮换、在职辅导、多层次参与管理以及职业模拟4种。图8.27所示为中层管理人员培训演示文稿的参考效果。

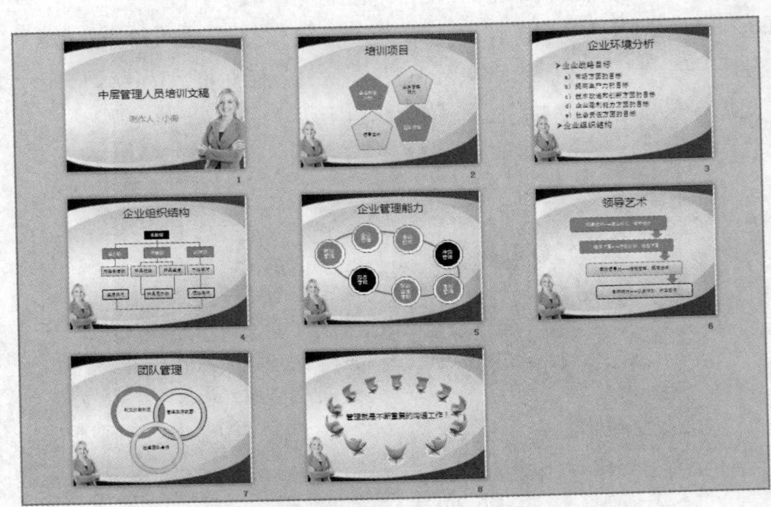

图8.27 中层管理人员培训演示文稿参考效果

下载资源

素材文件：第8章\背景.jpg、职场女性.png

效果文件：第8章\中层管理人员培训演示文稿.pptx

8.2.1 设置背景并输入文本

创建一篇空白演示文稿，然后设置幻灯片背景，最后输入并设置字体格式，其具体操作如下。

1 新建演示文稿，在【设计】/【背景】组中单击“背景样式”按钮，在打开的下拉列表中选择“设置背景格式”选项，如图8.28所示。

2 打开“设置背景格式”对话框，单击“填充”选项卡，在右侧的“填充”栏中单击选中“图片或纹理填充”单选项，单击文件(F)...按钮，如图8.29所示。

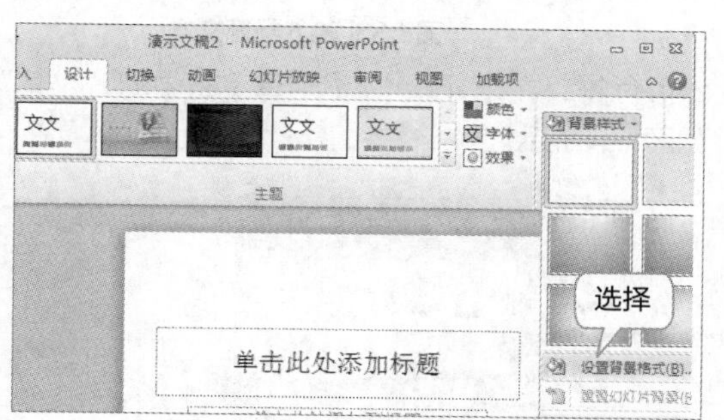

图8.28 选择“设置背景格式”选项

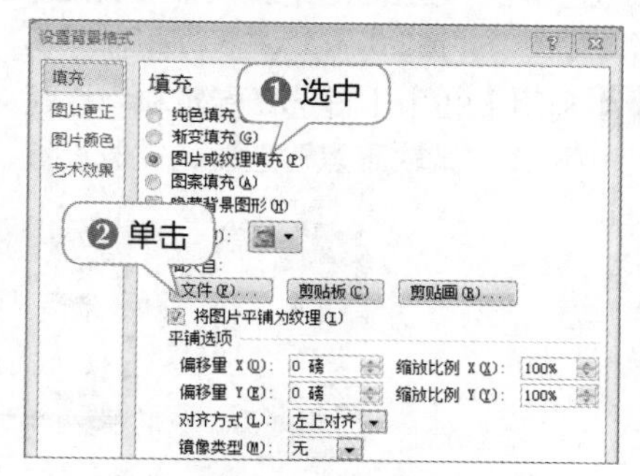

图8.29 选择填充方式

3 打开“插入图片”对话框，在“查找范围”下拉列表中选择背景图片的存放位置，在中间列表框中选择“背景.jpg”选项，单击插入(S)按钮即可插入图片，如图8.30所示。

4 返回“设置背景格式”对话框，单击全部应用(L)按钮，单击关闭按钮，如图8.31所示。

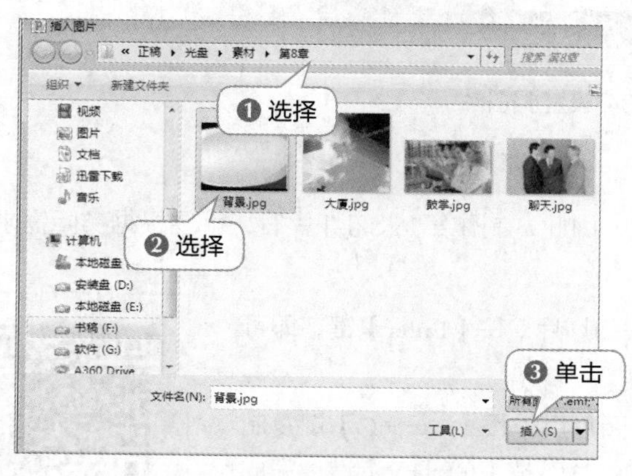

图8.30 选择需插入的图片

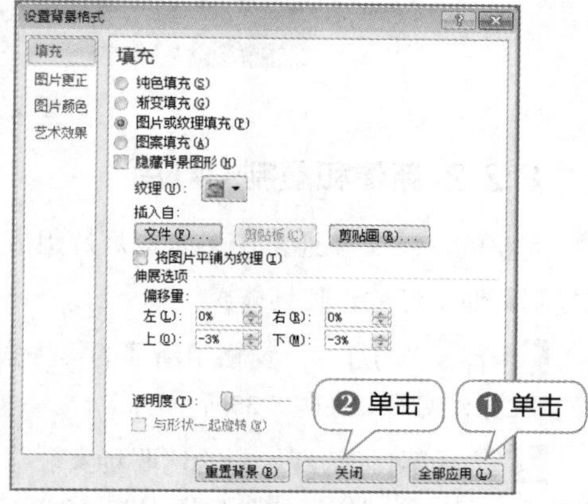

图8.31 为所有幻灯片应用背景

5 单击【插入】/【图像】组中的“图片”按钮，在第1张幻灯片中插入“职场女性.jpg”图片。在插入的图片上按住鼠标左键不放，拖曳至幻灯片右下角后释放鼠标，如图8.32所示。

6 在标题文本占位符中输入“中层管理人员培训文稿”，在副标题文本占位符中输入“制作人：小薇”，如图8.33所示。

图8.32 插入并移动图片

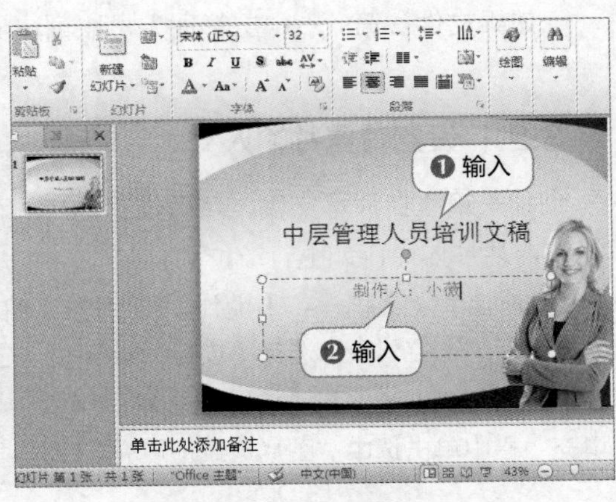

图8.33 输入标题文本

7 利用【Shift】键选择标题和副标题文本占位符，在【开始】/【字体】组中的“字体”下拉列表框中选择“微软雅黑”选项，完成设置，如图8.34所示。

图8.34 设置字符格式

8.2.2 新建和复制幻灯片

完整的演示文稿通常由多张幻灯片组成，因此，制作第1张幻灯片后，就要根据实际需求新建或复制其他幻灯片，其具体操作如下。

扫一扫

新建和复制幻灯片

1 单击“幻灯片”窗格中新建的第一张幻灯片，按【Enter】键，即可新建第2张幻灯片，如图8.35所示。

2 选择第1张幻灯片中的“职场女性”图片后，按【Ctrl+C】键复制该图片。切换到“幻灯片”窗格中的第2张幻灯片，按【Ctrl+V】键，完成粘贴操作，如图8.36所示。

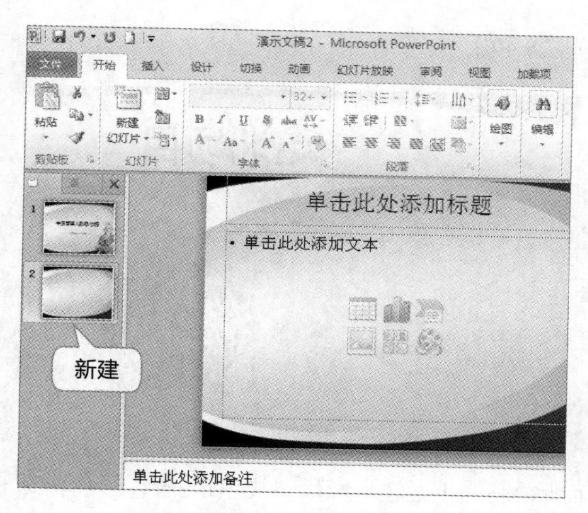

图8.35 新建第2张幻灯片

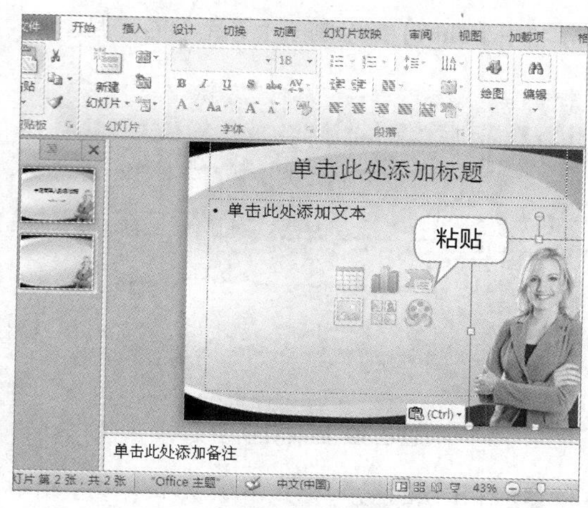

图8.36 复制并粘贴图片

3 保持图片的选择状态，在【图片工具 格式】/【大小】组中的“高度”数值框中输入参数“7厘米”，单击【图片工具 格式】/【排列】组中的“旋转”按钮，在打开的下拉列表中选择“水平翻转”选项，如图8.37所示。

4 将第2张幻灯片中的“职场女性”图片移至左下角，并选择第2张幻灯片，按【Ctrl+C】键，然后连续按6次【Ctrl+V】键，复制6张相同的幻灯片，如图8.38所示。

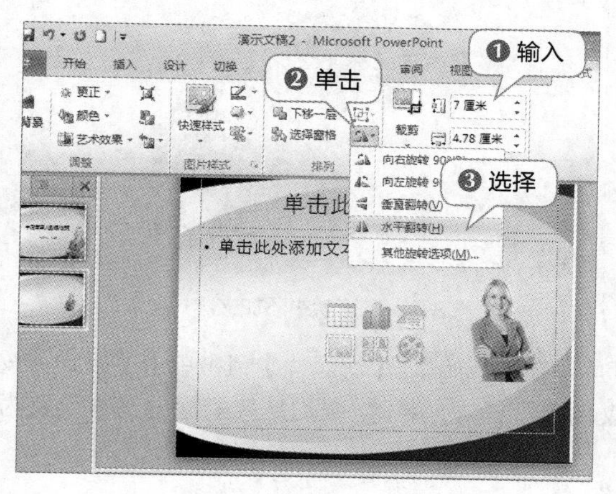

图8.37 设置图片格式

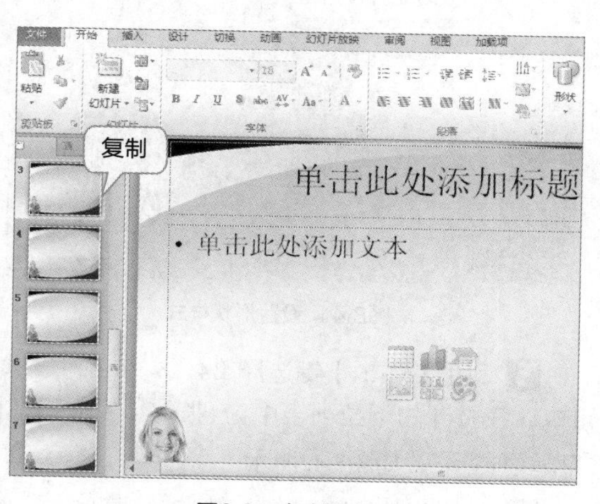

图8.38 复制幻灯片

8.2.3 绘制并编辑形状

为了增强演示文稿的可读性和适用性，在演示文稿中添加一些适当的形状也是非常必要的。下面将在“中层管理人员培训演示文稿.pptx”演示文稿中添加各种形状，包括正五边形、矩形、圆角矩形、同心圆和椭圆，其具体操作如下。

扫一扫

绘制并编辑形状

1 切换至第2张幻灯片，在【开始】/【幻灯片】组中单击“版式”按钮，在打开的下拉列表框中选择“仅标题”选项，如图8.39所示。

2 输入标题，并将其字体设置为“微软雅黑”，选择【插入】/【插图】组，单击“形状”按钮，在打开的下拉列表中选择“正五边形”选项，利用【Shift】键绘制一个等比例的正五边形，如图8.40所示。

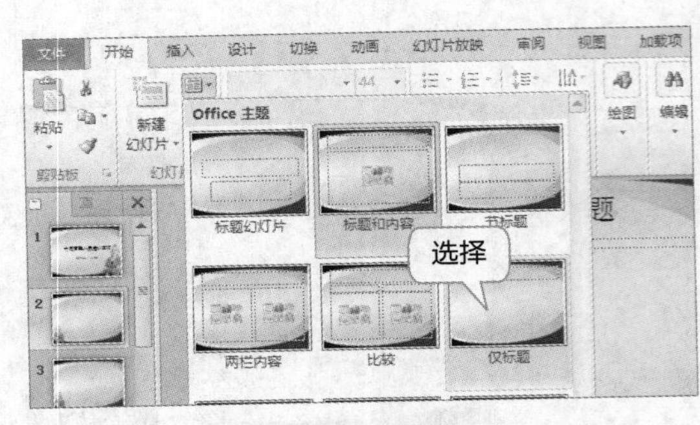

图8.39 更改幻灯片版式

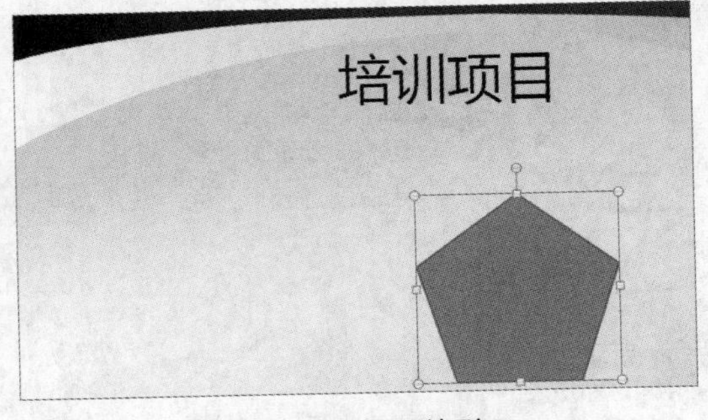

图8.40 绘制正五边形

3 在【绘图工具 格式】/【形状样式】组中为所绘制的正五边形应用“浅色1轮廓，彩色填充-蓝色，强调颜色1”样式，利用【Ctrl+C】和【Ctrl+V】键，复制3个正五边形并适当调整其位置，然后为其中两个图形应用“细微效果-蓝色，强调颜色1”样式，如图8.41所示。

4 在绘制的形状上单击鼠标右键，在弹出的快捷菜单中选择“编辑文字”命令，即可在形状中添加所需文本，完成后的效果如图8.42所示。

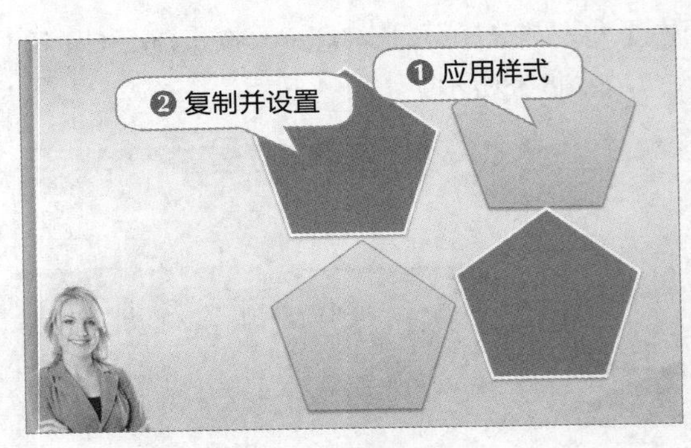

图8.41 设置形状样式

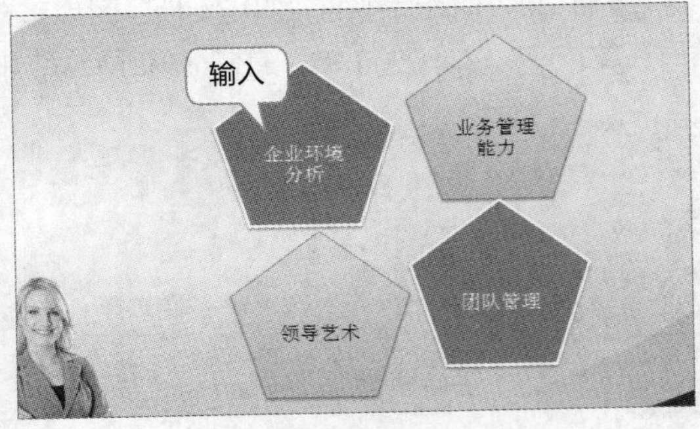

图8.42 在形状中添加文本

5 利用【Shift】键选择第4、5、6、7张幻灯片，在【开始】/【幻灯片】组中单击“版式”按钮，在打开的下拉列表中为4张幻灯片应用“仅标题”样式，将这4张幻灯片的标题文本设置为“微软雅黑”，如图8.43所示。

6 切换到第4张幻灯片，输入标题文本，然后绘制一个矩形，并在【绘图工具 格式】/【大小】组中将高度设置为“1.45厘米”，宽度设置为“3.66厘米”，如图8.44所示。

图8.43 设置幻灯片

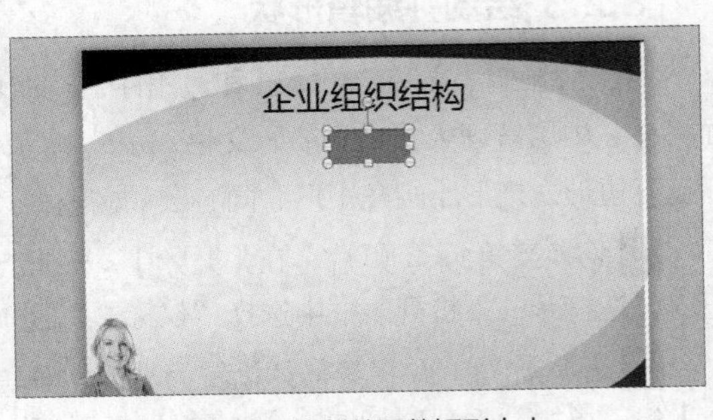

图8.44 绘制并调整矩形大小

7 复制10个矩形，并调整其位置。在【插入】/【插图】组中单击“形状”按钮，在打开的下拉列表中选择“直线”选项，将所有矩形用直线连接起来，然后在【绘图工具 格式】/【形状样式】组中单击“形状轮廓”按钮，在打开的下拉列表中的“粗细”子列表中选择“2.25磅”选项，在矩形中输入文本，对于较长文本，可以适当调整矩形宽度，如图8.45所示。

8 选择幻灯片中最顶端的矩形，为其应用“浅色1轮廓，彩色填充-黑色，深色1”样式。按照相同的操作，为其他矩形填充相应颜色，如图8.46所示。

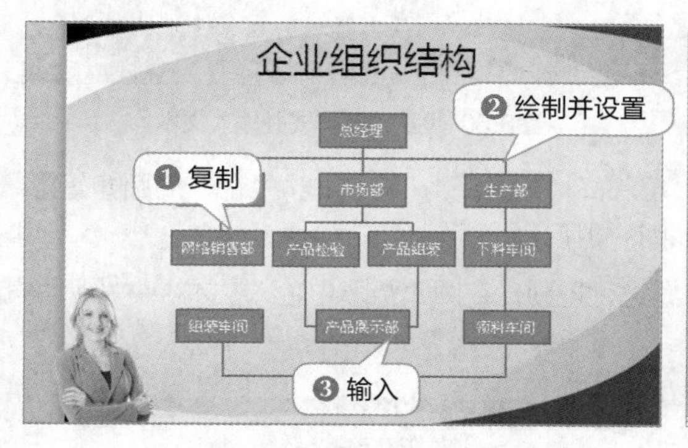

图8.45 绘制直线并输入文本

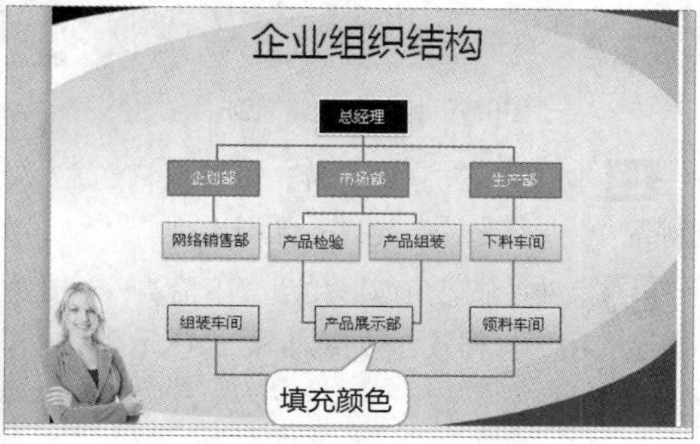

图8.46 设置矩形填充颜色

9 切换到第5张幻灯片，输入标题文本，绘制一个大小为“4.2厘米”的正十二边形，并在【绘图工具 格式】/【形状样式】组中将其填充颜色设置为“白色”，如图8.47所示。

10 按照相同的操作，绘制一个大小为“3.5厘米”的正十二边形，然后在【绘图工具 格式】/【形状样式】组中单击“形状轮廓”按钮，在打开的下拉列表中选择“无轮廓”选项。将无轮廓的“蓝色”正十二边形移至“白色”正十二边形的正中央，此时会出现一个坐标轴，如图8.48所示。

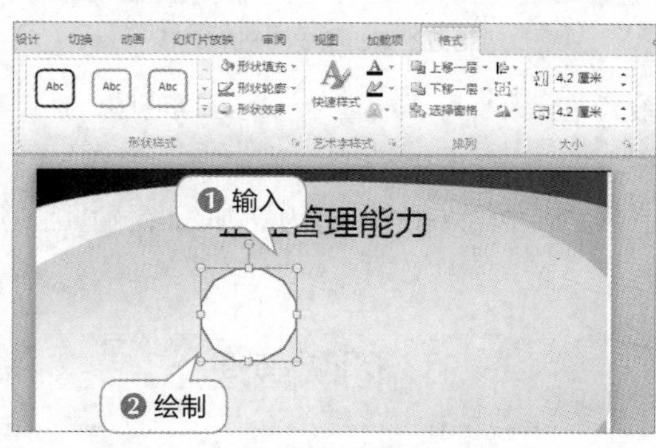

图8.47 绘制并设置十二边形

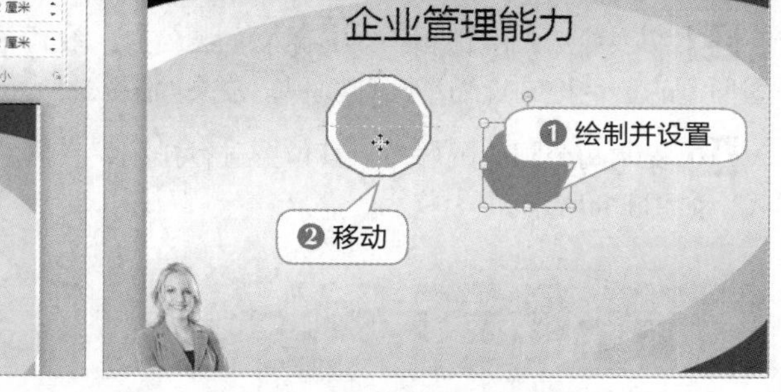

图8.48 组合绘制的正十二边形

11 复制6个相同的正十二边形，绘制一个高为“8.84厘米”，宽为“18.98厘米”的椭圆，然后通过形状上的绿色控制点对图形进行适当旋转，在椭圆上单击鼠标右键，在弹出的快捷菜单中选择【置于底层】/【置于底层】命令，将椭圆放置于最底层，如图8.49所示。

12 将椭圆的填充颜色设置为“无填充颜色”，并将其形状轮廓粗细设置为“6磅”，在正十二边形中输入文本，设置文本字号为“20”，将其中两个正十二边形的填充颜色设置为“黑色”，如图8.50所示。

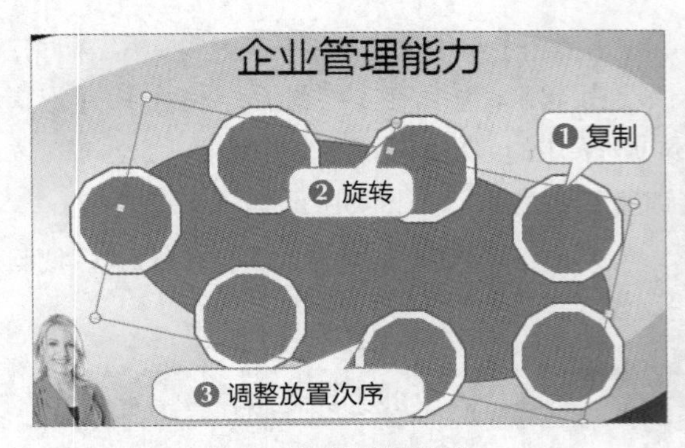

图8.49 绘制并设置椭圆

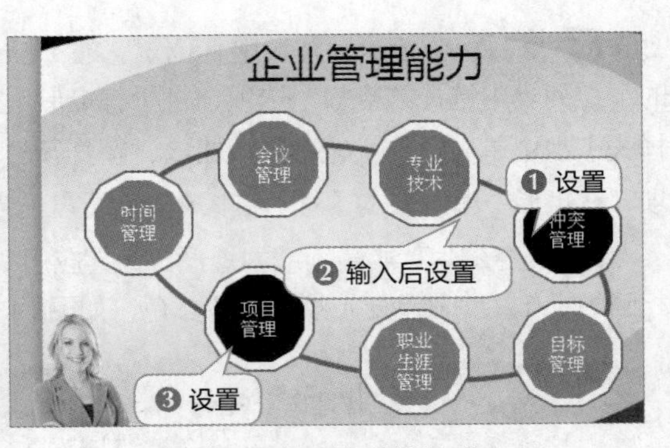

图8.50 设置椭圆样式并输入文本

13 切换至第6张幻灯片，并输入标题文本，绘制高“2厘米”、宽“13.6厘米”的圆角矩形，绘制高“1.18厘米”、宽“1.4厘米”的下箭头，如图8.51所示。

14 复制3个圆角矩形和两个下箭头，对其位置进行排列，在圆角矩形中输入文本，并为圆角矩形快速应用形状样式，效果如图8.52所示。

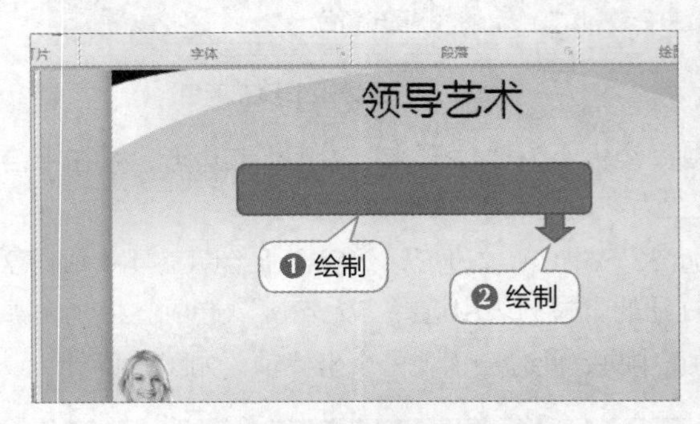

图8.51 绘制圆角矩形和下箭头

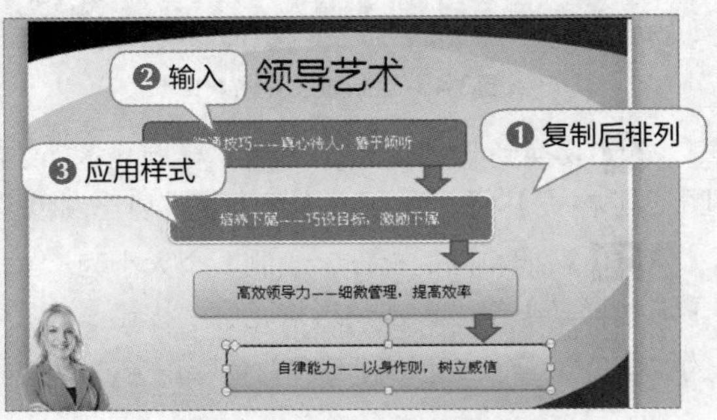

图8.52 编辑绘制的圆角矩形

15 切换至第7张幻灯片，并输入标题文本，绘制一个大小为“7.6厘米”的正同心圆，然后利用图形上的黄色控制点缩小圆环面积，效果如图8.53所示。

16 复制两个同心圆后，对其位置进行排列，在同心圆中输入文本，并为复制的2个同心圆应用样式，如图8.54所示。

图8.53 绘制并编辑同心圆

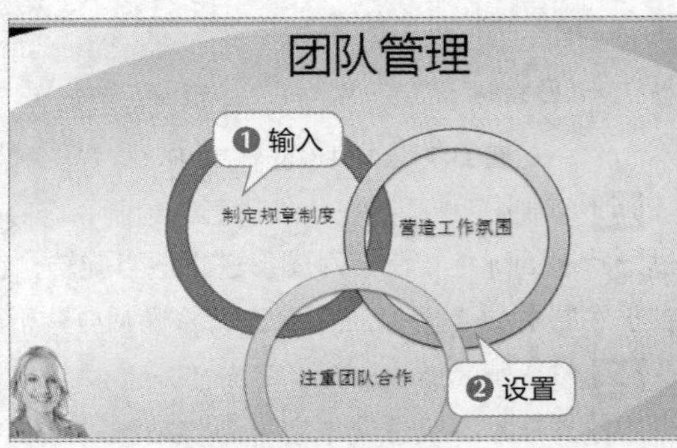

图8.54 设置同心圆

17 切换至最后一张幻灯片，输入标题文本，选择【插入】/【图像】组，单击“剪贴画”按钮，打开“剪贴画”窗格，搜索关键字为“沟通”的剪贴画，然后将下图所示的剪贴画插入当前幻灯片中，选择【图片工具 格式】/【调整】组，单击“颜色”按钮，在打开的下拉列表中选择“设置透明度”选项，然后在图片中的背景部分单击鼠标左键，将剪贴画设置为背景透明，如图8.55所示。

18 将鼠标指针移动到图形四周的控制点上，按住【Shift】键不放同时拖曳鼠标，等比例放大剪贴画，然后将其移至幻灯片中的适当位置，将标题文本字号设置为“30”，并移动文本位置，如图8.56所示。

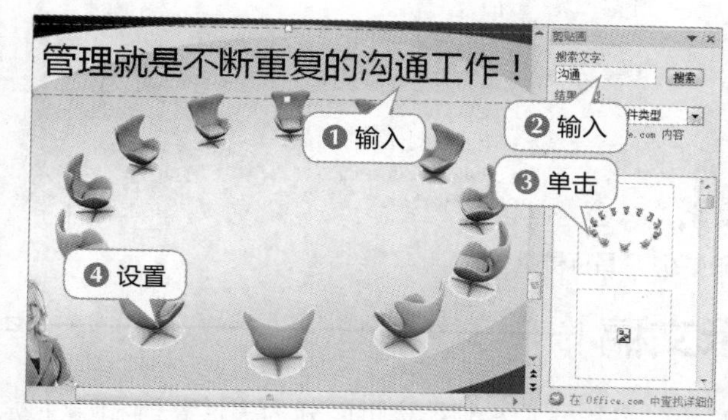

图8.55 插入并编辑剪贴画

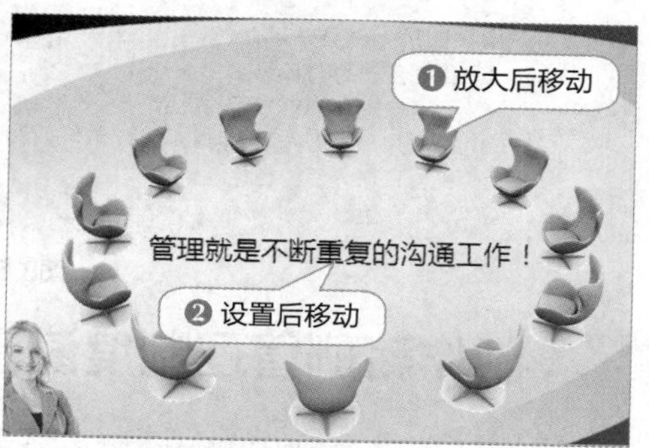

图8.56 设置文本和剪贴画

8.2.4 更改项目符号和编号

在多文本的幻灯片中添加醒目的项目符号或编号，不仅可以让文本内容以列表形式显示，而且还能使幻灯片的结构更加清晰。下面将更改第3张幻灯片中的项目符号与编号，其具体操作如下。

1 切换至第3张幻灯片，输入标题和正文，选择内容占位符中的第2～6行文本，然后在【开始】/【段落】组中单击“提高列表级别”按钮，提高所选文本的级别，如图8.57所示。

2 保持文本的选择状态，在【开始】/【段落】组中单击“编号”按钮右侧的下拉按钮，在打开的下拉列表中选择图8.58中所示的选项。

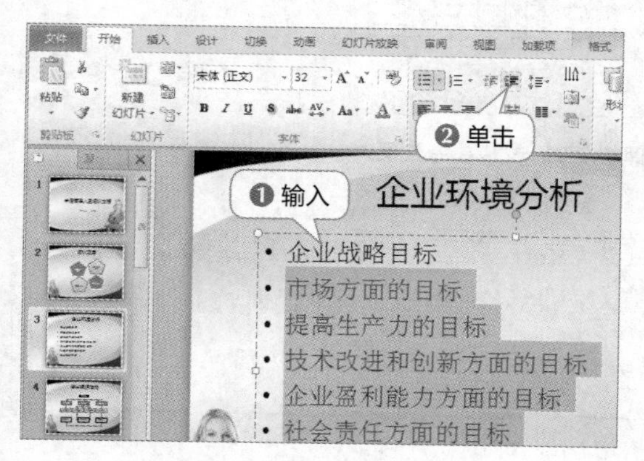

图8.57 调整输入文本的级别

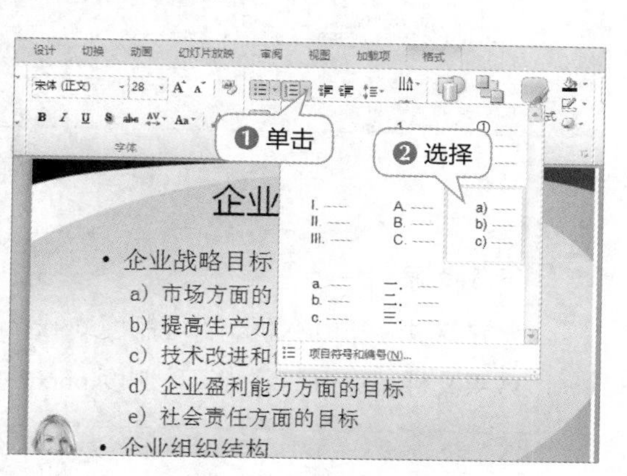

图8.58 更改编号样式

3 按住【Ctrl】键不放分别选择要更改编号的“企业战略目标”与“企业组织结构”文本，在【开始】/【段落】组中单击“项目符号”按钮右侧的下拉按钮，在打开的下拉列表中选择图8.59中所示的选项。

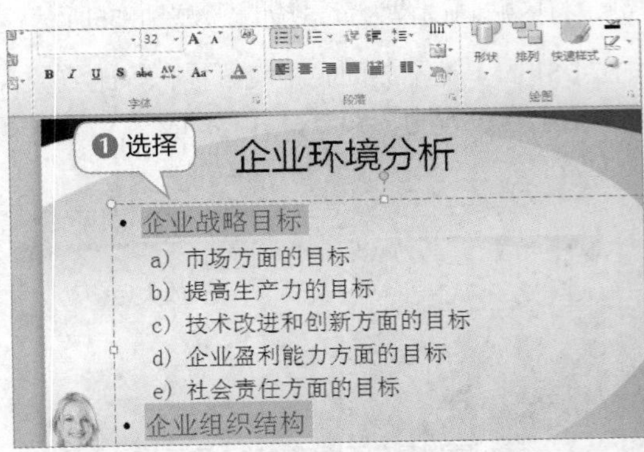

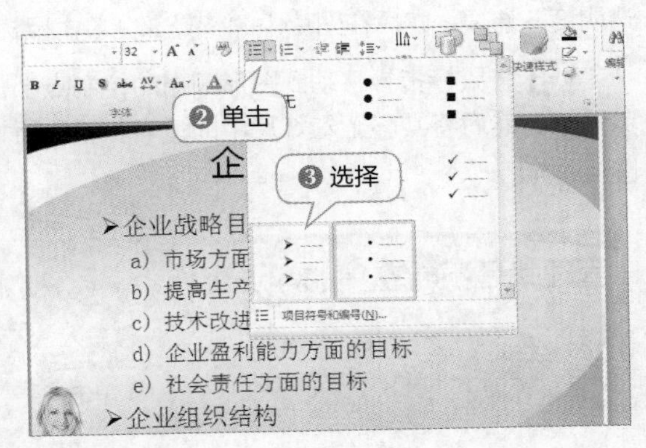

图8.59 更改项目符号

8.3 制作薪酬管理制度演示文稿

薪酬结构，简单地说就是薪酬的组成部分。按类型，薪酬结构可以分为显性薪酬和隐性薪酬两种，其中，显性薪酬主要包括基本工资、加班费、奖金、津贴或补贴以及福利等，隐性薪酬主要包括工作环境、学习机会等。图8.60所示为薪酬管理制度演示文稿参考效果。

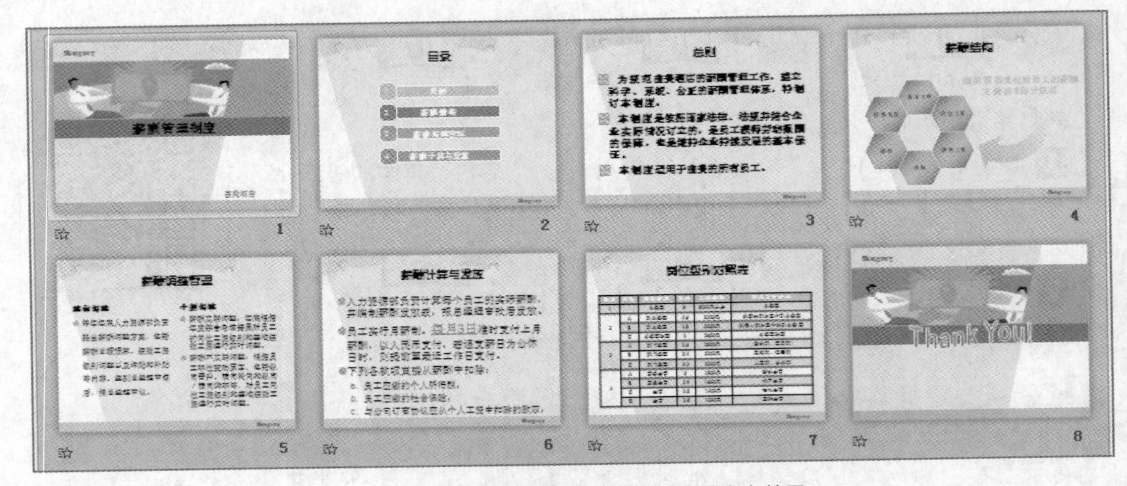

图8.60 薪酬管理制度演示文稿参考效果

下载资源

素材文件：第8章\薪酬管理制度.pptx

效果文件：第8章\薪酬管理制度.pptx

8.3.1 添加形状

打开“薪酬管理制度.pptx”演示文稿，切换至第4张幻灯片后输入标题文本，然后插入艺术字，最后为幻灯片中的艺术字和形状添加动画，其具体操作如下。

1 打开“薪酬管理制度.pptx”演示文稿，在“幻灯片/大纲”窗格中单击第4张幻灯片，在标题占位符中输入文本“薪酬结构”，如图8.61所示。

2 单击【插入】/【文本】组中的“艺术字”按钮，在打开的下拉列表中选择“填充-金色，强调文字颜色2，暖色粗糙棱台”选项，如图8.62所示。

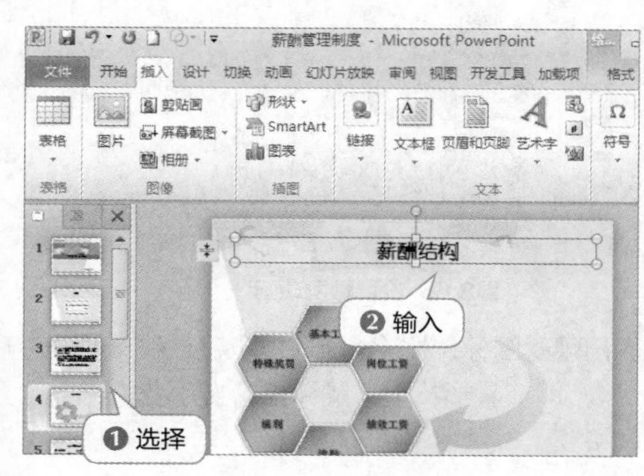

图8.61 输入标题文本

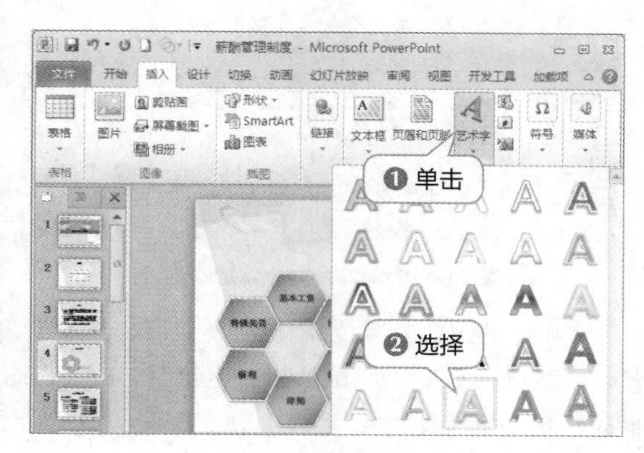

图8.62 选择艺术字样式

3 在“请在此放置您的文字”文本框中输入文本“曲美酒店支付给员工的薪酬主要由6部分组成”，按【Enter】键确认输入后，在“字体”组中的“字号”下拉列表中选择“28”选项，如图8.63所示。

4 将鼠标指针定位至艺术字文本框的边框上，当其变为形状时，按住鼠标左键不放进行拖曳，拖至目标位置后再释放鼠标，如图8.64所示。

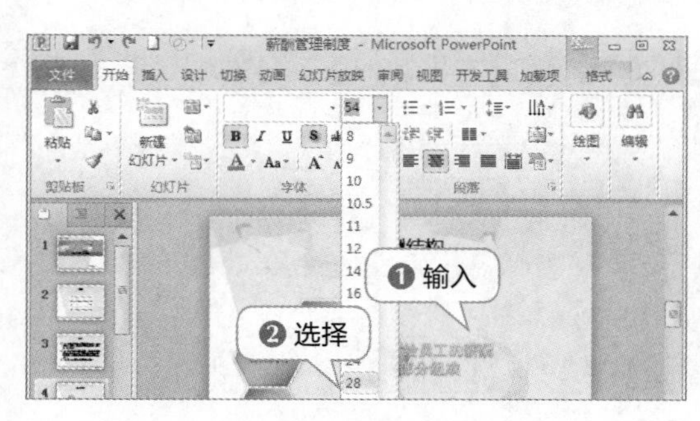

图8.63 编辑艺术字

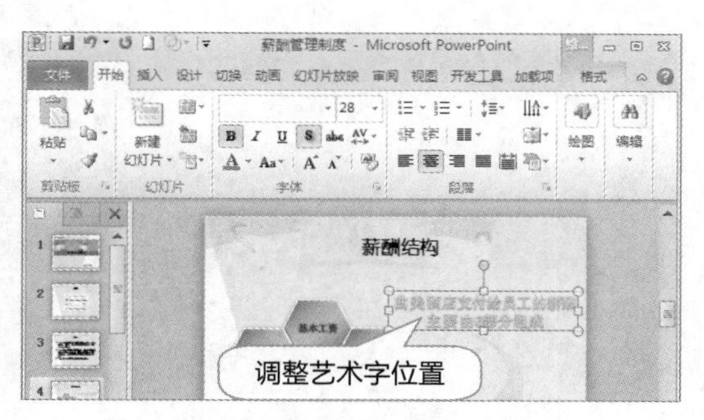

图8.64 调整艺术字的位置

5 选择艺术字，选择【动画】/【动画】组，在其列表框中选择“进入”栏的“缩放”选项，在【动画】/【计时】组中将其开始时间设置为“与上一动画同时”；按照相同的方法为箭头对象添加“形状”进入动画，单击“效果选项”按钮，在打开的下拉列表中选择“缩小”选项、将开始时间设置为“与上一动画同时”；为组合后的六边形添加“擦除”进入动画，将效果选项设置为“自右侧”，如图8.65所示。

6 单击【动画】/【高级动画】组中的“动画窗格”按钮，在打开的“动画窗格”窗格中选择要触发的目标，这里选择“组合5”选项，在【动画】/【高级动画】组中选择“触发”按钮，在打开的下拉列表中选择【单击】/【Freeform 3】选项，如图8.66所示。

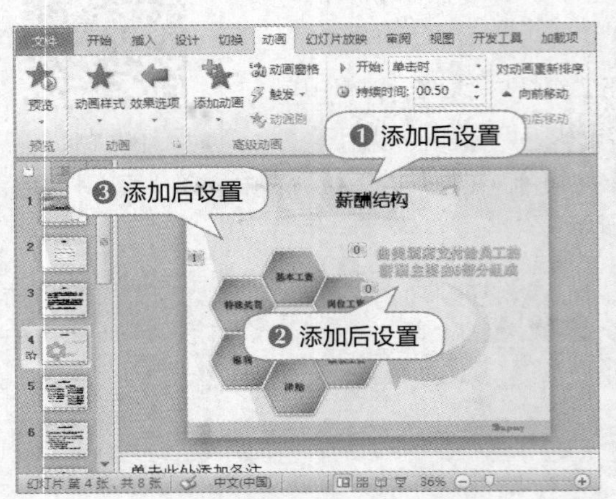

图8.65 为幻灯片对象添加动画

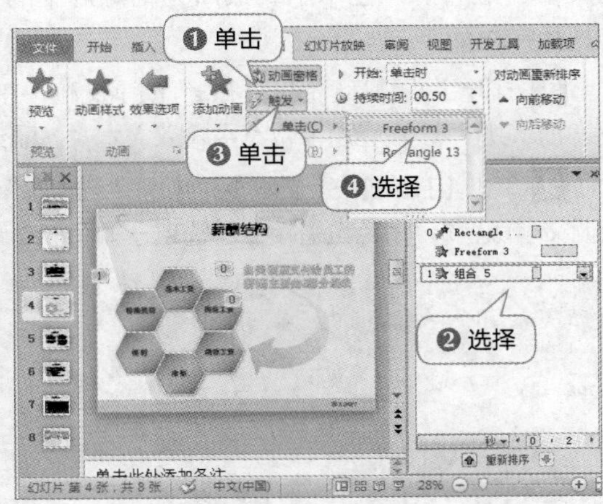

图8.66 设置触发动画

7 为“组合5”对象添加触发器后，其左上角会出现图标，按【Shift+F5】键放映第4张幻灯片。在放映过程中，将鼠标指针定位至“Freeform3”，即箭头形状上，鼠标指针自动变为形状，此时，单击鼠标便可播放“组合5”形状，如图8.67所示。

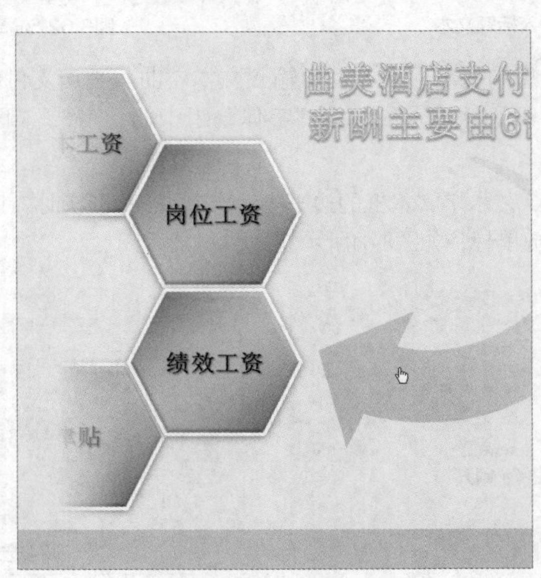

图8.67 放映当前幻灯片

8.3.2 设置文本格式

由于整篇演示文稿主要是以文本为主，为了便于阅读和体现重点内容，需要对字符格式和段落间距等进行设置，其具体操作如下。

1 按【Esc】键退出放映状态，切换至第5张幻灯片，利用【Shift】键同时选择左、右两栏文本框，在【开始】/【段落】组中单击“项目符号”按钮右侧的下拉按钮，在打开的下拉列表中选择“项目符号和编号”选项，如图8.68所示。

2 打开“项目符号和编号”对话框，在“项目符号”选项卡中单击 自定义(U)... 按钮，如图8.69所示。

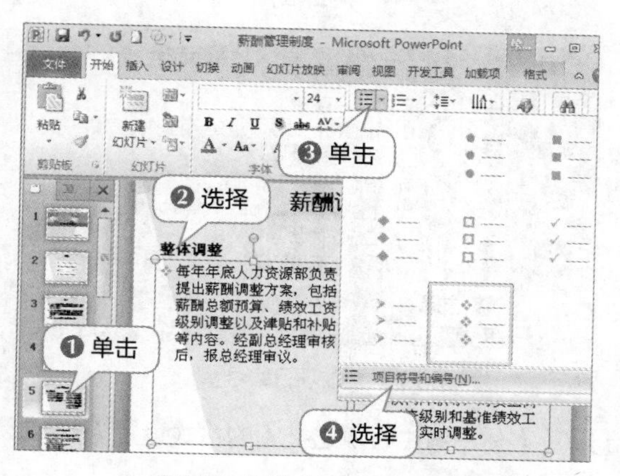

图8.68 选择“项目符号和编号”选项

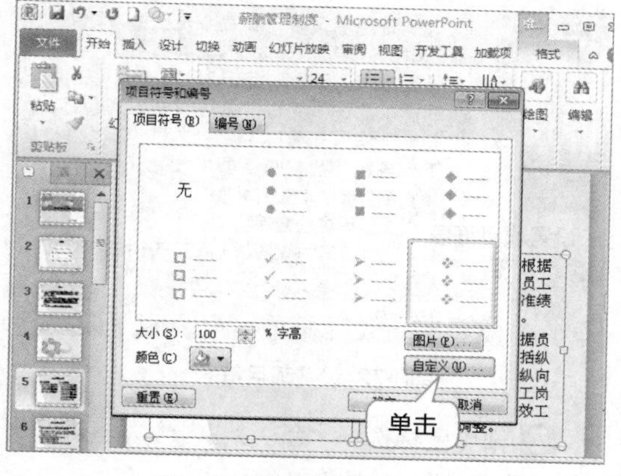

图8.69 单击“自定义”按钮

3 打开“符号”对话框，在“字体”下拉列表框中选择“Wingdings”选项，在中间列表框中选择符号，依次单击 确定 按钮完成设置，如图8.70所示。

4 拖曳鼠标选择左侧文本框中的所有文本，在【开始】/【段落】组中单击“行距”按钮，在打开的下拉列表中选择“1.5”选项，将此段文本的行距设置为1.5，如图8.71所示。

图8.70 选择新符号

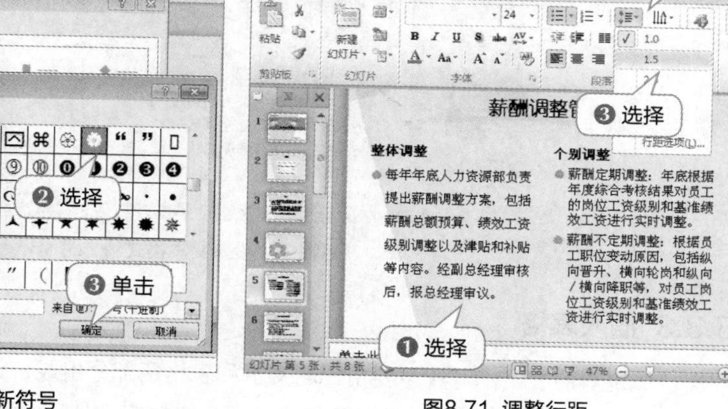

图8.71 调整行距

5 切换至第6张幻灯片，按照相同的操作方法，为幻灯片中的文本占位符设置相同的项目符号，如图8.72所示。

6 拖曳鼠标选择文本占位符中的最后3段文本，在【开始】/【段落】组中单击“编号”按钮右侧的下拉按钮，在打开的下拉列表中选择图8.73中所示的选项。

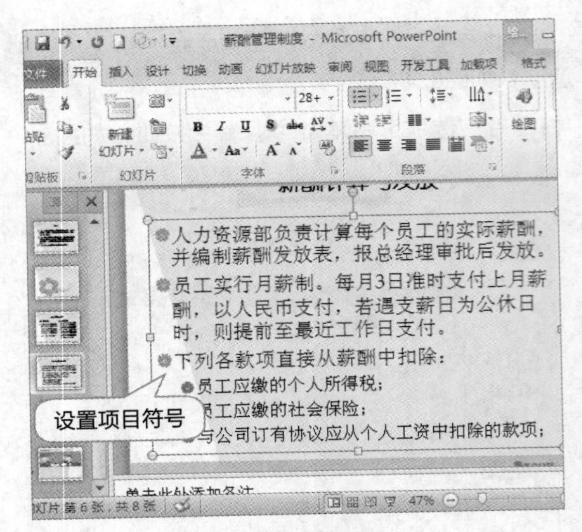

图8.72 设置项目符号

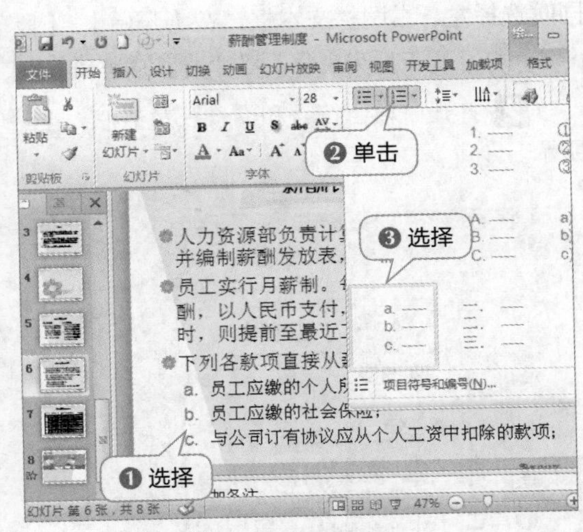

图8.73 更改项目编号

7 拖曳鼠标选择“每月3日”文本，在【开始】/【字体】组中将所选文本的格式设置为“40、红色、下画线”，如图8.74所示。

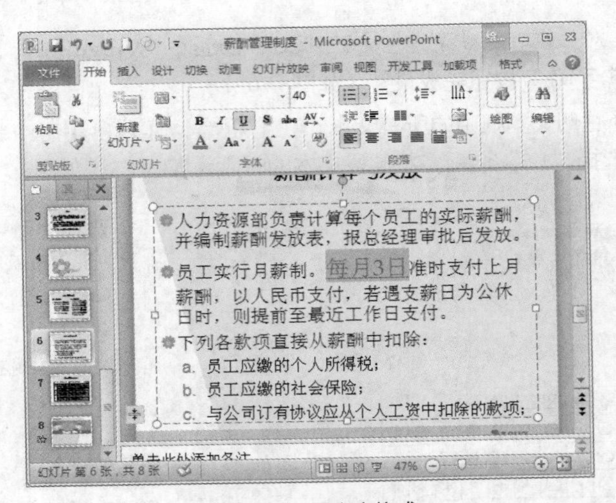

图8.74 设置文本格式

8.3.3 插入表格

“岗位级别对照表”幻灯片主要由标题文本和表格两部分组成，该幻灯片的制作重点是表格的插入与编辑，包括合并单元格、应用表格样式和添加边框等，其具体操作如下。

1 单击“幻灯片/大纲”窗格中的第7张幻灯片，在标题占位符中输入相应文本，在文本占位符中单击“插入表格”按钮，如图8.75所示。

2 打开“插入表格”对话框，在“列数”数值框中输入“6”，在“行数”数值框中输入“12”，单击确定按钮，如图8.76所示。

扫一扫

插入表格

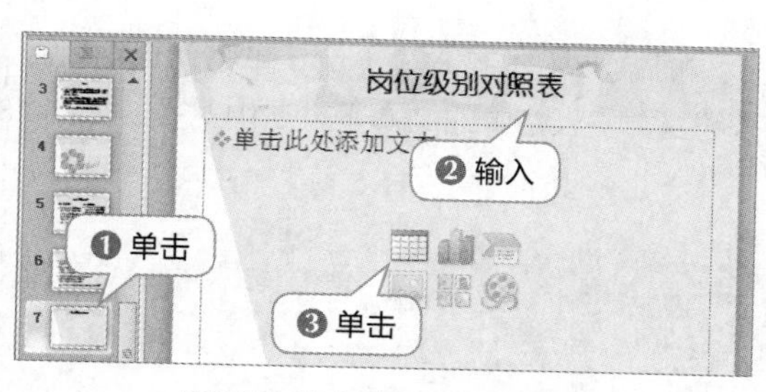

图8.75 单击“插入表格”按钮

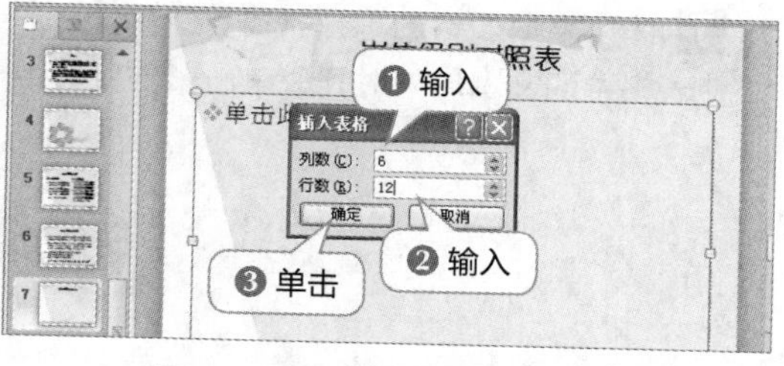

图8.76 输入表格的行数和列数

3 将鼠标指针定位至插入表格中的任意位置，然后在【表格工具 设计】/【表格样式】组中单击“其他”按钮，在打开的下拉列表框中选择“中度样式3-强调2”选项，如图8.77所示。

4 选择整个表格，在【表格工具 格式】/【表格样式】组中单击“无框线”按钮右侧的下拉按钮，在打开的下拉列表中选择“所有框线”选项，如图8.78所示。

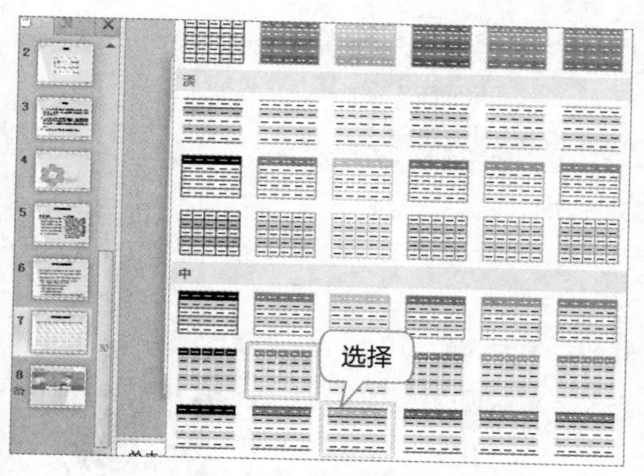

图8.77 应用表格样式

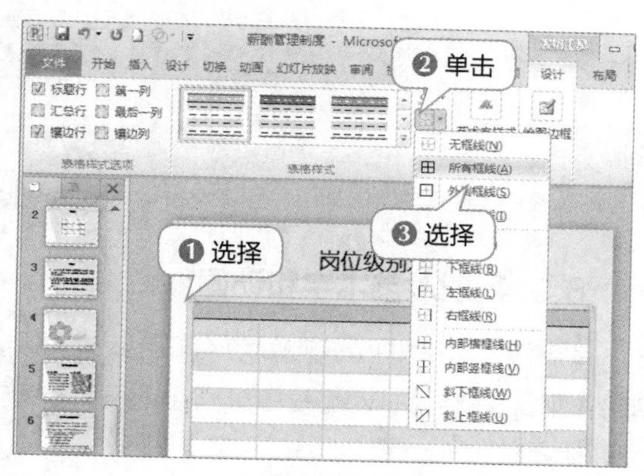

图8.78 为表格添加边框

5 选择第3、第4和第5行单元格，在其上单击鼠标右键，在弹出的快捷菜单中选择“合并单元格”命令。按照该方法，将第6、第7和第8行单元格合并为一行，第9、第10、第11和第12行单元格合并为一行，如图8.79所示。

6 在表格中输入相应文本，对于文本内容较多的单元格，可在【表格工具 布局】/【表格尺寸】组中对其宽度进行适当调整，让文本内容只显示一行，如图8.80所示。

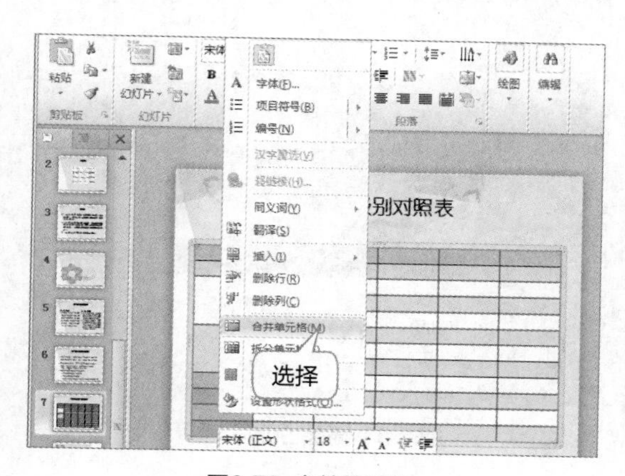

图8.79 合并单元格

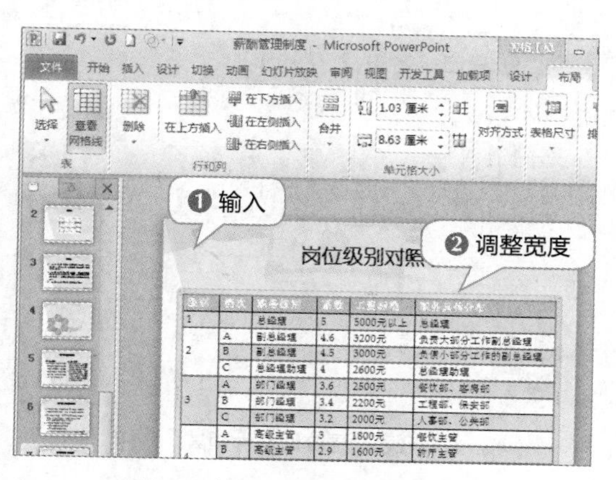

图8.80 输入文本后调整表格宽度

7 保持整个表格的选择状态，选择【表格工具 布局】/【对齐方式】组，单击“居中”按钮≡，使表格中的文本居中对齐，单击“垂直居中”按钮⊟，使表格中的文本垂直居中对齐，如图8.81所示。

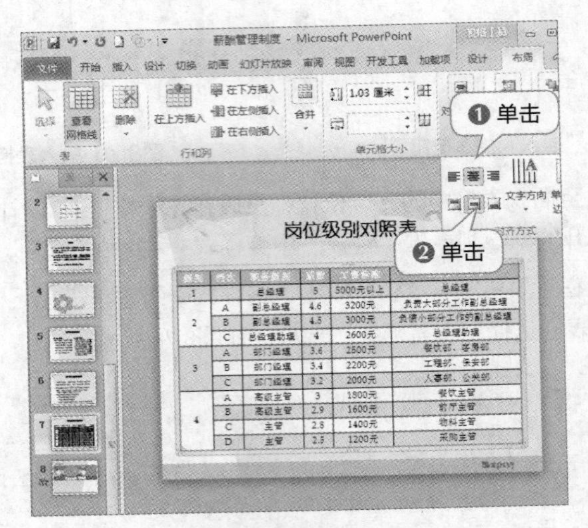

图8.81 设置对齐方式

8.3.4 插入艺术字和动画

结束页幻灯片的版式与标题幻灯片版式相同，但是文本内容的表现方式却不相同。在结束页幻灯片中可以通过插入和编辑艺术字来展现文本内容，其具体操作如下。

1 切换至最后一张幻灯片，在【开始】/【幻灯片】组中单击“版式”按钮▤，在打开的下拉列表中选择“标题和内容”选项，如图8.82所示。

2 利用【Shift】键同时选择标题和副标题占位符，然后按【Delete】键将其删除，使当前幻灯片显示为空白，如图8.83所示。

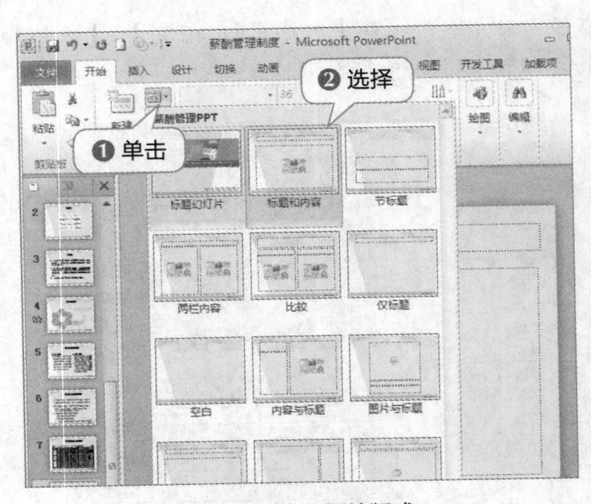

图8.82 更改幻灯片版式

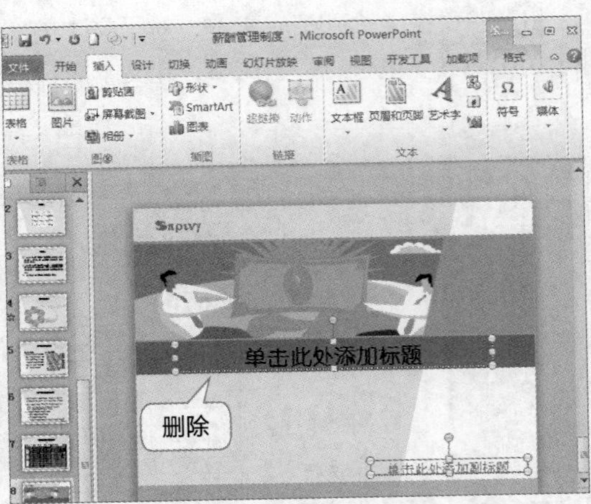

图8.83 删除占位符

3 选择【插入】/【文本】组，单击“艺术字”按钮，在当前幻灯片中插入“渐变填充－灰色－50%，强调文字颜色1，轮廓－白色”效果的艺术字，并输入“Thank You！”文本，单击“艺术字样式”组中的“文本效果”按钮，在打开的下拉列表中选择“转换”子列表中的“波形2”选项，如图8.84所示。

4 保持艺术字的选择状态，选择【动画】/【动画】组，单击“其他”按钮，在打开的下拉列表框中选择“更多进入效果”选项，如图8.85所示。

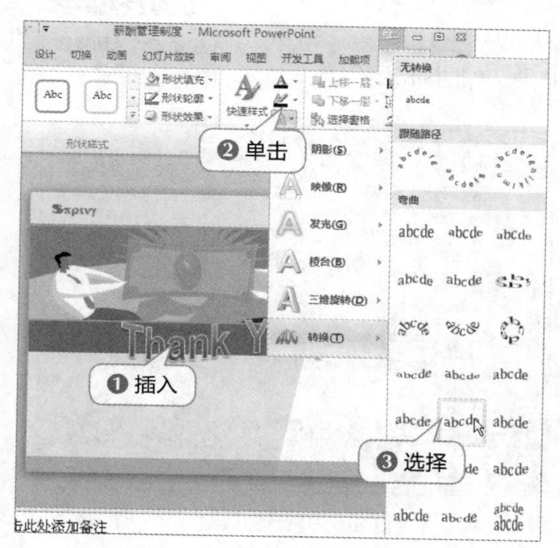

图8.84 插入并编辑艺术字

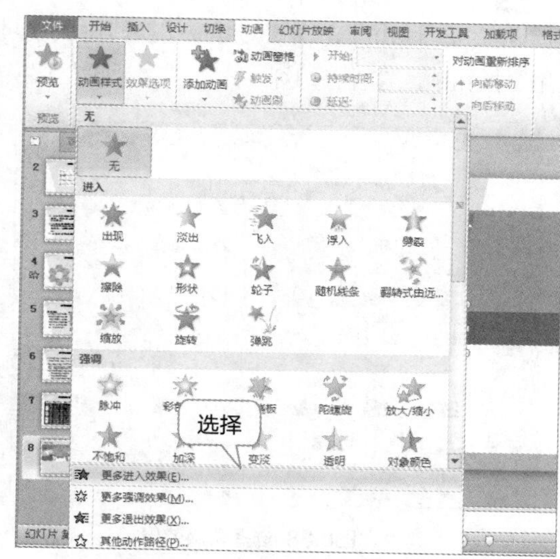

图8.85 选择“更多进入效果”选项

5 打开“更改进入效果”对话框，在“温和型”栏中选择“翻转式由远及近”选项，单击 确定 按钮，如图8.86所示。

6 选择【动画】/【计时】组，将动画的开始时间设置为“与上一动画同时”，将动画持续时间设置为“02.00”，如图8.87所示。

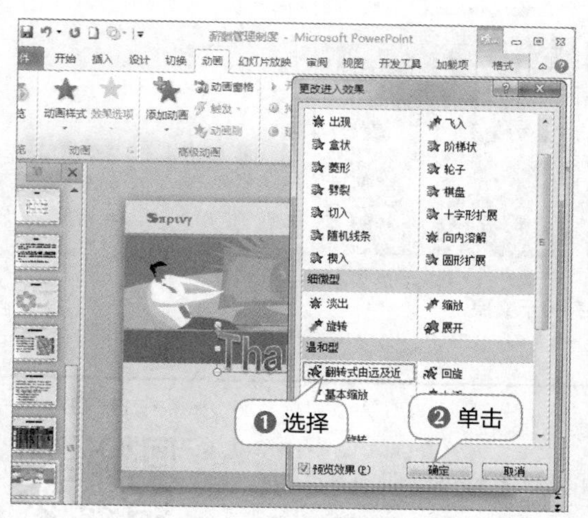

图8.86 选择进入动画

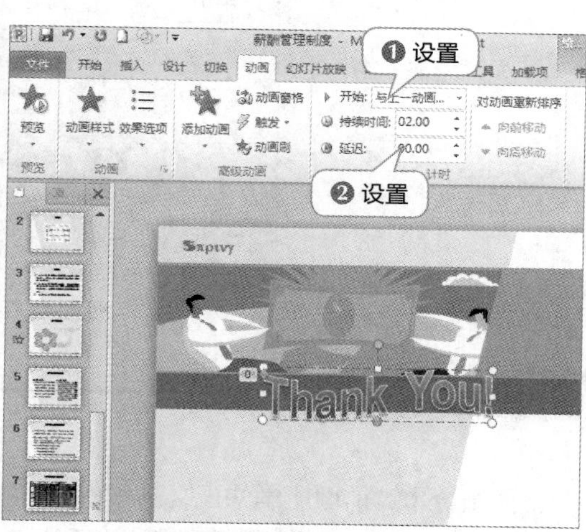

图8.87 设置动画计时选项

8.3.5 设置幻灯片切换效果

编辑完演示文稿的所有内容后，为了增强其视觉冲击力，下面将为每一张幻灯片添加“摩天轮”切换效果，然后再添加切换声音，其具体操作如下。

1 在【切换】/【切换到此幻灯片】组中单击“其他”按钮，在打开的下拉列表框中选择“动态内容”栏中的“摩天轮”选项，如图8.88所示。

2 选择【开始】/【计时】组，在“声音”下拉列表中将幻灯片的切换声音设置为“硬币”，设置幻灯片切换的持续时间为“02.00”，单击“全部应用”按钮，为所有幻灯片添加“摩天轮”切换效果，如图8.89所示。

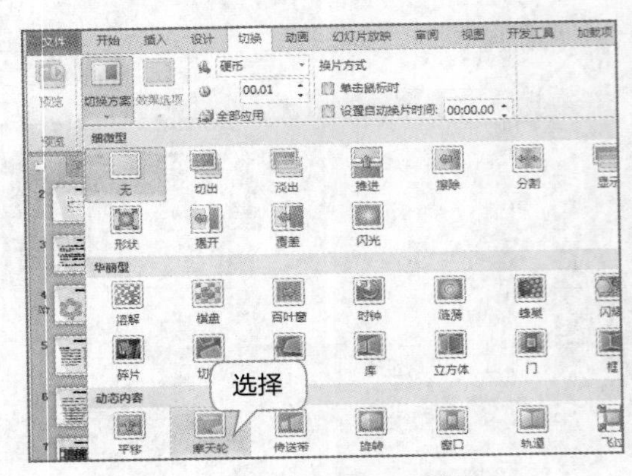

图8.88 选择切换效果

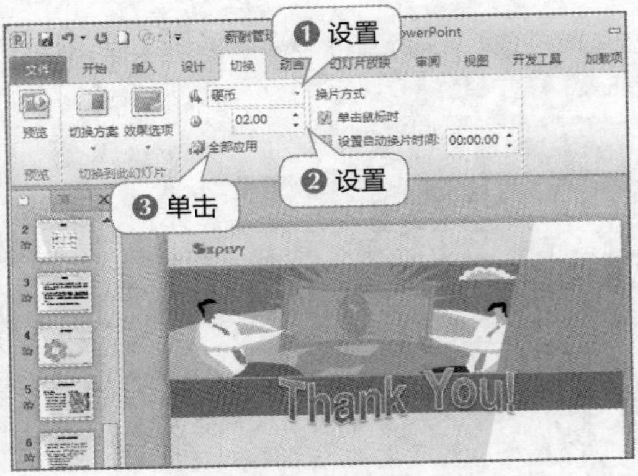

图8.89 设置计时效果

3 成功制作完演示文稿后，单击“快速访问工具”栏中的“保存”按钮，将演示文稿中所做的全部修改保存到“薪酬管理制度.pptx”演示文稿中，如图8.90所示。

图8.90 保存演示文稿

8.4 应用实训

下面结合本章前面所学知识，制作一个“电话营销培训手册.pptx”演示文稿（素材文件\第8章\电话营销培训手册.pptx；效果文件\第8章\电话营销培训手册.pptx）。其制作思路如下。

（1）打开“电话营销培训手册.pptx”演示文稿，在“目录”幻灯片中使用文本框插入所需文本，然后在幻灯片中插入基本形状“左大括号”，并更改文本“电话营销技巧”的颜色，如图8.91所示。

（2）将第5张幻灯片的版式更改为“两栏内容”样式，然后输入所需文本，并设置列表级别，如图8.92所示。

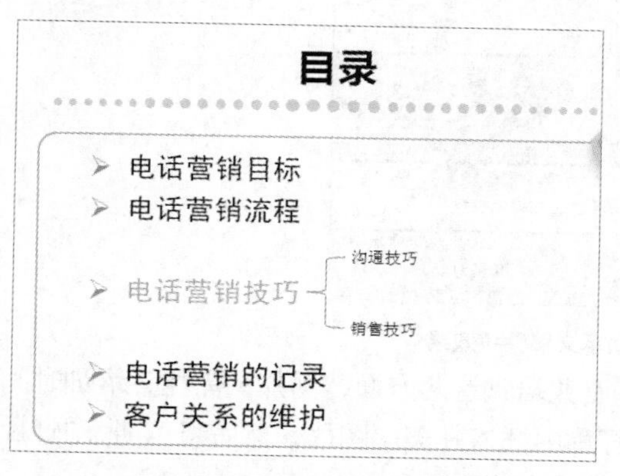

图8.91 设置“目录”幻灯片

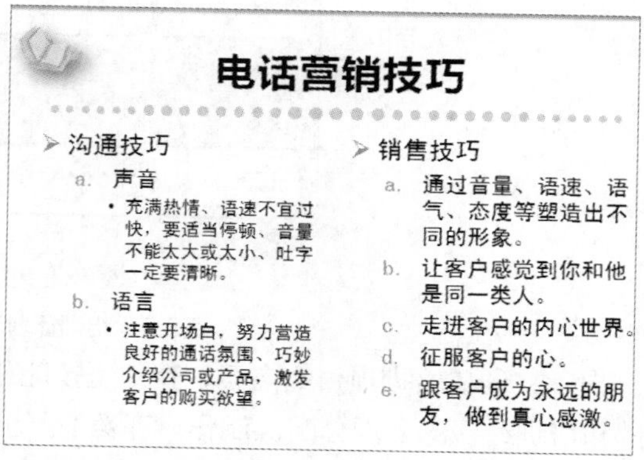

电话营销技巧

沟通技巧

a. 声音

• 充满热情、语速不宜过快，要适当停顿、音量不能太大或太小、吐字一定要清晰。

b. 语言

• 注意开场白，努力营造良好的通话氛围、巧妙介绍公司或产品，激发客户的购买欲望。

销售技巧

a. 通过音量、语速、语气、态度等塑造出不同的形象。

b. 让客户感觉到你和他是同一类人。

c. 走进客户的内心世界。

d. 征服客户的心。

e. 跟客户成为永远的朋友，做到真心感激。

图8.92 更改幻灯片版式并输入文本

（3）在第6张幻灯片中插入一个6×11的表格，并按实际需求对表格进行合并操作，然后输入文本。最后在第8张幻灯片中输入相应文本，如图8.93所示。

（4）为第6和第8张幻灯片中的表格添加动画效果，最后保存演示文稿即可，如图8.94所示。

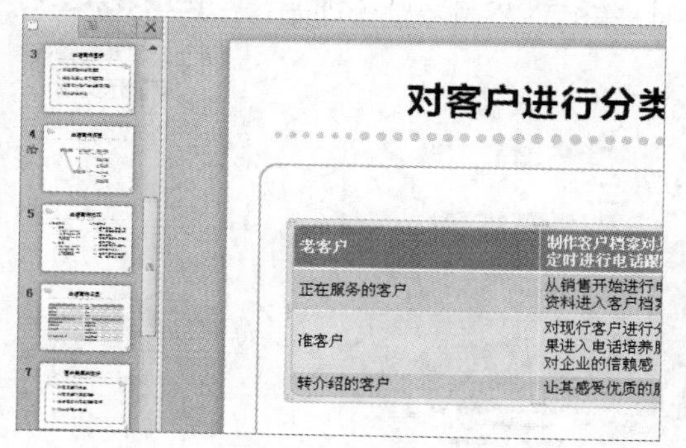

图8.93 插入表格并输入文本

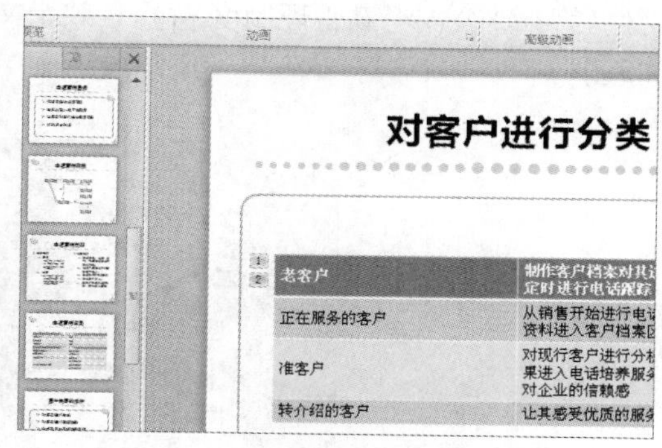

图8.94 添加动画并保存演示文稿

8.5 拓展练习

8.5.1 制作培训计划演示文稿

公司的培训课程太多，为了达到最佳的培训效果，经理要求各部门制定详细的培训计划，明确培训项目、时间、场地以及对象等问题。参考效果如图8.95所示（素材文件\第8章\培训计划演示文稿.pptx、打电话.jpg；效果文件\第8章\培训计划演示文稿.pptx）。

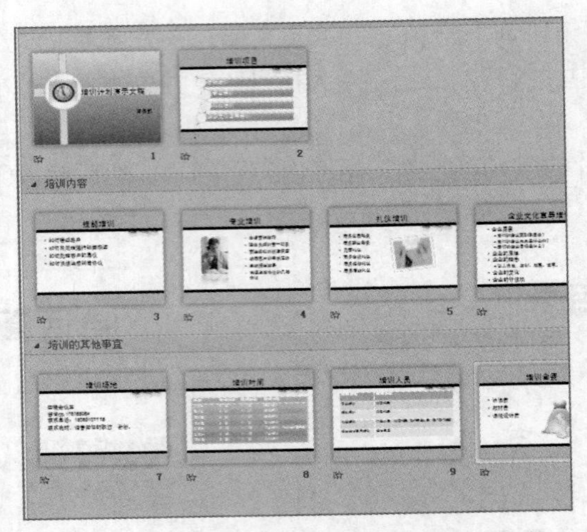

图8.95 培训计划演示文稿参考效果

提示：理清培训项目的内容，特别是技能和专业培训这两方面，另外，需注意培训时间的安排和培训经费的合理分配。制作时在第4张幻灯片中插入并美化图片，然后将第6张幻灯片中的二级编号更改为“a)、b)、c)”，在最后一张幻灯片中输入文本。

8.5.2 制作公司考勤管理制度演示文稿

扫一扫

制作公司考勤管理制度演示文稿

为了加强公司劳动纪律，维护正常的生产和工作秩序，提高劳动生产效率，制作一份公司考勤管理制度演示文稿。参考效果如图8.96所示（素材文件\第8章\公司考勤管理制度.pptx；效果文件\第8章\公司考勤管理制度.pptx）。

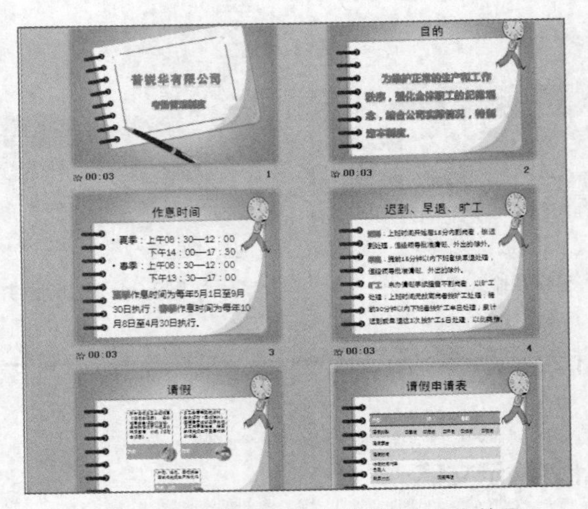

图8.96 公司考勤管理制度演示文稿参考效果

提示：先应明确制作此演示文稿的目的，然后再结合公司的实际情况，专门针对重点考勤内容进行制作，如迟到、早退、旷工、事假等。本例的制作重点是对文本进行处理，如为文本应用艺术字样式、设置文本颜色、调整行间距等。

第9章 设计和美化演示文稿

9.1 制作饮料广告策划案演示文稿

广告策划是实现和实施广告战略的具体手段或方法。广告策略的主要内容包括产品目标策略、产品定位策略、媒体策略和广告创意，另外还包括新产品开发策略、产品包装和商标形象策略等。图9.1所示为饮料广告策划案演示文稿的参考效果。

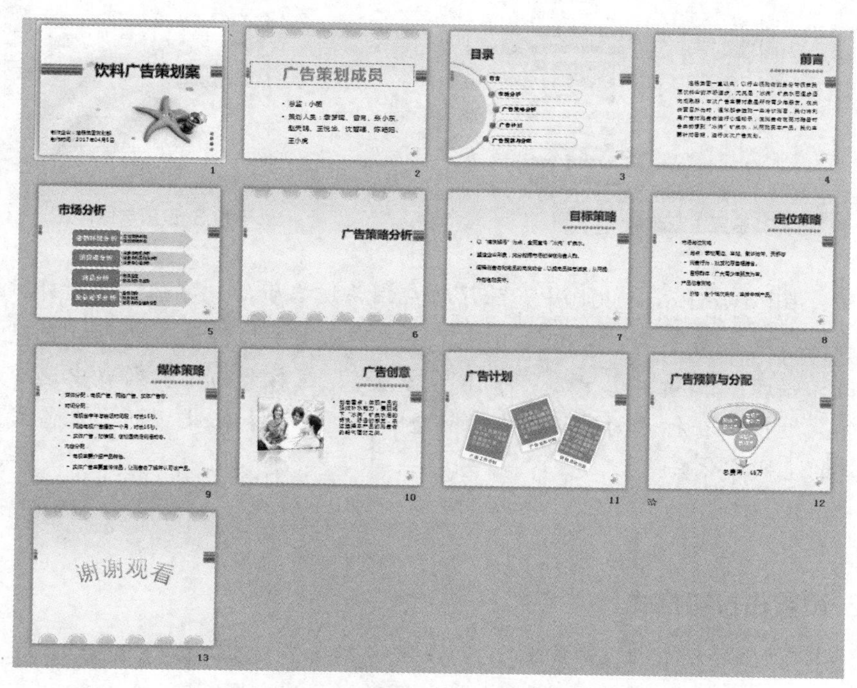

图9.1 饮料广告策划案演示文稿文档参考效果

下载资源

素材文件：第9章\图片1.png、饮料广告策划案.pptx

效果文件：第9章\饮料广告策划案.pptx

9.1.1 为幻灯片应用颜色和字体方案

打开“饮料广告策划案.pptx”演示文稿，整篇演示文稿的主色调都比较鲜艳，致使其中的灰色和黑色线条看起来显得比较沉闷，因此需要对幻灯片的颜色和字体进行设置，其具体操作如下。

1 打开“饮料广告策划案.pptx”演示文稿，切换至第2张幻灯片，单击【设计】/【主题】组中的“颜色”按钮，在打开的下拉列表中选择“夏至”选项，如图9.2所示。

2 单击【设计】/【主题】组中的“字体”按钮，在打开的下拉列表中选择“暗香扑面”选项，即可同时更改当前演示文稿中的标题和正文字符格式，如图9.3所示。

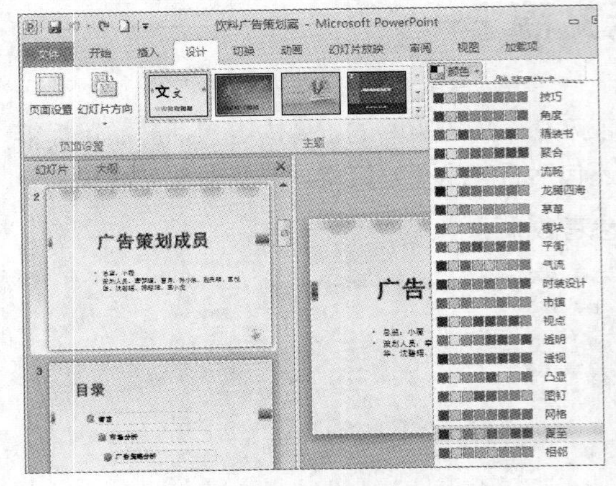

图9.2 设置主题颜色

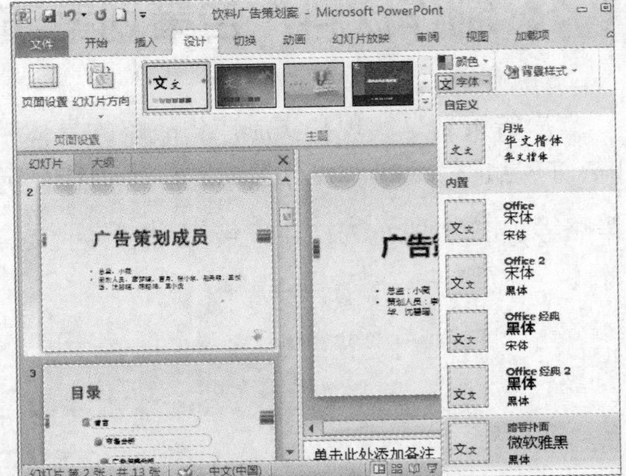

图9.3 设置字体样式

提示：在PowerPoint 2010中，除了可应用系统自带的“字体”方案外，还可根据实际需求新建主题字体，下次使用时直接将其应用至幻灯片中即可。新建主题字体的方法：单击“主题”组中的“字体”按钮，在打开的下拉列表中选择“新建主题字体”选项，在打开的对话框中，可重新设置标题和正文中的文本格式，还可以为新建的主题字体命名。

9.1.2 设置占位符格式

为了使幻灯片中的文本内容更加丰富，可对幻灯片中的文本占位符格式进行设置，包括添加轮廓、增大字符间距、更改字号、应用阴影效果和应用艺术字样式等，其具体操作如下。

1 选择第2张幻灯片中的标题占位符，在【绘图工具 格式】/【形状样式】组中单击“形状轮廓”按钮右侧的下拉按钮，在打开的下拉列表中选择“主题颜色”栏中的“红色，强调文字颜色3”选项，按照相同的操作方法，将形状轮廓粗细设置为“3磅”，虚线设置为“方点”，如图9.4所示。

2 保持标题文本占位符的选择状态，在【开始】/【字体】组中单击“字符间距”按钮，在打开的下拉列表中选择“很松”选项，如图9.5所示。

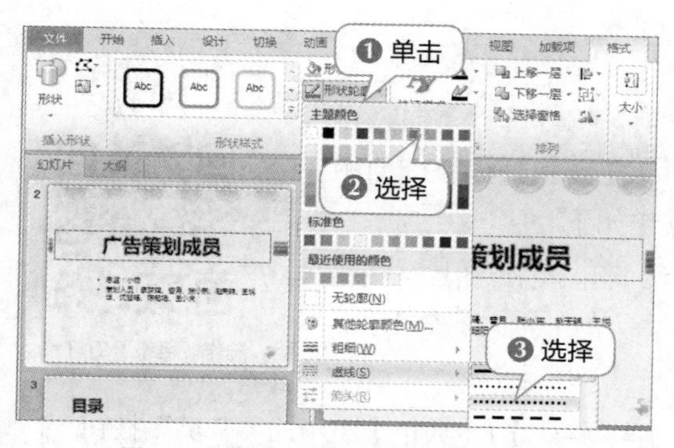

图9.4 设置占位符的形状填充和轮廓

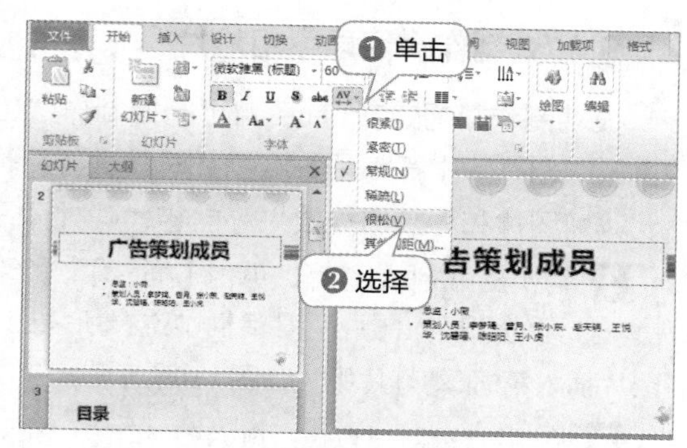

图9.5 设置字符间距

3 保持标题占位符的选择状态，在【绘图工具 格式】/【艺术字样式】组中单击“其他”按钮，在打开的下拉列表框中选择“填充-红色，强调文字颜色3，粉状棱台”选项，如图9.6所示。

4 选择第2张幻灯片中的正文占位符，在【开始】/【字体】组中的“字号”下拉列表中选择“28”选项，如图9.7所示。

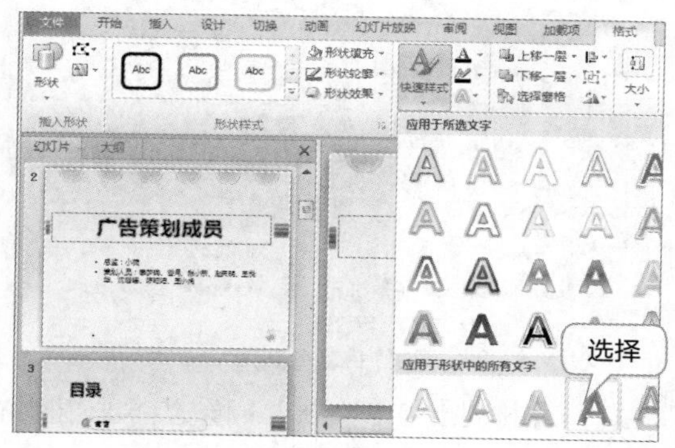

图9.6 应用艺术字样式

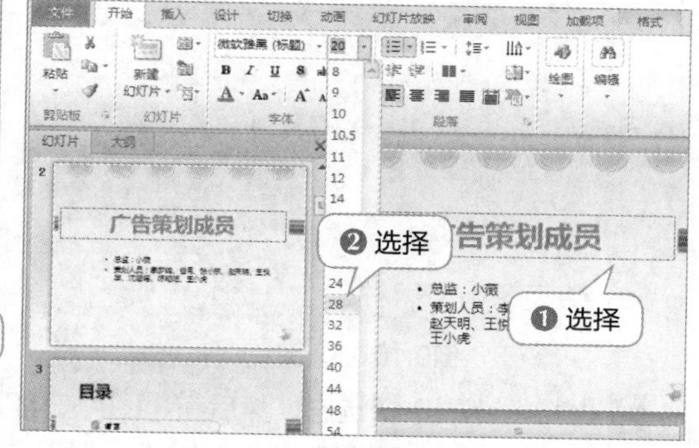

图9.7 设置字号

5 保持正文占位符的选择状态，单击【绘图工具 格式】/【形状样式】组中的“形状效果”按钮，在打开的下拉列表中选择“阴影”子列表中的“右上斜偏移”选项，如图9.8所示。

6 保持正文占位符的选择状态，在【开始】/【段落】组中单击“行距”按钮，在打开的下拉列表中将正文中的段落间距设置为“1.5”，如图9.9所示。

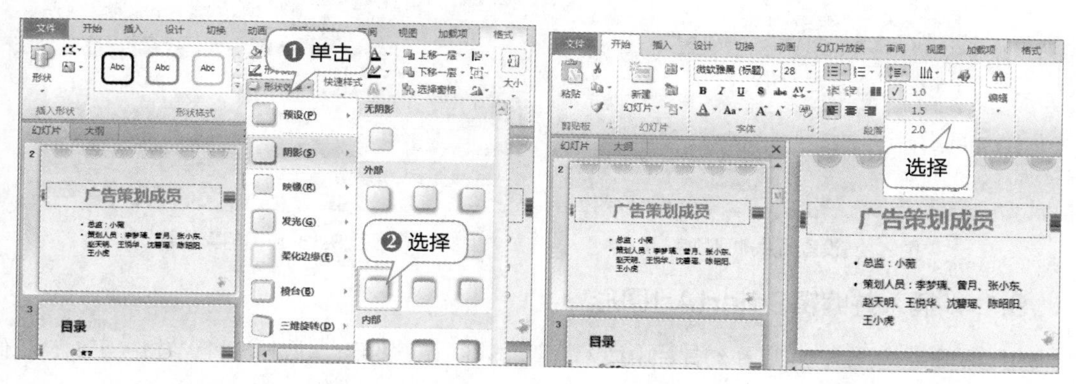

图9.8 设置阴影效果

图9.9 设置段落间距

9.1.3 制作“目录”幻灯片

成功制作第2张幻灯片后，可开始制作“目录”幻灯片。下面将在“目录”幻灯片中插入一张图片并对其进行编辑，主要包括调整排列顺序、裁剪图片和添加透视效果等内容，其具体操作如下。

1 切换至第3张幻灯片，单击【插入】/【图像】组中的“图片”按钮，在打开的“插入图片”对话框中选择所需图片，单击按钮即可将图片插入第3张幻灯片中，如图9.10所示。

2 将图片移至幻灯片左侧边缘，单击【图片工具 格式】/【大小】组中的“裁剪”按钮，此时，图片四周出现多个短黑线，将鼠标指针移至左侧边线中间的短黑线上，当其变为形状时，按住鼠标左键不放向右拖曳，删除图片中的无用部分，再次单击“裁剪”按钮确认删除操作，如图9.11所示。

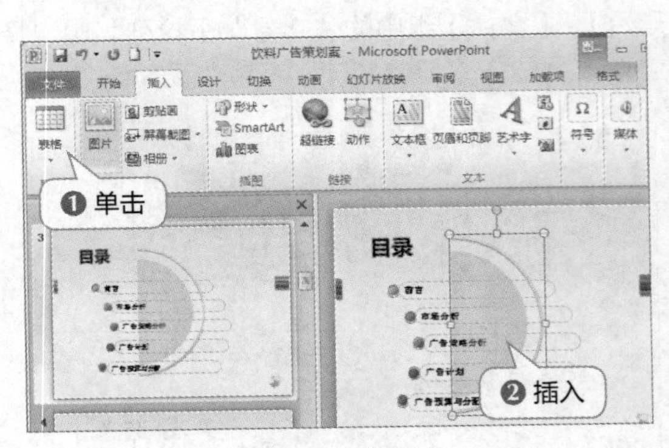

图9.10 插入图片

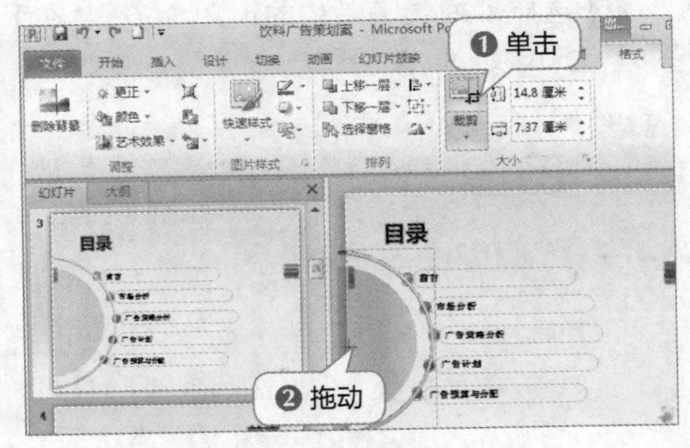

图9.11 裁剪图片

3 保持图片的选择状态，然后在【图片工具 格式】/【排列】组中单击“下移一层”按钮右侧的下拉按钮，在打开的下拉列表中选择“置于底层”选项，如图9.12所示。

4 保持图片的选择状态，然后在【图片工具 格式】/【图片样式】组中单击“图片效果”按钮，在打开的下拉列表中选择“阴影”子列表中的“右上对角透视效果”选项，如图9.13所示。

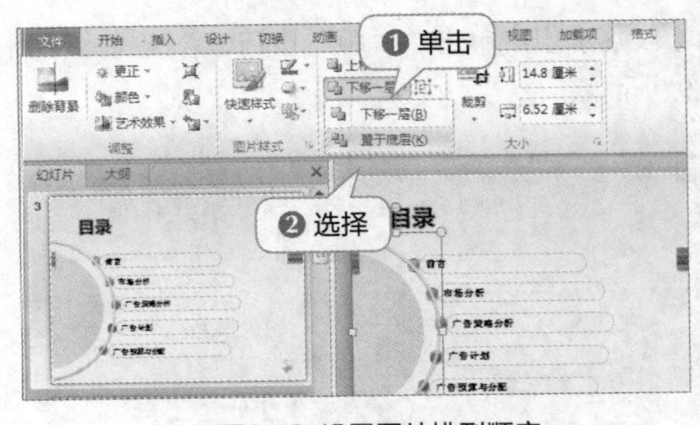

图9.12 设置图片排列顺序

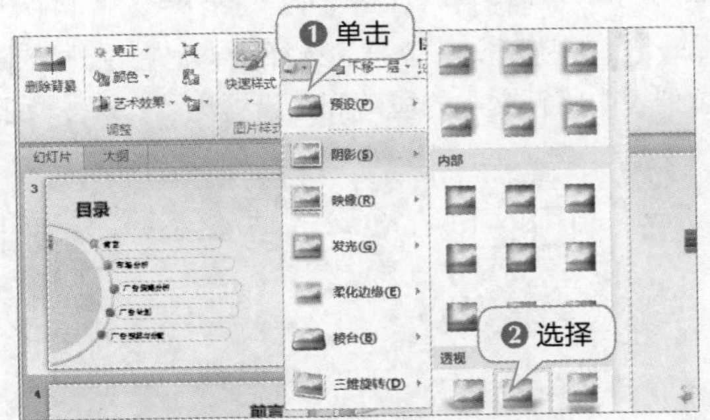

图9.13 应用阴影效果

9.1.4 插入并编辑SmartArt图形

图片编辑完成后，就可以在幻灯片中插入需要的SmartArt图形，并对其进行编辑。下面，我们将在第12张幻灯片中插入SmartArt图形，其具体操作如下。

1 切换至第12张幻灯片，单击【插入】/【插图】组中的“SmartArt”按钮，打开“选择SmartArt图形”对话框，在左侧列表框中选择“关系”选项，在右侧的列表框中选择“漏斗”选项，单击确定按钮，如图9.14所示。

插入并编辑SmartArt图形

2 单击插入的SmartArt图形左侧的“文本窗格”按钮，在打开的“在此处键入文字”窗格中输入所需文本，完成文本输入后，单击“文本窗格”右上角的“关闭”按钮将其关闭，如图9.15所示。

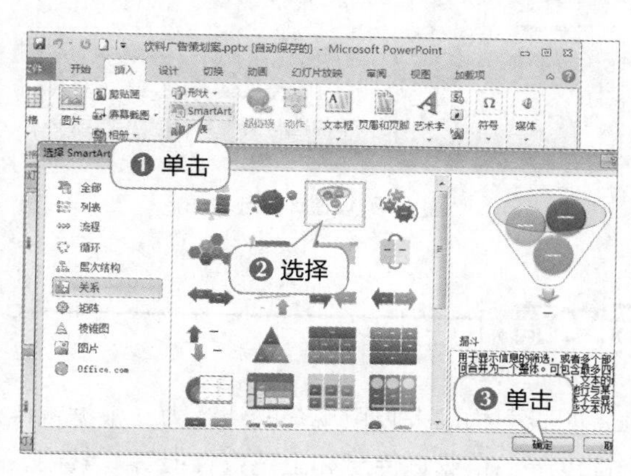

图9.14 插入SmartArt图形

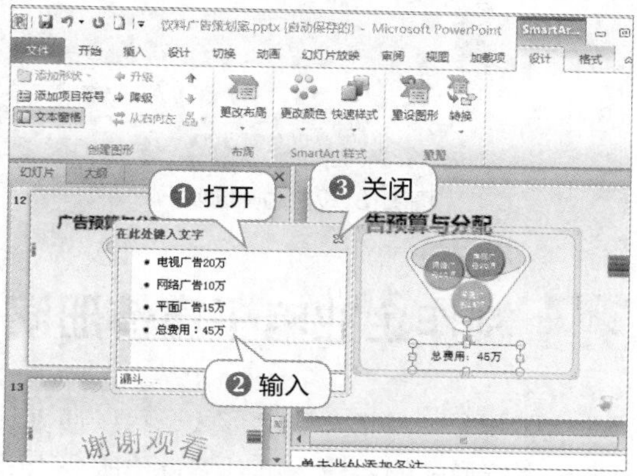

图9.15 在图形中输入文本

3 选择插入的“漏斗”SmartArt图形，然后利用键盘中的方向键适当调整图形位置，单击【SmartArt工具 格式】/【形状样式】组中的“形状效果”按钮，在打开的下拉列表中选择“棱台”子列表中的“艺术装饰”选项，如图9.16所示。

4 选择【动画】/【动画】组，单击“其他”按钮，在打开的下拉列表框中选择“浮入”动画效果，如图9.17所示。

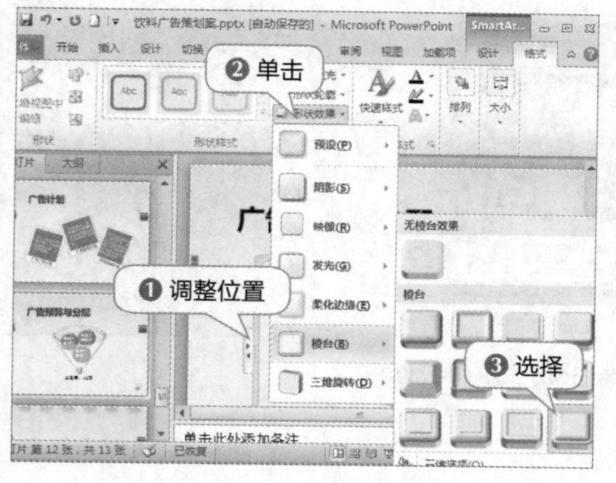

图9.16 对图形应用棱台效果

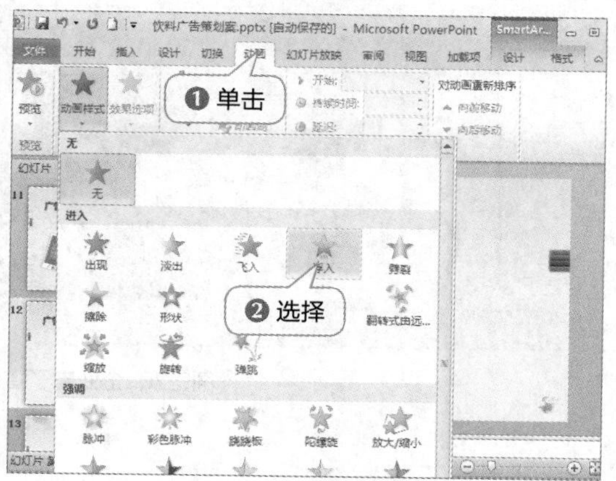

图9.17 对图形添加动画效果

5 单击“效果选项”按钮，在打开的下拉列表中选择“序列”栏中的“逐个”选项，如图9.18所示。

6 在【动画】/【计时】组中的“开始”下拉列表中选择“上一动画之后”选项，如图9.19所示。

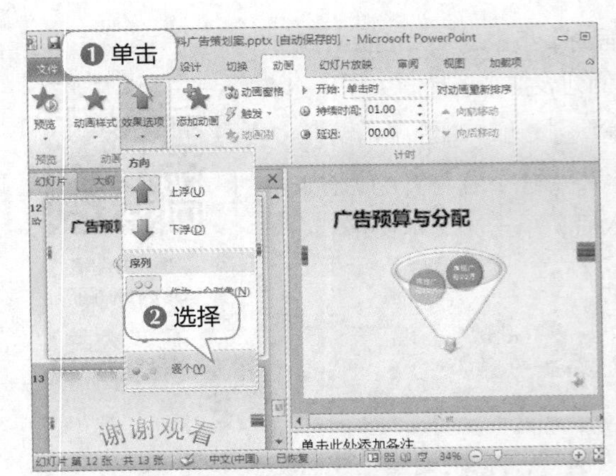

图9.18 设置动画选项

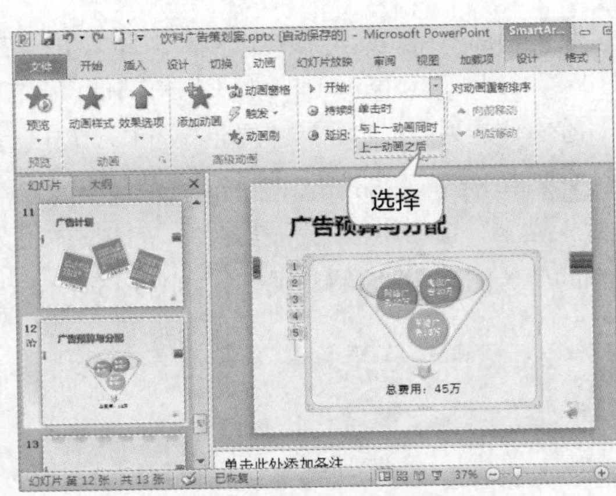

图9.19 设置计时选项

9.2 制作企业电子宣传册演示文稿

宣传册是一种视觉表达形式，可以通过其独特的版面构成来吸引观众的注意力。根据宣传内容和宣传形式的差异，可以将宣传册分为政府宣传册、企业宣传册和工艺宣传册等。其中，企业宣传册是最常见的形式。图9.20所示为企业电子宣传册演示文稿参考效果。

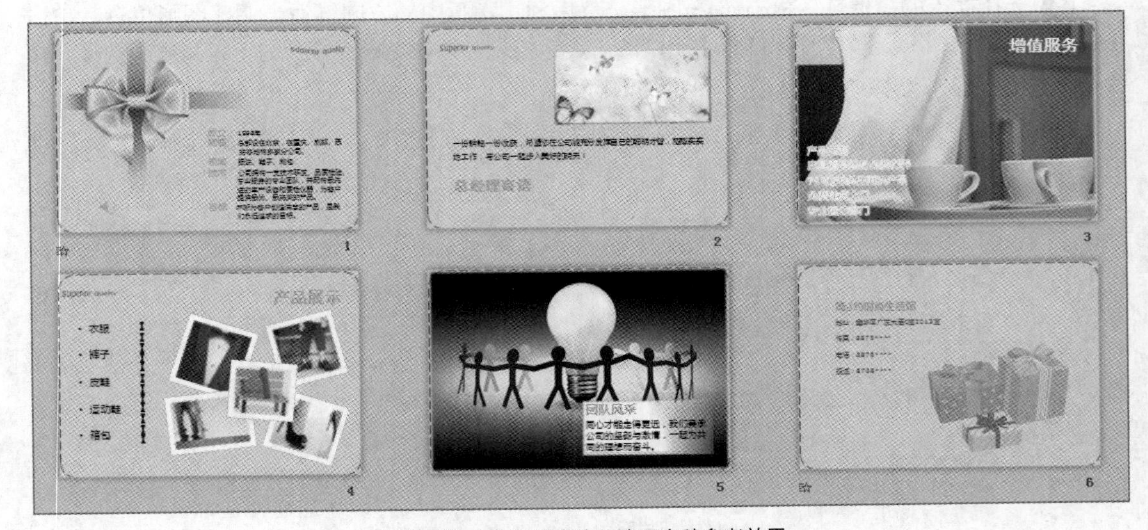

图9.20 企业电子宣传册演示文稿参考效果

下载资源

素材文件：第9章\企业电子宣传册.pptx、封面.jpg

效果文件：第9章\企业电子宣传册

9.2.1 插入与编辑图片

宣传册演示文稿主要由文本和图片构成，“企业电子宣传册.pptx”演示文稿中的文本内容已事先设计好，因此只需在第一张幻灯片中插入所需图片即可，其具体操作如下。

1 打开“企业电子宣传册.pptx”演示文稿，选择“幻灯片/大纲”窗格中的第一张幻灯片，单击【插入】/【图像】组中的“图片”按钮，如图9.21所示。

2 打开“插入图片”对话框，在“查找范围”下拉列表框中选择目标文件夹，在中间列表框中选择目标文件，单击插入(S)按钮，即可在第一张幻灯片中插入所选图片文件，如图9.22所示。

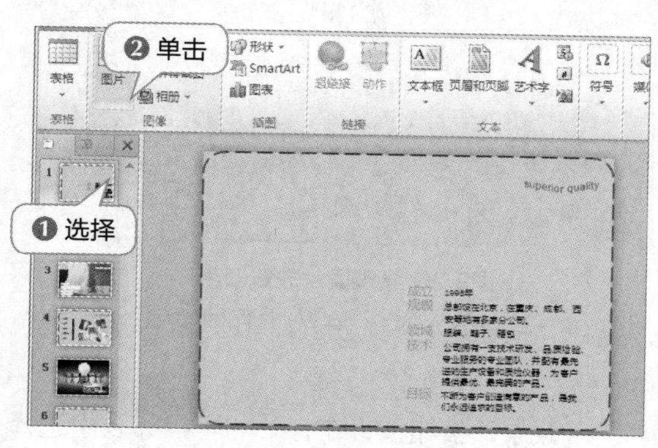

图9.21 单击“图片”按钮

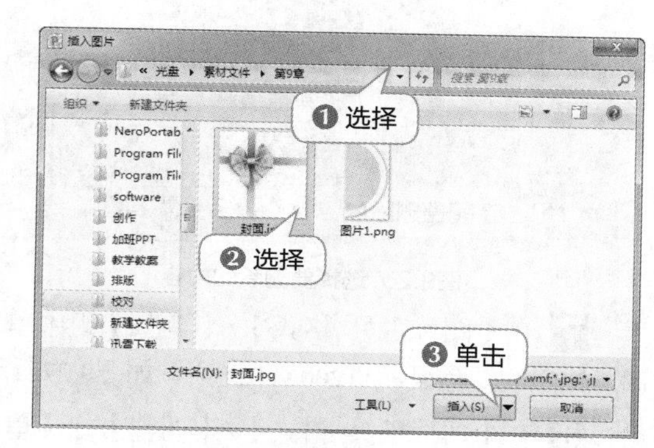

图9.22 选择要插入的图片

3 插入幻灯片中的图片自动呈选择状态，在【图片工具 格式】/【大小】组中单击“对话框启动器”按钮，打开“设置图片格式”对话框，单击“大小”选项卡，撤销选中“锁定纵横比”复选框，在“尺寸和旋转”栏中将图片高度和宽度分别设置为“18.83厘米”和“19.26厘米”，单击“关闭”按钮，如图9.23所示。

4 保持图片的选择状态，利用鼠标将图片移至适当位置，单击【图片工具 格式】/【调整】组中的“删除背景”按钮，如图9.24所示。

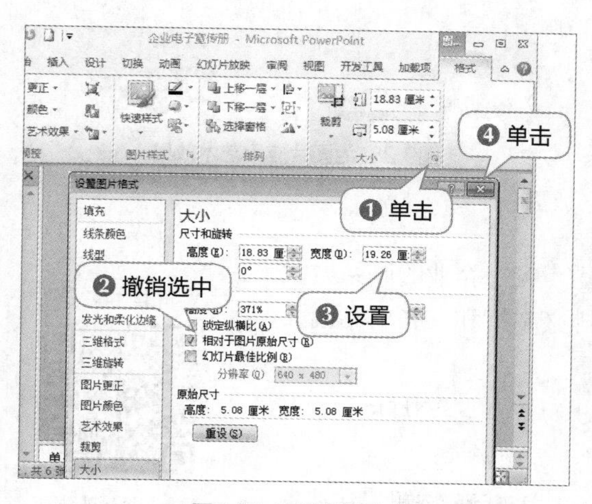

图9.23 设置图片大小

图9.24 单击“删除背景”按钮

5 图片中被删除的部分呈紫红色显示，并且在图片四周出现多个控制点，利用控制点可以调整需要删除的内容，确认删除内容后，单击【图片工具 背景消除】/【关闭】组中的“保留更改”按钮，如图9.25所示。

6 保持图片的选择状态，在【图片工具 格式】/【排列】组中单击“下移一层”按钮右侧的下拉按钮，在打开的下拉列表中选择“置于底层”选项，如图9.26所示。

图9.25 选择要删除的内容

图9.26 调整图片放置顺序

7 在【图片工具 格式】/【调整】组中单击“颜色”按钮，在打开的下拉列表中选择“色调”栏中的“色温：11200K”选项，如图9.27所示。

8 在【图片工具 格式】/【调整】组中单击“艺术效果”按钮，在打开的下拉列表中选择“纹理化”选项，如图9.28所示。

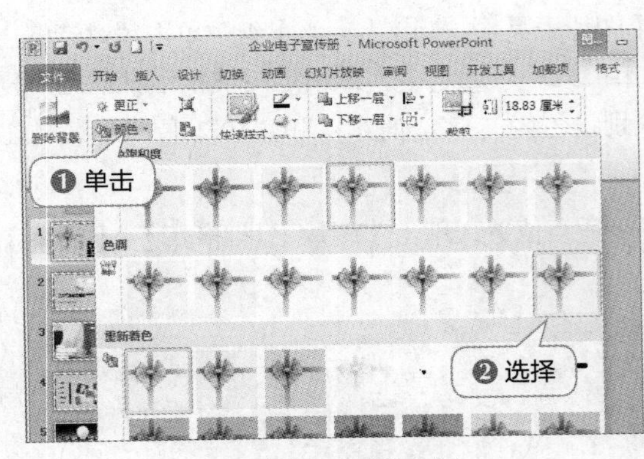

图9.27 更改图片色调

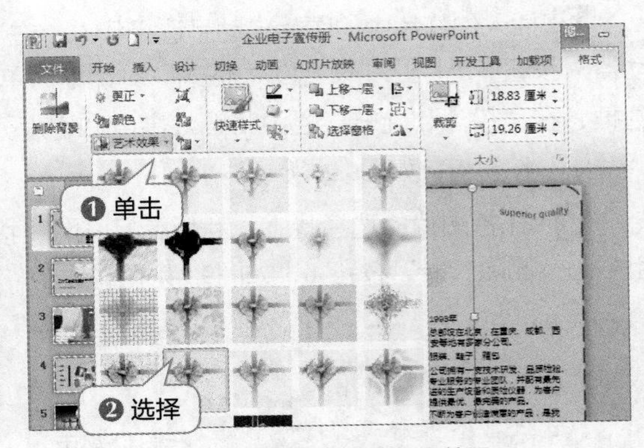

图9.28 为图片应用艺术效果

9.2.2 插入与编辑剪贴画

宣传册封底不需要包含过多内容，只要能重点突出企业的联系方式即可，下面将在最后一张幻灯片中插入一个横排文本框和一张剪贴画，其具体操作如下。

扫一扫

插入与编辑剪贴画

1 选择“幻灯片/大纲”窗格中的最后一张幻灯片，单击幻灯片文本占位符中的“剪贴画”图标，如图9.29所示。

2 在“剪贴画”窗格中输入关键字“礼物”，单击搜索按钮，在搜索结果列表框中单击图9.30所示的剪贴画。

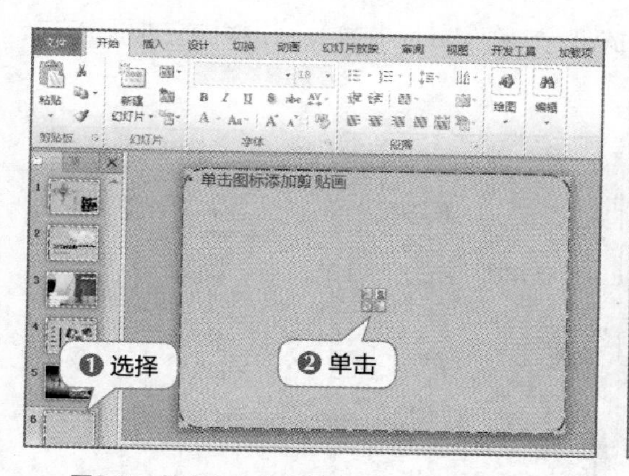

图9.29 单击文本占位符中的“剪贴画”图标

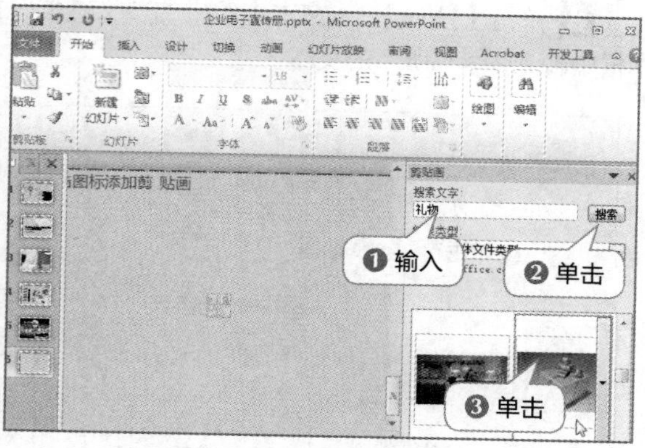

图9.30 插入剪贴画

3 选择剪贴画，在【图片工具 格式】/【调整】组中单击“删除背景”按钮，在剪贴画中出现一个编辑框，调整编辑框的大小，然后单击“关闭”组中的“保留更改”按钮，如图9.31所示。

4 在【图片工具 格式】/【大小】组中的数值框中输入剪贴画的高度为9.32厘米，宽度为14厘米，将鼠标移动到剪贴画上，按住鼠标左键不放向右下角拖动剪贴画，如图9.32所示。

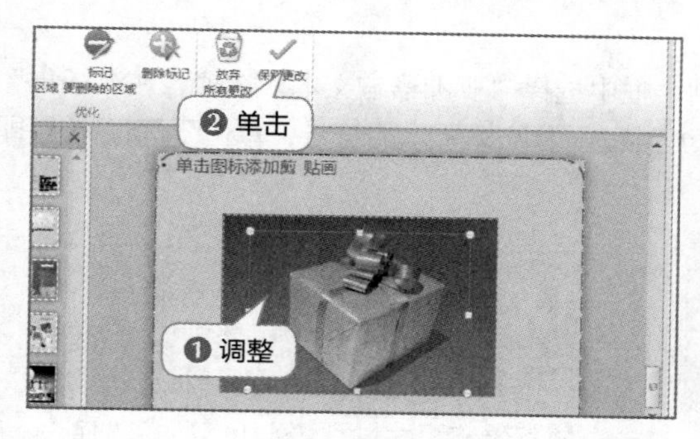

图9.31 删除图形背景

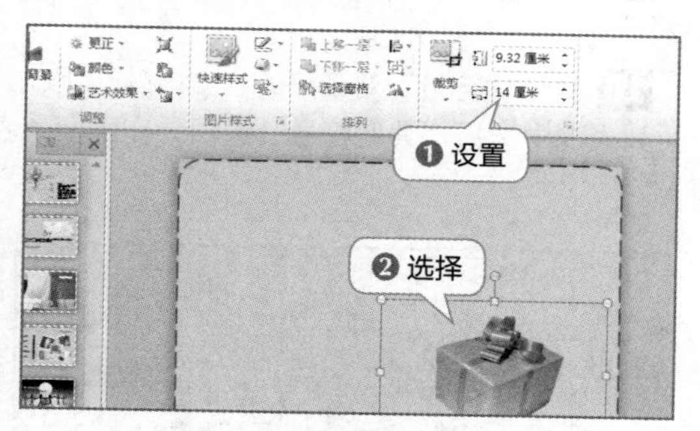

图9.32 设置大小和位置

5 在【图片工具 格式】/【调整】组中单击“艺术效果”按钮，在弹出的下拉菜单中选择“纹理化”选项，如图9.33所示。

6 在“图片样式”组中的“快速样式”列表框中选择“柔化边缘矩形”选项，如图9.34所示。

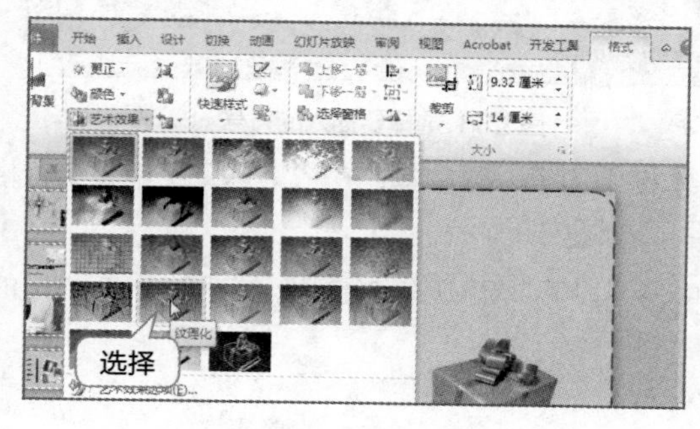

图9.33 设置艺术效果

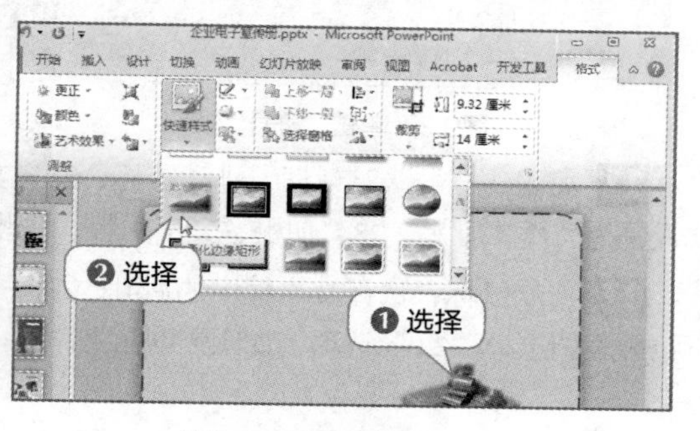

图9.34 设置边缘效果

7 单击“图片样式”组中的“图片效果”按钮，在弹出的下拉列表中选择【阴影】/【左上对角透视】选项，如图9.35所示。

8 单击【插入】/【文本】组中的“文本框”按钮，在幻灯片中插入一个横排文本框，在文本框中输入图9.36所示的文本。

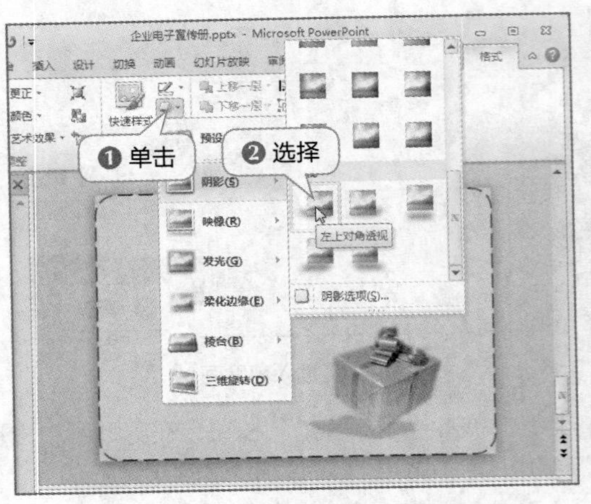

图9.35 设置阴影效果

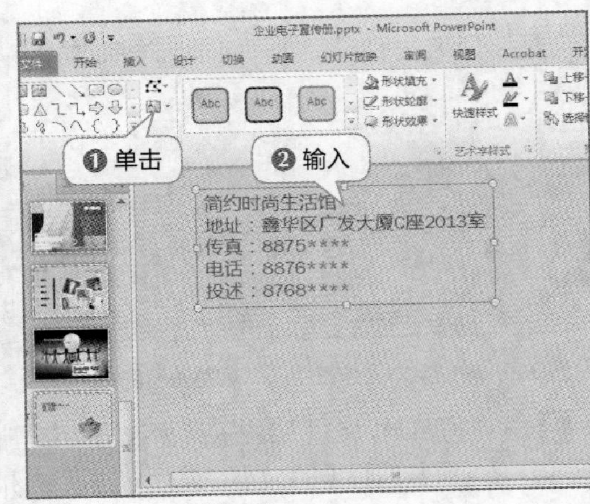

图9.36 插入横排文本

9 将鼠标指针定位在文字“简”之后，单击【插入】/【符号】组中的“符号”按钮Ω，如图9.37所示。

10 打开“符号”对话框，在“字体”下拉列表框中选择“亚洲语言文本”选项，在“子集”下拉列表框中选择“其他符号”选项，在中间列表框中选择图9.38所示的符号，单击插入(I)按钮即可。

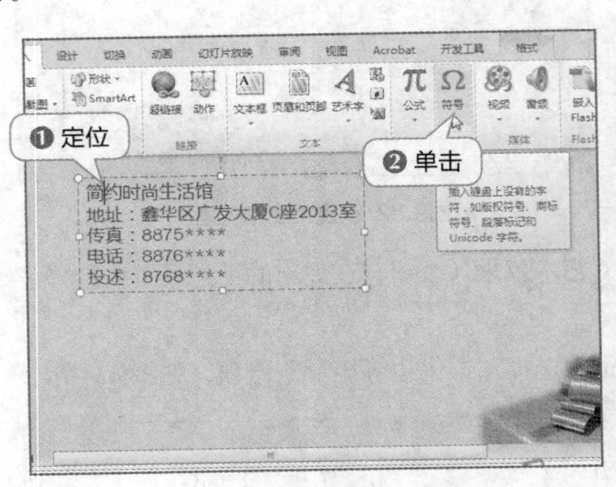

图9.37 单击“符号”按钮

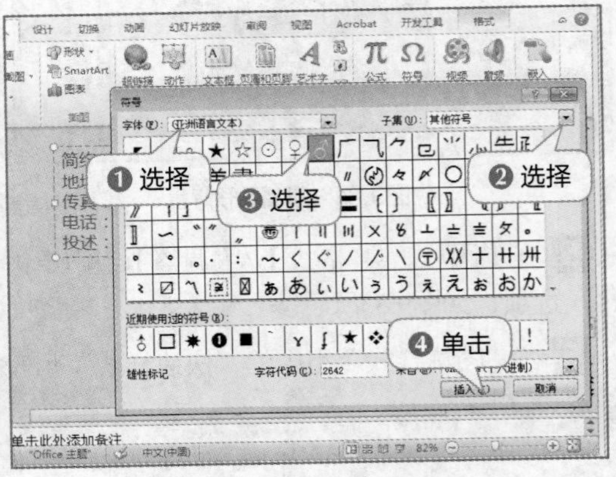

图9.38 选择要插入的符号

11 关闭“符号”对话框，拖动鼠标，选择文本框中的第一段文本，在“字体”组中将字符格式设置为“微软雅黑、28、加粗、文字阴影、浅蓝”，如图9.39所示。

12 拖动鼠标，选择文本框中的后4段文本，单击“段落”组中的“行距”按钮，在弹出的下拉列表中选择“2.0”选项，如图9.40所示。

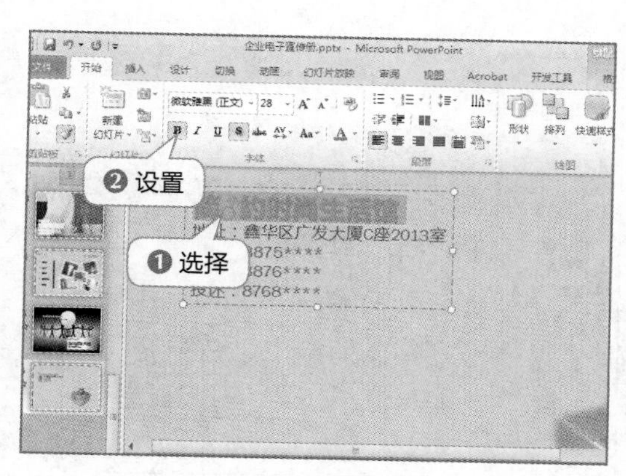

图9.39 设置字符格式

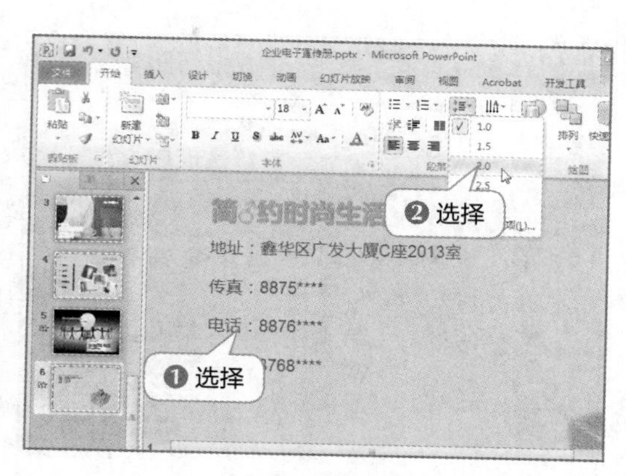

图9.40 设置段落间距

9.2.3 插入音乐

宣传册中除了文本、图片和图形等基本要素外，音频文件也是不可缺少的，下面将在第1张幻灯片中插入剪贴画音频，并将其播放方式设置为“跨幻灯片播放”，其具体操作如下。

1 单击“幻灯片/大纲”窗格中的第1张幻灯片，单击【插入】/【媒体】组中“音频”按钮下方的下拉按钮，在弹出的下拉列表中选择“剪贴画音频”命令，如图9.41所示。

2 打开“剪贴画”窗格，在显示的“音频文件”列表框中选择“Lounge music”选项，在当前幻灯片中会自动显示“喇叭”图标和“播放”工具栏，如图9.42所示。

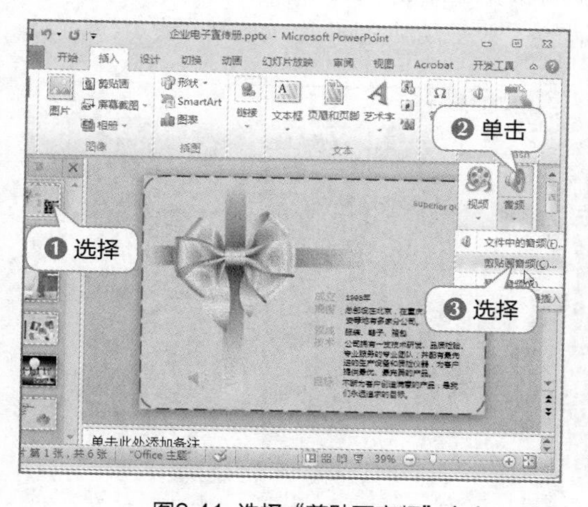

图9.41 选择“剪贴画音频”命令

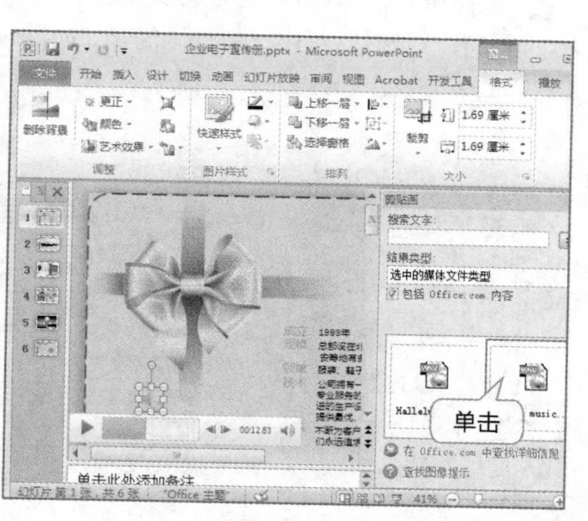

图9.42 插入音频文件

3 保持“喇叭”图标的选中状态，选中【音频工具-播放】/【音频选项】组中的“放映时隐藏”复选框，在“开始”下拉列表中选择“跨幻灯片播放”选项，如图9.43所示。

4 单击【音频工具-播放】/【预览】组中的“播放”按钮，试听音频效果，如果觉得不满意还可在“剪贴画”窗格中重新选择音频文件，如图9.44所示。

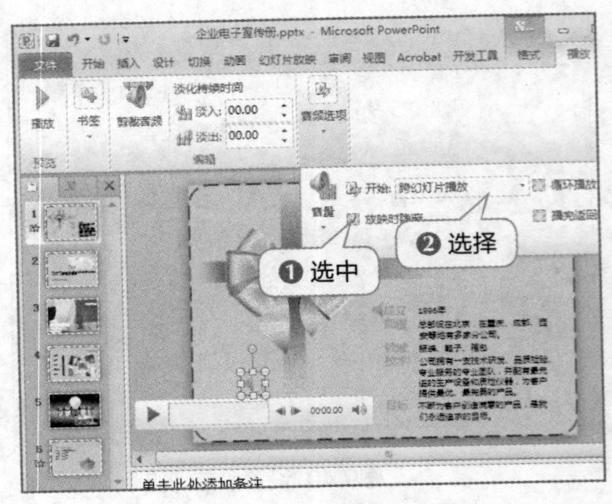

图9.43 设置播放方式

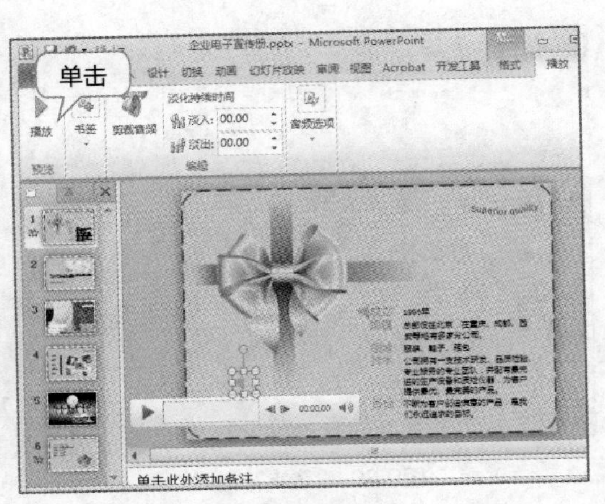

图9.44 播放音频文件

9.2.4 为文字和图片添加动画效果

完成宣传册的封面和封底设计后，为了增强演示文稿的动感效果，还可对幻灯片中的各种对象添加动画。下面将对第1张和最后1张幻灯片中的文本、图片和图形添加进入和强调动画，其具体操作如下。

扫一扫
为文字和图片添加动画效果

1 选择第1张幻灯片中的图片对象，利用“动画”组中的“动画样式”库为图片添加“劈裂”进入动画，在“计时”组中，将动画的开始时间设置为“与上一动画同时”，如图9.45所示。

2 选择第1张幻灯片中的横排文本框，为所选择文本框添加“浮入”进入动画，在“计时”组中，将动画的开始时间设置为“上一动画之后”，如图9.46所示。

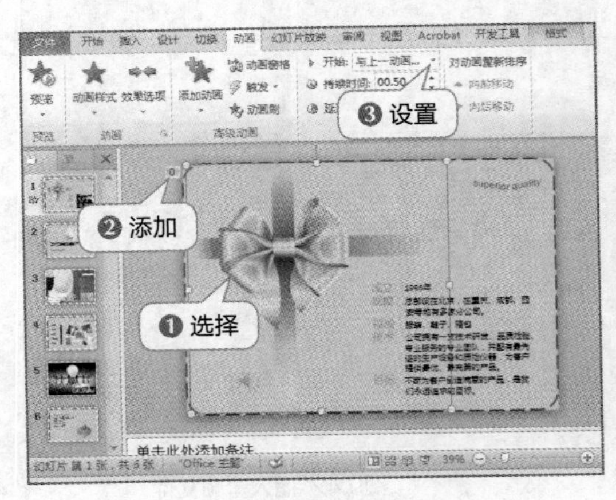

图9.45 添加并设置“劈裂”动画

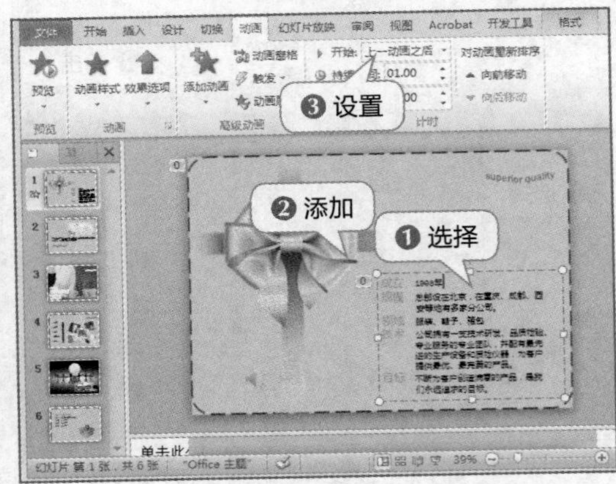

图9.46 添加并设置“浮入”动画

3 单击“高级动画”组中的“添加动画”按钮，在弹出的下拉列表中选择“强调”栏的“加粗展示”选项，为文本添加强调动画，如图9.47所示。

4 在“计时”组中，将强调动画的开始时间设置为“上一动画之后”，持续时间设置为“01.00”，如图9.48所示。

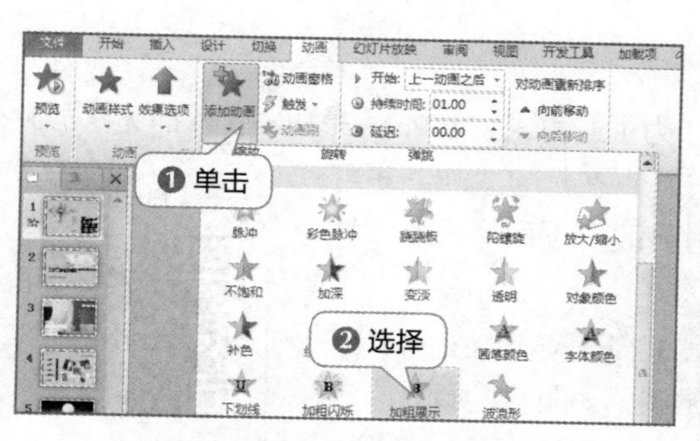

图9.47 添加“加粗展示”动画

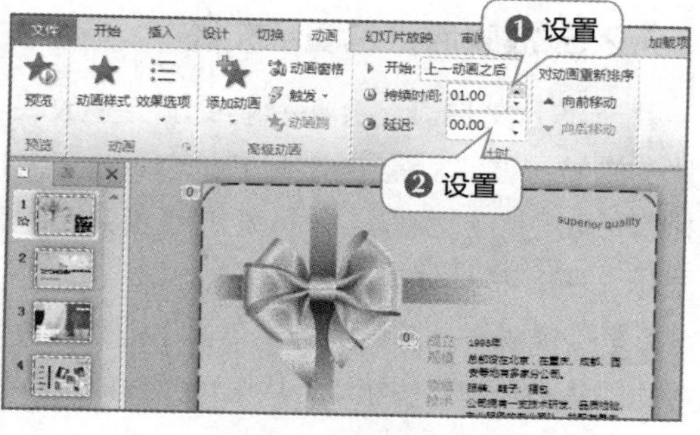

图9.48 设置动画计时选项

5 打开“动画窗格”，在“加粗展示”强调动画上单击鼠标右键，在弹出的快捷菜单中选择“计时”命令，如图9.49所示。

6 打开“加粗展示”对话框中的“计时”选项卡，在“开始”下拉列表中选择“上一动画之后”选项，在“期间”下拉列表中选择“慢速（3 秒）”选项，单击 确定 按钮，如图9.50所示。

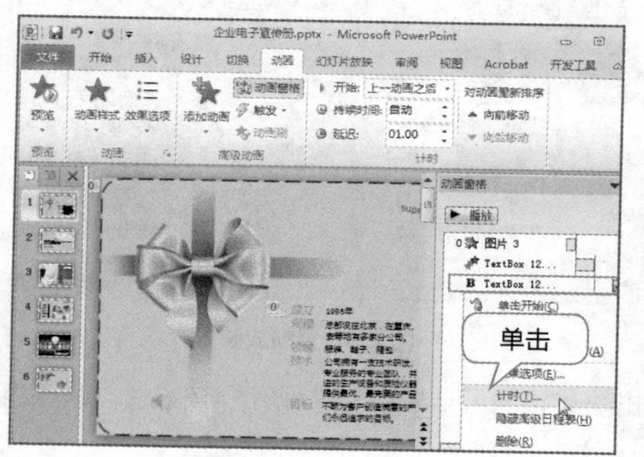

图9.49 选择“计时”命令

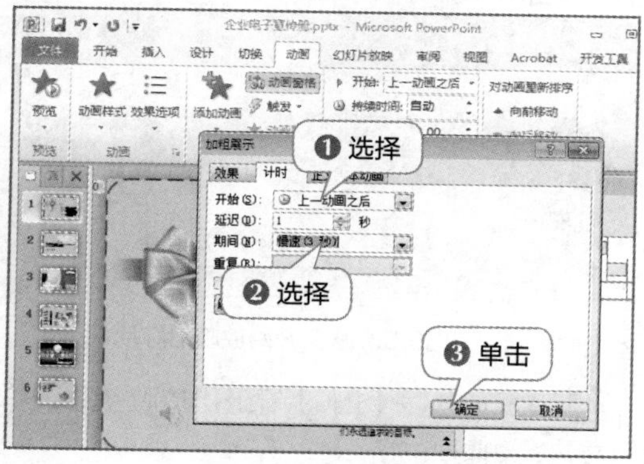

图9.50 设置动画计时选项

7 切换至最后一张幻灯片后，为图形对象添加“随机效果”进入动画，为横排文本框对象添加“浮入”进入动画，如图9.51所示。

8 利用“计时”组，将“随机线条”动画的开始时间设置为“上一动画之后”，按照相同方法，将“浮入”动画的开始时间也设置为“上一动画之后”，如图9.52所示。

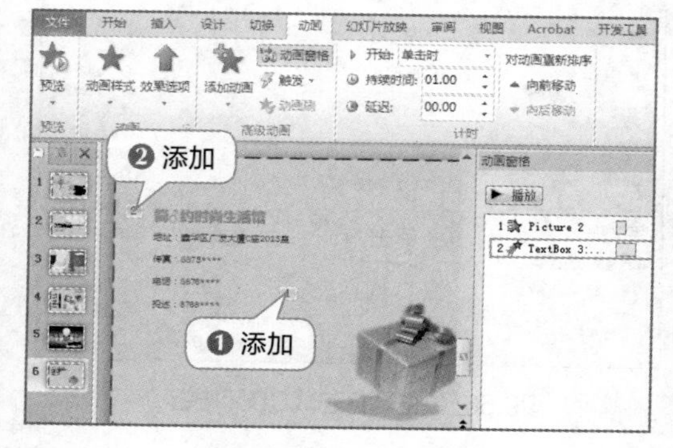

图9.51 添加进入动画

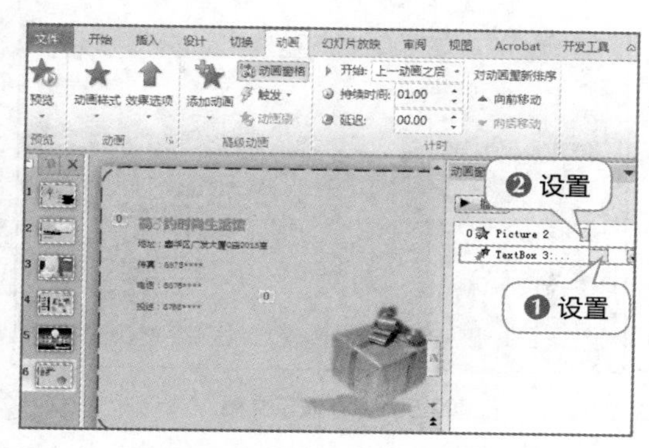

图9.52 设置动画计时选项

9.2.5 放映后打包演示文稿

由于演示文稿最终会在行业交流会上放映，为了避免未安装PowerPoint 软件而无法放映幻灯片的尴尬局面，就需要对制作好的演示文稿打包。在打包之前，还可先执行放映幻灯片操作，一旦发现错误就能即时修改。下面将放映和打包演示文稿，其具体操作如下。

1 设置所有动画效果后，单击【幻灯片放映】/【开始放映幻灯片】组中的“从头开始”按钮，从第1张幻灯片开始放映，如图9.53所示。

2 此时，系统进入幻灯片放映状态，在其中可详细查看动画设置效果和有无错别字等信息，如图9.54所示。

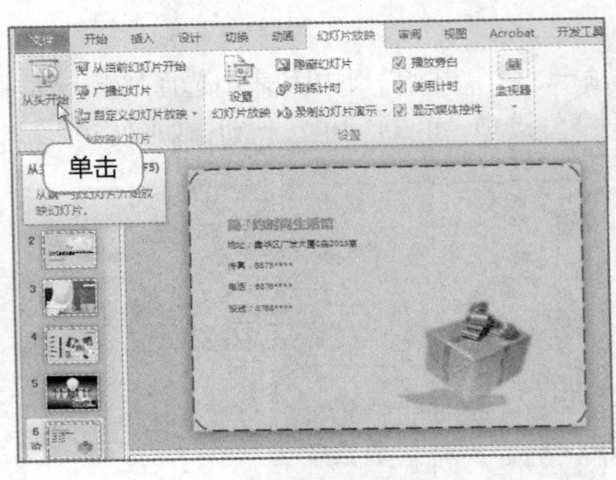

图9.53 从头开始放映幻灯片

图9.54 查看放映效果

3 完成放映按【Esc】键退出放映状态，单击快速访问工具栏中的“保存”按钮，保存当前演示文稿，如图9.55所示。

4 选择【文件】/【保存并发送】命令，在“文件类型”栏中单击“将演示文稿打包成CD”选项，单击“打包成 CD”按钮，如图9.56所示。

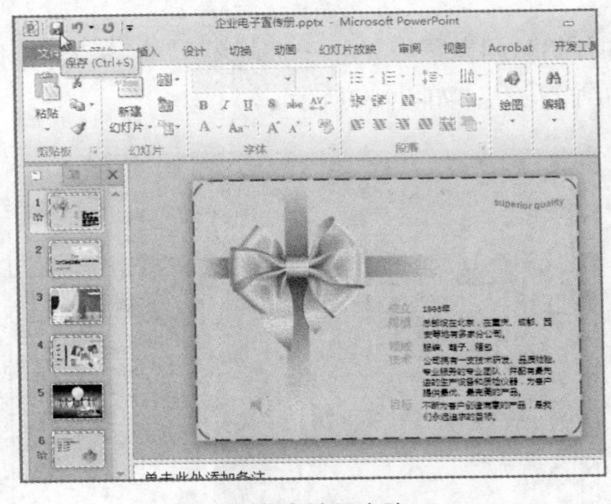

图9.55 保存演示文稿

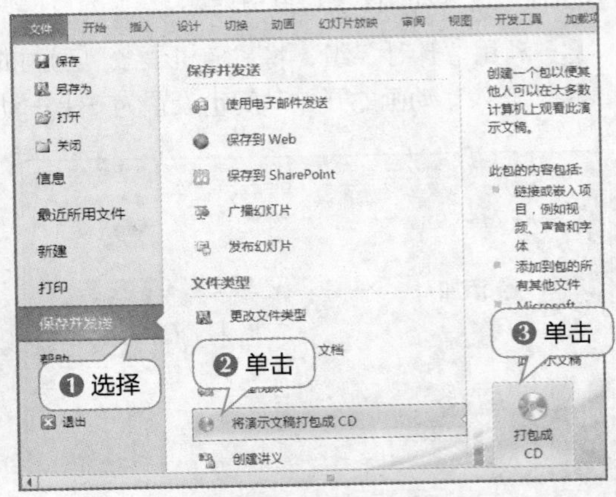

图9.56 单击“打包成CD”按钮

5 在打开的“打包成 CD”对话框中单击 复制到文件夹(F)... 按钮，打开“复制到文件夹”对话框，将文件夹命名为“企业电子宣传册”，其他设置保持不变，单击 确定 按钮开始执行打包操作，打包成功后，单击“打包成CD”对话框中的 关闭 按钮完成所有操作，如图9.57所示。

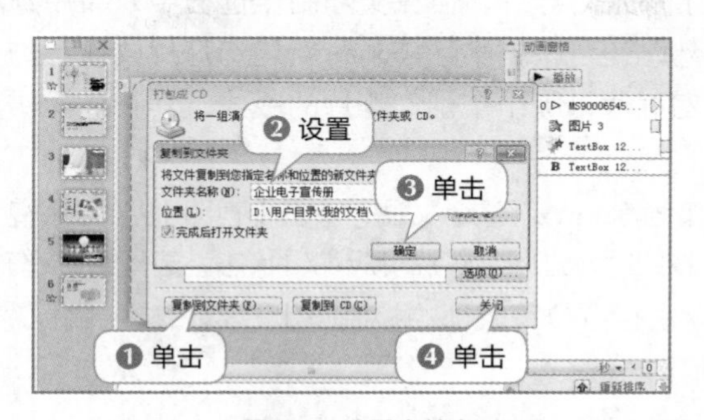

图9.57 设置文件名

9.3 制作市场营销策划案演示文稿

营销策划是在对企业内部环境进行准确分析并在有效运用其经营资源的基础上，对一定时期内的企业经营活动进行设计和计划。营销策划主要包含四大要素：市场环境分析、消费行为分析、产品优势分析和营销方式分析。图9.58所示为“市场营销策划案”文档参考效果。

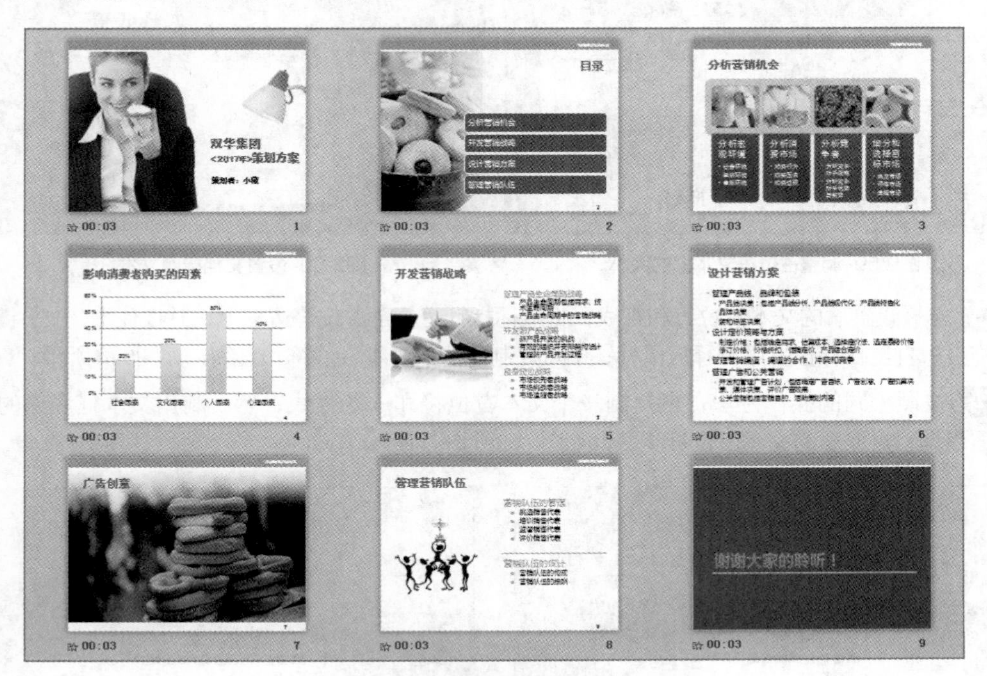

图9.58 市场营销策划案演示文稿参考效果

下载资源

素材文件：第9章\市场营销策划案.pptx

效果文件：第9章\营销策划案.pptx

9.3.1 制作幻灯片母版

幻灯片母版中包含了多张幻灯片，但在实际制作过程中只会用到个别版式的幻灯片，此外，还可根据实际需求，新建幻灯片或设计幻灯片版式。下面将设计幻灯片母版中个别幻灯片的版式，其具体操作如下。

1 打开“市场营销策划案.pptx”演示文稿，单击【视图】/【母版视图】中的“幻灯片母版”按钮，进入幻灯片母版编辑状态，选择第5张幻灯片，将鼠标指针定位至右栏占位符底部的控制点上，然后按住鼠标左键不放向上拖曳，调整占位符大小，如图9.59所示。

2 选择“单击此处编辑母版文本样式”文本框，将该文本颜色设置为“青绿，强调文字颜色1”，在文本占位符下方绘制一条直线，将其粗细设置为“3磅”，如图9.60所示。

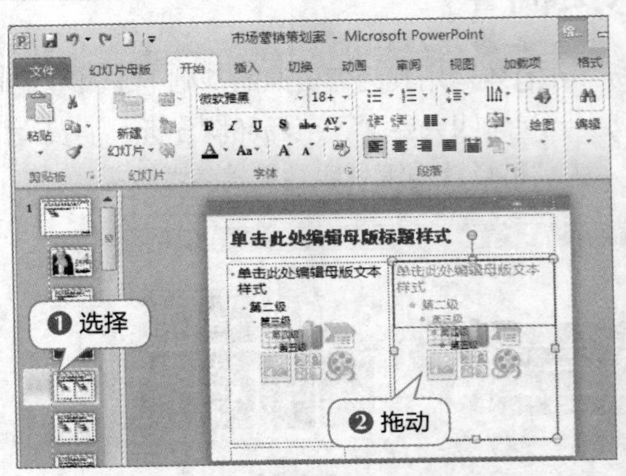

图9.59 调整占位符文本框的大小

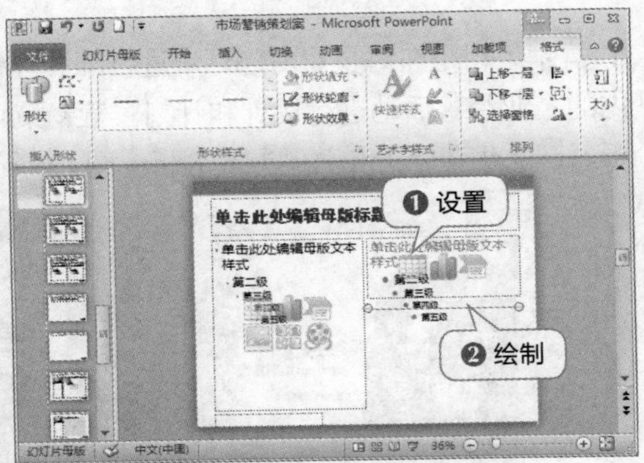

图9.60 设置文档标题文本

3 选择设置后的文本占位符和直线，将鼠标指针定位至占位符边框上，并按住【Ctrl】键不放向下拖曳，直至目标位置后再释放鼠标，即可复制所选的文本占位符和直线，如图9.61所示。

4 按照相同的操作方法，再复制一个文本占位符和一条直线，然后利用文本框底部的控制点，适当调整复制后的文本占位符高度，如图9.62所示。

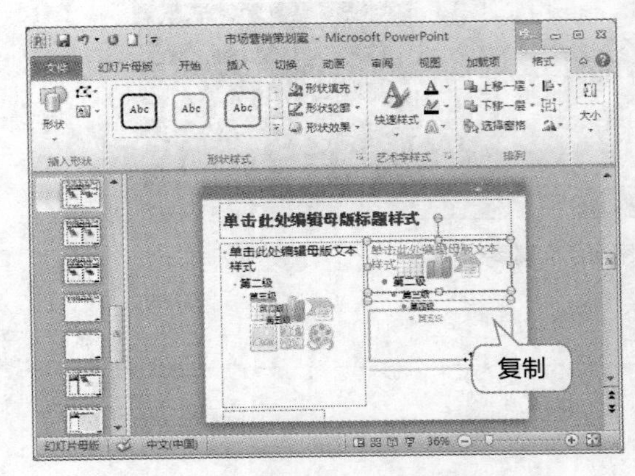

图9.61 复制文本占位符和直线

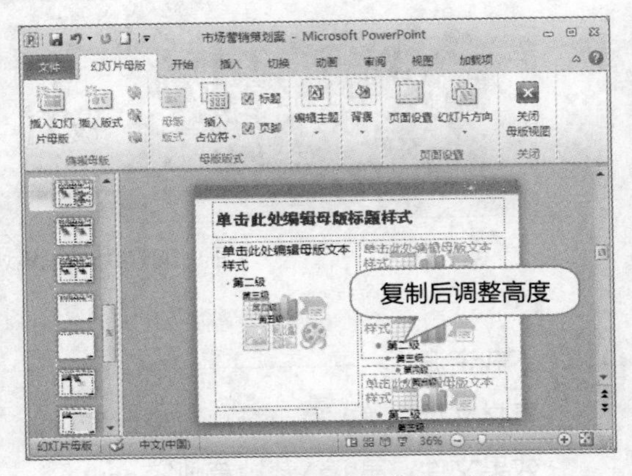

图9.62 继续复制文本占位符和直线

5 在第5张幻灯片上单击鼠标右键，在弹出的快捷菜单中选择“复制版式”命令，如图9.63所示。

6 选择复制后的幻灯片，将幻灯片右侧中的第2条直线和第3个文本占位符删除，然后拖曳鼠标调整第2个文本占位符的高度，如图9.64所示。

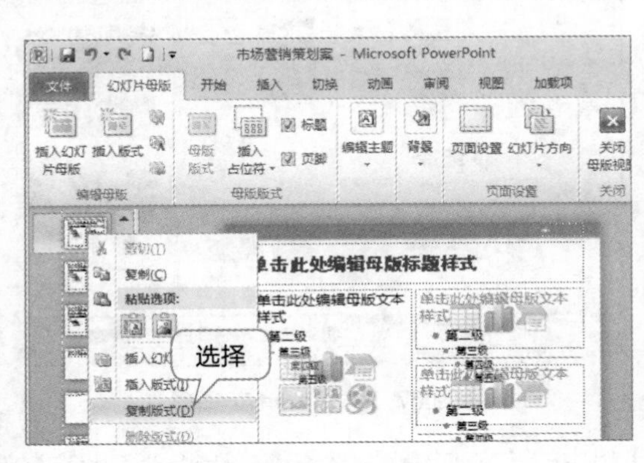

图9.63 复制幻灯片

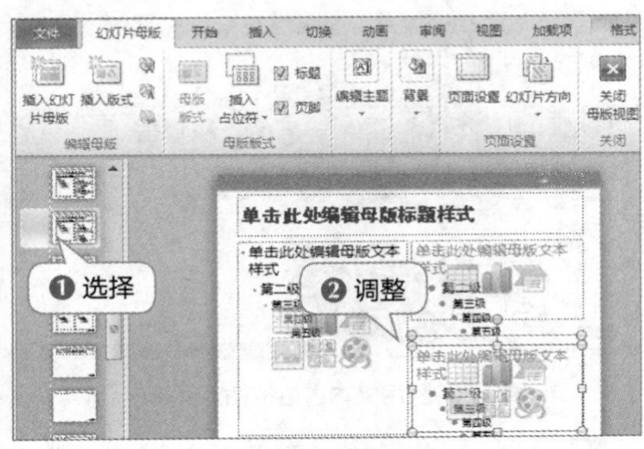

图9.64 编辑复制后的版式

7 在【幻灯片母版】/【关闭】组中单击“关闭母版视图”按钮，关闭幻灯片母版视图，为第5张幻灯片应用“开发营销战略”版式，为第8张幻灯片应用“1-开发营销战略”版式，效果如图9.65所示。

图9.65 应用幻灯片版式

9.3.2 使用SmartArt图形

“目录”幻灯片的制作思路为插入SmartArt图形和美化图片，这里所说的美化图片并不是利用“图片样式”组进行设计，而是使用具有渐变填充效果的矩形框来完成美化，其具体操作如下。

扫一扫

使用SmartArt图形

1 选择“幻灯片/大纲”窗格中的第2张幻灯片，单击文本占位符中的“插入 SmartArt 图形”按钮，如图9.66所示。

2 打开“选择 SmartArt 图形”对话框，在左侧列表框中选择“列表”选项，在右侧的列表框中选择“垂直项目符号列表”选项，单击 确定 按钮，如图9.67所示。

图9.66 利用文本占位符插入图形

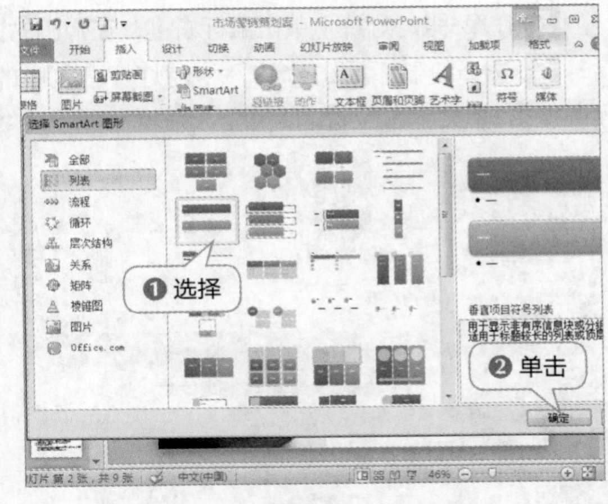

图9.67 选择SmartArt图形

3 单击【SmartArt工具 设计】/【创建图形】组中的“文本窗格”按钮，选择“在此键入文字”窗格中的二级项目符号，在“创建图形”组中单击“升级”按钮，将所选项目级别提升为一级，如图9.68所示。

4 按照相同的操作方法，将图形中最后一个项目符号也提升为一级，然后在各个项目符号中输入相应的文本，在“创建图形”组中单击“文本窗格”按钮，关闭“在此处键入文字”窗格，如图9.69所示。

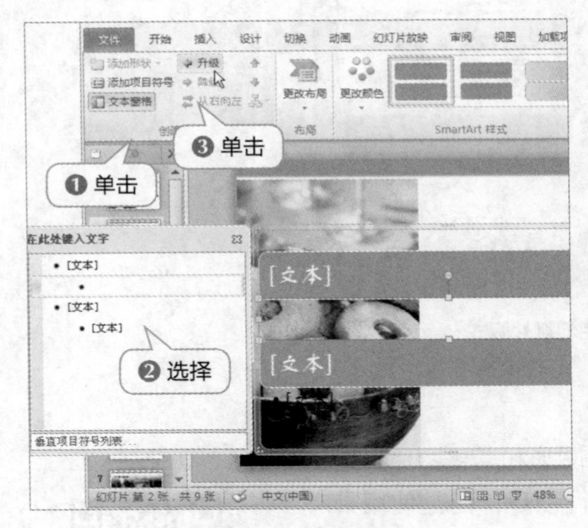

图9.68 升级项目符号

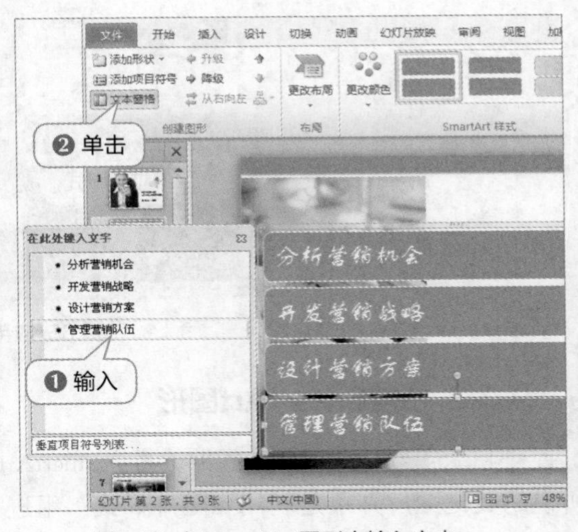

图9.69 在SmartArt图形中输入文本

5 选择插入的“垂直项目符号列表”SmartArt图形，然后分别将其字体设置为“微软雅黑”、颜色更改为“彩色范围–强调文字颜色5至6”、高度为9厘米，宽度为15.19厘米，如图9.70所示。

6 绘制一个宽为“5.08厘米”、高为“17.78厘米”的矩形，去除矩形轮廓，然后打开“设置形状格式”对话框，在“填充”选项卡中将渐变颜色设置为“白色”、停止点1的透明度设置为“100%”、类型设置为“线性”、角度设置为“0”，单击 关闭 按钮，如图9.71所示。

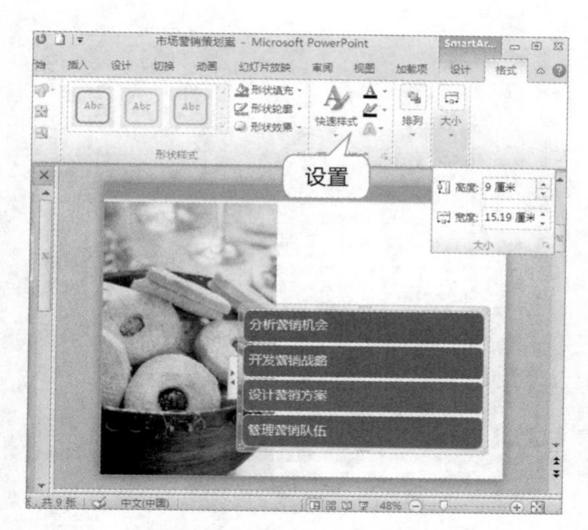

图9.70 编辑SmartArt图形

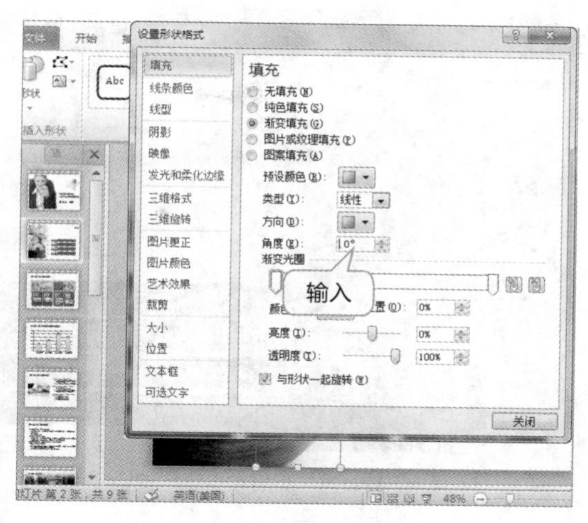

图9.71 绘制并编辑矩形

7 将编辑后的矩形移至目标位置，单击【绘图工具 格式】/【排列】组中的“下移一层”按钮，将矩形放置于SmartArt图形之后，如图9.72所示。

图9.72 调整图形放置顺序

9.3.3 为幻灯片添加页眉和页脚

在编辑完演示文稿的基本内容后，便可进一步美化幻灯片的版面，使其更加引人注目。在幻灯片中添加页眉和页脚是常用的美化手法之一，页眉和面脚中可插入页码、日期、方案名称、公司Logo等信息，其具体操作如下。

扫一扫

为幻灯片添加页眉和页脚

1 编辑好演示文稿的基本内容后，单击【插入】/【文本】组中的“页眉和页脚”按钮，打开“页眉和页脚”对话框，如图9.73所示。

2 在“幻灯片”选项卡中单击选中“幻灯片编号”复选框和“页脚”复选框，在下方的文本框中输入“市场营销策划方案”，如图9.74所示。

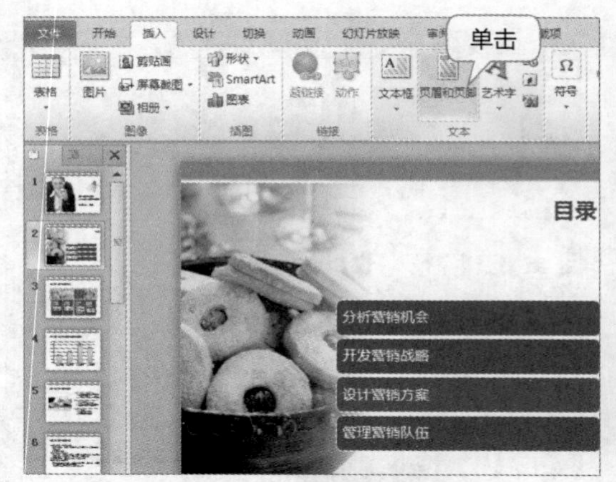

图9.73 单击“页眉和页脚”按钮

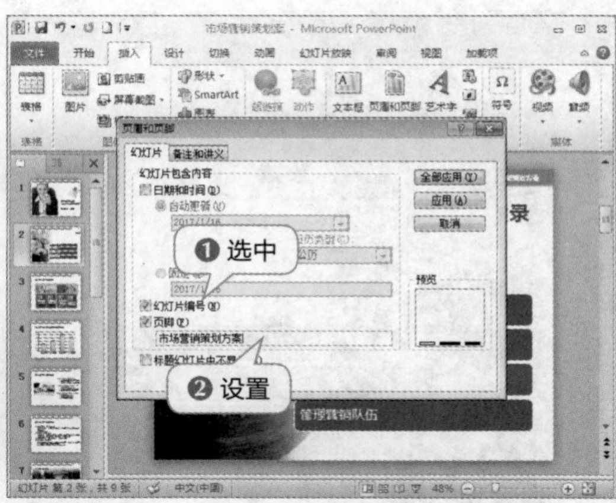

图9.74 插入编号和页脚

3 单击选中“标题幻灯片中不显示”复选框，单击全部应用(Y)按钮，为当前演示文稿中的所有幻灯片添加设定的页眉和页脚，如图9.75所示。

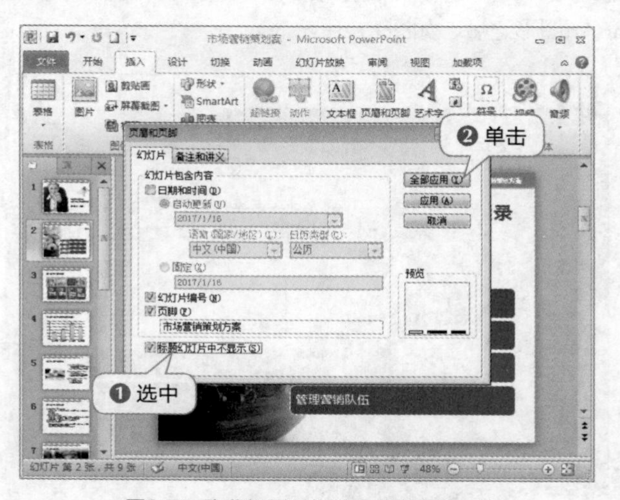

图9.75 隐藏标题幻灯片中的页眉和页脚

9.3.4 设置幻灯片的切换效果

为了使幻灯片更具趣味性，可设置幻灯片之间的切换效果和换片方式。下面，我们将为幻灯片添加“轨道”切换效果，并将其换片方式设置为“3”秒后自动播放，其具体操作如下。

扫一扫

设置幻灯片的切换效果

1 在【切换】/【切换到此幻灯片】组中单击“其他”按钮，在打开的下拉列表框中选择“轨道”选项，如图9.76所示。

2 撤销选中“单击鼠标时”复选框，单击选中“设置自动换片时间”复选框，并利用微调按钮，将数值框中的数值参数设置为“00:03:00”，如图9.77所示。

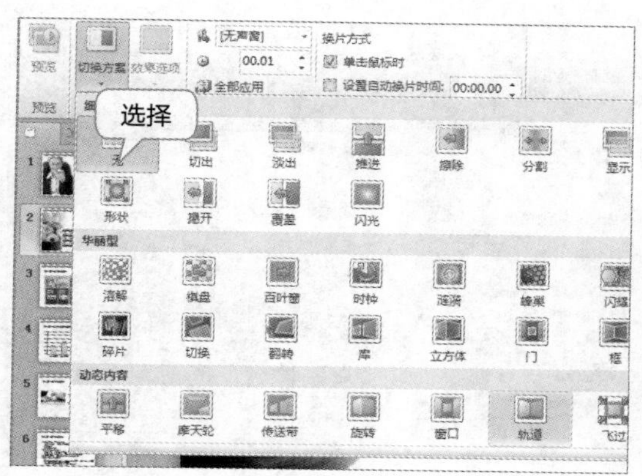

图9.76 添加切换效果

图9.77 设置自动换片时间

3 单击【切换】/【计时】组中的“全部应用”按钮，为所有幻灯片应用“轨道”切换效果，如图9.78所示。

图9.78 为所有幻灯片应用切换效果

9.4 应用实训

下面，我们结合本章前面所学知识，制作一个“企业盈利能力分析.pptx”演示文稿（效果文件\第9章\企业盈利能力分析.pptx）。其制作思路如下。

（1）打开“企业盈利能力分析.pptx”演示文稿（素材文件\第9章\企业盈利能力分析.pptx），切换至幻灯片母版视图后，对前两张幻灯片进行编辑，主要操作包括添加动作按钮、添加公司Logo、更改项目符号、绘制并填充椭圆以及更改主题字体等，如图9.79所示。

（2）绘制直线，将直线轮廓设置为圆点短划线、圆型箭头，最后在其中插入文本框，如图9.80所示。

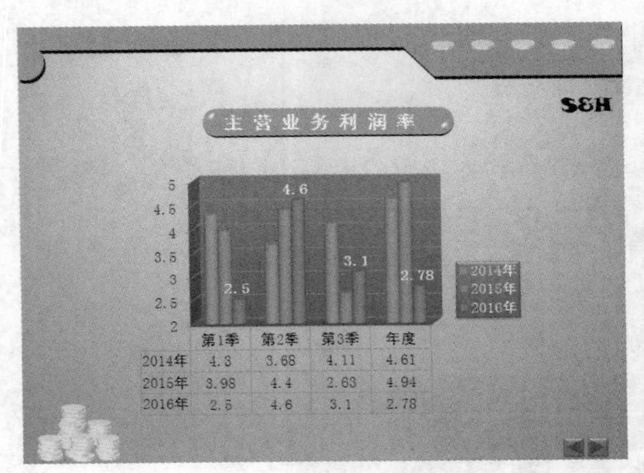

图9.79 制作幻灯片母版

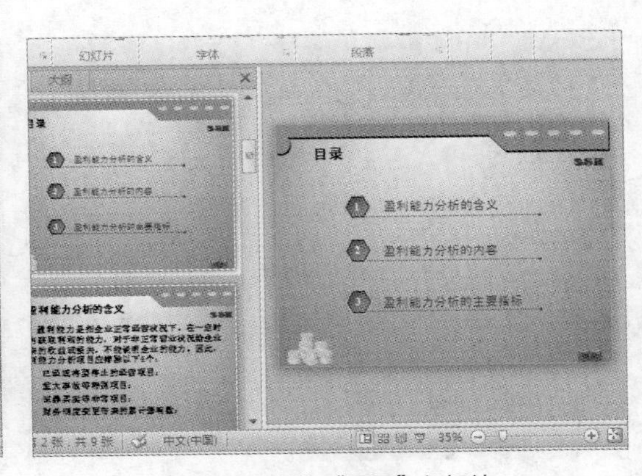

图9.80 制作“目录”幻灯片

（3）分别在第7张和第8张幻灯片中插入“簇状圆柱图”和“折线图”图表，然后根据实际需要进行数据编辑和图表美化，如图9.81所示。

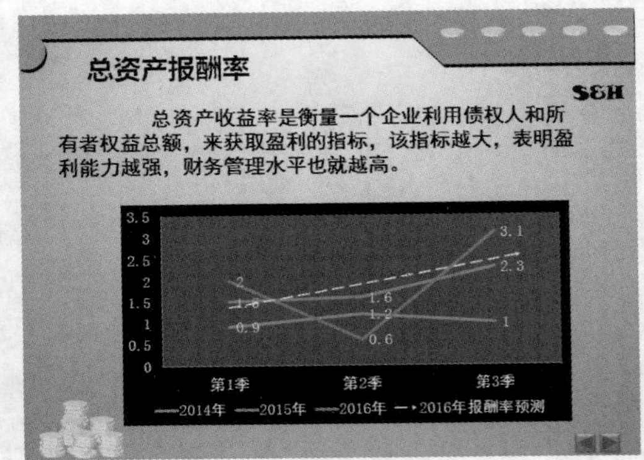

图9.81 插入并编辑图表

（4）调整最后3张幻灯片中添加的动画效果，主要操作包括设置动画选项、计时和添加退出动画等，如图9.82所示。

（5）从头开始放映幻灯片，然后打印第6张幻灯片，如图9.83所示。

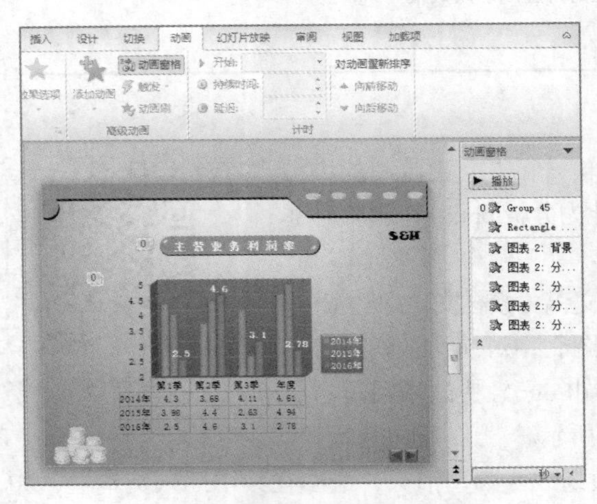

图9.82 设置幻灯片中的动画效果

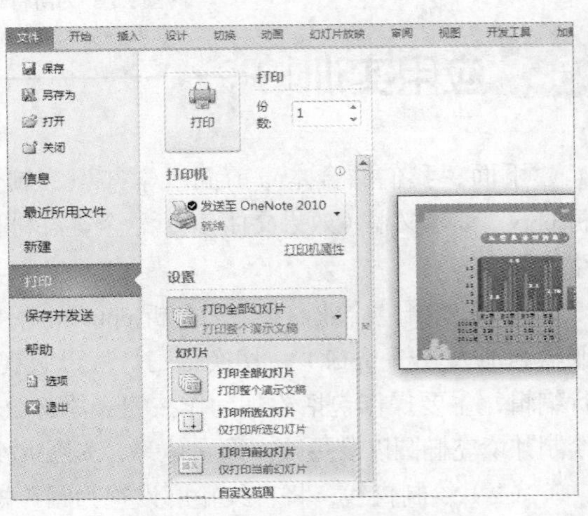

图9.83 放映后打印指定幻灯片

9.5 拓展练习

9.5.1 制作公益广告策划案演示文稿

为了降低资源消耗，公司决定制作一份公益广告策划案，提醒员工在享受一次性物品带来的方便、快捷的同时，不要忘了保护环境。参考效果如图9.84所示（素材文件\第9章\公益广告策划案.pptx；效果文件\第9章\公益广告策划案.pptx）。

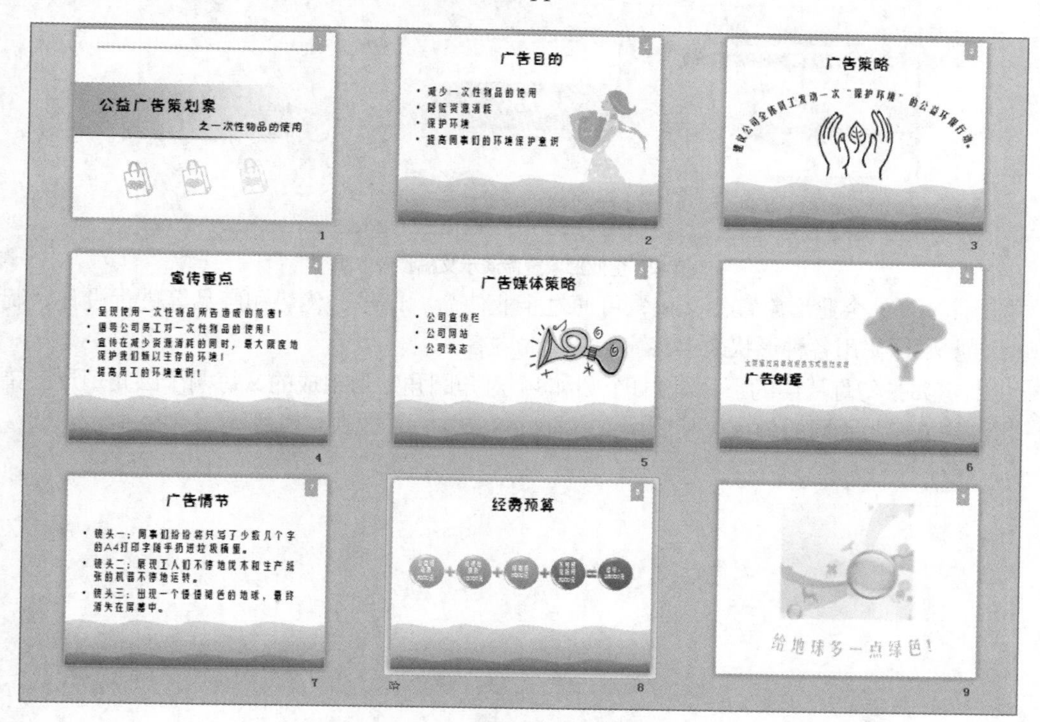

图9.84 公益广告策划案演示文稿参考效果

提示：（1）首先应清楚制作此公益广告的目的和目标对象。在制作时可为SmartArt图形对象添加一些动画效果，同时语言要活泼、生动。

（2）制作时先在第3张幻灯片中输入正文，并为文本应用“转换”文字效果，然后在第8张幻灯片中插入并编辑“公式”SmartArt图形。

9.5.2 制作企业形象宣传演示文稿

企业形象是企业文化建设的核心，要在社会公众中树立良好的企业形象，首先要靠企业自身的产品和服务；其次，还要通过各种宣传策略来向公众介绍和宣传企业形象。某公司为了提升企业形象，特意制作了一个企业形象宣传演示文稿。参考效果如图9.85所示（素材文件\第9章\企业形象宣传.pptx；效果文件\第9章\企业形象宣传.pptx）。

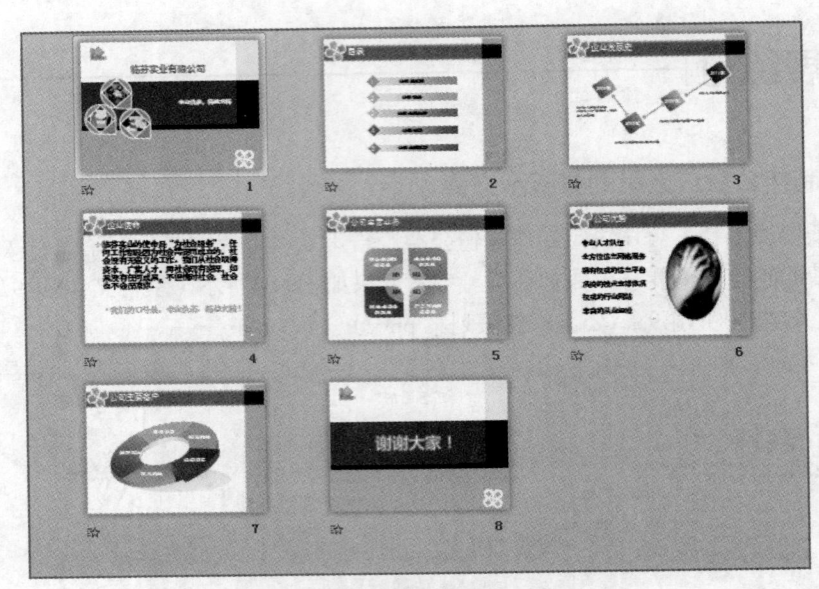

图9.85 企业形象宣传演示文稿参考效果

提示：（1）企业形象宣传文稿，可通过企业使命、口号、优势和产品等进行设计，制作本例时，要尽量使用各种形状来丰富演示文稿的内容。

（2）第5张幻灯片中的形状是由1个圆和8个对角圆角矩形组成的，每两个圆角矩形交错放在一起，并填充为不同的颜色，最后用文本框插入文本，并放映幻灯片。

第10章 展示演示文稿

10.1 制作竞聘报告演示文稿

竞聘报告是一种职场用稿，主要用于竞聘上岗，向会议中的与会者介绍和阐述自身的竞聘信息，一般包括自身条件、自身优势、职务认识、工作设想等，图10.1所示即为竞聘报告演示文稿的参考效果。

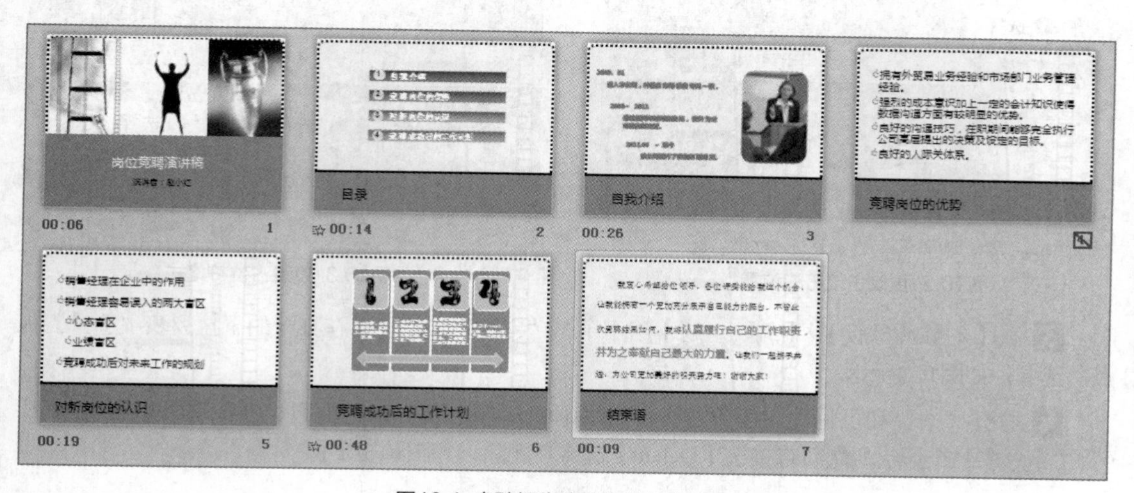

图10.1 竞聘报告演示文稿参考效果

下载资源

素材文件：第10章\竞聘报告.pptx、图片1.jpg、图片2.jpg、图片3.jpg

效果文件：第10章\竞聘报告

10.1.1 在主题基础上修改母版

扫一扫

在主题基础上修改母版

由于整篇演示文稿应用的“平衡”主题不太符合实际的制作需求，因此需要先修改幻灯片的版式，包括插入和编辑图片、设置形状轮廓、更改项目符号和字体等，其具体操作如下。

1 打开“竞聘报告.pptx”演示文稿，切换至幻灯片母版视图，然后选择其中的第2张幻灯片。利用【Shift】键同时选择幻灯片中的标题和副标题占位符。将鼠标指针定位至占位符边框上，然后按住鼠标左键不放向下拖曳，直到移至目标位置后再释放鼠标，如图10.2所示。

2 保持占位符的选择状态，在【绘图工具 格式】/【排列】组中单击“上移一层”按钮右侧的下拉按钮，在打开的下拉列表中选择“置于顶层”选项。选择幻灯片中的副标题占位符，在【绘图工具 格式】/【艺术字样式】组中单击按钮，将副标题占位符中的填充格式设置为“黑色，文字1”，如图10.3所示。

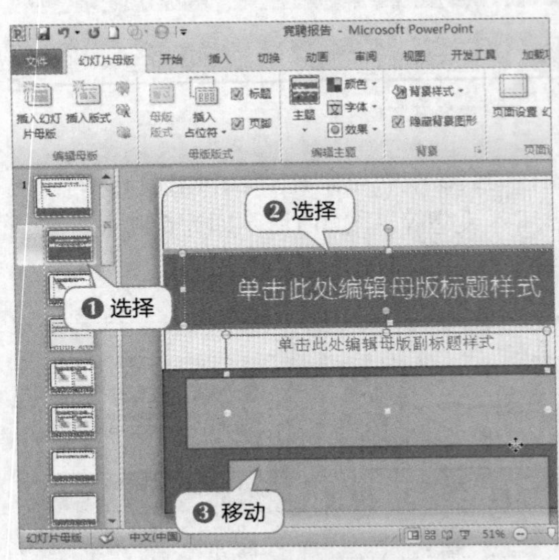

图10.2 更改占位符的位置

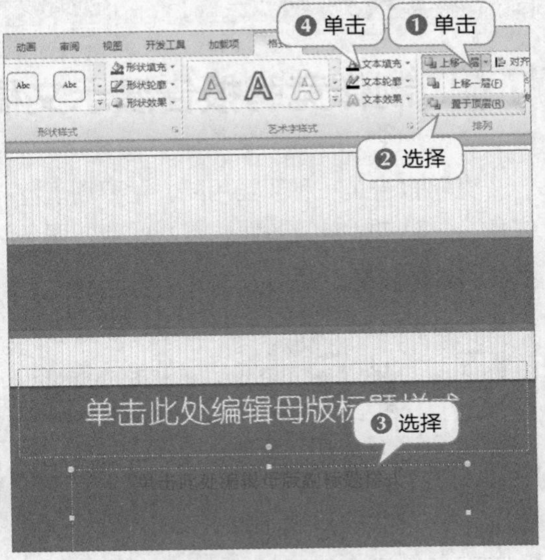

图10.3 设置占位符格式

3 在【幻灯片母版】/【编辑主题】组中单击“字体”按钮，在打开的下拉列表中选择“视点”选项，如图10.4所示。

4 打开“选择和可见性”任务窗格，利用【Ctrl】键同时选择幻灯片中的“矩形10”“矩形9”“矩形6”3个形状，然后直接按【Delete】键将其删除，如图10.5所示。

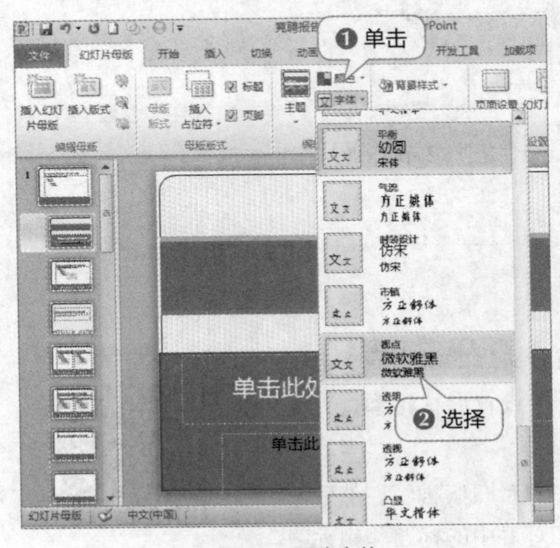

图10.4 更改字体

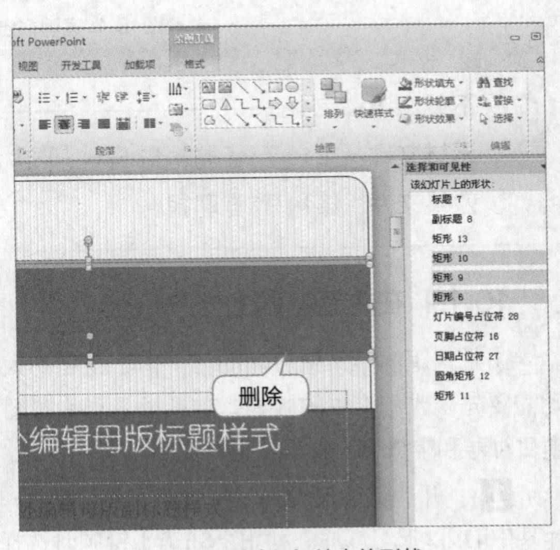

图10.5 删除幻灯片中的形状

5 单击【插入】/【图像】组中的“图片”按钮，在打开的“插入图片”对话框中选择所需的图片文件，单击 插入(S) 按钮，如图10.6所示。

6 选择插入的“图片1”文件，单击【图片工具 格式】/【大小】组中的“裁剪”按钮，此时，所选图片文件四周出现8个控制点，将鼠标指针定位至需要裁剪的控制点上，然后按住鼠标左键不放向目标方向拖曳即可完成图片裁剪操作，效果如图10.7所示。

图10.6 选择图片

图10.7 裁剪图片

7 按【Esc】键退出裁剪状态，单击【图片工具 格式】/【排列】组中的“下移一层”按钮，将“图片1”置于橙色矩形框的下方。选择插入的“图片2”文件，将鼠标指针定位至该图片右下角的控制点上，然后在按住【Ctrl+Shift】键的同时，按住鼠标左键不放向外拖曳，等比例放大图片，如图10.8所示。

8 按照相同的操作方法，将“图片3”文件等比例放大后，单击【图片工具 格式】/【排列】组中的“下移一层”按钮，将“图片2”和“图片3”均置于橙色矩形框的下方，如图10.9所示。

图10.8 等比例放大图片

图10.9 调整图片排列顺序

9 利用【Shift】键同时选择插入的3张图片。单击【图片工具 格式】/【排列】组中的“对齐”按钮，在打开的下拉列表中选择“顶端对齐”选项，如图10.10所示。

10 选择插入的奖杯图片，单击【图片工具 格式】/【调整】组中的“更正”按钮，在打开的下拉列表中选择“亮度:+40%，对比度:+40%”选项，如图10.11所示。

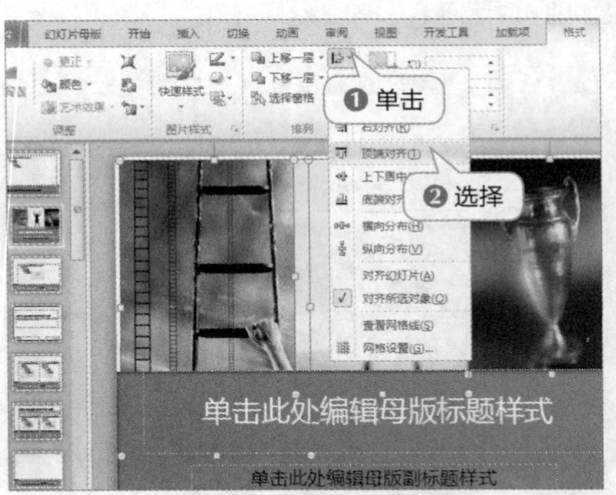

图10.10 调整图片对齐方式

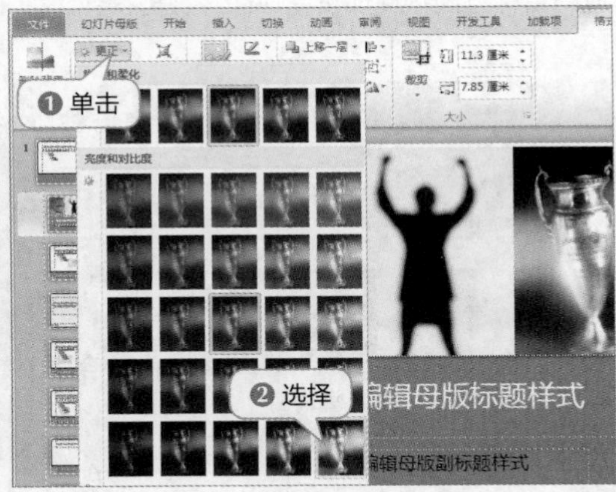

图10.11 调整图片对比度和亮度

11 按照相同的操作方法，将幻灯片中剩余2张图片的亮度和对比度均设置为“+40%”，效果如图10.12所示。

12 选择幻灯片中从左至右的第1张图片，单击“裁剪”按钮下方的下拉按钮，在打开的下拉列表中选择“裁剪为形状”子列表中的“对角圆角矩形”选项，如图10.13所示。

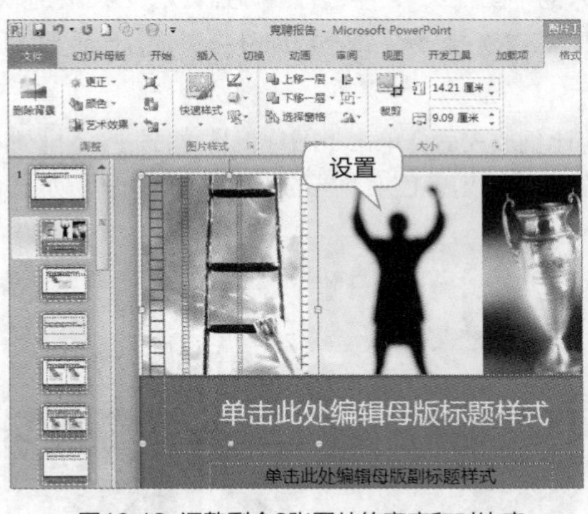

图10.12 调整剩余2张图片的亮度和对比度

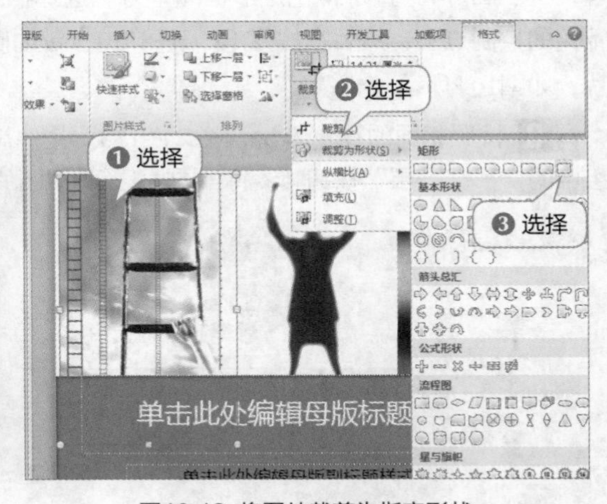

图10.13 将图片裁剪为指定形状

13 将鼠标指针定位到圆角矩形左上角的黄色控制点，然后按住鼠标左键不放向左拖曳，将圆角矩形的弧度减小，如图10.14所示。

14 按照相同的操作方法，将幻灯片中从左至右的最后一个图片裁剪为“单圆角矩形”，裁剪后拖曳图片右上角的黄色控制点来调整圆角矩形的弧度，效果如图10.15所示。

图10.14 改变圆角矩形的形状

图10.15 裁剪并调整图片

15 保持最后一张图片的选择状态，然后单击【图片工具 格式】/【图片样式】组中的“图片效果”按钮，在打开的下拉列表中选择“阴影”子列表的“内部右上角”选项，按照相同的操作方法，分别为幻灯片中从左至右的第1张和第2张图片添加“内部左上角”和“内部居中”阴影效果，如图10.16所示。

16 在【开始】/【编辑】组中单击“选择”按钮，在打开的下拉列表中选择“选择窗格”选项，打开“选择和可见性”任务窗格，选择“圆角矩形8”选项，在【图片工具 格式】/【形状样式】组中单击“形状轮廓”按钮，将所选形状的粗细设置为“6磅”，虚线设置为“圆点”，如图10.17所示。

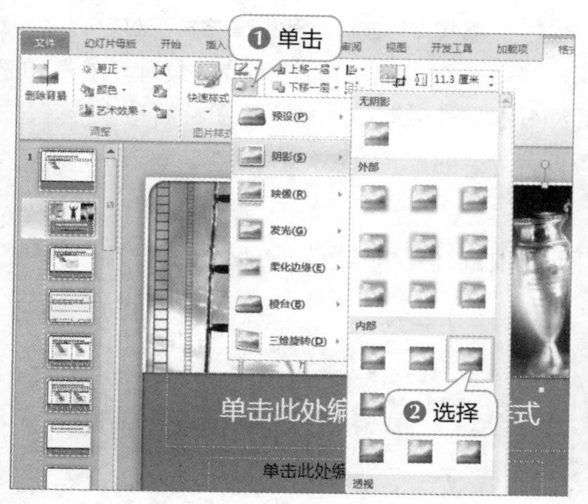

图10.16 为图片添加阴影

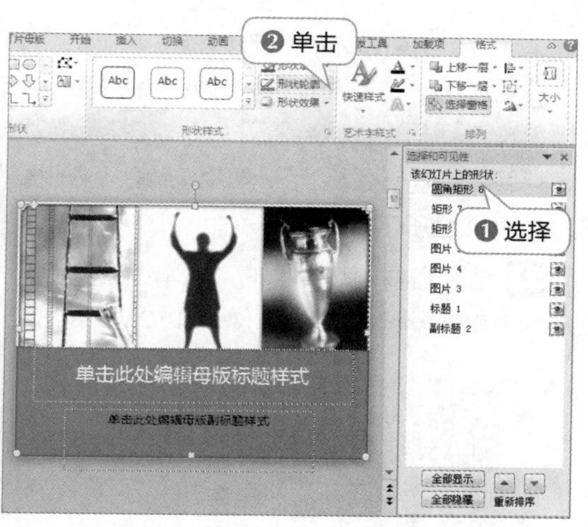

图10.17 设置形状轮廓

17 选择幻灯片母版视图中的第1张幻灯片，将鼠标指针定位至标题占位符边框上，然后在按住【Shift】键的同时，按住鼠标左键不放向上拖曳，将标题占位符沿垂直方向移动至橙色矩形框中，如图10.18所示。

18 保持标题占位符的选择状态，然后单击【绘图工具 格式】/【排列】组中“上移一层”按钮右侧的下拉按钮，在打开的下拉列表中选择“置于顶层”选项，如图10.19所示。

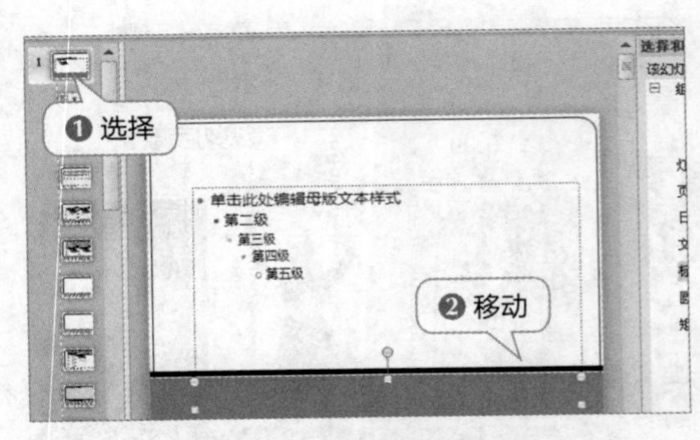

图10.18 调整占位符的位置

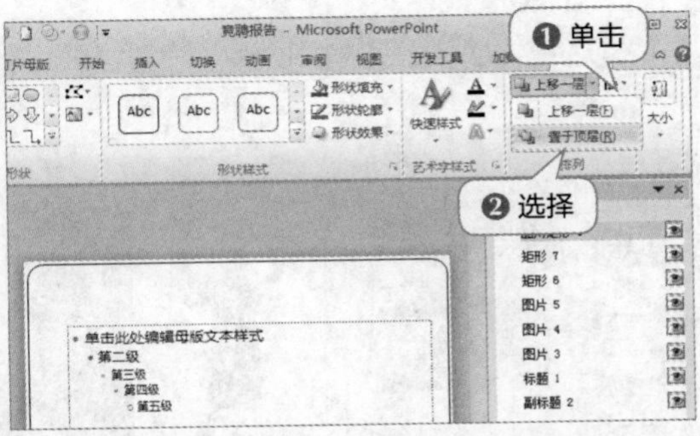

图10.19 更改形状的叠放顺序

19 选择“选择和可见性”任务窗格中的“圆角矩形7”选项，在【绘图工具 格式】/【形状样式】组中单击形状轮廓按钮，将所选形状的粗细设置为“6磅”，虚线设置为“圆点”，如图10.20所示。

20 单击【幻灯片母版】/【背景】组中的“背景样式”按钮，在打开的下拉列表中选择“设置背景格式”选项，如图10.21所示。

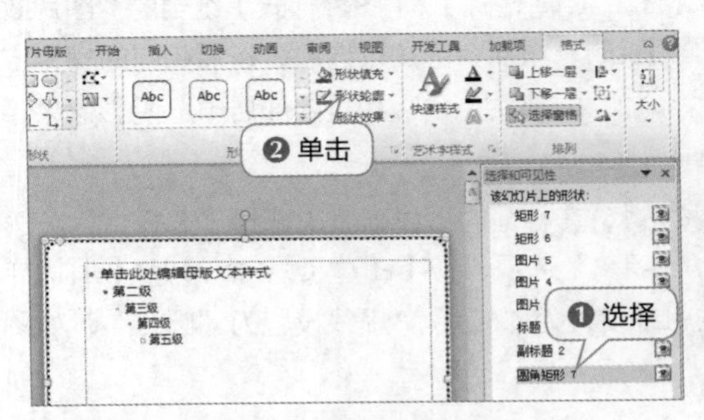

图10.20 设置形状轮廓

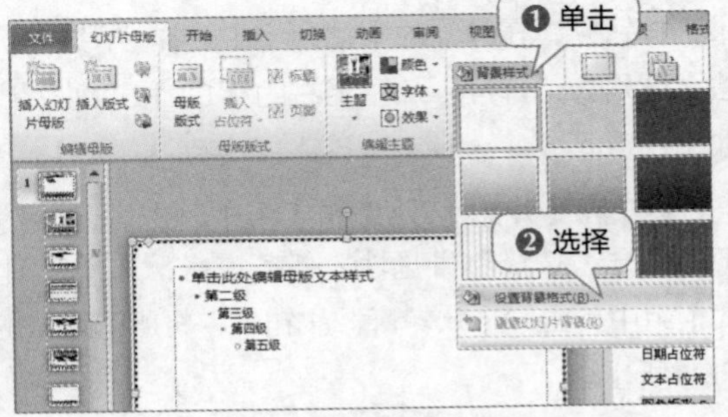

图10.21 选择“设置背景格式”选项

21 打开“设置背景格式”对话框，单击选中“填充”选项卡中的“图片或纹理填充”单选项，单击对话框中的文件(F)...按钮，在打开的“插入图片”对话框中选择所需图片后单击插入(S)按钮，返回“设置背景格式”对话框，将“透明度”设置为“95%”，依次单击全部应用(L)和关闭按钮，如图10.22所示。

22 选择当前幻灯片中的“文本占位符”，打开“项目符号和编号”对话框，在“项目符号”选项卡中单击自定义(U)...按钮，如图10.23所示。

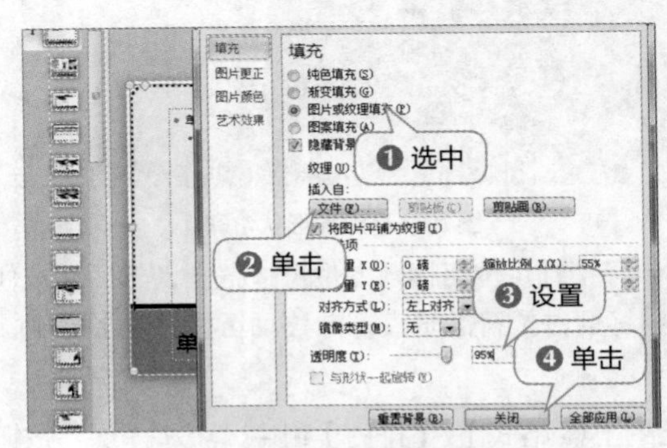

图10.22 选择背景图片

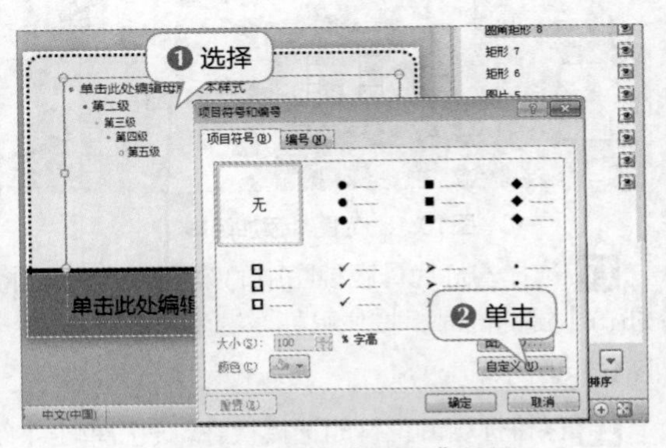

图10.23 单击“自定义”按钮

23 打开的“符号”对话框，在“字体”下拉列表中选择“Wingdings 2”选项，然后在中间列表框中选择即可，单击 确定 按钮，如图10.24所示。

24 返回“项目符号和编号”对话框，在“大小”数值框中输入“120”，单击对话框中的“颜色”按钮，将项目符号的颜色设置为“橙色，强调文字颜色1”，单击 确定 按钮，如图10.25所示。

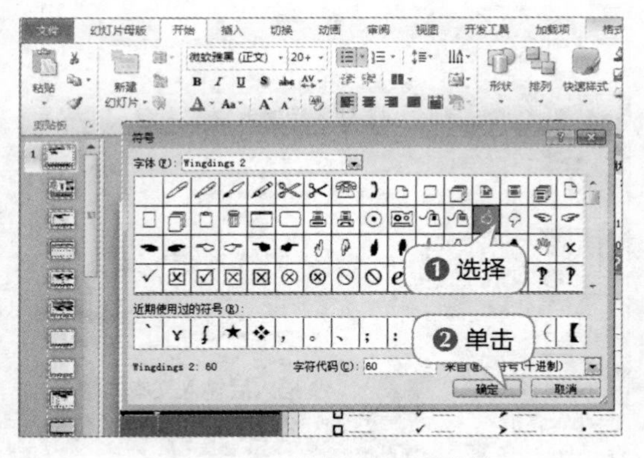

图10.24 选择新的项目符号

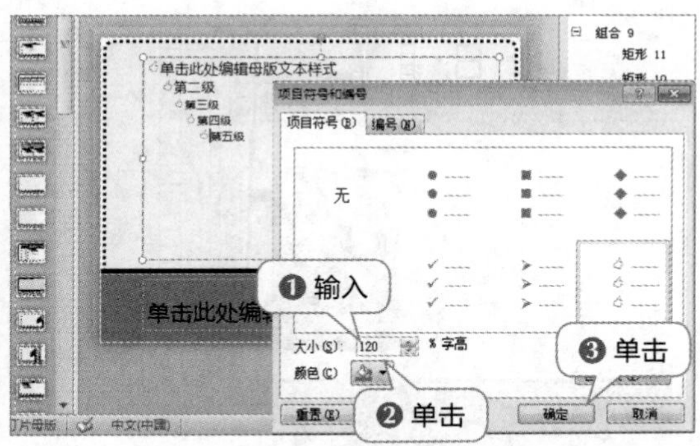

图10.25 设置项目符号

10.1.2 设置占位符格式

制作幻灯片主要是对“自我介绍”和“竞聘成功后的工作计划”这两张幻灯片进行编辑，包括插入并编辑剪贴画、插入横排文本框和SmartArt图形等，其具体操作如下。

扫一扫

设置占位符格式

1 关闭幻灯片母版视图，在“幻灯片/大纲”窗格中的“幻灯片”选项卡中选择第3张幻灯片，单击文本占位符中的“剪贴画”按钮，打开“剪贴画”任务窗格，如图10.26所示。

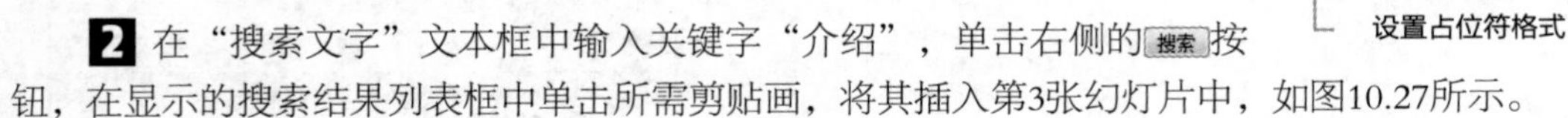

2 在“搜索文字”文本框中输入关键字“介绍”，单击右侧的 搜索 按钮，在显示的搜索结果列表框中单击所需剪贴画，将其插入第3张幻灯片中，如图10.27所示。

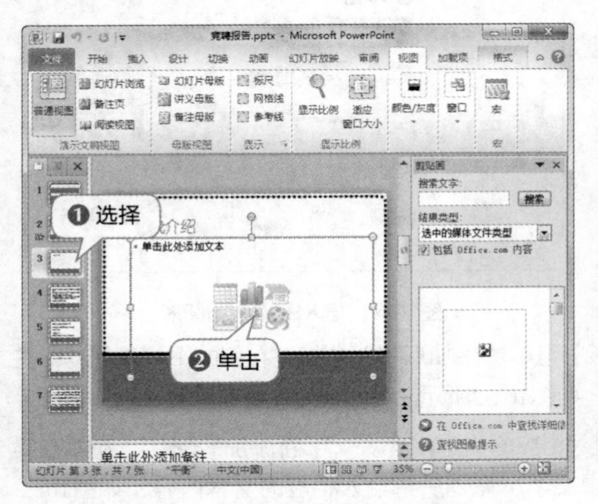

图10.26 打开“剪贴画”任务窗格

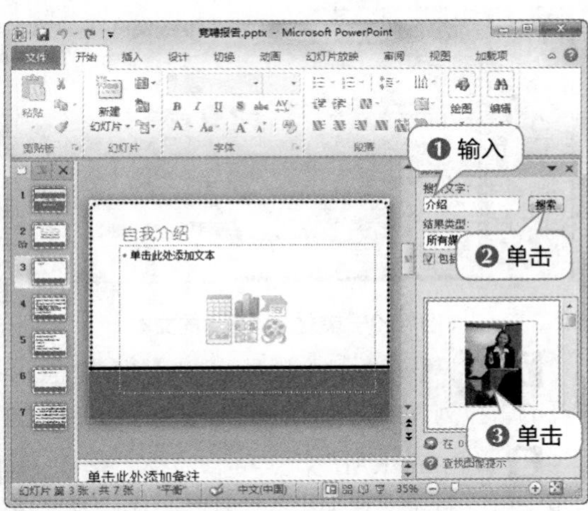

图10.27 选择剪贴画

3 保持剪贴画的选择状态，将其样式设置为“棱台矩形”，如图10.28所示。

4 单击【插入】/【文本】组中的“文本框”按钮，在当前幻灯片中插入一个横排文本框，然后输入文本“2009.01”，按照相同的操作方法，继续插入5个横排文本框，然后输入图10.29中所示的文本内容。

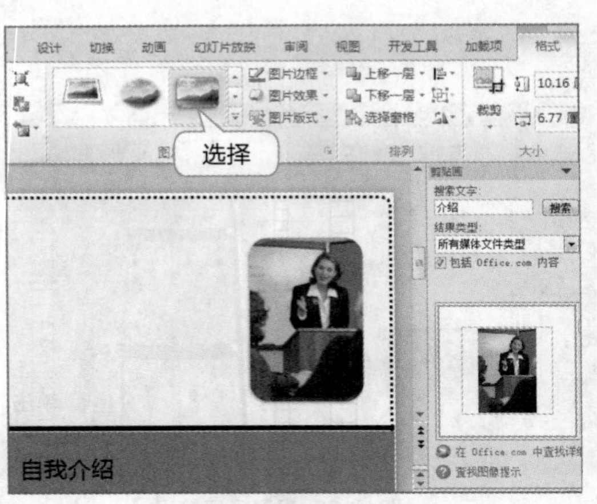

图10.28 美化剪贴画

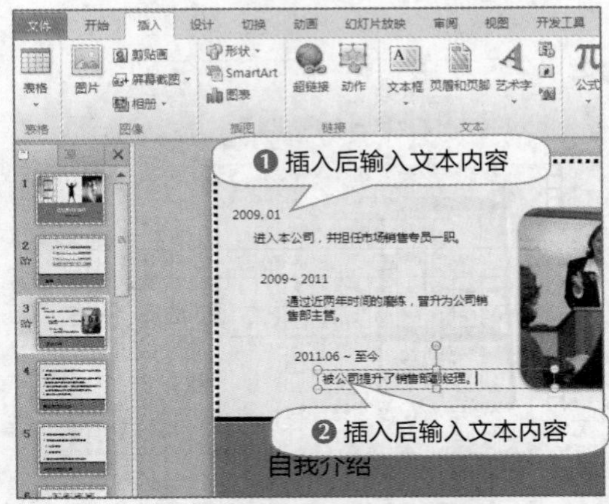

图10.29 插入横排文本框并输入文本

5 利用【Shift】键同时选择插入的6个文本框，在【开始】/【字体】组中的“字号”下拉列表框中将其字号更改为“20”，在【绘图工具 格式】/【艺术字样式】组中单击“其他”按钮，在打开的下拉列表框中选择“茶色-填充，文本2，轮廓-背景2”选项，为所选文本应用艺术字效果，如图10.30所示。

6 切换至第6张幻灯片后，单击【插入】/【插图】组中的“SmartArt”按钮，在打开的“选择 SmartArt 图形”对话框中选择“连续图片列表”选项，单击确定按钮，如图10.31所示。

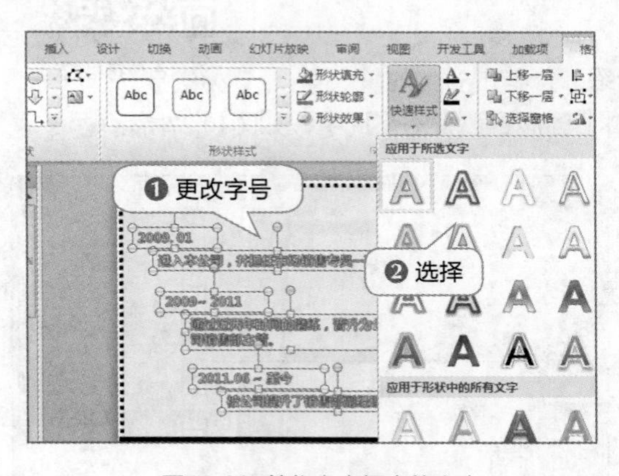

图10.30 美化文本框中的文本

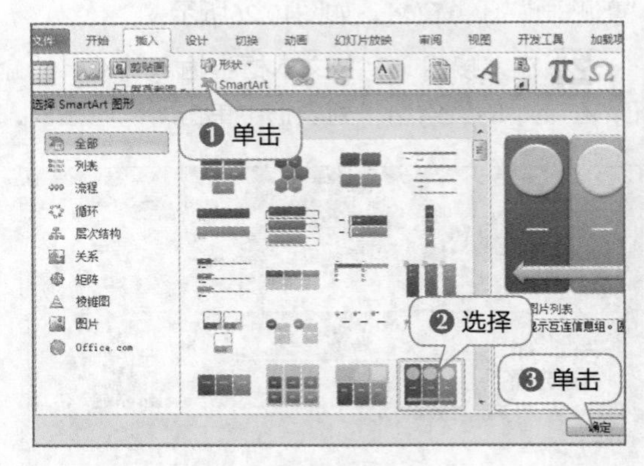

图10.31 插入SmartArt图形

7 单击【SmartArt工具 设计】/【创建图形】组中“添加形状”按钮右侧的下拉按钮，在打开的下拉列表中选择“在后面添加形状”选项，如图10.32所示。

8 单击SmartArt图形中的“文本”字样，输入相应的文本内容。对于新添加的形状，则需在其中单击鼠标右键，在弹出的快捷菜单中选择“编辑文字”命令后再输入相应的文本内容，如图10.33所示。

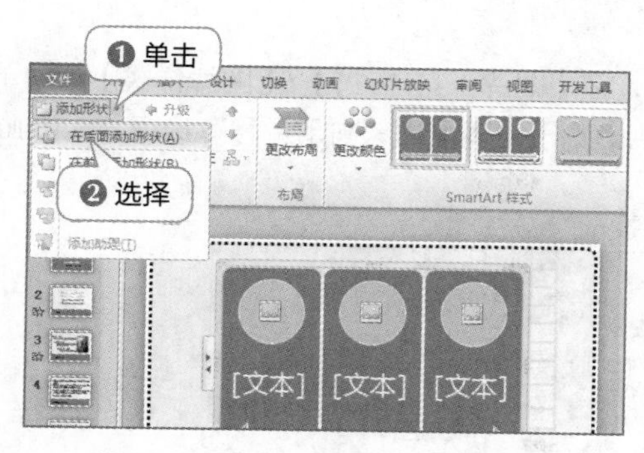

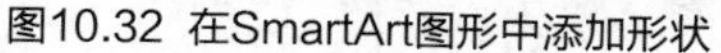
图10.32 在SmartArt图形中添加形状

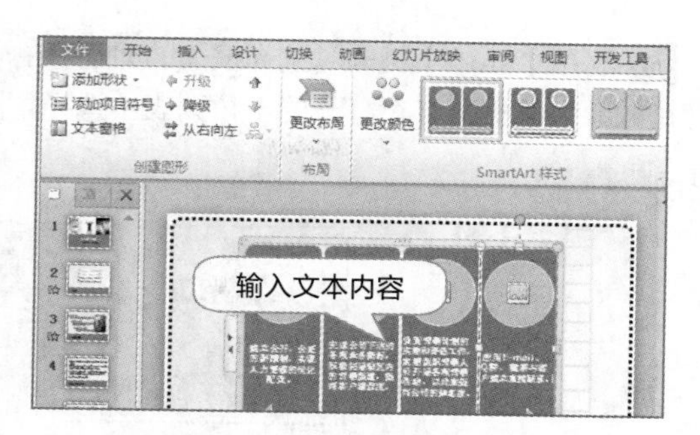

图10.33 在SmartArt图形中输入文本

9 选择插入的SmartArt图形，单击【SmartArt工具 设计】/【重置】组中的"转换"按钮，在打开的下拉列表中选择"转换为形状"选项，将插入的"连续图片列表"图形转换为形状，如图10.34所示。

10 利用【Shift】键同时选择当前幻灯片中的4个圆形，单击【绘图工具 格式】/【插入形状】组中的"编辑形状"按钮，在打开的下拉列表中选择"更改形状"子列表中的"圆角矩形"选项，如图10.35所示。

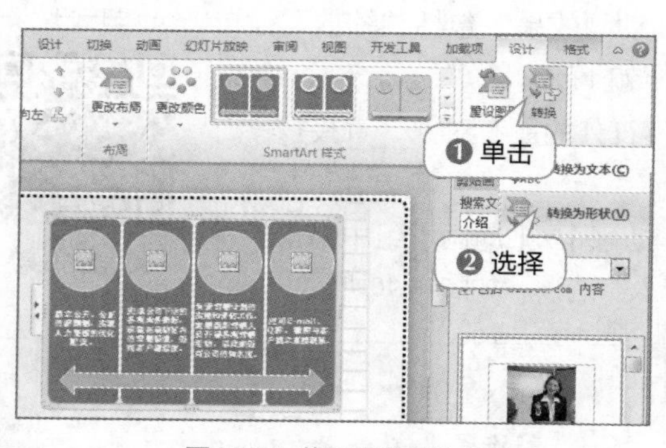

图10.34 将图形转换为形状

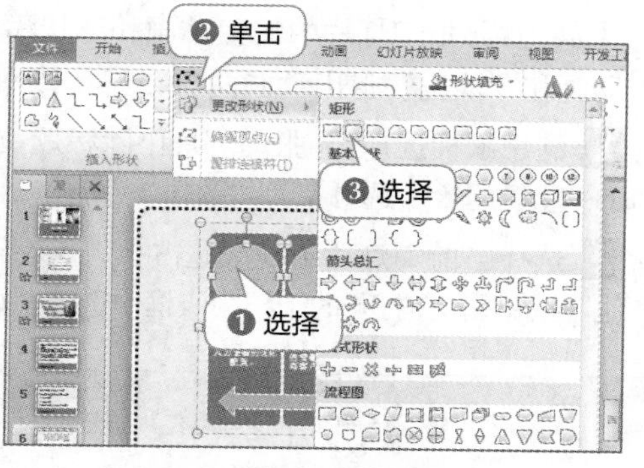

图10.35 更改转换后的形状

11 在"剪贴画"任务窗格的"搜索文字"文本框中输入关键字"数字"，单击右侧的搜索按钮，在显示的搜索结果列表框中单击所需剪贴画，将其插入当前幻灯片中，如图10.36所示。

12 在"剪贴画"任务窗格的搜索结果列表框中，依次单击数字"2、3、4"对应的剪贴画，将其插入当前幻灯片中，利用鼠标适当调整插入剪贴画的大小，将其移至图10.37所示的位置。

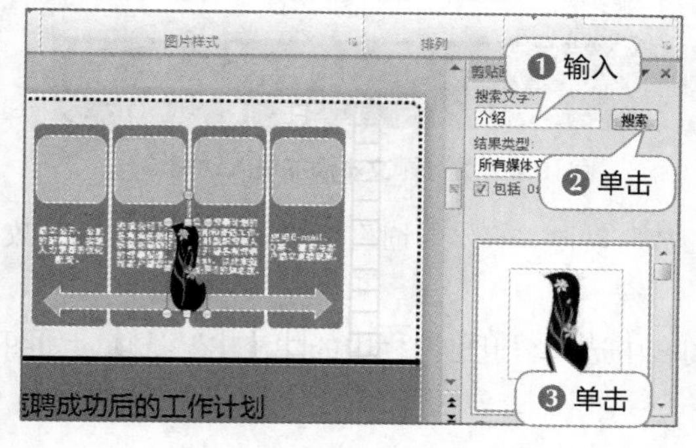

图10.36 搜索并插入剪贴画

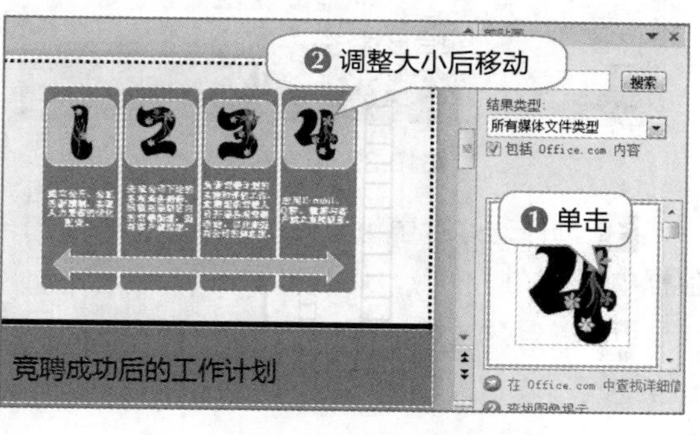

图10.37 插入并调整其他剪贴画

13 利用【Shift】键同时选择插入的4张剪贴画，在【图片工具 格式】/【图片样式】组中单击“图片效果”按钮，在打开的下拉列表中选择“阴影”子列表中的“向下偏移”选项，如图10.38所示。

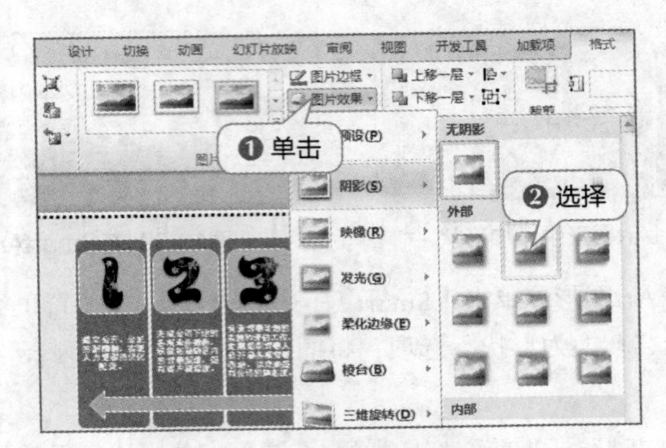

图10.38 为剪贴画添加阴影

10.1.3 添加动画效果

下面为第6张幻灯片中的剪贴画和形状添加动画效果，包括“缩放”进入动画和“淡出”退出动画两种，其具体操作如下。

1 利用鼠标选择第6张幻灯片中除标题占位符外的所有对象，直接按【Ctrl+G】键组合所选对象，如图10.39所示。

2 选择当前幻灯片中的标题占位符，在【动画】/【动画】组中单击“其他”按钮，在打开的下拉列表框中选择“浮入”选项，如图10.40所示。

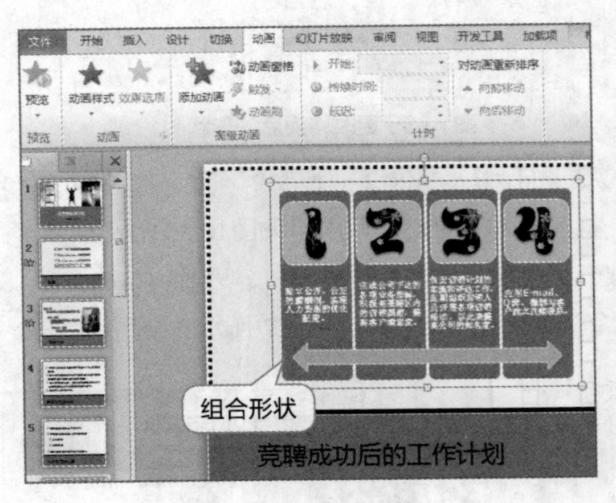

图10.39 组合形状

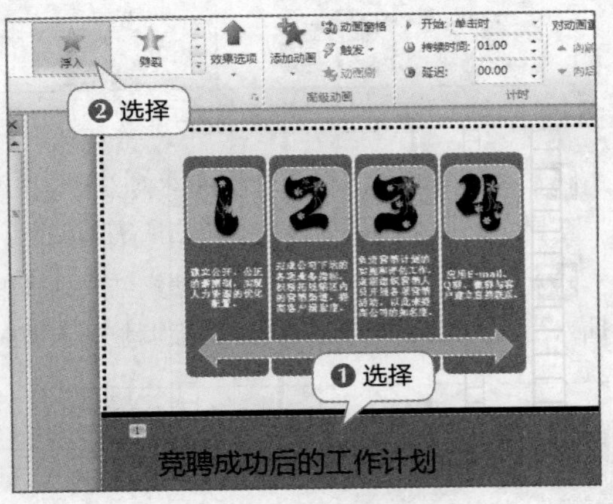

图10.40 为标题文本添加进入动画

3 选择幻灯片中组合后的形状，为其添加“缩放”动画，在“计时”组中的“持续时间”数值框中输入“01.00”，如图10.41所示。

4 单击“添加动画”按钮，在打开的下拉列表中选择“退出”栏中的“淡出”选项，如图10.42所示。

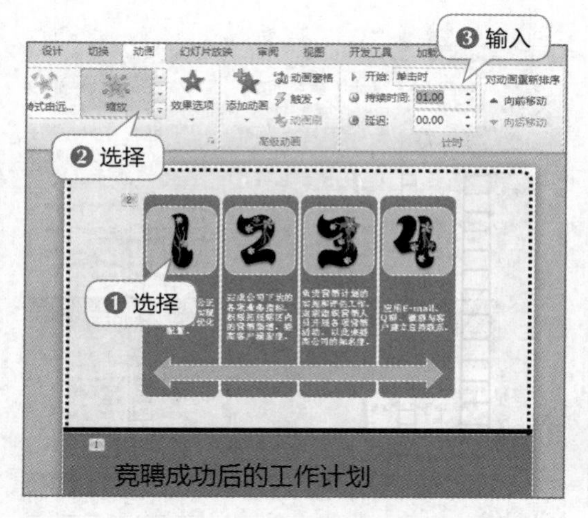

图10.41 为组合形状添加进入动画

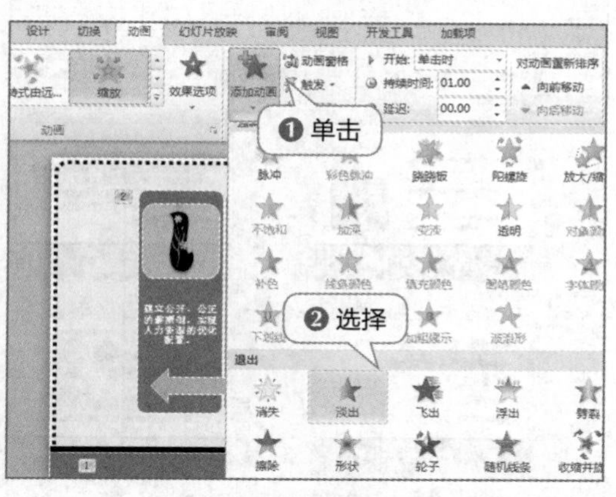

图10.42 添加退出动画

5 在【动画】/【预览】组中单击“预览”按钮，预览当前幻灯片中添加的所有动画效果，如图10.43所示。

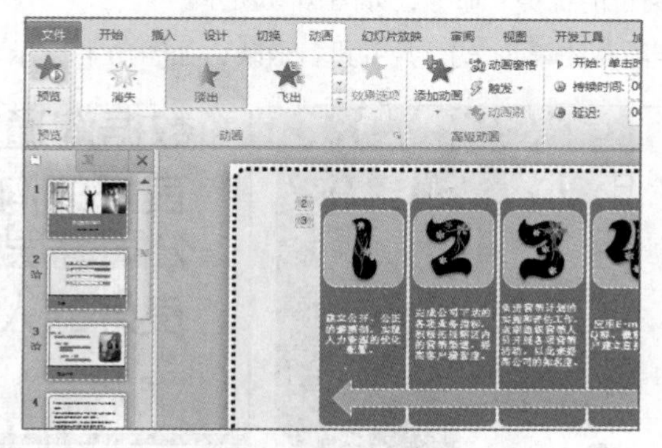

图10.43 预览动画效果

10.1.4 隐藏与显示幻灯片

制作好的演示文稿可能会在不同的场合放映，如果不想将演示文稿中的某张或某几张幻灯片在不恰当的场合放映，则可将其隐藏起来，待需要放映时再将它们显示出来。下面将隐藏第4张幻灯片，在放映幻灯片的过程中根据需要才将其显示出来，其具体操作如下。

扫一扫

隐藏与显示幻灯片

1 单击状态栏中的“幻灯片浏览”按钮，进入幻灯片浏览模式，选择需隐藏的幻灯片，这里选择第4张幻灯片，单击【幻灯片放映】/【设置】组中的“隐藏幻灯片”按钮，此时被隐藏的幻灯片编号上出现图标，表示该幻灯片为隐藏状态，如图10.44所示。

2 单击【幻灯片放映】/【开始放映幻灯片】组中的“从头开始”按钮，从第1张幻灯片开始放映，如图10.45所示。

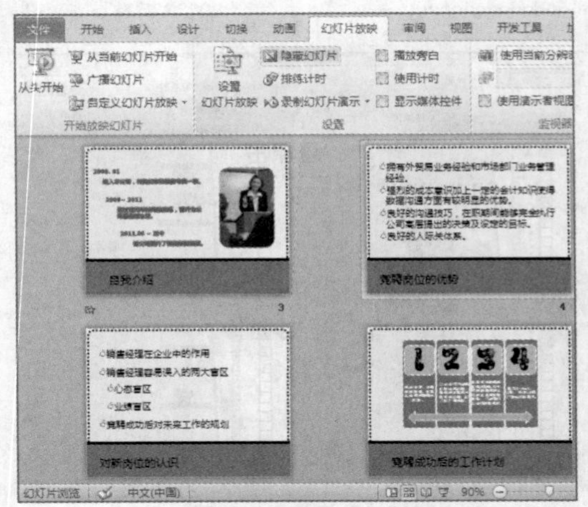

图10.44 隐藏幻灯片

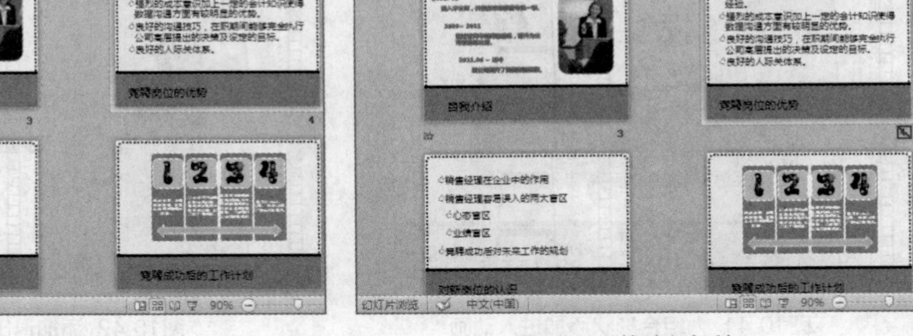

图10.45 放映幻灯片

3 当放映到第3张幻灯片时，直接在其中单击鼠标右键，在弹出的快捷菜单中选择“定位至幻灯片”子菜单中的“竞聘岗位的优势”命令，如图10.46所示。

4 此时，自动切换至隐藏的第4张幻灯片并进行放映，如图10.47所示。

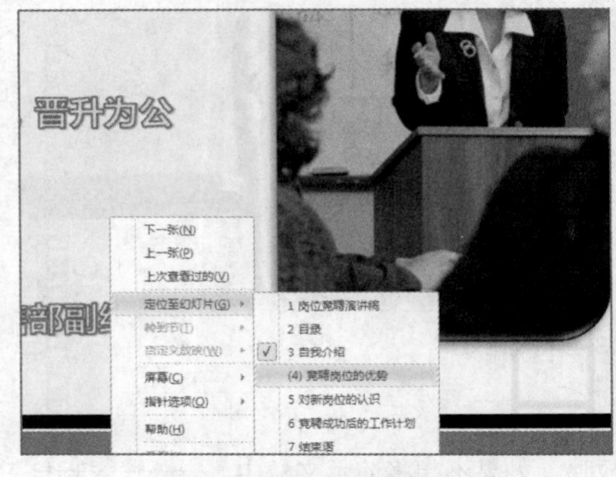

图10.46 选择被隐藏的幻灯片

图10.47 放映隐藏的幻灯片

10.1.5 自动放映幻灯片

要想在竞聘会议上打动评选者，除了要注重报告自身内容外，还需要提升自己的演讲水平。这就要求演讲者对有限的时间进行合理分配，即在参加会议之前，可以通过预演的方式来估算每一张幻灯片的放映时间。在PowerPoint 2010中，可以通过“排练计时”这一功能来轻松实现幻灯片的自动放映，其具体操作如下。

1 在普通视图中单击【幻灯片放映】/【设置】组中的“排练计时”按钮，如图10.48所示。

2 此时，正在放映的第1张幻灯片左上角会自动出现一个工具栏，其中，中间文本框显示的时间表示放映当前幻灯片所需时间，最右侧显示的时间表示放映完所有幻灯片累计需要的时间。图10.49所示即表示当工具栏中

自动放映幻灯片

间的文本框中显示0:00:04时，切换至下一张幻灯片。

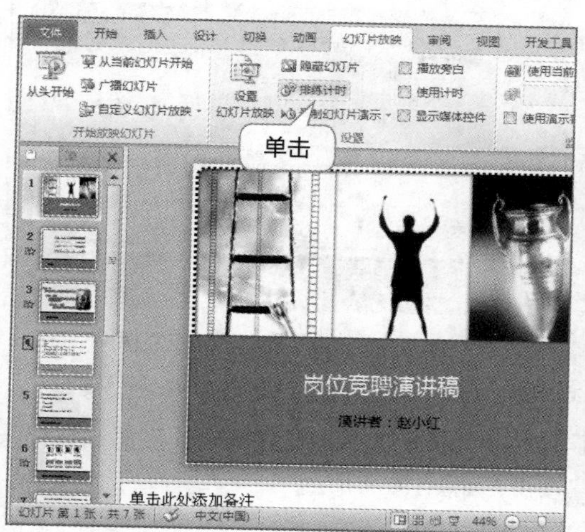

图10.48 单击“排练计时”按钮

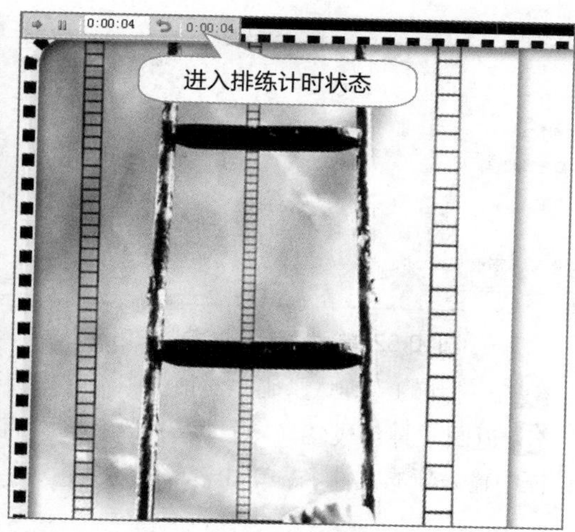

图10.49 进入排练计时状态

3 当演讲完第2张幻灯片中的所有内容后，可单击鼠标进入下一张幻灯片的计时模式，以此类推。当所有幻灯片均完成计时操作后，将打开提示对话框，单击 是(Y) 按钮进行保存，如图10.50所示。

4 幻灯片自动进入浏览模式并在其中显示放映每一张幻灯片所需的时间，单击选中【幻灯片放映】/【设置】组中的“使用计时”复选框，按【F5】键便可自动放映幻灯片，如图10.51所示。

图10.50 保存排练时间

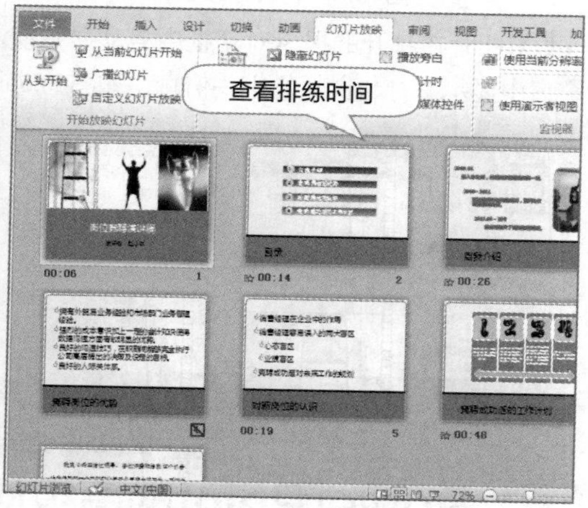

图10.51 查看排练计时

5 选择【文件】/【保存并发送】命令，选择“文件类型”栏中的“将演示文稿打包成CD”选项，单击右侧的“打包成CD”按钮，如图10.52所示。

6 在打开的“打包成CD”对话框中单击 选项(O)... 按钮，打开“选项”对话框，在“增强安全性和隐私保护”栏中的“打开每个演示文稿时所用密码”文本框中输入保护密码，这里输入“123”，单击 确定 按钮，如图10.53所示。

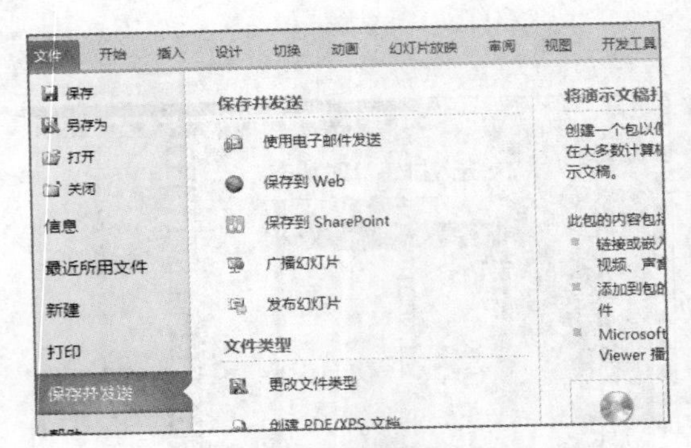

图10.52 单击“打包成CD”按钮

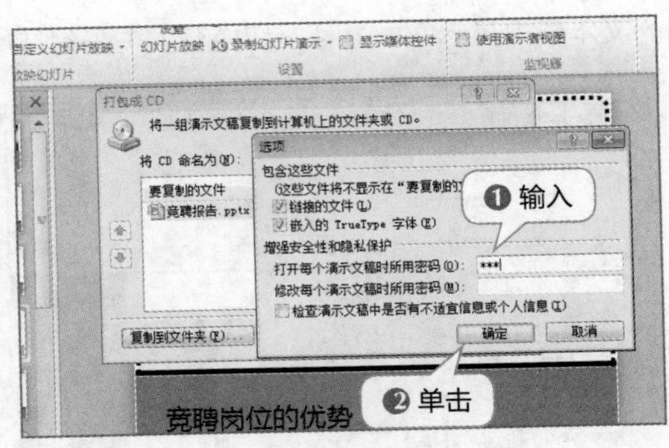

图10.53 保存打包后的演示文稿

7 在打开的“确认密码”对话框中输入相同密码，单击 确定 按钮，如图10.54所示。

8 返回“打包成CD”对话框，单击其中的 复制到文件夹(F)... 按钮，在打开的“复制到文件夹”对话框中输入新的文件名，单击对话框中的 确定 按钮，如图10.55所示。

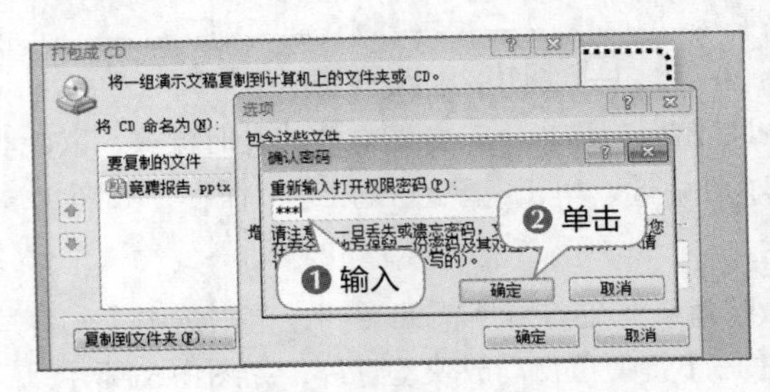

图10.54 确认输入密码

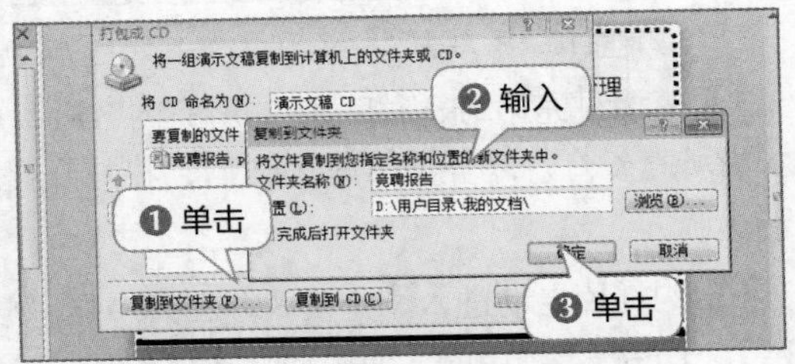

图10.55 设置文件夹名称

9 此时在打开的提示对话框中自动显示演示文稿的复制路径。完成打包操作后，在自动弹出的窗口中显示了打包文件的相关信息，如图10.56所示。

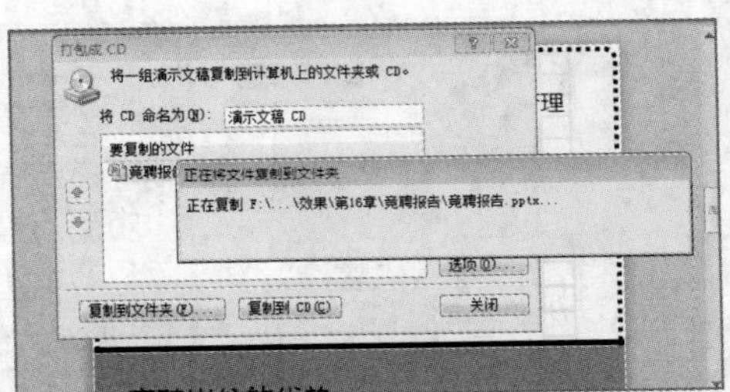

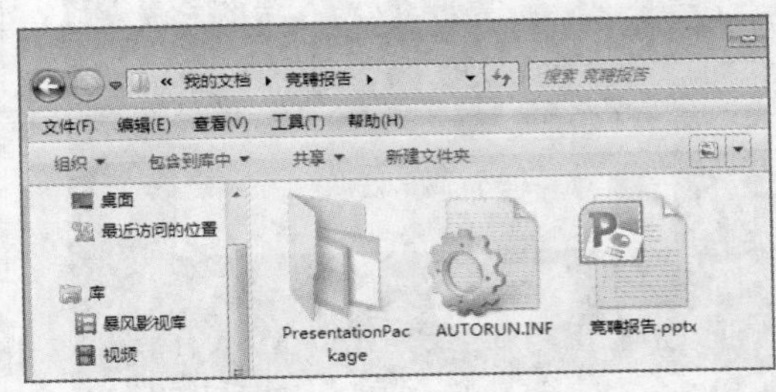

图10.56 显示打包后的相关文件

10.2 PowerPoint的高级应用

PowerPoint 2010的高级应用技巧，包括广播演示文稿、共享演示文稿以及PowerPoint与Excel表格、Word文档之间的协作使用等。

10.2.1 输出演示文稿

为了方便演示文稿的展示，可以将创建的演示文稿保存为视频文件或者转换为PDF文件，下面分别进行介绍。

1. 将演示文稿输出为视频文件

如果要向同事或客户提供高质量的演示文稿，那么可将其另存为视频文件。在 PowerPoint 2010 中，可将演示文稿另存为格式为.wmv的文件，这样可确保演示文稿中的动画和多媒体内容等顺畅播放。下面介绍将演示文稿输出为视频文件的方法，其具体操作如下。

下载资源

素材文件：第10章\公司年会策划方案.pptx

效果文件：第10章\公司年会策划方案.wmv

1 打开“公司年会策划方案.pptx”演示文稿，选择【文件】/【保存并发送】命令，选择“文件类型”栏中的“创建视频”选项，如图10.57所示。

2 在打开的“创建视频”列表框中，可以设置视频质量和是否使用录制的计时和旁白，这里选择“计算机和HD显示”和“不要使用录制的计时和旁白”选项，在“放映每张幻灯片的秒数”数值框中输入“10.00”，单击“创建视频”按钮，如图10.58所示。

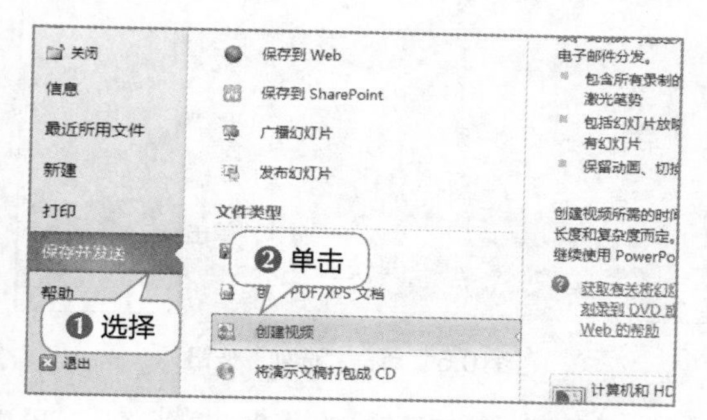

图10.57 选择输出文件类型

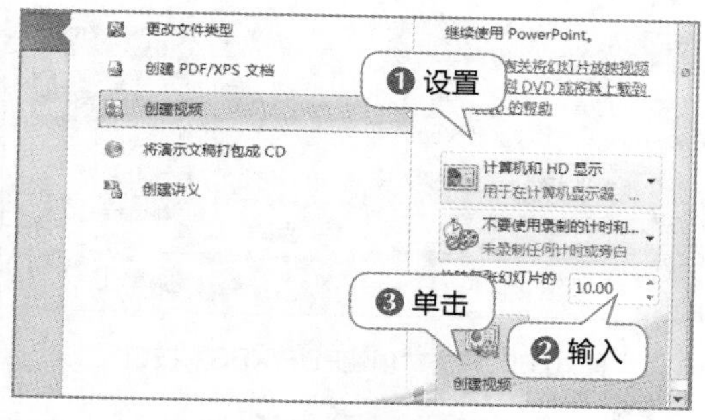

图10.58 设置视频参数

3 打开“另存为”对话框，将视频文件的保存位置设置为“第10章”，文件名保持不变，单击 保存(S) 按钮，如图10.59所示。完成视频文件的创建。

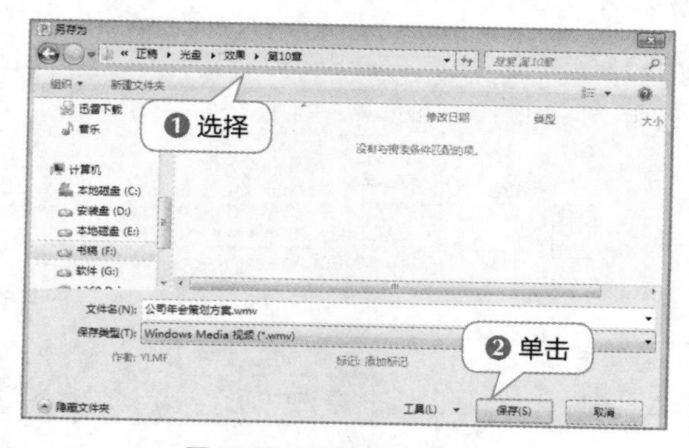

图10.59 设置文件保存信息

2. 将演示文稿输出为PDF/XPS文档

PDF/XPS文档具有文件较小和专业性强等特点，因此，当需要保留源文件格式或使用专业印刷方法来打印演示文稿时，可先将演示文稿输出为PDF/XPS文档后，再执行其他操作。下面介绍创建PDF/XPS文档的方法，其具体操作如下。

下载资源

素材文件：第10章\商务培训演示文稿.pptx

效果文件：第10章\商务培训演示文稿.pdf

1 打开“商务培训演示文稿.pptx”演示文稿，选择【文件】/【保存并发送】命令，选择“文件类型”栏中的“创建PDF/XPS文档”选项，单击右侧显示的“创建PDF/XPS”按钮，如图10.60所示。

2 打开“发布为 PDF或 XPS ”对话框，单击其中的选项(O)...按钮，如图10.61所示。

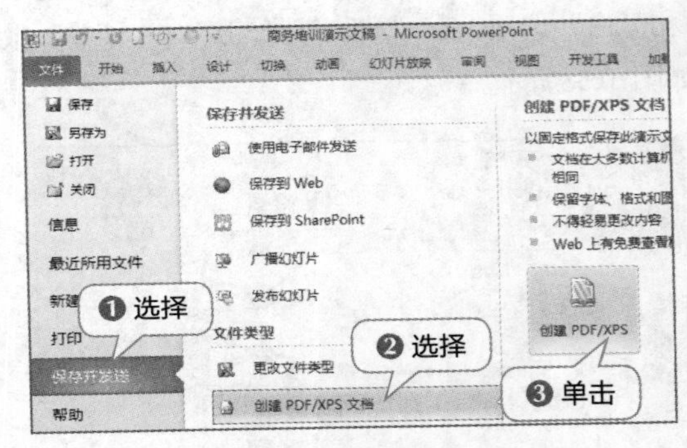

图10.60 单击“创建PDF/XPS”按钮　　图10.61 单击“选项”按钮

3 打开“选项”对话框，单击选中“发布选项”栏中的“幻灯片加框”复选框，单击选中“PDF选项”栏中的“符合 ISO 19005-1 标准（PDF/A）”复选框，单击确定按钮，如图10.62所示。

4 返回“发布为 PDF或 XPS”对话框，单击选中“优化”栏中的“最小文件大小（联机发布）”复选框，单击发布(S)按钮，如图10.63所示。

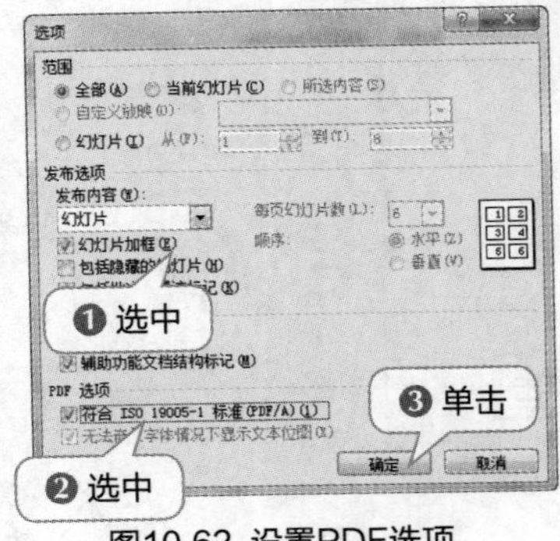

图10.62 设置PDF选项

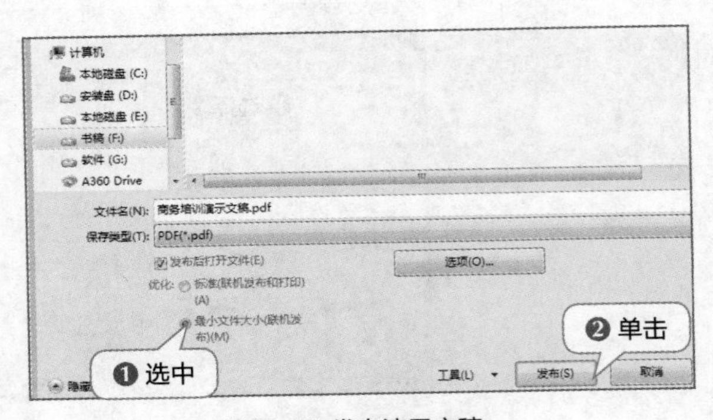

图10.63 发布演示文稿

3. 发布幻灯片

将演示文稿中的一张或多张幻灯片发布到局域网或指定路径，其他用户便可查看发布后的幻灯片内容。下面将把“年终总结报告.pptx”演示文稿中的第5张和第6张幻灯片发布到指定位置，其具体操作如下。

下载资源

素材文件：第10章\年终总结报告.pptx

效果文件：第10章\全年产量.pptx、全年销量.pptx

1 打开素材文件“年终总结报告.pptx”演示文稿，选择【文件】/【保存并发送】命令，选择“保存并发送”栏中的“发布幻灯片”选项，单击右侧列表中显示的“发布幻灯片”按钮，如图10.64所示。

2 打开“发布幻灯片”对话框，在“选择要发布的幻灯片”列表框中单击选中所需发布的幻灯片对应的复选框，在“文件名”栏中，分别将所选幻灯片重命名为“全年产量”和“全年销量”，如图10.65所示。

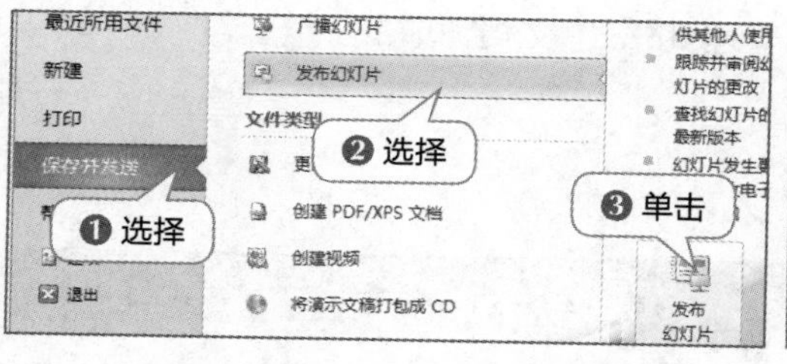

图10.64 单击“发布幻灯片”按钮

图10.65 选择并编辑要发布的幻灯片

3 打开“选择幻灯片库”对话框，在“查找范围”下拉列表中选择幻灯片的发布位置，这里选择“第10章”文件夹，单击选择(E)按钮，如图10.66所示。

4 返回“发布幻灯片”对话框，此时，在“发布到”下拉列表框中自动显示幻灯片的发布位置，确认无误后，单击发布(S)按钮即可，如图10.67所示。

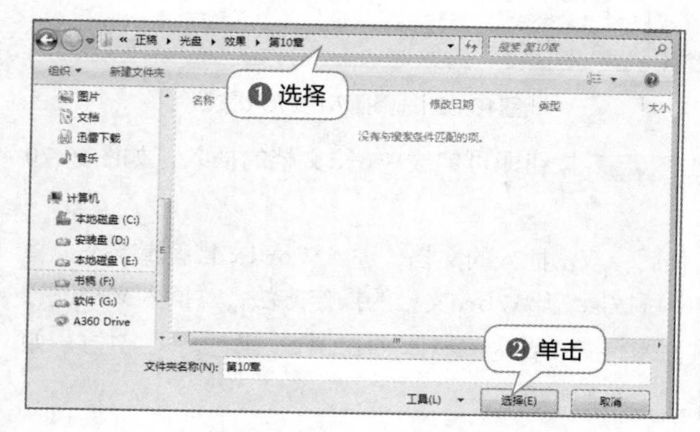

图10.66 选择发布位置

图10.67 发布幻灯片

10.2.2 协同处理演示文稿

为了方便Office 2010各组件的使用，PowerPoint、Excel、Word这3种办公软件之间是可以相互协作使用的。下面介绍协同处理演示文稿的各种方法。

下载资源

素材文件：第10章\公司考勤管理制度.pptx、加班管理.docx、员工考勤表.xlsx

效果文件：第10章\公司考勤管理制度.pptx

1. PowerPoint与各组件的协作

在PowerPoint中可嵌入Word文档和Excel表格，并能快速转换至插入软件的界面，对所嵌入的Word文档和Excel表格进行编辑。下面介绍PowerPoint与Word、Excel之间的协作方法，其具体操作如下。

PowerPoint与各组件的协作

1 打开“公司考勤管理制度.pptx”演示文稿，选择第5张幻灯片，单击【插入】/【文本】组中的“对象”按钮，打开“插入对象”对话框，单击选中“由文件创建”单选项，单击浏览(B)...按钮，如图10.68所示。

2 在打开的“浏览”对话框中选择“加班管理.docx”文档，单击确定按钮，如图10.69所示。

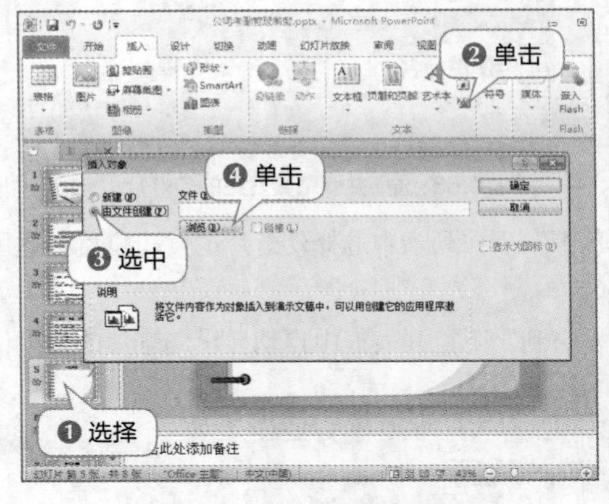

图10.68 单击“浏览”按钮

图10.69 选择插入的Word文档

3 返回“插入对象”对话框，然后单击确定按钮即可完成Word文档的插入，如图10.70所示。

4 在第5张幻灯片中插入所选的Word文档后，双击插入的文档，进入Word文档编辑状态，将自动转换至Word操作界面中的功能区，在其中可按照编辑Word文档的操作方法，对插入文档进行编辑。这里选择插入文档中的全部文本，将其文本格式设置为“楷体_GB2312、黑色，文字1”，如图10.71所示。

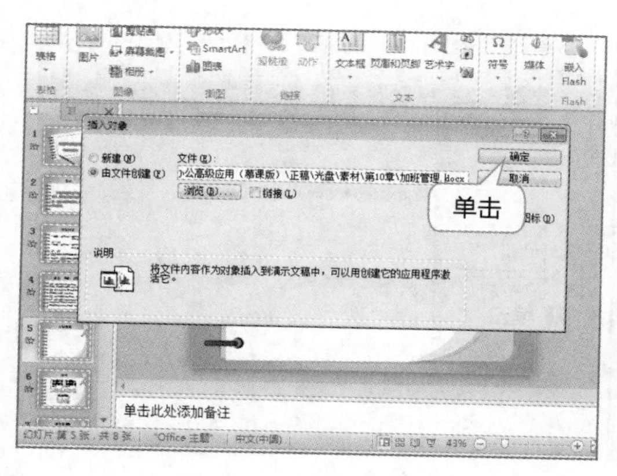

图10.70 插入Word文档

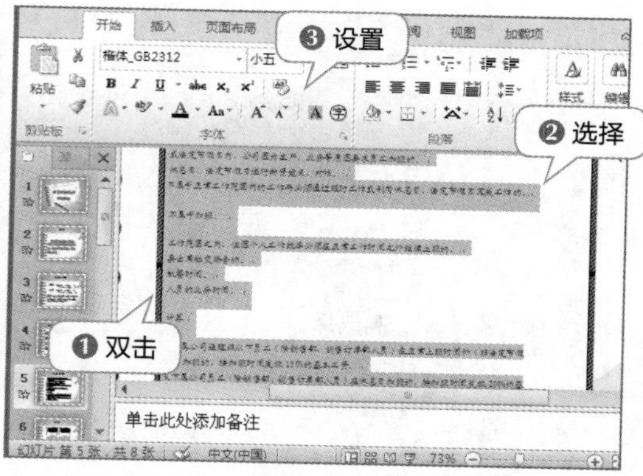

图10.71 编辑Word文档

5 按照相同的操作方法，插入“员工考勤表.xlsx”工作簿，如图10.72所示。

6 双击插入的Excel表格，进入Excel数据编辑状态，选择工作表中的B2单元格，单击【数据】/【排序和筛选】组中的“降序”按钮，对“姓名”列进行降序排列，完成操作后，单击工作表外的任意位置即可切换至PowerPoint操作界面，如图10.73所示。

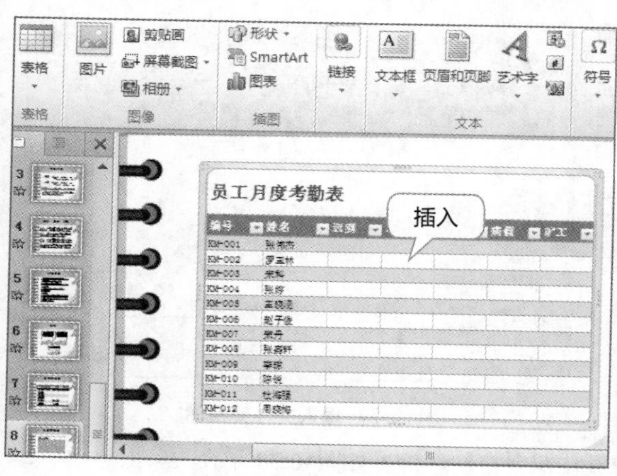

图10.72 插入Excel表格

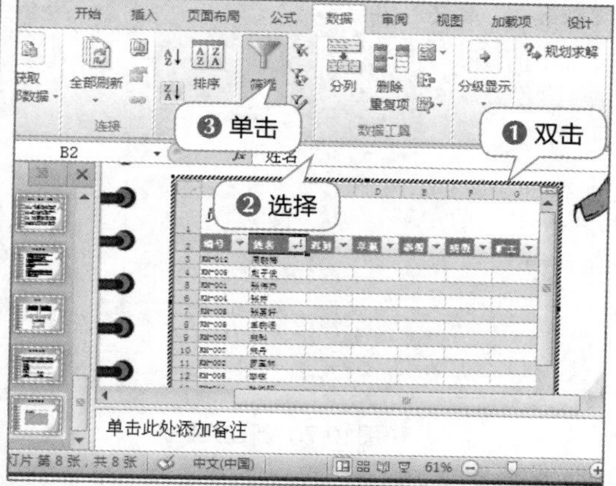

图10.73 编辑Excel表格

2. 将幻灯片发布到幻灯片库

有时常常需要制作内容相近的幻灯片，有些幻灯片的内容需要在几个甚至是许多个演示文稿中出现，如果重复制作会浪费很多时间，可以将这些常用到的幻灯片发布到幻灯片库中，需要时直接调用即可。下面在“公司考勤管理制度”演示文稿中进行讲解，其具体操作如下。

扫一扫

将幻灯片发布到幻灯片库

1 选择【文件】/【保存并发送】/【发布幻灯片】选项。单击右侧的“发布幻灯片”按钮，如图10.74所示。

2 打开“发布幻灯片”对话框，单击全选(S)按钮选择所有幻灯片，选中“只显示选定的幻灯片”复选框，单击浏览(B)...按钮，如图10.75所示。

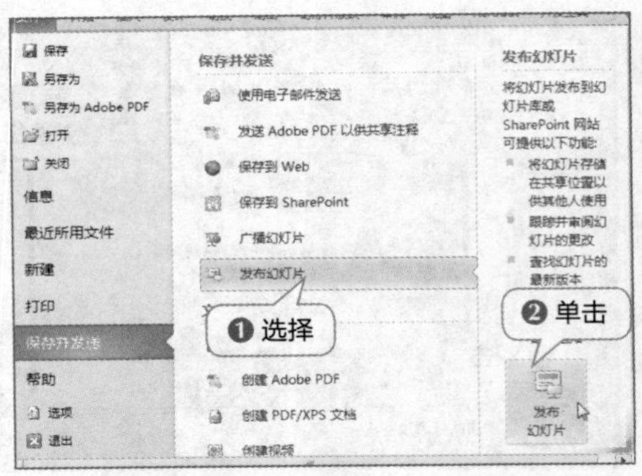

图10.74 单击“发布幻灯片”按钮

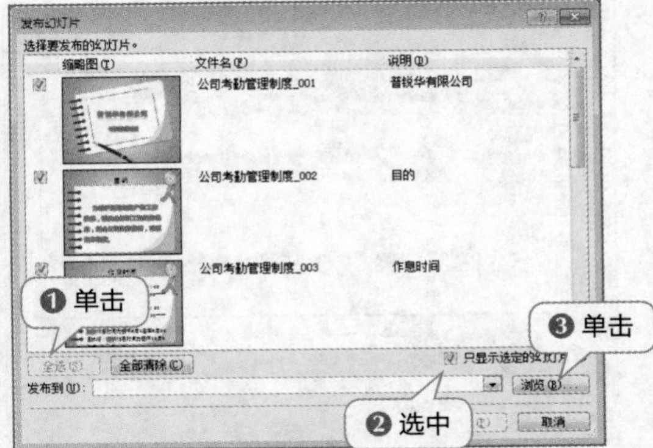

图10.75 选择发布的幻灯片

3 打开“选择幻灯片库”对话框的“我的幻灯片库”文件夹，单击 新建文件夹 按钮，如图10.76所示。

4 在对话框中间的列表中新建一个文件夹，输入该文件夹的名称为“人力资源”，然后单击 选择(E) 按钮，如图10.77所示。

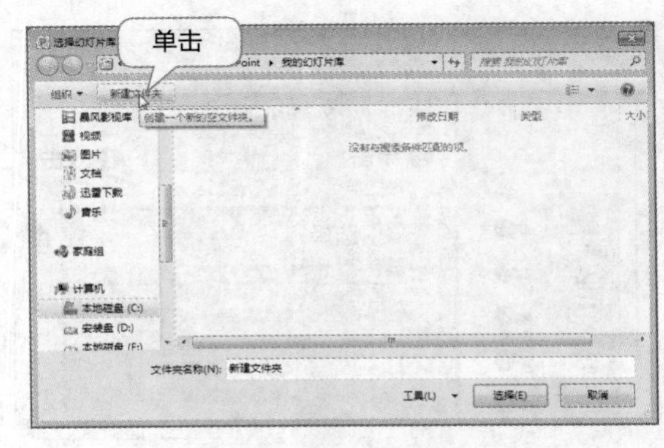

图10.76 新建文件夹

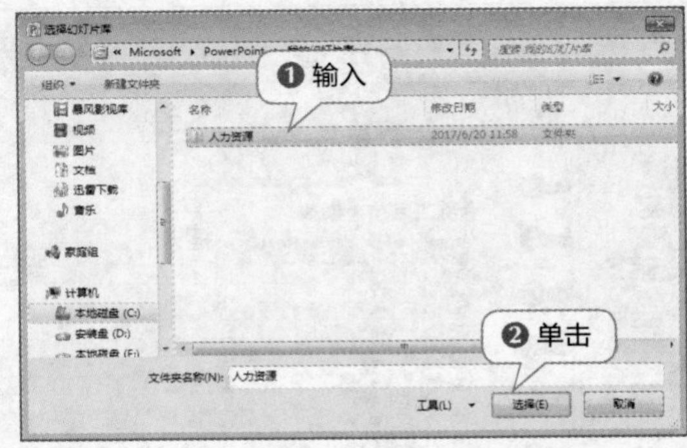

图10.77 输入文件夹名称

5 返回“发布幻灯片”对话框，单击 发布(P) 按钮发布幻灯片，如图10.78所示。

6 打开新建的“人力资源”文件夹， 在其中可以看到发布的幻灯片，如图10.79所示。

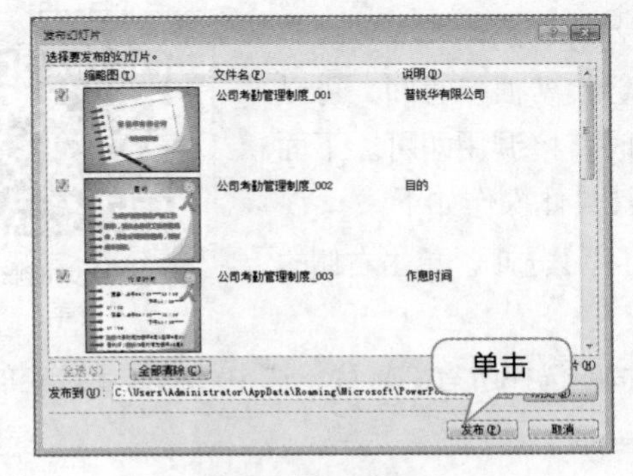

图10.78 发布幻灯片

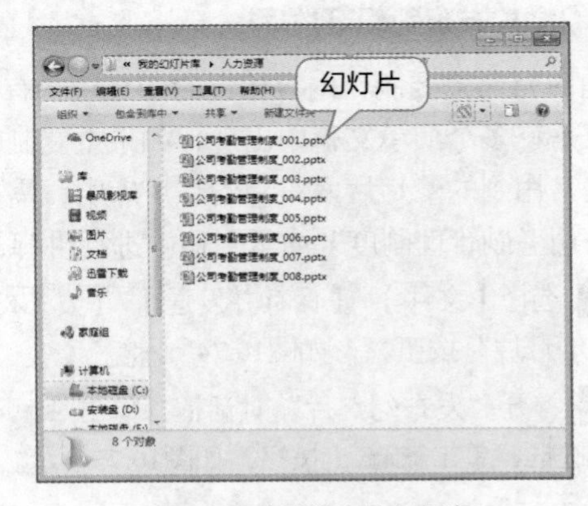

图10.79 查看发布的幻灯盘

3．调用幻灯片库中的幻灯片

幻灯片发布到幻灯片库中后，在需要时可以将其从幻灯片库中调出来使用。下面以调用“公司考勤管理制度”演示文稿为例进行讲解，其具体操作如下。

1 新建演示文稿，在【开始】/【幻灯片】组中单击“新建幻灯片”按钮下方的下拉按钮，在弹出的下拉菜单中选择“重用幻灯片”选项，如图10.80所示。

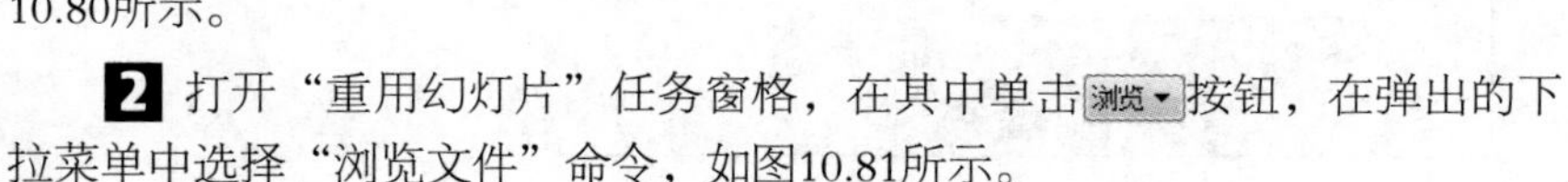

2 打开“重用幻灯片”任务窗格，在其中单击“浏览”按钮，在弹出的下拉菜单中选择“浏览文件”命令，如图10.81所示。

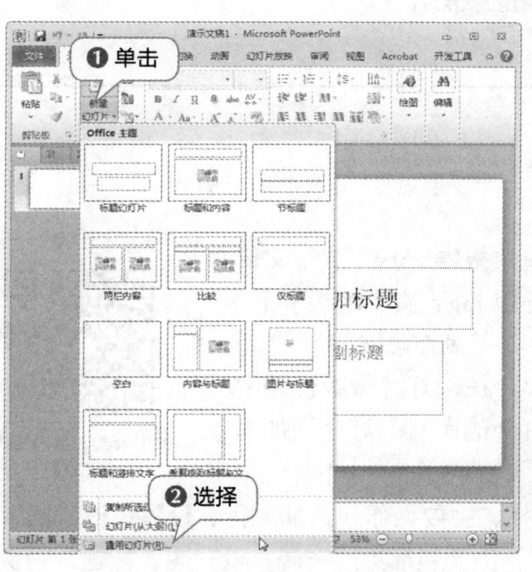

图10.80 选择“重用幻灯片”

图10.81 单击“浏览”按钮

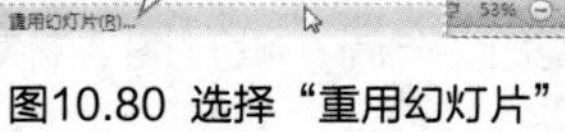

3 打开“浏览”对话框，在中间的列表框中选择“公司考勤管理制度_001.pptx”选项，单击“打开(O)”按钮，如图10.82所示。

4 返回工作界面，在“重用幻灯片”任务窗格中的列表框中单击重用的幻灯片，如图10.83所示。

图10.82 选择幻灯片

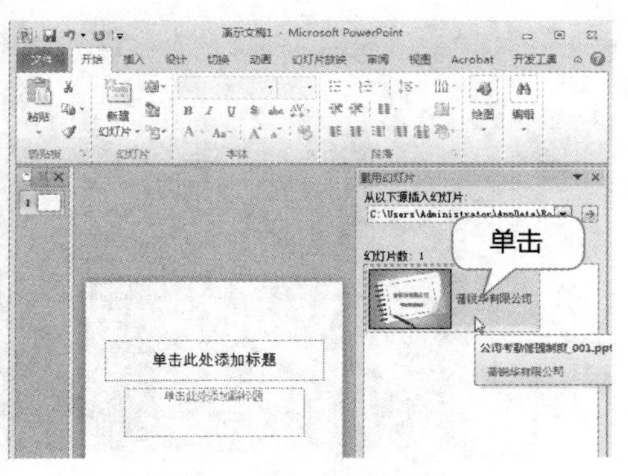

图10.83 单击幻灯片

5 在“幻灯片编辑”窗口中将新建一个文本内容相同的幻灯片，如图10.84所示。

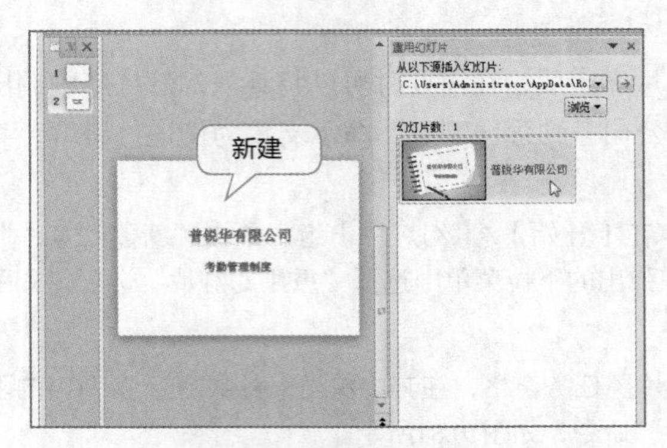

图10.84 查看重用的幻灯片

10.3 应用实训

10.3.1 制作年终总结报告演示文稿

下面结合本章前面所学知识，制作“年终总结报告.pptx”演示文稿（素材文件\第10章\年终总结报告.pptx、强化地板.jpg、实木地板.jpg、地砖.jpg；效果文件\第10章\年终总结报告.pptx）。其制作思路如下。

扫一扫

制作年终总结报告演示文稿

（1）打开“年终总结报告.pptx”演示文稿，在幻灯片母版视图中设置文本占位符的项目符号，并为除标题幻灯片外的所有幻灯片添加编号，如图10.85所示。

（2）编辑“全年产量汇总”幻灯片中的表格，主要操作包括插入行、设置边框、插入图片等。对“全年销量统计”幻灯片进行编辑操作，主要包括更改布局，设置图表标题、图例、网格线等，如图10.86所示。

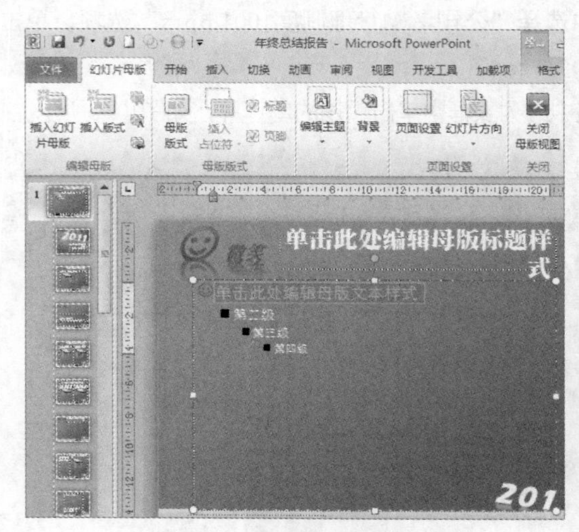

图10.85 设置项目符号和幻灯片编号

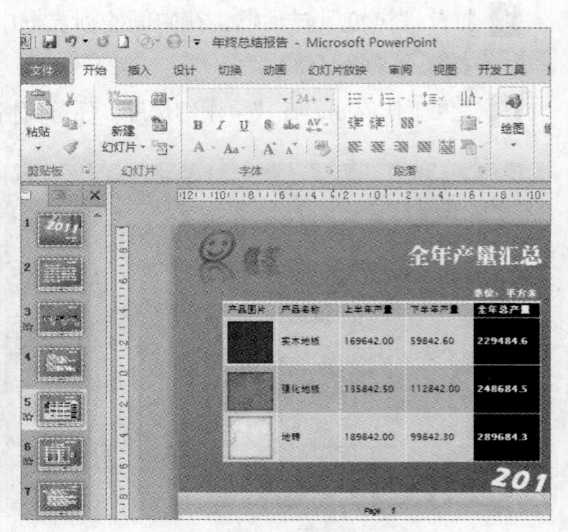

图10.86 编辑表格和图表

（3）为演示文稿中的形状、图表、表格和艺术字添加进入动画效果，如图10.87所示。

（4）在幻灯片母版视图中制作弹出式菜单效果，其操作主要包括绘制并填充圆角矩形、输入文字、添加并设置进入动画以及使用触发器等，如图10.88所示。

（5）完成所有制作后，按【Ctrl+S】键直接保存演示文稿，然后利用电子邮件将其发送给销售经理。

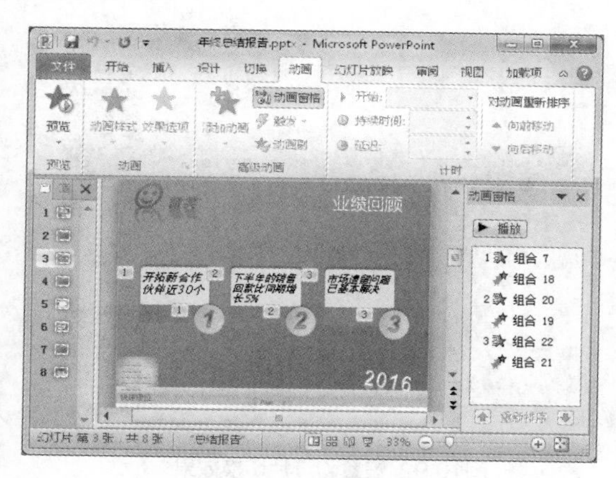

图10.87 添加动画效果

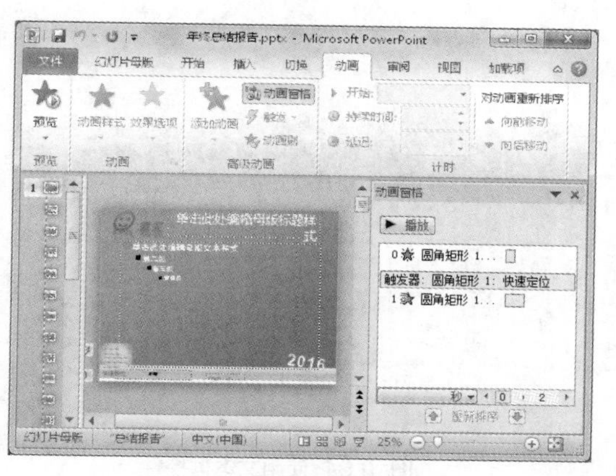

图10.88 制作弹出式菜单效果

10.3.2 制作市场调查报告演示文稿

下面结合本章前面所学知识，制作“市场调查报告.pptx”演示文稿（素材文件\第10章\市场调查报告.pptx；效果文件\第10章\市场调查报告.pptx）。其制作思路如下。

扫一扫

制作市场调查报告演示文稿

（1）打开“市场调查报告.pptx”演示文稿，切换至第9张幻灯片，在其中输入标题和正文文本、插入三维饼图，然后对饼图进行设置，包括更改布局、添加数据标签、应用图表样式和设置图例等，如图10.89所示。

（2）单击【插入】/【链接】组中的“动作”按钮，为“目录”幻灯片中的4个横排文本框添加动作超链接，这样可以保证幻灯片中已添加超链接的文字样式始终保持不变，如图10.90所示。

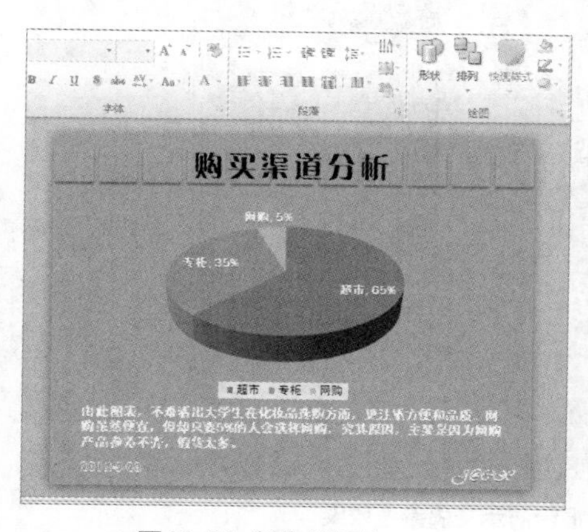

图10.89 制作幻灯片

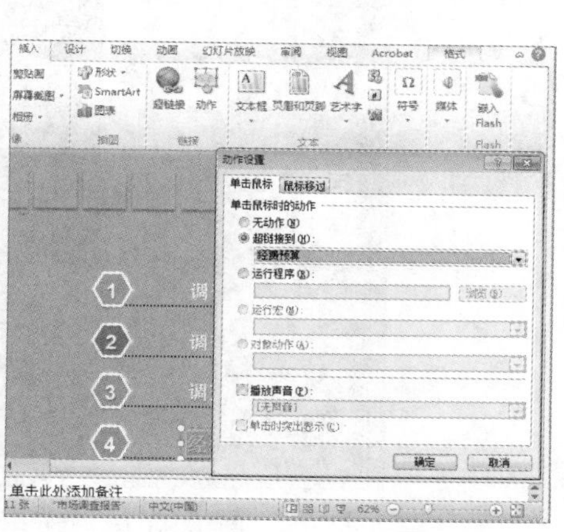

图10.90 设置幻灯片超链接

（3）一般情况下，调查问卷内容都比较多，要想在不缩小字体大小的前提下把一张幻灯片中的问卷内容全部显示出来，就需要使用PowerPoint 2010提供的文本框控件功能了。主要操作包括插入控件、添加垂直滚动条、设置字符格式以及设置背景颜色等，如图10.91所示。

（4）为演示文稿中的幻灯片添加“库”“门”和“框”3种切换效果，同时对效果选项进行适当设置，如图10.92所示。

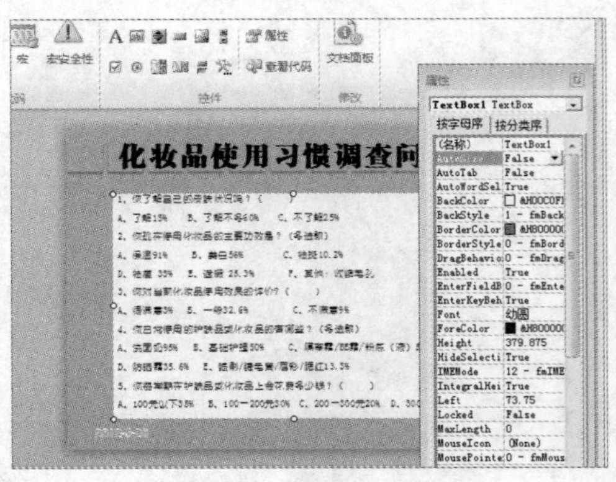

图10.91 使用文本框控件

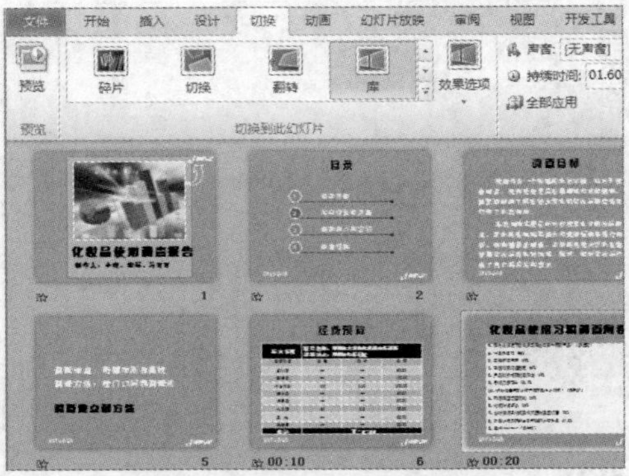

图10.92 设置幻灯片切换效果

10.4 拓展练习

10.4.1 制作员工转正申请报告演示文稿

员工试用期已满，并通过了人事部门的考核，在此之前，需要制作一份员工转正申请报告交由人事部存档。参考效果如图10.93所示（素材文件\第10章\员工转正申请报告.pptx；效果文件\第10章\员工转正申请报告.pptx）。

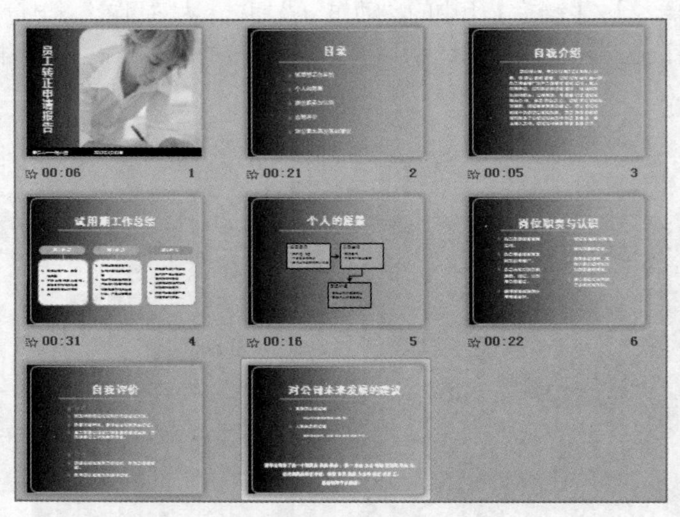

图10.93 员工转正申请报告演示文稿参考效果

提示：首先在标题幻灯片中注明申请人姓名和时间，接下来在第2张幻灯片中做一个小结，说明自己要求转正的愿望，在单位工作的良好感觉以及一些对工作的心得体会等。本练习制作重点是为幻灯片添加统一的切换效果，然后进行排练计时，最后将演示文稿打包。

10.4.2 制作工资申请报告演示文稿

公司的总经理决定向总公司递交一份工资申请报告，请公司员工制作一份“工资申请报告.pptx”演示文稿。参考效果如图10.94所示（素材文件\第10章\工资申请报告.pptx；效果文件\第10章\工资申请报告.pptx）。

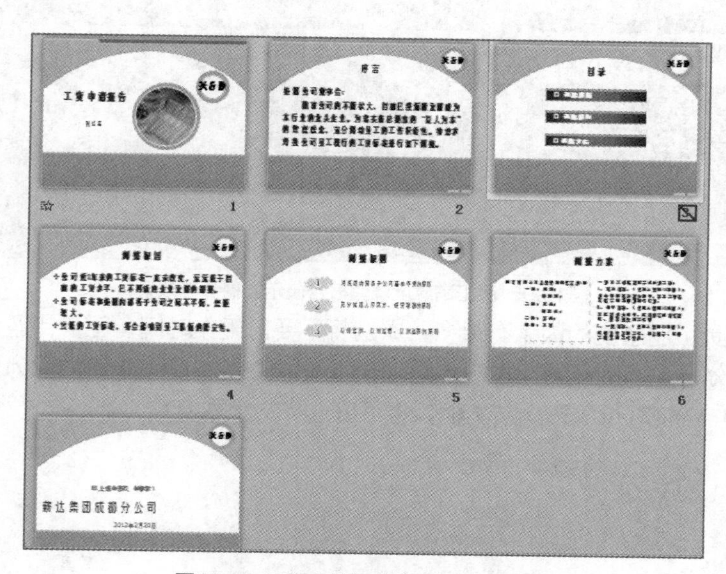

图10.94 工资申请报告演示文稿参考效果

提示：工资申请报告是日常工作中常用的报告之一，在制作此类演示文稿时，可以从调整原因、调整原则和调整方案这3方面来进行描述。本练习的制作重点是在幻灯片母版视图中为第2张幻灯片添加动画效果，然后在普通视图中制作第6张幻灯片，包括输入文字、插入形状等。

10.4.3 制作员工满意度调查报告演示文稿

为了提高企业管理水平，增加企业的净利润率，公司专门针对企业的中层管理人员、基层管理人员和一般员工的满意度进行了详细调查。参考效果如图10.95所示（素材文件\第10章\员工满意度调查报告.pptx；效果文件\第10章\员工满意度调查报告.pptx）。

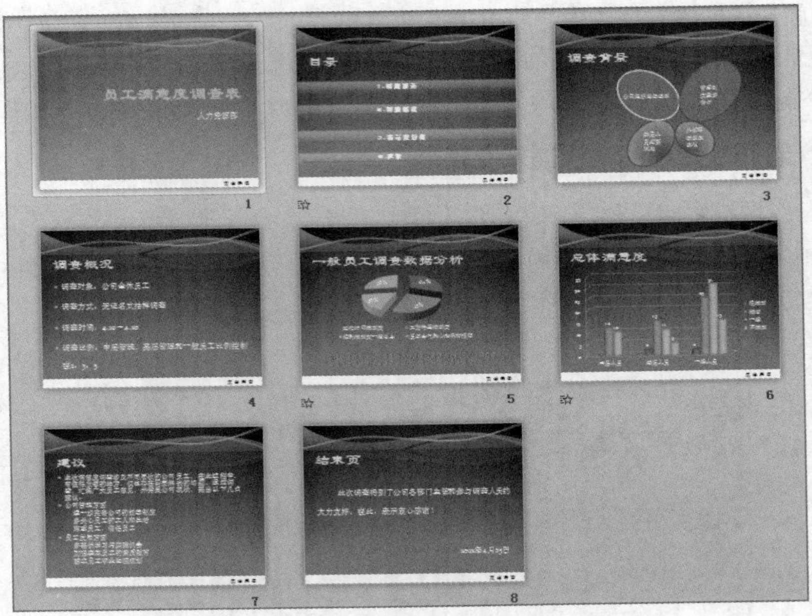

图10.95 员工满意度调查报告演示文稿参考效果

提示：影响员工满意度的因素有很多，本例将主要对工作时间、工资待遇、福利以及工作心态等因素进行分析。本练习的制作重点是动作链接的设置和动画的添加。为“目录”幻灯片中的对象添加动作链接时可以选择文本框，也可以选择文字本身。